电气自动化新技术丛书

现场总线技术及其应用

第 2 版

甘永梅　刘晓娟　晁武杰　王兆安　编著

机 械 工 业 出 版 社

现场总线是目前在自动化领域应用非常广泛的一种网络技术，具有开放性、分散性、现场环境高度适应性等优点。本书意在阐明现场总线的基本原理、遵循的规范和协议以及应用设计，内容覆盖了FF、Profibus、LonWorks、CAN、DeviceNet、ControlNet等现场总线。本书重点突出了DeviceNet的节点开发和应用，强调了现场总线在系统集成时应遵循的原则和方法。

这次修订的主要内容是大量增加了各种现场总线应用案例的介绍，并且用较大篇幅阐述了目前市场上有较大影响力的三种工业以太网：HSE、Profinet和EtherNet/IP所涉及的技术。另外，对现场总线的最新发展情况做了必要的补充和修改，也对DeviceNet的组网和配置内容做了较多的补充和修订。

本书可供从事现场总线和工业以太网开发、设计和系统集成的工程技术人员使用，也可作为大中专院校自动化、电气工程、测量仪表等专业师生的教学参考书。

图书在版编目（CIP）数据

现场总线技术及其应用/甘永梅等编著. —2版. —北京：机械工业出版社，2008.6

（电气自动化新技术丛书）

ISBN 978-7-111-14269-0

Ⅰ.现…　Ⅱ.甘…　Ⅲ.总线-技术　Ⅳ.TP336

中国版本图书馆CIP数据核字（2008）第087759号

机械工业出版社（北京市百万庄大街22号　邮政编码100037）

责任编辑：孙流芳　责任校对：张晓蓉

封面设计：姚　毅　责任印制：李　妍

北京富生印刷厂印刷

2008年8月第2版第1次印刷

169mm×239mm·28.75印张·559千字

0001—4000册

标准书号：ISBN 978-7-111-14269-0

定价：47.00元

凡购本书，如有缺页、倒页、脱页，由本社发行部调换

销售服务热线电话：（010）68326294

购书热线电话：（010）88379639　88379641　88379643

编辑热线电话：（010）88379178

第5届电气自动化新技术丛书

编辑委员会成员

电气自动化新技术丛书

序　　言

科学技术的发展，对于改变社会的生产面貌，推动人类文明向前发展，具有极其重要的意义。电气自动化技术是多种学科的交叉综合，特别是在电力电子、微电子及计算机技术迅速发展的今天，电气自动化技术更是日新月异。毫无疑问，电气自动化技术必将在提高国民经济水平中发挥重要的作用。

为了帮助在经济建设第一线工作的工程技术人员能够及时熟悉和掌握电气自动化领域中的新技术，中国自动化学会电气自动化专业委员会和中国电工技术学会电控系统与装置专业委员会联合成立了电气自动化新技术丛书编辑委员会，负责组织编辑“电气自动化新技术丛书”。丛书将由机械工业出版社出版。

本丛书有如下特色：

一、本丛书是专题论著，选题内容新颖，反映电气自动化新技术的成就和应用经验，适应我国经济建设急需。

二、理论联系实际，重点在于指导如何正确运用理论解决实际问题。

三、内容深入浅出，条理清晰，语言通俗，文笔流畅，便于自学。

本丛书以工程技术人员为主要读者，也可供科研人员及大专院校师生参考。

编写出版“电气自动化新技术丛书”，对于我们是一种尝试，难免存在不少问题和缺点，希广大读者给予支持和帮助，并欢迎大家批评指正。

电气自动化新技术丛书
编辑委员会

第5届电气自动化新技术丛书

编辑委员会的话

自1992年本丛书问世以来，在学会领导和广大作者的支持下，在前4届编辑委员会的努力下，至今已发行丛书48种50多万册，受到广大读者的欢迎，对促进我国电气传动自动化新技术的发展和传播起到了巨大作用。

许多读者来信，表示这套丛书对他们的工作帮助很大，希望我们再接再厉，不断地推出介绍我国电气传动自动化新技术的丛书。本届编委会决定选择一些大家所关心的新选题，继续组织编写出版，同时对受读者欢迎的已经出版的丛书，我们将组织一些作者进行修订再版，以满足广大读者的需要。为了更加方便读者阅读，我们对今后新出版的丛书进行了改版扩大了开本。

我们诚恳地希望广大读者来函，提出您的宝贵意见和建议，以使本丛书搞得更好。

在本丛书出版过程中，得到了中国电工技术学会、天津电气传动设计研究所等单位提供的出版基金支持，在此我们对这些单位再次表示感谢。

第5届电气自动化新
技术丛书编辑委员会
2007年12月18日

第 2 版前言

《现场总线技术及其应用》自 2004 年出版发行以来，受到了自动化领域工程师和教师、学生的普遍欢迎。但由于本书成稿于 2003 年，而近几年来随着计算机网络技术日新月异的发展，现场总线技术也发展较快，新概念、新产品、新技术不断出现，有关现场总线的国际标准和国家标准陆续修订，特别是工业以太网的崛起，有可能在未来改变目前各种现场总线共存的局面，成为现场总线的后继者。因此，本书的内容亟须根据上述情况的变化而加以补充修订。

2003 年 4 月，关于现场总线方面权威的国际标准 IEC 61158 已经将其所涉及的总线由原来的 8 种增加到了现在的 10 种，增加了工业以太网 Profinet 和 EtherNet/IP。这也进一步说明工业以太网是未来发展的方向。

《现场总线技术及其应用》第 2 版仍按第 1 版编排方式共设 9 章，但篇幅较第 1 版略有增加。第 1 章主要对现场总线的概念、特点和发展现状进行了概述，特别补充了现场总线国际标准修订的最新动向和工业以太网发展情况的内容。第 2 章增加了介绍数据通信系统性能指标的内容。第 3 章对基金会现场总线、Profibus 和 LonWorks 分别补充了大量应用设计实例，期望对广大工程人员起到借鉴和指导的作用。第 4 章对 CIP 网络增加了工业设计实例。第 5 章对 DeviceNet 的组网和配置内容做了较多的补充和修改。第 6 章系统地介绍了 DeviceNet 的节点开发，是本书的特色，改动不大。第 8 章增加了较大篇幅对工业以太网进行全面阐述，补充了关于 HSE、Profinet 技术和应用的内容。第 9 章现场总线控制系统的集成，则针对不同行业选择有代表性的工业应用给出了现场总线控制系统的设计实例。对于第 1 版中存在的个别疏漏和错误，在第 2 版中也尽可能地作了修正。

正如在本书第 1 版前言中指出的，本书的作者都属于西安交通大学电气工程学院工业自动化系同一课题组，本书是作者长期教学和科研实践的总结和积累。特别要提的是，由于本书第 1 版的作者之一李庆丰毕业后离开西安交通大学，未参加第 2 版的修订工作，所以在第 2 版中不再列为作者。晁武杰接替了原李庆丰负责的部分，在这次修订中负责第 4、7、8 章的修订，所以在作者之列。在本书第 2 版的修订过程中，得到了机械工业出版社电工电子分社的大力支持，同时得到了西安交通大学电气工程学院同一课题组老师的大力支持。我的学生张仁远、陈佳等协助我绘制了部分插图。在此一并向他们表示真诚的感谢。

借此机会，对关心本书的广大读者表示衷心的感谢，并希望继续提供宝贵意见。

甘永梅

2008 年 3 月

第1版前言

现场总线作为当今自动化领域技术发展的热点之一，被称为自动化领域的计算机局域网。现场总线技术自从20世纪80年代末出现以来，引起了国内外专家、学者的广泛注意和高度重视。它的出现，标志着自动化系统步入一个真正意义上的全新的开放式自动化控制系统的新时代，它带来的是自动控制系统体系结构上根本性的变革。

目前，国际上公认的现场总线可以归类为三个标准族：一个是用于工业控制系统的IEC 61158标准，它包含FF、Profibus、ControlNet等8种现场总线；另一个是用于低压开关设备与控制设备、控制器与电气设备接口的IEC 62026标准，它包括DeviceNet在内的4种现场总线；还有一个是用于道路车辆数字信息交换的现场总线标准ISO 11898，它指定CAN总线为其标准。这13种总线各有其特点，并各自在一定范围内得到应用。由于DeviceNet、ControlNet、EtherNet/IP在国内应用日趋广泛而目前尚少有这方面的专著，本书在介绍FF、Profibus、LonWorks、CAN 4种典型现场总线及其技术的基础上，重点突出了DeviceNet、ControlNet、EtherNet/IP的技术和开发以及应用，以期帮助工程技术人员解决在应用现场总线和系统集成中遇到的技术问题。随着DeviceNet成为我国有关低压开关、控制设备现场总线的标准，它作为一种连接底层设备的现场总线，直接面向底层各种传感器和执行器的应用，所以对国内开发人员来讲，存在着开发DeviceNet产品的问题。而国内目前，尚没有针对DeviceNet节点开发的专著，希望本书能对开展DeviceNet以及其他现场总线的开发与推广起到积极的作用。

全书共分9章。第1章主要对现场总线的概念、特点和发展现状进行了概述。第2章介绍了计算机网络、数据通信、开放系统互连参考模型等与现场总线相关的基础知识。第3章分别介绍了FF、Profibus、LonWorks、CAN 4种目前流行的现场总线。这四种现场总线比较典型，在市场上的占有率较高，并且具有良好的应用前景。第4章介绍了控制及信息协议(CIP)，它是一种为工业应用开发的应用层协议，被DeviceNet、ControlNet、EtherNet/IP 3种现场总线所采用。第5章和第6章分别介绍了DeviceNet和DeviceNet的节点开发。第7章介绍了ControlNet。第8章介绍了工业以太网的发展，重点阐述了EtherNet/IP的核心技术。第9章则从现场总线控制系统集成和应用的角度，介绍了现场总线控制系统集成过程中遵循的总体原则、常规方法和应注意的问题以及应用实例。

本书第1章由甘永梅和王兆安共同编写，第2章由刘晓娟编写，第3、5、

6、9 章由甘永梅编写，第 4、7、8 章由李庆丰编写。全书由甘永梅统稿。其中第 6 章的部分内容来自陈斐、王雪两位研究生的硕士论文，在此表示感谢。在编写过程中，参考了大量的中英文参考资料，包括协议、手册、芯片使用说明书等。本书的作者都属于西安交通大学电气工程学院工业自动化系的一个课题组，书中内容是课题组多年在现场总线技术的开发、应用方面工作的积累和总结。除本书作者外，同一课题组的刘进军教授、杨旭副教授等也对本书的编写工作做出了许多贡献，在此深表谢意。

特别要指出的是，在本书的编写过程中，得到了罗克韦尔自动化公司的大力支持。罗克韦尔自动化公司大学项目部的万莉女士和郭晓波先生提供了很多资料，在此表示衷心的感谢。

由于编者水平有限、时间仓促，现场总线技术的发展也很迅猛，不断地在推陈出新，我们掌握的资料有限，书中一定有很多疏漏及错误，恳请读者批评和指正。

作者
2004 年 1 月
于西安交通大学电气工程学院

目　录

第1章　绪　　论

随着网络技术的不断发展，因特网（Internet）正在把全世界的计算机系统、通信系统逐渐集成起来，形成信息高速公路，从而构成一个公用的数据网络。而现场总线（Fieldbus）作为当今自动化领域技术发展的热点之一，被称为自动化领域的计算机局域网。它的出现，标志着自动化系统步入一个新时代的开端，对该领域产生了前所未有的冲击和影响。本章将以简短的篇幅介绍现场总线的基本概念、基本内容与特点。首先介绍现场总线的基本概念，然后介绍现场总线的产生及发展，接着介绍它的特点，最后介绍一种有代表性的、由罗克韦尔自动化公司推出并支持的 NetLinx 工业网络体系，即设备网（DeviceNet）+控制网（ControlNet）+以太网（Ethernet）的三层网络架构。

1.1　现场总线的概念

信息技术的飞速发展引起了自动化领域的深刻变革，逐步形成了网络化的、全开放的自动控制体系结构，而现场总线就是这场深刻变革中的最核心的技术。

所谓总线就是传输信息的公共通路。总线的类别很多，按传输数据的方式可分为串行总线和并行总线。串行总线是相对于串行通信而言的总线，串行通信是指数据一位一位顺序传送的方式；而并行总线是相对于并行通信而言的总线，并行通信是指数据的各个位同时进行传送的方式。并行总线的特点是传输速度快，但距离远、位数多时，导致通信线路复杂和成本高；串行总线的特点是通信线路简单，只要一对传输线，但传输速度慢，适用于信息量较小的远距离通信，成本较低。

什么是现场总线？有人把现场总线定义为应用在生产现场、在微机化测量控制设备之间实现双向串行数字通信的总线，也有人把它称为开放式、数字化、多点通信的底层控制网络技术，这种技术被广泛应用于制造业、流程工业、楼宇、交通等处的自动化系统中。根据国际电工委员会 IEC 61158 标准定义，现场总线是指安装在生产过程区域的现场设备和仪表与控制室内的自动控制装置和系统之间数字式、串行、多点、双向通信的数据总线。基于现场总线的控制系统被称为现场总线控制系统（Fieldbus Control System，FCS）。

现场总线技术将专用微处理器置入传统的测量控制仪表，使它们各自都具有了一定的数字计算和数字通信能力，成为能独立承担某些控制、通信任务的网络节点。它们分别通过普通双绞线、同轴电缆、光缆等多种途径进行信息传输，这样就形成了以多个测量控制仪表、计算机等作为节点连接成的网络系统。该网络系统按照公开、规范的通信协议，在位于生产现场的多个微机化自控设备之间，以及现场仪表与用作监控、管理的远程计算机之间，实现数据传输与信息共享，进一步构成了各种适应实际需要的自动控制系统。简而言之，它把单个分散的测量控制设备变成网络节点，以现场总线为纽带，把它们连接成可以互相沟通的信息，并可共同完成自控任务的网络系统与控制系统，如图 1-1 所示。现场总线给自动化领域带来的变化，如同互联网给单台计算机带来的变化。如果说，计算机网络把人类引入到信息时代，那么现场总线则使自控系统与设备加入到信息网络的行列，成为企业信息网络的底层，使企业信息沟通的覆盖范围一直延伸到生产现场。因此把现场总线技术的出现说成是标志着一个自动化新时代的开端，并不过分。

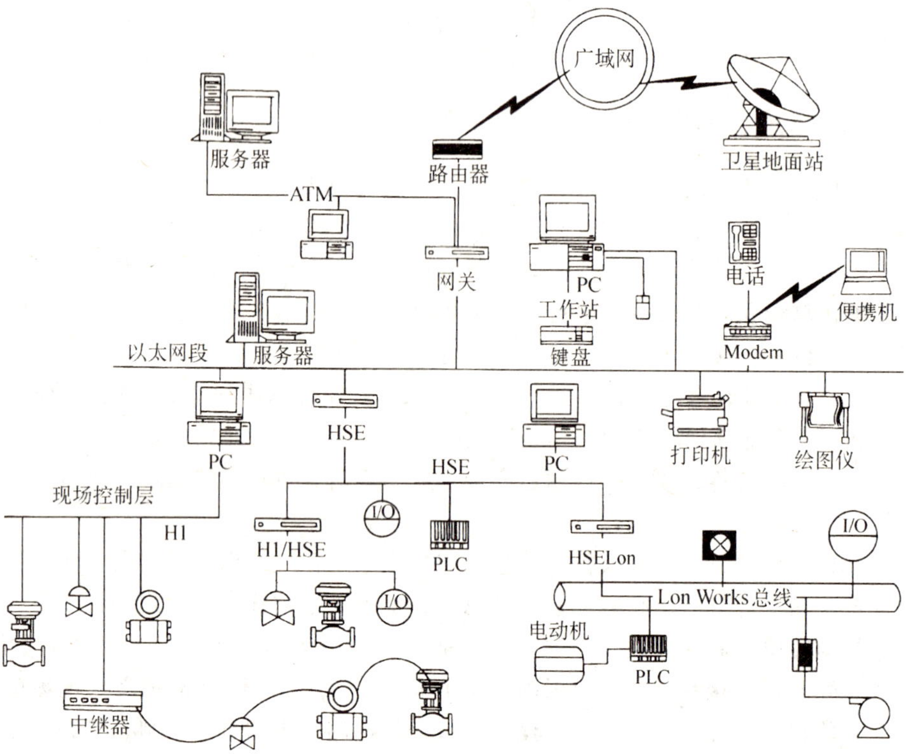

图 1-1　现场总线连接示意图

1.1.1　现场总线是低带宽的计算机局域网

局域网（Local Area Network，LAN）是 20 世纪 70 年代后期迅速发展起来的计算机网络，是一个高速的通信系统。它在较小的区域内将许多数据通信设备相互连接起来，使用户共享计算机资源。局域网通常建立在集中的工业区、商业区、政府部门、大学、住宅区以及各种公司和企业中。其应用范围非常广泛，从简单的分时服务到复杂的数据库系统、管理信息系统、事务处理、递阶控制与管理和集成自动化系统等都有应用，而且应用领域日益扩大。

局域网主要有以下特点：

1）地理范围有限。通常网络分布在一座办公大楼或集中的建筑群内，为一个部门所有，涉辖范围一般只有几千米。

2）通信速率高，误码率低。一般为基带传输，传输速率为 10～100Mbit/s。误码率为 $10^{-9}\sim10^{-12}$，能支持计算机间的高速通信。

3）可采用多种通信介质。例如，低廉的非屏蔽双绞线、同轴电缆或价格昂贵的光缆等。

4）多采用分布式控制和广播式通信，可靠性较高。节点的增删比较容易。

与远程网相比，在体系结构、通信规程和设计方法等方面，局域网有其自身特点。远程网由于涉辖范围广且通信线路长，如何充分有效地利用信道和通信设计是网络设计中的重要问题。远程网多采用分布式不规则形网络拓扑结构，低层协议比较复杂。局域网由于距离短、延时少、成本低和信息传输速率快，信道利用率已不是考虑的主要因素。它的底层协议较简单，报文格式允许有较大的报头，网络拓扑结构多采用总线型、环形或星形，流量控制、路由选择等问题大大简化或不存在，网上通信多采用广播方式，与现场的通信较多，从而形成了局域网本身的特色。

由于现场总线所肩负的是测量控制的特殊任务，因而它具有自己的特点。它要求信息传输的实时性强，可靠性高，且多为短帧传送，传输速率一般在几 kbit/s 至 10Mbit/s 之间。所以从这一点来说，现场总线是低带宽的计算机局域网。因此现场总线大量采用了局域网技术，如网关、网桥等。

1.1.2 现场总线是一种数字通信协议

现场总线是用于支持现场装置，实现传感、变送、调节、控制、监督以及各装置之间透明通信等功能的通信网络，保证网内设备间相互透明有序地传递信息和正确理解信息是它的主要任务。它作为网络系统最显著的特征是，具有开放统一的通信协议，肩负着生产运行一线测量控制的特殊任务。

现场总线通信协议是参照国际标准化组织（International Organization for Standardization，ISO）制定的开放系统互连参考模型（Reference model of Open System Interconnection，OSI/RM）并经简化建立的，目前尚无最终统一的国际标准。1983 年 OSI/RM 正式成为国际标准，即 ISO 7498。所以后来有人把该开放系统互连参考模型统称为ISO/OSI。但在有的参考书中也把它称为ISO或OSI。ISO/OSI参考模型共分七层，即物理层、数据链路层、网络层、传输层、会话层、表示层和应用层。为了满足实时性要求，也为了实现工业网络的低成本，现场总线采用的通信模型大都在OSI参考模型的基础上进行了不同程度的简化。不同的现场总线的通信协议，则根据各自的特点将其加以简化，当然简化的结果是不尽相同的。较普遍的是采用其物理层、数据链路层和应用层，同时考虑到现场装置的控制功能和具体运用再增加一用户层。

此外，随着技术发展和应用需求的提高，将现场总线和上层信息网络如以太网有效地集成到一起也是必然的，于是，对现场总线的实质内容——通信协议便提出了如下要求：

1）通信介质的多样性：支持多种通信介质，以满足不同现场环境的要求。

2）实时性：信息的传输不允许有较大时延或时延的不确定性。

3）信息的完整性、精确性：要确保通信质量。

4）可靠性：具备抗各种干扰的能力和完善的检错、纠错能力。

5）可互操作性：不同制造商制造的现场仪表可在同一总线上互相通信和操作。

6）数字特征：数据在各设备间以及网络上以0或1的数字信息串行地进行传输。

1.1.3 现场总线是开放式、数字化、多点通信的底层控制网络

现场总线是低带宽的底层控制网络，以此为纽带，进一步构造了新型的、开放的自动化系统。它可与因特网（Internet）以及企业内联网（Intranet）相连，且位于生产控制和网络结构的底层，因而又称之为底层网（Infranet，也称为基础网）。

图1-1中的现场控制层网段有基金会现场总线低速部分网段H1、高速部分网段HSE、LonWorks现场总线等，它们都是底层控制网络。它们与工厂现场设备直接连接，一方面将现场测量控制设备互连为通信网络，实现不同网段、不同现场通信设备间的信息共享；同时又将现场运行的各种信息传送到远离现场的控制室，并进一步实现与操作终端、上层控制管理网络的连接和信息共享。在把一个现场设备的运行参数、状态以及故障信息等送往控制室的同时，又将各种控制、维护、组态命令，乃至现场设备的工作电源等送往各相关的现场设备，沟通了生产过程现场级控制设备之间及其与更高控制管理层次之间的联系。

现场总线网络集成自动化系统应该是开放的。它可以由不同设备制造商提供的遵从相同通信协议的各种测量控制设备共同组成。由于历史的原因，在几大现场总线协议尚未完全统一之前，有可能在一个企业内部，在现场级形成不同通信

协议的多个网段（见图 1-1），这些网段间可以通过网桥连接而互通信息。通过以太网或光缆通信网等与高速网段上的服务器、数据库、打印绘图外围设备等交换信息。值得指出的是：现场总线网段与其他网段间实现信息交换，必须有严格的保安措施与权限限制，以保证设备与系统的安全运行。

1.2 现场总线的产生及发展

1.2.1 现场总线的产生

20 世纪 60 年代，过程控制的体系结构是基于 4 ~ 20mA 的模拟标准信号，出现了模拟式电子仪表与电动单元组合的自动控制系统。到了 70 年代，人们在测量、模拟和逻辑控制领域率先使用了数字计算机，从而产生了集中式数字控制（又称直接数字控制，Direct Digital Control，DDC），简称集中控制。集中控制以一台控制器为中心，通过扩展的 I/O 接口实现各个传感器、执行器之间的通信。当然控制器最早采用个人计算机或通用的工业控制计算机，后来随着可编程序［逻辑］控制器（Programmable Logic Controller，PLC）、单片机的问世，也可用它们作为控制器。其扩展的 I/O 接口模板按不同的适用总线分成不同的系列，从最初的 S-100 总线，PC 总线到后来被广泛采用的 STD 总线和 Multibus 等。集中控制在控制器内部传输的是数字信号，因此克服了模拟仪表控制系统中模拟信号精度低、易受干扰的缺陷，提高了系统的抗干扰能力。它的主要缺点是对控制器要求很高，并且一旦控制器瘫痪，会导致整个系统不能工作。

集散控制系统（Distributed Control System，DCS），又称为分散控制系统，最早出现于 20 世纪 70 年代后期，在 20 世纪 80 年代以后占据主导地位。其核心思想是集中管理、分散控制，即管理与控制相分离，把上位机控制站用于集中监视管理，而把若干台下位机下放到现场实现分布式控制，上下位机之间用控制网络互连以实现相互之间的信息传递。因此，这种分布式的控制系统克服了集中控制对控制器处理能力和可靠性要求高的缺陷。但是，它也有自身难以克服的缺点：首先，不同的 DCS 制造商为达到垄断经营的目的而对其控制通信网络采用各自专用的封闭形式，不同制造商的 DCS 之间以及与上层 Intranet、Internet 信息网络之间难以实现网络互连和信息共享；其次，DCS 的控制站仍然是集中的，现场信号的检测、传输和控制还是采用 4 ~ 20mA 的模拟信号，并没有彻底做到分散控制、集中管理；最后，DCS 采用的是普通商业网络的通信协议和网络结构，在解决工业控制系统的可靠性方面没有做出实质性的改进，布线复杂，费用高。因此总体来讲，DCS 是一种封闭专用的、不具有可互操作性的、不彻底的分布式控制系统。在这种情况下，用户对网络控制系统提出了开放性、低成本的迫切要求。

现场总线技术的开发始于 20 世纪 80 年代。随着微处理器与计算机功能的不断增强、价格急剧降低，计算机与计算机网络系统得到迅速发展，信息沟通联络的范围不断扩大。而处于企业生产过程基层的测控自动化系统，由于仍在通过开关、阀门、传感测量仪表间的一对一连线，用电压、电流的模拟信号进行测量控制，或者只能采用某种自封闭式的集散系统，难以实现设备之间以及系统与外界之间的信息交换，使自动化系统成为“信息孤岛”，严重制约了其本身的发展。要实现企业的信息集成，要实施综合自动化，就必须设计出一种能在工业现场环境运行的、可靠性高、实时性强、造价低廉的通信系统，形成工厂底层网络，完成现场自动化设备之间的多点数字通信，实现底层现场设备与外界的信息交换。现场总线就是在这种实际需求的驱动下应运而生的。国际标准化组织、北美、欧洲等许多国家的仪表控制界，陆续开始着手现场总线标准的制定与技术开发。由于行业、地域、经济利益等多种原因，本应是唯一的一个标准统一、开放互连的控制通信网络，目前情况却是在不同领域形成多个颇具影响力的总线标准，这不是用户的最终要求，所以人们正期待着统一的国际标准形成。

现场总线是综合运用微处理器技术、网络技术、通信技术和自动控制技术的产物。它把微处理器置入现场自控设备，使设备具有数字计算和数字通信能力，这一方面提高了信号的测量、控制和传输精度，同时为丰富控制信息的内容、实现其远程传送创造了条件。在现场总线的环境下，借助现场总线网段以及与之有通信连接的其他网段，实现异地远程自动控制，如操作远在数十万米之外的电气开关等。现场总线设备与传统自控设备相比，拓宽了信息内容，提供传统仪表所不能提供的如阀门开关动作次数、故障诊断等信息，便于操作管理人员更好、更深入地了解生产现场和自控设备的运行状态。如图 1-2 所示，对比集中控制、集散控制、现场总线控制的结构示意图可以看到，由于现场总线强调遵循公开统一的技术标准，因而有条件实现设备的互操作性和互换性。也就是说，用户可以把

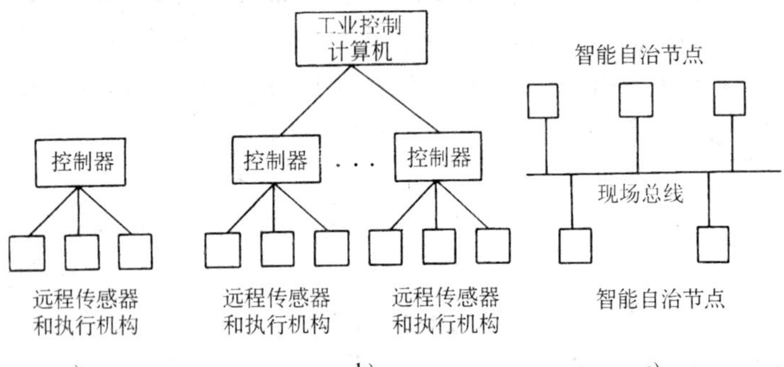

图 1-2　集中控制、集散控制、现场总线控制结构示意图

a）集中控制　b）集散控制　c）现场总线控制

不同厂家、不同品牌的产品集成在同一个系统内，并可在同功能的产品之间进行相互替换，使用户具有了自控设备选择、集成的主动权。

现场总线可采用多种途径传输数字信号，如用普通电缆、双绞线、光缆、红外线，甚至电力传输线等，因而可因地制宜，就地取材，构成控制网络。一般在由两根普通导线制成的双绞线上，可挂接几十台自控设备，与传统的设备间一对一的接线方式相比，可节省大量线缆、槽架、连接件，同时由于所有的连线都变得简单明了，系统设计、安装、维护的工作量也随之大大减少。另外，现场总线还支持总线供电，即两根导线在为多台自控设备传送数字信号的同时，还为这些设备传送工作电源。可以看到，采用现场总线具有节省硬件投资、节省安装费用、节省维护开销的好处。

现场总线作为通信网络，不同于日常用于声音、图像、文字传输的网络，它所传输的是通断电源、开关阀门的指令与数据，直接关系到处于运行操作过程之中的设备、人身的安全，要求信号在有粉尘、噪声、电磁干扰等较为恶劣的环境下能够准确、及时地发送和接收，同时还具有节点分散、报文简短等特征。以现场总线技术为基础构造的现场总线控制系统，在系统结构上发生了较大变化，其显著特征是通过网络信号的传送联络，可由单个节点或多个网络节点共同完成所要求的自动化功能。

由于现场总线适应了工业控制系统向分散化、网络化、智能化的发展方向，它一经产生便成为全球工业自动化技术的热点，受到全世界的普遍关注。该项技术的开发，可带动工业控制、楼宇自动化、仪表制造、计算机软硬件等行业的产品更新换代。它的出现，为我国自动化仪表行业和自控领域提供了良好的机遇，也提出了严峻的挑战。我国有关部门正积极组织力量，开展现场总线技术与产品开发。目前国内对现场总线的开发和使用单位正日益增多。

1.2.2 几种流行的现场总线

现场总线技术自从 20 世纪 80 年代后期诞生以来，经历了 20 多年的发展，国际上出现了一些有代表性的现场总线标准和系列产品，较流行的有：

1. 基金会现场总线

在现场总线标准的制定过程中，出现过多种企业集团或组织，通过不断的竞争，到 1994 年，在国际上基本上形成了两大阵营：一个以 Emerson Process Management（艾默生过程管理）公司为首，联合 Foxboro、横河、ABB、西门子（Siemens）等 80 家公司制定了可互操作系统协议（Interoperable System Protocol，ISP）；另一个以 Honeywell 公司为首，联合欧洲 150 家公司制定了 World FIP。这两大阵营于 1994 年合并，成立现场总线基金会，致力于开发国际上统一的现场总线协议。基金会现场总线（Foundation Fieldbus，FF）的体系结构参照 ISO/OSI 参考模型的第 1、2、7 层协议，即物理层、数据链路层和应用层，另外增加了用户层。FF分低速H1总线和高速HSE总线两种。H1为用于过程控制的低速总线，传输速率为31.25kbit/s，传输距离分别为200m、400m、1200m和1900m四种，可挂接2～32个节点。物理传输介质可支持双绞线、同轴电缆和光缆，协议符合IEC 61158-2标准，可支持总线供电和本质安全防爆。高速HSE总线的传输速率可为100Mbit/s，甚至更高，大量使用了以太网技术。

2. 过程现场总线

过程现场总线（Process Field Bus，Profibus）是作为德国国家标准和欧洲国家标准的现场总线标准。该项技术是由西门子公司为主的十几家德国公司、研究所共同推出的。Profibus有三种类型，即分散化的外围设备Profibus-DP（Decentralized Periphery）、现场总线报文规范Profibus-FMS（Fieldbus Message Specification）、过程自动化Profibus-PA（Process Automation）。它采用ISO/OSI参考模型的物理层、数据链路层。分散化的外围设备（DP）型隐去了第3～7层，而增加了直接数据连接拟合作为用户接口；现场总线报文规范（FMS）型则只隐去第3～第6层，采用了应用层。过程自动化（PA）型的数据传输沿用Profibus-DP的协议，只是在应用层中增加了描述现场设备行为的行规。其最大传输速率为12Mbit/s，传输距离分别为100m和400m，传输介质可以是双绞线，也可以是光缆，最多可挂接127个节点，可支持本质安全。

3. 局部操作网络

局部操作网络（Local Operating Network，LON）是由美国Echelon公司于1990年正式推出的。它采用ISO/OSI参考模型的全部七层协议和面向对象的设计方法，通过网络变量把网络通信设计简化为参数设置，其最大传输速率为1.5Mbit/s，传输距离为2700m，传输介质可以是双绞线、光缆、同轴电缆、射频、红外线和电力线等，可支持总线供电和本质安全。采用的LonTalk协议被封装在Neuron芯片中，内含三个8位微处理器：一个负责介质访问控制，另一个负责网络处理，再一个负责应用处理。很多人把局部操作网络及其技术统称为LonWorks技术。

4. 控制器局域网

控制器局域网（Controller Area Network，CAN）最早是由德国Bosch公司推出的，用于汽车内部测量与执行部件之间的数据通信。CAN结构模型取ISO/OSI参考模型的第1、2、7层协议，即物理层、数据链路层和应用层。通信速率最高为1Mbit/s，通信距离最远为10000m。物理传输介质可支持双绞线，最多可挂接110个节点，可支持本质安全。CAN采用短帧报文，抗干扰能力强、可靠性高。由于成本较低，CAN的应用范围非常广泛，从自动化电子领域的汽车发动机控制部件、传感器、抗滑系统到工业自动化、建筑物环境控制、机床、电梯控制、医疗设备等领域都得到了应用。

5. 设备网（DeviceNet）

DeviceNet 最早由罗克韦尔自动化（Rockwell Automation）公司于 1994 年提出。它是一种开放式的通信网络。它将工业设备如光电开关、操作员终端、电动机起动器、变频器和条形码读入器等连接到网络。这种网络虽然是工业控制的最底层网络，通信速率不高，传输数据量不大，但它采用了数据网络通信的新技术，如遵循控制及信息协议（CIP），具有低成本、高效率、高可靠性的特点。DeviceNet 遵从 ISO/OSI 参考模型，它的网络结构分为三层，即物理层、数据链路层和应用层，物理层下面还定义了传输介质。其中物理层和数据链路层均采用 CAN 的协议。传输介质可支持双绞线，最多可挂接 64 个节点。三种可选数据传输速率：125kbit/s、250kbit/s 和 500kbit/s，分别对应的传输距离是 500m、250m 和 100m。支持设备的热插拔，可带电更换网络节点，符合本质安全要求。

6. 控制网（ControlNet）

ControlNet 最早由罗克韦尔自动化公司于 1995 年提出。它是一种高速、高确定性和可重复性的网络，特别适用于对时间有苛刻要求的复杂应用场合的信息传输。ControlNet 将总线上传输的信息分为两类：一类是对时间有苛刻要求的控制信息和 I/O 数据，它拥有最高的优先权，以保证不受其他信息的干扰，并具有确定性和可重复性；第二类是无时间苛求的信息，如上下载程序、设备组态、诊断信息等。ControlNet 采用 ISO/OSI 参考模型的物理层、数据链路层及应用层，其中应用层采用 CIP。ControlNet 只支持一种通信速率，即 5Mbit/s。支持的传输介质为屏蔽双绞线、同轴电缆或光缆，并支持本质安全。

表 1-1 为以上几种现场总线性能的对比。应该说明的是，现场总线还有很多种，由于篇幅有限，其他的现场总线就不一一介绍了。

1.2.3 现场总线的国际标准

对于一个开放的现场总线来说，标准化的意义是非常大的，它决定了现场总线所带动的新兴工业产业的发展方向。一方面标准的制定标志着现场总线已走向统一和成熟，另一方面标准的制定也直接牵涉到各大制造商的经济利益。

由于标准化对现场总线的发展至关重要，因此几乎每一种现场总线都是有标准的，只不过有的只是自己国家的标准，有的是某一地区或某个洲的标准。目前，国际电工委员会（International Electrotechnical Commission，IEC）和国际标准化组织（ISO）分别在进行国际现场总线的标准化工作，两者也互不协调统一。下面分别对两者制定的现场总线标准加以介绍。

1. IEC 的现场总线标准

IEC 有几个技术委员会分别制定了自己的现场总线标准。

表 1-1 几种流行现场总线的对比

类型 特性	FF	Profibus	LonWorks	CAN	DeviceNet	ControlNet
开发公司	Emerson Process Management	Siemens	Echelon	Bosch	Rockwell Automation	Rockwell Automation
OSI 网络层次	1,2,7,(8)	1,2,7	1～7	1,2,7	1,2,7	1,2,7
通信介质	双绞线、同轴电缆和光缆	双绞线、光缆	双绞线、光缆、同轴电缆、无线和电力线	双绞线	双绞线、同轴电缆和光缆	双绞线、同轴电缆和光缆
介质访问方式	令牌	令牌	可预测 P 坚持 CSMA (Predictive P-Persistent CSMA)	带非破坏性逐位仲裁的载波侦听多址访问（CSMA/NBA)	带非破坏性逐位仲裁的载波侦听多址访问（CSMA/NBA)	隐性令牌
最大通信速率/(kbit/s)	31.25(H1) 100000(HSE)	12000	1500	1000	500	5000
最大节点数	32	127	2^{48}	110	64	99
优先级	有	有	有	有	有	有
本质安全性	是	是	是	是	是	是
开发工具	有	有	有	有	有	无

(1) 用于工业控制系统的 IEC 61158 标准　国际电工委员会测量和控制的数字数据通信分技术委员会 IEC SC65C 与美国仪表学会（Instrument Society of America, ISA）联合制定了工业控制系统用现场总线国际标准，即 IEC 61158 标准。IEC 61158 标准是制定时间最长、投票次数最多、意见分歧最大的国际标准之一。IEC 61158 标准从 1984 年开始起草，经过 16 年的努力和有关各方的协商妥协，直到 2000 年 1 月，采用包括 8 种类型现场总线的 IEC 61158 才得以投票通过和确定，这是自动化领域内值得庆贺的一件大事。这 8 种现场总线分别是：

类型 1：FF H1（即 IEC 61158 技术报告）；

类型 2：ControlNet（美国罗克韦尔自动化公司支持）；

类型 3：Profibus（德国西门子公司支持）；

类型 4：P-Net（丹麦 Process Data 公司支持）；

类型 5：FF HSE（即原 FF H2，美国 Emerson Process Management 公司支持）；

类型 6：SwiftNet（美国波音公司支持）；

类型 7：WorldFIP（法国 Alstom 公司支持）；

类型 8：Interbus（德国 Phoenix 公司支持）。

为了进一步完善 IEC61158 标准，IEC/SC65C 成立了 MT9 现场总线修订小组，继续这方面的工作。MT9 工作组在原来 8 种类型现场总线的基础上不断完善扩充，于 2001 年 8 月制定出由 10 种类型现场总线组成的第 3 版现场总线标准，它们是：

类型 1：IEC 技术报告；

类型 2：ControlNet 和 EtherNet/IP；

类型 3：Profibus；

类型 4：P-Net；

类型 5：FF HSE；

类型 6：Swift-Net；

类型 7：WorldFIP；

类型 8：Interbus；

类型 9：FF H1；

类型 10：Profinet。

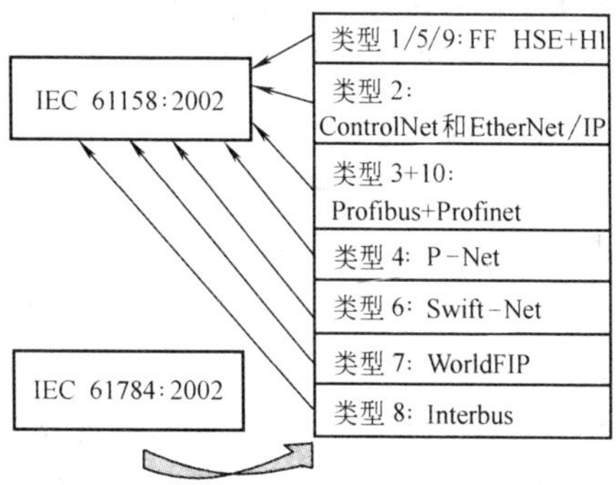

图 1-3　2003 年 IEC 61158 标准

该标准于 2003 年 4 月成为正式国际标准，如图 1-3 所示。

（2）用于低压开关设备与控制设备、控制器与电气设备接口的 IEC 62026 标准　国际电工委员会低压开关和控制设备分技术委员会 IEC TC17B 制定的 IEC 62026《低压开关设备与控制设备的控制器—设备接口》系列标准汇集了多种现场总线。它的各部分如下：

IEC 62026-1 一般要求［General Rules（in Preparation）］；

IEC 62026-2 电器网络（Device Network，DN）；

IEC 62026-3 操动器传感器接口（Actuator Sensor Interface，ASI）；

IEC 62026-5 灵巧配电系统（Smart Distributed System，SDS）；

2. ISO 的现场总线标准

现场总线领域中，在 IEC 61158 和 IEC 62026 之前，控制器局域网（CAN）是唯一被批准为国际标准的现场总线。CAN 由 ISO/TC 22 技术委员会批准为 ISO 11898（通信速率 < IMbit/s）和 ISO 11519（通信速率 ≤ 125kbit/s）国际标准。

CAN 总线得到了计算机芯片商的广泛支持，它们纷纷推出直接带有 CAN 接口的微处理器（MCU）芯片。带有 CAN 的 MCU 芯片总量已经达到 1.3 亿片（不一定全部用于 CAN 现场总线）；因此在接口芯片技术方面 CAN 现场总线已经遥遥领先于其他所有现场总线。

需要指出的是，CAN 现场总线同时是 IEC 62026-2 电器网络（DN）和 IEC 62026-5灵巧配电系统（SDS）的物理层，因此它是 IEC 62026 最主要的技术基础。

总的来看，目前国际上公认的现场总线可以归类为三个标准族：一个是用于工业控制系统的 IEC 61158 标准；另一个是用于低压开关设备与控制设备、控制器与电气设备接口的 IEC 62026 标准；还有一个是用于道路车辆数字信息交换的现场总线标准 ISO 11898。

1.2.4 现场总线的发展趋势

现场总线的国际标准虽然制定出来了，但它与 IEC 于 1984 年开始制定现场总线标准时的初衷是相违背的。IEC 的最初想法是制定单一的现场总线国际标准。因此，在今后很长一段时间内，现场总线今后的发展将呈以下趋势：

1）多种总线共存。现场总线国际标准 IEC 61158 中采用的 10 种类型，以及其他一些现场总线，如 LonWorks、DeviceNet 等将在今后一段时间内共同发展，并相互竞争取长补短。因为每种现场总线背后都有实力雄厚的大公司甚至大集团的支持，他们为了自己的利益会采取一切手段推广自己的产品。虽然用户和市场有统一标准的需要，但短时间内不会实现统一。

2）每种总线都力图拓展其应用领域，以扩张其势力范围。在一定应用领域中已取得良好业绩的总线，往往会进一步根据需要向其他领域发展。如 Profibus 在出台了适用于分散设备间通过 I/O 通信的 DP 型的基础上又开发出 PA 型，以适用于流程工业和过程自动化系统。

3）大多数总线都成立了相应的国际组织，力图在制造商和用户中扩大影响，以取得更多方面的支持，同时也想显示出其技术是开放的。如 WorldFIP 国际用户组织、现场总线基金会、Profibus 国际用户组织、P-Net 国际用户组织及 ControlNet 国际用户组织等。

4）每种总线都以一个或几个大型跨国公司为背景，公司的利益与总线的发展息息相关，如 Profibus 以德国西门子公司为主要支持，ControlNet 以美国罗克韦尔自动化公司为主要背景，WorldFIP 以法国 Alstom 公司为主要后台。

5）大多数设备制造商都积极参加不止一个总线组织，有些公司甚至参加 2～4 个总线组织。道理很简单，设备是要挂接在现场总线上的。支持的总线越多，意味着可能用到自己厂家生产的设备的机会也就会越多。

6）在激烈的竞争中出现了协调共存的前景。这种现象在欧洲标准制定时就出现过，欧洲标准 EN 50170 在制定时，将德、法、丹麦 3 个标准并列于一卷之中，形成了欧洲的多总线的标准体系，后又将 ControlNet 和 FF 加入欧洲标准的体系。各重要制造商，除了力推自己的总线产品之外，也都力图开发接口技术，将自己的总线产品与其他总线相连接，如施耐德公司已开发的设备能与多种总线相连接。在国际标准中，也出现了协调共存的局面。

7）工业以太网的引入成为新的热点。工业以太网在没有任何标准化组织支持的情况下，正在工业自动化和过程控制市场上迅速增长，几乎所有远程 I/O 接口技术的供货商均提供一个支持传输控制协议/网际协议（Transmission Control Protocol/Internet Protocol，TCP/IP）的以太网接口，如西门子、罗克韦尔自动化、Echelon 等公司，他们销售各自的 PLC 产品，但同时提供与远程 I/O 和基于 PC 的控制系统相连接的接口。从美国 VDC 公司调查结果也可以看出，在今后 3 年，工业以太网的市场占有率将达到 20% 以上。现场总线基金会已经开发出高速工业以太网 FF HSE，罗克韦尔自动化公司已开发出工业以太网 EtherNet/IP，西门子公司也开发出自己的工业以太网 Profinet，这无疑大大加强了以太网在工控领域的地位。表 1-2 罗列了有影响的几种工业以太网与现场总线的关系。

表 1-2　工业以太网与现场总线关系

工业以太网	现场级现场总线	工业以太网	现场级现场总线
FF HSE	FF H1	Profinet	Profibus-DP，ASI，Profibus-PA
EtherNet/IP	ControlNet，DeviceNet	Modbus-IDA	IDA，Modbus TCP/IP

表 1-2 中列出了当前工业以太网技术的 4 个主要竞争者，FF HSE、EtherNet/IP 和 Profinet 现场级都有自己的现场总线，这种格局今后不会改变。Phoenix Contacts 公司类型 8 Interbus 采用的 IDA 工业以太网技术发展很快，并将工业以太网延伸到现场 I/O 级，同时 Modbus TCP/IP 已被提交国际因特网工程任务部（IETF），希望这个协议能成为工业因特网协议标准。为了使此项工作加速推进，Modbus 组织和 IDA 组织于 2003 年 10 月底宣布合并。国内也正在开展工业以太网的开发工作，浙大中控技术有限公司开发的工业自动化以太网（Ethernet for Plant Automation，EPA）已经延伸到现场一级，并在化工厂获得成功试用。

虽然现场总线的标准统一还有种种问题，但现场总线控制系统的发展却已经是一个不争的事实。随着现场总线的思想日益深入人心，以及基于现场总线的产品和应用的不断增多，这种新一代控制系统的体系结构日益清晰，具体表现在如下几个方面：

1）现场总线控制系统是全面数字化、网络化的控制系统。体现在位于现场的传感器/执行器一级也全部实现数字化、智能化。它们彼此之间以及与控制器之间通过现场总线构成工业现场的局域网，进而连接到上层控制网、管理网甚至互联网，形成一个无所不在的网络系统，信息可以在现场、车间、工厂、公司总部之间自由流动。

2）现场总线控制系统的网络结构向简单的方向发展。早期的计算机网络模型由七层组成，现在罗克韦尔自动化公司提出了三层结构的自动化系统，Emerson Process Management 公司提出了两层结构的自动化系统，还有公司甚至提出一层结构，即由以太网一通到底。目前比较达成共识的是三层设备、两层网络的3+2结构。三层设备是位于底层的现场设备，如传感器/执行器，以及各种分布式 I/O 设备等；位于中间的控制设备，如 PLC、工业控制计算机、专用控制器等；位于上层的是操作设备，如操作站、工程师站、数据服务器、一般工作站等。两层网络是现场设备与控制设备之间的控制网络，以及控制设备与操作设备之间的管理网。

3）现场总线控制系统大量采用成熟的、开放的、通用的技术。如在管理网的通信协议上，越来越多的企业采用最流行的传输控制协议/网际协议（TCP/IP）加以太网，操作设备一般采用工业 PC 甚至普通 PC，控制设备一般采用标准的 PLC 或者是工业控制计算机等，而控制网络就是采用各种现场总线。

1.3 现场总线的特点

现场总线控制系统既是一个开放的网络通信系统，又是一个全分布的自动控制系统。现场总线作为智能设备的联系纽带，把挂接在总线上并作为网络节点的智能设备连接为网络系统，并进一步构成自动化系统，实现基本控制、参数修改、报警、显示、监控、优化及控管一体化的综合自动化功能。现场总线技术是以智能传感器、控制、计算机、数字通信、网络为主要内容的一门综合技术。现场总线控制系统（FCS）与传统的集散控制系统（DCS）相比，有以下特点：

（1）总线式结构　一对传输线（总线）挂接多台现场设备，双向传输多个数字信号。这种结构与一对一的单向模拟信号传输结构相比，布线简单，安装费用低，维护简便。

（2）开放性、互操作性与互换性　现场总线采用统一的协议标准，是开放式的互联网，对用户是透明的。在传统的 DCS 中，不同厂家的设备是不能相互访问的。而 FCS 采用统一的标准，不同厂家的网络产品可以方便地接入同一网络，在同一控制系统中进行互操作，而互换性意味着不同生产厂家的性能类似的设备可实现相互替换，因此简化了系统集成。

（3）彻底的分散控制　现场总线将控制功能下放到作为网络节点的现场智能仪表和设备中，做到彻底的分散控制，提高了系统的灵活性、自治性和安全可靠性，减轻了分布式控制中控制器的计算负担。

（4）信息综合、组态灵活　通过数字化传输现场数据，FCS 能获取现场仪表的各种状态、诊断信息，实现实时的系统监控和管理以及故障诊断。此外，FCS 引入了功能块的概念，通过统一的组态方法，使系统组态简单灵活，不同现场设备中的功能块可以构成完整的控制回路。

（5）多种传输介质和拓扑结构　FCS 由于采用数字通信方式，因此可用多种传输介质进行通信。根据控制系统中节点的空间分布情况，可应用多种网络拓扑结构。这种传输介质和网络拓扑结构的多样性给自动化系统的施工带来了极大的方便，据统计，FCS 与传统 DCS 的主从结构相比，只计算布线工程一项即可节省 40% 的经费。

发展基于现场总线技术的全开放分散控制系统已成为自动化领域广为关注的焦点课题。国际上现场总线的研究开发，使测控系统冲破了长期封闭系统的锢锁，只有现场总线的出现才给全开放、真分散带来了可能，所以是自动化领域的一大革命，这对我国现场总线控制系统的发展带来了极好的机会，同时也是一次严峻的挑战。

基于现场总线技术的全开放分散控制系统是自动控制技术、自动化仪表、计算机技术、网络技术、通信技术的交叉与集成，涉及的内容十分广泛。对我国的中小企业来说，应不失时机在现场总线上进行技术与产品的研究与开发，并在以下几方面加大研究、开发力度：

1）基于现场总线的智能化仪表的研制是本世纪整个控制、管理系统的基础，现场仪表是信息获取的工具，是信息工业的源头，理应受到重视。这里“智能”指的是能够随外界条件的变化自动地做出正确行为的能力，智能化应包括理解、推理、判断与分析等一系列功能，能适应被测参数的变化，在线联机改变量程，自动检测自身工作状态并传递信息，进行异常处理，自动进行指标判断与分选，进行逻辑操作、定量控制与程序控制，实现多参数测量，进行数字信号处理等。现在生产测量仪表的厂家必须向现场总线靠拢，开发出这种智能化的自动化仪表，才能在本世纪占据市场。

2）基于现场总线的网络设备的软、硬件研制。控制系统的发展经历了从模拟仪表到集中控制，进而到集散控制系统（DCS）的过程，可以说已进行了较大的革命。但系统的开放性和通信问题仍未解决，系统的开放性是要解决不同厂家软、硬件产品可集中到一个系统中，如 LonWorks 总线技术产品，只要遵循 LonTalk 协议标准，几百家的不同产品均可连在一个系统中，所以要进行网络设备的研制必须遵循现场总线的标准进行开发，要从 DCS 的概念上跳出来，真正开放。

3）组态技术的研究，包括网络拓扑结构、网络设备配置、不同网段互连等技术的研究。对于不同传输介质构成的网络互连问题，各大公司都已开发出不同的路由器。比如对 LonWorks 技术来讲，Echelon 公司已开发出了双绞线到电力线的路由器，在这方面已表现出具有独特的优势。现在国内也有企业在做这一方面的开发。

4）网络管理技术，包括网络管理软件、网络数据操作与传输。现场总线的出现形成了底层网（Infranet），同时提供与企业内联网（Intranet）、因特网（Internet）相连接的可能性，所以搞网络的企业亦需加入到现场总线这一层次来，提供企业内联网、因特网与现场总线连接的网络管理软件或数据库等。

5）基于现场总线技术的全开放控制系统的集成技术。总体来说，整个自动化系统的体系将朝着现场总线体系结构的方向发展，这一趋势是肯定的。这就同时带动了设备制造的相关产业，并且涉及的应用领域十分广泛，几乎覆盖了所有的连续、离散工业领域，涉及到电力、冶金、石油、化工、建材、轻工、造纸、楼宇自动化和家庭自动化等，将系统集成并应用于这些领域，将是一个广阔的天地，大有作为。

基于现场总线技术的全开放控制系统的诞生，标志着过程控制新纪元的开端，它对传统的控制系统的结构带来了根本性的变革。这促使设备制造商和系统制造商生产新的设备和通用的软件，为更大程度上提供一个开放的、通用标准的软硬件平台打下牢固的基础。

1.4 工业控制网络体系

随着计算机网络技术的迅速发展，由全数字的现场总线控制系统（FCS）代替数字与模拟的集散控制系统（DCS）已成为工业自动化控制系统结构发展的必然趋势。以现场总线为基础的全数字化自动控制系统是当今世界各国在工业自动化领域关注的热点课题。在控制系统的通信中，往往要考虑以下几个问题：

1）一个系统的各种设备怎样互连在一起？

2）怎样保证系统中不同产品间要有可靠的互操作性，怎样保证不同供货商的同类产品要有可互换性？

3）设备之间将要交换什么样类型的数据？是控制数据（如 I/O 等），还是信息数据（如图文、语音等）。

4）系统需要什么样的容量？

5）系统怎样被组态？

6）系统能否在将来可以进一步扩充？

实际情况是，应该根据具体的应用需求来选择不同的网络。这主要体现在不同的应用需求对数据的要求是不同的。在这方面主要考虑如下几个具体问题：

1）对数据量要求的不同。网络上要求传送的数据量可能以兆字节、字节或位来计算。那么应根据数据量的不同，选择不同的网络，也就是主要要考虑网络的带宽问题。

2）对数据类型要求的不同。针对某一具体应用，可能要求支持I/O报文或状态突变的报文，也可能要求支持显式报文，诸如程序的上传/下载、诊断信息等，那么应根据要求的数据类型的不同，考虑所选网络是否满足要求。

3）对网络性能要求的不同。可能要求网络主要处理高速离散量或者模拟量，对工业控制网络又特别要求确定性和可重复性，所以必须考虑所选网络是否满足实时性、可扩展性等性能要求。

罗克韦尔自动化公司提出了三层网络，即设备层、控制层和信息层的体系，如图1-4所示。在这个体系中，数据可以双向流通，层与层之间可以交换数据，对于某一具体应用可以选择其中某层或者某几层。三层网络既有其共同点，对每一层来讲又有不同的功能要求。

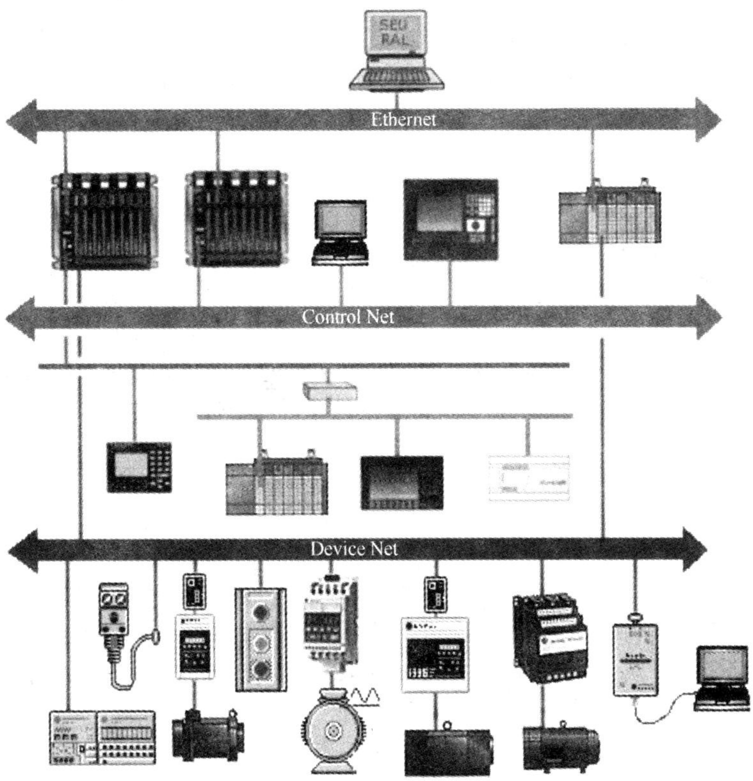

图1-4　罗克韦尔自动化公司的三层网络体系

三层网络共同的特点如下：

1）从底层到高层全部是开放的。这意味着对这三层网络的开发和使用不需许可证，不用注册，没有任何限制。任何人、任何企业都可以无偿开发三层网络的技术，但是要保证产品可以可靠地互操作和互换。

2）具有扁平结构。从横向来看，每一层网络具有扁平结构。从纵向来看，可从高层对以下各层的产品进行组态及监测，这就极大地方便了系统的搭建和调试。从目前情况来看，这是较少层次的网络支持。当然如果今后 EtherNet/IP 技术发展得足够成熟，那么有可能实现 EtherNet/IP 一层代替这三层的全部功能，彻底实现一层的扁平结构。

3）所有层之间实现了完全桥接。罗克韦尔自动化公司提出的三层网络，层与层之间通过网桥或网关连接，这样可以将控制彻底分散到整个体系，并且即使是最底层设备的任何诊断信息也可以及时上传，便于监视和管理。

信息层一般使用以太网技术，它是一个开放的、全球公认的用于信息层互连的标准。这一层网络关注的焦点是高速的报文传送和大容量的数据共享。而控制层对网络的要求与信息层对网络的要求不同。控制层对网络的要求除了开放性以外，还包括如下几点：支持 I/O 报文、显式报文的传输和诊断功能；能够设置信息的优先级；支持多主机、广播式和点对点的通信方式。此层网络关注的焦点是高速 I/O 报文和显式报文的传送、有效地数据共享、确定性和可重复性。设备层有类似于控制层的要求，比如都要求是开放的技术，都支持 I/O 报文、显式报文的传输等。但设备层由于面向更底层的传感器和执行器等，所以强调降低安装费用、减小系统调试时间，对传输速率的要求就不像控制层那样高。

以太网（Ethernet）连接数据高速公路、远程 I/O 和厂区通信网络，执行 TCP/IP。它利用罗克韦尔自动化公司和微软公司的成熟技术和数据库实现系统信息的集成。在信息层可以通过以太网 TCP/IP 连通可编程序控制器、网关、人机接口和软件至信息系统。

控制层使用 ControlNet 现场总线技术。ControlNet 是基于改型的 CAN 总线技术，用于 PLC 与计算机之间的通信网络。它可连接串并行设备、PC、人机界面等，传输速率为 5Mbit/s。ControlNet 是一种高速确定性网络，用于对时间有苛刻要求的应用场合的信息传输。它为对等通信提供实时控制和报文传送服务。ControlNet 提供如下功能：对在同一链路上的 I/O、实时互锁、对等通信、报文传送和编程操作，均具有相同的带宽；对于离散和连续过程控制应用场合，均具有确定性和可重复性功能。

设备层使用 DeviceNet 现场总线技术。DeviceNet 是基于 CAN 总线的技术，是用于 PLC 与现场设备之间的通信网络。它可连接开关、变频器、固态过载保护装置、条形码阅读器、I/O 和人机界面等，传输速率为 125 ~ 500kbit/s，最多可挂接 64 个节点。DeviceNet 通过一个开放的网络，将底层的设备直接和车间级控制器相连。它允许用一根电缆去连接 500m（164lft）以内的设备包括用户的可编程序控制器，无需用导线把每一个设备和一个 I/O 机架连接起来。图 1-4 就是一个典型的三层网络连接示例图。

1.5 本书的基本结构

除本章的绪论外，本书还有 8 章，这 8 章大体可分为 4 个部分。

第 1 部分为网络基础知识部分。这部分为第 2 章，这一章叙述了与现场总线技术有关的计算机网络、通信、开放系统互连参考模型等基本概念和基本术语。由于现场总线属于网络的范畴，正确理解好这些基本概念和术语，对于掌握本书提到的 FF、Profibus、LonWorks、CAN、DeviceNet、ControlNet、EtherNet/IP 等现场总线技术及其应用是十分重要的。

第 2 部分为除罗克韦尔自动化公司之外的其他公司推出的现场总线。这部分为第 3 章，这一章介绍了 FF、Profibus、LonWorks、CAN 4 种目前比较流行的现场总线。之所以选择这 4 种现场总线，是因为它们比较典型，在市场上的占有率较高，并且具有良好的应用前景。对每种现场总线的介绍，基本上都是按照先综述其特点，再介绍它的网络模型和组态过程，最后介绍其开发和应用情况这样一个思路进行的。当然每种现场总线都有其特点，这在介绍的时候也按节的形式给予了突出。

第 3 部分为罗克韦尔自动化公司推出和支持的现场总线。这是本书的重点，也是本书的特色部分。这部分包括第 4 ~ 8 章，其中第 4 章叙述了 DeviceNet、ControlNet、EtherNet/IP 共用的应用层协议，即控制及信息协议（CIP），并且可以看作是第三部分的一个绪论，起到承前启后的作用。第 5 章介绍了 DeviceNet 现场总线。DeviceNet 于 2000 年 2 月才进入中国，但它已成为我国有关低压开关、控制设备的标准 GB/T 18858.3—2002，它的发展前景普遍看好。结合作者的科研实践，第 6 章介绍了 DeviceNet 的节点开发。这一章内容是作者多年工作的积累和体会，也是本书的独到之处。第 7 章介绍了 ControlNet。第 8 章介绍了工业以太网和它的发展状况及前景，包括 HSE. Profinet，重点阐述 EtherNet/IP 的核心技术。

第 4 部分即第 9 章介绍了现场总线控制系统的系统集成技术。对于现场总线而言，它不是一个孤立的电缆，而是要以此为纽带组成可用的系统。为达到这个目的，就必须进行系统集成。系统集成牵涉的技术问题很多。本书仅给出了一般的现场总线控制系统在集成时所采用的大致的框架、遵循的原则以及集成的一般方法。在具体应用时，必须结合实际情况，具体问题具体分析。本章还介绍了现场总线选型的方法供读者参考。

上述的 4 个部分中，第 1 部分为全书的基础，第 2、3 部分是本书的主体，第 4 部分是主体的延伸。通过对本书基本结构的说明，希望给读者使用本书带来方便。

参考文献

[1] 邹益仁，马增良，蒲维．现场总线控制系统的设计和开发［M］．北京：国防工业出版社，2003．

[2] 阳宪惠，徐用宇，魏庆福．现场总线技术及其应用［M］．北京：清华大学出版社，1999．

[3] 刘向杰，彭一民，邱忠昌，等．现场总线控制系统的现状与发展［J］．电网技术，1999（3）．

[4] 冯健农，刘金平，吴捷，等．现场总线技术进展［J］．仪器仪表学报，1999（2）．

[5] 李正军．现场总线及其应用技术［M］．北京：机械工业出版社，2005．

第2章　网络基础知识

现场总线是低带宽的底层控制网络，被誉为自动化领域的计算机局域网，它与计算机网络密切相关。现场总线的节点是现场设备或现场仪表，但不是传统的单功能的现场仪表，而是具有综合功能的智能仪表，可以说现场总线实际上也是一种计算机网络，其上每个节点都是一个智能化仪表，相当于一台计算机。因此，网络技术是现场总线技术的重要基础。

本章介绍网络与数据通信技术和ISO/OSI参考模型的基础知识。其中2.1节包括10个部分的内容，从数据通信系统的一些基本概念和数据通信的基础理论开始介绍，然后介绍一些比较具体的与网络和数据通信有关的技术和内容，如数据编码、数据传输方式、数据传输介质、局域网拓扑结构、媒体访问控制技术、数据交换技术、差错控制技术和网络互连设备等。2.2节介绍了ISO/OSI参考模型制定的目的、分层的原则以及所分七层（物理层、数据链路层、网络层、传输层、会话层、表示层和应用层）各自的功能等内容。

2.1　网络与数据通信技术基础

2.1.1　数据通信系统的性能指标

通信的目的就是为了交换信息，通信系统就是实现把信息从一个地方传送到另一个地方的系统。信息是对数据的解释，数据是信息的载体，信号是数据的表示形式。数据通信专指信号发送端和接收端中数据的形式是数字的，以计算机系统为主体构成的网络通信系统就是数据通信系统。

通信系统的任务是传递信息，因而信息传递的有效性和可靠性是通信系统最主要的质量指标。有效性是指所传递的信息的内容有多少；而可靠性是指接收信息的可靠程度。通信有效性实际上反映了通信系统资源的利用率。通信过程中用于传输有用报文的时间比例越高越有效。同样，真正要传输的数据信息在所传报文中的比例越高也说明有效性越好。

1. 有效性指标

（1）数据传输速度　数据传输速度是单位时间内传送的数据量。它是衡量数字通信系统有效性的指标之一。当信道一定时，信息传输速率越高，有效性越好。

传输速率由下式求得：

$$S_b = \frac{1}{T}\log_2 n \tag{2-1}$$

式中，T 为发送一位代码所需要的最小单位时间；n 为信号的有效状态。例如，对串行传输而言，如果某一个脉冲只包含两种状态，则 $n=2$，$S_b=1/T$bit/s。工业数据通信中，常用的标准数据信号速率为 9600bit/s、500kbit/s、1Mbit/s、2.5Mbit/s、10Mbit/s 和 100Mbit/s 等。

1）比特率　比特率（bit）是数据信号的最小单位。通信系统中的字符或者字节一般由多个二进制位即多个比特来表示。例如，一个字节往往是 8 位或 16 位的。通信系统每秒传输数据的二进制位数被定义为比特率，记作：bit/s。

2）波特率　波特（baud）是指信号大小、方向变化的一个波形。把每秒传输信号的个数，即每秒传输信号波形的变化次数定义为波特率。单位为波特（baud）。比特率和波特率比较容易混淆，但它们是有区别的。每个信号波形可以包含一个或多个二进制位。若单比特信号的传输速率为 9600bit/s，则其波特率为 9600baud，它意味着每秒可传输 9600 个二进制脉冲。如果信号波形由两个二进制组成，当传输速率为 9600bit/s 时，则其波特率只有 4800baud。

在讨论信道特性，特别是传输频带宽度时，通常采用波特率；在涉及系统实际的数据传送能力时，则使用比特率。

（2）频带利用率　频带利用率是指单位频带内的传输速度。它是衡量数据传输系统有效性的重要指标。单位为（bit/s）/Hz，即每赫兹带宽所能实现的比特率。由于传输系统的带宽通常不同，因而通信系统的有效性仅仅看比特率是不够的，还要看其占用带宽的大小。

（3）协议效率　协议效率是衡量通信系统软件有效性的指标之一。协议效率是指所传输的数据包中的有效数据位与整个数据包长度的比值。一般是用百分比表示，它是对通信帧中附加量的量度。不同的通信协议通常具有不同的协议效率。协议效率越高，其通信有效性越好。在通信参考模型的每个分层，都会有相应的层管理和协议控制的编码。从提高协议编码效率的角度来看，减少层次可以提高编码效率。

（4）通信效率　通信效率被定义为数据帧的传输时间同用于发送报文的所用时间之比。其中数据帧的传输时间取决于数据帧的长度、传输的比特率及要传输数据的两个节点之间的距离。这里用于发送报文的所有时间包括竞用总线或等待令牌的排队时间、数据帧的传输时间及用于发送维护帧等时间之和。通信效率为 1，就意味着所有时间都有效地用于传输数据帧。通信效率为 0，就意味着总线被报文的碰撞、冲突所充斥。

2. 可靠性指标

数字通信系统的可靠性可以用误码率来衡量。误码率 P_e 是衡量数字通信系统可靠性的指标。它是二进制码元在数据传输系统中被传错的概率，数值上近似为

$$P_e \approx N_e / N \tag{2-2}$$

式中，N 为传输的二进制码元总数；N_e 为被传输错的码元数，理论上应有 $N \to \infty$。实际使用中，N 应足够大，才能把 N_e/N 近似为误码率。理解误码率定义时应注意以下几个问题：

1）误码率应该是衡量数据传输系统正常工作状态下传输可靠性的参数。

2）对于一个实际的数据传输系统，不能笼统地说误码率越低越好，要根据实际传输要求提出误码率要求。在数据传输速率确定后，误码率越低，数据传输系统设备越复杂，造价越高。

3）对于实际数据传输系统，如果传输的不是二进制码元，则要折合成二进制码元来计算。差错的出现具有随机性，在实际测量一个数据传输系统时，被测量的传输二进制码元数越大，越接近于真正的误码率值。在实际的数据传输系统中，人们需要对一种通信信道进行大量、重复的测试，求出该信道的平均误码率，或者给出某些特殊情况下的平均误码率。根据测试，目前当电话线路的传输速率为 300 ~ 2400bit/s 时，平均误码率在 $10^{-4} \sim 10^{-6}$ 之间；当传输速率为 4800 ~ 9600bit/s 时，平均误码率在 $10^{-2} \sim 10^{-4}$ 之间。而计算机通信的平均误码率要求低于 10^{-9}。因此，普通通信信道若不采取差错控制，则不能满足计算机通信的要求。

通信系统的有效性与可靠性两者之间是相互联系、相互制约的。

3. 通信信道的频率特性

频率特性是描述通信信道在不同频率的信号通过以后，其波形发生变化的特性。

频率特性分为幅频特性和相频特性。幅频特性指不同频率信号通过信道后，其幅值受到不同衰减的特性；相频特性是指不同频率的信号通过信道后，其相位角发生不同程度改变的特性。理想信道的频率特性应该是对不同频率产生均匀的幅频特性和线性相频特性，而实际信道的频率特性并非理想，因此通过信道后的波形会产生畸变。如果信号的频率在信道带宽范围内，则传输的信号基本上不失真，否则信号的失真将较严重。

信道频率特性不理想是由于传输线路并非理想线路造成的。实际的传输线路存在电阻、电感、电容，这些构成分布式参数系统。由于电感、电容的阻抗随频率而变，故对信号的各次谐波的幅值衰减不同，其相位角变化也不尽相同。当然，信道的频率特性不仅与介质相关，而且和中间通信设备的电气特性有关。

4. 介质带宽

通信系统中所传输的数字信号可以分解成无穷多个频率、幅度、相位各不相同的正弦波。这就意味着传输数字信号相当于传送无数多个简单的正弦信号。信号所含频率分量的集合称为频谱。频谱所占的频率宽度称为带宽。发送端所发出的数字信号的所有频率分量都必须通过信道介质到达接收端，接收端才能精确再现该数字信号；如果其中一部分频率分量在传输过程中被严重衰减，就会导致接收端信号变形；如果能接收到具有主要振幅幅度那部分分量，则仍可以按适当地精度复制出发送端所发出的数字信号。

以一定的幅度门限为依据，将在接收端能接收到那部分主要信号的频谱从原来的无穷多个频谱中划分出来，便形成该信号的有效频谱。有效频谱的频带宽度称为有效带宽。

实际传输介质的带宽是有限的，它只能传输某些频率范围内的信号。一种介质只能传输有效带宽在介质带宽范围内的信号。如果介质带宽小于信号的有效带宽，信号就可能产生失真而使接收端难以正确辨认。当传输速率升高时，信号的有效带宽会随之增加，因而需要传输介质具有更大的介质带宽。换句话说，传输介质的带宽会限制传输速率的增高。

5. 信道容量

信道容量是指，在某种传输介质中单位时间内可能传送的最大比特率，即该传输介质容许的最大数据传输速率。

该信号的输出速率为 x（单位为 bit/s），传送一个 8 位字符所需时间 T（单位为 s）为 $8/x$，因此其第一次谐波频率（单位为 Hz）为 $x/8$。一般电话线的介质频率约为 3000Hz。这个限制意味着该线路能通过的最高谐波数为 $24000/x$。如果试图在电话线路上以 9600bit/s 的数据传输速率传送信号，则此时该线路能通过的最高谐波数仅为 2，接收到的信号无疑将产生畸变，即不能正确接收原来的信号。在电话线路上即使传输设施完全无噪声，当数据传输速率高于 38.4kbit/s 时，能通过的最高谐波数只能为 0，说明信号的传输已不可能。所以传输介质的带宽限制了信道的数据传输速率。或者说，数据传输速率应该在信道容量容许的范围之内。只要信号速率低于信道容量，总可以找到一个编码方式，实现低误码率传输。若实际传输速率超过信道容量，则即使只超过一点，其传输也不能正确进行。

6. 信噪比对信道容量的影响

在噪声存在的情况下，由于传输出现差错的几率更大，因而会降低信道容量。而噪声大小一般由信噪比来衡量。信噪比是信号功率 S 与噪声功率 N 的比值。信噪比一般用 $10\lg(S/N)$ 来表示，单位为分贝（dB）。

信道容量 C 跟信道带宽 W 和信噪比 S/N 之间的香农计算公式为

$$C = W\log_2\left(1 + \frac{S}{N}\right) \tag{2-3}$$

其单位为 bit/s。

由香农公式可以看到，在带宽一定时，提高信噪比可以增加信道容量。在信道容量一定时，带宽与信噪比之间可以相互弥补。

如果介质带宽 W 为 3000Hz，当信噪比为 10dB（$S/N=10$）时，其信道容量为

$$C=3000\log_2(1+10)\text{bit/s}=10380\text{bit/s} \tag{2-4}$$

如果信噪比提高 20dB，即 $S/N=100$ 时

$$C=3000\log_2(1+100)\text{bit/s}=19980\text{bit/s} \tag{2-5}$$

可见，信道容量随信噪比的提高增加了许多。

由于噪声功率 $N=Wn_0$（n_0 为噪声单边功率谱密度），因而随着带宽 W 的增大，噪声功率 N 也会增大。所以，增加带宽 W 并不能无限制地使信道容量增大。

信道是通信中传输信息的通道。它由相应的发送信息与接收信息的设备以及与之相连接的传输介质组成。其连接方式有点对点连接和多点连接。

（1）点对点连接　点对点连接时，通信双方处于信道两端，其他通信设备不与其发生信息共享与交互。点对点连接适用于需传送的数据量较大的场合。

（2）多点连接　多点连接是指多个站点连接到同一信道的不同分支点上的连接方式，任何用户都可以向此信道发送数据，也即共享信道。信道上传播的数据，可以是被全体用户接收的数据［称为广播（Broadcast）］，也可以是只被若干个指定用户接收的数据［称为组播（Multicast）］。若使用信道复用技术，那么可以在同一共享信道上实现多个互相独立的点到点连接。

2.1.2　数据通信的理论基础

由傅里叶级数可知，任意一个周期为 T 的函数 $g(t)$ 都可以表示为无限个正弦和余弦函数之和，即

$$g(t)=\frac{1}{2}C+\sum_{n=1}^{\infty}a_n\sin(2\pi nft)+\sum_{n=1}^{\infty}b_n\cos(2\pi nft)$$

式中　$f=\dfrac{1}{T}$

$$C=\frac{2}{T}\int_0^T g(t)\,\mathrm{d}t$$

$$a_n=\frac{2}{T}\int_0^T g(t)\sin(2\pi nft)\,\mathrm{d}t$$

$$b_n=\frac{2}{T}\int_0^T g(t)\cos(2\pi nft)\,\mathrm{d}t$$

其中，f 为基频；a_n 和 b_n 为正弦和余弦函数 n 次谐波的振幅。

信号所覆盖的频率范围称为信号的绝对带宽，而有效带宽（简称为带宽）是信号中大部分能量集中的频带。虽然信号有模拟信号（取值是连续的）和数字信号（取值是离散的）之分，但不论模拟信号还是数字信号，都有一定的带宽。

通过傅里叶级数也可以在已知周期和振幅的情况下重新合成原始函数，上述算式虽然是针对周期函数而言，但非周期函数可以看作是周期趋于无穷的周期函数。

如果发送端信号的所有频率分量都能无畸变地通过信道传输到接收端，那么在接收端收到的由这些频率分量叠加起来而形成的信号则与发送端发出的信号是一样的。而实际上，传输线路是由电阻、电感、电容组成的分布参数系统，由于电感、电容的阻抗值会随频率而发生变化，因而使得被传输的信号所含的各次谐波分量在线路上通过的能力不同，即信道对所传输信号的各次谐波的振幅作了不等量的衰减及相位延迟，从而引起信号波形的失真。

通常把信号在信道传输过程中某个分量的振幅衰减到原来的 0.707 时所对应的那个频率称为信道的截止频率（也称为信道的带宽）f_c，信道带宽的单位是赫兹（Hz）。有时，人们有意在信道中加入滤波器，以限制用户的带宽，这样信道的带宽就由上、下限截止频率来限定，上、下限截止频率之差被称作信道的带宽。

一般来说，信号的带宽越宽，要求信道的带宽也越宽。通常，信道的带宽是固定的，因此必须限制信号的带宽，以保证数据传输的正确性。

在信道带宽一定的条件下，信道的数据传输速率有一个最大的极限值，这个极限值由香农（Claud Shanon）定理确定，即

$$\text{最大数据传输速率} = W\log_2(1 + S/N)$$

式中，W 为信道带宽；S 为接收端信号的平均功率；N 为信道接收端的噪声平均功率。

其中，S/N 为信噪比，即信号功率与噪声功率的比值。这个公式也被称之为信道容量公式，但这仅仅是理论上限，通常实际系统要达到甚至接近这个上限都是相当困难的。提高信噪比或提高信道带宽能增加信道容量。

奈奎斯特（H. Nyquist）定理给出了有限带宽无噪声信道的最大数据传输速率的公式。奈奎斯特定理指出：如果一个任意信号通过带宽为 W 的低通滤波器，那么每秒采样 $2W$ 就能完整地重现通过这个被滤波的信号。高于 $2W$ 的采样是无意义的，因为高频分量已经被滤波器滤掉而无法再恢复了。若被传信号电平分为 V 级，则

$$\text{最大数据传输速率} = 2W\log_2 V$$

2.1.3 数据编码

数据编码是指通信系统中以何种物理信号的形式来表达数据。模拟数据和数字数据都可以用模拟信号或数字信号来表示并传输，除模拟数据的模拟信号传输以外，都需要某种形式的数据编码，因此数据编码主要有数字数据的数字信号编码、数字数据的模拟信号编码和模拟数据的数字信号编码三种。下面对这三种编

码方式依次进行介绍。

1. 数字数据的数字信号编码

数字数据的数字信号编码就是将二进制数字数据用两个电平来表示，形成矩形脉冲电信号。

(1) 全宽单极性码　信号的电平是单极性的，如逻辑 1 用高电平表示，逻辑 0 用 0 电平表示。

(2) 全宽双极性码　信号的电平是正、负两个极性的，如逻辑 1 用正电平表示，逻辑 0 用负电平表示。

(3) 归零码　它是在每一位二进制信息传输之后均返回零电平的编码。就是一码元信号波形不占码元的全部时间，如只占码元时间的一半，后一半码元时间都“归零”。

(4) 曼彻斯特编码 (Manchester Encoding)　其特点是把一码元一分为二，每一位的中间有一个电平的跳变，它既是数字信号的标志也是时钟信号的标志。曼彻斯特编码规定：由低电平到高电平的跳变代表逻辑 0，由高电平到低电平的跳变代表逻辑 1。因为曼彻斯特编码本身带有同步信息，所以在传送过程中，不需另外传送同步信号。

(5) 差分曼彻斯特编码 (Differential Manchester Encoding)　它是曼彻斯特编码的改进形式。它的每一位中间的跳变仅用来提供时钟信息。二进制数据的取值由每一位开始的边界是否存在跳变而定，一位的开始边界有跳变代表逻辑 0，没有跳变代表逻辑 1。

几种典型编码的波形如图 2-1 所示。

2. 数字数据的模拟信号编码

数字数据的模拟信号编码是采用模拟信号来表达数字数据 0、1 的状态。它的基础是频率恒定的连续模拟信号（即载波），幅度、频率和相位是描述模拟信号的参数，分别使这三个参数随 0、1 信号的变化而变化，就构成了三种不同的编码方式，即幅移键控 (Amplitude-Shift Keying，ASK)、频移键控 (Frequency-Shift Keying，FSK) 和相移键控 (Phase-Shift Keying，PSK)。幅移键控是把频率和相位定为常数，振幅定义为变量，每个振幅值代表不同的信息位。频移键控是把振幅和相位定义为常数，频率的变化代表不同的信息位。相移键控是把振幅和频率定义为常数，而将所选用的正弦波不同的起始相

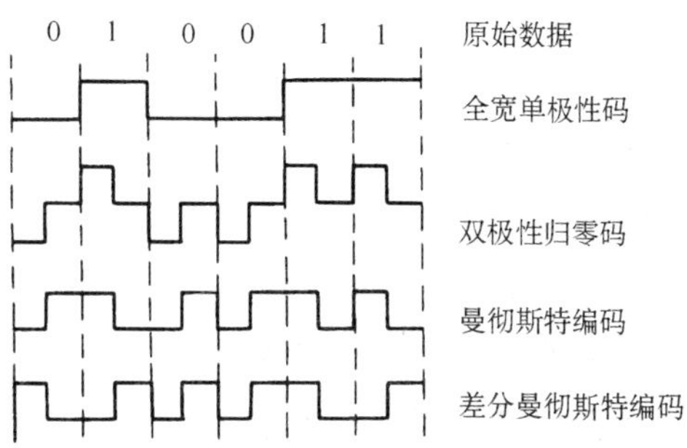

图 2-1　数字数据的数字信号编码波形

位来代表不同的信息位。这三种编码的调制（即进行波形变换）后的波形如图 2-2 所示。

3. 模拟数据的数字信号编码

模拟数据的数字信号编码一般需经过采样、量化、编码三个过程，最典型的是脉冲编码调制（Pulse Code Modulation，PCM）。采样即是指每隔一定的时间对连续模拟信号进行采样，量化即是将采样得到的离散值按照一定的分级标度转换成对应的数值并取整，编码即是对量化得到的量化幅度用一定位数的二进制编码表示出来。

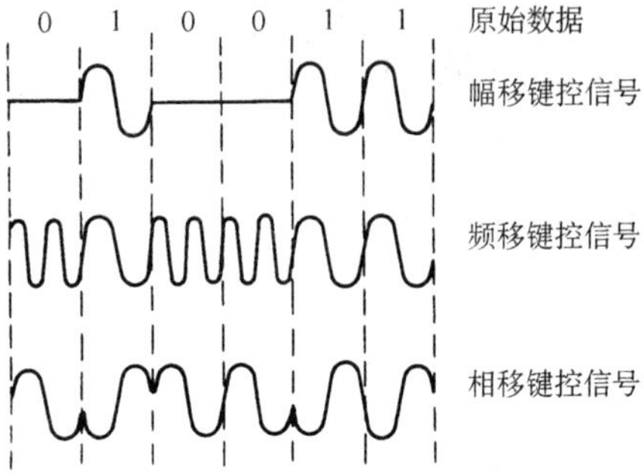

图 2-2　数字数据的模拟信号编码调制波形

2.1.4　数据传输方式

1. 串行传输与并行传输

数据的传输分为串行传输与并行传输。串行传输的数据是一位一位在设备间进行传输，在发送站需将并行数据位流变成串行数据位流，然后发送到传输信道上，而在接收站又要将从传输信道接收到的数据位流变换成并行数据位流。而在并行传输时，多个位在设备间是同时传输的。

串行传输的速度比并行传输要慢得多，但费用低，通常传输距离较远的数字通信系统多采用串行传输。而并行传输的速度高，但设备费用也高，适用于近距离传输。

2. 单工、半双工和全双工通信

根据数据信息在信道上的传输方向，数据通信可分为单工通信、半双工通信和全双工通信。

单工通信的信息流只能沿一个方向传输，即发送站和接收站是固定的，无法进行反向的通信。

半双工通信的信息流可以在两个站之间双向传输，但双向传输不能同时而只能交替进行，即在同一时间内，通信双方只能在一个方向上传输信息。

全双工通信允许在同一时刻两个方向同时进行数据传输。

单工通信方式多用于无线广播、有线广播或电视广播，在数据通信系统中很少采用。全双工和半双工相比，全双工的效率高，但结构复杂，成本也较高。

3. 同步传输与异步传输

同步是数字数据传输过程中要解决的一个重要问题。因为数据是按位传输的，如果发送端发送的速率和接收端接收的速率不一致，那么接收端收到的将是不正确的信息。同步就是指接收端要按照发送端所发送的每个码元的重复频率和起止时间来接收数据。常用的传输方法有同步传输方式和异步传输方式。

同步传输方式各字符没有起始位和停止位，采用按位同步的同步技术。位同步就是使接收端接收的每一位数据信息都要和发送端准确地保持同步，实现位同步的方法有外同步法和自同步法。外同步法是在发送数据前，发送端先向接收端发一串同步的时钟，接收端按照这一时钟频率调整接收时序，把接收时钟重复频率锁定在接收的同步频率上，然后按照同步频率接收数据。自同步法是从数据信号波形本身提取同步信号的方法，时钟信号与传输信息可以同时传输到接收端，如数字信号采用曼彻斯特编码和差分曼彻斯特编码，由于这两种编码都是自同步编码，编码本身都带有同步信号，因此接收方可以从接收到的信号中分离出同步时钟。

异步传输方式又称起止同步传输方式或群同步传输方式，它是在位同步基础上的同步，它要求发送端与接收端必须保持一个群内的同步。为了识别字符或进行字符同步，在每个发送的字符前后各加入一位或多位信息，以表示一个字符的开始和结束。每个字符都按照一个独立的整体进行发送，传输过程中，每个字符可以以不同速率发送，各字符的发送时间间隔也是任意的，因此称为异步。

异步传输方式实现简单，传输中的一个错误只影响一个字符的正确接收，每个字符的起始位都给该字符的位同步提供时间基准，对线路上发送和接收设备的要求较低，但传输效率低。同步传输方式对发送端和接收端的要求较高，但同步传输方式由于取消了每个字符的起始位和停止位，因此传输效率高于异步传输方式，适用于高速数据通信。

4. 多路复用技术

在同一条通信线路上，实现同时传送多路信号的技术叫做多路复用技术。常用的多路复用技术有时分多路复用、频分多路复用和波分多路复用。

时分多路复用（Time Division Multiplexing，TDM）是在传输时把时间分成小的时间片，每一时间片由复用的一路信号占用，各路信号在微观上是串行传送的，在宏观上是并行传送的。它广泛应用于数字通信中，计算机网络系统也使用 TDM 技术。

频分多路复用（Frequency Division Multiplexing，FDM）是将多路信号分别调制到互不交叠的频段来进行传输，各路信号在微观上是并行传送的。FDM 的缺点是各路信号之间易互相干扰，它多用于模拟通信中。

波分多路复用（Wave-length Division Multiplexing，WDM）是在光纤信道上使用的频分多路复用的一个变种，它是在光波频率范围内，把不同波长的光波，按一定间隔排列在一根光纤中传送，即将光纤可工作的有效波长划分为多个波段，通过棱柱或光栅将不同的波段合成到一根共享光纤上。WDM 用于光纤通信中。

5. 基带、频带和宽带传输

原始电信号所占用的频率范围就叫基本频带（简称基带），这种原始电信号称为基带信号。基带传输就是将基带信号直接送到线路上进行传输的传输方式。数字信号的基本频带为从 0 到若干兆赫。基带传输系统无需使用调制解调器，设备费用低，适用于短距离的数据传输系统中。

频带传输是指将基带信号进行调制后形成的模拟信号送到线路上进行传输的传输方式。频带传输在发送端和接收端都要设置调制解调器。频带传输适合于长距离的数据传输，而且能够实现多路复用。

宽带传输是指将多路基带信号、音频信号和视频信号的频谱分别移到一个物理信道的不同频段进行传输的传输方式。所谓宽带就是指比音频带宽更宽的频带，宽带传输采用的是频带传输的技术，但频带传输不一定是宽带传输。

2.1.5 数据传输介质

传输介质就是在通信的发送方和接收方之间传输电信号的物理介质，传输介质有很多种，每一种传输介质由于它们各自不同的性能特点，使得它们对诸如数据传输速率、通信距离、数据传输的可靠性、成本和安装维护的难易度等方面均有很大的影响。

传输介质主要有架空明线、双绞线、同轴电缆、光缆、微波、红外线、卫星等。其中最常用的传输介质是双绞线、同轴电缆和光缆。

1. 双绞线

双绞线是最普通的传输介质，它既能传输模拟信号，也能传输数字信号。其通信距离可达几到十几千米，当通信距离长时，要加放大器或中继器。

双绞线电缆中封闭着一对或一对以上的双绞线，在其外面再包上硬的护套。每一对双绞线由两根绝缘铜导线按一定密度互相绞合在一起，这样可以降低信号干扰的程度。在每根铜导线的绝缘层上分别涂以不同的颜色以示区别。双绞线常用 RJ-45 接头与其他网络设备连接。

双绞线分为非屏蔽双绞线（Unshielded Twisted Pair，UTP）和屏蔽双绞线（Shielded Twisted Pair，STP）两种类型。两者的区别在于：STP 比 UTP 在其中的双绞线与外层绝缘胶皮之间增加了一个铅箔或铜编丝网屏蔽层，目的是提高双绞线的抗干扰性能、减小辐射、防止信息被窃听，同时使得网络具有较高的数据传输速率。但 STP 价格较高，安装也较复杂，因而主要是在安全性要求比较高的网络环境（如军事网络）或某些特殊场合（如受电磁辐射严重、对传输质量要求较高等）的布线中使用，一般无特殊要求的网络布线也常使用 UTP。UTP 价格相对便宜、尺寸小且组网灵活。

国际电子工业协会（Electronic Industries Association，EIA）根据双绞线的电气特性，将 UTP 分为五个等级，它们的主要差别在于其缠绕的绞距，等级越高的双绞线，绞合得越紧密，因此抗干扰能力也越强，传输性能也越好。计算机网络常使用3类和5类UTP。3类UTP适应于以太网（10Mbit/s）对传输介质的要求，是早期网络中重要的传输介质；4类UTP因传输性能与3类UTP相比并没有提高多少，而标准的推出又比3类晚，所以目前较少使用；5类UTP因价廉质优而成为快速以太网（100Mbit/s）的首选传输介质；现在还有超5类UTP，超5类UTP尤其适用于吉位以太网（1000Mbit/s）。

2. 同轴电缆

同轴电缆由内导体铜芯线、绝缘层、网状编织的外导体屏蔽层及塑料保护层构成。这种结构使铜芯线与网状导体同轴，因此称为同轴电缆。同轴电缆的屏蔽性能和抗干扰性能优于双绞线，它具有较高的带宽和较低的误码率。一般情况下，同轴电缆的数据传输速率与传输距离成反比，即传输速率越高，传输距离就越短。

广泛使用的同轴电缆有两种：一种是50Ω的同轴电缆，另一种是75Ω的同轴电缆。根据直径的不同，同轴电缆又分为细缆和粗缆两种。

50Ω的同轴电缆用于数字传输，它只能用于基带网，又称为基带同轴电缆。基带同轴电缆的带宽取决于电缆长度。50Ω的同轴电缆是局域网中的常用传输介质，其中RG-58型同轴电缆又被称为以太网细缆，RG-8或RG-11型同轴电缆又被称为以太网粗缆。

75Ω的同轴电缆既可用于基带网，也可用于宽带网，也被称为宽带同轴电缆。这里的宽带是泛指使用了频分复用和模拟传输技术的同轴电缆网络。75Ω的同轴电缆既可以传输数字信号，也可以传输模拟信号，它是公用天线电视系统中使用的标准传输电缆。

3. 光缆

光纤是光导纤维的简称，光纤和同轴电缆相似，只是没有网状屏蔽层，中心是光传播的玻璃芯。多条光纤组成一束就构成光纤电缆（简称为光缆）。

光纤通信是利用光纤传递光脉冲来进行通信，有光脉冲相当于1，没有光脉冲相当于0。为使光纤能传输信号，光纤两端须配有光发射机和光接收机。光发射机执行从电信号到光信号的转换，在接收端再由光接收机将光信号转换成电信号。实现电光转换的通常是发光二极管或注入型激光二极管，实现光电转换的是光敏二极管或光敏晶体管。光纤传输的信息是光信号而不是电气信号，因此光纤传输的信号不受电磁干扰的影响。

光纤按传输点模数的不同分为单模光纤（Single Mode Fiber）和多模光纤（Multi Mode Fiber）两类。单模光纤在给定的工作波长上只能以单一模式传输。多模光纤在给定的工作波长上能以多个模式同时传输。单模光纤的纤芯直径很小，传输的频带宽，通信容量大。单模光纤的传输性能比多模光纤好。

用光缆作传输介质优点很多，主要有传输频带非常宽、数据传输速率非常高、误码率很低、传输损耗小、中继距离长、抗电磁干扰性能很强、保密性好、重量轻、体积小等，因此光缆是数据传输中最有效、最有前途的一种传输介质。但由于目前光纤衔接和分支都比较困难、光纤和光电接口的价格比较高等原因，使得光缆的应用受到一定的限制，目前主要用于对传输速率要求很高、抗干扰能力要求极强的主干网上。

2.1.6 局域网拓扑结构

所谓拓扑，是一种研究与大小、形状无关的线和面特性的方法，由数学上图论演变而来。在网络中，把计算机等网络单元抽象为点，把网络中的通信媒体（如电缆）抽象为线，从而抽象出网络的拓扑结构。

局域网通常分布在一个有限的地理范围内，具有比较稳定和规范的拓扑结构，常见的局域网拓扑结构有星形、环形、树形和总线形等，如图 2-3 所示。

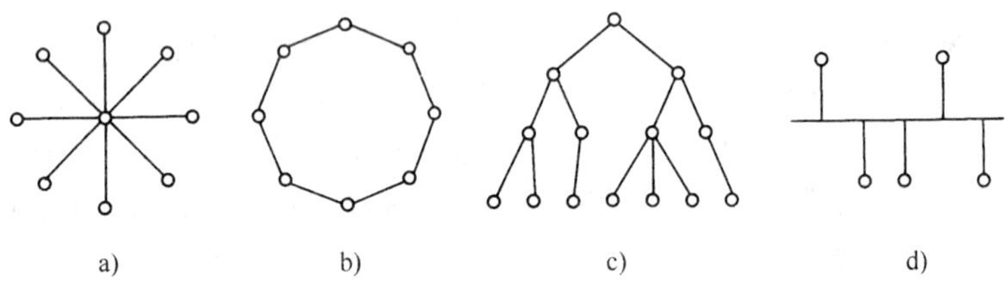

图 2-3 常见局域网拓扑结构

a）星形 b）环形 c）树形 d）总线形

1. 星形拓扑结构

星形结构中每个节点均以一条单独信道与中心节点相连。任何两节点间要通信必须通过中心节点转接，中心节点是控制中心。星形结构的优点是建网容易、控制简单。它的缺点是网络共享能力差，网络可靠性低，如果一旦中心节点出现故障，则会导致全网瘫痪。

2. 环形拓扑结构

网络中各节点通过一条首尾相连的通信链路连接而成一个闭合环形结构网，数据在环上单向流动。由于各节点共享环路，因此需要采取措施（如令牌控制）来协调控制各节点的发送。环形结构的优点是无信道选择问题，它的缺点是不便于扩充，系统响应延时大。

3. 树形拓扑结构

树形结构是天然的分层网络结构。其特点是网络成本低，结构比较简单。树形结构非常适合于分主次、分等级的层次型管理系统。它的典型的应用是低层节点解决不了的问题请求中层计算机解决，中层解决不了的问题请求顶部计算机来解决。

4. 总线形拓扑结构

总线形结构是最普遍使用的一种网络拓扑结构，它是将各个节点和一根总线相连。总线形结构的优点是网络结构简单、灵活、可扩充性好、可靠性高、资源共享能力强。但由于同环形结构一样采用共享信道，因此需处理多站争用总线的问题。以太网就是采用这种网络拓扑结构。

2.1.7 媒体访问控制技术

上一小节提到环形和总线形拓扑结构的网络中，由于网上设备必须共享信道，为解决在同一时间多台设备争用共享信道的问题，必须使用某种媒体访问控制（Medium Access Control，MAC）技术，以便协调各设备访问媒体的顺序，完成交换数据的任务。本小节介绍几种典型的媒体访问控制技术。

1. 带碰撞检测的载波侦听多址访问（Carrier Sense Multiple Access With Collision Detection，CSMA/CD）

CSMA/CD 技术包含载波侦听多址访问（CSMA）和碰撞检测（CD）两方面内容，用于总线形网络拓扑结构中。它被形象地称为“讲前先听、边讲边听”方法。

所谓“讲前先听”，是指每个站点在发送数据前进行载波侦听，而载波侦听是侦听传输线上是否有信息在发送，这是减少碰撞的主要技术。“碰撞”是指由于同一时刻有多个站点向传输线路发送信息，从而引起信息在传输线上因相互混淆而遭到破坏。载波侦听协议有三种：

（1）1 坚持 CSMA　如果侦听到信道忙，则一直坚持听下去，直到信道空闲，一侦听到信道空闲就立即发送数据。如果有碰撞，则等待一段随机时间后再侦听。此协议当站点发现信道空闲时，其发送数据的概率为 1。

（2）非坚持 CSMA　如果侦听到信道空闲就立即发送数据，如果侦听到信道忙，则延迟一随机时间后再重新侦听。

（3）P 坚持 CSMA　如果侦听到信道忙，则一直坚持听下去，直到信道空闲，如果侦听到信道空闲，则以概率 P 发送数据，而以概率（$1-P$）延迟时间 τ（最大传输延时时间）再重新侦听信道。

所谓“边讲边听”，是指每个站点发送信息之后，还要继续侦听传输线，判定是否发生了碰撞，一旦站点检测到碰撞，就立即取消剩余信息的传送。由于网络上不可避免地有传输延迟，有可能多个站点同时侦听到线上空闲，并开始发送，从而导致碰撞。既然碰撞不可避免，那么迅速结束碰撞帧的传送，可以提高总线的利用率。

2. 控制令牌

控制令牌访问技术可用于环形和总线形两种拓扑结构的网络中，分别称为令牌环网和令牌总线网。令牌（Token）是一个特殊的控制帧，它掌握发送数据的权力。

这种访问方式在环形和总线形网中建立起来的都是“环”，一种逻辑环。如物理上是总线的，在逻辑上所有站点构成一个逻辑环，每个站点均有自己的前驱站和后继站，末站的后继站就是首站，首尾相连。逻辑环初始化后，站号最大的站点就可以发送第一帧，然后通过下发令牌帧将发送权转交给它的后继，令牌沿逻辑环从一个站点传递到另一个站点，只有持有令牌的站点才能够发送帧。

采用 CSMA 的网络存在碰撞问题，而采用控制令牌的网络由于任一时刻只有一个站点拥有令牌，因此不会产生碰撞。

IEEE 为美国电气电子工程师学会（Institute of Electrical and Electronic Engineers）的简称，IEEE 为局域网制定的标准统称为 IEEE802 标准。CSMA/CD、令牌总线和令牌环已经分别被列为 IEEE802.3、IEEE802.4 和 IEEE802.5 标准。

2.1.8 数据交换技术

交换是网络实现数据传输的一种手段，所谓“交换”就是按照需要来设定源节点和目的节点之间的通信路径。网络中的节点相互之间一般是部分连接的，较少有全连接的结构（即网络上每一个节点和其他所有节点都有通信线路连接），因此一般节点间的通信需经过中转节点的转接才能实现。根据中转节点的性质，交换可分为两类：线路交换和存储转发交换。

线路交换与电话交换系统类似。它在两节点交换数据之前，要在网络中先建立一个实际的物理线路连接，这种连接技术称为线路交换。线路交换存在信道建立、数据传输和信道拆除三个通信过程。线路交换的特点是：需建立源端到目的端的直通路径，线路建立时间长，但线路一旦建立起来，信息传输延迟时间短，然而不同数据传输速率和不同数据代码格式之间的用户不能进行交换。线路交换适于实时性要求高、交互式的通信。

存储转发交换是中转节点先将待传输的信息暂存到缓冲存储器中，并等待信道空闲时再把信息转发给下一个节点，若不空，则信息可在缓冲存储器中等待。存储转发交换方式又分为两种：报文交换和报文分组交换。所谓报文，就是发送者拟发送的整个数据块。

报文交换的发送者以报文为单位进行发送，交换节点按报文存储转发，报文是交换的单位。

报文分组交换也称为分组交换或包交换，报文分组是交换的单位。报文分组交换限制发送和转发的信息长度。在发送站将一个长报文按报文分组规定的长度分成多个报文分组，然后逐个报文分组发送，交换节点逐个转发。在接收站再将多个报文分组按顺序重新组装成报文。

存储转发方式与线路交换方式相比主要有以下优点：

1）由于多个报文（或报文分组）可以分时共享一条信道，因此线路利用率高；

2）不同数据传输速率和不同数据代码格式之间的用户可以相互交换数据；

3）一个报文（或报文分组）可以发送到多个目的节点。

但由于报文大小变化很大，这就为存储报文的缓冲器的分配带来困难，而且由于报文的长度大，使得因出错而带来的出错重发量增加，会影响传输效率。但报文交换控制简单，易于实现。报文分组交换由于每次交换的信息量少，各分组又可选择不同的转发路径，因此它比报文交换具有更大的灵活性。线路交换和报文分组交换使用较多。

2.1.9 差错控制技术

所谓差错就是在数据通信中，接收端接收到的数据与发送端发出的数据不一致的现象。而差错控制是指在数据通信过程中，发现差错、并对差错进行纠正，从而把差错限制在数据传输所允许的尽可能小的范围内的技术和方法。差错控制包括差错检测和差错校正两个方面。

差错控制编码是差错控制的核心，它的基本思想是通过对信息序列作某种变换，使得原来彼此独立、没有相关性的信息码元序列经变换后产生某种相关性，接收端据此来发现和纠正传输序列中的差错。差错控制编码分检错码和纠错码两种。

纠错码是既能发现错误，又能自动纠正错误的编码，如海明码。但纠错码实现复杂、造价高，因此一般的通信场合不易采用。

检错码是能够自动发现错误的编码，常用的检错码有奇偶校验码和循环冗余码。检错码虽然需要通过重传机制达到纠错，但原理简单、实现容易、编码与解码速度快，因此得到广泛的使用。

介绍一个重要的概念：海明距离（Hamming Distance）。所谓海明距离是指两个码字中不同位的个数，计算海明距离只需对两个码字作异或运算，然后计算结果中 1 的个数。如任意两个码字 11000010 和 11100011 中有 2 位不同，因此它们的海明距离为 2。

一种编码方法的海明距离是指这种编码方法中任意两个有效码字之间的海明距离的最小值。海明距离决定了一种编码方法的检、纠错能力：要检测出 d 位错误，则需要使用海明距离为 $d+1$ 以上的编码，因为 d 个单比特的错误决不可能将一个有效码字转变成另一个有效码字；同理，要纠正出 d 位错误，则必须使用海明距离为 $2d+1$ 以上的编码，因为这个有效码字即使发生 d 位错传，仍比任何其他有效码字都更接近原始码字。

下面分别介绍海明码、奇偶校验码和循环冗余码。

1. 海明码

海明码是一种可以纠正单个位差错的高效率线性分组码。它的基本思想是将待传信息分成许多长度为 k 的组，再附加 r 个校验位，构成长度为 $n=k+r$ 位的分组码。位号为 2 的幂的位（如 1、2、4、8 等，位号从左边第 1 位开始编号）是校验位，其余位（如 3、5、6、7、9 等）是信息位。分组码中每个校验位和某几个特定的信息位构成偶（或奇）检验关系。校验位数 r 必须满足：$2^r \geqslant k+r+1$。

2. 奇偶校验码

奇偶校验码是一种最简单的检错码。奇偶校验码的编码规则是在原有信息后附加一位检验位（垂直校验），或在原信息后附加一行校验行（水平校验），使得整个码字或码组中的代码“1”的个数成为奇数（称为奇校验）或偶数（称为偶校验）。

奇偶校验分为水平奇偶校验、垂直奇偶校验和水平垂直奇偶校验（又称方阵码）等。水平奇偶校验是把信息以适当的长度划分为组，以字符组为单位，对一组字符中的相同位进行奇偶校验。垂直奇偶校验是以字符为单位的一种校验方法。水平垂直奇偶校验是同时进行水平和垂直奇偶校验的校验。

奇偶校验方法简单，但检错能力差，一般只用于通信要求较低的环境。

3. 循环冗余码

循环冗余码（Cyclic Redundancy Code，CRC）又称为多项式码。它是在发送端产生一个循环冗余码，附加在信息位后面一起发送到接收端，接收端也按同样的方法产生循环冗余码，将这两个校验码进行比较，若一致，则说明传输正确；若不一致，则说明传输有错。

要获得循环冗余码，就是将要发送的比特流看成是一个多项式 $f(x)$ 的系数，用收发双方预先约定的生成多项式 $G(x)$ 去除$f(x)$，求得的余数多项式的系数即为循环冗余码。具体计算循环冗余码的方法是，先将发送数据的多项式$f(x)$乘以 x^k，其中 k 为生成多项式 $G(x)$ 的最高次幂值，然后将 $f(x)x^k$ 除以生成多项式 $G(x)$，所得的余数多项式的系数即为循环冗余码。

下面结合一个实例具体说明用循环冗余码检错的步骤。假设要发送的数据的比特序列为 101100，生成多项式 $G(x)$ 的比特序列为 11001：

- 由于生成多项式的比特序列 11001 是 5bit，因此生成多项式的最高次幂值 $k=4$。对于二进制乘法来说，$f(x)x^k$ 实际上就是将 $f(x)$ 对应的比特序列左移 k（$k=4$）bit，因而 $f(x)x^k$ 对应的比特序列为 1011000000。
- 将 $f(x)x^k$ 除以生成多项式 $G(x)$，这里的算法采用模 2 算法，即减法不借位，加法不进位，这实际上是一种异或操作。除法结果是

```
                  1 1 0 1 0 1
11001 ) 1 0 1 1 0 0 0 0 0 0
        1 1 0 0 1
          1 1 1 1 0
          1 1 0 0 1
              1 1 1 0 0
              1 1 0 0 1
                  1 0 1 0 0
                  1 1 0 0 1
                    1 1 0 1  ←余数
```

得到的余数 1101 即为循环冗余码。

● 将余数比特序列加到乘积中得到 1011001101，这个序列即为发送端实际发送的比特序列。

● 如果传输没有出错，则接收端收到的带有循环冗余码的比特序列一定能被相同的生成多项式整除，即余数为 0。

```
                  1 1 0 1 0 1
11001 ) 1 0 1 1 0 0 1 1 0 1
        1 1 0 0 1
          1 1 1 1 0
          1 1 0 0 1
              1 1 1 1 1
              1 1 0 0 1
                  1 1 0 0 1
                  1 1 0 0 1
                          0  ←余数
```

如果不能整除，则说明传输过程中出错，需要由发送端重发该信息。

循环冗余码的生成多项式是要经过严格的数学分析与实验后确定的，列入国际标准的生成多项式常用的有

CRC-CCITT：$G(x) = x^{16} + x^{12} + x^{5} + 1$

CRC-12：$G(x) = x^{12} + x^{11} + x^{3} + x^{2} + x + 1$

CRC-16：$G(x) = x^{16} + x^{15} + x^{2} + 1$

CRC-32：$G(x) = x^{32} + x^{26} + x^{23} + x^{22} + x^{16} + x^{12} + x^{11} + x^{10} + x^{8} + x^{7} + x^{5} + x^{4} + x^{2} + x + 1$

循环冗余码校验可以用软件实现，但通常用硬件来实现循环冗余码的编码、译码和判错，因为目前很多通信用的超大规模集成电路芯片内部都可以非常方便地实现标准循环冗余码的生成与校验功能。循环冗余码校验检错能力强，实现容易，它是目前使用最广泛的检错码。

2.1.10 网络互连设备

网络互连是计算机网络发展到一定阶段的必然产物。它是指处于同一地域或不同地域的同类型或不同类型网络之间的互连，互连的目的是实现互连网络的资源共享。网络互连的要求是：在不改变原网络协议、软硬件的前提下，使连接对

原网络的影响减至最小。同种网络互连比较容易，而两个异构网络（不同类型的网络）由于寻址方式、分组大小、协议等均可能不同，因而异构网络互连要复杂得多。

网络互连一般都不能简单地直接相连，而是通过一个中间设备互连，国际标准化组织（ISO）定义的术语称之为中继系统，根据中继系统工作在 ISO/OSI/RM 的七层模型（此模型将在下一节中详细介绍）的层次不同，可将互连划分为四个层次：物理层、数据链路层、网络层和传输层及传输层以上，与之对应的网络互连设备分别是中继器（Repeater）、网桥（Bridge）、路由器（Router）和网关（Gateway）。

1. 中继器

中继器又称转发器，它负责在两个节点的物理层上按位传递信息，完成信号的复制、调整和放大功能，以此来延长网络的长度。中继器由于不对信号作校验等其他处理，因此即使是差错信号中继器也照样整形放大。中继器实际上只是网段（网络中两个中继器之间或终端与中继器之间的一段完整的、无连接点的数据传输段称为网段）的互连设备，而非网络的互连设备，因为它仅仅是把一个网络扩大了，但这个网络仍然是一个网络。中继器两端连接的传输介质可以相同，也可以不同。

从理论上讲，中继器的使用个数是无限的，网络也因此可以无限延长。但事实上，这是不可能的，因为网络标准中都对信号的延迟范围作了具体的规定，如果延迟太长，协议就不能工作，因此网络中加入中继器的个数是有限制的。如以太网标准中规定，一个以太网上只允许出现 5 个网段，最多使用 4 个中继器。

2. 网桥

网桥又称桥接器，它在数据链路层上对帧进行存储转发。网桥接收一个整帧，并将它向上传送到数据链路层检测校验和，再向下传送到物理层，通过传输介质送到另一个子网或网段。由于网桥可以对帧进行检测，因此可以将错误的帧丢弃，起到过滤出错帧的作用。

局域网的数据链路层分为逻辑链路控制（Logical Link Control，LLC）子层和媒体访问控制（MAC）子层，而网桥实际上可实现 MAC 子层上的互连，因此网桥可用于互连符合 IEEE802 标准的网络，如 CSMA/CD 总线网、令牌环网和令牌总线网。不同的局域网，由于媒体访问控制协议不同、帧的格式和最大帧长不同、传输速率不同而产生的寻址和路由等问题，都由网桥解决。通过网桥连接局域网，可以提高各子网的性能和安全性。

网桥对收到的每一帧都检查它的源地址和目的地址，如果目的地址与源地址不在同一网络上，则网桥将该帧转发到扩展的另一个网络上；若目的地址与源地址在同一网络上，则网桥不转发该帧，从而起到了对帧的过滤。由于网桥具有过滤帧的作用，因此适当地使用网桥，将大范围的网络分成几个相互独立的网段，可以使得某一网段的传输效率提高，而各网段之间还可以通过网桥进行通信。因此，在网络上适当使用网桥，可以起到调整网络的负载、提高整个网络传输性能的作用。

3. 路由器

路由器是在网络层上实现多个网络互连的设备，它对分组信息进行存储转发。路由器比网桥更复杂、管理功能更强，但更具灵活性，经常被用于多个局域网、局域网与广域网以及异构网络的互连。

路由器最重要的功能是路由选择，这也是路由器名称的由来。即为经过路由器的每个数据分组按某种路由策略选择一条最佳路由，并将该数据分组转发出去。为此，在路由器中保存着各种与传输路径相关的数据（路由表）供路由选择时使用。如果到指定的节点有一条以上的传输路径，则基于预先确定的准则选择最优的路径。由于网络的连接情况可能发生变化，因此路由信息需要不断更新。网络中的每个路由器按照路由信息协议的规定定时更新，或者按变化情况更新的规则动态地更新它所保持的路由表，以便始终保持路由信息有效。此外，路由器还具有协议转换、分组分段和组装、过滤、介质转换、流量控制、网络管理等功能。

路由器与协议有关，不同的路由器有不同的路由器协议，支持不同的网络层协议。路由器分单协议路由器和多协议路由器两种。单协议路由器仅仅是分组转换器。多协议路由器可以支持多种协议，能为不同类型的协议建立和维护不同的路由表。

市场上有很多将网桥和路由器的功能组合起来的产品，称为桥路器。桥路器既可以当网桥使用，也可以当路由器使用。

4. 网关

网关是最复杂的网络互连设备，在传输层以上实现网络互连。网关具有从物理层直到应用层各层的协议转换能力。

网关主要用于异构网络的互连、局域网与广域网的互连以及广域网之间的互连。网关总是与特定的网络互连相联系，不存在通用的网关。

5. 集线器

集线器（HUB）相当于一个有多个端口的中继器，因此也称之为多口中继器或集中器。集线器的功能是随机选出某一端口的设备，并让它独占全部带宽，与集线器的上连设备（如交换机、路由器或服务器）进行通信。

集线器按其发展过程分为无源集线器、有源集线器、智能集线器和交换式集线器。无源集线器只是把传输介质连接在一起，从一个端口接收数据然后向所有端口广播。有源集线器具有支持多种传输介质、信号放大、检测和修复数据等功能。智能集线器除具有有源集线器的全部功能外，还有网络管理等智能性功能。交换式集线器最主要的特性是可以均衡网络负载和提高网络可用带宽。

随着集线器的发展，其产品已突破了一般的概念，向综合方向发展。集线器的功能越来越多，不仅可以用来连接设备，而且可以用来互连局域网，甚至可以互连不同类型的网络。

2.2 ISO/OSI 参考模型

为了实现不同制造商的计算机相互之间的通信，国际标准化组织（ISO）制定了“开放系统互连参考模型（OSI/RM）”，1983 年正式成为国际标准，即 ISO7498。我国相应的国家标准是 GB/T 9387。

开放系统就是遵守互连标准协议的实系统，所谓实系统就是能够进行信息处理或信息传送的自治整体，实系统可以是一台或多台计算机及其和这些计算机相应的软件、外围设备、终端等的集合。

OSI 参考模型采用的是层次结构，在 OSI 参考模型中，下一层为上一层提供服务，而各层内部的工作与相邻层是无关的。分层主要遵循以下原则：

1）层次数不能太多，也不能太少；

2）在数据处理需要不同抽象级别的地方分层；

3）各层实现定义明确的功能；

4）选择穿过相邻边界相互作用次数最小或通信量最少的边界为层间界面。

OSI 参考模型定义了不同计算机互连标准的框架结构，OSI 参考模型分为七层（见图 2-4），分别是物理层、数据链路层、网络层、传输层、会话层、表示层和应用层。下面对 OSI 参考模型的七个层次依次进行介绍。

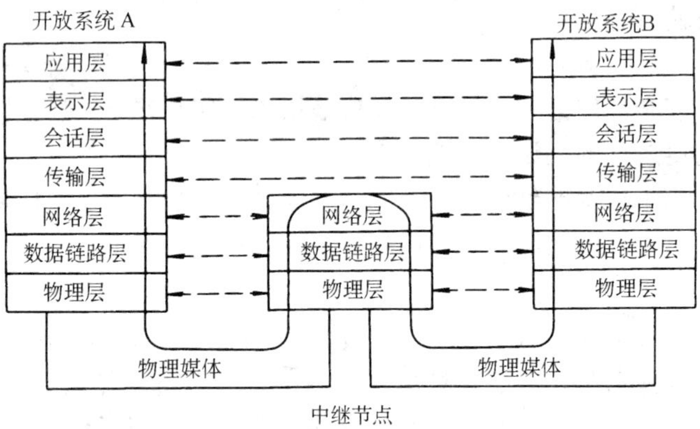

图 2-4　ISO/OSI 参考模型

2.2.1 物理层

物理层的目的是在数据链路实体之间传送原始的二进制比特流。物理层并不是指连接的具体物理设备或具体的传输介质，它是通过提供和通信介质的连接，向上层（数据链路层）提供传送原始比特流的物理连接，使数据链路层感觉不到各种介质和通信手段存在的差异。

物理层协议主要提供在数据终端设备（Data Terminal Equipment，DTE）和数据电路端接设备（Data Circuit-terminating Equipment，DCE）之间的接口。DTE 是对所有连网设备的统称，如计算机和数据输入、输出设备等。DCE 是指数据电路端接设备或数据通信设备，如调制解调器、通信处理机等。

物理层协议规定了为正确传送二进制位信号进行建立、维持和释放物理信道提供机械、电气、功能和规程方面的手段。物理层协议规定的四个特性是：

（1）机械特性　接口所用接线器的形状和尺寸、引线数目和排列方式、固定和锁定装置等。

（2）电气特性　信号线的连接方式、发送器和接收器的电气参数（包括阻抗、信号电平、传输速率和距离的限制等）以及互连电缆的有关技术规定。

（3）功能特性　物理接口各信号线的用途，即说明某条线上出现的某一电平的电压表示何种意义。信号线按功能一般分为四类：数据、控制、定时和接地。

（4）规程特性　使用信号线实现比特流传输的操作过程中，在建立、维持和释放物理信道时通信双方在各电路上的动作序列，即信号时序的应答关系和操作过程。对不同的应用场合有不同的操作过程。

物理层典型协议是 EIA RS232C。

2.2.2　数据链路层

物理层在传输过程中不负责检错和纠错，这项工作由数据链路层完成。数据链路层的作用是要在不太可靠的物理链路上，通过数据链路层协议实现可靠的数据传输。

数据链路层的功能是为网络层提供连接服务，并在数据链路连接上传送帧，帧是数据链路层数据的传输单位。数据链路层向网络层提供的服务会因服务质量、应用环境以及是否有连接而不同，一般为网络层提供如下三种服务：

（1）无确认的无连接服务　发送前不建立数据链路连接，需要通信时，发送方的数据链路层即可直接发送任意长的信息，传输时接收方也不应答，出错和数据丢失时也不作处理。这种服务质量低，适合于线路的误码率很低或者对传送实时性要求很高（如语音）的场合。

（2）有确认的无连接服务　发送前不建立数据链路连接而直接发送数据，接收数据链路层能接收帧，并经校验如果正确，则返回应答帧；不能接收或接收后校验不正确，则返回否定应答，发送端要么重发，要么暂不发数据。这种服务适用于不可靠信道的信号传输。

（3）有确认的面向连接的服务　进行一次数据传送分为三个阶段：数据链路建立、数据帧传送和数据链路的释放。面向连接的服务在数据传送阶段对每个帧都要确认，发送方收到确认后才能发送下一个帧。这种服务的质量好。

对用户而言，数据传输的内容是报文，但报文所包含的信息量的大小是不确定的，可能很大，也可能很小。但网络中，数据传输必须按系统通信规程进行，即系统中帧的大小、规格是有限制的，报文是按系统通信规程规定的帧格式传输的。发送方将网络层传下来的分组附上数据链路控制信息构成帧交给物理层，接收方把物理层交来的数据去除帧的数据链路控制信息后上交网络层。

数据链路层使用物理层提供的服务来传输帧，它的基本功能包括：实现数据链路的建立、数据传输与数据链路的释放，以及信息帧发送过程中的流量控制与差错控制功能，保证信息帧在数据链路上的正确传输。数据链路连接是建立在物理连接基础上的。物理连接是用一连串信号电平的有序升降来表示物理连接的建立、维持和释放。数据链路连接在物理连接已经建立好，每次通信前后，通信双方相互联系以确认本次通信的开始和结束，这就是数据链路连接的建立和释放。

数据链路层要解决的主要问题有：

（1）成帧　数据链路层把比特流分成离散的帧，并对每一帧计算出校验和。当一帧到达目的地后重新计算校验和，如果新计算出的校验和与帧中所包含的校验和不同，数据链路层就知道出错了，从而进行某种差错处理。因此，将比特流分成帧很重要，成帧有很多方法，如字符计数法、带字符填充的首尾界符法、带位填充的首尾标志法等，此处不再详述。

（2）流量控制　为了防止快的发送方“淹没”慢的接收方，通常引入流量控制来限制发送方所发出的数据流量，使发送速率不要超过接收方能处理的速率。这通常需要引入某种反馈机制，如发送方在未获得接收方允许之前禁止发出下一帧。

（3）差错控制　为了保证接收方能将接收无误的帧按正确的顺序交给网络层，通常采用的方法是重传受损或丢失的帧。这就要求接收方发回应答帧，若发送方收到了关于某帧的肯定应答，则知道此帧已正确送达，若收到否定应答或未收到应答，则说明此帧发送出错，需要重发。在发送方引入定时器可用于判断帧是否丢失，若超时未收到帧被正确接收的应答帧，则重发丢失的帧。为了防止收到重复帧，通常采取对发出的各帧进行编号，这样接收方就能够辨别收到的是重复帧还是新帧。

数据链路层的典型协议是 OSI 标准协议集中的高级数据链路控制（High Level Data Link Control，HDLC）协议。

OSI 参考模型的数据链路层在 IEEE802 局域网标准中被分为媒体访问控制（MAC）子层与逻辑链路控制（LLC）子层。由于 IEEE802 局域网共享信道，因此 MAC 子层负责解决共享信道的媒体访问控制，LLC 子层完成通常意义下的数据链路层功能，即通过差错控制和流量控制实现无差错的数据传输。由于局域网采用的拓扑结构与传输介质有很多种，相应的媒体访问控制方法也有多种，因此 MAC 子层与介质和拓扑结构密切相关，而 LLC 子层隐藏了各种 802 网络之间的差别，向网络层提供一个统一的格式和接口。

2.2.3 网络层

数据链路层协议只能解决相邻两个节点间的数据传输问题，不能解决由多条链路组成通路的数据传输问题。网络层的任务就是要选择合适的路由，为传输层提供整个网络范围内两个终端用户之间数据传输的通路。在网络层，数据的传送的单位是报文或报文分组。

网络层向上层（传输层）所提供的服务有两大类，即面向连接的网络服务和无连接的网络服务，这两种网络服务的具体实现就是虚电路服务和数据报服务。虚电路服务和数据报服务的区别，实质上就是将分组排序和差错控制放在网络层还是放在传输层。

在选用虚电路服务时，在发送数据之前，必须先进行网络连接的建立，然后进行数据传输，当数据传输结束后，再释放网络连接。由于传送的多个分组是沿着一条网络连接串行前进，因而接收端收到的顺序和发送端发送的顺序完全一致。网络可保证分组按顺序交付，不丢失、不重复，端到端的差错控制和流量控制由网络负责。虚电路适用于定对象、长报文、会话型传输要求。

在选用数据报服务时，两个实体传送数据之前无需事先建立连接而直接发送数据，目的主机在收到数据报后也不发送确认信息。每个分组都携带完整的源、目的地址信息独立传送。由于各分组可能经过不同的中转路径独立传送，因此收到分组的顺序可能与发送顺序不一致，也不能保证不丢失、不重复、不出现差错，这样排序工作就要由传输层来完成，由主机来承担端到端的差错控制。由于每个分组可以独立地选择路由而带来的优点，就是当某个中继节点发生故障时，后续的分组就可另选路由，因而提高了可靠性。此外，数据报服务还适用于需要将一个分组发送到多个目的地的情况。

网络层主要要解决的是路由选择和流量控制等问题。

1. 路由选择

路由选择是网络层提供的最重要的一项服务。如何在网络中源节点和目标节点之间找到一条最佳的或合适的路径，这是网络层路由选择算法所要解决的问题。

对路由选择算法的要求是：正确性、简单性、健壮性、稳定性、公平性和最优化。路由选择算法分为两大类：静态路由选择算法和动态路由选择算法。静态路由选择算法是预先配置好的，它只考虑了网络的静态拓扑结构；而动态路由选择算法可以根据网络拓扑结构和网络流量动态调整其路由选择。具体的路由选择算法有很多种，此处不再详述。

当网络层内部采用无连接的数据报方式时，传送一个分组在每个中继节点上都要启动一次路由选择算法；当网络层采用面向连接的虚电路方式时，只需要在虚电路建立时确定一次路由选择。

2. 流量控制

网络层中的流量是指计算机网络中的通信量，即网络中的报文流或分组流。当网络中流量过大时，就会导致网络节点不能及时地处理和转发所收到的分组，从而增加信息的传输时延。在网络传输过程中，网络的吞吐量（吞吐量在数值上等于信道在单位时间内成功传输的总信息量，单位为 bit/s）随输入负载的增大而下降，这种现象称为拥塞。当输入负载继续增大到一定程度，网络的吞吐量下降到零，网络完全不能工作，这就是网络产生了死锁。流量控制的功能就是要防止网络由于过载而引起网络数据吞吐量下降和时延增加、避免死锁、公平地在相互竞争的用户之间分配资源。

要实现流量控制是需要付出代价的，首先需要获得网络内部流量分布的信息，另外在实施流量控制时，也会引起信道、处理机和存储空间的额外开销，因此在输入负载较小时，有流量控制的网络吞吐量反而小于无流量控制的网络吞吐量，必须全面衡量得失。

网络层的典型协议是国际电报电话咨询委员会（Consulatave Committee International Telegraph and Telephone，CCITT）的 X. 25，它适用于分组交换。

2.2.4 传输层

通常把物理层、数据链路层和网络层称为低层，会话层、表示层和应用层称为高层，传输层位于低层与高层之间，是整个协议层次结构的核心。任何进程或应用程序都可以直接访问传输服务，而不需要经过会话层和表示层。

传输层的功能就是在网络层的基础上，完成端到端（即进程到进程）的差错纠正和流量控制，并实现两个终端系统间传送的分组无丢失、无重复、无差错、分组顺序正确，它使得对于高层用户来说就好像在两个传输层实体之间有一条可靠的端到端的通信连接。传输层屏蔽通信子网（通信子网提供网络通信功能）间的差异，如：有的网络提供虚电路服务，有的网络提供数据报服务，向上层提供标准的完善的服务。它起着将通信子网的技术、设计和各种缺陷与上层隔离的关键作用。

传输层向用户提供面向连接和无连接两种服务。如果是面向连接的服务，也需经历传输连接建立、数据传送和传输连接释放三个阶段，面向连接的传输层协议使用最广泛。

传输层的主要功能是增加和优化网络层提供的服务质量。显然，网络层提供的服务越完善，传输层协议就越简单；反之，传输层协议就越复杂。网络层提供的服务按质量可分为三类。

A 类：可提供完善的服务，分组的丢失、重复和错序的情况可忽略不计。基于 A 类服务的传输层协议很简单，只需提供连接的建立和释放机制就可以了。

B 类：单个分组很少丢失，故障率低。基于 B 类服务的传输层协议必须提供差错恢复功能。

C 类：网络提供的数据传送服务是不可靠的。基于 C 类服务的传输层协议不仅需要能检测出网络的差错，而且要能恢复差错。

根据网络层提供的服务质量，ISO/OSI 把传输协议分为五种类型，见表 2-1。

表 2-1　传输协议类型

协议类型	面向网络类型	协议名称	功　　能
0	A	简单类	提供进程通信，具有分段组装功能
1	B	基本错误恢复类	在 0 类基础上，增加基本差错恢复功能
2	A	多路复用类	在 0 类基础上，增加网络复用功能和相应的流量控制功能，但没有对网络连接故障的恢复功能
3	B	出错恢复和多路复用类	兼具 1、2 的功能
4	C	出错检测和恢复类	具有差错检测、差错恢复以及多路复用功能

由于网络层与传输层所能传送的数据最大长度不同，当网络层的数据字段长度小于传输层协议数据单元（即：传输层实体间传送的数据单元）时，发送方传输层就需要对传输层协议数据单元进行分段，接收方传输层应能将收到的各段组装成原来的传输层协议数据单元。反之，当网络层的数据字段长度大于传输层协议数据单元时，发送方传输层可以将多个传输层协议数据单元拼接起来，接收方传输层再把收到的数据分割开来。

表 2-1 中所谓的基本差错是指出现网络连接断开或网络连接失败或收到了未被认可的传输连接的数据单元。

传输层中的多路复用技术分为向上多路复用和向下多路复用。向上多路复用是指多个传输连接复用到同一个网络连接上，向下多路复用是指一个传输连接复用到多个网络连接上。

传输层流量控制的目的是在进程级防止快的发送方“淹没”慢的接收方，与数据链路层中的流量控制有类似之处。

传输层的典型协议是 TCP/IP。TCP/IP 的传输层同时提供两个不同的协议：传输控制协议（TCP）和用户数据报协议（User Datagram Protocol, UDP），TCP

是面向连接的协议，UDP 是无连接的协议。

2.2.5 会话层

会话层以下的各层是面向通信的，而会话层以上的各层是面向应用的。会话层可以看作是用户与网络的接口。所谓一次会话，就是两个用户进程之间为完成一次完整的通信而建立一个会话连接。会话层的基本任务是实现两主机之间原始报文的传输。会话层的目的就是对合作的会话服务用户之间的对话进行有效的组织和同步，并对它们之间的数据交换进行管理。

会话层提供的服务主要为会话连接管理和会话数据交换两大部分，会话层为数据交换提供的服务非常丰富。

会话连接是建立在传输连接基础上的，会话连接和传输连接有三种对应关系：①一个会话连接对应一个传输连接；②多个会话连接对应一个传输连接，即当一个会话连接结束后，不释放对应的传输连接而使下一个会话连接继续使用该传输连接；③一个会话连接对应多个传输连接，即当会话对应的传输连接出现了故障，会话层又建立了另一条新的传输连接。

会话层提供的一种服务是令牌管理。如会话层较多提供半双工的通信方式，此时为了控制数据的传送，会话层提供了数据令牌，持有令牌的会话服务用户才可发送数据，另一方只能接收数据。当数据发送完成之后，就将数据令牌转让给对方，由对方进行数据发送。没有令牌的一方也可以申请令牌。

会话层还提供一种叫会话同步的服务。由于一个会话连接可能持续很长的时间，而这期间如果网络连接或传输连接出现故障，那么如果需要前面已正确传输的数据重传是不合理的，因此会话同步服务允许会话用户在传送的数据中设置同步点，当出现故障时，整个会话活动不需全部重复，仅需重传故障发生前最后一个同步点以后的数据。

2.2.6 表示层

表示层以下的五层关心的是可靠地传输数据，而表示层关心的是所传输的数据信息的语法和语义，即数据的意义不变。语法是指数据的表示规则，即对比特流的解释方法。语义是指数据的内容及其含义，如对于一串数字，它到底是解释成邮政编码还是电话号码。

表示层的任务就是把发送端计算机的数据编码成适合于传输的比特流，传送到接收端后再解码，在保持数据含义不变的条件下，转换成用户需要的形式。表示层的主要功能有：数据转换、数据加密和数据压缩等。

表示层有以下一些重要的概念：

（1）抽象语法　抽象语法只描述数据结构的形式和组织类型的规则。抽象语法是对一般数据结构的描述，与具体的编码格式无关，也不涉及这些数据结构的存储形式。OSI 中提出了一种标记法，叫做抽象语法记法 1 （Abstract Syntax

Notation One，ASN.1）。一个数据类型可用 ASN.1 描述，称为该数据类型的抽象语法。在数据传输中把位流的格式叫抽象语法。

（2）局部语法　各开放实系统内部均有自己的语法约定，称为局部语法。计算机类型不同，所采用的局部语法不同，从而使得同一数据在不同计算机中被表示成不同的比特流。

（3）语法转换　为保证数据的语义不变，需将符合发送方局部语法的比特流转换成符合接收方局部语法的比特流，这一转换工作称为语法转换。

（4）传送语法　为抽象语法指定一种编码规则，便构成一种传送语法。OSI/RM 的表示层采用了两次语法转换的方法来进行收发双方局部语法间的转换。为此，定义了一种标准语法称为“传送语法”，发送方把符合自己局部语法的比特流转换成符合传送语法的比特流，接收方再把符合传送语法的比特流转换成符合自己局部语法的比特流。数据以传送语法的形式在网络中传送，在表示层提供局部语法和传送语法之间的转换，同时保持数据的语义不变。

（5）表示上下文　在一次应用进程通信中，抽象语法和传送语法之间的对应关系称为表示上下文。表示上下文在表示连接建立时协商确定，也可以在通信过程中重新定义。抽象语法与传送语法之间是多对多的对应关系，即多种抽象语法的数据可用一种传送语法来传输，而多种传送语法又可以传输一种抽象语法的数据值。

2.2.7 应用层

应用层是为应用进程提供访问 OSI 环境的手段，也是用户使用 OSI 功能的唯一窗口。

应用进程之间的通信在传输层就已基本解决。在传输层与应用层之间增加会话层和表示层的原因是：不同类型应用的应用进程之间在协作时所表现出来的行为有许多相似的特征，因此将这些相似特征提取出来，由会话层和表示层实现，可简化应用进程的设计与实现。

在 OSI 标准中，把应用进程中与进程间交互有关（即与 OSI 有关）的那部分称为应用实体，应用实体是被简化的应用进程。应用进程之间的通信是通过应用实体执行应用层协议来实现的。

一个应用实体由一个用户元素和一组应用服务元素组成。用户元素是应用进程与应用实体之间的用户接口，应用进程通过用户元素取得应用层的服务。应用服务元素是一些可重用的程序模块，这种模块可提供某种应用 OSI 的能力。应用服务元素又分为两类：公共应用服务元素和特定应用服务元素。特定应用服务元素能提供满足特定应用的特殊需要所要求的服务。公共应用服务元素提供特定服务元素都通用的服务，如应用的连接和释放，用户元素也要使用公共应用服务元素。

应用层的内容主要取决于用户的需要，各用户可以自行决定要完成什么功能和使用什么协议，该层包含的网络应用程序可以由专门的公司提供，也可由用户自行开发。应用层涉及的主要问题包括：分布数据库、分布计算技术、网络操作系统和分布操作系统、远程文件传输、电子邮件、终端电话及远程作业录入与控制等。

在 OSI/RM 的七层中，应用层是最复杂的，所包含的协议也最多。目前已有的一些 OSI 应用层协议标准是：

- 报文处理系统（Message Handling System，MHS）；
- 文件传送、存取和管理（File Transfer，Access and Management，FTAM）；
- 虚拟终端协议（Virtual Terminal Protocol，VTP）；
- 远程数据库访问（Remote Database Access，RDA）；
- 目录服务（Directory Service，DS）；
- 事务处理（Transaction Processing，TP）；
- 作业传送与操纵（Job Transfer and Manipulation，JTM）等。

2.3 小结

现场总线具有计算机网络的两个特点：一是网上传输的信号都是数字信号；二是多节点可以共用一条传输介质。本章力求以通俗易懂的语言介绍有关计算机网络和数据通信等方面的基础知识。

OSI/RM 是一个理论模型，更多的是把它作为分析、评判各种网络技术的依据。对多数应用来说，只将它的协议栈（即：某一系统所使用的协议列表，每层一个协议）与 OSI/RM 作大致的对应，看看实际用到的特定协议是属于七层中哪个层，还是包括了多层的功能。

现场总线毕竟不同于一般的计算机网络，典型的现场总线网络模型中一般包括 ISO/OSI/RM 中的第 1、2、7 层，即物理层、数据链路层和应用层。物理层提供物理传输介质的规范、电气的连接、机械安装方式等，数据链路层负责提供一个无差错的信息传输通道，应用层则具体定义所传送的信息。有些现场总线还具有网络层的功能，甚至七层的功能全都有。

参考文献

[1] 阳宪惠，徐用宇，魏庆福. 现场总线技术及其应用［M］. 北京：清华大学出版社，1999.

[2] 李增智，陈妍. 计算机网络原理［M］. 2 版. 西安：西安交通大学出版社，2000.

[3] （美）Andrew S. Tanenbaum. 计算机网络［M］. 3 版. 熊桂喜，王小虎，等译. 北京：清华大学出版社，1998.

[4] 彭澎. 计算机网络教程［M］. 北京：机械工业出版社，2001.

[5] 黄叔武，杨一平. 计算机网络工程教程［M］. 北京：清华大学出版社，1999.

[6] 蔡开裕，范金鹏. 计算机网络［M］. 北京：机械工业出版社，2001.

第3章　几种流行的现场总线

现场总线的思想一经产生，各国各大公司都致力于发展自己的现场总线标准，以期在本土乃至世界范围内占有先机，并拥有较大的市场份额。目前现场总线的种类有40多种。综合每种总线的支持厂商情况、推广情况、国内应用业绩、是否为我国标准等因素，本章选取了除DeviceNet、ControlNet、EtherNet/IP（这三种现场总线的介绍请看第4~8章）之外的在国内流行的几种现场总线加以介绍。3.1节介绍了基金会现场总线。3.2节介绍了Profibus现场总线。3.3节介绍了LonWorks现场总线。3.4节介绍了CAN现场总线。需要说明的是，由于篇幅有限，其他现场总线如WorldFIP、HART等在此不一一介绍了。

3.1　基金会现场总线

基金会现场总线（FF）是为了适应自动化系统，特别是过程自动化系统，在功能、适应条件与技术上的需要而专门设计的。它的协议标准是由现场总线基金会组织开发的。它得到了世界上主要自动控制设备制造商（比如西门子、ABB、AB等公司）的广泛支持，在北美、亚太与欧洲等地区具有很强的影响力。现场总线基金会的目标是致力于开发出统一标准的现场总线，已经于1996年颁布了低速总线H1的标准。经过几年的发展，H1低速总线已经步入了实用阶段。同时，高速总线的标准——高速以太网（High Speed Ethernet，HSE）也于2000年制定出来，其产品也正在不断涌现。

3.1.1　基金会现场总线概述

1. FF发展的简单回顾

基金会现场总线（FF）是在过程自动化领域得到广泛支持和具有良好发展前景的一种技术。FF的前身是ISP和WorldFIP标准。ISP是可互操作系统协议的简称，它基于德国的Profibus标准。ISP制订于1992年，由美国Fisher-Rosemount公司牵头，有80多家公司参加，包括Smar、西门子、Foxboro、横河、ABB等公司、成员以仪表制造商为多。WorldFIP则是世界工厂仪表协议（World Factory Instrumentation Protocol）的简称，是基于法国的工厂仪表协议（FIP）标准。WorldFIP是由Honeywell公司牵头，联合Allen-Bradley、ElsayBailey等多家欧洲著名公司于1993年制订而成，其成员也有150多家，不少是PLC制造商。自此以后，这两大派别极力维护自身利益，现场总线长期得不到统一，因此受到广大用户的批评。迫于用户压力和市场需求，1994年9月，ISP和WorldFIP北美部分终于达成共识，一起成立了现场总线基金会（Fieldbus Foundation），致力于开发国际上统一的现场总线协议。该基金会汇集了世界著名仪表、自动化设备、DCS 制造商、科研机构和最终用户。由于这些公司是自动化领域自控设备的主要供应商，它们生产的变送器、执行器、DCS 和流量仪表占世界市场的 90%，对工业底层网络的功能需求了解透彻，也具备足以左右该领域自控设备发展方向的能力，因而由它们组成的基金会新颁布的现场总线规范具有一定的权威性。目前，国内一些著名企业和科研机构如浙大中控、北京华控、清华大学等也是 FF 的重要成员。

较早时期，基金会现场总线分为低速 H1 和高速 H2 两种通信速率。H1 的传输速率为 31.25kbit/s，通信距离可达 1.9km（与传输介质有关，可加中继器延长），可支持总线供电和本质安全防爆环境。H2 的传输速率可分为 1Mbit/s 和 2.5Mbit/s 两种，通信距离分别为 750m 和 500m。物理传输介质可为双绞线、光缆和无线，其传输信号采用曼彻斯特编码。

后来，随着现场总线和以太网的发展，H2 已经被高速以太网（HSE）取代。现场总线基金会于 2000 年 3 月份颁布了基于高速以太网（HSE）的现场总线协议 FS1.0，2000 年 12 月又颁布了第 2 版 FS1.1。所以，目前基金会现场总线包括 H1 总线和 HSE 总线，分别是现场总线国际标准 IEC61158 的类型 1 和类型 5。

低速 FF-H1 网络以 ISO/OSI 参考模型为基础，取其物理层、数据链路层和应用层，并在应用层之上增加了用户层，构成了四层结构的通信模型。用户层主要针对自动化测控应用的需要，定义了信息存取的统一规则，采用设备描述语言规定了通用的功能块集。FF-H1 主要用于过程工业（连续控制）的自动化。FF-HSE 则采用基于 Ethernet（IEEE802.3）+ TCP/IP 的六层结构，主要用于制造业（离散控制）的自动化以及逻辑控制、批处理和高级控制等场合。

2. FF 的技术特点

（1）适用于过程自动化的低速部分 FF-H1　FF 的低速部分 FF-H1 是参考了 ISO/OSI 参考模型，并在此基础上根据过程自动化系统的特点进行演变而得到的。除了实现现场总线信号的数字通信外，FF-H1 具有适用于过程自动化的以下特点：

1）支持总线供电：FF-H1 采用了基于 IEC61158-2 的双线信号传输技术，并为现场设备提供两种供电方式：非总线供电和总线供电。非总线供电的现场设备的工作电源直接来自外部电源。总线供电的场合，总线上既要传送数字信号，又要由总线为现场设备提供电能。按 FF-H1 的技术规范，携带协议信息的数字信号以 31.25kHz 的频率、0.75 ~ 1V 的峰峰值电压被调制到 9 ~ 32V 的直流供电电压上。

2）支持本质安全：FF-H1 的现场设备按照设备是否为总线供电，是否可用于易燃、易爆环境以及功耗类别而区分的。根据本质防爆要求，应用于易燃、易爆场合的设备，除了应保证能完成测量、控制、通信等正常工作外，还应在任何情况（如断路、短路、故障以及在操作过程中的维护、接通、断开等情况）下，不至于产生火花和引发燃烧、爆炸等重大事故。对此，FF-H1 技术规范规定的总线供电的本质安全型标准设备的推荐参数为最高输入电压低于 24V，最大输入电流小于 250mA，最大输入功率小于 12W，最大内部电容小于 5nF，最大内部电感小于 20μH。

3）令牌总线访问机制：FF-H1 采用了令牌传递的总线控制方式。这种方式，从物理上看，它是一种总线结构的局域网，站点共享的传输介质为总线。但从逻辑上看，它是一种环形结构的局域网，连接到总线上的站点组成一个逻辑环，每个站点被赋予一个顺序的逻辑位置，站点只有取得令牌才能发送数据帧，该令牌在逻辑环上依次传递。FF-H1 中令牌传递是由链路活动调度器（Link Action Scheduler，LAS）进行控制的。FF-H1 的通信活动被分为调度通信和非调度通信。FF-H1 采用的这种基于 LAS 的链路活动调度，确保了控制系统中信息传输的及时性。

4）内容广泛的用户层：FF-H1 在应用层之上增加了一个内容广泛的用户层，它由两个重要的部分组成，即功能块和设备描述语言，从而使得设备与系统的集成以及互操作更加易于实现。

（2）基于以太网的高速部分 HSE　现场总线基金会放弃了其原来规划的 H2 高速总线标准，并于 2000 年 3 月 29 日公布了基于 Ethernet 的高速总线技术规范，即 HSEFS1.0 版，它迎合了控制和仪器仪表最终用户对可互操作的、节约成本的、高速的现场总线解决方案的要求。HSE 充分利用低成本和商业可用的以太网技术，并以 100Mbit/s 到 1Gbit/s 或更高的速度运行。HSE 支持所有的 FF 低速部分 31.25kbit/s 的功能，例如功能模块和设备描述语言，并支持 H1 设备与基于以太网的设备通过链接设备接口。与链接设备连接的 H1 设备的点对点通信，无需主机系统的干涉。而且与一台链接设备相连的 H1 设备可以直接和与另一台链接设备相连的 H1 设备通信，也无需主机干涉。

HSE 现场总线技术的另一个关键特点是，HSE 现场设备支持标准的基本功能模块，例如模拟输入（AI）、模拟输出（AO）和比例积分微分（PID），也包括新的、具体应用于离散控制和 I/O 子系统集成的“柔性功能模块”（Flexible Function Block，FFB）。FFB 使用标准的编程语言，例如 IEC61131。尽管 FFB 是 HSE 的一部分，它也能用于 H1。链接设备和 HSE 现场设备可以结合成一个单一的、节约成本的、强大的物理设备，用于各种批处理、PLC 和连续控制。另外，所有或部分的 HSE 和设备可实现冗余，以适应应用中容错的需要。

3. FF 的主要内容

FF 包括 FF 通信协议，ISO/OSI 参考模型中的第 2～7 层通信协议的通信栈，用于描述设备特性及操作接口的设备描述语言（Device Description Language，DDL）、设备描述字典，用于实现测量、控制、工程量转换的应用功能块，实现系统组态管理功能的系统软件技术以及构筑集成自动化系统、网络系统的系统集成技术。

近年来，现场总线在高层通信功能上，都吸收和发展了以太网技术，通信速率为 10Mbit/s 和 100Mbit/s 的光纤介质得到了应用。在连接方式上，使用以太网的集线器简化了高层通信的网络结构，极大地拓展了网络集成和智能化管理功能。目前，高速以太网（HSE）的开发正趋于成熟，现场总线基金会已公布了 HSE 的分析工具包（HATPRO），向用户提供了 HSE 冗余设备的实时双重端口包和为开发 HSE 产品的样品源代码。当这些功能实现后，基金会现场总线技术不仅仅可以实现下层与上层、段与段、网络与网络间的快速通信，而且可以极大地拓展网络系统的功能。

现场总线发展的另一个进展，表现在系统的安全性要达到工业应用的程度。对于主站级网络来说，高度安全和有效性显得非常重要，高速以太网（HSE）一整套冗余方案保证了系统的正常运行，它包括了最底层的物理传输介质冗余、中间的整体网络冗余和高层的以太网设备冗余。基金会现场总线采用了两个功能互补的现场总线：一个是兼顾现场设备的较长距离通信和传送本质安全电源等需求的 H1 现场总线，运行在 31.25kbit/s；另一个是用于网络高速通信、运行柔性功能块的主干道高速现场总线——高速以太网（HSE），运行在 100Mbit/s。这种互补的结构为设备高性能控制、子系统集成、高密度数据生成和对数据服务器提供广泛支持。高速以太网（HSE）和柔性功能模块，将功能扩展到断续控制、批量和离散控制中，使基金会现场总线成为全能的控制和数字通信技术，如图 3-1 所示。

在数字通信时代，使用标准的通信协议很重要，但首先要求所使用的设备具有相互一致的可互操作性，这也是当今现场总线发展道路上最耗费精力的一件事。在这方面，由于全世界 80% 以上的现场设备制造商都是现场总线基金会的成员，它承担的设备可互操作任务尤其繁重，这也正是基金会现场总线成为全世界主导总线的原因之一。可喜的是，经过多年的努力，已有几十家公司的 120 种设备和 6 种网络的控制系统主机在现场总线基金会完成了

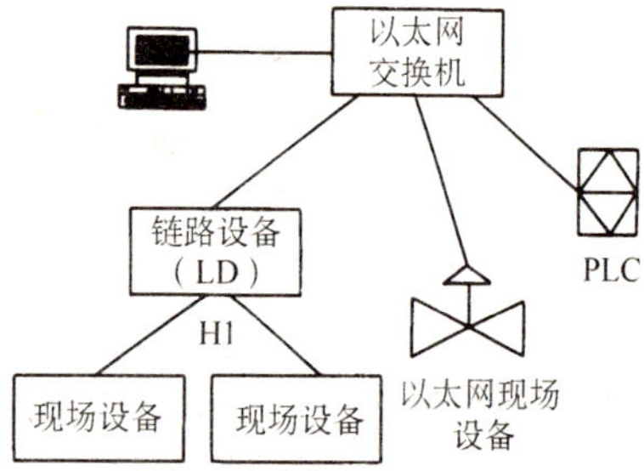

图 3-1　FF 连接示意图

注册，其可互操作的设备已能够让用户“按需选择、强力集成”了。

3.1.2 基金会现场总线通信系统的构成

目前，FF 由 10 个部分构成，即功能块应用进程（FBAP）、设备描述语言（DDL）、系统体系结构、网络管理（NM）、系统管理（SM）、现场总线报文规范（Fieldbus Message Specification，FMS）子层、现场总线访问子层（Fieldbus Access Sublayer，FAS）、现场总线数据链路层协议规范、现场总线数据链路层服务子集和 31.25kbit/s 物理概要。FF 系统体系结构如图 3-2 所示。下面对几个主要部分详细介绍。

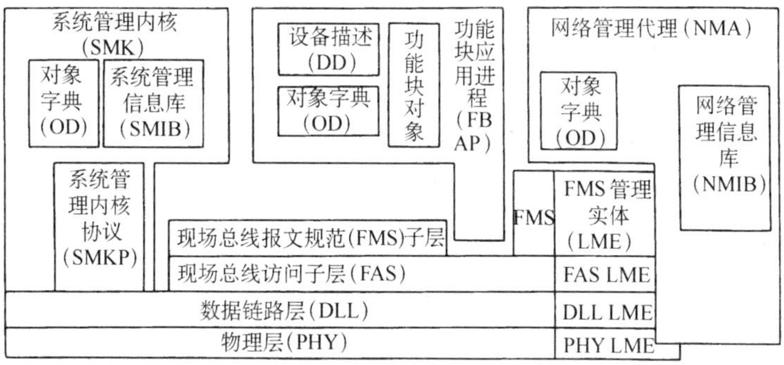

图 3-2 FF 系统体系结构

1. 功能块应用进程（FBAP）

自动制造和过程控制系统执行各种功能。因为每个系统是不同的，功能的混合和组态也是不同的。因此，FF 系统结构设计了支持功能性模型的范围，每一种定位一个不同的需要。

在结构已经规定的模型中，功能块模型支持制造和过程控制系统的低层次功能。功能块使基本现场设备模块化，例如模拟输入（AI）功能和比例积分微分（PID）功能。

功能块模型提供了一个共同的结构，用来定义功能块的输入、输出、计算和控制参数，以及把它们连接成可以在一个设备中实现的应用过程。这种结构简化了功能块的接口，使得各个功能块的接口具有一致性和标准性。

在功能块的标准化过程中，现场总线基金会已经进行了第 1 步，定义了一个小的参数集，其中的参数适用于所有的功能块，这些参数被称为“通用参数”。标准的第 2 层也已经产生，它定义了一个功能块类的标准集，例如输入、输出、控制和计算块。每个类都具有一个为它标准化的参数集。

标准的第 3 层提供在标准的功能块中共同使用的传输块的定义。例如包括温度、压力、电平和流量传输块。为标准的第 4 层定义的分类方案提供：允许零售通过输入和继承标准类增加它们自己的参数。当开发出新设备和技术发展时，这种方法为功能块定义提供了可扩展性。

2. 对象字典（OD）和设备描述（DD）

同功能块模型相连的是标准化工具的定义，它们被用来支持功能块。其中两个工具是对象字典（Object Dictionary，OD）和设备描述（Device Description，DD）。它们提供了设备的网络可见对象（例如功能块和它们的参数）的定义和描述。

为了提高定义的一致性和对这些对象的理解，描述信息（例如数据类型和长度）由设备应用程序在对象字典（OD）中维护。OD 包含一个应用程序的每个网络可见对象描述，并使这些信息可以在网络上获得。

设备应用程序的 OD 描述可以由机器可读设备描述（DD）来提供。DD 是用设备描述语言（DDL）写成的。DDL 是一种编程语言，通过提供对象的类型信息来扩充 OD 描述。同一 DD 类型描述可以用来描述一系列对象，这些对象可以位于一台设备中，也可以在多台设备中。

DDL 源文件将被转换成机器可读形式，以便可以把它装载到它所描述的设备中，或者存储到外部介质（例如软盘）上。然后，用户可以从设备中直接读出它的 DD，或者从外部介质获得它的 DD。功能块模型用于 OD 和 DD 的连接中，来简化获得设备可互操作性的过程。在功能块之间的参数传输可以很容易验证，因为所有的参数都是使用 OD 和 DD 描述的。另外，人机界面设备不必为网络上设备的每种类型进行特殊的编程。相反，它们的显示和它们与设备的交互可以由 OD 和 DD 描述来驱动。

3. 网络通信

基金会现场总线使用预先构造好的信道在设备间传输信息，这些信息被称为虚拟通信关系（Virtual Communication Relationship，VCR）。这里定义了三种类型的 VCR：发布/订阅（Publisher/Subscriber）VCR、报告分发（Report Distribution）VCR 和客户/服务器（Client/Server）VCR。

为了支持这些 VCR，基金会现场总线系统结构定义了三层通信结构：在物理层规定了信号是如何发送的；在数据链路层规定了在设备中间网络是如何被分享和调度的；在应用层定义了应用程序可以获得的信息格式，这些信息有命令和响应的交换、数据和事件信息。

4. 网络管理

为了在设备中能够提供集成的第 2 ~ 7 层协议（通信栈协议），并控制和监视它们的操作，基金会现场总线系统定义在每台设备中都包含一个网络管理代理（Network Management Agent，NMA）。网络管理代理提供支持组态管理、执行管理和错误管理的能力。这些能力可以通过与访问其他设备应用程序一样的通信协议来访问，从而代替请求特殊网络管理协议的使用。

使用 NMA 的组态管理能力，在通信栈中设置的参数在系统中支持同其他设备的数据交换。这些过程一般涉及在设备之间定义传输，然后选择需要的通信特征来支持这些传输。这些特征是使用 NMA 的组态管理能力装载到设备中的。

作为组态的一部分，NMA 可以被配置成为所选的传输收集与执行和错误相关的信息。这些信息在运行期间是可以访问的，这使得对设备通信行为的观察和分析成为可能。如果检测到问题，执行将被优化，或者设备通信将被改变，然后可以在设备仍在操作状态时进行重新组态。

这些组态、执行和错误信息包含于网络管理信息库（Network Management Information Base，NMIB）中，即使它们中的许多信息实际上驻留在它们自己的通信栈中。像功能块应用信息一样，NMIB 由虚拟现场设备（VFD）说明，由 OD 描述。虽然在图上没有显示，系统管理信息库（System Management Information Base，SMIB）也由该 VFD 来说明，它提供了访问设备中管理信息的中心点。

5. 系统管理

基金会现场总线系统结构为每台设备提供一个系统管理内核（System Management Kernel，SMK）。在所有设备中的 SMK 维护信息和一个协调层，这个协调层为设备应用程序的执行和互操作提供一个分布式平台。由 SMK 维护的信息被定义为系统管理信息库（SMIB），并由它的 OD 进行描述。

SMK 的一个功能是，支持在设备操作之前把基本系统的信息组态到它自己的 SMIB 中。当 SMK 启动进程为操作准备设备时，它将使设备通过几个预先定义好的阶段。在这个进程中，一个特殊的系统组态设备，例如手持（Hand-held）器，能够通过它的标准现场总线端口，把系统信息传递到 SMIB 中。这种情况允许设备在离线工作台网络上或者在操作网络上进行组态，这依赖于系统的特殊需要。

一旦设备被组态，系统管理定义一个进程，根据设备的组态标签（系统特殊名字）给它分配一个永久的数据链路地址，并且在不影响网络上其他设备操作的情况下，把它带入操作状态。一个相似的进程允许临时设备（例如手持终端或者可移动工作站）在需要时短时期内加入和离开网络。

在设备增加到网络上以后，它的应用程序会发现有必要定位远程设备和功能块。为了满足这种需要，SMK 支持对它的应用程序的目录服务。应用程序可以使用这个能力获得一个对象的网络访问信息，方法是向网上的所有设备广播自己的名字，并等待包含该对象的设备进行应答。

在成为完全可操作状态后，设备的活动和它们的功能块必须由网络上的其他设备进行同步。系统管理提供了两种机制来支持同步：①通过对一个公共应用时间的参考，系统管理支持应用时钟的同步，以便每台设备均分享共同的时钟意义；②同①相互联系，系统管理使用调度对象来控制功能块执行的时间。这种机制可以确保每一个功能块同系统中其他功能块的关系和在受调度的数据传输关系中能够在正确的时间内执行。

SMK 使用两个分离的应用层协议进行通信。现场总线报文规范（FMS）使用标准的管理 VCR 来访问 SMIB。这个 VCR 也用来访问系统管理/网络管理（SM/NM）联合虚拟现场设备（VFD）中的网络管理信息。一个特殊目的的管理协议，即系统管理内核协议（System Management Kernel Protocol，SMKP），用来支持 SMK 的所有其他功能。这个协议被集成到 SMK 中，并直接在数据链路层上操作（不使用 VCR）。

3.1.3 基金会现场总线网络拓扑结构

1. 单网段拓扑结构

图 3-3 显示了只包含一个网段的现场总线网络。它包含一台组态设备，例如一台主设备和用来被组态的设备。

在基金会现场总线中所有的链路上，都要求有一个且仅有一个链路活动调度器（LAS）。该 LAS 在数据链路层被用作总线仲裁器。LAS 的功能如下：

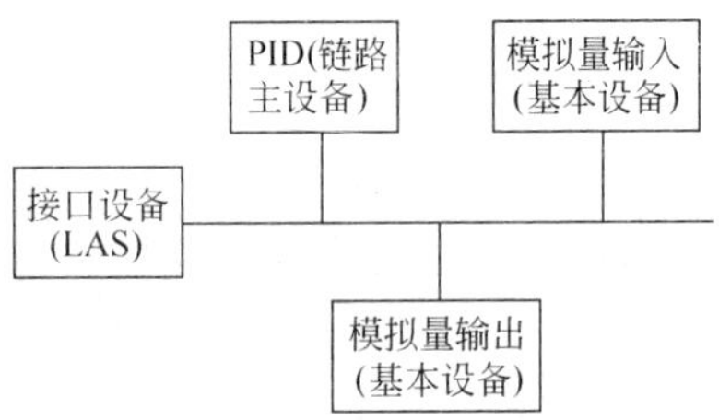

图 3-3 单网段拓扑结构

1）能认知新设备，并将新设备加入到链路中去。

2）能从链路中除去没有响应的设备。

3）能在链路上发布数据链路时间和调度时间。数据链路时间是由 DLL 同步的网络范围时间决定的。链路调度时间是使用对数据链路时间的偏移来描述的链路特殊时间。系统管理使用它来同步功能块执行和 LAS 调度的数据传输。

4）在调度时间内，轮询（Poll）那些以缓冲区存储数据的设备。

5）在调度时间之间，发送优先级驱动的令牌给某设备。

链路上的任何设备，只要有这个能力，它就有可能成为 LAS。在基金会现场总线中，凡能够成为 LAS 的设备称为链路主设备（Link Master Device），其他所有设备被称为基本设备（Basic Device），如图 3-3 所示。

在链路刚启动时，或者现存的 LAS 失败后，链路上的链路主设备将投标成为 LAS。投标完成后，赢得投标的设备作为 LAS 立即开始操作。从 LAS 角度观察，没有成为 LAS 的链路主设备作为基本设备操作。它们也作为后备 LAS 来监视链路上现存 LAS 的失败，并且当检查到 LAS 失败时，进行投标竞争成为 LAS。

在特定的情况下，可能需要某个特殊的链路主设备必须成为 LAS。此时该链路主设备必须被设计为基本链路主设备。如果基本链路主设备没有赢得投标，它将指示赢得投标的链路主设备把 LAS 角色传递给它。

2. 桥式网络拓扑结构

对于具有不同速度和介质类型的链路，可以用桥把它们连接在一起，形成多链路网络或桥式网络，在这些网络中使用 DLL 桥来连接链路。对于所有的 FF 桥式网络，任何两台设备间只有一条数据通路。为确保这点，桥中互相协调的路线表形成一个扩展树。

扩展树可以用来描述桥的组态，例如数据流只有两个方向：一个是到根节点；另一个是离开根节点。在这里没有环路，也没有平行线路。也就是说，在每一个链路上有且只有一个活跃的桥来管理链路。

扩展树中的每个桥有一个根端口和多个下游端口，每一个端口说明与一条链路的连接。根端口指向树根，而下游端口是离开树根。下游端口在含有桥规范的 DDL 附录中也可以参考为指定端口。当根端口收到指定给远程链路的消息时，桥就会按照线路表中定义的情况，选择正确的下游端口，并把消息传递给它。当在下游端口上收到消息时，桥把它传到根端口，且（或）从根端口再传到一个或多个其他的下游端口。图 3-4 显示了桥式网络拓扑结构。

桥设备负责执行基金会现场总线网络中的四个功能：

1）发送（Forwarding）。

2）重新发布（Republishing）。

3）数据链路时间的再分布（Data link time redistribution）。

4）应用时钟时间的再分布（Application clock time redistribution）。

前三个是 DLL 功能，第 4 个是系统管理功能。为了支持后两个功能，桥端口必须是下游链路的 LAS。图 3-4 中，根网桥中含有调度链路#1 和链路#2 的 LAS。

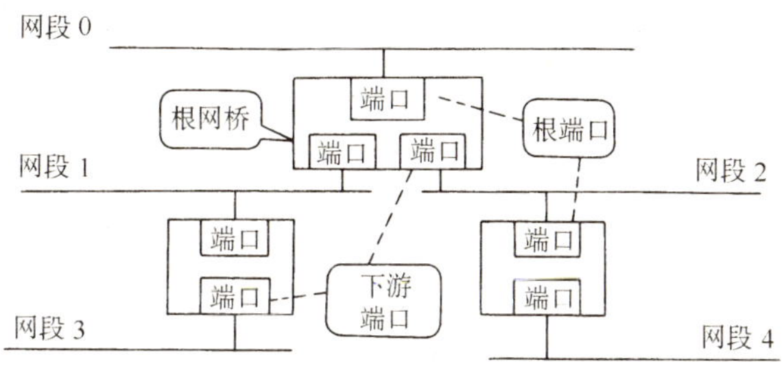

图 3-4　桥式网络拓扑结构

当桥收到一条消息，且该消息具有发送表中定义的地址时，桥进行发送。如果地址指明这是要发送的消息，则把这条消息放入适当端口的先进先出（FIFO）队中。当桥从与那个端口相连的 LAS 收到传输的权利（令牌）时，桥按照优先级顺序传输队中的各项消息。

当桥与桥的 LAS 外行（Outbound）链路被构造为重发数据时，产生重新发布。内行（Inbound）链路上的 LAS 触发发布者传输数据。当桥收到具有发布者源地址的数据时，它就把消息放到在重新发布表中规定的适当端口的缓冲区中，作为受调度的传输。当相应的 LAS 指示相关端口重新发布消息时，桥就把它重发到每一个外行链路上。

3.1.4　基金会现场总线通信模型

FF 模型结构如图 3-5 所示。它采用了 ISO/OSI 参考模型中的三层：物理层、数据链路层和应用层，隐去了第 3～6 层。其中物理层、数据链路层采用 IEC/ISA 标准。应用层有两个子层：现场总线访问子层（FAS）和现场总线报文规范（FMS）子层，并将从数据链路到 FAS、FMS 的全部功能集成为通信栈（Communication Stack）。FAS 的基本功能是确定数据访问的关系模型和规范，根据不同要求，采用不同的数据访问工作模式。FMS 的基本功能是面向应用服务，生成规范的应用协议数据。现场总线访问子层与现场总线报文规范子层的任务是完成一个应用进程到另一个应用进程的描述，实现应用进程之间的通信，提供应用接口的标准操作，实现应用层的开放性。总而言之，物理层规定了信号如何发送；数据链路层规定了如何在设备间共享网络和调度通信；应用层则规定了在设备之间交换数据、命令、事件信息以及请求应答中的信息格式。

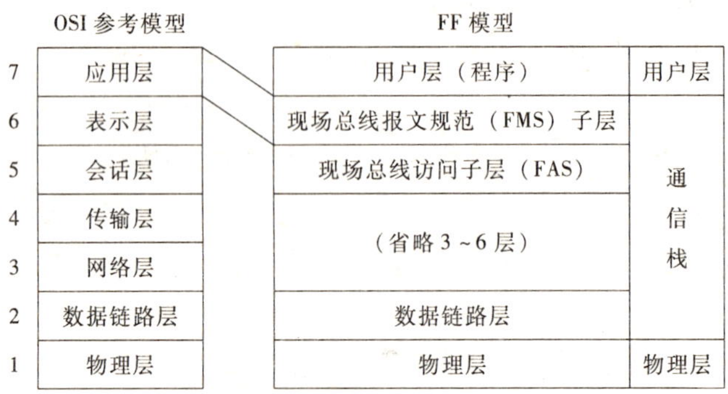

图 3-5　FF 通信模型

用户层规定标准的功能模块、对象字典和设备描述，供用户组成所需要的应用程序，并实现网络管理和系统管理。在网络管理中，为了提供一个集成网络各层通信协议的机制，实现设备操作状态的监控与管理，设置一个网络管理代理和一个网络管理信息库，提供组态管理、性能管理和差错管理的功能。在系统管理中，设置系统管理内核、系统管理内核协议和系统管理信息库，实现设备管理、功能管理、时钟管理和安全管理等功能。

3.1.4.1　物理层

基金会现场总线的物理层遵循 IEC61158-2 与 ISA-S50.02 中有关物理层的标

准。现场总线基金会为低速总线颁布了 31.25kbit/s 的 FF-816 物理层规范，也称为 H1 标准。高速总线 HSE 采用快速以太网协议，即 IEEE802.3 协议，通信速率为 100Mbit/s。

物理层用于实现现场物理设备与总线之间的连接，除了为现场设备与通信传输介质的连接提供机械和电气接口，还为现场设备对总线的发送或接收提供合乎规范的物理接口。物理层作为电气接口，一方面接受来自数据链路层的信息，按照基金会现场总线的技术规范，对数据帧加上前导码与定界码，并对其实行数据编码（即曼彻斯特编码），在串行数据流中加进时钟信息，数据与时钟信号混合形成现场总线物理信号，并传送到现场总线的传输介质上，起到发送驱动器的作用；另一方面从总线上接收来自其他设备的物理信号，对其除去前导码、定界码，并进行解码转换为信息送往数据链路层，起到接收器的作用。

基金会现场总线支持多种传输介质：双绞线、电缆、光缆和射频。目前应用最广泛的是前两种。低速基金会现场总线 H1 采用的电缆类型可以分为无屏蔽双绞线、屏蔽双绞线、屏蔽多对双绞线、多心屏蔽电缆四种类型。直流电压供电范围为 DC9～32V。具体的电缆型号、最大传输距离见表 3-1。

表 3-1　低速现场总线的技术参数

传输速率	31.25kbit/s
总线长度	200～1900m，取决于电缆类型
拓扑结构	总线/树形
总线挂接设备数	2～32 台（非本质安全、非总线供电） 2～12 台（非本质安全、总线供电） 2～6 台（本质安全、总线供电）
电缆终端阻抗	100Ω
信号方式	电压
信号幅值	0.75～1V（峰-峰值）
总线供电	DC9～32V
屏蔽及接地	总线不接地，终端器终点可接地

在使用双绞线时，基金会现场总线为现场设备规定了两种供电方式：总线供电与非总线供电。总线供电设备直接从总线上获取工作能源，总线上既要传送数字信号，又要为现场设备供电。非总线供电时，现场设备的工作电源来自外部电源，而不是取自总线。

低速现场总线 H1 支持点对点连接、总线形、菊花链形、树形拓扑结构。基金会现场总线支持桥接网。可以通过网桥把不同速率、不同类型的媒体的网段连成网络。

同一条总线上的所有设备必须采用同一种传输介质，并具有相同的传输速率。对于总线供电的网段，可同时使用总线供电和非总线供电的设备。

图 3-6 给出了基于 FF（包括 H1 和 HSE）控制系统的网络拓扑结构。它具有以下特征：

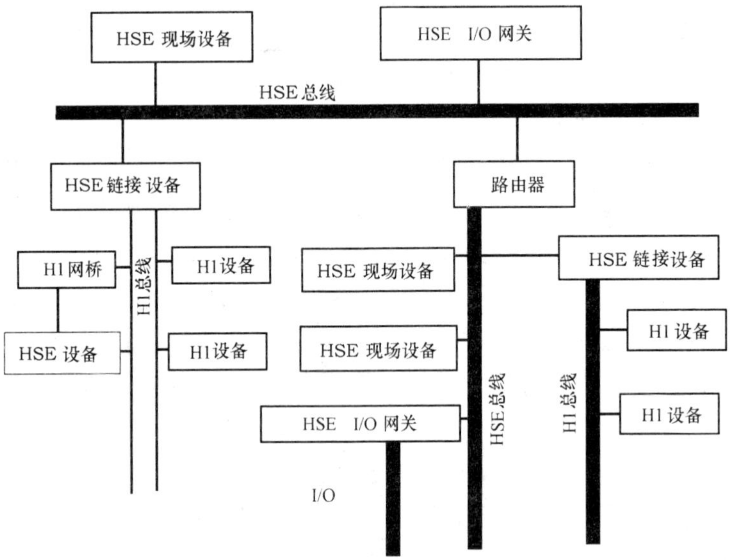

图 3-6 基于 FF 控制系统的网络拓扑结构

1）FF 网络可以包含 1 个或多个 HSE 子网和（或）1 个或多个互连的 H1 链路。

2）几个 HSE 子网之间可以通过标准路由器进行互连。

3）1 个 HSE 子网包含 1 台或多台通过 Ethernet 相连的 HSE 设备。同一个子网上的 HSE 设备可通过标准 Ethernet 交换机进行互连。

4）HSE 设备可以为 HSE 现场设备、HSE 链接设备和（或）I/O 网关设备等。

5）HSE 链接设备用于将 1 个或几个 H1 链路连接到 HSE 子网上。

6）1 条 H1 链路可连接 1 台或几台 H1 设备。

7）2 台或多台 H1 设备之间可通过 H1 网桥实现互连。

8）H1 网桥可以包含在 HSE 链接设备中。

9）不包含 H1 网桥的链接设备也可以实现 H1 报文的重发功能。

10）可根据需要，对 HSE 子网本身以及 HSE 设备进行冗余配置。

3.1.4.2 数据链路层

数据链路层（Data Link Layer，DLL）在基金会现场总线中处于第 2 层，它在物理层上传输“位”信息的基础上，在相邻节点间传送被称为帧的数据信息，DLL 也可能在传输中出现差错，也需进行检错、纠错而向上层提供无错的透明传送。在数据链路层上生成的协议控制信息可以对总线上的各类链路传输活动进行控制。总线通信中的链路活动调度，数据的发送与接收，活动状态的检测、响应，总线上各台设备间的链路时间同步，都是通过数据链路层来完成的。正如前面一节所指出的，在每个总线段上有一个链路活动调度器（LAS）。LAS 具有链路活动调度能力，可以形成链路活动调度表，并按照链路活动调度表生成各类链路协议数据，链路活动调度是该设备中数据链路层的重要任务。对于没有链路活动调度能力的设备来说，它的数据链路层要对来自总线的链路数据作出响应。

LAS 拥有总线上所有设备的清单，由它来掌管总线段上的各台设备对总线的操作。任何时候每个总线段上都只有一个 LAS 处于工作状态，总线上的设备只有得到 LAS 的许可，才能向总线上发送数据。

基金会现场总线的通信活动可分为两类：受调度通信和非调度通信。由 LAS 按照预定的调度时间表周期性地发起的通信活动，称为受调度通信。在预定的调度时间表之外的时间，通过得到令牌的机会发送信息的通信方式称为非调度通信。受调度通信和非调度通信都是由 LAS 掌管的。此外，LAS 还负责一些其他功能，它定期地对总线段发布数据链路时间和调度时间。LAS 还监视着总线段上的设备，为新入网的设备找一个未被使用的地址，并把新设备加入到活动列表中，对于总线上对传递令牌没有反应的设备（也就是失效设备），从活动表中除去。

DLL 很重要的一个作用是组装信息帧。基金会现场总线共定义了 24 种帧，分别用于各种服务。DLL 的帧结构如图 3-7 所示。

帧控制符	目的地址	源地址 1	源地址 2	参数	用户数据	帧校验

图 3-7　DLL 的帧格式

这里帧控制用来区分各种帧的类型及作用。源地址 2 一般不使用，只有在一种建立连接的数据链路协议数据单元中才会出现，参数进一步说明帧的性质，最后是帧校验。基金会现场总线数据链路层所使用的是循环冗余校验。用户数据是从上层接收来的协议数据单元。

通过使用这些协议数据单元，DLL 为上层提供了很多服务，包括管理数据链路服务访问点（Data Link Service Access Piont，DLSAP）地址、队列、缓冲器；面向连接的服务、无连接数据传输服务；时间同步服务，提供时间源同步和对系统管理之间的时间同步，以及为数据发布者缓冲器提供强制分布服务。数据链路层还支持一些子协议，如链路维护、LAS 传输、调度传输等。

数据链路层被分成两个工作层：一个提供对总线的访问（数据链路层低层

功能）；另一个是在数据链路使用者之间控制数据传输（数据链路层高层功能）。这两个层协同、集成工作。

1. 数据链路层低层（媒体访问）功能

从媒体访问的观点来看，数据链路层是以集中令牌传送总线的补充集合运作的。每个总线有一个集中的媒体访问控制点，即指链路活动调度器（LAS），以及一个或多个可持有令牌的设备，即指基本设备。每个网络中的总线即是指一条链路，包含一条或多条链路的网络被看作是扩展链路，扩展链路中的链路是由网桥连接起来的。并不是所有的总线设备都可以成为链路活动调度器。按照设备的通信能力，基金会现场总线把通信设备分为三类：

（1）基本设备（Basic Device） 基本设备是指那些能持有令牌并作出响应的设备。所有的设备，包括 LAS 和网桥都有基本设备的功能，即它们都有接受令牌并发起数据传输的能力。

令牌给予设备在总线上传送数据的权利。在任一时刻，只能有一台设备持有令牌。LAS 能给设备分发两种令牌。第一种是轮询（Poll），在轮询时，必须立即给出已知地址的数据。这种令牌通过发送强制数据链路数据帧（CDDLPDU）得以实现。第二种是给予设备在一定时间段内的对总线的访问权，访问权有三种优先级。这种令牌通过发送通行令牌数据链路数据帧（PTDLPDU）得以实现。

（2）链路主设备（Link Master Device） 链路主设备是能成为 LAS 的设备。如果一个链路有两台以上的链路主设备，在启动或它认为当前 LAS 失败期间，链路主设备通过竞争产生 LAS。竞争的过程是选择节点地址最小的链路主设备作为 LAS。没有成为 LAS 的链路主设备被作为 LAS 的备份。

LAS 的主要功能是维护调度，发送令牌给网络设备；探查未使用地址，将其分配给新设备，并加到活动表上；在链路上周期分配数据链路时间和链路调度时间；发送授权令牌给设备，进行无调度数据传输控制；监视设备响应授权令牌，从活动表上删掉不能使用或不能返回令牌的设备。

（3）网桥 当网络中几个总线段进行扩展连接时，用于两个总线段之间的连接设备称为网桥。网桥属于链路主设备。它负担着下游的各个总线段的系统管理时间的发布，因此必须是 LAS，否则无法对下游各段的数据链路时间和应用时钟进行再分配。

2. 数据链路层中的数据传输功能

基金会现场总线提供三种传送数据的机制：一种无连接方式；两种面向连接方式。无连接方式用于支持报告分发 VCR；一种面向连接方式用于支持发布/订阅 VCR，另一种面向连接方式用于支持客户/服务器 VCR。

（1）用于发布数据（Published Data）的面向连接的数据传输 发布数据的传送主要是来自于发布者的数据链路数据帧通过缓冲区进行发送。发布者不必分辨订阅者（接收者），被发布者传送的数据传送帧只包含一个地址，即发布者的地址。订阅者事先知道发布者的地址，由订阅者侦听并接收发布者传送的数据帧。

当由发布者建立连接时，它向本链路的所有订阅者发送建立连接数据链路数据帧（ECDLPDU），此 ECDLPDU 不要求响应。若由订阅者建立连接时，它和发布者一样动作，但它要求发布者对它进行响应。当发布者收到来自订阅者的 ECDLPDU 时，它再次对本链路广播 ECDLPDU。订阅者把它发出 ECDLPDU 后接收到的第一个 ECDLPDU 用来完成打开连接的过程。订阅者所使用的 ECDLPDU 可能是一开始由发布者发送的，也有可能是发布者响应订阅者而发送的。当连接被打开后，订阅者开始侦听数据传送数据链路数据帧（DTDLPDU），并忽略以后收到的来自于这个发布者的 ECDLPDU。

（2）用于进行请求/响应交换的面向连接的数据传输　请求/响应数据传输主要用于客户/服务器之间的通过队列进行数据传输。作为发送者的客户 VCR 端点或对等机（Peer）VCR 端点，发送请求给服务器，服务器对之作出响应。返回信息表明它的上层是否接受该请求。一旦开始进行在连接之上的数据传输，则所有 DTDLPDU 都以相同的优先级进行传输。

这种连接方式提供两种服务质量：经典的（Classical）和乱序的（Disordered）。经典的是指数据链路层将竭力有序地传输和递送 DTDLPDU，并且在不能达到此目标时断开连接。如果必要的话，它会进行一次重试。若失败，则该数据链路层将被断开。乱序的是指它可以按到达的次序向上层递送被传送的数据，即使数据流中有空隙，也不予理会（这种空隙是由丢失 DTDLPDU 引起的）。

（3）无连接数据传输　无连接数据传输主要用于在数据链路服务访问点（DLSAP）之间通过队列进行独立的 DLPDU 的传送。数据链路层不保存相关信息来进行传输控制。因为目标地址可以被组态成 DLSAP 组（Group）地址（即多点传送），即允许多报告源（发布者）来发送给同一组地址，所以这种传输类型被用来分发报告。这也就允许接收者不必分辨报告源及其位置。

因为所有无连接都是独立的，所以每次传送优先级都得分别规定。然而对每个 VCR，只能有一个优先级被规定。上层使用它作为该 VCR 规定的优先级，所有的数据传输都必须由上层给出其优先级。

3.1.4.3　现场总线访问子层

现场总线访问子层（FAS）属于 FF 应用层的一部分，它处在现场总线报文规范（FMS）子层与数据链路层（DLL）之间，利用数据链路层的调度通信和非调度通信作用，它可为 FMS 和应用进程（AP）提供 VCR 的报文传递服务。

在分布通信系统中的应用关系（AR），使用一些服务和应用层通信渠道进行相互间的通信。通过连接两个以上的同种类型的 AR 端点，就可以建立一个

AR。其建立方式有三种：预先建立、预先组态和动态建立。

AR 的特点、作用是由其 AR 端点（AREP）决定的，所以 AREP 的类型对通信有着非常重要的作用。在 AREP 间的通信，其方向有单向的，也有双向的；数据链路的启动策略有用户启动的，也有网络启动的；在数据传输中，有以缓冲器传输为模型的，也有以队列传输为模型的。这里使用的数据链路层服务分为面向连接的和无连接的数据传输服务。

FAS 利用协议数据单元为 FMS 提供服务，FAS 服务充分把 DLL 和 FMS 连接在一起，构成统一体——通信栈。在这里，FAS 起到承上启下的关键作用。FAS 的服务都是通过组织 FAS 协议数据单元（FAS-PDU）来完成的。

FAS 内部可以分为三个层次，具体表现为如下的三个协议机：FAS 服务协议机（FSPM）、应用关系协议机（ARPM）、数据链路层映射协议机（DMPM）。

1. FAS-PDU

FAS 协议中一个重要的内容是 FAS-PDU，所有 FAS 服务均是通过封装相应的 FAS-PDU 来实现的。FAS-PDU 类型有七种：确认的数据传输-请求 PDU、确认的数据传输-响应 PDU、非确认的数据传输 PDU、连接-请求 PDU、连接-响应 PDU、连接-错误 PDU、放弃-PDU。用这七种 PDU 来完成 FAS 的主要服务，特别是与通信有关的服务。FAS-PDU 的一般结构是 FAS 帧头加上用户数据。FAS 帧头为 8bit 共 1B（字节），作用是区别 PDU 类型，也就是说，FAS 帧头代表的是哪一种 PDU。用户数据是高层 FAS 用户传递而来的，这样 FAS 封装好 PDU，并发送给 DLL；而接受方的 FAS 从它的 DLL 读上来，解开帧头，再送给 FAS 的用户。这样完成了双方的通信。FAS 帧头的第 1 位若为“0”，则说明 FAS 用户是 FMS；若为“1”，则保留给非 FMS 的 FAS 用户。FAS 的用户可以是应用进程（AP），此时通信旁路 FMS 主要的服务有：“FAS-强迫”服务、“读缓冲器”服务、“FAS-状态”服务，所使用 FAS 的 AREP 类型也以缓冲的、网络触发的、单向的（BNU）为主。

2. FAS 所映射的 DLL 活动

FAS 是利用 DLL 的调度通信和非调度通信来为 FMS 提供服务。因此 FAS 在为 FMS 提供服务的同时，需要底层 DLL 提供服务支持。

3. 虚拟通信关系（VCR）

基金会现场总线使用事先组态好的通信通道（称为虚拟通信关系，简称 VCR）在设备之间传送信息。基金会现场总线规范中定义了如下三种类型的 VCR。

（1）发布者/订阅者（Publisher/Subscriber）VCR　数据由发布者广播到网络上，订阅者侦听网络上的数据广播并收取相关信息。该 VCR 是缓冲的、网络触发的、单向的（BNU）。“缓冲的”即指它是通过数据链路层的发送与接受缓冲区发送和接受消息的。“网络触发的”即指它依照数据链路层的调度发送消息，这个调度是由链路活动调度器（LAS）来维护和强制实现的。“单向的”即指它向一个或多个接收者发送无须确认的消息，数据是单向传送的。

（2）客户/服务器（Client/Server）VCR　由客户发出一个请求，服务器作出响应。在不同的 VCR 中，某一台设备既可以是客户机，也可以是服务器。该 VCR 是排队的、用户触发的、双向的（QUB）。“排队的”是指它是通过数据链路层的发送和接收队列、发送和接收消息的。“用户触发的”即指它在上层用户发出请求后，客户端才开始动作，并且它还是非调度的，即是在调度表规定的时间之外收到通行令牌（PT）时才把数据发送出去。“双向的”即指它在客户和服务器之间进行有确认的请求和应答，仅有此类 VCR 是双向的。

（3）报文/分发（Report/Distribution）VCR　事件报文由源设备广播到网络上，并由收集设备侦听并接收。该 VCR 是排队的、用户触发的、单向的（QUU）。“排队的”即指它是通过数据链路层的发送和接收队列、发送和接收消息的。“用户触发的”是指它是在上层用户发出请求后，数据链路层才开始动作的，并且它是非调度的，即是在调度表规定的时间之外收到通行令牌（PT）时才把数据发送出去。“单向的”是指事件报告只向网络上广播而不要求确认，收方只收不发。

3.1.4.4　现场总线报文规范子层

现场总线报文规范（FMS）子层在整个通信模型中介于现场总线访问子层（FAS）和用户层之间。FMS 子层描述了用户应用所需要的通信服务、信息格式、行为状态等，提供了一组服务和标准的报文格式，用户可采用这种标准格式在总线上相互传递信息，并通过 FMS 服务访问功能块应用进程（Application Process, AP）对象以及它们的对象描述。同 OD 对 AP 对象的描述一样，FMS 规定访问这些对象的服务与数据格式。AP 的网络可见对象和它们相应的 OD 描述在 FMS 中说明为虚拟现场设备（Virtual Field Device, VFD）。为了访问 VFD 属性（例如制造商和状态），需要定义特殊的 FMS 服务。与 OD 描述联系在一起，FMS 为现场设备应用程序规定了功能性界面。FMS 服务和 OD 中对象描述的格式是以 FMS 定义的对象类型为基础的，例如变量与事件。为了使 AP 对象通过网络可见（通过 FMS 服务可以访问），它们必须使用 FMS 对象类型来说明。

FMS 服务在 VCR 终点提供给 AP，VCR 终点说明了 AP 到 VCR 的终点，在一个终点可以获得的服务依赖于终点的类型。FMS 绝不执行被请求的服务，它只是在 AP 间转换请求和响应。

当请求一个 FMS 服务时，请求者的 FMS 实体建立和发送正确的请求信息给远程 AP 的 FMS 实体。FMS 自己对 OD 没有访问。因此，对在信息中传输的用户数据进行编码是由 FMS 用户负责的。如果信息的类型指示出不需要返回响应，则该服务是非确认的。如果一个服务需要响应，则服务是确认的。确认的服务总是需要远程 AP 发出一个响应，指示它是否能够执行该服务，当不能执行该服务时，远程 AP 通过返回一个错误代码来响应它。这些信息在技术上被参考为 FMS 协议数据单元（FMS-PDU）。

确认服务用来操纵和控制 AP 对象，如被用于读和写变量的值或访问对象字典（OD）。需要确认的服务使用客户/服务器 VCR 来完成请求与响应的交换。为了支持这种类型的 VCR，FMS 为服务请求提供流控制，即 FMS 维护一个计数器，用来对已经发出但还没有收到响应的请求进行计数，如果没有响应的请求达到一定的数目，则 FMS 不再响应增加的请求。非确认服务用来发布数据和通报事件。数据的发布使用发布/订阅 VCR 传输。事件通知在报告分发 VCR 上传输。这两种 VCR 之间的不同在于 FAS 如何使用 DLL 来传输信息。

1. FMS 所包含的服务

现场总线报文规范层由以下七个模块组成：虚拟现场设备（VFD）、对象字典管理、联络关系管理、域管理、程序调用管理、变量访问和事件管理。其中，每一种模块又支持一定数量的服务，而这些服务又对应相应的报文格式即 FMS 协议数据单元（FMS-PDU）。下面简要介绍 FMS 的各个模块。

（1）虚拟现场设备　虚拟现场设备（VFD）在 FMS 中是一个很重要的概念。由通信伙伴看来，VFD 是一个自动化系统的数据和行为的抽象模型。它用于远距离查看对象字典中定义的本地设备的数据，其基础是 VFD 对象。VFD 对象包含可由通信用户通过服务使用的所有对象及对象描述，每个 VFD 有一个对象描述。因此，VFD 可看作应用进程的网络可视对象和相应的对象描述的体现。

一个典型物理设备可以有几个虚拟现场设备，但至少应该有两个虚拟现场设备：一个用于网络和系统管理；另一个用于功能块应用。VFD 对象的寻址由虚拟通信关系表中的 VCR 隐含定义，可见 VCR 所连接的是虚拟现场设备。设备里包含的 VFD 对象保存在管理 VFD 的列表中。VFD 对象有几个属性，如制造商名、模型名、版本、行规号等。

（2）对象字典管理　OD 为对象描述的集合，包含以下通信对象的对象描述：数据类型、数据类型结构、域、程序调用、简单变量、矩阵和变量表事件。对象描述说明了通信中跨越现场总线的数据内容，把这些内容收集到一起，形成了对象字典（OD）。OD 由一系列条目组成，每个条目分别描述一个应用进程对象和它的数据。对象字典的条目 0 提供了对字典对象本身的说明，称为字典头，它描述了对象字典的概貌。FMS 的对象描述服务允许用户访问或者改变虚拟现场设备中的对象描述。

（3）联络关系管理　联络关系管理包含有关 VCR 的约定。这些约定可用于建立、释放一条 VCR 连接，并可决定虚拟现场设备的状态。它包含有关处理对象状态机和 VCR 状态机的约定。一个 VCR 由静态部分和动态部分组成。静态属性有静态 VCR 标识（Identification，ID）、对应 FMS VFD ID 等；动态属性有动态 VCR ID 等。每个 VCR 变化对象，在收到一个确认性服务时，创建变化对象，在响应发送后被删除。

（4）域管理　域是一段包含程序和数据的内存区，它的属性有名称、数字标识、口令、域状态等。相应的服务主要是下载、上载，如 Request Domain Download（服务内容为请求下载）等。域管理模块包含上载状态机和下载状态机。

（5）程序调用管理　程序调用服务允许远程控制一台设备中的程序状态。设备可以采用下载服务把一个程序下载到另一台设备的某个域，然后通过发布程序调用（PI）服务请求远程操纵该程序。它所提供的服务将域连接为一个程序，并启动、停止或删除它。

（6）变量访问对象及其服务　变量访问对象在对象字典的动态部分定义，是无法删除的。它们包括物理访问对象、简单变量、数组、记录、变量表等。变量访问模块提供了对变量的读、写服务，并定义和删除新的动态变量列表对象。

（7）事件服务　事件是为了从一台设备向另外一台设备发送重要报文而定义的。由 FMS 使用者监测导致事件发生的条件，当事件发生时，该应用程序激活事件通知服务，并由使用者确认。相应的事件服务有事件通知、确认事件通知、事件条件检测、带有类型的事件通知。事件服务采用报告分发型虚拟通信关系，用以报告事件与管理事件处理。此外，FMS 的服务还包括域上载/下载服务、程序调用服务。

2. 现场总线报文规范（FMS）

基金会现场总线报文规范采用抽象语法记法 1（ASN.1）进行定义。抽象语法表示语言是由（美国）国家电话与电报咨询委员会于 20 世纪 80 年代初期编写的。基金会现场总线主要使用 ASN.1 来描述 PDU 的语意。PDU 的内容就是由现场总线的命令、响应、数据和事件等信息构成 FMS 服务的原语，形成了一套标准信息、规范。

基金会 FMS 最基本的编码原理是在用户数据前附加的信息尽可能短；另一方面，还要注意到经常出现的特殊信息，例如读、写操作。FMS-PDU 的结构有两种：一种是用户数据前带有明确的识别信息；另一种是用户数据符合某种隐含的协定（如用户数据长度固定）。

如图 3-8 所示，识别信息由 P/C 标志位、标签号和长度三部分组成。其中，P/C 标志位占 1bit，标签号占 3bit，长度占 4bit，若不足时，标签号和长度可以向下一字节进行扩展。P/C 标志位代表简单的或结构化的原语；标签号说明原语的语意（如读、写）；长度是指原语占有的字数或结构化原语中原语的个数。

P/C 标志位	标签号	长度

图 3-8　FMS-PDU 的结构

FMS-PDU 由两部分组成：一部分是 3B 的固定部分；另一部分是长度可变的。在固定的 3B 字节中是这样安排的：第 1 字节是识别信息，即 FMS 所使用的服务；第 2 字节是调用 ID；第 3 字节是又一个 ID 信息，是对第 1 字节 ID 的进一步描述。

3.1.5　基金会现场总线的功能块

功能块（Function Block，FB）和功能块应用进程是基金会现场总线系统结构的一大特色之一。它是现场总线基金会为实现不同系统控制功能而设计的，是实现互操作性不可缺少的重要组成部分。基金会现场总线规定了基于功能模块的用户应用，不同的功能模块表达了不同类型的应用功能。原 DCS 中 60% ~80% 的基本控制功能可以通过设置功能块及功能块的组合下载到现场总线智能仪表中来实现。因此，现场总线智能仪表可以根据不同的被控对象的特性，灵活组合功能块，以实现被控对象的控制策略，使其真正成为灵巧的智能仪表。

3.1.5.1　功能模块

基金会现场总线用户层中，常用的功能模块有三类：功能块、资源块和转换块，如图 3-9 所示。基金会现场总线已定义了 1 种资源块、10 种基本功能块、19 种先进功能块以及 7 种标准的转换块。

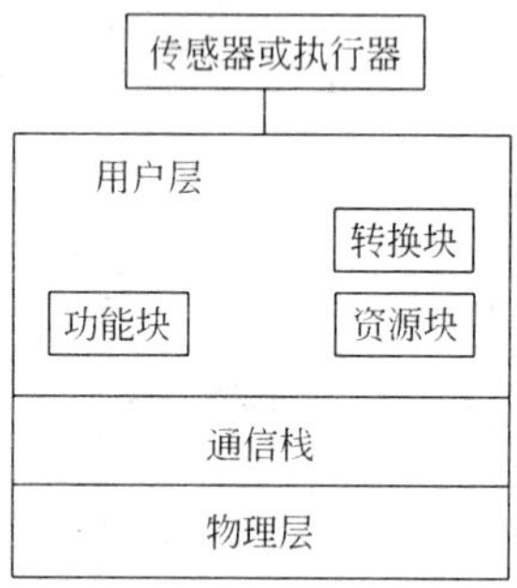

图 3-9　功能块类型

1. 转换块

转换块按所要求的频率读取传感器中的硬件数据，并将其写入到相应的硬件中。它不含有运用该数据的功能块，这样便于把读取、写入数据的过程从制造商的专有物理 I/O 特性中分离出来，提供功能块的设备入口，并执行一些功能。转换块含有量程数据、传感器类型、线性化、I/O 数据表示等信息。它可以加入到本地读取传感器功能块或硬件输出功能块中，通常每个输入或输出功能块内部都会有一个转换块。

2. 资源块

资源块描述现场总线的设备特征，如设备名称、制造商与系列号。每台设备中仅有一个资源块。为了使资源块能够表达这些特征，规定了一组参数。资源块没有输入或输出参数。它将功能块与设备的硬件特性相隔离，可以通过资源块在网络中访问与资源块相关的设备的硬件特性。资源块也有相应的算法用以监视和控制物理设备硬件的一般操作。其算法的执行取决于物理设备的特性，由制造商规定，该算法可能引起事件的发生。

3. 功能块

功能块提供控制系统行为，它的输入、输出参数可通过现场总线链接。各功能块的执行均受系统管理（SM）精确调度。

功能块是参数、算法和事件三者的完整组成。由外部事件驱动功能块的执行，通过算法把输入参数转换为输出参数，实现应用系统的控制功能。对于输入和输出功能块，要把它们链接到转换块，与设备的I/O硬件相互联系。

功能块的执行是按周期性调度或事件驱动的。功能块提供控制系统的功能，它的输入、输出参数可以跨越到现场总线实现链接。一个用户程序中可有多个功能块。基金会现场总线定义了多个标准功能块，如FF-891功能块定义了用于基本控制的10种标准功能块，见表3-2。

表3-2　用于基本控制的标准功能块

功能块名称	功能块符号	功能块名称	功能块符号
模拟量输入	AI	离散量输出	DO
模拟量输出	AO	手动装载	ML
偏差	B	比例微分	PD
控制选择器	CS	比例积分微分	PID
离散量输入	DI	比例系数	RA

此外，还定义了用于高级控制的19种标准功能块，如脉冲输入、死区、定时、步进输出、超前滞后补偿等。

基金会现场总线也允许各制造商有自己独特的功能块，但要有相应的设备描述语言（DDL）来保证不同制造商的产品在同一总线上具有互操作性。基金会现场总线功能块支持可编程序控制器编程标准IEC61131-3。

功能块可以按照设备的功能需要定制，并下载到现场总线设备内。例如，简单的温度变送器可能包含一个模拟量输入（AI）功能块，而调节阀则可能包含一个PID功能块和一个模拟量输出（AO）功能块。这样，一个完整的控制回路就可以只由一个变送器和一个调节阀组成。有时，也把PID功能块装入温度、压力等变送器内。

4. 链接对象

链接对象定义了功能块之间的链接关系。它包括一台设备内部之间的链接关系，也包括跨越现场总线网络的不同设备的输入与输出之间的链接关系。

为了组成系统，在功能块应用进程（FBAP）之间和功能块内部，采用链接对象把不同功能块链接在一起，用来记录这类信息的对象称为链接对象。运用链接对象来定义输入/输出参数之间的链接关系，也运用它来规定从外部对观测、趋势和报警对象的访问。链接对象要识别被链接的参数或对象，识别用于传输数据的 FMS 服务，识别用于传输的虚拟通信关系（VCR），对跨越现场总线网络的不同设备的输入/输出参数进行链接，还要识别远程参数。

5. 趋势对象

趋势对象允许主机和其他设备访问功能块参数的局部趋势，允许将功能块参数进行局部化。它将短期历史数据收集起来，并存储在设备中，并可以调用和显示其历史数据和特征。

6. 报警对象

报警对象允许对报警状态和现场总线上的事件进行报告，当判断出有报警或事件时，可通过接口设备访问报警对象生成的通知信息。

报警对象可对块状态偏离进行监测。当报警和事件发生时，它发出事件通知，并等待特定的接收响应时间。如果在预定的时间内没有收到响应，它将再次重发事件通知。这一方法确保报警信息不会丢失。对功能块模型定义了两类报警：警报（Alarm）和事件。当功能块偏离了一个特定的状态时，例如，当参数超限，采用事件来报导状态变化。报警不仅上报 FB 离开某个特定状态的变化，也上报回到原来状态的变化。

7. 视图对象

视图对象为预定义的参数群，由人机界面使用。功能块规范为每种块定义了 4 个视图。

3.1.5.2 功能块应用进程

在 FF 规范中，功能块应用进程（FBAP）是位于通信栈之上的用户层，主要用来完成用户所需的自动化应用功能。它是基于功能块模型的，每一功能块都是一独立的软件模块，完成某一特定功能。根据具体的应用需求，可将多个功能块集成在一起，从而完成所需的应用功能。它采用的是一种分布式的应用程序框架，允许功能块分散在不同的设备之中，通过通信及集成技术来组成完整的应用程序。现场总线设备所具有的功能是由它所包含的块以及块与块之间的相互连接关系来决定的。

应用进程（AP）在现场总线系统中是指为实现某种应用功能或算法，按某种方式反复执行的函数，它提供一个通用结构来规定输入、输出、算法和控制参数，通过这种模块化的函数，把输入参数转化为输出参数。如 PID 功能块完成现场总线系统中的控制计算，AI 功能块完成参数输入，还有用于远程输入/输出的交互模块等。每种功能被单独定义，并可被其他块所调用。在功能块应用进程这部分，除了功能块对象之外，还包括对象字典（OD）和设备描述（DD）。采用 OD 和 DD 可以简化设备的互操作，因而也可以把 OD 和 DD 看做支持功能块应用的标准化工具。

应用进程（AP）是现场总线系统活动的基本组成部分；或者说，把现场总线系统活动看作是协同工作的应用进程的集合。应用进程可以看作是分布式系统或分布应用中的信息及其处理过程，可以对它赋予地址，也可以通过网络访问它，应用进程可表述存在于一台设备内包装成组的功能块。AP 是最基本的对象，把多个 AP 组合起来，可形成复合对象。一台设备可以包含的 AP 的数量与执行情况相关，在规范中，对所包含的 AP 数目没有限制。在设备组态或网络运行期间，AP 是否装载进一台设备，取决于该设备的物理能力和 AP 如何被执行。PC 及 PLC 能够随着软件下载而接受其 AP。另外一些设备，如变送器、执行器可以让它们的 AP 在专用集成电路中执行。

在具体结构上，功能块应用进程是由功能块应用对象、对象字典和设备描述三部分组成。功能块应用对象包括：块对象、连接对象、设备资源、报警对象、趋势对象、观测对象、程序调用对象、域对象和激活对象。其中块对象是最重要的，以块对象为骨架，配合其他所需的应用对象，才构成完整的应用程序。而块对象又可分为资源块、变送器块和功能块三种。功能块是构建用户应用进程的基础，资源块和变送器块则用于将功能块同设备硬件特性隔离开来，为功能块提供一种通用的设备硬件访问方式。资源块着重于提供设备的硬件特征，包括设备类型、制造商 ID、设备内存等，以及提供一些可影响功能块应用进程运行的选项。而变送器块则着重于从设备硬件获得或输出数据，并经过必要的处理，如线性化、改变量程等，再将数据传给输入或输出类功能块，从而将功能块同具体硬件隔离开来，简化了功能块的设计开发。对象字典和设备描述主要用于对各种功能块应用对象以及它们的子对象进行数据定义和描述，保证外界程序能真正理解各类对象数据格式和意义。正是通过对象字典和设备描述，功能块应用对象才做到完全自描述，才能进行互操作，从而能组成分布式用户应用程序。但对象字典和设备描述的侧重点有所不同。对象字典侧重于描述对象通信所需的信息，包括对象的数据类型、长度、值地址、读写方式等；而设备描述则侧重于描述对象的表现形式、对象之间的关系等一些有助于主机程序，实际上是人对对象理解的信息。

3.1.5.3 功能块的应用

1. 功能块实例

（1）PID 功能块　如图 3-10 所示，它具备调节器所具有的一切功能，如模拟/开关 + 通道/选择（A/M + L/C）模式选择、定值（SP）和输出（OUT）限制及比例调整、前馈、超驰、过程变量（PV）及偏差报警等。

（2）AI 功能块　AI 功能块的通道值是从输入转换块通道而来。它首先给出仿真参数，仿真参数是一个数据结构，包括仿真状态、仿真值、变送器状态、变送器值、允许/不允许 5 个变量。当仿真允许时，手动提供块输入值和状态；不允许时，输入值为转换块值。然后，参数经过各种变换，如变换量程、线性化、输出量程、小信号切除以及 PV 滤波等。另外，还有许多报警参数也可作为通道值。AI 功能块支持的模式有输出/仿真（O/S）、自动（AUTO）、手动（MAN）。

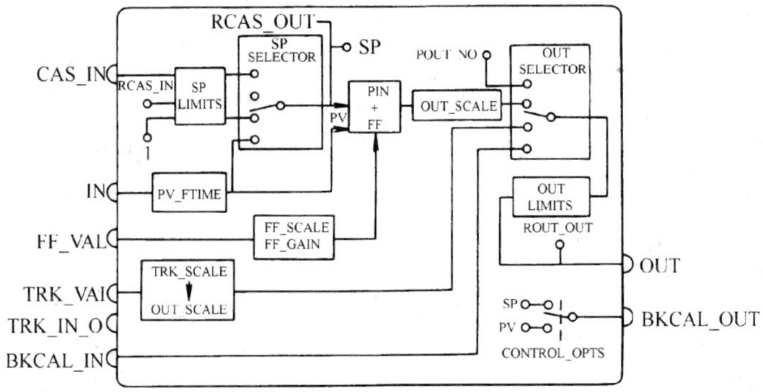

图 3-10　PID 功能块

2. 功能块在一个基本的单回路控制中的应用

这种应用如图 3-11 所示。其中，IN、CAS_IN、BKCAL_IN 为输入参数，OUT、BKCAL_OUT 为输出参数。这些输入、输出参数是参与块之间链接的参数，它们的数据结构是值与状态。

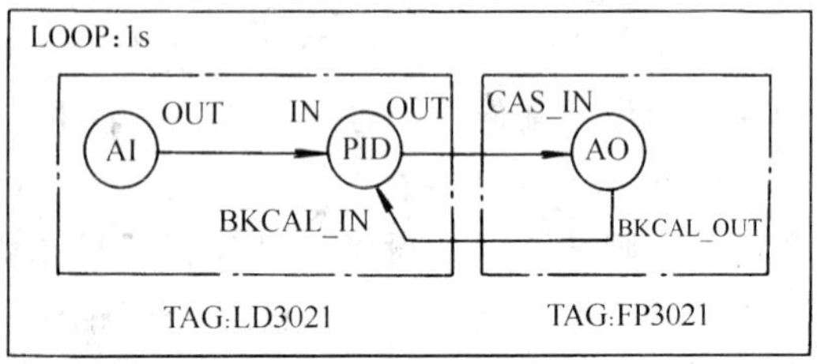

图 3-11　功能块在单回路控制中的应用

3. 功能块在液位串级闭环控制中的应用

该冷凝水再生系统采用由液位变送器、流量变送器、流量控制阀组成一个现场总线串级闭环冷凝水再生控制系统。系统中现场总线智能仪表、功能块及其内部连接和外部连接如图 3-12 所示。

系统的冷凝水液位通过选择设置在液位变送器中的液位 PID 功能块的设定点进行控制，由主回路液位 PID 功能块与控制阀的流量 PID 功能块构成串级回路，流量 PID 功能块设置在给水系统的控制阀上。

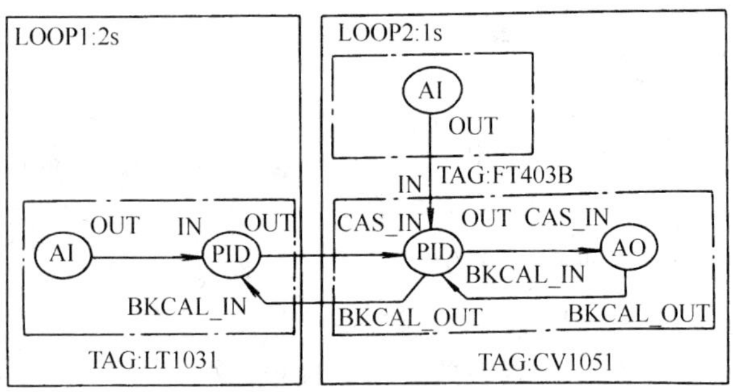

图 3-12　功能块在串级闭环控制中的应用

从冷凝槽到闪蒸槽的冷

凝水的再循环量由设置在控制阀中的附加 PID 回路控制，该串级闭环控制方案在液位变送器、流量变送器的流量控制阀中加以实现。

3.1.6 FB3050 基金会现场总线通信控制器

FB3050 控制器是继 FB1050 和 FB2050 后，现场总线接口和控制器的第三代集成电路，适用于 ISA SP50-2—1992 第 2 部分：现场总线物理层定义，是嵌入式和主微处理器或控制器的接口，可提供高级的或现场总线的接口。

FB3050 的内部结构如图 3-13 所示。FB3050 有 100 个引脚，分为时钟和定时、系统接口、存储器接口和现场总线接口等四组。FB3050 提供 32 个内部读写寄存器，其端口地址范围为 XX00H ~ XX2FH。各引脚描述和内部寄存器的地址以及功能请见参考文献［8］。

FB3050 片内包含曼彻斯特编码和译码器，连到现场总线系统时需要介质接口和外加滤波器。FB3050 通过合适的连线，可以检测和校正信号的极性变换。

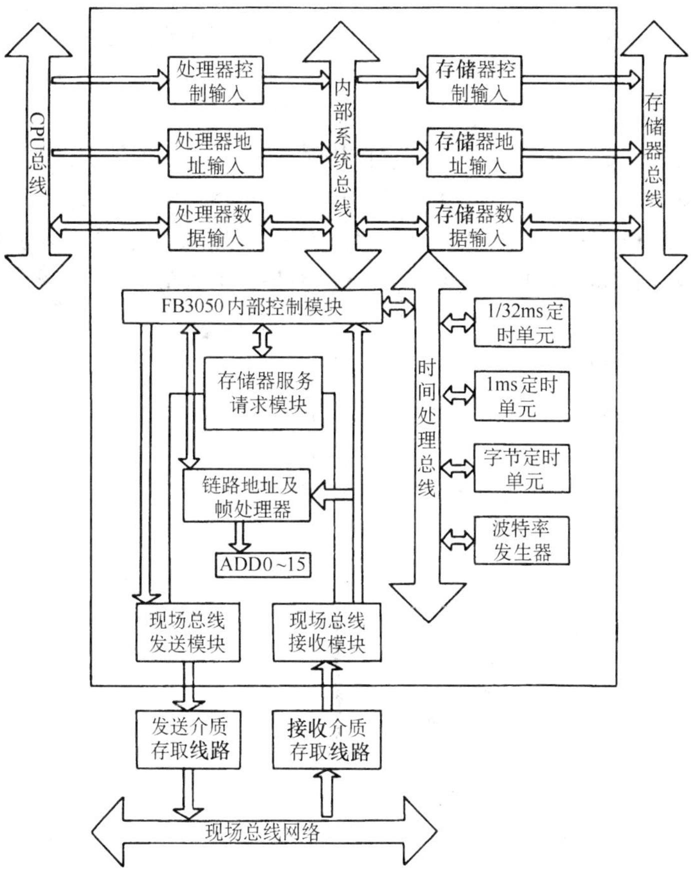

图 3-13 FB3050 通信控制器芯片内部结构

FB3050 在接收数据包时可自动检测帧校验序列，通过软件控制命令为发送数据包生成帧校验序列。发送器超长（Jabber）禁止电路保证了发送器在规定时间外不会处于 ON 状态。

为了适应高信息量的需要，FB3050 片内有两个直接存储器访问（DMA）电路。当配置在 DMA 方式时，可以发送和接收数据块。FB3050 与 Motorola 公司的微控制器连接时，DMA 通过共享“E”时钟与控制器连接。在与 Intel 公司或其他通用微处理器连接时，DMA 使用 READY 信号迫使微处理器处于等待态，直至 DMA 访问周期完成。

通过 FB3050 的内部寄存器可实现整个控制和状态信息的设置，以便与各种主控制器连接。FB3050 使用两个时钟：一个是系统同步时钟；另一个是数据率控制时钟。为了减少软件开销，FB3050 提供帧控制字符和接收值的检测，并将接收地址与存储器中包含的地址表进行比较，以进行 8bit、16bit、32bit 地址的测试。对于 8bit 比较，只有一个地址装入内部寄存器。存储器的地址支持各种 16bit 和 32bit 地址，匹配搜索是自动进行的，出现匹配时，可产生中断，而引起中断的所有条件都是可屏蔽的。帧控制信息不需要地址识别，检测到该信息也能产生中断。

FB3050 具有灵活的中断结构，单个中断将使主微处理器读内部的状态信息，以确定中断源。所有中断源都是可屏蔽和可识别的，在现场总线条件下，中断也会产生，FB3050 内的三个定时器也可产生中断。这三个定时器提供 8bit 位组、1/32ms、1ms 定时参考。所有这些中断条件都是可屏蔽的。

总而言之，FB3050 现场总线控制器具有如下特点：

- 适用于 ISA SP50-02—1992 第 2 部分：现场总线物理层定义；
- 内含曼彻斯特（Manchester）编码器和译码器；
- 片内有两个通道的 DMA 控制器；
- 可自动极性探测和校正；
- 自动接收帧校验序列（FCS）探测；
- 软件控制的发送 FCS 发生器；
- 自动信息类型和地址识别；
- 31.25kbit/s 和 1Mbit/s 的数据传输速率；
- 内有发送器超长（Jabber）禁止电路；
- 可与所有通用微处理器和微控制器兼容；
- 可屏蔽多源中断结构，以减少中断响应次数；
- 具有 CMOS 低功耗和省电方式；
- 有可用于数据链路层定时的定时器；
- 采用 100 针 TQFP 封装形式。

3.1.7 基金会现场总线的组态

FF 系统定义了如下四个组态层次。

1. 组态第 1 层

制造商设备定义　设备是由制造商定义和开发的。每个制造商决定所提供设备的应用进程（AP）的定义和类型，并且标识每个 AP 的网络可见对象。

1）每个网络可访问 AP 的 OD 和 AP 目录的定义和结构；

2）由于 FMS 识别服务的应用需要，必须提供制造商名、设备模块名（如压力、温度变送器）、VFD 管理、功能块应用进程（FBAP）VFD 和其他 VFD，必须通过 FMS 的标识服务将模型和版本提供给用户。

3）设备的分配和相互关系以及 VFD 的标识信息包含在系统管理信息库（SMIB）、网络管理信息库（NMIB）和 FBAP 中。通信行规提供了一个设备识别 SMIB 变量的结构和内容。这个变量的用途是定义设备的制造商、模型和版本。

2. 组态第 2 层

网络定义　网络由设备构成。在这个组态层次中，定义了网络拓扑结构。这个进程包括下面的内容：

1）决定控制策略。控制策略的设计以满足系统的对象为目的。控制策略的设计不考虑物理设备的数量和位置。

2）选择协议版本。每个协议的版本层次是由 FF 维护的。规范改变的结果是协议版本的更新。

3）标识每个链路和它的设备。

4）管理设备标签和数据链路地址。

5）标识每个链路的链路控制主设备。每个链路可以有一个被推荐的链路主设备。被推荐的链路主设备是渴望成为 LAS 的链路主设备。在桥式网络中，网桥必须构造为被推荐的链路主设备。在根链路中，每台链路主设备均可设计为被推荐的链路主设备。

6）定义每个 LAS 使用的链路参数。

7）定义一个基本和其他应用时钟发布者，作为时间源。

3. 组态的第 3 层

分布式应用程序定义　应用程序由分布式资源组成。在组态的这个层次，定义了分布式资源的交互作用。这个过程包括以下内容：

1）定义 FBAP 连接对象，并使用 VCR 解决。

2）定义 VCR 表，并把它们转化成为数据链路地址。

3）定义功能块和 LAS 调度宏循环。

4）定义扩展树结构，包括发送和重新发布表。

4. 组态第4层

设备组态 设备包含需要分配特殊值的网络可见对象。在组态过程的这个层次，定义分配给设备的每个AP的值。这个过程包括以下内容：

1）分配用户AP操作值。标签是包含在用户AP中的系统特殊名。一旦被组态，系统管理内核（SMK）服务就可使用SMK查找位号服务来定位它。增加的用户AP对象可以被组态为用来定义AP的某个操作方面。例如，可以对FB参数进行组态来定义功能块和FBAP的某个操作方面，如事件门限。对这些参数进行组态来设置或者调整AP的行为、FBAP对象在FBAP规范中描述。

2）分配NMIB操作值。尚未组态的NMIB参数可以在该层组态。这些组态参数定义通信栈如何操作，它不受它的VCR或者LAS调度表限制。例如NMIB在这个层次可以组态为能够收集特殊VCR或者物理层的统计信息，或者指示LAS如何操作本地链路。NMIB的参数定义在网络管理规范中。

3）分配SMIB操作值。同应用程序时钟发布有关的SMIB参数可以在这层组态。这些组态参数指示该设备是基本时钟发布者，还是第2时钟发布者。它们也提供同时间发布相连的时钟值。另外，在这个层次，设备可以组态为具有如下功能：如果设备支持，设备将把它的操作状态参数写到不易失存储器中。SMIB参数定义在系统管理规范中。

3.1.8 一致性与互操作性测试

基金会现场总线的一个最基本的原则就是支持互操作性，即保证来自不同制造商的设备能在同一个网络中相互正常操作，而不会损失其设备功能。为达到这一目的，现场总线基金会一方面制定了完善的标准，既包括了通信规范，又包括了应用规范，要求制造商严格按照规范来开发产品；另一方面对制造商开发出来的产品进行严格测试，以确保其符合FF规范，并能达到最大可能的互操作能力。

基金会现场总线的产品测试分为两部分：一是对通信栈产品的一致性测试（Conformance Test）；二是对设备产品的互操作性测试（Interoperability Test）。其中，互操作性测试又分成物理层测试、设备配置和功能块的测试、设备描述测试以及功能文件测试四个部分。为此，现场总线基金会专门开发了互操作性测试系统（ITS），用来进行除物理层测试以外的其他三部分测试。

1. 系统结构及测试过程

FF互操作性测试系统由三部分组成：测试系统、测试案例和测试功能块。

测试系统是一个通用测试平台，为测试提供人机界面、测试管理功能以及测试案例程序库。测试案例集实际上是抽象测试案例集在测试系统上实现的可执行测试案例集，进行具体测试工作。测试功能块是一台特殊的FF现场设备，主要用于在动态测试时和被测设备建立连接，从而能和被测设备交换数据，以进行测试。

图3-14显示了FF互操作性测试的结构。该测试采用的是“黑盒”测试方法，只检查设备的外部可视行为，并且只是通过设备公开给FF网络的标准进行接口，因此也要求设备必须采用已通过一致性测试的通信栈，确保通信的正确。具体测试过程可分成三个阶段：测试准备阶段、测试操作阶段和测试报告生成和分析阶段。在测试准备阶段，要按图3-14所示组成测试网络，以及产生一个被测设备配置文件，包括指出被测设备的设备ID、被测功能块应用的虚拟现场设备名称、物理位号、节点地址等，同时也允许提供设备中各功能块参数的默认值。在测试操作阶段，首先要根据测试目的选取测试案例，建立测试调度表，并配置测试选项，然后再进行测试执行，产生测试记录和测试结果。在测试报告生成和分析阶段，要综合测试所得到的所有文档，产生最终测试结果——测试报告，并进行分析。

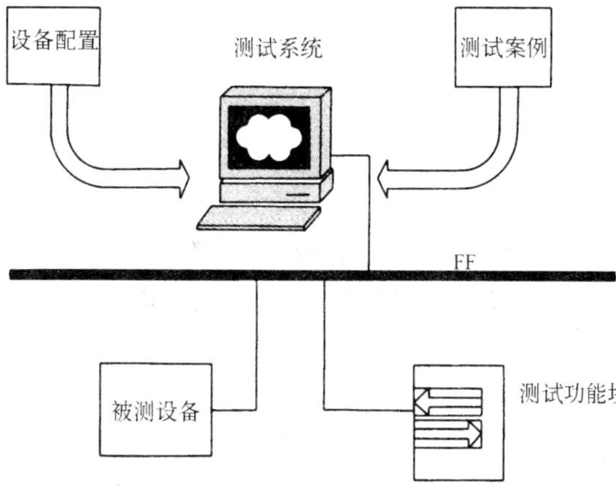

图3-14　FF互操作性测试示意图

2. 测试案例分析

测试案例是测试的核心，分为抽象测试案例和可执行测试案例。抽象测试案例指的是为某一具体测试目的而定的完全的、独立的行为说明。它是定义在抽象的协议描述水平上的。每一个抽象测试案例都应该详细描述下列信息：某一个测试目的；测试过程，即所有测试事件的顺序。例如，发给被测设备的协议数据单元（PDU）、期望从被测设备收到的PDU以及时间要求等。测试结果，即在什么情况下测试通过、失败或无结论。可执行测试案例则是抽象测试案例在测试系统上的实现。根据测试目的的不同，FF将互操作性测试案例分成三个部分：测试设备的动态行为、测试设备描述和测试设备能力文件。其中，测试设备的动态行为部分又分成多个类别，例如初始连接和地址分配、读写现场设备信息、测试连接对象的配置和连接建立、模式和状态、报警和事件等，基本上覆盖了FF用户层规范的各个方面。

3.1.9　基金会现场总线的应用设计与实例

冶金行业中运用精料技术是高炉冶炼技术进步的具体体现，使用球团矿石来代替铁矿石和部分烧结矿石是高炉精料技术的发展，采用高碱度烧结矿石加酸性球团矿石的配料来进行高炉冶炼，从而达到增产节支的目的。

竖炉球团的生产是一个较复杂的包括专门设备的电气联锁和过程控制的工业烧结过程，集配料、烘干、造球、烧结、成品运输和除尘于一体。老式竖炉以手工操作为主，各种报表都是由操作工手工制作，工人的劳动强度较大，数据信息的可靠性差，难以作为指导生产的依据；工段间生产信息交流具有大滞后性；由于人工看表操作，在竖炉岗位不时出现过烧和欠烧的情况，布料排料岗位也不时因给料设备原因会有布料不均、卸料不匀的情况，使得产品质量不稳定，炉体寿命受到严重影响，同时设备利用率低，生产工艺和生产管理不完善，也造成了生产原料的浪费，增加了生产成本。近年来，DCS 或 PLC 的应用取代了手动操作，逐步实现了竖炉造球系统的分散控制和集中监控，但现场底层传感器和数据采集器之间多采用一对一的物理连线和模拟信号传输，导致大量布线、信号传输的抗干扰能力较差。现场总线控制系统的应用，避免了智能现场仪表与智能控制室仪表之间的非智能连接，从而使现场智能仪表的各种智能功能得到淋漓尽致的发挥，同时节省大量线缆，降低了施工和维护的成本。

根据竖炉造球生产的基本工艺设计的现场总线控制系统的体系结构如图3-15所示。该系统采用沈阳中科博微公司 NCS-3000 系列产品，以 FF 技术为核心，结合工业以太网技术和 OPC 技术，以工控机和 PC 为系统组态、编程、监控、维护和管理的一体化平台，形成以网络集成自动化系统为基础的企业信息系统。由于采用现场总线技术，避免了现场智能仪表与控制室智能控制器/仪表之间的非智能连接，使现场智能仪表的各种智能功能得到淋漓尽致的发挥，体现出现场总线在过程控制中的优势；保留了对常规仪表信号的处理功能，提供相应的常规 I/O 卡件进行处理，可以随时方便地过渡到现场总线，保护用户原有投资；NCS-3000 系统的 FF 分布式控制单元可执行 IEC61161-3 梯形图编程语言，完成各种逻辑控制，能够构成完整的控制系统；同时，作为国内首家通过现场总线基金会一致性和互操作性测试的产品，NCS-3000 系统与其他厂商的设备实现了良好的互连和互操作，可对市场上取得现场总线基金会认证的产品兼容。NCS-3000 系统较好地解决了传统 DCS 及 PLC 中存在的问题，实现了工厂底层设备状态、车间级监控和工厂级信息管理的信息集成。

NCS-3000 系统是以现场总线技术为核心、OPC 技术为纽带的开放的网络化控制系统，可将现场总线仪表、模拟仪表、分布式智能 I/O、DCS 和 PLC 等工业自动化设备有机地集成在一起，为企业综合自动化系统提供了一套全新的解决方案。NCS-3000 系统具有以下特点：

- 以 FF 技术为核心，将控制任务下放至工业现场的智能仪表，实现了控制功能的彻底分散，而控制功能的分散意味着危险分散，从而极大地提高了系统的可靠性。

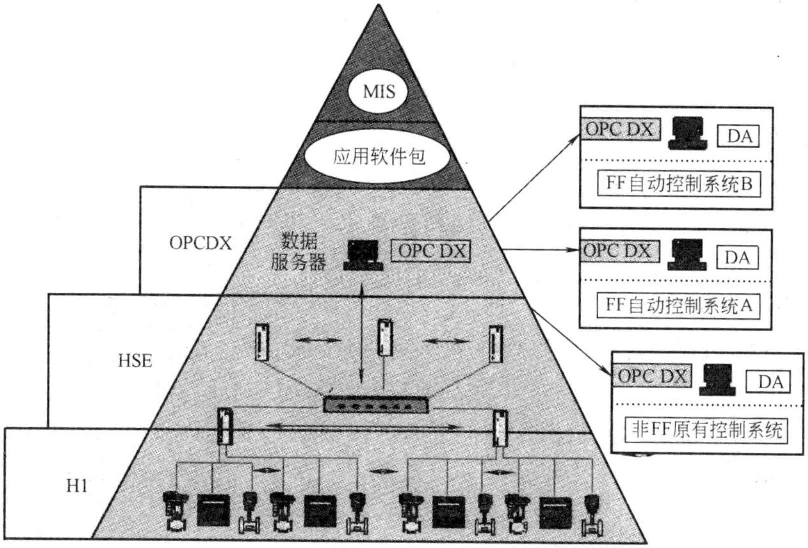

图 3-15　FF 控制系统的体系结构

● FF HSE 高速总线和 FF H1 总线相互补充，构成企业综合自动化系统的网络平台。现场总线仪表、智能 I/O 与计算机之间通过现场总线连成一体，系统结构简单，可扩展性强，不仅降低了布线成本，而且还具有设备远程调试和自诊断能力，维护方便。

● 不仅支持多种现场总线智能仪表，也支持传统的模拟仪表、DCS 和 PLC，可以在最大程度上保护用户的已有投资。

● 支持设备描述技术，保证了不同厂商现场总线设备间的客户操作性，使用户有很大的设备选择空间。

● 可以集成各种流行的工业自动化设备和监控组态软件，是真正开放的网络化控制系统。

● 采用 OPC 标准，实现硬件与软件及软件与软件间的信息集成，充分保证了系统的开放性。

● 支持 Internet，使用户可以通过浏览器对生产过程进行远程监控。

系统网络结构设计如下：

现场总线技术的核心是网络技术，NCS-3000 系统的计算机网络是一个实时网络，信息处理满足实时性、完整性、一致性和可靠性的要求。

FF 系统的功能体系结构如图 3-15 所示，共分为五个层次。

最底层是 H1 层。它的特点是可以总线供电，可以通过中继器延长电缆距离；网段的链路活动调度器（LAS）可以冗余；可以在仪表中运行功能块，使控制功能分散到现场仪表；可以用于本质安全防爆环境。

第二层是 HSE 层。它是高性能的控制干线，通信速率达到 100Mbit/s；采用标准以太网设备和网络；通过连接设备可以集成 H1 子系统；HSE 可以选择冗余；通过 HSE 不但能够运行标准的功能块，而且可以灵活地运行功能块，以满足批量控制和混合控制的需要。

第三层是 OPC 数据交换层（OPC DX）。在这一层，服务器与服务器之间可以交换数据，从而使数据可以用于支持各种应用软件包，例如应用于企业资源计划（ERP）系统、资产管理（Asset Management）系统、历史数据处理、最优化算法、数据仓库等，通过 OPC DX 还可以与非 FF 系统进行数据交换。

第四层是上述的各种应用软件包在这一层运行。

第五层是管理信息系统（MIS），将过程数据用于全厂管理。

根据 FF 系统的体系结构，结合竖炉造球生产的工艺特点，将竖炉造球控制系统结构设计如下：

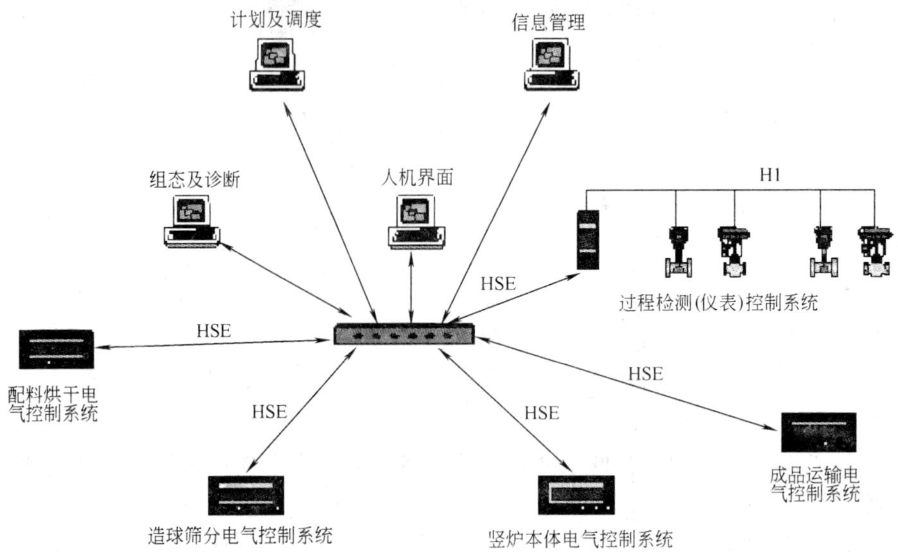

图 3-16　竖炉造球控制系统体系结构

如图 3-16 所示，整个系统由配料烘干电气控制系统、造球筛分电气控制系统、竖炉本体电气控制系统、成品运输电气控制系统和过程检测（仪表）控制系统等子系统组成。过程检测（仪表）控制系统包括若干 H1 子系统，采用总线拓扑结构，通过 HSE/H1 网关与网络集线器连接；系统中的各个电气控制系统由 NCS-3000 系统的 FF 分布式智能 I/O 组成，将传统的离散数据和过程控制中标准的 4 ~ 20mA 模拟仪表信号引入系统，完成安全联锁等功能；各电气控制系统、仪表控制系统和上位机，如操作站（人机接口）、工程师站（组态与诊断）、生产调度（企业资源计划）工作站和管理工作站等，通过工业以太网与网络集线器连接，采用星形拓扑结构。

系统中的操作站、工程师站、生产调度工作站和管理工作站构成系统的生产调度、计划管理、信息决策网络层，该层网上传递的管理数据信息量较大，实时性及安全性要求不很高，采用工业以太网方式互连，使系统具有冗余功能。用户通过网络能将生产决策、计划、管理、经营和调度等所有功能信息进行有效集成，使工厂各个职能部门和车间成为一个统一的整体。网络各计算机主要功能是：操作站的作用是完成系统的数据采集与处理、数据存储与交换及显示等功能；工程师站的作用是完成对设备的组态、系统工艺参数的设定和修改、报警上下限的设定及系统运行、生产、报警等历史资料的显示和查询功能；生产调度工作站的作用是实现各车间生产调度自动化；管理工作站的作用是对系统实时数据和历史数据进行管理、生成管理所需的各种统计报表并打印。采用 OPC 标准，实现硬件与软件及软件与软件间的信息集成，具有良好的开放性。自主开发的组态及监控软件各种控制算法满足基本连续控制、逻辑控制、顺序控制的要求；支持在线组态功能；支持自定义控制算法功能；支持参数自整定的能力；支持先进控制的能力；支持高级语言环境的能力。

现场控制网络层采用现场总线基金会 FF H1 总线和 FF HSE 总线。仪表控制系统所使用的 FF 智能仪表通过 FF H1 总线，按照总线拓扑结构连接，根据安装位置和功能划分为 8 个网段，每个网段有 8 ~ 16 台设备，各网段间通过 HSE/H1 接口设备与 HSE 总线按照星形拓扑结构连接。FF 现场总线仪表可构成控制回路、能够提供更多的过程信息或更多的维护信息，具有设备远程调试和自诊断能力，维护方便。H1 链路主设备［即具有链路活动调度器（LAS）功能的设备，比如控制阀、变送器均可以有此功能］可进行冗余配置。传统的离散数据和过程控制中标准的 4 ~20mA 模拟仪表信号通过 NCS-3000 系统的 FF 分布式智能 I/O 引入控制系统，FF 分布式智能 I/O 的主控制器间通过 FF HSE 总线互连，安全联锁、手/自动控制、数值转换等功能由主控制器实现，各主控制器能独立运行。

基于 FF 技术的球团竖炉控制系统主要功能如下：

- 配料烘干电气控制系统

配料烘干系统是竖炉焙烧球团的原料供应部分，原料配比的精确度会直接影响产品的质量。配料烘干电气控制系统由 5 台 NCS-3000 系统的 FF 分布式智能 I/O 的控制器来控制，每台控制器可连接 48 点 DI/DO，共 240 点，控制方式有上位机自动控制、上位机手动控制、操作台手动控制和现场机旁箱手动控制。系统包括精粉仓、电子皮带秤、配料盘、皂土仓、螺旋输送机、叶轮给料机、配料传送带、烘干传送带和烘干机等设备，可根据配料要求随意选择参与配料的矿仓，并在线随时换仓；精粉仓根据设定配料量和电子皮带秤采集的反馈量，对圆盘给料机实现变频调速，构成闭环调节系统，实时调节下料量；皂土仓根据设定配料量和从叶轮给料机采集的反馈量，对叶轮给料机实现变频调速，构成闭环调节系统，实时调节下料量；对配料传送带、圆盘给料机、电子皮带秤、叶轮给料机、螺旋输送机、烘干传送带和烘干机实现联锁顺序起动/停止和带料同时起动/停止。

● 造球筛分电气控制系统

球团竖炉工艺对造球的均匀程度和球团的密度有较高要求，造球筛分电气控制系统主要完成造球生产过程的控制，为竖炉本体焙烧提供优质生球。系统由6台NCS-3000系统的FF分布式智能I/O的控制器来控制，每台控制器可连接48点DI/DO，共288点，控制方式有上位机自动控制、上位机手动控制、操作台手动控制和现场机旁箱手动控制。系统包括造球料仓、干料仓、配料圆盘、造球圆盘、圆辊筛、电动卸料器、干料传送带、返粉传送带、返球传送带和球料传送带等设备，可根据配料要求随意选择运行的造球仓并在线随时换仓；根据设定下料量，对配料圆盘实现变频调速，构成开环调节系统，实时调节造球速度；对配料圆盘、造球圆盘、圆辊筛、电动卸料器、干料传送带、返粉传送带、返球传送带和球料传送带实现联锁顺序起动/停止和带料同时起动/停止。

● 竖炉本体电气控制系统

竖炉本体电气控制系统根据炉况和生产需要，通过调节布料车和布料传送带的运行，控制球料向竖炉内的投放量及投放时机，从而提高竖炉利用率及产品质量。系统由两台NCS-3000系统的FF分布式智能I/O的控制器来控制，每台控制器可连接48点DI/DO，共96点，控制方式有上位机自动控制、上位机手动控制、操作台手动控制和现场机旁箱手动控制。系统包括布料传送带、布料车、六辊和电振给料机等设备，根据需要调节布料车及布料传送带运行状态；对布料传送带、布料车、六辊和电振给料机实现联锁顺序起动/停止和带料同时起动/停止。

● 竖炉成品运输电气控制系统

竖炉成品系统是竖炉焙烧球团的最后环节，主要是对焙烧后的熟球进行冷却，经传送带输送到高炉或料场、补球仓。竖炉成品运输电气控制系统由3台NCS-3000系统的FF分布式智能I/O的控制器来控制，每台控制器可连接48点DI/DO，共144点，控制方式有上位机自动控制、上位机手动控制、操作台手动控制和现场机旁箱手动控制。系统包括鼓风机、成品传送带、补球传送带、链板机、刮板机、振动筛和带冷机等设备，对鼓风机、成品传送带、补球传送带、链板机、刮板机、振动筛和带冷机实现联锁顺序起动/停止和带料同时起动/停止。

● 过程检测（仪表）控制系统

过程检测（仪表）控制的目的是对生产过程中的主要工序和流程采用自动控制，并且对生产线上的主要工艺参数（如流量、压力、温度）进行实时采集、实时显示及实时报警。报警包括上上限、上限、下限、下下限、变化率等。对物料的重量、入炉生球的重量、成品的重量、能源等进行累计和计量，可用于生产调度和管理。该系统由8个FF H1总线网段组成，每个网段有8～16台FF智能仪表。由于采用了 FF 技术，有很强的模拟信号处理能力，控制策略被下放到现场智能仪表中，以温度变送器为例，可将多个温度信号处理后，将信息传输给控制器，这样仅靠仪表设备所提供的功能块，就能很方便地构成所需要的控制回路，并可随时诊断出设备的运行状态，做到功能块的充分冗余，使系统的安全性得到提高；可进行远程调试和维护，对现场仪表故障快速诊断及处理。

基于 FF 的球团竖炉控制系统，以 FF 作为连接现场智能设备和自动化系统的数字式、双向传输、多分支结构的底层通信网，利用现场总线作为通信平台，实现了现场设备之间以及现场设备和高层系统之间进行全数字化通信，体现了过程测控中分散控制、集中管理的思想，达到整个工业控制系统的全分布式控制和全网络化运转。NCS-3000 系统采用 FF 标准，其模块化设计使系统的安装组态乃至以后的维护变得非常简单，为工业企业生产的全面自动化和远程控制提供良好的支持。

3.2　Profibus 现场总线

Profibus（Process Field Bus）是符合德国国家标准和欧洲标准 EN50170 的现场总线。Profibus 产品的市场份额占欧洲首位，大约为 40%。在中国市场，Profibus 的市场份额占有率已达到 30% ~40%。目前世界上许多自动化设备制造商如西门子公司都为它们生产的设备提供 Profibus 接口。Profibus 已经广泛应用于加工制造、过程和楼宇自动化。

3.2.1　Profibus 现场总线概述

Profibus 是唯一的全集成 H1（过程）和 H2（工厂自动化）的现场总线解决方案，是一种不依赖于制造商的开放式现场总线标准。采用 Profibus 标准系统，不同制造商所生产的设备不须对其接口进行特别调整就可通信，Profibus 可用于高速并对时间苛求的数据传输，也可用于大范围的复杂通信场合，如图 3-17 所示。

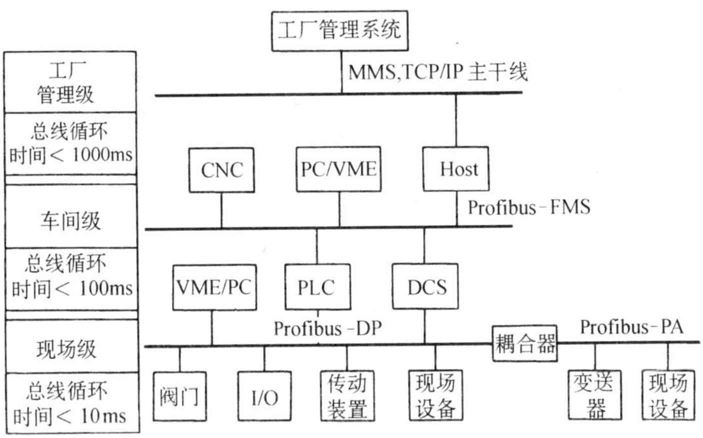

图 3-17　Profibus 现场总线连接示意图

Profibus 根据应用的特点分为 Profibus-DP、Profibus-FMS、Profibus-PA 三个兼容版本。其中，Profibus-DP（H2）是一种经过优化的高速通信连接，专为自动控制系统和设备级分散 I/O 之间的通信设计的，可用于分布式控制系统的高速数据传输，其传输速率可达 12Mbit/s，一般构成单主站系统。

Profibus-FMS 主要解决车间级通用性通信任务，提供大量的通信服务，完成中等速度的循环和非循环通信任务，用于纺织工业、楼宇自动化、电气传动、传感器和执行器、低压开关设备等一般的自动化控制，一般构成实时多主网络系统。一般 Profibus-FMS 和 Profibus-DP 混合使用。

Profibus-PA（H1）是专为过程自动化设计的，提供标准的本质安全的传输技术，一般用于对安全性要求较高的场合及由总线供电的站点。

Profibus 的特点为可使分散式数字化控制器从现场层到车间级网络化，该系统分为主站和从站。主站决定总线的数据通信，当主站得到总线控制权（令牌）时，没有外界请求也可以主动发送信息。从站为外围设备，典型的从站包括输入输出设备、控制器、驱动器和测量变送器。它们没有总线控制权，仅对接收到的信息给予确认或当主站发出请求时向主站发送信息。

基于 Profibus 的以上一些特点，再加上 10 多年的应用经验，Profibus 在欧洲得到广泛推广，目前正在向欧洲以外的地区扩展。1997 年 7 月，Profibus International 在中国建立了中国 Profibus 用户协会（CPO）。2005 年 Profibus 标准成为我国机械行业标准，2006 年 11 月成为我国国家标准。

1996 年 6 月，Profibus（DIN19245）被采纳为欧洲标准 EN50170-2，它的具体体系结构如下：

EN50170-Vol. 2——Part1-2　EN50170 总论，卷 2——Profibus

EN50170-Vol. 2——Part2-2　物理层规范和服务定义

EN50170-Vol. 2——Part3-2　数据链路层服务定义

EN50170-Vol. 2——Part4-2　数据链路层协议规范（包括 Part3-2 服务的协议）

EN50170-Vol. 2——Part5-2　应用层服务定义

EN50170-Vol. 2——Part6-2　网络管理

EN50170-Vol. 2——Part7-2　用户规范

随着近年来 Profibus 的迅速发展，Profibus 现场总线又增加了以下几个重要的版本：

- ProfiDrive：主要应用于运动控制方面，用于对诸如各种变频器及精密动态伺服控制器的数据传输通信。

- ProfiSafe：ProfiSafe 是根据 IEC 61508 制定的首部通信标准，主要应用在对安全要求特别高的场合。作为 SIMATIC 安全集成的一部分，使用 ProfiSafe 的 Profibus 可以满足 EN954-1 第 4 类和 IEC · 61508SIL3 的最高要求。

● Profinet：Profinet 是 Profibus 国际（PI）为自动化制定的开放的工业以太网标准，符合 TCP/IP 和 IT 标准。Profinet 为自动化通信领域提供了一个完整的网络解决方案，包括了诸如实时以太网、运动控制、分布式自动化、故障安全以及网络安全等当前自动化领域的热点话题。作为跨供应商的技术，Profinet 可以完全兼容工业以太网和现有的现场总线（如 Profibus）技术，保护现有投资。

3.2.2 Profibus 协议结构和通信模型

Profibus 协议的结构是根据开放系统互连参考模型 ISO 7498 制定的，Profibus 的协议结构和 Profibus 各协议层及子层的结构如图 3-18 所示。

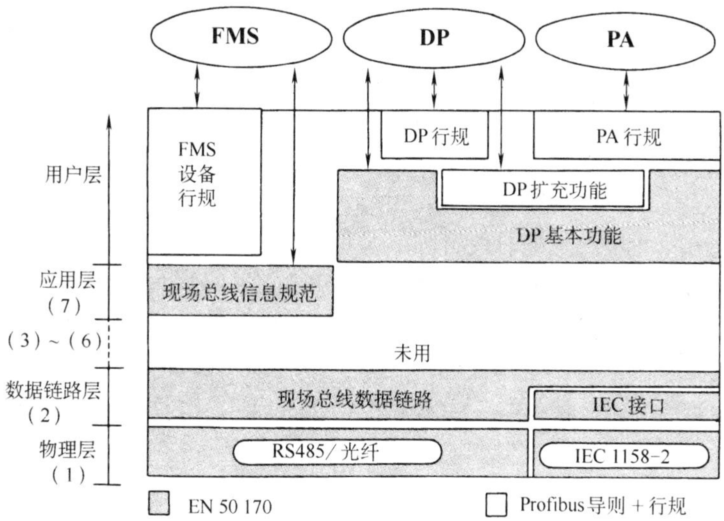

图 3-18　Profibus 协议结构

Profibus-DP 和 Profibus-FMS 采用了相同的媒体访问控制协议（第 2 层）和传输技术（第 1 层）。

Profibus-DP 使用第 1、2 层和用户接口。为了获得快速和高效率的数据传输，第 3 ~7 层没有定义。直接数据链路映像（Direct Data Link Mapper，DDLM）为用户接口提供第 2 层的访问服务。用户接口定义了用户及系统以及不同设备可以调用的应用功能，并详细说明了各种不同 Profibus-DP 设备的行为，还提供了 RS485 传输技术和光纤传输技术。

Profibus-FMS 第 1、2 和 7 层均加以定义，第 3 ~6 层没有定义。第 7 层由现场总线报文规范（FMS）和底层接口（Lower Layer Interface，LLI）组成。Profibus-FMS 包括了应用协议，并向用户提供了广泛选用的强有力的通信服务，LLI 协调了不同的通信关系，并向 FMS 提供不依赖设备第 2 层的访问方式。第 2 层现场总线数据链路可完成总线访问控制和数据的可靠性，它还为 Profibus-FMS 提供了 RS485 传输技术和光纤传输技术。

Profibus-PA 数据传输采用扩展的 Profibus-DP 协议，另外还使用了描述现场设备行为的 PA 规范，根据 IEC61158-2 标准，这种传输技术可确保其本质安全性，并使现场设备通过总线供电。使用分段式耦合器，Profibus-PA 设备能很方便地集成到 Profibus-DP 网络上。

在 Profibus 的层次结构中，第 1 层物理层（PHY）规定了线路传输介质、物理连接的类型和电气特性。Profibus 通过采用差分电压输出的 RS485 实现连接。在线性拓扑结构下采用双绞线电缆，树形结构还可能用到中继器。

第 2 层数据连路层的媒体访问控制（MAC）子层描述了连接到传输介质的总线访问方法。Profibus 采用一种混合访问方法。由于不能使所有设备在同一时刻传播，所以在 Profibus 主（Master）设备之间用令牌的方法。为使 Profibus 从（Slave）设备之间也能传递信息，从设备由主设备循环查询。而第 2 层的现场总线链路控制（FLC）子层则规定了对低层接口（LLI）有效的第 2 层服务，并提供服务访问点（SAP）的管理与 LLI 相关的缓冲器。

第 1 层和第 2 层的现场总线管理（FMA1/2）完成 MAC 特定的总线参数的设定和 PHY 的设定。FLC 和 LLI 之间的 SAP 可以通过 FMA1/2 激活或撤销。此外，第 1 层和第 2 层可能出现的错误事件会被传递到更高层（FMA7）。

第 7 层 LLI 子层协调了不同通信关系，将现场总线报文规范（FMS）的服务映射到第 2 层（FLC）的服务。LLI 集成了 OSI 七层参考模型的 3～6 层中的重要功能，如监控连接和数据传输。此外，LLI 还检查在建立连接期间用于描述一个逻辑链接通道的所有重要参数。可以在 LLI 中选择不同的连接类型，主/主连接或主/从连接。数据交换既可是循环的，也可是非循环的。而现场总线报文规范（FMS）子层将用于通信管理的应用服务和用于用户的用户数据（变量、域、程序、事件通告）分组。借助于此，才可能访问一个应用过程的通信对象。FMS 主要用于协议数据单元（PDU）的编码和译码。

位于第 7 层之上的应用层接口，构成了应用过程接口。其目的是将过程对象转换为通信对象。现场总线管理 FMA7 保证 FMS 和 LLI 子层的参数化以及总线参数向第 2 层（FMA1/2）的正确传递。某些实际的应用过程中，通过 FMA7 把各子层事件和错误显示给用户。

3.2.3 Profibus 主要特性

1. 传输技术

由于单一的现场总线传输技术不可能满足所有的要求，因此 Profibus 提供了以下三种类型：DP 和 FMS 的 RS485 传输、PA 的 IEC61158-2 传输和光纤传输。

（1）DP 和 FMS 的 RS485 传输技术　RS485 采用屏蔽的双绞铜线电缆，共用一根导线对，适用于需要高速传输和设备简单而又便宜的各个领域。在不使用中继器时，每段最多有 32 个站；使用中继器时最多可到 127 个站。传输速率可选用 9.6kbit/s ~ 12Mbit/s，一旦设备投入运行，全部设备均须选用同一传输速率。电缆的最大长度取决于传输速率，见表 3-3。

表 3-3　RS485 传输速率与 A 型电缆的距离

波特率/(kbit/s)	9.6	19.2	93.75	187.5	500	1500	12000
(距离/段)/m	1200	1200	1200	1000	400	200	100

（2）PA 的 IEC61158-2 传输技术　IEC61158-2 传输技术能满足化工和石化工业的要求，可保证本质安全性和现场设备通过总线供电。这是一种位同步协议，可进行无电流的连续传输。在不使用中继器时，每段最多有 32 个站；使用中继器时，最多可到 126 个站。传输速率为 31.25kbit/s。

（3）光纤传输技术　在电磁干扰很大的场合，可使用光纤导体，以增大高速传输的最大距离，一种专用的总线插头可将 RS485 信号转换成光纤信号或者将光纤信号转换成 RS485 信号，这使得在同一系统中，可同时使用 RS485 和光纤传输技术。

2. Profibus 总线访问协议

Profibus 的 DP、FMS 和 PA 采用单一的总线访问协议。在 Profibus 中，总线访问协议由第 2 层现场总线数据链路层（FDL）来实现。媒体访问控制（MAC）控制了站点数据传输的顺序。MAC 必须确保在任何一个时刻只能有一个站点发送数据。

Profibus 协议的设计旨在满足媒体访问控制的基本要求。在复杂的自动化系统（主站）相互通信期间，必须保证在确切限定的时间间隔中，任何一个站点要有足够的时间来完成其通信任务。在复杂的控制设备和简单的 I/O 设备（从站）之间周期、实时数据的通信，应尽可能地快速和简单。

因此，Profibus 总线访问协议包括主站之间的令牌传递方式和主站与从站之间的主从方式，如图 3-19所示。

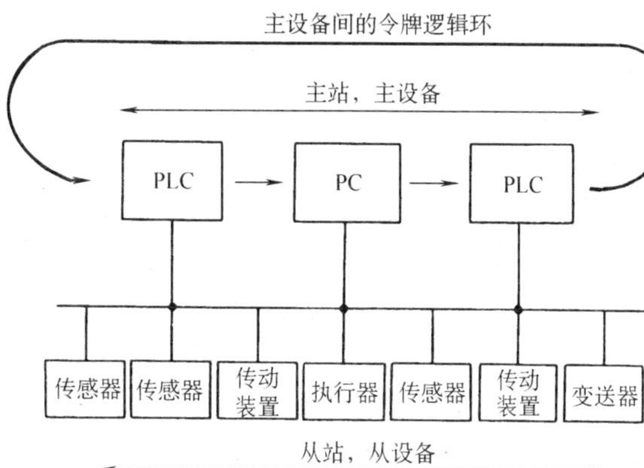

图 3-19　Profibus 总线访问协议

令牌传递方式采用总线网络拓扑结构，但网上各主站传递程序保证了每个主站在一个确切规定的时间段内得到总线访问权（令牌）。令牌信息是一条特殊的报文，它在主站之间传递总线访问权。令牌在所有主站中循环一周的最长时间是事先规定的。在 Profibus 中，令牌传递仅在各主站间通信时使用。

主从方式允许主站在得到总线访问令牌时可与从站通信，每个主站均可向从站发送或索取信息。通过这种访问方法，有可能实现下列系统配置：

- 纯主——从系统；
- 纯主——主系统（带令牌传递）；
- 混合系统。

图 3-19 所示为一个由 3 个主站和 7 个从站构成的 Profibus 系统配置。3 个主站构成令牌逻辑环，当某主站得到令牌报文后，该主站可在一定时间内执行主站工作。在这段时间内，它可依照主—从关系表与所有从站通信，也可依照主—主关系表与所有主站通信。

令牌逻辑环是所有主站的组织链，按照它们的地址构成令牌逻辑环。在这个环中，令牌（总线访问权）在规定的时间内按照次序（地址的升序）在各主站中依次传递。

在总线系统初建时，主站媒体访问控制（MAC）的任务是制定总线上的站点分配，并建立令牌逻辑环。在总线运行期间，断电或损坏的主站必须从环中被排除，新上电的主站必须加入令牌逻辑环。总线访问控制保证令牌按地址升序依次在各主站间传递，各主站的令牌具体保持时间长短取决于该令牌配置的循环时间。另外，Profibus 媒体访问控制还可监测传输介质及收发器是否有故障、检查站点地址是否出错（如地址重复）以及令牌错误（如多个令牌或令牌丢失）。

第 2 层的另一重要任务是，保证数据的可靠性。Profibus 第 2 层的结构格式保证高度的数据完整性，这是依靠所有报文的海明距离 HD = 4，以及使用特殊的起始和结束定界符、无间距的字节同步传输和每个字节的奇偶校验来保证的。

Profibus 第 2 层按照非连接的模式操作，除提供点对点逻辑数据传输外，还提供多点通信（广播及有选择广播）功能。

3.2.4 Profibus-DP

Profibus-DP（Distrbuted peripheral）用于现场设备级的高速数据传输。中央控制器（如 PLC/PC）通过高速串行总线同分散的现场设备（如 I/O、驱动器、阀门等）进行通信。多数数据交换采用周期方式。除了周期通信方式外，智能现场设备也培植非周期性通信方式，以进行组态、诊断和报警处理。

1. Profibus-DP 的基本功能

中央控制器（主站）周期地读取从站的输入信息，并周期地向从站发送输出信息。总线循环时间必须要比中央控制器的程序循环时间为短，在很多应用场合，程序循环时间约为 10ms。除了周期性用户数据传输外，Profibus-DP 还提供强有力的组态和诊断功能。数据通信是由主站和从站进行监控的。

2. Profibus-DP 系统配置和设备类型

Profibus-DP 允许构成单主站或多主站系统，这就为系统配置提供了高度的灵活性。在同一条总线上最多可连接 126 个站点（主站或从站）。系统配置的描述包括站数、站地址和输入/输出地址的分配、输入输出数据的格式、诊断信息的格式以及所使用的总线参数。每个 Profibus-DP 系统可包括以下三种不同类型的设备。

（1）一级 DP 主站（DPM1） 一级 DP 主站是中央控制器，它在预定的信息周期内与分散的站（如 DP 从站）交换信息。典型的主设备包括可编程序控制器（PLC）和个人计算机（PC）。

（2）二级 DP 主站 二级 DP 主站是编程器、组态设备或操作面板。它们在 DP 系统组态操作时使用，以达到系统操作和监视的目的。

（3）DP 从站 DP 从站是进行输入和输出信息采集和发送的外围设备（输入/输出设备、驱动器、HMI、阀门等），也有一些只提供输入或输出信息的设备。输入和输出信息量大小取决于设备类型，目前允许的输入和输出信息，最多不超过 246 字节。

Profibus-DP 从构成上可分为单主站系统和多主站系统。

（1）单主站系统 在单主站系统中，在总线系统的运行阶段，只有一个活动主站。可编程序控制器为中央控制部件，分散的 DP 从站通过总线连接到可编程序控制器上。单主站系统可获得最短的总线循环时间。

（2）多主站系统 在多主站系统中，总线上连接好几个主站，这些主站与各自的从站构成相互独立的子系统，各包括一个 DPM1 和它们指定的从站或作为网上的附加配置和诊断设备。任何一个主站均可读取 DP 从站的输入和输出映像，但只有一个 DP 主站（在系统组态时指定的 DPM1）允许对 DP 从站写入数据。多主站系统的总线循环时间要比单主站系统长一些。

3. Profibus-DP 系统行为

Profibus-DP 的系统行为主要取决于 DPM1 的操作状态，这些状态是由本地或总线的配置设备所控制的，主要有以下三种状态：

（1）停止 在这种状态下，DPM1 和 DP 从站之间没有数据传输。

（2）清除 在这种状态下，DPM1 读取 DP 从站的输入信息，并使输出信息保持故障安全状态。

（3）运行 在这种状态下，DPM1 处于数据传输阶段，循环数据通信时，DPM1 从 DP 从站读取输入信息，并向 DP 从站写入输出信息。

DPM1 设备在一个预先组态的时间间隔内以有选择的广播方式将其本地状态周期性地发送到每一个有关的 DP 从站。

如果在 DPM1 的数据传输过程中发生错误（例如一个 DP 从站有故障），系统将作出反应，它是由组态参数“自动清除”（Auto-clean）确定的。如果此参数为真，DPM1 将所有有关的 DPM1 转入清除状态。如果此参数为假，则 DPM1 在这个 DP 从站出错时仍停留在运行状态，然后由用户决定对系统作出反应。

4. 设备数据库（德文缩略语为 GSD）文件

Profibus 设备具有不同的性能特征，特性的不同在于现有功能（即 I/O 信号的数量和诊断信息）的不同或总线参数（如波特率和各种监控时间）的不同。这些参数对每种设备类型和制造商来说均有差别，为了达到 Profibus 简单的即插即用，这些均在设备数据库文件，即 GSD 文件中说明。GSD 是以一种准确定义的格式描述的，制造商对每一种设备都有一个 GSD 文件。将来用配置软件组网，如 COM Profibus 软件，只要把设备的 GSD 文件复制到相应的目录下，就可以方便地把此设备放在网中。

GSD 文件包括以下三个部分：

1）总体说明，包括制造商和设备名称、软硬件版本号、支持的波特率、可能的监控时间间隔等。

2）DP 主设备的相关规定，包括所有只适用于 DP 主设备的参数，例如可连接的从设备的最多台数或加载和卸载能力等。

3）从设备的相关规定，包括与从设备有关的所有规定，如 I/O 通道的数据和类型、诊断测试的规格及 I/O 数据一致性信息等。

3.2.5 Profibus-FMS

Profibus-FMS 的设计旨在解决车间一级的通信。在这一级，可编程序控制器（PLC）与 PC 以 FMS 方式互相通信，强有力的 FMS 服务向人们提供广泛的应用范围和更大的灵活性。在这个应用领域，高性能的功能要求远比系统的快速响应时间更显得重要。

1. Profibus-FMS 应用层

Profibus-FMS 应用层提供了用户使用的通信服务。这些服务包括访问变量、程序传递、事件控制等。Profibus-FMS 应用层包括两部分：现场总线报文规范（FMS），描述了通信对象和应用服务；低层接口（LLI），FMS 服务到第二层的接口。

2. Profibus-FMS 通信模型

Profibus-FMS 利用通信关系将分散的应用过程统一到一个共用的过程中。在应用过程中，可用来通信的那部分现场设备称为虚拟现场设备（VFD），在实际现场设备与 VFD 之间建立一个通信关系表，VFD 通过通信关系表完成对实际现场设备的通信。通信关系表是 VFD 通信变量（如零件数、故障率、停机时间等）的集合。

3. 通信对象与通信字典

FMS 面向对象通信，它确认五种静态通信对象，即简单变量、数组、记录、域和事件，还确认两种动态通信对象：程序调用和变量表。

每台 FMS 设备的所有通信对象都填入对象字典（OD）中。对简单设备，OD 可以预定义，对复杂设备，OD 可以在本地或远程通过组态加到设备中去。静态通信对象进入静态对象字典，动态通信对象进入动态对象字典。每个对象均有一个唯一的索引，为避免非授权的访问，每个通信对象可选用访问保护。

4. Profibus-FMS 服务

Profibus-FMS 服务项目是 ISO 9506 制造信息规范（Manufacturing Message Specification，MMS）服务项目的子集。这些服务项目在现场总线应用中已被优化，而且还加上了通信对象的管理和网络管理。

Profibus-FMS 提供大量的管理和服务，满足了不同设备对通信提出的广泛需求，通信项目的选用取决于不同的应用，具体的应用领域在 FMS 行规中规定。

5. Profibus-FMS 和 Profibus-DP 的混合操作

FMS 和 DP 设备在一条总线上进行混合操作是 Profibus 的一个主要优点，两个协议也可以同时在一台设备上执行，这些设备称为混合设备。之所以可能进行混合操作是因为 FMS 和 DP 均使用统一的传输技术和总线访问协议，不同的应用功能是通过第 2 层不同的服务访问点来分开的。

3.2.6 Profibus-PA

从本质上来说，Profibus-PA 是 Profibus-DP 在现场级的通信扩展，它采用的总线机制（数据传输技术）能够满足过程工业本质安全以及系统和产品互操作性的要求，保证处于危险环境中的变送器和执行器与中央自动化系统的通信。Profibus-PA 是为过程自动化特别设计的，PA 将自动化系统和过程控制系统与压力、温度和液位变送器等现场设备连接起来，它可用来替代 4～20mA 的模拟技术。

从现场到现场多路开关基本一致。然而，如果测量点分布很广，Profibus-PA 所用电缆明显减少。使用传统布线方法，每一个信号都需独立引线至过程控制系统的 I/O 模板。

每台设备都需单独电源（甚至需要在有爆炸危险区域使用的电源）。相反，使用 Profibus-PA，只使用一对电缆就可以传输所有信息，并向现场设备供电。这不仅节省了电缆费用，同时减少了系统所需 I/O 模板数量。Profibus-PA 可以使用简单的一对电缆进行测量、控制和调节，并可以在本质安全场合向现场设备供电。

1. Profibus-PA 的特性

1）适合过程自动化应用的行规，使不同厂家生产的现场设备具有互操作性。

2）即使在本质安全地区，增加和拆除总线站点也不会影响其他站点的正常运行。

3）在过程自动化的 Profibus-PA 段与制造自动化的 Profibus-DP 段之间通过耦合器连接，可实现两段间的透明通信。

4）适用于 IEC61158-2 技术相同的双绞线完成远程供电和数据传送。

5）在潜在爆炸危险区可使用本质安全防爆型或非本质安全。

Profibus-PA 允许在危险场合，不影响其他站的情况下，维护和连接/断开设备。

2. Profibus-PA 传输协议

Profibus-PA 采用 Profibus-DP 的基本功能来传送测量值和状态，并用扩展的 Profibus-DP 功能来制定现场设备的参数和进行设备操作。Profibus-PA 的第 1 层采用 IEC61158-2 技术，第 2 层和第 1 层之间的接口在 DIN19245 系列标准的第 4 部分做出了规定。

3. Profibus-PA 设备行规

Profibus-PA 行规保证了不同制造商所生产的现场设备的互换性和互操作性，它是 Profibus-PA 的一个组成部分。行规的任务是选用各种类型现场设备真正需要通信的功能，并提供这些设备功能和设备行为的一切必要规格。

目前，Profibus-PA 行规已对所有通用的测量变送器和其他一些设备类型作了大体规定，如压力、液压、温度和流量变送器；数字量输入和输出；模拟量输入和输出；阀门、定位器等。

4. Profibus-PA 与 Profibus-DP 的连接

通过耦合器或链路设备将变送器、转换器和定位器连接到 Profibus-DP 网络。Profibus-PA 协议使用同 Profibus-DP 一样的通信协议。这源于它们的通信服务和报文一致。事实上，Profibus-PA = Profibus-DP 通信协议 + 扩展的非周期性服务 + 作为物理层的 IEC61158，称之为 H1。它使得工厂各层次的自动化和过程控制一致，并高度集成。这意味着使用一种协议的不同种类来集成工厂的所有区。

由于 Profibus-DP 和 Profibus-PA 使用不同的数据传输速率和方式，为使它们之间平滑地传输数据，使用 DP/PA 耦合器和 DP/PA 链路设备作为网关。

DP/PA 耦合器适用于简单网络与运算时间要求不高的场合，用于在 Profibus-DP 与 Profibus-PA 之间传递物理信号。DP/PA 耦合器有两种类型：非本质安全型和本质安全型。系统组态后，DP/PA 耦合器是可见的。可以通过可编程序控制器或自动化系统直接访问或分配地址给所连接的现场设备。耦合器作为控制系统可见的网关，所有参数改变通过 Profibus 系统自动进行，系统采用单一协议的不同种类。

Profibus-PA 现场设备可以通过 DP/PA 链路设备连接到 Profibus-DP。DP/PA 链路设备应用在大型网络，此时依赖网络复杂程度和处理时间要求的不同，不止一个链路设备连接到 Profibus-DP。DP/PA 链路设备一方面作为 Profibus-DP 网络段的从站，同时作为 Profibus-PA 网络段的主站耦合网络上所有的数据通信。这意味着，在不影响 Profibus-DP 性能的情况下，将 Profibus-DP 与 Profibus-PA 结合起来，DP/PA 链路设备可以作为所有标准 Profibus-DP 的主站，由于每个链路设备可以连接多台现场设备，而链路设备只占用 Profibus-DP 的一个地址，因此，整个网络所能容纳的设备数目大大增加。

3.2.7 Profibus 协议 ASIC 芯片

Profibus 是开放的、与制造商无关、无知识产权保护的标准。因此，世界上任何人都可以获得这个标准，并设计各自的软、硬件解决方案。原则上，Profibus 协议在任何微处理器上都可以实现。在微处理器内部或外部安装通用异步收发器（UART）即可完成。但当数据传输速率超过 500kbit/s 或需要使用 IEC1158-2 传输技术时，建议使用协议专用芯片。

表 3-4 列出了常用的 Profibus 协议 ASIC 芯片。选用 Profibus 协议 ASIC 芯片时，考虑如下几个基本问题：

表 3-4 常用的 Profibus 协议 ASIC 芯片

制造商	芯片型号	类型	特性	FMS	DP	PA	最大波特率/Mbit/s
Siemens	ASPC2	主	外设协议芯片	支持	支持	支持	12
IAM	BPM	主	外设协议芯片	支持	支持	不支持	3
Siemens	DPC31	从	内含 8 位微控制器	不支持	支持	支持	12
Siemens	SPC4	从	外设协议芯片	支持	支持	支持	12
Siemens	SPC3	从	外设协议芯片	不支持	支持	不支持	12
IAM	BPS	从	外设协议芯片	支持	支持	不支持	3
Siemens	SPM2	从	单片，有 64 个 I/O 位	不支持	支持	不支持	12
Siemens	LSPM2	从	单片，有 32 个 I/O 位	不支持	支持	不支持	12
Motorola	68302	主/从	16 位微控制器带 Profibus 核心功能	支持	支持	不支持	0.5
Motorola	68360	主/从	16 位微控制器带 Profibus 核心功能	支持	支持	不支持	1.5
Siemens	SIM1	调制解调器	调制解调器芯片，用于 IEC1158-2 传输技术	不支持	不支持	支持	0.03125

（1）主/从　指芯片只作主站或从站或主/从站。调制解调器指可将 RS485 转换成 IEC61158-2 传输技术的驱动芯片，可用于 PA 的接口。

（2）FMS/DP/PA　指芯片可支持的协议。

（3）加微控制器　指芯片是否需要外接微处理器。

1. SPC3 ASIC 芯片

SPC3 ASIC 芯片是西门子公司为优化的智能 Profibus-DP 从站提供的专用芯片，集成了 Profibus-DP 协议，遵照 EN 50170 标准。SPC3 主要技术指标如下：

1）支持 Profibus-DP 协议。

2）在 Profibus-DP 上自动检测和调整数据传输速率，自 9.6kbit/s 到 12Mbit/s。

3）集成了 1.5KB 数据通信 RAM。

4）44 引脚的 PQFP 封装。

5）集成的看门狗定时器（Watchdog Timer）。

6）外部时钟接口频率为 24MHz 或 48MHz。

7）DC5V 供电。

8）简单的用户接口、时间解耦的通信和应用循环。

SPC3 的结构如图 3-20 所示，内部有 RAM、方式寄存器、状态寄存器、中断寄存器以及各种缓冲器指针和缓冲区等。SPC3 有 8 根数据线和 11 根地址线，其中 8 根数据线与地址线复用，可以接 80C32、80C166、80C196、HC196 等单片机。下面将 SPC3 内部重要的寄存器给予具体的介绍。

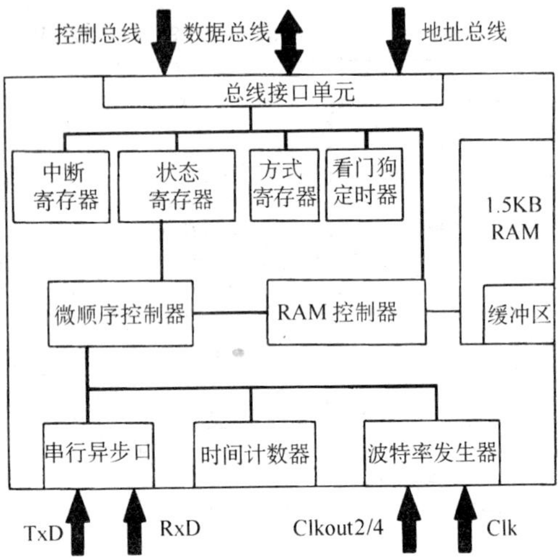

图 3-20　SPC3 的结构原理图

（1）方式寄存器　它分为两个 16 位方式寄存器 0 和方式寄存器 1，方式寄存器 0 设置特殊的 Profibus-DP 操作方式。这包括 Profibus-DP 参数，如 minTSDR（最快响应时间）、SYNC（输出的同步）、FREEZE（输入的锁定）、中断极性的参数化等。方式寄存器 1 设置动态可改变的状态，如 EOI（中断中止）和启动/停止 Profibus-DP 等，一个看门狗定时器集成在 SPC3 芯片中，如应用处理器有故障，则禁止通信，而不危及外围设备。

（2）中断寄存器　SPC3 有一个公共的中断输出，因而能报告所有有关的通信事件，如有事件，则输入 SPC3，并直接触发中断寄存器，以下事件可发出报告：所有进入的报文，如参数化、组态、数据交换、全局控制、发送诊断和改变从站地址等报文；外部操作事件，如监视定时器时间到、检测波特率和送入与发出数据交换。还可应用中断屏蔽，以单个地使能或禁止这些中断事件，来自用户侧的应答存储于中断应答寄存器。事件亦可由用户用轮询程序查询。

（3）状态寄存器　作为 SPC3 的心脏，微顺序控制器通过状态寄存器控制整个过程。在 UART 中，并行数据流变换成串行数据流和将串行数据流变换成并行数据流，在第一个字符发送之前，SPC3 生成请求至发送（Request-to-Send）信号。它以发送速率的 4 倍速率扫描串行的数据流。Profibus-DP 协议的一个要求是在报文字符间不允许有空闲状态，SPC3 的 UART 保证满足这个要求。SPC3 需要一个外部 48MHz 的时钟脉冲源。此外，SPC3 配有一个时钟分频，它将外部脉冲 2 分频或 4 分频在 Clkout2/4 针脚上输出，因而允许采用低成本的较慢速度的微处理器，并不需要任何附加费用，时钟脉冲直接送出，与 RESET 情况无关。

（4）SPC3 存储器的配置　在 SPC3 中，有 1.5KB 存储器。它的配置情况见表 3-5。

表 3-5　SPC3 内部存储器区域分布

起始地址	作　用	起始地址	作　用
0000H	方式寄存器 0、1 中断寄存器 状态寄存器	0040H	输入 输出 诊断 参数化数据 组态数据 辅助缓存 SSA 缓冲
0016H	缓冲长度 缓冲器指针 识别号/从站地址		

对通信目的，不需要的任何存储器部分均可由微控制器应用，例如，一个从站有 32B 的 I/O，每个诊断为 16B，组态和参数化只需 256B，则剩下的 1280B 可用于应用。另外，SPC3 的整个内部 RAM 区被逻辑地分为 192 段，每段 8B，每个缓冲器和缓冲器指针作为 8B 段地址存储，起始地址为 40H，其开始均为一个 8B 段地址，启动时，段地址只能计算一次，用户可线性地存取这些寄存器，因而处理器不再需要设置段寄存器的地址。图 3-21 为 SPC3 数据缓冲器的编址。

固态程序（源码方式提供）可实现在 SPC3 内部寄存器与应用接口之间的连接。固态程序的运行基于现场设备中的微处理器，为应用提供了简单集成化的接口。固态程序大约需要 6KB 的 RAM，也可用于 IM182、IM183-1 接口块。使用 SPC3 并不是一定要使用固态程序，因为 SPC3 中的寄存器是完全格式化的，使用固态程序可使用户节省自主开发的时间。

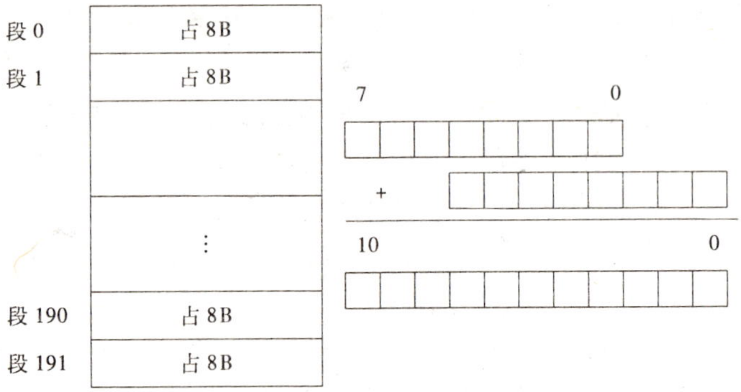

图 3-21　SPC3 内部数据缓冲器的编址

2. SPM2 和 LSPM2 ASIC 芯片

SPM2（Siemens Profibus Multiplexer）和 LSPM2（Lean Siemens Profibus Multiplexer）ASIC 芯片是用于简单从站协议的芯片，可用于传感器、执行机构、开关设备、显示设备和热电偶测量。这两种 ASIC 芯片支持 Profibus-DP 协议。LSPM2 采用小尺寸封装，更适合于体积小的应用场合。最大数据传输速率为 12Mbit/s。

SPM2 具有 64I/O 位接口，采用 120 引脚塑料四列平面封装（PQFP）。部分 I/O 可设置为输入或输出，具有 I/O 诊断位。SPM2 可完全独立处理数据而不需要外加微处理器和其他硬件。因此使用 SPM2 和其他一些外围器件即可完成连接 Profibus-DP 的功能。LSPM2 具有同 SPM2 同样的功能，但它只有 32bitI/O，使用 80 引脚的 PQFP。

SPM2 和 LSPM2 可完全独立处理通信协议。只需将其引脚连接到 I/O 信号上及总线电缆上即可。SPM2 和 LSPM2 的操作如同 Profibus-DP 上的一个从站。当它从主站接收到一个无错报文后，可独立地向主站发出应答报文。

SPM2 和 LSPM2 主要技术指标如下：

1）支持 Profibus-DP 协议。

2）最大数据传输速率为 12Mbit/s，可自动检测并调整数据传输速率。

3）SPM2 采用 120 引脚 PQFP，LSPM2 采用 80 引脚 PQFP。

4）SPM2 具有集成的 64 位 I/O（其中 32 个可诊断输入）、16 个诊断位。LSPM2 具有集成的 32 位 I/O（其中 16 个可诊断输入）、8 个诊断位。

5）部分 I/O 可设置为输入或输出。

6）集成的看门狗定时器（Watchdog Timer）。

7）外部时钟接口频率为 24MHz 或 48MHz。

8）DC5V 供电。

3. SPC4 ASIC 芯片

SPC4 ASIC 芯片是一种用于从站的智能通信芯片，由于该芯片具有低功耗管理系统，因此特别适合用于本质安全场合。物理层传输技术符合 IEC61158-2，而链路层以上与 Profibus-DP 相同。Profibus-PA 可用于本质安全场合。

SPC4 用于 Profibus-DP 从站连接时使用带隔离的 RS485 驱动。SPC4 还提供了连接 SIM1 的同步接口。SIM1 芯片用于 Rpofibus-PA 单元，数据传输符合 IEC61158-2。SPC4 具有 1.5KB 的信息报文存储器，采用 44 引脚的 PQFP。

SPC4 可处理报文、地址码及备份数据序列，可完全按照协议，完成 Profibus-DP 网络上的数据通信，加快了协议的处理过程，现场设备及接口模块中微处理器的工作可以减轻。总线存取采用硬件驱动。Profibus-FMS 和 Profibus-PA 协议以及 DP 的参数设置和诊断功能均可由固态程序完成。SPC4 需要与微处理器及其他固态程序一起工作。

SPC4 主要技术指标如下：

1）支持 Profibus-DP、Profibus-FMS 协议。

2）最大数据传输速率为 12Mbit/s，使用 IEC61158-2 技术时数据传输速率为 31.2kbit/s，可自动检测并调整数据传输速率。

3）与 80C32、80X86、80C166、80C165、80C167 和 HC11、HC16、HC916 系列芯片兼容。

4）提供 Profibus-DP 异步接口及 Profibus-PA/IEC61158-2 的同步接口。

5）44 管脚的 PQFP 封装。

6）DC5V 或 3.3V 供电，低功耗。

固态程序（源码方式提供）可实现在 SPC4 内部寄存器与应用接口之间的连接。固态程序的运行基于现场设备中的微处理器，为应用提供了简单连接的接口。

4. SIM1 ASIC 芯片

SIM1（Siemens IECH1 介质连接单元）ASIC 芯片与 IECH1 即 Profibus-PA 信号兼容。SIM1 可作为 SPC4 的扩展芯片使用。当需要连接 Profibus-PA 并用于本质安全场合时，才需要这种芯片作扩展。SIM1 采用 44 引脚的 PQFP。

SIM1 支持所有发送与接收功能，吸收总线上附加电源电流，并具有高阻特性。芯片使用两种稳压电源供电，并允许电源具有电隔离。芯片采用符合 IEC1158-2 的曼彻斯特编码技术。

SIM1 主要技术指标如下：

1）支持 IEC61158-2，因此也支持 Profibus-PA 传输技术。

2）最大数据传输速率为 31.25kbit/s。

3）44 引脚的 PQFP。

4）DC3.3/5V 或 DC5/6.6V 供电。吸收总线电流最大为 440mA，功率损耗为 250mW。

5. DPC31 ASIC 芯片

DPC31 是一种用于从站开发的智能通信芯片，支持 Profibus-DP 和 Profibus-PA 协议。DPC31 的最大传输速率为 12Mbit/s，采用 100 引脚的 PQFP。

DPC31 集成了 8031 的内核，并为 8031 集成了 6KB 的 RAM 和 24KB 的固件 ROM。DPC31 可独立支持 Profibus-DP 和 Profibus-PA 的全部协议。由于其内部集成了 8031 的内核，因此它可以有以下三种应用方案：

1）DPC31 不接外部微控制器，可作为一个单独的芯片使用；

2）DPC31 和外扩的 RAM/ROM 配合使用；

3）DPC31 和外部微控制器配合使用。

DPC31 主要技术指标如下：

1）支持 Profibus-DP 和 Profibus-PA 协议。

2）最大数据传输速率为 12Mbit/s，可支持 IEC61158-2 的 31.25kbit/s 传输速率。

3）自动检测网络波特率；

4）集成 8031 内核；

5）标准 8031 接口；

6）DC 3.3V 供电，低功耗。

3.2.8 Profibus-DP 从站通信接口的开发

3.2.8.1 开发工具的介绍

1. Development Kit 4 开发包介绍

Profibus-DP 现场总线通信接口的开发工具普遍使用西门子公司的 Development Kit 4 开发包。它可以使用户将所选设备连接到 Profibus-DP 上，进行通信原理级测试。开发包主要由硬件组件和软件组件组成。硬件组件包括：IM183-1 从站接口模块、IM180 和 IM181 主站接口模块、IM184 从站接口模块及总线连接器等附件。使用这些模块及设备可组成具有完整的总线功能网络。软件组件包括：COM Profibus 总线组态软件及演示软件。

IM183-1 从站接口模块可将第三方设备作为智能从站连接到 Profibus-DP 上，最大数据传输速率为 12Mbit/s，可自动检测总线数据传输速率。

IM180 主站接口模块可将第三方作为主站设备连接到 Profibus-DP 上，该模块可独立完成总线控制。IM180 接口模块主要由 APSC2 ASIC 芯片、80C165 微处理器和 Flash EPROM、RAM 组成，结构如图 3-22 所示。它和一块 IM181 母板（一块 ISA 卡）用于 PC 来模拟 Profibus-DP 主站。

COM Profibus 和其他一些组态软件不同的是：组建控制网络的设备都是通过读取设备数据库（GSD）文件将不同厂商生产的设备集成在同一总线系统中。GSD 文件是电子设备数据文件，是为了将不同厂家的 Profibus 产品集成在一起，生产厂家以 GSD 文件方式提供这些产品的功能参数。GSD 文件应该包括三个部分：总体规范（制造商和设备名称、硬件和软件版本、波特率等）、与 DP 主站设备和从站设备相关的规定。

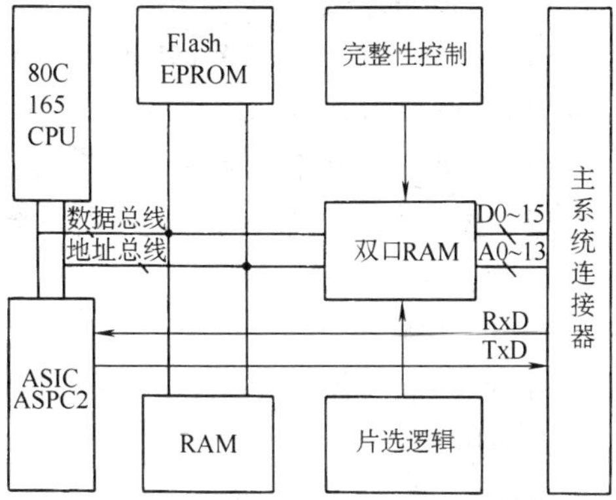

图 3-22　IM180 主站接口模块的结构

2. Profibus 诊断工具介绍

（1）硬件平台介绍　ProfiCore 是一款基于 USB 接口工作的 Profibus 高速网络分析仪。它是 Profibus 总线监控技术系列产品中最新一代。这种分析仪能通过协议和电子测量仪器间实现智能连接，极大地方便了系统的维护和查错。

ProfiCore 的技术指标：

1）Profibus 检测工具的硬件平台。

2）使用 TAP 插头连接在 Profibus 总线中的任意一台设备上。

3）使用 USB 连接计算机。

4）扩展 RJ45 插槽可以用于触发示波器。

5）最高 12Mbit/s 的采样速率，自适应各个波段。

6）不需额外供电，使用最新的 RS485 技术。

（2）软件平台的介绍　和 ProfiCore 配套的软件主要有三个，分别使用不同的场合。

1）ProfiTrace：需要配合 ProfiCore 使用，用于在 Profibus 系统中检测从站的软件。便于系统调试和系统瘫痪阶段使用，适用于 Profibus 应用现场的纠错。

ProfiTrace 的技术特点如下：

● 运行在 PC 中，支持 Win98 和 Win2000 操作系统。

● 支持 DP 从站检测，连接附加的 PA 扩展插头（另购）就可以用于 PA 从站检测。

● 诊断每个从站的 ID、站号、是否冲突、是否上电、传输字节、传输周期、有效发送等信息。

● 快速帮助工程人员判断故障原因：是总线故障？是配置故障？还是设备故障？

● 连接示波器，可以观测每一台从站设备的通信波形，判断通信质量。

2）ProfiCaptain：配合 ProfiCore 使用的软件，用于在 Profibus 系统中“冒充”主站，检测从站，便于最终用户在线维护故障的从站设备。

ProfiCaptain 的技术特点如下：

- 运行在 PC 中，支持 Win98 和 Win2000 操作系统。
- 把 PC 配置为总线上的又一台一类主站，但是不能执行控制命令。
- 使 PC 可以“偷窃”和“交还”任意从站，分析从站是否故障。
- 所有操作都不会影响总线的正常运行。
- 连接示波器，可以观测波形，并方便地调整总线速率，观测不同速率下的波形，选择最佳状态。

3）ProfiScript：需要配合 ProfiCore 使用，用于 Profibus 从站设备数据包的监视软件，适用于产品开发。

ProfiScript 的技术特点如下：

- 运行在 PC 中，支持 Win98 和 Win2000 操作系统。
- 适合 Profibus 从站产品开发人员使用。

3.2.8.2 系统组成

由 PC、IM180、IM181、COM Profibus 软件及演示软件作为主站，设备作为从站，就能够组成一个简单的 Profibus-DP 总线系统，如图 3-23 所示。在一条双绞线电缆的总线系统上，最多可以管理和监控 127 台设备，不过必须分成几个段，每段 32 个从站，段与段之间可用中继器连接。所用电缆为屏蔽的双绞线，有助于改善电磁兼容性，导线的特性阻抗一般为 100～165Ω，截面积大于 0.22mm^2。EN50170 标准推荐了两种类型的电缆。类型 A：特性阻抗为 130～165Ω，截面积大于 0.34mm^2。类型 B：特性阻抗为 100～130Ω，截面积大于 0.22mm^2。

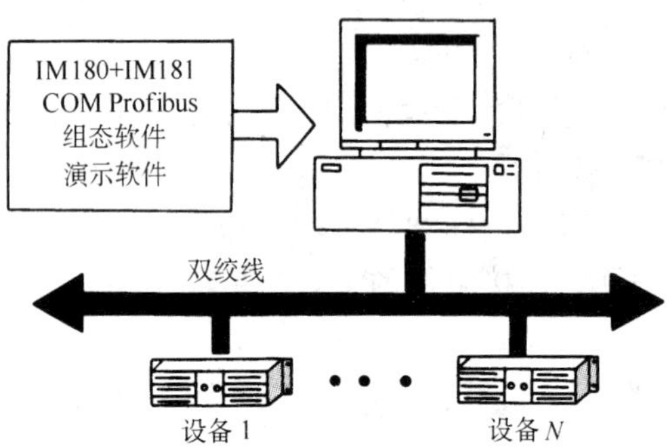

图 3-23 Profibus-DP 控制系统

3.2.8.3 硬件电路总体结构

硬件电路主要由 80C32、SPC3、RAM、EEPROM 及通信接口等组成。它的原理框图如图 3-24 所示，主要实现从站数据的处理、包括获取数据采集模块的数据、对 SPC3 进行各种操作、与主站的通信、接收来自主站发送的数据等

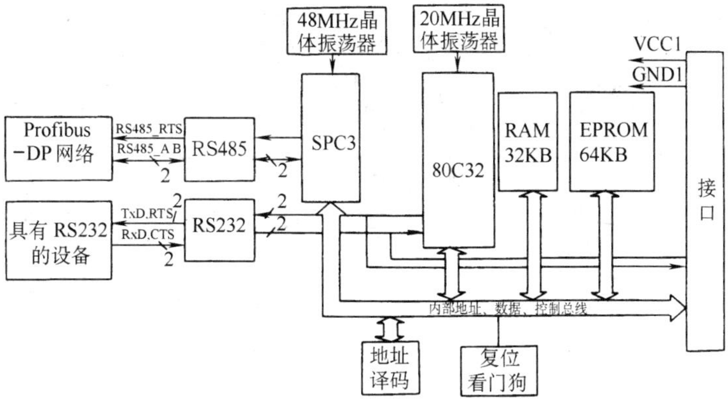

图 3-24　硬件电路原理框图

功能。

其中，最主要的是80C32微处理器与SPC3的连接。它们之间连接如图3-25所示，通过11位地址线和8位数据线进行数据交换。此模块与数据采集模块的接口应充分考虑系统的扩展需要。

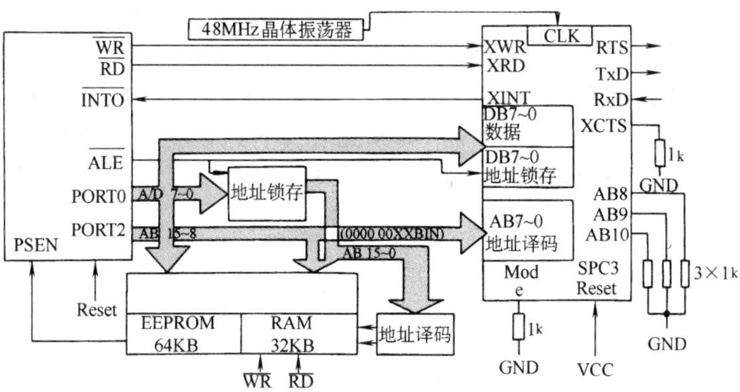

图 3-25　80C32 与 SPC3 的连接

在RS485总线驱动和光隔离的通信部分，它的接口电路如图3-26所示。RS485总线驱动一侧与主站连接，另一侧通过光耦合器与SPC3连接。为了满足Profibus-DP的最大数据传输速率12Mbit/s的要求，可选用的总线驱动芯片有SN65ALS176、SN75ALS176、ADM1485等，光耦合器有HCPL7101、HCPL7720、HCPL0721等。采用光耦合器主要是为了消除来自总线的干扰，另外电路电源也采取了隔离，并采用双路电源。

当信号在总线上传输时，如发生阻抗不连续，将形成信号反射，导致传输信号畸变，因此在传输线的末端，需要加电阻来消除这种阻抗的不连续，所加电阻的阻值应尽量接近传输线的特性阻抗。另外，当总线上没有站处于发射状态时，

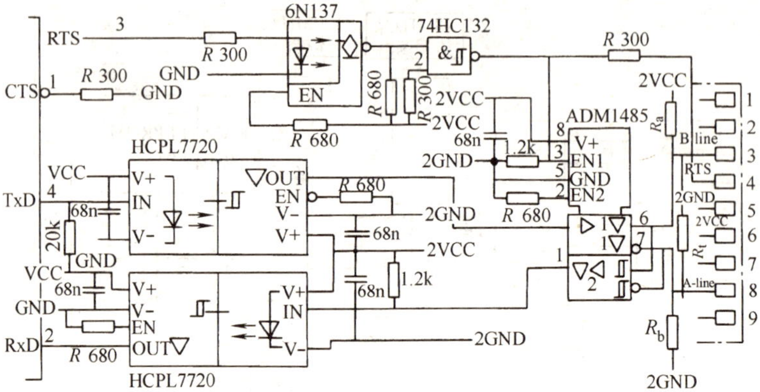

图 3-26　总线驱动接口电路例

发射器停止，便处于高阻状态。在这种状态下，要使总线处于“1”，因此在引脚 3 上加一个上拉电阻，引脚 8 上加一个下拉电阻。由于所有的接收器总是处于允许状态，因此，在空闲状态下，每个接收器收到的都是“1”。Profibus-DP 采用的是屏蔽双绞线。电缆（A 型）：阻抗为 135 ~ 165Ω，电容小于 30pF/m，回路电阻为 110Ω，导线截面积大于 0.34mm^2，这有助于改善电磁兼容性。总线的终端电阻 $R_a=390\Omega$，$R_t=390\Omega$，$R_b=390\Omega$。

3.2.8.4　状态机构的实现

Profibus-DP 的状态机构能保证 DP 从站在每种情况行为的一致性，SPC3 内部集成了状态机构，用户对状态机构的控制是很有限的。下面对 Profibus-DP 的状态机构做简单的介绍，如图 3-27 所示。

通电（POWER_ON）状态。从站能从主站接收 Set_Slave_Add 报文来改变它的地址，从站应具有非易失性的存储器，以存储地址。

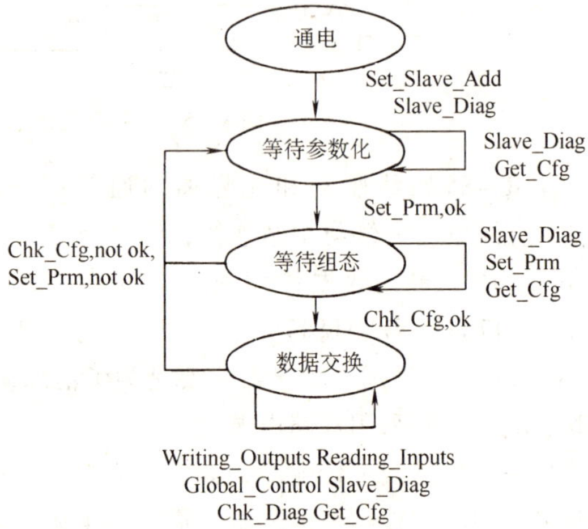

图 3-27　Profibus-DP 的状态机构

等待参数化（WAIT_PRM）：内部启动后，从站进入 WAIT_PRM 状态，等待参数化，另外此状态从站还可以接受 Get_Cfg、Slave_Diag 报文。参数化报文至少含有根据标准要求的信息（如识别号、同步/锁定等），此外，它可含有用户有关的参数数据，并由用户来定义这些数据。

等待组态（WAIT_CFG）：

参数化完成后，从站进入 WAIT _ CFG 状态，等待 Chk _ Cfg 报文，另外还可以接受 Slave _ Diag、Set _ Prm、Get _ Cfg 报文。

数据交换（DATA _ XCHG）：如果 Chk _ Cfg 完成后，从站将进入 DATA _ XCHG 状态，进行数据通信，此时从站还可以接受 Writing _ Outputs、Reading _ Inputs、Global _ Control、Slave _ Diag、Chk _ Diag、Get _ Cfg 报文。若组态和数据交换不成功，就会返回到等待参数化阶段（WAIT _ PRM）。

对 SPC3 状态机构的实现，大量使用了结构体数据结构，其中 SPC3 用于定义 SPC3 协议芯片。它的描述如下：

```
Struct SPC3
{
    INT _ REQ _ REG              //中断请求寄存器
    INT _ REG                    //中断寄存器
    INT _ SHE                    //中断屏蔽
    STATUS _ REG                 //状态寄存器
    WRITE-READ _ AREA            //读写区域
    SLAVE _ DIAG                 //诊断标志
    SET _ PARAM                  //参数化标志
    CHECK _ CONFIG               //组态标志
    SLAVE _ ADDRESS              //从站地址
    WATCHDOG _ TIMER             //看门狗定时器
    R _ LEN _ DOUT _ BUF         //输出缓存器长度
    R _ LEN _ DIN _ BUF          //输入缓存器长度
    BITLEN _ DIAG                //诊断位长度
    SEGADDRESS _ DIAG            //诊断段地址
    LEN _ ASS _ BUF              //辅助缓存长度
    SEGADDRESS _ ASS _ BUF       //辅助缓存段地址
    SLAVE _ SEGADDRESS           //从站段地址
    LEN _ SEGADDRESS _           //组态和参数化的长度及段地址
    CONFIG _ PARAM
    GLOBAL _ CONTROL             //全局控制
}
```

另外，还有许多结构体用于数据的通信和报文的实现，主要有：

```
DPS2 _ BUFINIT            //各种报文缓存区的大小
DPS2 _ IO _ DATA _ LEN    //数据输出、输入的大小
DPS _ DIAG _ STATE _ DEF  //诊断数据报文
```

DPS _PRM _STATE _DEF　　//参数化报文

DPS _CFG _STATE _DEF　　//组态报文

DPS _ADDRESS _DATA　　//从站地址报文

Profibus-DP 的 SPC3 ASIC 芯片集成了 Profibus-DP 的协议，能处理 Profibus-DP 状态机构，80C32 微处理器需要对 SPC3 进行合理的配置、初始化及对各种报文的处理。在初试化 SPC3 后，启动 SPC3 开始工作，主程序进入了无限循环。

3.2.8.5　各种报文通信的实现

1. 数据链路层和应用层功能实现

（1）Profibus _DP 数据链路层　OSI 参考模型的第 2 层描述用于数据传输中报文的一般格式、安全机制和可用的传输服务。在这种标准中规定了以下的传输服务。

SDA：发送有应答的数据（仅对于 FMS）。数据发送到主站或从站，在应答中发送一组短的应答。

SRD：发送和请求有应答的数据（对 DP 和 FMS）。在一个报文循环中发送和接收数据。

SDN：发送没有应答的数据（对 DP 和 FMS）。广播和有选择广播报文，即报文送达有选择的一组从站。

CSRD：循环发送和请求数据（仅对于 FMS）。

Profibus-DP 仅限于 SRD 和 SDN 服务，在 SRD 服务时，主站发送输出数据到从站和接受从站的输入数据，在规定的时间周期内应答。SDN 服务是发送数据到规定的一组从站，可按照要求触发 SDN 服务，对 SDN 报文没有应答。

（2）Profibus-DP 应用层　在 EN 50170 中规定报文有效数据可达到 244B，连接的站地址为 0 ~ 126。所有数据交换在报文报头中，用服务访问点（Service Access Point，SAP）来处理。Profibus-DP 用 SAP54 ~ SAP62 以及默认值 SAP。如同时应用 Profibus-DP 和 Profibus-FMS，则 Profibus-FMS 可不用这些服务点，以清楚地区别报文。此外，Profibus-FMS 较慢的总线响应时间适用于 DP 和 FMS 的混合网络，总线上的每个报文由每个站检查，并检验其合理性。现有的 Profibus 专用芯片用来保证仅对本站地址的报文才能接收和仅将正确接收的报文送到用户的过程，所有报文传送时其海明距离为 4，在单个字符间没有间隙。

所有的 Profibus-DP 从站具有同样的优先权。没有给单个的站提供优先权，因为总线传输仅仅代表总线数据交换的一个部分，当采用 12Mbit/s 时，数据传输时间为微秒级，影响数据通过量的主要因素通常是应用过程，在试验中测量表明，总线传输时间仅占总通信任务的 3% ~ 4%。在此计算报文处理和用户数据的效率是浪费时间。Profibus-DP 有主-从通信的循环数据交换，而混合的存取总线，一方面是指主-主通信，控制总线上主站到单个从站的访问，也有主-从通信，处理与所连接的从站的数据交换。

Profibus-DP 有两种类型的主站：一类主站处理与指定的从站间的数据交换；另一类主站可简单地控制一个从站；在总线扩展时，数据交换和更新的速度往往比用户访问这些数据的速度要快，这类似于 PLC 的过程映像，因此，用户存取时肯定获得最新的数据，这相当于使用一个增量编码器，需要采集的每个单一脉冲是有限的，在实际应用中，总线循环应调整到编码器的频率。

用户要交换的数据长度在设备数据库中给予了规定，这些信息由从站对设备组态报文进行校验，如和规定的符合，则宣布生效，如采用模块化系统，可在设备数据库中规定若干组态报文，然后宣布其中之一生效。

主站在接收到主站的参数记录后，该主站开始与其指定的从站交换数据。主站参数包括组态数据、连接从站地址配置表和总线参数。然后，主站在启动后，主站设定通信连接和监视连接的时间，每次从站收到一次有效的报文时，触发自己的监视时间，该监视时间由主站设定，通信中如果有错误，则参与的从站能立即检测并用诊断报文报告。在设定监视时间时，必须考虑到总线循环时间和对任何报文重复的安全因素。

在数据交换中，要交换的输入数据和输出数据的长度应由用户在组态报文中规定。在每一次数据交换时，均需监视是否符合这一规定的数据长度，这就是说不可能将 I/O 的状态出错。包括报文头的报文总长度是 255B，除了数据交换状态（Data _ Exchange）有 9B 的报文头外，所有的报文头均有 11B 长度。应用读输入（Read _ Inputs）或读输出（Read _ Outputs），每个主站可从其指定的从站中读取数据。Read _ Inputs 报文、Read _ Outputs 报文和 Data _ Exchange 报文有相同的结构，唯一不同的是前两种报文含有一个目的地服务存取点（DSAP）和源服务存取点（SSAP），因此其报文的报头比后者多 2B。可交换的用户数据不多于 244B。每个主站可完整地读出其他从站的输入和输出数据。为了数据的安全性，主站只能对它已参数化和已组态的从站写入数据。这两个报文（参数化报文和组态报文）保证主站知道从站组态的功能。如需要新增加一个从站到总线上，用户应对此做新的组态，使得主站知道新的从站加入到总线上，可应用早已存在的组态作为基础，Profibus-DP 主站能自动地检测出一个新的活动的站。

Profibus-DP 也支持有选择的组播（Multicast）和广播（Broadcast）报文。有选择的广播报文是将报文发送到预先选择的一组从站，仅仅这一组从站接收报文。广播报文是所有的从站均能接收的报文。Profibus-DP 的广播报文地址为 127，有选择的广播报文地址是一组选择的站。

每一个报文的报头含有一个 SSAP（源服务访问点）和一个 DSAP（目的地服务访问点），以指示要执行的服务，例外默认值 SAP 用于 Data _ Exchage。基于检测 SAP，每个从站能清楚地辨认出什么数据已被请求和需要提供什么样的响应数据。Profibus-DP 有以下 SAP 功能：

Default SAP（默认值 SAP）：数据交换（Data _ Exchange）。SAP54：主—主 SAP。SAP55：设定从站地址（Set _ Slave _ Add）。SAP56：读输入（Read _ Inputs）。SAP57：读输出（Read _ Outputs）。SAP58：全局控制（Global _ Control）。SAP59：读组态（Get _ Cfg）。SAP60：读从站诊断（Slave _ Diag）。SAP61：设定参数（Set _ Prm）。SAP62：检查组态（Chk _ Cfg）。

图 3-28 表示了 Profibus 的服务。为了增加可靠性，一个 1 类主站在一定时间间隔，用一个全局控制报文将其当前状态通知从站，在操作状态时，数据单元的字节 1 为 0，当主站切换到清除模式，它发送一个全局控制报文到所有从站（数据单元的字节 1 为 1，字节 2 为 0，即为到所有的从站）。在下一数据循环时，主站发送数据报文到所有从站，其配置的输出数据长度等于 0，这允许从站呈现确定的状态。若全局控制报文出错，则从站不能区别是在清除（Clear）状态，还是在正常的数据交换状态（Data _ Exchange）。当从站建立 GSD 文件时，用户可规定从站是否支持故障安全方式。当主站接收到组态数据时，对此进行检测和在清除模式时发送一个没有数据的报文到从站，以确定从站是否支持故障安全方式。当主站已通知从站切换到清除模式时，对于一个支持故障安全方式的从站，主站可通过参数化报文，规定和观察从站输出数据是如何分配的，而对一个不支持故障安全方式的从站，从站继续接收数据报文，并将输出数据设定为 0。下面简单说明主站清除状态和操作状态的功能。

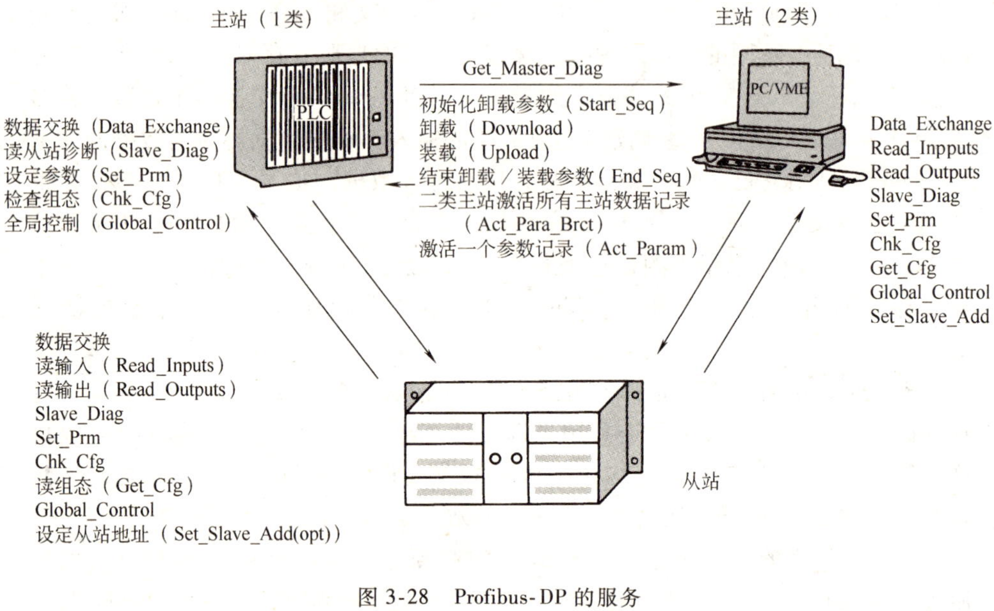

图 3-28 Profibus-DP 的服务

清除（Clear）状态：在这种模式下，主站企图参数化和组态所指定的从站和取消用户数据操作。

操作（Operator）状态：主站和从站进行数据交换的操作。

2. 报文格式

在传输线的空载态电平是“1”、一个空载态至少要 33Tbit（同步时间），在每个请求报文发送前必须保证此同步时间。在单个字符间，所有数据转送时均没有间隙，ASIC 芯片符合这些规则。

报文头部缩写，其含义如下。

SD：起始界定符。FC：功能代码（识别报文类型，如请求、应答或响应报文）。LE：净数据长度，包括 DA、SA、FC、DSAP、SSAP、DU。LER：长度的重复。DA：目的地址。SA：源地址（发送站地址）。DSAP：目的地址服务存取点，目的地站用 DSAP 来决定执行什么服务。SSAP：源服务存取点。DU：数据单元（净数据，范围从 1 ~ 244B）。FCS：帧校验顺序（在规定长度内增加的字符，只有少数 ASIC 能实现此功能）。ED：终止定界符。

在请求报文中，可能的 Profibus-DP 功能代码见表 3-6。

表 3-6　在请求报文中 Profibus-DP 功能代码

功能（在 FC 中，最高位为“1”）	代码号
SDN	6
保留的/请求诊断数据	7
请求 FDL 状态有应答	9
SRD	13
请求 ID 有应答	14
请求 SAP 状态有应答	15

在应答报文中，Profibus-DP 功能代码见表 3-7。

数据链路层应保证安全的传输数据，保证数据的完整性。海明距离（Hamming Distance，HD）用作评价数据传输质量的判据。基于规定的 HD = 4 描述安全可靠的数据传输，即字符间没有空闲。不包括在 FCS 中的数据必须再次发送，终止定界符规定为 10Hex，并不再包括在报文中。由于数据安全性的原因，起始定界符和报文长度应重复。每一字节由奇偶校验位保护。HD = 4 可检查以下错误：字符格式错误（奇偶校验、帧错误、超限）、协议错误、错误的起始/终止定界符、错误的帧校验字节、错误的报文长度。

表 3-7　在应答报文中 Profibus-DP 功能代码

功能(在 FC 中,最高位为“1”)	代码号
ACK 为正	0
ACK 为负:FDL/FMA1/2 用户错误(UE),接口错误	1
ACK 为负:发送数据无资源(RR),例如无存储空间	2
ACK 为负:无活动服务(RS)SAP 未活动	3
响应 FDL/FAM1/2 数据和发送数据成功	8
ACK 为负:无响应 FDL/FMA1/2 数据和发送数据成功	9
响应 FDL 数据和发送数据成功	10
响应 FDL 数据,发送数据无资源	12
响应 FDL 数据,发送数据有资源	13

Profibus-DP 中用起始定界符（SD）区别以下报文形式：

SD1 = Request _FDL _Status（SD = 10H），报文格式见表 3-8。

一个活动的站总是发送这个报文，以寻找在 GAP 时间到后，总线上有无活动的站。GAP 是在逻辑令牌环中，从本站到其后继站间的站地址范围，此 Profibus 段中最后站地址以上的部分不属于 GAP。

表 3-8　Request _FDL _Status 报文格式

SD	DA	SA	FC	FCS	ED
10H	XX	XX	X	X	16H

SD2 = 报文，报文格式见表 3-9。

可变数据长度的报文，用于 SRD 服务（SD = 68H）。

表 3-9　可变数据长度报文格式

SD	LE	LER	SD	DA	SA	FC	DSAP	SSAP	DU	FCS	ED
68H	X	X	68H	XX	XX	X	3CH	3EH	X	X	16H

SD3 = 报文，报文格式见表 3-10。

有固定数据长度的报文（SD = A2H）。

表 3-10　固定数据长度报文格式

SD	DA	SA	FC	DU	FCS	ED
A2H	XX	XX	X	X	X	16H

SD4 = 令牌报文，报文格式见表 3-11。

在两个活动总线站之间的报文，授予总线访问权（SD = DCH）。

表 3-11　令牌报文格式

SD	DA	SA	ED
DCH	XX	XX	16H

3. 系统响应时间

Profibus 系统的系统响应时间主要取决于以下因素：T_{sdr}（在这个时间后，一个站可应答的响应时间）、选择的数据传输率（即波特率）、Min-Slave-Interval、规定的净数据长度。其中，Min-Slave-Interval 是从站可与主站交换数据的两个轮询循环之间的时间。在过去，Profibus 链路通常是由软件来实现的，要求每次循环时间时，Profibus 从站能实际做出响应，可使用 Min-Slave-Interval 控制总线循环时间。过去用软件解决的典型值为 2ms，但现在采用专用集成电路芯片，则 Min-Slave-Interval 可缩短为 100μs。

总之，在总线系统链中的最薄弱环节会增加整个总线循环时间，因而在总线系统中，对主站仅能规定一个数据传输速率。此外，可以应用 Min-Slave-Interval 来实现等距离的响应定时。在设计总线和组态设备时，应该有报文或总线循环时间的概念，由此主站能联系从站。在这里，给出易于理解的并结合实际的报文总线循环时间的计算方法。在实际中，可发出诊断报文和可重复发出报文，这些因素应该包括在计算中，主站的程序运行时间可不予计算，因主站 ASIC 通常是自动完成运行的。

例如主站和从站连接到 Profibus-DP，要传送到从站的数据是 5B 的输出数据和 9B 的输入数据，数据传输速率是 12Mbit/s。这样就意味着，在 12Mbit/s 时，1Tbit = 1/12000000s = 0.085μs，一个字符包括 11bit（即 1 个起动位，1 个停止位，1 个奇偶校验位和 8bit 数据），即一个字符对应于

$$0.085\mu s \times 11 = 0.913\mu s$$

当多个主站运行时，应将所有单个总线循环时间相加，令牌报文的传输时间可不予计算。

在数据交换时，报文的报头包括 9 字节，总线空闲时间假定为 T_{syn} = 33Tbit（当数据传输速率为 1.5Mbit/s 时，T_{syn} = 36Tbit）。信号在总线上的运行时间是如此的短暂，以致它们可以忽略不计。T_{sdr}应用在 SPC3 ASIC 中的典型值为 30Tbit。这样：

$$T_{mc} = (2 \times \text{报头字节长度}) \times 11\text{bit} + T_{sdr} + T_{syn} + T_{idl}$$

$$= 198\text{Tbit} + 30\text{Tbit} + 33\text{Tbit} + 75\text{Tbit} = 336\text{Tbit} = 28\mu s$$

式中，T_{mc}为 1 个报文循环时间；T_{sdr}为从站要求的响应时间：T_{syn}为总线空闲时间：T_{idl}为在接到一个报文的最后一个字符后，启动一个请求的开始前应至少接收到的空闲时间。这样，由报文报头和总线空闲时间等总的基本时间为 28μs，在本例中的一个报文循环时间约为

$$T_{mc} = 28\mu s + \text{净数据量(9B 的输入和 5B 的输出)}$$

$$= 28\mu s + 15\mu s = 43\mu s$$

这样可得到简化的计算公式为

$$T_{mc} = 28\mu s + \text{约 12Mbit/s 时传送一个用户数据的时间}$$

图 3-29 表示 Profibus-DP 在三个不同波特率下的单主系统循环时间图，条件是每个 DP 从站设备有 9B 的输入和 5B 的输出数据，最小的间隔时间是 100μs，$T_{idl} = 75\text{Tbit}$，$T_{sdr} = 30\text{Tbit}$。

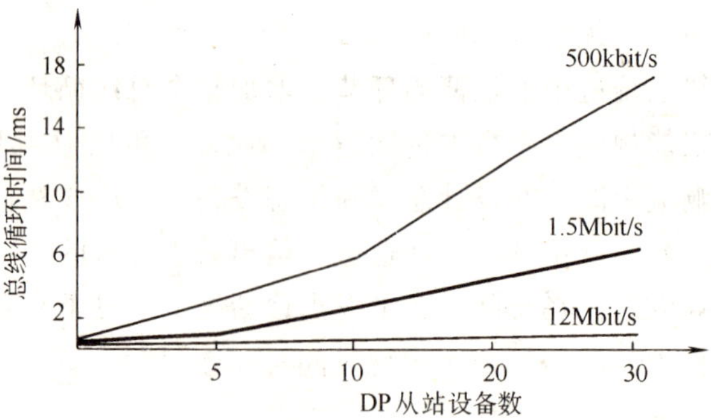

图 3-29　Profibus-DP（500kbit/s/1.5Mbit/s/12Mbit/s）的响应时间

4. 报文顺序

图 3-30 为报文通信的基本顺序，为了使主站和从站进行数据交换，在启动时，主站应遵守以下的报文顺序：（1）请求诊断；（2）改变站地址；（3）参数化从站；（4）组态从站；（5）在数据交换前请求诊断，以保证系统在启动状态；（6）数据交换；（7）全局控制。

其中，请求诊断报文、参数化从站报文、组态从站报文和全局控制报文也可串行传送。在目的地址（DA）和源地址（SA）中，如 MSB（最高位）=1，则报文报头中紧跟的是 DSAP 和 SSAP，如这一位是 0，对应于默认值 SAP（报文用于数据通信），则报文报头中没有 DSAP 和 SSAP。

在从站中，除了诊断报文外，其他报文都在 80C32 中断程序中进行处理，报文包括参数化从站报文（PRM）、组态从站报文（CFG）、改变站地址报文（SSA）。另外，还要处理一些其他主站发送的信息，如数据交换开始或结束、全局控制命令等信息。

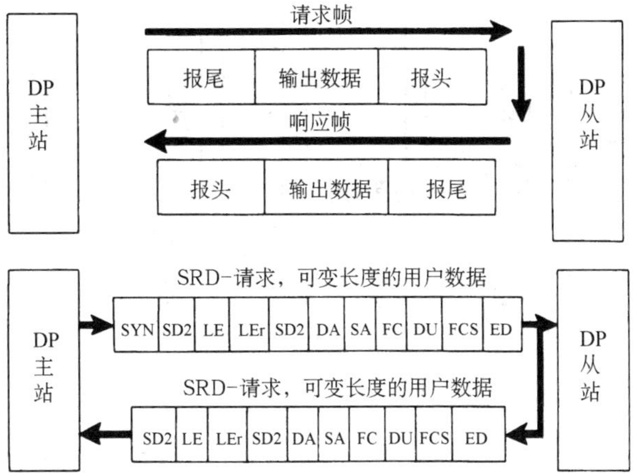

图 3-30　报文通信顺序

3.2.9　Profibus 在电厂输煤控制系统中的应用

电厂输煤系统是火电厂电力生产的重要生产过程。火力发电厂锅炉的单炉/单磨燃煤的计量准确问题一直是影响电厂发电成本正平衡统计的顽症，更是燃煤发热量和锅炉燃烧效率统计计算尚无法解决的棘手问题。因此，目前国内绝大多数稍早些的火力发电厂由于没有测取单炉燃煤计量的准确方法，其成本核算往往依据反平衡法来求取发电煤耗和单位生产成本，亦无法在开放的电力市场上网竞价中准确地知道生产成本。某电厂对输煤控制和入炉煤计量系统进行了全面改造，以解决生产成本核算问题。鉴于该工程要在整个电厂正常发电的情况下进行，且改造的项目比较多，涉及的面比较广。因此决定分两步对该项目进行改造，先期进行输煤控制系统的改造，而后进行输煤入炉煤软测量的改造，以期最终达到单炉瞬时燃料计量及动态生产成本核算的目的。

1. 工艺布置及其设备特点

该电厂的输煤工艺系统先后由一、二期工程构成现在的输煤系统。两个系统之间既独立又有相互交叉的工艺连接，同时要为六台发电机组供煤。虽然一、二期仅涉及煤场至入炉煤斗之间的输煤控制系统设备改造，但为了安全可靠地实现改造，又不影响所有机组的正常运行，因此将该项目分两步进行：第一步先将输煤控制系统改造，而后再将入炉煤计量部分改造。

第一部分的工艺布置如图 3-31 所示：

各工艺段设备由输煤带式输送机、叶轮给煤机、往复式给煤机、碎煤机、滚轴筛、带式除铁器、圆盘除铁器、精细除铁器、犁煤器、切换挡板、拉绳开关和跑偏开关等组成。其他如撕裂、打滑、堵煤等保护开关均不进该控制系统。

输煤工艺流程的主要特点是流程距离长、分布点比较广、工艺设备的控制回路比较简单；现场粉尘很大，环境比较恶劣。

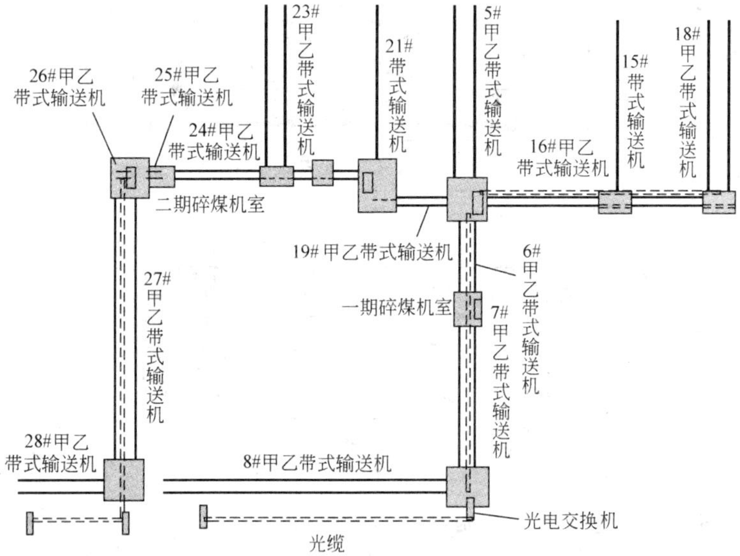

图 3-31　某电厂输煤系统的工艺布置

依据电力企业输煤运行技术规程要求，输煤系统控制必须设有就地控制、集中控制和程序控制三级控制手段，同时输煤系统起停或紧急故障时，必须遵循起动时按逆煤流顺序逐一起动设备；停止给煤时按正煤流顺序逐一停止设备的原则进行控制操作。其工艺流程联锁如图 3-32 所示。

从输煤工艺联锁流程图分析可知，在控制系统程序组态时，应严格按照该流程进行设计及组态，以确保设备和人员的安全。有关控制程序的编程亦必须遵循系统联锁的原则，方可灵活组合。

2. 控制系统拓扑

根据现场的实际状况和输煤工艺控制的技术规范要求，推荐采用 SIEMENS TIA 的系统结构，以满足输煤系统狭长的输煤栈桥在一侧布置的电缆桥架的要求，该桥架既要敷设 AC 6000V 动力电缆，又同时要敷设控制和通信电缆，因此电缆周围的共模和差模干扰信号必然要影响控制系统的通信质量，甚至于使得控制系统不能正常工作。为此选用 Profibus-DP 组成网络，用光电交换机，[又名光纤链路模块（Optical Link Module，OLM）] 来完成设备与主控制器之间的信号交换。因为采用了光纤传输通信，可将电磁场对通信设备的干扰影响降至最低程度，真正达到阻断干扰的目的。该输煤系统的设备动力电源供电电压等级有两类，即 AC 380V 和 AC 6000V。经本次改造，凡涉及 AC 380V 供电的电动机控制电路都彻底改为 SIMOCODE 和 COMPACT STARTER，共计 95 台套；凡 AC 6000V 供电和一些不能作彻底改造的电动机及其设备改为 LOGO，共计 34 台套。这些设备的控制电路都必须与 FCS 的信号连接，以交换两个系统之间的信息。

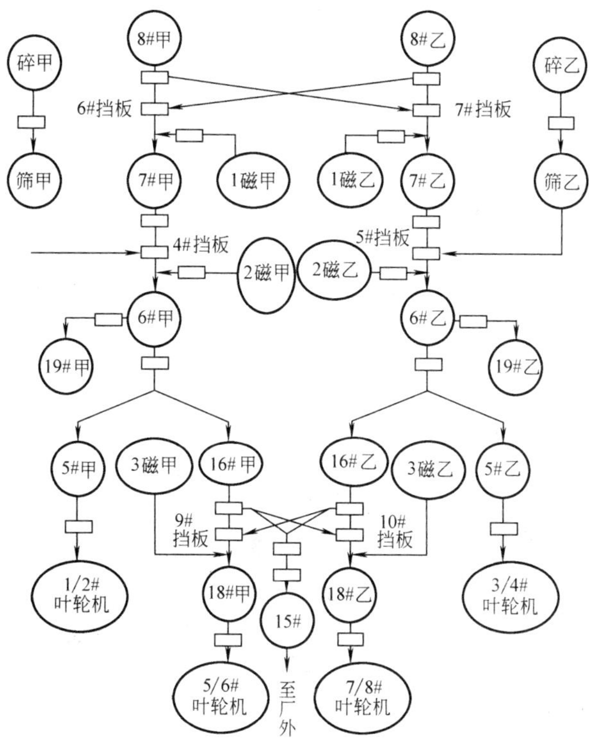

8#乙—8#乙带式输送机
8#甲—8#甲带式输送机
碎甲—碎煤机甲
碎乙—碎煤机乙
筛甲—滚轴筛甲
筛乙—滚轴筛乙
1 磁甲—带式除磁铁器甲
1 磁乙—带式除磁铁器乙
2 磁甲—原盘除磁铁器甲
2 磁乙—原盘除磁铁器乙
3 磁甲—精细除磁铁器甲
3 磁乙—精细除磁铁器乙
1/2#叶轮机—1#和 2#叶轮给煤机

图 3-32　一期输煤工艺流程

该系统以 S7-417-2 主控制器作为主站，通过以太网交换机（ESM）连接到四台安装有 CP-1613 以太网卡的工控机上，每台的 HMI 选用 WINCCV5.2 版软件，主控制器除了自身带有的 Profibus-DP 接口外，另外又配了一块 Profibus-DP 模件，这样可以组成两个相对独立的光纤环网，亦便于两个输煤系统的布置：一个接口连接一期输煤系统上的六个 OLM，另一个接口连接二期输煤系统上的五个 OLM。其系统拓扑如图 3-33 所示。

其中，OLM100 和 OLM200 两只光电交换机在控制系统中仅仅起到光电转换的目的，在控制柜内实现光的转换，起到防止电磁场干扰引入的作用。其他九个光电交换机分别接有 DP/ASi 通信耦合器或 SIMOCODE 电动机智能控制器。每个耦合器下又连接有 LOGO 、电动机起动器、开关按钮盒和 I/O 模块。由此该控制系统构成了较为复杂的三层结构的通信系统。由于底层的控制器均采用通信的方式与主控制器进行数据交换，因此，从控制室的主控制器到现场的电动机智能控制器、LOGO、电动机起动器和 I/O 模块之间只有通信线，而没有一根控制线，真正体现了西门子公司现场总线在工业控制应用中的优势特点。

3. 编程组态软件

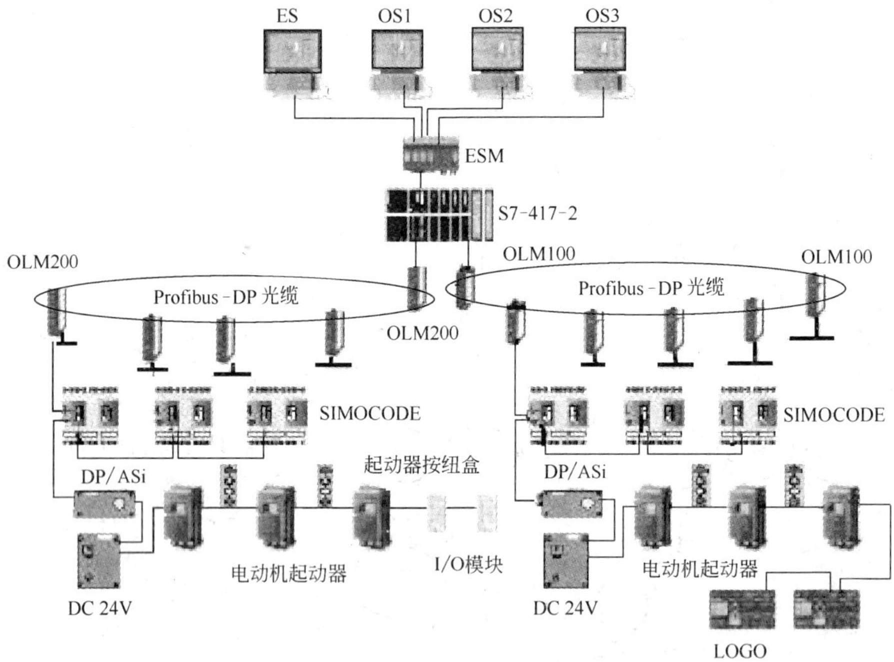

图 3-33　某火力发电厂输煤系统拓扑图

该系统选用了目前被国内外广泛采用的西门子公司的最新中文版WINCCV5.1版工业自动化软件，它为该系统提供了管理级、操作级的可视化过程，数据采集和远程控制功能。

系统监控中的操作员站和工程师站，均采用 WINCC 相应功能软件，组成了完整的 FCS。根据工艺要求，HMI 画面主要分为主画面、程控画面、分站画面、报警趋势和数据报表等。

主画面主要是根据现场设备位置来布置。为了区分具体传送带种类，采用了不同颜色的传送带，同时为了保证画面有一定立体感效果，传送带上有煤块流动，传送带采用深色，基带为浅色，但传送带电动机工作时，在画面上表示为煤随传送带一起动作，煤块形成移动状。这主要采用设置属性中闪烁来达到画面动态立体效果的要求。

在系统总主画面中，主要显示输煤传送带的动作状态。对传送带的上位机操作控制，则在每个分站画面中来完成。按工艺将区域划分成流程控制图、单元控制图、控制器等。在模拟图中，可动态显示现场设备的开关状态与信号值，操作人员可在当前画面通过键盘或鼠标更改信号值，并可以以对话框的形式调用其他各种信息。模拟图以及其他图形均可以以菜单或按钮驱动方式进入不同的显示内容。

在分画面中，通过点击要操作的设备的左键弹出控制对话菜单，显示出控制的菜单选项。具体包括启动、停止、电流、故障现场手/自动位置等。不同类型设备要看具体控制情况而定，所有设备可实现远方/手动操作。同时为了满足控制设备的安全性要求，在设备控制画面中有操作画面自动、手动切换按钮，以保证自动失效情况下，可人工干预。对重要设备的开关操作时，会弹出提醒窗口，需要操作人员再次确认才可执行命令。

对于设备报警系统，在画面中主要是根据用户的不同要求采用不同报警信息类型和信息等级。报警表能够实时显示报警内容，每个报警值都可以显示标签名、报警值、报警类型、报警时间、确认时间、优先级、报警闪烁、报警确认等。按时间顺序排列，并滚动显示。无论画面切换至何处，显示屏幕都有专用区域以显示最近的报警标签。同时设定当报警条达到设定数量的容量时，就用打印机将以前报警条打印出，以便用户查阅存档。

对于系统操作的安全问题，根据电厂生产安全管理的要求，通过软件对不同的人员设定了不同的操作等级。计算机在启动后就直接进入启动画面，画面显示为灰色，用户不能够进行任何操作，画面提示操作人员输入自己的用户名称和口令，对于不同的用户提供不同操作权限。调度器执行和配方操作也可限制关键程序的功能。软件提供给用户一个系统管理人员口令和密码，系统管理人员可分配给不同的操作人员的用户操作口令和密码来操作监控软件程序，同时在监控画面上显示该用户名称。在系统中有记录，这样防止操作人员随意破坏或改变计算机。除了管理人员使用其用户操作口令可以退出监控画面外，其他人员不能够退出画面，不能够最小化，把关机的一切命令和按钮如 Ctrl + Alt + Del 都被屏蔽了，也就是说都不能够随意结束正在运行的程序画面。

对于现场生产企业，生产数据报表很重要。WINCC 提供了集成的报表系统，可以方便地输出 WINCC 数据到打印机进行打印，并且也可以利用 CRYSTAL REPORTS 报表专用软件，根据生产需要编制实时的和历史的数据报表及统计计算报表。报表可按时间触发或事件触发进行打印，并能及时打印报表数据。可以根据操作人员的不同选择，打印出不同历史数据报表。如根据时间、根据配方选择不同变量等，都可以打印出不同风格的报表，且在报表中有打印人员姓名。

SIMATIC WINCC 的数据报表是以系统数据管理服务器为基础的。WINCC 提供了实时数据库和历史数据库，服务器采集最新的现场控制站的数据提供给监控工作站显示、打印。全部实时数据采集周期从 0.5s 到 20min 可调。历史数据库从实时数据库中采集数据，采样周期从 2min 到 24h 可调，历史数据的最长存储时间不少于 1 年，通过历史数据可计算累计值、最大值、最小值、标准值、相对值、偏差值或其他需要的数据，据此操作人员可进行统计分析、指导生产。同时，操作人员可对遗漏的或无法自动采集的数据输入到历史数据库中，并进行编辑。历史数据可以被写入磁盘、光盘中长期保存，以备将来恢复使用。

该系统采用 SIMENS SIMATIC 的 S7-400 控制器，通过以太网连接到四台安装有以太网卡的工控机上。编程用 STEP7V5.2 软件，在系统组态中考虑到本控制系统点数较多，控制设备也很多，所以要先分配好各部分地址，编址后在系统中进行硬件组态。该系统中用到的设备有 S7-417-2、SIMOCODE、DP/ASi 耦合器，以及在现场传感器 ASi 总线中使用的设备有 COMPACT STARTER、LOGO、I/O 模拟量模块、按钮盒。它们在 STEP 7 中的硬件组态如图 3-34 所示。

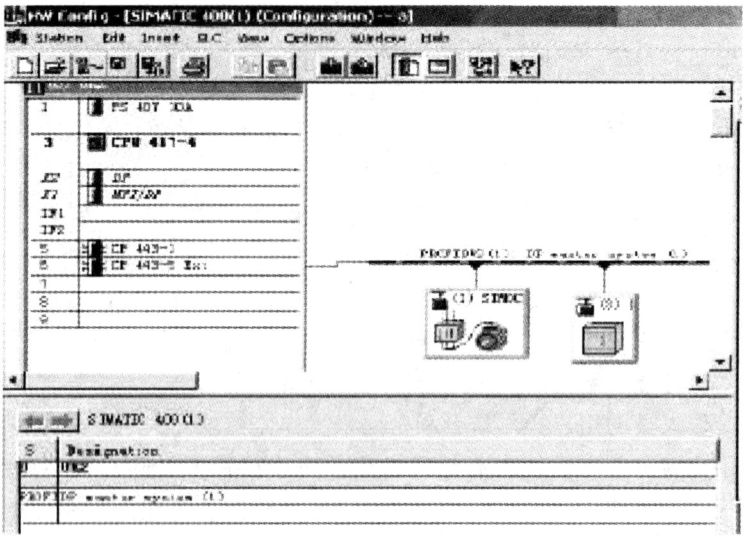

图 3-34　设备的硬件组态

在组态前，对 SIMOCODE 要用相应单独软件进行组态，而对 ASi 部分的组态比较容易，用地址设定工具把相应设备地址设定后就可以了，设备正常或出错时在 DP/ASi 上都有相应的显示，这样便于调试人员观察。

在编程时，要注意对于相应 DP 地址点的对应关系，特别是 DP/ASi 部分在 STEP 7 中地址的对应关系，由于系统中用了模拟量模块，所以在程序中调用 SFC58/59 进行模拟量采集时要注意地址关系。其他部分逻辑控制就和一般程序相同了。

对于 ASi 控制层设备的通信和电源提供时，应注意必须提供两路相对独立的 DC 24V 和 DC 30V 给相应的控制设备，这里 DC 30V 是给通信供电的，DC 24V 是直接给设备供电的。

由于工艺控制技术规定的要求，所有控制设备都必须配置就地控制按钮，因此这里选用了按钮盒作为就地控制所需。但由于按钮盒与电动机起动器不能在 ASi 层之间直接进行相互通信，而必须通过主控制器才能完成它们之间的数据交换，为此这种配置不能满足就地后备控制的技术要求。SIEMENS MOTOR STARTER 现场执行器的停产是本项目的大遗憾。

本控制系统由于当时存在经费问题，没有选用 H 型冗余控制器，应该是控制系统不足的地方。另外，该项目是老厂改造项目，有些控制设备不能作彻底改造，亦带来了一些遗憾。对于像输煤系统的控制，如果能在新建厂设计时就将控制与电气高、低压开关、变频设备、燃料计量一起整体考虑，那将是一套很完整的 TIA 系统。

3.3 LonWorks

LON 总线是一种基于嵌入式神经元芯片的现场总线技术，具有强劲的实力。它被广泛应用在楼宇自动化、家庭自动化、保安系统、办公设备、运输设备、工业过程控制等领域，具有极大的潜力。低成本和高性能是该总线的最大优势。

3.3.1 LonWorks 技术概述

LON 总线最初是由美国 Echelon 公司推出，并与 Motorola 和 Toshiba 等公司共同倡导，于 1990 年正式公布形成的。它采用了 ISO/OSI 参考模型的全部七层通信协议，运用了面向对象的设计方法，通过网络变量把网络通信设计简化为参数设置，其通信速率为 300bit/s ~ 1.5Mbit/s 不等，直接通信距离可达到 2700m (78kbit/s，双绞线)，开发出支持双绞线、同轴电缆、光纤、射频、红外线、电源线等多种通信介质，并开发了相应的本质安全防爆产品，被誉为通用控制网络。

LON 总线技术的核心是具备通信和控制功能的 Neuron 芯片。Neuron 芯片是高性能、低成本的专用神经元芯片，能实现完整的 LonTalk 通信协议。集成芯片中有 3 个 8bit CPU，第 1 个用于完成开放式互连参考模型中的第 1 层和第 2 层的功能，称为媒体访问控制处理器；第 2 个用于完成第 3 ~ 6 层的功能，称为网络处理器，能进行网络变量的寻址、处理、背景诊断、函数路径选择、软件计时、网络管理，并负责网络通信控制、收发数据包等；第 3 个是应用处理器，执行操作系统服务与用户代码。芯片中还具有存储信息缓冲区，以实现 CPU 之间的信息传递，并作为网络缓冲区和应用缓冲区。Echelon 公司的技术策略是鼓励各开发商运用 LonWorks 技术和神经元芯片，开发自己的应用产品。目前已有 4000 多家制造商在不同程度上卷入了 LonWorks 技术，1000 多家制造商已经推出了 LON 总线产品，并进一步组织起 LONMARK 互操作协会，开发推广 LonWorks 技术与产品。

LonWorks 网络控制技术在控制系统中引入了网络的概念，在该技术的基础上，可以方便地实现分布式的网络控制系统，并使得系统更高效、更灵活、更易于维护和扩展。具体说，它有以下特点：

1）开放性和互操作性。网络协议称为 LonTalk 协议，符合 ISO/OSI 全部七层参考模型，且是开放的，而且对任何用户都是对等的。其协议已被一些国际标准组织确认为一些标准，如 EIA 709 和 IEEE1473。网络协议完整到任何制造商的产品都可以实现互操作。该技术提供的 MIP（微处理器接口程序）软件允许开发各种低成本网关，方便了不同系统的互连，也使得系统具有高的可靠性。

2）通信介质可采用包括双绞线、电力线、无线、红外线、光缆等在内的多种介质进行通信，并且多种介质可以在同一网络中混合使用。这一特性使得不同工业现场的不同设备实现互连，增强了网络的兼容性。

3）网络结构能够使用所有现有的网络结构，如主从式、对等式以及客户/服务器式（Client/Server）。

4）网络拓扑结构可以自由组合，支持总线形、环形、自由拓扑形式等网络拓扑结构形式。尤其是自由拓扑形式使得网络构建更为方便灵活。

5）无中心控制的真正分布式控制模式能独立完成控制和通信功能。网络上的每台设备都不依赖于其他设备而能独立地接收、发送和处理网络信息。这意味着，LonWorks 控制网络上的每台设备都可以进行决策和信息处理，而不依赖于计算机、PLC 或其他形式的中央处理器。消除中央处理器意味着减少 LonWorks 控制网络的总成本。由于个别设备的故障并不会影响网络中其他部分的工作，也使得 LonWorks 控制网络更加可靠，但如果是 PLC 或中央处理器出现故障，就造成控制网络的其他部分不能正常工作。

6）依据通信介质的不同，具有 300bit/s ~ 1.25Mbit/s 的通信速率。当通信速率最高达 1.25Mbit/s 时，通信距离为 130m；对 78kbit/s 的双绞线，直接通信距离长达 2700m。

7）网络通信采用面向对象的设计方法。通过网络变量及其捆绑这一手段，使得网络通信的设计简化成为参数设置，方便用户设计和使用，并增加了通信的可靠性。

8）采用域 + 子网 + 节点的逻辑地址方式，方便地实现节点的替换，最大节点数为 255(子网/域) × 127(节点/子网) = 32385。

9）采用可预测 P 坚持（Predictive P-Persistent）CSMA，解决了网络过载的冲突及响应问题。

10）提供一整套完整的从节点到网络的开发工具。比如节点开发工具为 NodeBuilder；节点和网络安装工具为 LonBuilder；网络管理工具为 LonManage；客户、服务器网络构架打造 LNS 技术；具备完善的网络接口装置。

除上述特点外，LonWorks 控制网络在功能上就具备了网络的基本功能，它本身就是一个局域网，和 LAN 具有很好的互补性，又可方便地实现互连，易于实现更加强大的功能。

LonWorks 以其独特的技术优势，将计算机技术、网络技术和控制技术融为一体，实现了测控和组网的统一，而其在此基础上开发出的 LonWorks/EtherNet 功能，将进一步使得 LonWorks 网络与以太网更为方便地互连。LonWorks/EtherNet 网络系统中的关键技术是 i. LON 1000。它取代了传统的网关设备而成为连接 LonWorks 和 EtherNet 的桥梁。它将 LonWorks 的报文打包，封装在 TCP/IP 数据包中，然后在网络中发送。当数据包通过 EtherNet 传送到远程的网段时，TCP/IP 封装被抛弃，数据包被重新放置在网络上。i. LON 1000 具有自己的 IP 地址，一端挂接在以太网上，一端挂接在 LonWorks 网段上，使得 LonWorks 网络与以太网集成非常方便。

LNS（LonWorks Network Services）是用于 LonWorks 技术开发和应用的、功能强大的网络操作系统。与网络构成 Client/Server 结构，采用面向对象的方法管理网络设备。为网络管理和 HMI 的建立，提供了有效的手段。

LONMARK 互操作协会是由 Echelon 公司和一些致力于建立互操作产品的 LonWorks 用户在 1994 年建立的。互操作性是指来自同一个或不同制造商的多个设备能够集成在一个控制网络内，而不需要进行任何用户节点或网络工具的开发。LONMARK 互操作协会致力于制定互操作标准、对产品是否符合标准进行认证，以及提高互操作系统的性能。

3.3.2 LonWorks 通信模型

LonWorks 采用了 OSI 参考模型的全部七层通信协议，被称为通用控制网络。其中各层的作用和所提供的服务如图 3-35 所示。

模型分层	作用	服务
应用层	网络应用程序	标准网络变量类型；组态性能；文件传送
表示层	数据表示	网络变量；外部帧传送
会话层	远程传送控制	请求/响应；确认
传输层	端端传输可靠性	单路/多路应答服务；重复信息服务；复制检查
网络层	报文传递	单路/多路寻址，路径
数据链路层	媒体访问与成帧	成帧；数据编码；CRC；冲突仲裁；优先级
物理层	电气连接	媒体特殊细节（如调制）；收发种类；物理连接

图 3-35　LonWorks 通信模型

1. 物理层

LonTalk 协议在物理层支持多种通信介质，也就是为适应不同的通信介质而支持不同的数据解码和编码。例如，通常双绞线使用差分曼彻斯特编码；电力线使用扩频；无线通信使用频移键控（FSK）。由于 LonTalk 协议考虑对各种介质的支持，LON 总线可以允许使用非常广泛的通信介质，它不仅可以使用双绞线、同轴电缆、光纤，还可以使用无线电、电力线、红外线甚至是用户自定义的通信介质。

依据通信介质的不同，具有 300bit/s ~ 1.25Mbit/s 的通信速率。当通信速率最高达 1.25Mbit/s 时，通信距离为 130m；对 78kbit/s 的双绞线，直接通信距离长达 2700m。

可通过多种收发器提供各种典型的拓扑系统，如总线形、星形、环形、自由拓扑形式和混合形式（见图 3-36），这为网络的安装提供了极大的方便。

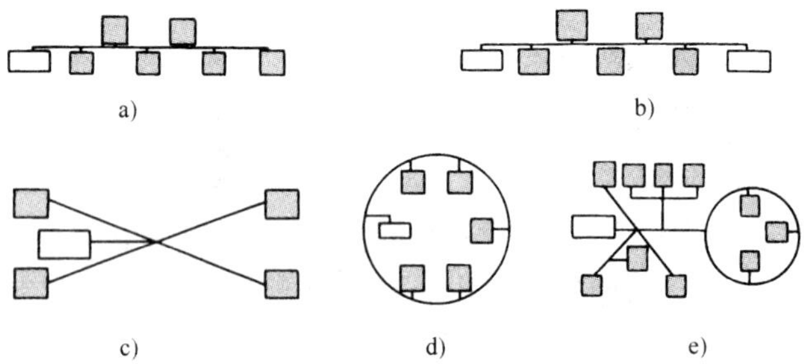

图 3-36　LonWorks 网络拓扑结构类型

a）单端接器总线　b）双端接器总线　c）星形　d）环形　e）混合形

注：▭为端接器。

2. 数据链路层

（1）LonTalk MAC 子层　LonTalk 协议的 MAC 子层是 OSI 参考模型中数据链路层的一部分。其所采用的算法属于载波侦听多址访问（CSMA）的。CSMA 算法要求网络上的每一个节点在传送报文之前，必须先侦听信道，确认信道是空闲的。然而，一旦检测到信道的空闲状态，CSMA 的每种算法的行为是不同的，按占用信道的方式，分以下三种：

1）非坚持 CSMA：一旦侦听到信道空闲，立即发送；一旦发现信道忙，不再坚持侦听，延时一段时间后再侦听。其缺点是不能将信道刚一变成空闲的时刻找出。

2）1 坚持 CSMA：侦听到信道闲，立即发送；侦听到信道忙，继续侦听，直至出现信道空闲。其缺点是，若有两个或更多个的节点同时在侦听信道，则发送的帧相互碰撞，反而不利于吞吐量的提高。

3）P 坚持 CSMA：当侦听到信道闲时，就以概率 P 发送数据，而以概率 $(1-P)$ 延迟一段时间（端到端的传播时延），重新侦听信道。其缺点是，即使有几个节点要发送数据，因为 P 值小于 1，信道仍然有可能处于空闲状态。

但由于现有的 MAC 算法，如 IEEE802.2、802.3、802.4 和 802.5 不能满足 LonTalk 使用多种通信介质、在交通繁重情况下维持性能、支持大型网络的需要。因此，Echelon 公司的 LonTalk 协议采用了可预测 P 坚持 CSMA（Predictive P-Persitent CSMA）算法。

可预测 P 坚持 CSMA 通过对网络负载的预测，实现了对 P 值的动态调整。当网络空闲或轻载时，所有节点被随机分布在最小 16 个不同延时的随机时隙（见图 3-31）上发送消息，这样，在空闲或轻载的网络中，访问的平均延时为 8 个时隙，等同于$P=0.0625$（1/16）的 P 坚持 CSMA。当预测到网络负载要增加时，增加随机时隙的数目，将节点随机地分配在数目增多了的某个随机时隙上。时隙数 $P=1/R$，R 增加，P 值降低，因此可预测 P 坚持 CSMA 在保留 P 坚持 CSMA优点的前提下，通过对网络负载的事先预测，在网络轻载时，给网上节点分配数目较少的随机时隙，使节点对媒体访问的时延最小；网络重载时，通过给网上节点分配数目较多的随机时隙，从而使节点同时发送数据带来的碰撞最少，避免了重载下系统处于不稳定状态，保证信道仍能以最大的吞吐量工作，不会因过多的碰撞而造成阻塞。为了提高对重要数据包的响应时间，协议还提供了优先机制，在信道上分配优先时隙（见图 3-37 中的虚线框）。

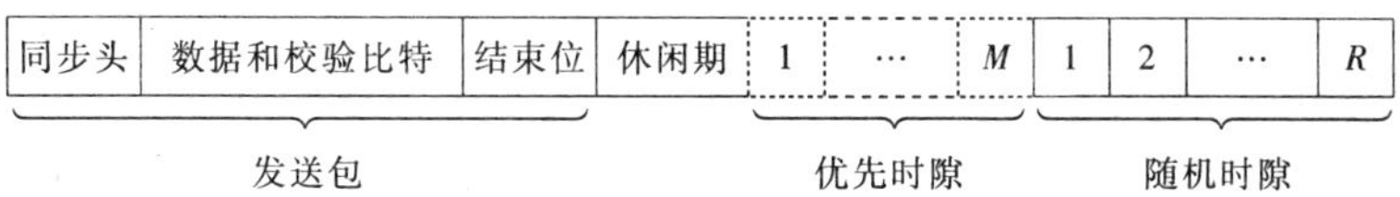

图 3-37　数据包发送时间

由于随机时隙数目的动态调整，实现了概率 P 值的动态调整，具体实现如下：

1）P 值的动态调整取决于随机时隙的动态调整。

当网络预测到负载增加时，节点将分布在更多的时隙上发送数据，增加的时隙数量由参数 n 决定，参数 n 被称作对信道上积压工作的估计，即网络负载。它代表了下一次循环将要发送数据包的节点数，取值范围是 1~63，所以随机时隙的数目为 $16n$，最小为 16，最大为 1008。

2）随机时隙的动态调整取决于节点对网络负载的预测能力。

网上每个节点在启动发送数据之前，先预测 n 的值，调整随机时隙数，然后在某一随机分配的时隙以概率 $1/(n\times16)$ 发送消息包。

节点是这样实现对 n 预测的：要发送数据包的节点在它发送的数据包中，包含了要肯定应答接收该消息的节点数目，即发送消息包将产生的应答数信息，所有收到该消息包的节点的 n 值通过加上该应答数获得新的 n 值，从而使随机时隙的数目得以更新，若该节点有数据要发送，它将以新的概率值 P 在随机分配的时隙上发送，每个节点在数据包发送结束时，其 n 值自动减 1。可见，要实现预测，消息服务的类型必须选择应答服务。由于数据包采用典型的应答服务类型，50%或更高的负载可以预测。由此实现了每一个节点在任何时候都能动态地预测有多少节点要发送消息包，并且预测 n 值的能力比较高。预测的精度越高，则重载时网络的碰撞概率会越小，系统能够保证正常工作，轻载时媒体访问时延也会越小。所以，可预测 P 坚持 CSMA 协议能够满足特定环境下的要求。

当然，可预测 P 坚持 CSMA 并不能避免碰撞的出现，而碰撞的存在必然影响到响应时间。因此在对响应时间要求较高的应用中，可采用优先级和碰撞检测（CD）加以弥补。

（2）LonTalk LLC 链路层　LonTalk 协议的链路层提供在子网内，链路层数据帧的帧顺序的无响应传输。它提供错误检测的能力，但不提供错误恢复能力，当一帧数据用 CRC 码校验错时，该帧被丢掉。

在直接互连模式下物理层和链路层接口的编码方案是曼彻斯特编码，在专用模式下根据不同的电气接口采用不同的编码方案。CRC 加在网络层协议数据单元的最后，CRC 采用的多项式是 $X^{16}+X^{12}+X^{5}+1$（标准 CCITT CRC-16 编码）。

3. 网络层

在网络层，LonTalk 协议提供给用户一个简单的通信接口，定义了如何接收、发送、响应等，在网络管理上有网络地址分配、出错处理、网络认证、流量控制，路由器的机制也是在这一层实现的。

对于网络层协议数据单元地址格式，根据网络地址可分为五种，图 3-38 为五种地址格式。在每一种地址格式源子网上，“0”意味着节点不知道其子网号。

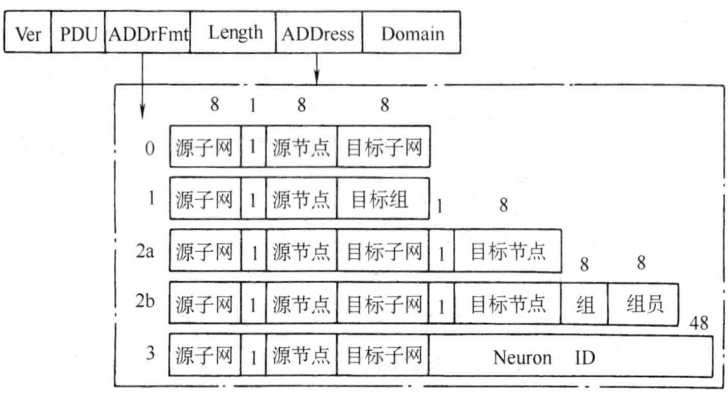

图 3-38　报文地址结构

4. 传输层和会话层

LonTalk 协议的核心部分是传输层和会话层。一个传输控制子层管理着报文执行的顺序、报文的二次检测。传输层是未连接的，它提供一对一节点、一对多节点的可靠传输。信息证实（Authentication）也是在这一层实现的。

会话层主要提供了请求/响应的机制，它通过节点的连接，来进行远程服务（Remote servers），因此使用该机制可以遥控实现远端节点的过程建立。LonTalk协议的网络功能虽然是在应用层来完成的，但实际上也是由提供会话层的请求/响应机制来完成的。

5. 表示层和应用层

表示层和应用层提供如下五类服务：

（1）网络变量的服务　当定义为输出的网络变量改变时，能自动地将网络变量的值变成应用层协议数据单元下传并发送，使所有把该变量定义为输入的节点能收到该网络变量的改变值。当收到信息时，能根据上传的应用层协议数据单元判断是否是网络变量，以及是哪一个网络变量，并激活相应的处理进程。

（2）显示报文服务　将报文的目的地址、报文服务方式、数据长度和数据组织成应用层数据单元下传发送，将发送结果上传，并激活相应的发送结果处理进程。当收到信息时，能根据上传应用层协议数据单元判断是否显示报文，并能够根据报文代码，激活相应的处理进程。

（3）网络管理的服务　LonTalk 协议的网络管理和网络诊断提供了如下四类服务：

地址分配：分配所有节点的地址单元，包括域号、子网号、节点号以及所属的组名和组员号，Neuron ID 是不能分配的。

节点查询：查询节点的工作状态以及一些网络通信的错误统计，包括通信 CRC 检验错、通信超时等。

节点测试：发送一些测试命令来对节点进行测试。

设置配置：路由器的配置表。

（4）网络跟踪的服务　这些信息被网络管理初始化，测试网络上所有的操作，记录错误信息和错误点。

（5）外来帧传输的服务　该服务主要针对网关（Gateway），将 LonWorks 总线外其他的网络信息转换为符合 LonTalk 协议的报文传输，或反之。

3.3.3　LonTalk 协议

LonWorks 技术所使用的通信协议称为 LonTalk 协议。LonTalk 协议遵循由国际标准化组织（ISO）定义的开放系统互连（OSI）参考模型。它提供了 OSI 参考模型所定义的全部七层服务，支持灵活寻址。

1. 物理信道

LonTalk 协议支持以不同通信介质分段的网络。它支持的介质包括双绞线、电力线、无线、红外线、同轴电缆和光纤。每个 LonWorks 节点都需要物理地连接到信道（Channel）上。信道是个特殊的物理通信介质（诸如双绞线或电力线）。LonWorks 装置通过专用于此信道的收发器与其连接。每类信道在最多可连接的节点数、通信速率和通信距离等方面都有不同的特征。表 3-12 总结了几类广泛应用的信道的特征。

表 3-12 几类广泛应用的信道特征

信道类型	介　质	数据速率/(kbit/s)	最多节点数/个	最大距离/m
TP/XF-1250	双绞线,总线型	1250	64	125(总线长度)
TP/XF-78	双绞线,总线型	78	64	1330(总线长度)
TP/FT-10	双绞线,灵活拓扑结构	78	64(假如通过链路供电可达 128)	500(节点到节点)
PL-2X	电力线	5	~500	视环境而定

信道是数据包的物理传输介质；LonWorks 网络由一个或多个信道组成。不同信道通过路由器相互连接，路由器是连接两个信道，并控制两个信道之间数据包传送的器件，路由器有四种不同的安装算法：配置路由器（Configured Router)、自学习路由器（Learning Router)、网桥（Bridge）和重复器（Repeater)。可以任选一种算法来安装路由器。

由网桥或重复器连接的信道的集合称为段（Segment)。节点可以看见相同段上的其他节点发送的包。而智能路由器（配置路由器和自学习路由器）则根据设置决定是否将数据包继续向前传送，故可用来分离段中的网络交通，从而增加整个相同的容量和可靠性。

2. LonTalk 协议的网络地址结构

LonTalk 地址唯一地确定了 LonTalk 数据包的源节点和目的节点（可以是一个或几个节点)，路由器也使用这些地址来选择如何在两个信道之间传送数据包。

网络地址可以有三层结构：域（Domain)、子网（Subnet）和节点（Node)，如图 3-39 所示。

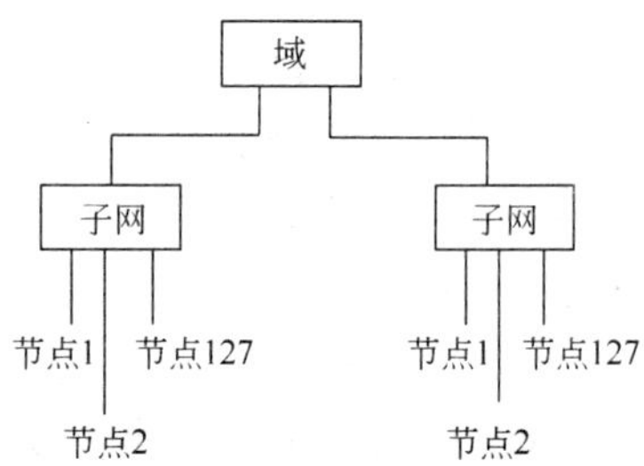

图 3-39　分层编址示意图

第一层结构是域。域的结构可以保证在不同的域中通信是彼此独立的。例如，不同的应用节点共存在同一个通信介质中，如不同域的区分可以保证它们的应用完全独立，彼此不会受到干扰。Neuron 芯片可以配置为属于一个域或同时属于两个域。同时作为两个域成员的一个节点可以用作两个域之间的网关（Gateway)。域 ID 可配置为 0、1、3 或 6B。使用较短的域 ID 可以减少数据包的开销，这可由系统安装者根据实际需要来决定。

第二层结构是子网。每一个域最多有 255 个子网。一个子网是一个域内节点的逻辑集合。一个子网最多可以包括 127 个节点。一个子网可以是一个或多个通道的逻辑分组，有一种子网层的智能路由器产品可以实现子网间的数据交换。在一个子网内的所有节点必须位于相同的段上。子网不能跨越智能路由器。若将一个节点同时配置为属于两个域，则它必须同时属于每个域上的一个子网，如图 3-40 所示。

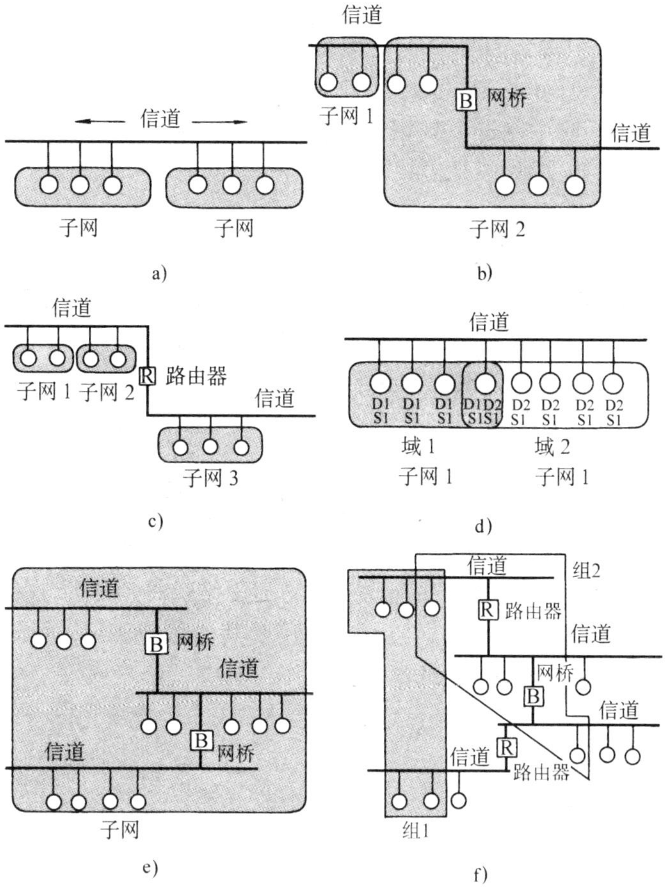

图 3-40　域和子网的关系

a）单一信道多个子网　b）同一区段上的多个子网　c）子网不能跨越智能路由器　d）分属于两个域的节点子网归属　e）一个域中的所有节点归属一个子网　f）组编址示意图

除了下列情况外，可将一个域中的所有节点都配置在一个子网内：

1）节点位于由智能路由器分割的不同段内。

2）网络的节点数目大于 127。这时若将所有节点配置为属于同一个子网就超过了一个子网的最大容量，此时可在一个段上配置多个子网，以增加段的容量。

第三层结构是节点。子网内每一个节点被赋予一个在该子网内唯一的节点号。该节点号为 7 位，因此，一个域内最多有（255 × 127）个节点 = 32385 个节点。

节点也可以被分组（Group），一个分组在一个域中跨越几个子网或几个信道。在一个域中最多有 256 个分组，每一个分组对于需要应答服务最多有 64 个节点，而无应答服务的节点个数不限，一个节点可以分属 15 个分组去接受数据。分组结构可以使一个报文同时为多个节点接收。

另外，每一个 Neuron 芯片有一个独一无二的 48 位 ID 地址，这个 ID 地址是在 Neuron 芯片出厂时由制造商规定的。一般只在网络安装和配置时使用，可作为产品的序列号。报文地址结构如图 3-38 所示。

3. LonTalk 协议寻址

为了简化网络配置和管理，LonTalk 协议中，给每一个节点分配一个逻辑地址。逻辑地址包含两个部分：第一部分是指定域的域 ID；第二部分是以 15 位节点地址规定域中的一个单一节点，或者以 8 位组地址规定一个预先定义的节点组。每个在网络上传输的数据包都包含传输节点（源地址）和接受节点（目的地址）的逻辑地址，逻辑地址可能是物理神经元地址、节点地址、组地址或广播地址。

假如节点数超过允许的域的限值或者要把节点分开而使它们不能互相操作，那么就使用多重域。这样只要每个 LON 网络系统有专用的域 ID，就可以保证两个或两个以上的独立 LON 网络共享同一个物理网络。每个 LON 网络系统中的设备只响应它们对应的域 ID 的数据包，并不接受其他域 ID 寻址的数据包。同样，设备也对以它自己的物理 ID 寻址的数据包作出响应。

使用协议的系统中的每个域可以有不超过 32385 台设备，一个域中可以有不超过 256 个的组，每个组可以有任意数目节点。但是，当需要端到端为确认或要求响应的时候，组被限制在 64 个节点。每个节点可以属于 15 个以下的组。对它归纳见表 3-13。

表 3-13　LonTalk 协议寻址一览表

<table>
<tr><td>子网的最大节点数</td><td>127</td><td colspan="2">系统中最多的节点数</td><td>$32 \times 10^3 \times 2^{48}$</td><td>网络变量中的字节数</td><td>31</td></tr>
<tr><td rowspan="2">域中的最大子网数</td><td rowspan="2">255</td><td rowspan="2">组中的成员数</td><td>未确认或重复的</td><td>无限制</td><td rowspan="2">显式报文中的字节数</td><td rowspan="2">228</td></tr>
<tr><td>确认或要求响应的</td><td>64</td></tr>
<tr><td>域中的最大节点数</td><td>32385</td><td colspan="2">域中的组数</td><td>256</td><td>数据文档中的字节数</td><td>2^{32}</td></tr>
<tr><td>网络中的最大域数</td><td>2^{48}</td><td colspan="2">网络中的信道数</td><td>无限制</td><td>节点组数</td><td>15</td></tr>
</table>

4. 通信服务

（1）消息服务类型　网络的通信服务要使网络同时实现高的有效性、快的响应时间、好的安全性以及高的可靠性是不可能的，实际网络提供的通信服务只能是在这几个方面折中的结果。LonTalk 协议提供了四种基本类型的报文服务：确认（Acknowledged）、请求/响应（Request/Response）、非确认重复（Unacknowledged Repeated）以及非确认（Unacknowledged）。使用确认服务是最可靠的，但是对于较大的组来说，却比非确认或非确认重复服务需要使用更大的网络带宽。具有优先级的数据包将能够保证这些数据包被及时地传送，但是却损害了其他较大的传送。对一个对象，增加证实（Authenticated）服务，虽然增加了安全性，但完成一个证实却比完成一个非证实事务所需的数据包数多了两倍。

请求/响应是最可靠的服务，即一个报文被发送给一个或一组节点，并等待来自每个接收节点的响应。输入报文由接收端的应用在响应生成之前处理。与确认服务一样，发送时间、重发次数和接收时间是可选项。响应中可以包括数据，从而使服务适用于远程调用或 Client/Server 方式。

确认是与请求/响应相等价的服务，即一个报文被发送给一个或一组节点，发送者将等待来自每个接收者的确认。若没有接收到来自所有目标的确认，并且发送者的时间已超出，发送者则重新发送。发送时间、重发次数和接收时间是可选项。确认由网络 CPU 来生成，而与应用 CPU 无关。其 ID 号用于跟踪报文和确认，从而使应用不再接收重复的报文。

非确认重复的可靠性较前两者要低。非确认重复服务即是报文被多次发送给一个或多个节点，同时不企望得到响应。该服务一般用于向一大组节点广播，若在确认或请求/响应方式下，由所有响应产生的交通量可能将使网络过载。

可靠性最低的是非确认服务。它是指一个报文被发送给一个或一组节点，且只被发送一次，同时不期望得到响应。该服务一般用于要求有最好的性能、网络带宽受限制、同时网络对报文的丢失不敏感的情况。

（2）冲突　LonTalk 协议使用其独有的 P 坚持 CSMA 冲突避免算法，该算法具有在过载的情况下信道仍然能承载接近最大能力的通过量，而不是由于过多的冲突而使通过量降低。当使用支持硬件冲突检测的通信介质（如双绞线）时，只要收发器检测到冲突的发生，LonTalk 协议可以有选择地取消数据包的传输。它允许降低立刻重新发送被冲突破坏的包。若没有冲突检测，假定使用的服务为确认或请求/响应服务，节点将不得不等待到重试时间结束，才能知道节点没有接收到目的节点的确认，这时，节点才重发该数据包。对于非确认服务，未检测到的冲突意味着包没有被接收到，并且不作任何重试。

（3）优先级　LonTalk 协议通过提供优先服务机制，以改善对重要消息包的响应时间。协议允许用户在信道上分配优先级时隙（Priority time slot），它专门用于具有优先级的节点。信道上的每个优先级时隙对每个消息的发出额外附加有一定的时间（最小为2bit 时间），从而换取一定的带宽供信道上实现无竞争的优先访问。附加的时间值大小与比特速率、振荡器的精度以及收发器的需求有关。例如：信道上所有节点使用 TP/XF-1250 双绞线收发器（速率为 1.25Mbit/s），振荡器的频率精度≤0.2%，每个优先级时隙宽为 30 比特时间。由于不存在竞争，配置优先级的节点相对于无优先级的节点的响应时间要短得多。优先级与冲突检测的结合将获得更优的响应时间。为每个节点分配优先级时隙的网络管理工具，可以保证节点在信道上被赋予一个特定的优先级时隙。节点只能在分配给它的优先级时隙发送它的所有赋予优先级的消息包。就实质而言，优先级的使用极大地降低了网络冲突的概率。优先级时隙的数目（M）可以是 0～127，具体是多少，取决于信道类型以及信道优先级时隙的配置数量。较小的优先级数代表较高的优先级。若某个节点被赋予的优先级时隙是“0”，该节点将无优先级时隙供发送消息。优先级时隙 1 预留给网络管理器，即其在网络上的优先级最高。

当节点内生成一个优先级包后，在挂起的所有的无优先级输出包被传输之前，该优先级包将在优先级队列被传送出节点。同样，当一个优先级包到达路由器时，它加入到路由器队列的前面（但在所有已排队的优先级包后），若已配置了路由器的优先级时隙，则它使用路由器的优先级时隙向前传送。

（4）证实　LonTalk 协议支持消息的证实服务。它允许消息的接收者确定发送者是否有权发送该消息。其目的通常是为了防止侵权访问节点及其应用程序。网络管理事务也可选择使用证实。要使用证实功能可在节点安装时将长为 48 位的证实密钥分配给节点，当一个证实的消息发出后，整个过程的流程如图 3-41 所示。

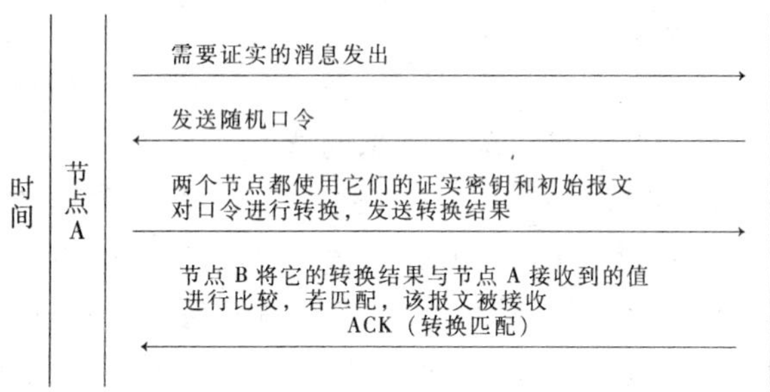

图 3-41　消息证实流程

3.3.4　LON 总线通信控制器及其接口——Neuron 芯片

1. 概述

LonWorks 技术的核心是 Neuron 芯片或称为神经元芯片。它主要包括 3150 和 3120 两大系列，其中 3120 系列芯片中包括 E^2PROM、RAM、ROM，而 3150 系列芯片中则无内部 ROM，但拥有访问外部存储器的接口。Neuron 芯片内部固化了完整的 LonTalk 通信协议，确保节点间的可靠通信和互操作。

Neuron 芯片在大多数 LON 节点中是一个独立的处理器。若需要使节点具备更强的信号处理能力或 I/O 通道，可采用其他处理器来处理，并由 Neuron 芯片交换数据，此时 Neuron 芯片只完成通信功能。Neuron 芯片内部结构如图 3-42 所示。

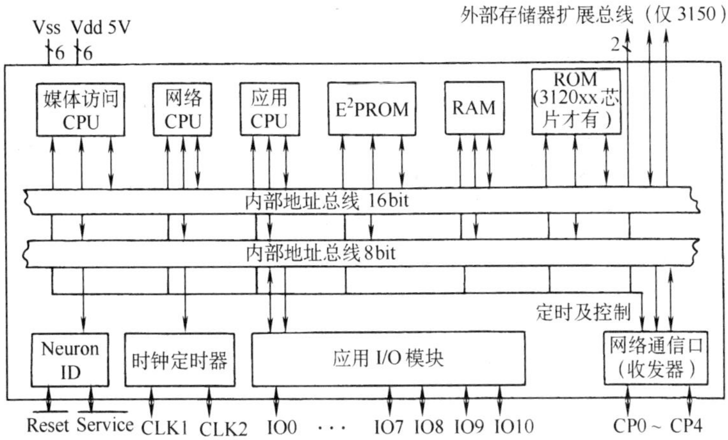

图 3-42 Neuron 芯片内部结构

Neuron 芯片的主要性能特点如下：

1）高度集成，所需外部器件较少。

2）三个 8bit 的 CPU，输入时钟可选择范围：625kHz ~ 10MHz。

3）片上的存储器：

1KB 静态 RAM（3120，3120E1）；

2KB 静态 RAM（3150，3120E2）；

512B E^2PROM（3120，3150）；

1KB E^2PROM（3120E1）；

2KB E^2PROM（3120E2）；

10KB ROM（3120，3120E1，3120E2）。

4）11 条可编程 I/O 引脚（有 34 种可选择的工作方式）：

IS 0 ~ IS 7 有可编程上拉电阻；

IS 0 ~ IO 3 具有高电流吸收能力。

5）两个 16bit 的定时器/计数器。

6）15 个软定时器。

7）休眠工作方式：这种工作方式能在维持操作的情况下降低电流损耗。

8）网络通信端口：5 个引脚提供三种方式，即单端方式、差分方式和专用方式。

9）固件：包括 LonTalk 协议、I/O 驱动器程序、事件驱动多任务调度程序。

10）服务管脚：用于远程识别和诊断。

11）48 位的内部 Neuron ID：用于唯一识别的 Neuron 芯片。

2. 芯片的 CPU 结构

Neuron 芯片内部有三个 CPU：MAC 处理器 CPU-1、网络处理器 CPU-2 和应用处理器 CPU-3，如图 3-43 所示。CPU-1 完成媒体访问控制（MAC），处理 LonTalk 协议的第 1 和第 2 层，包括驱动通信子系统硬件和执行算法。CPU-1 和 CPU-2 用共享存储区中的网络缓存进行通信，正确地对网上报文进行编解码。CPU-2 实现 LonTalk 协议的第 3 ~ 6 层，处理网络变量、寻址、事务处理、权限证实、背景诊断、软件定时器、网络管理和路由等。同时，它还控制网络通信端口，物理地发送和接收数据包。该处理器用共享存储区中的网络缓存区与 CPU-1 通信，用应用缓存区与 CPU-3 通信。CPU-3 完成用户的编程，其中包括用户程序对操作系统的服务调用。

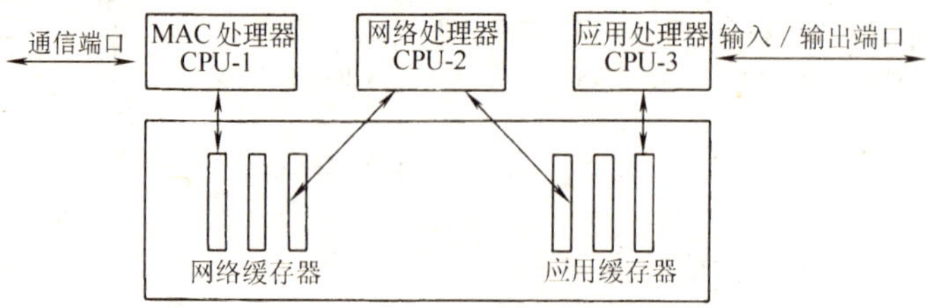

图 3-43　Neuron 芯片的 CPU 结构

3. 应用 I/O 对象

Neuron 芯片通过 11 个 I/O 口（IO0 ~ IO10）与外部设备相连，称为应用 I/O。应用 I/O 可配置选择使用 34 种不同的 I/O 对象，从而借助于最小的外接电路实现灵活的输入输出功能，这些 I/O 对象包括：

（1）直接 I/O 对象　包括比特 I/O 对象、字节 I/O 对象、电平检测输入对象、半字节 I/O 输入对象。

（2）并行双向 I/O 对象　包括并行 I/O 对象、多总线 I/O 对象等。

（3）串行 I/O 对象　包括移位 I/O 对象、I^2C I/O 对象、磁卡输入对象、磁迹输入对象、半双工异步串行 I/O 对象、Wiegand 输入对象、全双工同步串行 I/O对象。

（4）定时器/计数器输入对象　包括双斜率输入对象、边沿记录输入对象、红外输入对象、On-Time 输入对象、周期输入对象、脉冲计数输入对象、正交输入对象、总数输入对象。

（5）定时器/计数器输出对象　包括分频输出对象、频率输出对象、单步输出对象、脉冲计数输出对象、脉宽输出对象、晶闸管输出对象等。

4. 服务引脚（Service Pin）

Service Pin 是 Neuron 芯片中的一个非常重要的管脚，在节点的配置、安装和维护时，均需使用。该引脚既能输入，也能输出。输出时，它通过一个低电平来点亮外部的 LED，LED 的不同点亮方式代表了不同 Neuron 芯片不同的工作状态。输入时，一个逻辑低电平使 Neuron 芯片传送一个包括该节点 48bit 的 Neuron ID 的网络管理信息。

5. 通信端口

Neuron 芯片通信端口为 5 个管脚，为适合不同的通信介质，可将 5 个引脚配置为 3 种不同的接口模式：单端（Single-ended）、差分（Differential）和专用模式（Special Purpose Mode）。对应于双绞线介质，则采用差分模式，编码采用差分曼彻斯特编码，其信号格式如图 3-44 所示。

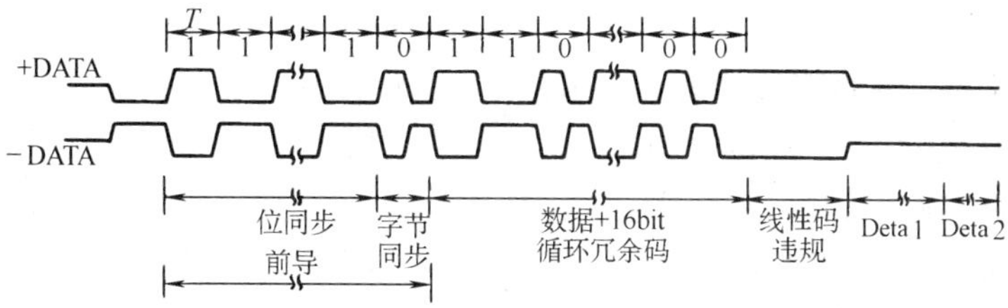

图 3-44　差分模式的编码格式

3.3.5 Neuron C

Neuron C 是以 ANSI C 为基础，专门为 Neuron 芯片设计的编程语言。其中加入了通信、事件调度、分布数据对象和 I/O 功能，是编写 Neuron 芯片应用程序的最为重要的工具。

Neuron C 以 ANSI C 为基础，但在数据类型上和 ANSI C 仍有一定的差别。Neuron C 支持的数据类型为：

char	8bit	有符号或无符号型
short	8bit	有符号或无符号型
int	8bit	有符号或无符号型
long	16bit	有符号或无符号型
boolean	8bit	

同时，Neuron C 支持 ANSI C 的定义类型（typedefs）、枚举类型（enums）、数组类型（arrays）、指针类型（pointers）、结构类型（structs）和联合类型（unions）。但 Neuron C 不支持 ANSI C 的标准运行库的一些功能，如浮点运算、文件 I/O 等，但它也有自己扩展的运行库和语法。这些扩展功能包括定时器、网

络变量、显式报文、多任务调度、E^2PROM 变量和其他多种功能。

1. 网络变量

应用程序可以定义一个特殊的静态对象类——网络变量，它可以是整型、字符型或结构等类型。一个网络变量（Network Variable，NV）是节点的一个对象，用于实现网络上节点之间的互连。它可被定义为输入网络变量，也可被定义为输出网络变量，每个节点最多可以定义 62（Neuron 节点）~4096 个（主机节点）网络变量。网络变量所产生报文的发送和接收不需要应用程序的干预，故又称为隐式报文（Implicit Message）。

同时，LONMARK 组织还定义了标准网络变量类型（SNVT），它支持的标准网络变量有 255 种，采用 SNVT 的节点之间具有天然的互操作性。而且，用户也可按照标准格式定义自己的标准网络变量。

节点之间的网络变量的连接关系是在组网时通过网络开发工具绑定（Binding）的。

2. 显式报文

由于网络变量的长度最多为 31B，使得其应用受到限制，故此，Neuron C 中又提供了显式报文（Explicit Message）这一数据类型。显式报文最长为 228B，提供有请求/响应机制。某个节点发出请求消息能调动另一个节点做出相应的响应，从而实现远程过程调用。显式报文是实现节点之间交换信息的更为复杂的方法，编程人员必须在应用程序中生成、发送和接收显式报文。

节点使用报文标签（Message Tag）发送和接收报文。每个节点有一个默认的输入报文标签，同网络变量一样，必须在网络安装时建立输入和输出报文标签之间的绑定。

3. 定时器

在一个应用程序中，最多可定义 15 个软件定时器对象。在这些定时器中，可以分为两类：毫秒定时器和秒定时器。毫秒定时器提供一个计时范围为 1~64000ms 的定时器，秒定时器则提供一个计时范围为 1~65535s 的定时器。这些软件定时器在网络处理器上运行，和 Neuron 芯片的硬件定时器是分离的。

4. 调度程序

Neuron 芯片的任务调度是由事件驱动的：当一个给定的条件判断为“TRUE”时，与该条件有关的代码体（任务）即执行。调度程序允许编程人员定义任务，用以作为某类事件发生的结果，如输入管脚状态的改变、网络变量的更新、定时器的溢出等。这些事件可以定义优先级，以使一些重要事件能够优先得到响应。调度程序采用循环方式调度，如图 3-45 所示。

事件是通过 when 语句来定义的，一个 when 语句包含一个表达式，当表达式为“TRUE”时，则表达式后面的任务被执行。

在 Neuron C 中，定义了五类事件：系统级事件、输入输出事件、定时器事件、网络变量和显式报文事件、用户自定义事件。

与普通单片机的运行机制不同，Neuron 芯片的应用程序采用了事件驱动的方式运行。按照图3-39的调度环运行。一个具体的功能模块要通过一个或若干个任务来完成。任务的触发是由一系列的条件来决定的，这些条件就是事件(Event)。当一个给定的条件判断为“TRUE”时，与该条件有关的任务（表现为程序代码）即执行。被用来作判断的条件可以是一般的逻辑变量或网络变量，也可以是逻辑表达式。

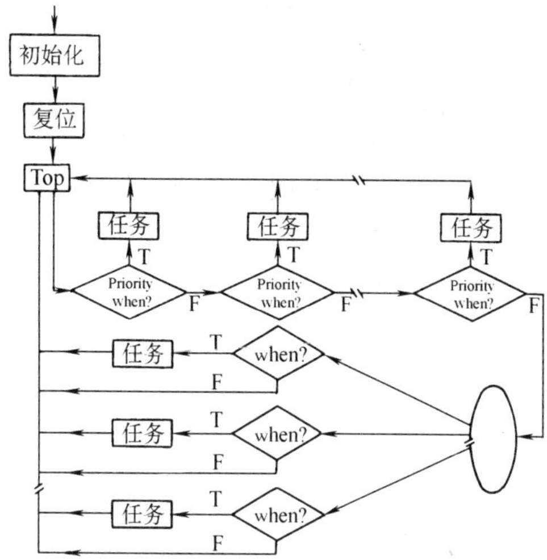

图 3-45　调度环

Neuron C 语言通过 when 子句来定义事件。其句法如下：

```
[priority] [preempt_safe] when (event)
    {
    Task
    }
```

其中，priority 即优先级，可选择使用，如使用该选项，调度程序每次运行都必须对有此选项的 when 子句进行判断。preempt_safe 是占先（Preemption）方式的选项，可选择使用。如选用，即便应用处于占先方式，调度程序仍然执行相关的任务。Neuron 芯片的调度程序在没有空闲的应用缓冲器用来发送消息时，会进入占先方式，系统会让相应的应用程序等待，并仅处理完成事件、响应以及输入网络变量及消息，帮助空出应用缓冲器。evetn 即事件，圆括号内的事件可以是预定的事件，也可以是有效的 Neuron C 表达式（其中可包含预定时间）。同一个任务可以与多个 when 子句关联。Task 即任务，实际是 Neuron C 语言应用程序。它由一系列 Neuron C 说明及语句组成，用花括号括上。可以说，任务等同于无返回值的函数体，使用 return 语句可以中断任务的执行。

5. 附加功能

附加功能主要包括：输入输出（I/O）、调度系统复位、旁路模式、睡眠模式、补充的预定义事件语句错误处理等，这些功能大部分以函数和事件的形式提供。

3.3.6 LNS和网络管理

1. LNS

LNS是Echelon公司开发出来的LON网络操作系统。它提供了一个强大的Client/Server（客户/服务器）网络框架。使用LNS所提供的服务，保证从不同网络服务器上提供的网络管理工具可以一起执行网络安装、网络维护、网络监测；而众多的客户则可以同时申请这些服务器所提供的网络功能。

LNS包括三类设备：路由器设备（包括重复器、网桥、路由器和网关）、应用节点、系统级设备（网络管理工具、系统分析、SCADA站和人机界面）。

LNS提供压缩的、面向对象的编程模式。它将网络变成一个层次化的对象，通过对象的属性、事件和方法对网络进行访问。

LNS构架主要包括四个主要的组件：网络服务服务器（Network Services Server，NSS）、网络服务器接口（Network Services Interface，NSI）、LCA对象服务器（LCA Object Server）和LCA数据服务器（LCA Data Server），如图3-46所示。

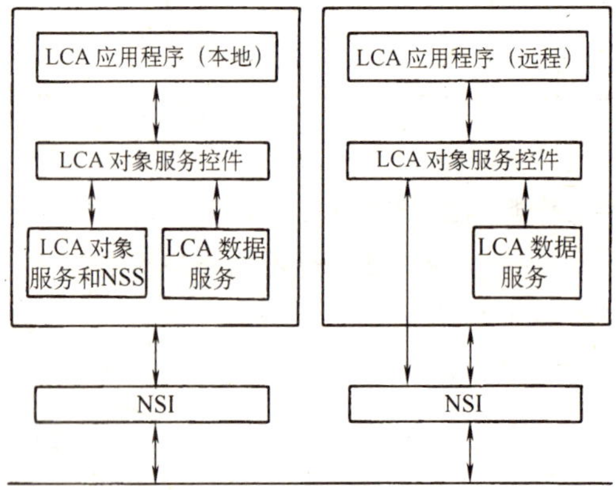

图3-46 LNS组件构架

2. 网络管理

在LonWorks网络中，需要一个网络管理工具，以用于网络的安装、维护和监控。Echelon公司提供了LonMaker for Windows软件用于实现这些功能。其他公司也有类似产品来实现这些功能。LonMaker for Windows是基于Visio开发的，网络配置图是以Visio图的形式画出，对各种对象都作了相应的定义。网络变量的连接关系表现为连线。

在节点建成以后，需经过分配逻辑地址、配置节点的属性、进行网络变量和显式报文的绑定后，网络方可运行；网络安装可通过Service Pin按钮或手动输入Neuron芯片的物理ID来为节点注册，LonMaker会为每一个节点分配一个逻辑地址，并配置相应属性以及网络变量和显式报文的绑定信息。节点的安装可在在线或离线的情况下进行。在线的情况下，节点配置信息即时地通过网络写入节点；离线的情况下，节点配置信息只写入数据库，网络配置图的每次更新只更新数据库，而在网络在线后一次写入节点。

网络运行后，还需要进行维护。维护包括系统正常运行情况下的增加删除设备，以及改变网络变量的连接关系、故障状态下对错误设备的检测和替换的过程。

网络监控用于监控网络上节点的网络变量和显式报文的变化。LonMaker 可以实现网络的监控功能。另外，Echelon 公司还通过 LNS DDE 以及 LNS 开发工具软件包，用于开发用户专用的人机界面。

3.3.7 LON 总线的组网

组网设计实际就是物理网络的安装设计和网络配置设计。物理网络的安装设计包括拓扑结构选择、线缆的选择、线缆终结方式和屏蔽电缆的接地方式的设计等。而网络的安装、调试、维护均根据网络配置的设计来完成。在网络配置中，主要完成设置节点的配置属性、网络变量的绑定两个方面的内容。

1. 物理网络的安装设计

网络的拓扑结构在网络规划时就已经确定，可以采用总线形、自由拓扑形式以及其他形式，可以选择使用双绞线、同轴电缆、光纤、无线电、电力线、红外线等多种通信介质。在各种通信介质中，双绞线以其高的性能价格比而应用最为普遍。Echelon 公司提供的 FTT-10A 双绞线变压器耦合收发器支持总线形和自由拓扑形式。其抗干扰能力强，可承受持续时间为 60s 的 1000V 有效值电压，采用总线拓扑结构的网络最长可达 2700m，采用自由拓扑的网络最长可达 500m，满足一般的工业应用，而且组网灵活。图 3-47 表明了网络线缆的终结方式和接地方式。

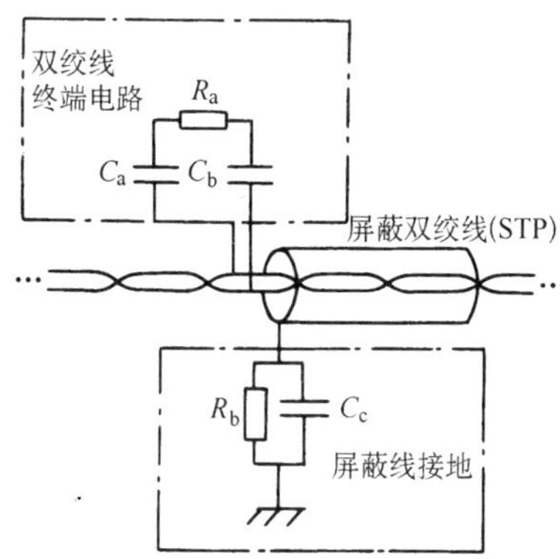

图 3-47 网络线缆的终端方式和接地方式

下面针对双绞线，介绍在网络的安装设计时需注意的问题：

1）考虑到可能存在的干扰，线缆一般采用屏蔽双绞线。

2）有时出于系统的可靠性，比如防止出现线缆的接触不良或断开，通常采用双线冗余，两条线在端部连接起来，形成环网，这样即使某一部分断开，也不会影响网络的正常运行。

3）对于采用 FTT-10A 收发器的网络，需要终端器（Terminator）。终端器的个数由网络拓扑形式决定。为保证网络的可靠性，屏蔽线也需要特殊的连接方法，其连接方式和参数如图 3-47 所示。图中参数的参考值为 $R_a = 52.3\Omega$，1/8W，±1%；$R_b = 470k\Omega$，1/4W，±5%；$C_a = C_b = 100\mu F$，≥50V；$C_c = 0.1\mu F$，≥50V。

4）对于每个网段，屏蔽线缆至少接地一次，最好是每个节点都接地。

2. 网络配置设计

网络配置的设计是基于网络开发工具进行的，Echelon 公司提供了 LonMaker for Windows 软件，可用于实现网络配置图的设计。LonMaker 为每一个网络配置图生成一个 LNS 数据库，网络配置图上的任何修改都会更新到 LNS 数据库中。LonMaker 提供了两种网络配置图的设计模式，即在线组网设计和离线组网设计，在线组网设计时，开发工具通过接口网卡与网络连在一起，LNS 数据库与网络节点信息始终保持一致，也就是说，在网络配置图中的任何更新，都会立即下载到网络的对应节点上。而离线组网设计则是，在网络配置图中的任何更新，只会影响到 LNS 数据库，即使开发工具通过接口网卡已经物理地连接在网络上，也不会产生对物理网络的任何修改，只有在启动节点时，才将配置图中各节点的信息下载到对应的节点上。这实际是提供了一种在工作室设计、在现场安装的模式。而在线组网设计则为在现场进行简单网络的设计安装或进行节点的调试和更换提供了方便。两者的区别是，在设计时，离线组网设计不需要提供节点的 Neuron ID，而在线组网设计则需要。

网络配置图设计包括节点设备的模板设置、功能模块的配置、网络变量的绑定三个方面的内容。

节点设备的模板设置是指为要设计的网络中的每一个节点在网络配置图中生成一个节点设备模板，在这个过程中，为节点选择外部接口文件（. XIF 文件）和应用程序文件（. APB 文件），选择信道，设置定位符和点名的时间间隔。若为在线方式，则还包括节点 Neuron ID 的输入。节点的外部接口文件提供了关于节点属性和特性的完整描述，其中包括了节点的硬件配置信息（Neuron 芯片类型、收发器参数、缓冲区配置、地址表槽、与节点的外部接口有关的信息）和软件配置信息（程序 ID、网络变量的数目、节点自文档等）。

功能模块的配置包括为其选择对应的节点模板，以及在功能模块图素中生成网络变量的对应接口，以便于网络变量的连接。

网络变量的绑定主要包括为网络中各节点的对应网络变量建立连接关系并为每一个连接选定报文服务的方式。网络变量的绑定有几个不同的算法，即单点发送（Unicast）连接、多点发送（Multicast）连接以及扇入/扇出（Fan in/fan out）连接。其中扇入连接是指多个输出网络变量对单个输入网络变量的连接，扇出连接是指单个输出网络变量对多个输入网络变量的连接。

另外，在 LonTalk 协议中，提供的网络连接资源有组和选择器。组（Group）是用于多点发送的连接。在每个域中，最多可设 256 个组。选择器用于将一个网络变量和所有它所参与的连接联系起来。如果这个网络变量不是某个连接的一部分，选择器会置为一个值来表示此为一个未绑定的网络变量。一个网络可以使用多达 12288 个选择器的值。无关的连接通常需要唯一的选择器的值。交叉连接会自动使用同一个选择器号。在运用选择器的值时有一些限制：

- 在一个连接中的网络变量必须分享一个并只有一个网络变量选择器号。
- 在一个节点上的多个输入网络变量不能分享一个网络变量的选择器号。
- 每一个网络变量有一个且只有一个网络变量选择器号。
- 网络变量的别名会自动使用，以防止选择器号在一个节点上发生冲突，尽管每个别名需要占用一个选择器号。

在 LonTalk 协议中，提供的节点连接资源有：地址表入口和网络变量别名。Neuron 芯片地址表储存了寻址信息，以便 Neuron 芯片知道数据发送的去向，节点上的每个被绑定的输出网络变量和垂询网络变量均需要一个地址表入口。节点所属的组也需要消耗一个地址表入口。地址表被限制为不超过 15 个入口。当地址表空间缺乏时，就不能建立连接，这将导致效率较低的解决方案。网络变量别名是一个网络变量的复制，它对用户来说是透明的。别名和主网络变量有相同的值，但有不同的选择器号，允许建立以前不可能建立的连接。每个基于 Neuron 芯片的节点最多有 62 个网络变量别名。

3.3.8 LonWorks 的应用

3.3.8.1 LonWorks 现场总线技术在铁路列车通信网络中的应用

列车通信网络是铁路列车车辆之间和车辆内部可编程设备互连传送控制、检测与诊断信息的数据通信网络。它是用于列车这一流动性大、环境恶劣、可靠性要求高、实时性强、与控制系统紧密相关的特殊的计算机网络。其主要特点是：

1）电磁干扰及振动十分严重。

2）实时性要求高。

3）车载网络设备的体积要小。

列车通信网络（TCN）寻址各铁路车辆中所有相关的拓扑。它包含两级：连接各车辆的列车总线和连接一节车辆内或车辆组各设备的车辆总线。一节车辆可以有 1 条或几条车辆总线，也可以没有。车辆总线可以跨越几节车辆，例如在集中运输列车组（多单元）的情况下，列车组在运行时是不分离的。在固定编组的列车组中，列车总线并不需要对节点进行连续编号，车辆总线可以起到列车总线的作用。LonWorks 控制技术已经在纽约地铁、新泽西轻轨的列车控制以及美国铁路协会（Association of American Railroads，AAR）货物列车电动制动控制中得到应用；并作为列车通信网络标准被纳入了 IEEE-1473-L。

列车通信网络把安装在列车上各动力车和车厢内的各种可编程设备互连在一起，它由连接一个车厢内各种设备的车辆总线和连接整列车内各个车辆总线的列车总线组成。具基本结构如图 3-48 所示。

列车总线由各个车厢内固定安装的电缆通过车厢之间的互连而构成，以连接不同车厢内安装的控制设备。列车总线与车辆总线之间通过路由器或车厢主控节

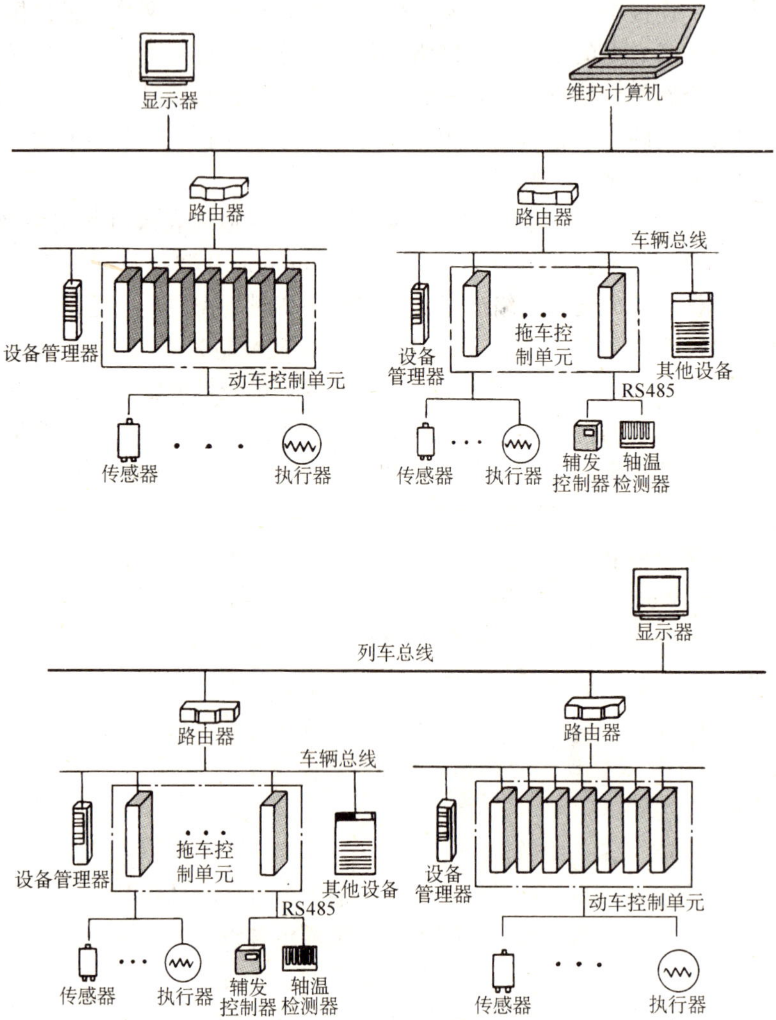

图 3-48　列车通信网络

点来实现通信，其中路由器（R）实现车厢内控制节点接入列车总线的路由，用于隔离网络交通，为网络中不同节点的网络报文进行路径选择，无控制功能，因而此时需要专门的管理器来管理网络；而车厢主控节点则实现对车厢内设备的直接管理和控制，管理车辆总线，它可能直接参与系统的控制。设备节点（D）则是处于车辆总线上的用于实现模块化功能的节点设备。在列车总线上设有主控节点，用于实现列车网络的监控、管理、维护，实现重大事务的调度，每个列车网络内只能设一个列车主控节点，但出于冗余方面的考虑，可设多个，但一个时刻只能有一个主控节点实施主控，主控节点和冗余节点之间通过一些冗余算法实现故障时的切换。

1. 网络结构

采用分级总线的结构，总线分为列车总线和车辆总线。以每个车厢为单位建立一个子网，通过路由器实现子网与主干网络的隔离，在每个子网中设有模块化的设备管理器（Device Manager，DM），管理车厢子网的设备。网络中设两个显示器（即监控计算机），分别位于动车组的两端司机室，实现网络信息的监控。可通过便携式计算机实现整个网络的安装、维护。两条总线的通信介质均采用双绞线，收发器采用变压器耦合型自由拓扑形式 78kbit/s 网络收发器。

显示器提供友好的人机接口界面，用于列车运行信息和故障信息的显示，以及重要参数的修改，并进行重要数据的记录，也可根据需要将其配置为网络管理器，实现网络的安装、管理、维护和故障诊断。监控计算机采用基于 LNS 的 Client/Server 结构，可采用 LNS DDE 或 LNS 开发软件包实现开发。在监控计算机上设有网络数据库，并由 Server 实现各类数据服务。网络运行时，两台监控计算机中只能有一台作为主机运行。通过钥匙开关选择实现。一台被选为主机后，另一台自动作为从机运行。监控计算机对网络上数据的访问可采用周期性垂询和主机网络变量的形式。

路由器为网络数据的传输提供路由，隔离网络交通，从而减轻网络负载，提高网络利用率。路由器不做任何与控制有关的操作。

设备管理器（DM）是用于实现节点设备管理功能的基于 Neuron 芯片的网络节点。它与 LonWorks 网络管理器的不同之处在于该管理器不进行网络管理决策。该管理器可自动实现节点的配置、删除、替换以及节点事件的记录。它在被配置完成、接入网络后，能够在网络启动时自动寻找网络上未配置的节点，并识别出它是否属于该子网。设备管理器中存有网络中被管理设备的列表（Managed device list），是在网络设计时通过 LonMaker for Windows 生成并压缩到设备管理器中的。设备管理器可用来管理具有单个信道或两个信道的网络，它通过路由器来识别不同的信道。在本系统中，DM 用于管理单个信道，当它发现路由器不存在时，不会配置网络。

控制节点是用于实现动车组各种控制功能的模块化功能单元，分为基于 Neuron 芯片的节点（Neuron Chip Hosted Node）和基于其他 CPU 的节点（Host Based Node）。根据功能的不同，实现不同的控制。在基于其他 CPU 的节点中，Neuron 芯片只实现网络通信功能，它用作提高 OSI 参考模型的第 1～5 层协议，其他 CPU 实现第 6、7 层的协议，Echelon 公司提供的微处理器接口程序（Microprocessor Interface Program，MIP）固件便是用来支持 Neuron 芯片的这种应用开发的。

便携式计算机配有 LonWorks 网络管理工具，主要用于实现网络的安装、调试，以及网络出现较大变化时的网络维护。

该结构的优点是：

1）结构简单、明晰，模块化的结构易于实现较大的功能完备的控制网络。

2）路由器和设备管理器的采用简化了网络管理，易于实现节点的安装和更换，同时也减少了列车重新编组时的工作量。

2. 数据通信

动车组控制系统中需要在网络上传播的数据可分为两类：一类是过程变量，另一类是消息数据。这些数据根据需要以网络变量或显式报文的方式传送。

过程变量反映列车的状态，如速度、司机指令、控制状态等。它们的数据长度较短，一般开关量用 1 位或 2 位二进制变量表示，模拟量用 8 位或 16 位变量表示。过程变量的传送时间必须短而确定。根据 LonWorks 所提供的数据访问方式，过程变量可采用更新发送、周期性垂询的方式，对于关键数据可采用优先级发送。为保证数据传输的确定性，可采用确认服务方式。过程变量的传送包括车辆总线上的传送和列车总线上的传送。对于只有一条总线的网络，则只有列车总线上的传送一种情况。在车辆总线上传送的重要的过程变量，从一个应用到另一个应用的确定性传送的传送时间，必须保证在 20～40ms 以内。对于通过列车总线传送的重要过程变量，从一个应用到另一个应用的确定性传送的传送时间，必须保证在 100ms 以内。

消息数据为不频繁传送，但可能是冗长的信息，例如发往显示器的信息、诊断或旅客信息等。这些信息多采用显式报文方式打成数据包发送，对实时性要求不高，故可采用非优先级发送，服务方式采用非确认方式。在 LonWorks 网络中，显式报文的数据包最长为 229B。

3. 通信方式的选择

LonTalk 协议为网络变量和显式报文的传送提供了多种方式。对于网络变量来说，有更新发送、垂询、显式传播。

网络变量的更新发送方式是指当网络变量的值更新后，即触发网络变量的发送，此时，网络变量的发送和接收均是由 Neuron 芯片的网络处理器来完成的，应用处理器不参与任何操作。但是，网络变量的修改并不是马上进行的，它通常发生在应用程序的临界区（Critical Section）的边界处。临界区是指网络变量修改还未传播期间的一组应用程序语句，例如：一个任务，也可以通过 Neuron C 提供的 post_events( ) 函数定义一个临界区的边界。

网络变量的垂询方式是指由读节点发出请求，要求写节点将某个网络变量最新的值发送过来，从而触发网络变量的修改。节点的应用程序可以在任意时间垂询其任意的输入网络变量。网络变量的周期性垂询便是通过这种方式实现的。

Neuron C 还提供了 propagate( ) 函数来触发网络变量的显式传播。节点的应用程序可以在任意时间传播其任意的输出网络变量。网络变量的周期性发送可以通过这种方式进行。对于模拟量检测的网络变量来说，也可以通过周期性更新的方式触发其传播。

显式报文的传送完全由节点应用程序来完成，可以在需要的时候显式地触发发送。

需要强调的是，在实时性允许的情况下，使用更新发送将能够更加有效地利用网络带宽。从另一方面讲，也有利于网络实时性的改善。

4. 通信实时性分析

对于网络通信来说，系统的实时性主要表现在所发送的数据可在确定的时延内送达，LonTalk 协议所采用的 MAC 子层协议是可预测 P 坚持 CSMA，这种协议在发送数据时采用先侦听信道是否空闲，若空闲则以概率 P 发送，否则以概率 $(1-P)$ 延时一段时间（端到端的传播时延），重新侦听信道，因而，要提高网络实时性需要解决的问题是：①减少线路等待时延；②避免冲突；③冲突发生时能快速恢复。可预测 P 坚持 CSMA 协议在一定程度上解决了上述问题，另外，LonTalk协议提供的四种服务方式以及优先访问方式为优化系统性能提供了方便。

3.3.8.2 LonWorks 技术在楼宇自动化系统中的应用

某工程是某国家机关办公楼，分主楼和配楼两部分，由办公室、多功能厅、餐厅及接待室等用房组成。主楼建筑面积达 26000m^2，地下一层，地上九层。配楼建筑面积达 7600m^2，地下一层，地上五层。本工程属于旧楼改造项目，改造后的大楼将实现楼宇设备的自动控制，达到对大楼内的水、电、热、空调、通风、电梯、高低压配电、停车场等系统进行监测、控制和科学管理，以实现舒适、安全、高效、节能的目的，并使设备损耗降低，延长使用寿命。

1. 系统总体设计

该楼宇自动化系统包括：冷冻水系统、新风机组、空调机组、给排水系统、变配电系统、电梯系统、照明系统、有害气体检测系统和热交换系统九部分。由于 LonWorks 技术的开放性和全分布式的特点，并且考虑到以后与其他功能子系统的集成，决定采用 LonWorks 技术作为本系统的技术平台。这个平台上集成了来自三个不同厂商的基于 LonWorks 技术的产品，它们分别是：美国 SIEBE 公司的 I/A 系列新风、空调控制器；澳大利亚 AUSLON 公司的 DI-10E1；Echelon 公司的 LonPoint 系列产品（DI-10、DO-10、AI-10、SCH-10 和 LPR-10 路由器模块）。

系统的网络结构充分体现了 LonWorks 控制网络的特点，即全分布式的、对等的、开放性的网络结构，如图 3-49 所示。与集中式网络比较，LonWorks 控制网络的节点控制箱放置在被控对象的附近，这样做减少了布线工作量，节省了人

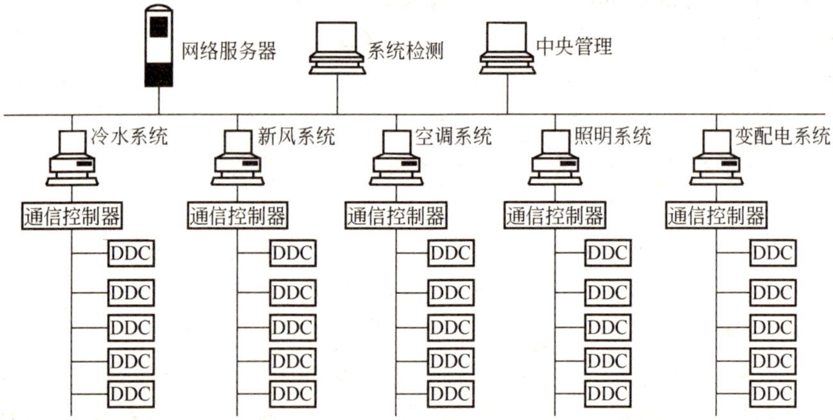

图 3-49　某楼宇自动化系统的网络结构

力，降低了成本；提高了工作效率，也十分便于调试及维护。另外，如果网络中一个设备出现故障不会影响全网其他设备的正常工作，把故障点分散到最小的程度。

整个网络采用自由拓扑结构，网线采用 Echelon 公司推荐的 Belden 公司 8741 型双绞线，连接方式全部采用手拉手连接方式。整个系统分为三个子网，主楼部分分成两个子网：21 台新风机组组成一个子网，其他照明、给排水、变配电等系统为另一个子网；配楼所有系统组成第三个子网。每个子网之间采用路由器（LonPoint 系列的 LPR-10 路由器模块）相互隔离。

2. 系统功能

在系统功能设计过程中，除了要对楼宇内各机电设备实现基本功能的控制以外，要着重考虑系统节能，以便为用户日后带来更大的经济效益。

（1）冷冻水系统　主要是对 3 台冷水机组、3 台冷却塔、3 台冷却水泵、3 台冷冻水泵、集水器、分水器及相关阀门和水流开关等设备进行监视和控制。

- 自动监测冷水机组、冷却塔、冷却水泵、冷冻水泵的工作状态、故障情况。
- 由 LonPoint 的 SCH-10 路由器模块控制冷冻机组定时起动/停止。
- 由实际冷负荷控制冷水机组的工作台数，并对相应的阀门和水泵进行联动控制。
- 根据供回水压差 PID 控制旁通阀的开度，保持供回水压差平衡。
- 在人机界面（HMI）上，可实时地观察到系统各个设备的运行情况，并可强制控制旁通阀的开度。

（2）新风机组　主要对主楼的 21 台新风机组和配楼的 7 台新风机组进行监视和控制。

● 自动监测新风机组的新风温度、送风温度、送风湿度、新风阀门和风机的运行状态，并累计风机的运行时间和机组的起停次数。

● 自动监测并报警过滤网阻塞、防冻开关和风机故障信息。当有报警发生时对新风阀门、风机和冷/热水阀进行联动控制。

● 根据送风温度 PID 调节冷/热水阀门的开度，保持送风温度在一定范围内。

● 在冬季运行模式下，根据送风湿度控制加湿阀的开关，保持送风湿度在一定范围内。

● 正常运行情况下，由 LonPoint 的 SCH-10 路由器模块控制新风机组定时起/停。

● 在人机界面（HMI）上，可实时地观察到系统各项运行参数，并可强制起/停新风机组。

（3）空调机组　主要对主楼的 2 台空调机组进行监视和控制。

● 自动监测空调机组的新风温度、新风湿度、回风温度、回风湿度、新/回风阀门开度和风机的运行状态，并累计风机的运行时间和机组的起停次数。

● 自动监测并报警过滤网阻塞、防冻开关和风机故障信息。当有报警发生时，对新/回风阀门、风机和冷/热水阀门进行联动控制。

● 根据新风焓值和回风焓值 PID 调节冷/热水阀门的开度，保持回风温度在一定范围内。

● 在冬季运行模式下，根据送风湿度控制加湿阀门的开关，保持送风湿度在一定范围内。

● 正常运行情况下，由 LonPoint 的 SCH-10 路由器模块控制新风机组定时起/停。

● 在人机界面（HMI）上，可实时地观察到系统各项运行参数，并可强制起/停空调机组、强制新/回风阀门的开度、强制冷/热水阀门的开度、强制起/停风机、强制起/停加湿阀。

（4）照明系统　主要对主楼和配楼的公共照明、应急照明和泛光照明进行监视和控制。

● 自动监视各路照明的开关状态。

● 正常运行情况下，由 LonPoint 的 SCH-10 路由器模块控制各路照明的定时开/关。

● 在人机界面（HMI）上，不仅可观察到各路照明的状态，还可强制开/关各路照明。

（5）变配电系统　主要对变配电系统的 2 路高压进线、4 台变压器、6 个高压断路器、4 个低压断路器、1 个高压母联开关和 2 个低压母联开关进行监测。

● 自动监测并定期记录高压进线和低压出线的电压、电流、功率因数、有功功率和无功功率和电能等参数。

● 自动监视断路器和高/低母联开关的工作状态和报警状态。

● 自动监视 4 台变压器的高温报警和超高温报警状态。

● 自动监测变电室的室内温度。

在这个楼宇自动化系统中，还包括给排水、电梯、热交换、有害气体检测、送/排风等系统，这些系统大都是对相关的设备进行状态监测，这里不作详细介绍。

3. 人机界面

这个楼宇自动化系统的人机界面（HMI）由美国 WonderWare 公司的 InTouch 组态软件经二次设计完成。通过 Echelon 公司提供的 PCLTA-10 网络接口卡和 LNSDDE Server 动态数据交换软件，人机界面可以从 LonWorks 网络上采集信息，也可以把控制命令发送给网络上的控制节点，而完成相应的控制任务。它具有以下功能：

（1）操作功能　提供 5 级操作密码；能够强制控制一些设备的起/停；可以调整及修改设定值；可以增加、修改、取消设备运行的时间表；可以修改模拟量的报警限值。

（2）设备管理功能　提供所有设备的原始信息，例如设备编号、设备型号、设备的物理位置和设备的生产厂商等；设备投入运行时间、故障记录和设备维修报告记录。

（3）数据实时显示功能　所有被测量的模拟量数据与开关量的状态都能在相应的画面上生动、形象地显示出来。

（4）故障报警功能　当设备出现故障时，系统能及时显示出当前报警信息，并有报警音乐提示，同时能记录在故障记录表中。

（5）报表打印功能　能编制各类数据的报表，打印输出给管理人员。

3.4 CAN 总线

CAN 全称是 Controller Area Network，即控制器局域网。CAN 是国际上应用很广泛的一种现场总线。它作为一种串行通信总线，最初被设计为汽车工业中的微控制器通信用，由于它具有高可靠性和独特的设计、在多主系统中的优势及很高的实时性，现在 CAN 总线已经在汽车工业、航天工业等领域的控制系统中得到了很广泛的应用，并且是到目前为止唯一一种成为国际标准（ISO）的现场总线，被认为是目前最有前途的现场总线之一。

3.4.1 CAN 总线概述

CAN 总线是德国 Bosch 公司于 20 世纪 80 年代初为解决现代汽车中众多的控

制与测试仪器之间的数据交换而开发的一种串行数据通信协议，它是一种多主总线，通信介质可以是双绞线、同轴电缆或光纤，通信速率可达 1Mbit/s，通信距离可达 10km。CAN 协议的一个最大特点是废除了传统的站地址编码，而代之以对通信数据块进行编码，使网络内的节点数在理论上不受限制。由于 CAN 总线具有较强的纠错能力、支持差分收发，因而适合高干扰环境，并具有较远的传输距离。CAN 的特性如下：

1）CAN 是一种有效支持分布式控制和实时控制的串行通信网络。

2）CAN 协议遵循 ISO/OSI 参考模型，采用了其中的物理层、数据链路层与应用层。

3）CAN 可以多主方式工作，本质上也是一种 CSMA/CD 方式，网络上任意一个节点均可以在任意时刻主动地向网络上的其他节点发送信息，而不分主从，节点之间有优先级之分，因而通信方式灵活；CAN 采用非破坏性逐位仲裁技术，优先级发送，可以大大节省总线冲突仲裁时间，在重负载下表现出良好的性能；CAN 可以点对点、一点对多点（成组）及全局广播等几种方式传送和接收数据。

4）CAN 的直接通信距离最远可达 10km（传输速率为 5kbit/s）；最高通信速率可达 1Mbit/s（传输距离为 40m）。

5）CAN 上的节点数实际可达 110 个。

6）CAN 数据链路层采用短帧结构，每一帧为 8 个字节，易于纠错；CAN 每帧信息都有 CRC 校验及其他检错措施，有效地降低了数据的错误率；CAN 节点在错误严重的情况下，具有自动关闭的功能，使总线上其他节点不受影响。

7）信号调制解调方式采用不归零（NRZ）编码/解码方式，并且采用插入填充位（位填充）技术。

8）数据位具有显性“0”（Dominant bit）和隐性“1”（Recessive bit）两种逻辑值，采用时钟同步技术，具有硬件自同步和定时时间自动跟踪功能。

CAN 得到 Motorola、Intel、Philip、Siemence、NEC 等公司的支持，CAN 的应用范围遍及从高速网络到低成本的多线路网络，广泛地应用于离散控制系统。CAN 的信号传输采用短帧结构，每一帧的有效字节数为 8 个，因而传输时间短，受干扰的概率低，由于其采用 CRC-16 的校验方式，误码率仅为 3×10^{-5}。当节点严重错误时，具有自动关闭的功能，以切断该节点与总线的联系，使通信线上的其他节点的通信不受影响，具有较强的抗干扰能力。

1. CAN 总线上的数值逻辑

如图 3-50 所示，CAN 中的总数值为两种互补逻辑数值之一：“显性”或“隐性”。“显性”（“Daminant”）数值表示逻辑“0”，而“隐性”（“Recessive”）表示逻辑“1”。“显性”和“隐性”位同时发送时，最后总线数值将为“显性”。在“隐性”状态下，V_{CAN-H}和 V_{CAN-L}被固定于平均电压电平，V_{diff}近似为 0。在总线空闲或“隐性”位期间，发送“隐性”状态。“显性”状态以大于最小阈值的差分电压表示。在“显性”位期间，“显性”状态改写“隐性”状态，并发送。

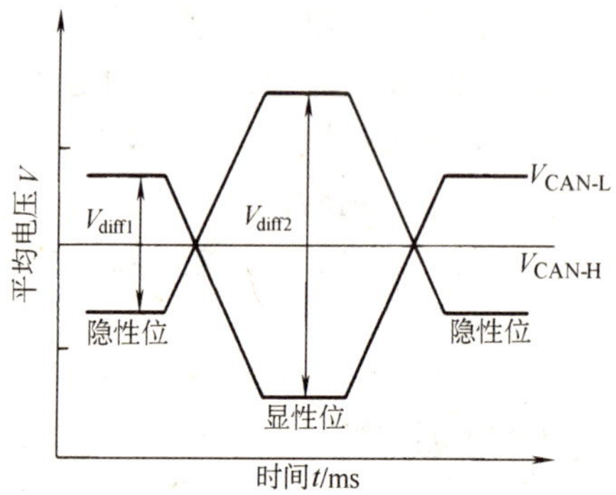

图 3-50　CAN 总线位的数值表示

2. CAN 总线的速率与距离的关系

CAN 系统内两个任意节点的最大传输距离与其位速率有关。两节点间的最大距离见表 3-14。CAN 总线有效长度和传输速率的关系如图 3-51 所示。

由于 CAN 技术的应用普遍推广，导致要求通信协议的标准化。为此，1991 年 9 月 Bosch 公司制定并发布了 CAN 技术规范（Version2.0）。该技术规范包括 A 和 B 两部分。2.0A 给出了曾在 CAN 技术规范版本 1.2 中定义的 CAN 报文格式，而 2.0B 给出了标准的和可扩展的两种 CAN 报文格式。此后，1993 年 11 月 ISO 正式颁布了道路交通运输工具-数字交换-高速通信控制器局部网（CAN）国际标准（ISO 11898CAN 高速应用标准和 ISO 11519CAN 低速应用标准），为 CAN 进一步标准化、规范化起到了推广作用。

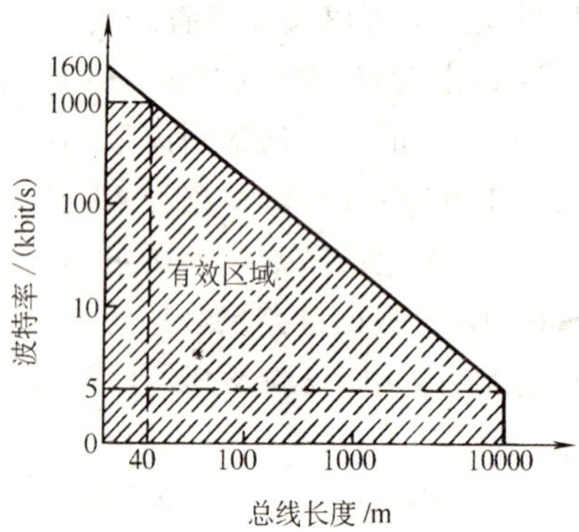

图 3-51　CAN 总线有效长度和传输速率的关系

表 3-14　CAN 总线系统任意两个节点之间的最大距离

位速率/(kbit/s)	最大总线长度/m	总线定时	
		BTR0	BTR1
1000	40	00h	14h
500	130	00h	1Ch
250	270	01h	1Ch
125	530	03h	1Ch
100	620	43h	2Fh
50	1300	47h	2Fh
20	3300	53h	2Fh
10	6700	67h	2Fh
5	10000	7Fh	7Fh

3.4.2 CAN 通信协议

CAN 总线作为一种国际标准，也遵从网络标准模型。按照 IEEE802.2 和 802.3，CAN 只采用了 OSI 参考模型全部七层中的两层，即物理层和数据链路层。物理层又分为物理层信号（Physical Layer Signal，PLS）、物理媒体连接（Physical Medium Attachment，PMA）与介质从属接口（Medium Dependent Interface，MDI）三部分，完成电气连接、实现驱动器/接收器特性、定时、同步、位编码解码。数据链路层分为逻辑链路控制（LLC）与媒体访问控制（MAC）两部分，分别完成接收滤波、超载通知、恢复管理，以及应答、帧编码、数据封装拆装、媒体访问管理、出错检验等，如图 3-52 所示。实际应用 CAN 总线时，用户可根据需要实现应用层的功能。下面详细介绍每一层的作用。

3.4.2.1 物理层

物理层定义信号是如何实际地传输的。这里将连接于总线的各个节点称为电子控制装置（ECU）。因此物理层涉及到的是将 ECU 连接至总线的电路实现。ECU 的总数将受限于总线上的电气负载。物理层按照 IEEE802.3LAN 标准规范构造模型，如图 3-52 所示。它划分为如下三部分：

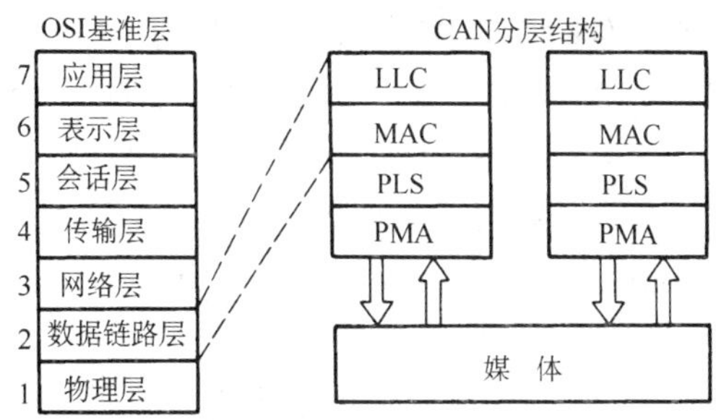

图 3-52 CAN 通信模型

1. 物理层信号

物理层信号（PLS）实现与位表示、位定时和同步相关的功能。

（1）位定时 理想发送器在没有重同步的情况下，每秒发送的位数定义为标称位速率（Nominal Bit Rate）。标称位时间（Nominal Bit Time）定义为标称位速率的倒数，即

标称位时间 = 1/标称位速率

位时间指的是一位的持续时间。在位时间框架内执行的总线管理功能，诸如 ECU 同步状态、网络发送延迟补偿和采样点定位，均由 CAN 协议集成电路的可编程位定时逻辑确定。

正常位时间可划分为分开的、不重叠的时间段，如图 3-53 所示。这些时间

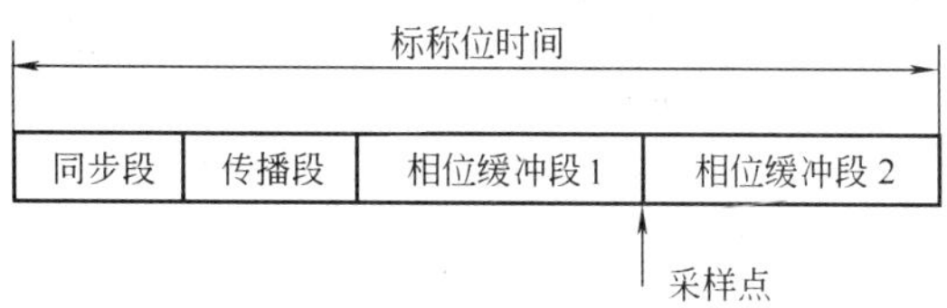

图 3-53 标称位时间的组成

段包括同步段（Sync-Seg）、传播段（Prop-Seg）、相位缓存段 1（Phase-Seg1）和相位缓存段 2（Phase-Seg2）。

同步段用于同步总线上的各个节点或设备。在此段内，等待一个跳变沿。传播段用于补偿网络内的物理延迟时间。它是信号在总线传播的时间、输入比较器延迟时间和输出收发器延迟时间的 2 倍。相位缓冲段 1 和相位缓冲段 2 用于补偿相位边沿的误差。这两个时间段可通过重新同步加以延长或缩短。

采样点读取总线电平，并被转化为相应位数值的一个时间点，其位于相位缓冲段 1 的结束处。信息处理时间始于采样点，它被保留用作计算子序列位电平的时间段。

位时间按时间量程进行编程。时间量程是由振荡器周期推出的固定时间单位。存在一个可编程的预分刻度数值，其范围为 1～32 的整数。自时间量程最小值开始，时间量程的长度为

$$时间量程 = m \times 时间量程最小值$$

式中，m 为预分刻度数值。

组成位时间的各时间段长度分别为：同步段长度为 1 个时间量程；传播段长度可编程为 1、2、3、…、8 或更多时间量程；相位缓冲段 1 长度可编程为 1、2、3、…、8 或更多时间量程；相位缓冲段 2 为相位缓冲段的最大值加信息处理时间。信息处理时间长度为小于或等于 2 个时间量程。位时间中时间量程总数必须编程为至少 8～25。对于不同 ECU 中振荡器的频率应加以调整，以便提供系统规定的时间量程。

（2）位编码/解码　位编码即位流编码，CAN 规定 CAN 的数据帧的五个部分（包括帧起始、仲裁域、控制域、数据域以及 CRC 序列）均通过位填充的方法编码。无论何时，发送器只要检测到位流里有 5 个连续相同值的位，便自动在位流里插入一补充位。数据帧或远程帧的其余位域，包括界定符、应答域和帧结束格式固定，没有位填充。错误帧和远程帧的格式也是固定的，它们不用位填充的方法编码。

CAN 规定，CAN 报文的位流根据“不归零”方法来编码。这就是说，在整个位时间里，位的电平要么为显性，要么为隐性。

（3）同步　同步包括硬同步和重同步两种形式。一个硬同步后，位时间由每个位定时逻辑单元以同步段重新启动。因此，硬同步强迫引起硬同步的跳变沿处于重新开始的位时间同步段内。而重同步的结果使相位缓冲段 1 延长或相位缓冲段 2 缩短。延长和缩短相位缓冲器段的总和存在一个上限，此上限由重同步跳转宽度给定。重同步跳转宽度应通过编程设置在 1 和 4（Phase-Seg1）之间。

时钟信息可以从一位值至另一位值的跃变中提取。由于具有连续相同数值位

的最大数目是固定的，这一特性使得在帧期间总线单元重同步于位流成为可能。可用于重同步的两个跳变之间的最大长度为 29 个位时间。

同步边沿的相位误差 e 由相对于同步段边沿的位置给定，以时间量程度量。相位误差的符号定义如下：

$e=0$，若边沿位于同步段内；

$e>0$，若边沿位于采样点前；

$e<0$，若边沿位于采样点后。

当引起重同步的边沿相位误差的值小于或等于重同步跳转宽度的编程数值时，重同步导致位时间缩短或延长，使采样点处于正确位置。当相位误差值大于重同步跳转宽度时，如果相位误差 e 为正，则 Phase-Seg1 延长的数值等于一个重同步跳转宽度的值；如果相位误差 e 为负，则 Phase-Seg2 缩短的数值等于一个重同步跳转宽度的值。

硬同步和重同步遵从下列同步规则：

1）在一个位时间内仅允许一种同步；

2）仅当采样点之前检测到的数值（先前读总线数值）与紧跟边沿之后出现的总线数值不同时，边沿才被用于同步；

3）总线空闲期间，无论何时，只要一有“隐性”至“显性”的跳变沿，就执行硬同步；

4）所有满足规则 1）和 2）的其他“隐性”至“显性”的跳变沿（和在低位速率情况下，选择的“显性”至“隐性”跳变沿）将被用于重同步；例外情况是，若只有“隐性”至“显性”的跳变沿被用于重同步，由于具有正相位误差的“隐性”至“显性”的跳变沿的结果，发送器将不完成重同步。

2. 物理媒体连接（PMA）子层

PMA 子层的主要功能是实现总线发送/接收的功能电路，并可提供总线故障检测方法。在 CAN 技术规范 2.0B 中没有定义该层的驱动器/接收器特性，以便在具体应用中进行优化设计。在 1993 年形成的国际标准 ISO 11898 中对基于双绞线的物理媒体连接特性做了建议。

ISO 11898 建议的电气连接如图 3-47 所示。总线每个末端均接有以 R_L 表示的抑制反射的终端负载电阻。总线驱动可采用单线上拉、单线下拉或双线驱动，接收采用差分比较器。总线具有两种逻辑状态，即显性和隐性。总线上的位电平如图 3-54 所示。若所有 ECU 的晶体管均被关闭，则总线处于隐性状态。此时总线的平均电压由具有高内阻的每个 ECU 电压源产生。图 3-47 示出了确定接收操作基准的电阻网络。若成对晶体管至少有一个被接通，则显性位被送至总线，它产生流过终端电阻的电流，使总线的两条线之间产生电压差。电阻网络可以检测显性和隐性状态，该网络将总线的不同电压变换，并接收电路比较器输入端上对应的显性和隐性电平。

由物理媒体连接（PMA）和媒体从属接口（MDI）构成媒体访问单元（MAU）。

3.4.2.2 媒体访问控制子层

媒体访问控制子层是CAN协议的核心。它把接收到的报文提供给子层，并接收来自子层的报文。子层负责报文分帧、仲裁、应答、错误检测和标定。

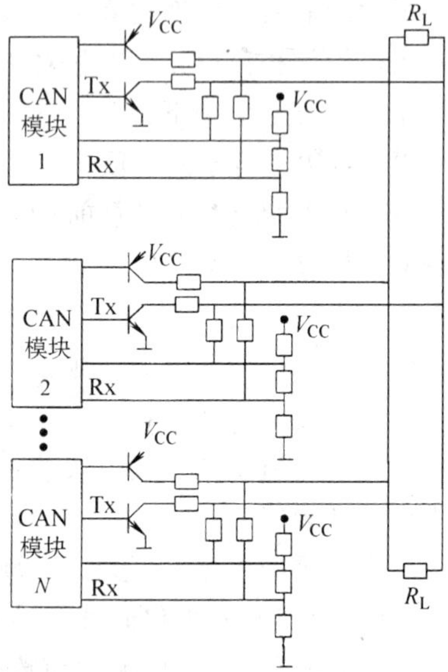

图3-54 基于双绞线的物理介质附件特性

CAN有两种帧格式，一种是含有11位标识符的标准帧和含有29位标识符的扩展帧。另外，数据在节点间发送和接收以四种不同类型的帧出现和控制。其中，数据帧将数据由发送器传至接收器；远程帧由节点发送，以请求发送具有相同标识符的数据帧；出错帧可由任何节点发送，以检测总线错误，而超载帧用于提供先前和后续数据帧或远程帧之间的附加延时。另外，数据帧和远程帧以帧间空间隔同先前帧隔开。

1. 数据帧

一个数据帧由7个不同位域（场）构成，它们是帧起始（Start Of Frame——SOF）、仲裁域、控制域（两位保留位+DLC域）、数据域、CRC域、ACK域和帧结束（EOF-End Of Frame），如图3-55所示。

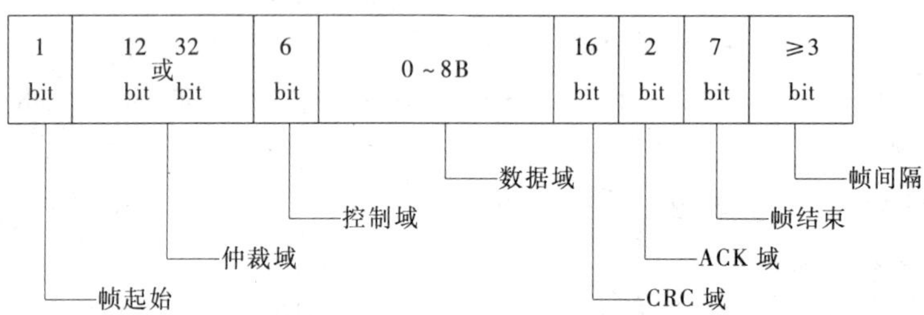

图3-55 报文的数据帧结构

（1）帧起始（SOF） 标志数据帧和远程帧的起始，它由单个“显性”位构成。只有当总线为空闲状态时，才允许节点开始发送，所有节点必须同步于首先开始发送节点帧起始引起的上升沿。

（2）仲裁域 标准帧格式与扩展帧格式的仲裁域格式不同。

在标准格式中，仲裁域由 11 位标识符（Identifier，ID）和 1 位远程发送请求（Remote Transmission Request，RTR）位构成。11 位标识符由基本 ID-28 ~ ID-18 组成，并且按 ID-28 到 ID-18 的顺序发送。在 MAC 数据帧中，RTR 位数值为“0”，而在 MAC 远程帧中，RTR 位数值为“1”。

在扩展格式中，仲裁域由 29 位标识符、1 位替代远程请求（Substitute Remote Request，SRR）位、1 位标识符扩展位（Identifier Extension，IDE）位和 1 位 RTR 位构成。29 位标识符包括 11 位基本 ID 和 18 位扩展 ID。基本 ID 和标准格式是一样的，按 ID-28 到 ID-18 顺序发送。扩展 ID 按 ID-17 到 ID-0 的顺序发送。SSR 位数值总为“1”，IDE 位总为“1”。

（3）控制域　控制域由 6 位构成。标准帧格式与扩展帧格式的控制域格式不同。标准格式里的控制域包括 4 位数据长度代码（Data Length Code——DLC）、IDE 位（数值为“0”）和保留位 r0。扩展格式里的控制域包括 4 位数据长度代码（DLC）、两个保留位 r1、r0。数据长度代码指示了数据域里的字节数目。DLC 的编码含义见表 3-15。

表 3-15　由 DLC 表示的数据字节数目编码

数据字节数目	DLC			
	DLC3	DLC2	DLC1	DLC0
0	0	0	0	0
1	0	0	0	1
2	0	0	1	0
3	0	0	1	1
4	0	1	0	0
5	0	1	0	1
6	0	1	1	0
7	0	1	1	1
8	1	0	0	0

接收器接收“0”和“1”位作为所有组合中的保留位。在定义保留位功能前，发送器只送“0”位。

（4）数据域　数据域由数据帧内被发送的数据组成，它可包括 0 ~ 8 个字节，每个字节包括 8 位。

（5）CRC 域　CRC 域包括 CRC 序列，后随 CRC 界定符。用于帧校验的 CRC 序列由特别适用于位数小于 127 位帧的循环冗余码校验（BCH 码）驱动。为实现 CRC 计算，作为除数的多项式被定义为这样一个多项式，其系数由帧起始、仲裁域、控制域、数据域（如果存在）和 15 位最低系数为 0 组成的解除填充的位流给定。此多项式除以下列生成多项式：$X^{15}+X^{14}+X^{10}+X^{8}+X^{7}+X^{4}+X^{3}+1$ 除以（系数按模 2 计算），相除的余数即为发至总线的 CRC 序列。

为实现这一功能，可以使用 15 位移位寄存器 CRC-RC（14:0）。若 NXTBIT 表示由帧起始直至数据场结束的解除填充位序列给定位流的下一位，则 CRC 序列计算如下：

```
CRC-RC(14:0) = (0);                //初始化移位寄存器
REPEAT
CRCNXT = NXTBIT EXOR CRC-RG
CRC-RG(14:1) = CRC-RG(13:0)        //左移一位
CRC-RG(0) = 0
IF CRCNXT THEN
    CRC-RG(14:0) = CRC-RG(14:0)EXOR(4599H)
END IF
UNTIL(NXTBIT = 数据结束或存在一个错误条件)
```

数据域最后一位发送/接收后，CRC-RG 中含有 CRC 序列。CRC 序列后随的 CRC 界定符仅由单个"隐性"位构成。

（6）ACK 域　ACK 域为两位：ACK 隙和 ACK 界定符。发送节点的 ACK 域中，送出两个"隐性"位。在 ACK 隙内，所有接收到匹配 CRC 序列的节点，以"显性"位改写发送器的"隐性"位送出一个应答。ACK 界定符为 ACK 场的第二位，它必须是"隐性"位，因此，ACK 隙被两个"隐性"位（ACK 界定符和 CRC 界定符）所包围。

（7）帧结束　每个数据帧和远程帧均由 7 个"隐性"位构成的标志序列界定。

2. 远程帧

激活为数据接收器的节点可以通过发送一个远程帧启动源节点发送各自的数据。一个远程帧由 6 个不同位场构成：帧起始（SOF）、仲裁域、控制域、CRC 域、ACK 域和帧结束（EOF），如图 3-56 所示。

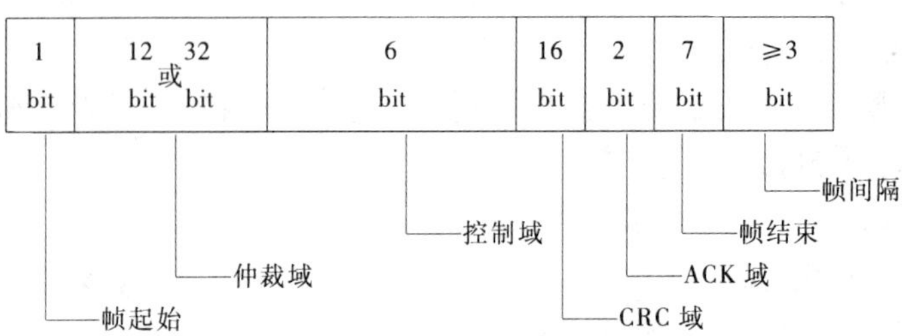

图 3-56　报文的远程帧结构

远程帧也有标准格式（11bit 标识符）和扩展格式（29bit 标识符）。在 MAC 数据帧中，RTR 位数值为“1”，与数据帧是相反的。帧起始（SOF）、控制域、CRC 域、ACK 域和帧结束（EOF）等位域均与 MAC 数据帧的相应位域相同。

3. 出错帧

出错帧由两个不同域构成：第一个域由来自不同节点的错误标志叠加给出；第二个域为错误定界符。

(1) 错误标志　有两种错误标志形式：错误主动标志和错误被动标志。前者由 6bit 连续的显性位构成；后者由 6bit 连续的隐性位构成，除非被其他节点的显性位覆盖。

检测到出错状态的“错误主动”节点通过发送错误主动标志来指示错误。因为这个错误标志的格式违反了从帧的起始到定界符的位填充规则，也破坏了要求固定形式的位域。这样，所有其他的节点将检测到一个出错状态，并开始发送错误标志。因此，各节点发送的不同错误标志叠加起来就形成了出错帧的第一个域。实际上总线上监控到的是叠加的“显性”位序列，其总长度在最小值 6bit ~ 最大值 12bit 之间变化。

检测到出错状态的“错误被动”节点通过发送错误被动标志来指示错误。错误被动的节点从错误被动标志的开头起，等待 6 个后续的相同极性的位。当这 6 个相同的位被检测到时，错误被动标志就完成了。

(2) 错误定界符　错误定界符由 8bit 隐性位构成。传送了错误标志后，每个节点就发送一个隐性位，并一直监控总线直到检测到一个隐性位为止。然后就开始发送剩余的 7 个隐性位。

4. 超载帧

存在两类具有相同格式的超载帧：LLC 要求的超载帧和重激活超载帧。前者为 LLC 子层所要求，以表明内部超载状态，后者将由 MAC 子层的一些出错条件而被启动发送。

超载帧包括两个位场：超载标志和超载定界符。超载标志的完整形式相应于活动错误标志。超载定界符与错误定界符具有相同形式。超载标志由 6 个“显性”位构成。由于超载标志形式破坏了发送场的固定形式，因此所有其他节点将检测到一个超载条件，并在其部件上开始发送一个超载标志。

超载界定符由 8bit 隐性位构成。发送超载标志后，每个节点均监控总线，直至检测到隐性位。此时，每个节点送出其超载标志，并且所有节点同时开始发送剩余的 7 个“隐性”位，以完成 8bit 长度超载定界符。

5. 帧间空间

数据帧和远程帧同前述的任何帧（数据帧、远程帧、出错帧、超载帧）用称之为帧间空间的位域隔开。与此相反，超载帧和出错帧前面不存在帧的空间，并且多个超载帧也不用帧间空间分离。

帧间空间包括间歇场和总线空闲场，并且对于先前帧已发送“错误认可”的节点还有暂停发送场。

（1）间歇场　间歇场由3个“隐性”位构成。间歇期间不允许节点开始发送数据帧或远程帧，仅起标注超载条件的作用。

（2）总线空闲场　总线空闲时间可以是任意长度。总线空闲时间内，任何节点均可访问总线，以便发送。其他帧发送期间，等待发送的帧在紧随间歇场后的第一位启动。如果在总线空闲期间检测到总线上“显性”位，将被理解为帧起始。

（3）暂停发送场　“错误被动”节点完成发送后，其在紧随间歇后，被允许在发送下一帧前送出8bit“隐性”位。其间，若有发送启动（由其他节点引起），则节点将变为该帧的接收器。

6. 媒体访问和仲裁

当检测到间歇场未被“显性”位中断后，认为总线被所有节点释放。总线一旦释放，“错误主动”节点可以访问总线，接收当前或先前帧的“错误被动”节点也可以访问总线。一旦完成暂停的发送，并且其间没有其他节点开始发送，发送当前帧或已发送完先前帧的“错误被动”节点可以访问总线。当允许节点访问总线时，MAC数据帧和MAC远程帧可以开始。MAC错误帧和MAC超载帧如上述规定被发送。发送期间，发送数据帧或远程帧的每个节点均为总线主站。

当许多节点一起开始发送时，此时只有发送具有最高优先权帧的节点变为总线主站。这种解决总线访问碰撞的机理是基于竞争的仲裁。仲裁期间，每个发送器将发送位电平同总线上侦听到的电平进行比较。若相等，则节点可以继续发送。当送出一个“隐性”电平，而侦听到的为“显性”电平时，表明节点丢失仲裁，并且不应再送更多位。当送出“显性”电平，而监测到“隐性”电平时，表明节点检测出位错误。

基于竞争的仲裁依靠标识符和紧随其后的RTR位完成。具有不同标识符的两帧中，优先权被标注于帧中，较高优先权的标识符具有较低的二进制数值。若具有相同标识符的数据帧和远程帧同时被初始化，数据帧较之远程帧具有较高的优先权，它通过按照RTR位数值标注达到。

除仅当总线释放时，可以启动发送这一原则外，还存在解决碰撞的下列原则：

1）在一个系统内，每条信息必须标以唯一的标识符。

2）具有给定标识符和非零数据长度代码（DLC）的数据帧仅可由一个节点启动。

3）远程帧仅可以由全系统内确定的 DLC 发送，该数据长度码为对应数据帧的 DLC。具有相同标识符和不同 DLC 的远程帧同时发送将导致不能解决的碰撞。

CAN 具有较高的效率是因为总线仅仅被那些请求总线悬而未决的站利用，这些请求是根据报文在整个系统中的重要性按顺序处理的。这种方法在网络负载较重时有很多优点，因为总线读取的优先级已被按顺序放在每个报文中了，这可以保证在实时系统中有较短的个体隐伏时间。

对于主站的可靠性，由于 CAN 协议执行非集中化总线控制，所有主要通信，包括总线读取（许可）控制，在系统中分几次完成。这是实现有较高可靠性的通信系统的方法。

3.4.2.3 逻辑链路控制（LLC）子层

LLC 子层的功能包括以下三个部分：

1. 帧接收滤波

在 LLC 子层上开始的帧跃变是独立的，其自身操作与先前的帧跃变无关。帧内容由标识符命名。标识符并不能指明帧的目的地，但可描述数据的含义，每个接收器通过帧接收滤波确定此帧与其是否有关。

2. 超载通告

如果接收器内部条件要求延迟下一个 LLC 数据帧或 LLC 远程帧，则通过 LLC 子层开始发送超载帧。最多可产生两个超载帧，以延迟下一个数据帧或远程帧。

3. 恢复管理

发送期间，对于丢失仲裁或被错误干扰的帧，LLC 子层具有自动重发功能。在发送成功完成前，帧发送服务不被用户认可。

LLC 数据帧由三个位场（识标符场、DLC 场和 LLC 数据场）组成。LLC 远程帧由两个位场（标识符场和 DLC 场）组成。LLC 远程帧标识符格式与 LLC 数据帧标识符格式相同，只是不存在 DLC 场。DLC 的数值是独立的，此数据为对应 LLC 数据帧的 DLC。

3.4.3 CAN 器件介绍

组成 CAN 系统的主要器件是 CAN 控制器和收发器。

CAN 控制器以一块可编程芯片上的逻辑电路的组合，来实现 CAN 通信模型中物理层和数据链路层的功能，并且对外提供与微处理器系统的物理接口。通过对 CAN 控制器的编程，可以设置它的工作方式，控制它的工作状态，进行数据的发送和接收，把应用层建立在它的基础之上。目前，CAN 控制器可分为两大类：一类是独立的 CAN 控制器；另一类是集成 CAN 的微控制器。前者使用比较灵活，可以与多种类型的单片机、微型计算机的各类标准总线进行接口组合。后者在许多特定情况下，使电路设计简化和紧凑，可靠性提高。

CAN 收发器提供了 CAN 控制器与物理总线之间的接口，是影响网络性能的关键因素。

现在很多知名的半导体厂家都生产 CAN 控制器和 CAN 收发器芯片。本节将以 SJA1000 作为独立 CAN 控制器的代表，以 P8xC591 作为集成 CAN 的微控制器的代表，以 82C250 和它的最新替代产品 TJA1040 作为 CAN 收发器的代表，这些器件全部都是 Philips 半导体公司生产的。

3.4.3.1 SJA1000 独立 CAN 控制器

SJA1000 是一种 CAN 的独立控制器，用于移动目标和一般工业环境中的局域网控制。它是 Philips 半导体公司 PCA82C200CAN 控制器（Basic CAN）的替代产品，而且它增加了一种新的工作模式 PeliCAN，这种模式支持具有很多新特性的 CAN2.0B 协议。

SJA1000 独立 CAN 控制器具有如下特性：

1）和 PCA82C200 独立 CAN 控制器引脚兼容、电气兼容，具有 PCA82C200 模式，即默认的 BasicCAN 模式。

2）扩展的接收缓冲器为 64B，先进先出（FIFO）。

3）和 CAN2.0B 协议兼容（PCA82C200 兼容模式中的无源扩展结构）。

4）同时支持 11bit 和 29bit 识别码。

5）位速率可达 1Mbit/s。

6）PeliCAN 模式扩展功能包括可读/写访问的错误计数器；可编程的错误报警限制寄存器；最近一次错误代码寄存器；对每一个 CAN 总线错误的中断；具体控制位控制的仲裁丢失中断；单次发送无重发；只听模式（无确认无活动的出错标志）；支持热插拔（软件位速率检测）；接受过滤器扩展（4B 代码、4B 屏蔽）；自身报文接收（自接收请求）。

7）24MHz 时钟频率。

8）对不同微处理器的接口。

9）可编程的 CAN 输出驱动器配置。

10）增强的温度适应范围（-40～+125℃）。

SJA1000 功能框图如图 3-57 所示。

接口管理逻辑（IML）解释来自 CPU 的命令，控制 CAN 寄存器的寻址，向主控制器提供中断信息和状态信息。发送缓冲器（TXB）是 CPU 和（位流处理器 BSP）之间的接口，能够存储发送到 CAN 上的完整信息。缓冲器长为 13B，由 CPU 写入、BSP 读出。

接收缓冲器是接收过滤器和 CPU 之间的接口，用来储存从 CAN 总线上接收的信息。接收缓冲器（RXB，13B）作为接收 FIFO（RXFIFO，长 64B）的一个

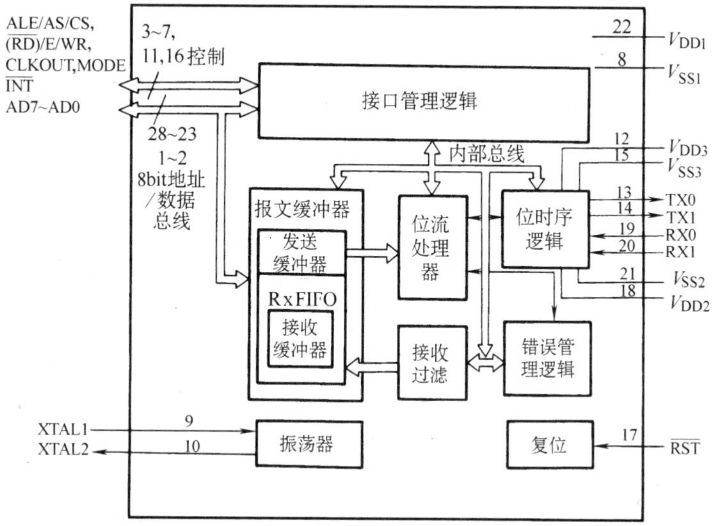

图 3-57　SJA1000 的功能框图

窗口，可被 CPU 访问。CPU 在此 FIFO 的支持下，可以在处理信息的时候接收其他信息。接收过滤器（ACF）把其中的数据和接收的识别码的内容相比较，以决定是否接收信息。在纯粹的接收测试中，所有的报文都保存在 RXFIFO 中。位流处理器（BSP）是一个在发送缓冲器、RXFIFO 和 CAN 总线之间控制数据流的程序装置。它还执行错误检测、仲裁、总线填充和错误处理。位时序逻辑（BTL）监视串行口的 CAN 总线和处理与总线有关的位时序。它在信息开头“弱势支配”的总线传输时，同步 CAN 总线位流（硬同步），接收报文时再次同步下一次传送（软同步）。BTL 提供了可编程的时间段来补偿传播延迟时间、相位转换（例如，由于振荡漂移）和定义采样点以及每一位的采样次数。错误管理逻辑（EML）负责传送层中调制器的错误管制。它接收 BSP 的出错报告，促使 BSP 和 IML 进行错误统计。

其引脚描述见表 3-16。

表 3-16　SJA1000 引脚描述

符　号	引脚号	说　明
AD7 ~ AD0	2,1,28-23	多路地址/数据总线
ALE/AS	3	ALE 输入信号(Intel 模式),AS 输入信号(Motorola 模式)
$\overline{\text{CS}}$	4	片选输入低电平允许访问 SJA1000
($\overline{\text{RD}}$)/E	5	微控制器的$\overline{\text{RD}}$信号(Intel 模式)或 E 使能信号(Motorola 模式)
$\overline{\text{WR}}$	6	微控制器的/WR 号(Intel 模式)或 RD/(WR)信号(Motorola 模式)

（续）

符　号	引脚号	说　　明
CLKOUT	7	SJA1000 产生的提供给微控制器的时钟输出信号,时钟信号来源于内部振荡器且通过编程驱动时钟控制寄存器的时钟关闭位可禁止该引脚
V_{SS1}	8	接地
XTAL1	9	输入到振荡器放大电路外部振荡信号由此输入①
XTAL2	10	振荡放大电路输出使用外部振荡信号时左开路输出①
MODE	11	模式选择输入:1 = Intel 式,0 = Motorola 式
V_{DD3}	12	输出驱动的 5V 电压源
TX0	13	从 CAN 输出驱动器 0 输出到物理线路上
TX1	14	从 CAN 输出驱动器 1 输出到物理线路上
V_{SS3}	15	输出驱动器接地
$\overline{INT}$	16	中断输出用于中断微控制器$\overline{INT}$内部中断寄存器各位都被置位时低电平有效;$\overline{INT}$是开漏输出且与系统中的其他/INT 是线或的此引脚上的低电平可以把 IC 睡眠模式激活
$\overline{RST}$	17	复位输入用于复位 CAN 接口(低电平有效);把$\overline{RST}$引脚通过电容连到 V_{SS}或通过电阻连到 V_{DD} 可自动上电复位(例如 C = 1F;R = 50kΩ)
V_{DD2}	18	输入比较器的 5V 电压源
RX0,RX1	19,20	从物理的 CAN 总线输入到 SJA1000 输入比较器支配(控制)电平将会唤醒 SJA1000 睡眠模式,如果 RX1、RX10 为高电平就读支配(控制)电平,反之读弱势电平,如果时钟分频寄存器的 CBP 被置位,就忽略 CAN 输入比较器,以减少内部延时(此时连有外部收发电路),这种情况下,只有 RX0 是激活的,弱势电平被认为是高电平,而支配电平被认为是低电平
V_{SS2}	21	输入比较器的接地端
V_{DD1}	22	逻辑电路的 5V 电压源

注：1. 在 SJA1000 的控制寄存器中没有 SYNC 位（在 PCA82C200 中是 CR. 6 位）。同步只有在 CAN 总线上“弱势支配（控制）”的转换时才有可能发生。写这一位是没有任何影响的。为了与现有软件兼容，读取这一位时，是可以把以前写入的值读出的，对触发电路无影响。

2. PCA82C200 中双接收缓冲器的概念被 Peli CAN 中的接收 FIFO 所代替。这对软件除了会增加数据溢出的可能性之外，不会产生应用上的影响。在数据溢出之前，缓冲器可以接收两条以上信息（最多 64B）。

① XTAL1 和 XTAL2 引脚必须通过 15pF 的电容连到 V_{SS1}。

SJA1000 可工作于两种模式，即 BasicCAN 模式（也就是与 PCA82C200 兼容的模式）和 PeliCAN 模式（属于扩展的特性）。前者执行 CAN2.0A 协议，后者执行 CAN2.0B 协议（包括 29 位的识别码）。用时钟分频寄存器来选择 CAN 的工作模式是 Basic CAN 还是 Peli CAN。它使用从 PCA82C200 保留下来的一位。像在 PCA82C200 中一样，写一个 0～7 之间的值就将进入 Basic CAN 模式。默认状态是 12 分频的 Motorola 模式和 2 分频的 Intel 模式。保留的另一位补充了一些附加的功能。CBP 位的置位使内部 RX 输入比较器被忽略，这样在使用外部传送电路时。可以减少内部延时，复位默认模式是 Basic CAN 模式。

SJA1000 被设计为全面支持 CAN2.0B 协议，这就意味着，在处理扩展结构报文的同时，扩展振荡器的误差被修正了。在 Basic CAN 模式下，只可以发送和接收标准结构的报文（11bit 长的识别码）。如果此时检测到 CAN 总线上有扩展结构的信息，且信息正确，也会被允许给出一个确认信号，但没有接收中断产生。

3.4.3.2　P8xC591 介绍

P8xC591 是一个单片 8bit 高性能微控制器，具有片内 CAN 控制器，是从 80C51 微控制器家族派生而来的。它采用了强大的 80C51 指令集，并成功地包括了 Philips 半导体公司 SJA1000CAN 控制器的 PeliCAN 功能。全静态内核提供了扩展的节电方式。振荡器可停止和恢复而不会丢失数据。改进的 1:1 内部时钟预分频器在 12MHz 外部时钟速率时，实现 500ns 指令周期。

P8xC591 组合了 P87C554（微控制器）和 SJA1000（独立的 CAN 控制器）的功能，并具有增强功能，主要表现为增强的 CAN 接收中断、扩展的验收滤波器，验收滤波器可在运行中改变（Change on the fly）。

P8xC591 的特性主要有：

1）全静态 80C51 中央处理单元，可提供 OTP、ROM 和无 ROM 型。

2）16KB 内部程序存储器，可外部扩展到 64KB。

3）512B 片内数据 RAM，可外部扩展到 64KB。

4）3 个 16bit 定时/计数器 T0，T1（标准 80C51）和附加的 T2（捕获 & 比较）。

5）带 6 路模拟输入的 10bitADC，可选择快速 8bitADC。

6）2 个 8bit 分辨率的脉宽调制（PWM）输出。

7）作为标准 80C51 引脚时有 32 个 I/O 口。

8）带字节方式主和从功能的 I^2C 总线串行 I/O 口。

9）片内看门狗定时器 T3。

10）保密位，32B 标识符加密阵列。

11）4 个中断优先级，15 个中断源。

12）CAN2.0B 控制器，支持 11bit 标准标识符和 29bit 扩展标识符。

13）8MHz 时钟可实现 1Mbit/sCAN 总线速率。

14）电源控制模式，包括时钟可停止和恢复模式、空闲模式、掉电模式三种。

15）空闲模式中 ADC 有效。

16）双 DPTR。

17）可禁止 ALE 实现低 EMI。

18）软件复位（AUXR1.5）。

19）上电检测复位。

20）ONCE（On-Circuit Emulation）模式。

1. 硬件构成及其功能

P8xC591 的功能框图如图 3-58 所示，引脚功能见表 3-17。

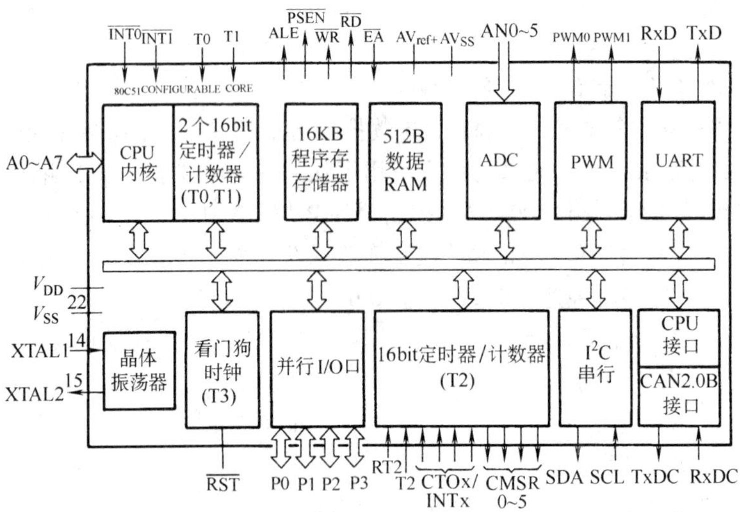

图 3-58 P8xC591 功能框图

表 3-17 P8xC591 的主要引脚描述

符 号	引脚号		描 述
	QFP44	PLCC44	
$\overline{\text{RST}}$	4	10	复位：P8xC591 复位输入。当定时器 T3 溢出时，提供复位脉冲输出
P3.0～3.7			P3 口：8 位可编程 I/O；P3 可驱动 4 个 LSTTL 输入
P3.0/RxD	5	11	RxD：串行输入口 T2：事件输出
P3.1/TxD	7	13	TxD：串行输出口 RT2：T2 定时器复位信号，上升沿触发
P3.2/$\overline{\text{INT0}}$/CMSR0	8	14	$\overline{\text{INT0}}$：外部中断 0 CMSR0：定时器 T2 比较和设置/复位输出

（续）

符　　号	引脚号		描　　述
	QFP44	PLCC44	
P3.3/$\overline{INT1}$/CMSR1	9	15	$\overline{INT1}$:外部中断 1 CMSR1:定时器 T2 比较和设置/复位输出
P3.4/T0/CMSR2	10	16	T0:定时器 0 外部输出 CMSR2:定时器 T2 比较和设置/复位输出
P3.5/T1/CMSR3	11	17	T1:定时器 1 外部输入 CMSR3:定时器 T2 比较和设置/复位输出
P3.6/$\overline{WR}$	12	18	$\overline{WR}$:外部数据存储器写选通
P3.7/$\overline{RD}$	13	19	$\overline{RD}$:外部数据存储器读选通 复位时,P3 异步驱动为高电平 通过 P3M1 和 P3M2 寄存器可将 P3 口设置为四种模式之一: P3M1.x　P3M2.x　模式描述 0　0　准双向(默认的标准 C51 配置) 0　1　推挽 1　0　高阻 1　1　开漏
XTAL2	14	20	晶体振荡器脚 2:反相振荡放大器输出,当使用外部振荡器时,时钟开路
XTAL1	15	21	晶体振荡器脚 1:反相振荡放大器输入和内部时钟发生电路输入。使用外部振荡器时时钟作为外部时钟信号的输入端
V_{SS}	22	16	地:0V 参考点
V_{CC}	44	38	电源:提供正常、空闲和掉电工作电压
P2.0/A08 ~ P2.7/A15	18 ~ 25	24 ~ 31	P2 口:8 位可编程 I/O A08 ~ A15:外部存储器高地址。还具有以下功能: 外部存储器(A08 ~ A15)高地址字节。还可作为 EPROM 编程和校验时的高地址 复位时,P2 异步驱动为高电平 通过 P2M1 和 P2M2 寄存器可将 P2 口设置为四种模式之一: P2M1.x　P2M2.x　模式描述 0　0　准双向(默认的标准 C51 配置) 0　1　推挽 1　0　高阻 1　1　开漏

2. 存储器系统

P8xC591 总共有三个存储空间，即 16KB 内部程序存储器，可外部扩展到 64KB；512B 内部数据存储器，主和辅助 RAM；最大 64KB 外部数据存储器（256B 位于内部辅助 RAM）。

（1）程序存储器　P8xC591 包含 16KB 片内程序存储器，可使用外部存储器扩展到 64KB。当 EA 为高电平时，P8xC591 从内部 ROM 取指，除非地址超过 3FFFh。地址 4000h ~ FFFFh 取自外部程序存储器。EA 在复位时锁存，复位之后不用考虑。

对于 ROM 和 EPROM 的 P8xC591，器件执行了防范的措施，以保护其不会被非法的程序存储器读取。

（2）数据存储器　P8xC591 的内部数据存储器分为四个独立的部分：低 128B RAM，高 128B RAM，128B 特殊功能寄存器和 256B 辅助 RAM（AUX-RAM）。

1）低 128B RAM（地址 00H ~ 7FH）可直接和间接寻址。

2）高 128B RAM（地址 80H ~ FFH）为间接寻址。

3）特殊功能寄存器，SFR（地址 80H ~ FFH）只能直接寻址。

4）256B AUX-RAM（00H ~ FFH）通过 MOVX 间接寻址（且 EXTRAM 位清零）。

低 128B 可直接或间接寻址。高 128B 只能间接寻址。高 128B 占用与 SFR 相同的地址空间，即它们有相同的地址。但在物理上是单独的空间。当指令访问地址高于 7FH 的内部空间，CPU 通过指令的寻址方式区别对高 128B 数据 RAM 和 SFR 的访问。

3. I/O 结构

P8xC591 包含 32 条 I/O 口线，部分具有复用的功能。I/O 在复位时保持高电平（异步，在振荡器运行之前）。P0 ~ P3 具有下列可选的功能：

P0 与 80C51 相同。复位后，P0 口特殊功能寄存器为“FFH”。P0 还提供复用的低位地址和数据总线，用于扩展 P8xC591 的标准存储器和外围设备。

P1 支持几种可选的功能。因此其具有不同的 I/O 状态。注意，在复位后 P1.0 和 P1.1 为高电平，而 P1.2 ~ P1.7 为高组态（三态）。

P2 与 80C51 相同。复位后，P1 口特殊功能寄存器为“FFH”。P2 还提供复用的高位地址和数据总线，用于扩展 P8xC591 的外部存储器和/或外部数据存储器。

P3 与 80C51 相同。复位后口特殊功能寄存器为“FFH”。

3.4.3.3　PCA82C250 CAN 总线收发器

PCA82C250 是 CAN 协议控制器和物理传输线路之间的接口。此器件对总线提供了差动发送能力，并对 CAN 控制器提供了差动接收能力。它可以用高达 1Mbit/s 的位速率在两条有差动电压的总线电缆上传输数据。该器件可以在额定电源电压是 12V PCA82C250 的 CAN 总线系统中使用，可以在汽车和普通工业应用上使用。PCA82C250 的主要特性如下：

1）和“ISO11898”标准完全兼容；

2）高速（可达 1Mbit/s）；

3）在汽车环境中，对总线提供瞬变保护；

4）斜率控制以降低射频干扰（RFI）；

5）差动接收器具有宽共模范围，有很强的抗电磁干扰（EMI）的能力；

6）热保护；

7）对电源和地的短路保护；

8）低电流待机模式；

9）一个未供电的节点不会干扰总线；

10）至少可挂 110 个节点。

PCA82C250 的功能框图如图 3-59 所示，其各功能引脚见表 3-18。

PCA82C250 驱动电路内部具有限流电路，可防止发送输出级对电源、地或负载短路。虽然短路出现时功耗增加，但不致使输出级损坏。若结温超过大约 160℃，则两个发送器输出端极限电流将减小，由于发送器是功耗的主要部分，因而限制了芯片的温升。器件的所有其他部分将继续工作。PAC82C250 采用双线差分驱动，有助于抑制汽车等恶劣电气环境下的瞬变干扰。

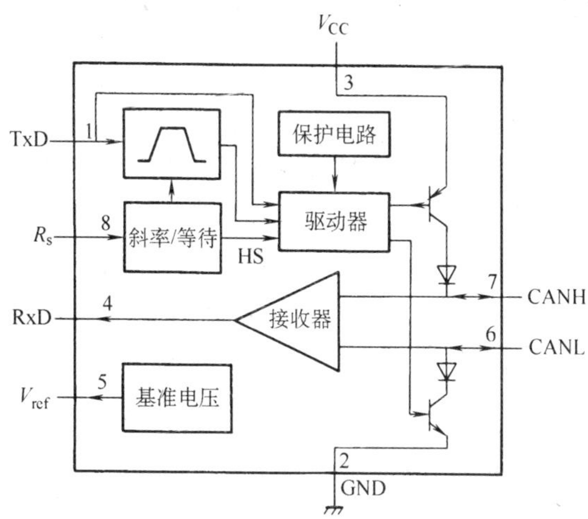

图 3-59 PCA82C250 功能框图

表 3-18 PCA82C250 引脚功能

符号	引脚号	描　　述	符号	引脚号	描　　述
TxD	1	发送数据输入	V_{ref}	5	参考电压输出
GND	2	地	CANL	6	输入/输出低电平 CAN 电压
V_{CC}	3	电源电压	CANH	7	输入/输出高电平 CAN 电压
RxD	4	接收数据输出	R_s	8	斜率电阻输入

引脚 8（R_s）用于选定 PAC82C250 的工作模式。有三种不同的工作模式可供选择：高速、斜率控制和待机，见表 3-19。

表 3-19 引脚 R_s 用法

R_s 提供条件	工作模式	R_s 上的电压或电流
$V_{R_s}>0.75V_{CC}$	待机模式	$\vert I_{R_s}\vert<10\mu A$
$-10\mu A<I_{R_s}<-200\mu A$	斜率控制	$0.3V_{CC}<V_{R_s}<0.6V_{CC}$
$V_{R_s}<0.3V_{CC}$	高速模式	$I_{R_s}<-500\mu A$

对于高速工作模式，发送器输出级晶体管被尽可能快地导通和截止。在这种模式下，不采取任何措施限制上升和下降的斜率。此时，建议采用屏蔽电缆，以避免射频干扰问题的出现。通过把引脚 8 接地，可选择高速工作模式。

对于较低速度或较短的总线长度，可使用非屏蔽双绞线或平行线作总线。为降低射频干扰，应限制上升和下降的斜率。上升和下降的斜率可以通过由引脚 8 至地连接的电阻进行控制，斜率正比于引脚 8 上的电流输出。

如果引脚 8 接高电平，则电路进入低电平待机模式。在这种模式下，发送器被关闭，接收器转至低电流。如果检测到显性位，RxD 将转至低电平。微控制器应通过引脚 8 将驱动器变为正常工作状态来对这个条件作出响应。由于在待机模式下接收器是慢速的，因此将丢失第一个报文。PCA82C250 真值表见表 3-20。

表 3-20 CAN 驱动器真值表

电源	TxD	CANH	CANL	总线状况	RxD
4.5～5.5V	0	高	低	显性	0
4.5～5.5V	1 或悬空	悬空	悬空	隐性	1
<2V(未上电)	任意值	悬空	悬空	隐性	任意值
$2V<V_{CC}<4.5V$	$>0.75V_{CC}$	悬空	悬空	隐性	任意值
$2V<V_{CC}<4.5$	任意值	若 $V_{R_s}>0.75V_{CC}$，悬空	若 $V_{R_s}>0.75V_{CC}$，悬空	隐性	任意值

利用 PCA82C250 还可方便地在 CAN 控制器与驱动器之间建立光隔离，以实现总线上各节点间的电气隔离。

3.4.3.4 TJA1040 高速 CAN 总线收发器

TJA1040 是 Philips 半导体公司生产的、完全可以替代 PCA82C250 的高速 CAN 总线收发器。该器件提供了 CAN 协议控制器和物理总线之间的接口，以及对 CAN 总线的差动的发送和接收功能。在引脚和功能上，TJA1040 是 PCA82C250/251CAN 收发器的后继产品，而且它的引脚和 TJA1050 一致。TJA1040 有优秀的 EMC 性能，而且在不上电状态下有理想的无源性能。它还提供低功耗管理，支持远程唤醒。TJA1040 的主要特性归纳如下：

1）完全符合 ISO 11898 标准。

2）速度可高达 1Mbit/s。

3）电磁辐射（EME）非常低。

4）差动接收器具有较宽的共模范围，可抗电磁干扰（EMI）。

5）处于不上电状态的收发器会从总线脱离零负载。

6）输入级符合 3.3V 和 5V 的器件。

7）如果使用分裂终端电压源，可以稳定隐性总线电平，进一步改善 EME。

8）至少可以连接 110 个节点。

9）消耗电流极低的待机模式具有通过总线唤醒远程的功能。

10）发送数据 TxD 显性超时功能。

11）在汽车的瞬变环境下对总线引脚进行保护。

12）防止总线引脚和引脚 SPLIT 对电池和对地短路。

13）过热保护。

TJA1040 的功能框图如图 3-60 所示，各功能引脚见表 3-21。

TJA1040 有两种工作模式，可以通过引脚 STB 选择。表 3-22 描述了它的工作模式。

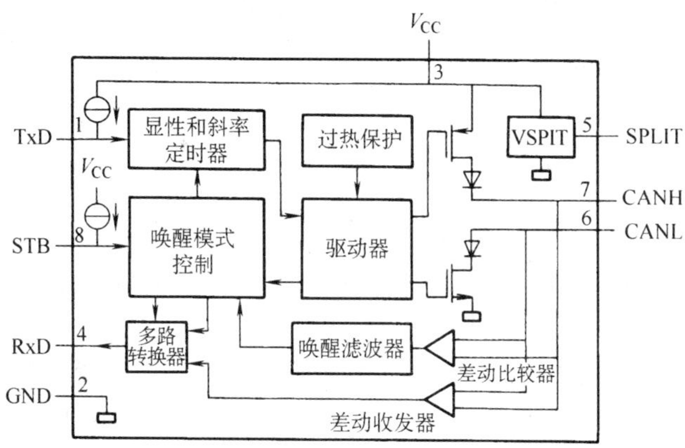

图 3-60 TJA1040 功能框图

表 3-21 TJA1040 引脚功能

符号	引脚号	描　述	符号	引脚号	描　述
TxD	1	发送数据输入	SPLIT	5	共模稳压输出
GND	2	地	CANL	6	输入/输出低电平 CAN 电压
V_{CC}	3	电源电压	CANH	7	输入/输出高电平 CAN 电压
RxD	4	接收数据输出	STB	8	待机模式控制输入

表 3-22　TJA1040 工作模式

模　　式	引脚 STB	引脚 RxD	
		低电平	高电平
正常模式	L	总线显性	总线隐性
待机模式	H	检测到唤醒请求	没有检测到唤醒请求

正常模式：在这个模式中，收发器可以通过总线 CAN_H 和 CAN_L 发送和接收数据，如图 3-53 所示，差动收发器将总线上的模拟数据转换成数字数据，通过多路转换器（MUX）输出到 RxD。总线线路上输出信号的斜率是固定的，并进行了优化，保证有很低的电磁辐射（EME）。

待机模式：在这种模式中，发送器和接收器都关断，只用低功耗的差动收发器监控总线。V_{CC}上的电源电流减少到最小，但仍保证抗电磁干扰的性能，并能识别出总线上的唤醒事件。在这种模式中，总线都端接到地，将电源电流 I_{CC}减到最小。在 RxD 的高端驱动器（High-side driver）上串联一个二极管，防止不上电状态下有反向电流从 RxD 流向 V_{CC}。在正常模式中，这个二极管被旁路，但它在待机模式中可以减少电流的消耗，所以没有被旁路。

分解网络：分解网络（Split circuit）是一个 $0.5V_{CC}$的直流稳压源。它只在正常模式中接通待机模式时，引脚 SPLIT 悬空，分解网络可以通过将引脚 SPLIT 连接到分裂终端的中心抽头来稳定隐性共模电压（见图 3-53），如果由于在网络中存在不上电的收发器，它们在总线和地之间有显著的漏电流，使隐性总线电压小于 $0.5V_{CC}$，分解网络会将这个隐性电压稳定为 $0.5V_{CC}$，因此启动发送时不会在共模信号上产生阶跃，从而保证电磁辐射（EME）性能。

唤醒：在待机模式中，总线由低功耗的差动比较器监控。一旦低功耗的差动比较器检测到一个持续时间大于总线时间 t_{BUS}的显性总线电平，引脚 RxD 变为低电平。

过热检测：输出驱动器在过热时会受到保护。如果实际连接点温度超过了 165℃，输出驱动器会被禁止，直到实际连接点温度低于典型的 165℃后，TxD 才会再一次变成隐性。因此输出驱动器的振幅不会受到温度漂移的影响。

TxD 显性超时功能：当引脚 TxD 由于硬件和/或软件程序的错误而被持续地置为低电平，TxD 显性和斜率定时器电路可以防止总线进入持续的显性状态（阻塞所有网络通信）。这个定时器是由引脚 TxD 的负跳沿触发。如果引脚 TxD 的低电平持续时间超过内部定时器的值（t_{dom}），收发器会被禁能，强制使总线进入隐性状态。定时器用引脚 TxD 的正跳沿复位。TxD 显性超时时间（t_{dom}）定义了允许的最小位速率是 40kbit/s。

自动防故障功能：引脚 TxD 提供了一个向 V_{CC} 的上拉，使引脚 TxD 在不使用时，保持隐性电平。引脚 STB 提供了一个向 V_{CC} 的上拉，当不使用引脚 STB 时，使收发器进入待机模式。如果 V_{CC} 掉电，引脚 TxD、STB 和 RXD 会变成悬空状态，以防止通过这些引脚产生反向电流。

3.4.4 CAN 总线应用

由于 CAN 总线具有通信速率高、可靠性高、连接方便和性能价格比高等诸多特点，CAN 的应用范围遍及从高速网络到低成本的多线路网络，在自动化电子领域的汽车发动机控制部件、传感器、抗滑系统、工业自动化、建筑物环境控制、机床、电梯控制、医疗设备等领域中得到了较为广泛的应用。本节介绍一个通用的基于 CAN 总线的分布式数据采集与控制系统。通过此例，读者可以了解 CAN 总线和 CAN 节点的一般组成和设计方法。

1. 系统总体结构

系统主要包括操作站和现场数据采集控制系统两大部分。系统总体结构如图 3-61 所示。操作站由一台 PC 实现。其主要功能是处理需要复杂计算的信息，将经过处理的信息再送回 CAN 总线，并对整个网络进行管理。现场数据采集控制系统又可分为模/数转换单元、数/模转换单元和通信转换接口电路等几个不同的节点单元。其主要功能是采集各个现场设备的实时信息，并根据所得信息发送控

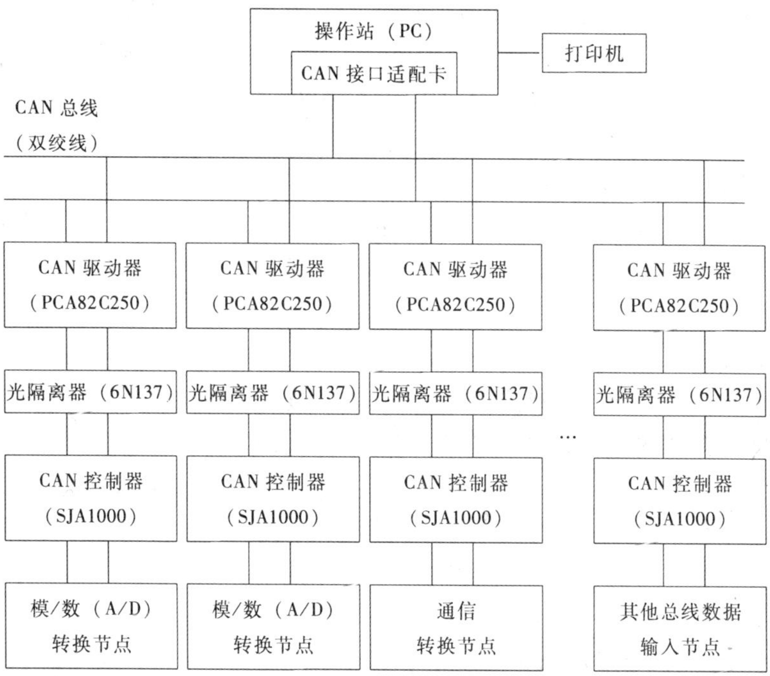

图 3-61　系统总体结构

制命令去控制现场设备。整个系统工作原理为：从控制现场传感器传送来的信息可能是模拟量或数字量，模拟量通过 12bit 模/数转换单元转换成数字信息后，发送到 CAN 总线上，总线上的其他节点单元和操作站根据自己的需要和事先设计好的验收码和验收屏蔽码，来判断是否接收该信息。处理后的信息再送回 CAN 总线，经由数/模转换单元或通信转换单元控制现场设备。

2. 硬件电路设计

基于 CAN 总线的分布式数据采集与控制系统的结构设计，是将系统功能尽可能地分散到各个节点，各节点以微处理器为核心，完成各种数据采集与控制功能。为了把各个节点的不同种类、不同格式的信息能够在基于 CAN 协议的标准下进行通信，每个节点都设有与 CAN 总线接口的电路。图 3-62 是模/数转换节点单元的数据采集、通信转换接口电路。

该电路以 Intel 89C51 为核心，通过 P1 的 P1.4 ~ P1.7 与现场传感器相连接，以采集该节点的设备信息，经过一定的处理后，根据需要将这些信息经由 SJA1000 CAN 控制器和 PCA 82C250CAN 收发器发送到 CAN 上，以供其他节点单元使用或让操作站做进一步的处理，比如打印等。P1 口的 P1.0 ~ P1.3 引脚作为通用 I/O 口，经 89C51 处理后的信息由此输出口输出，可实现实时控制现场设备和实时监控。用 TLC2543 多路输入单路输出芯片实现了从模拟量到数字量的转换接口电路，它也可以是数字量到模拟量的转换电路，或是可与智能设备进行直接数据通信的应用电路。通信转换电路主要由 MAX232 组成，它实现把从微处理器串行口输出的信息转换成符合 RS232 协议的信息，以便与具有 RS232 接口的设备进行通信。

TLC2543 为 CMOS12 位开关电容逐次逼近 A/D 转换器。它有 3 个控制输入端：片选、输入/输出时钟和数据输入端；通过一个串行的三态输出端与主处理器或其外围的串行口通信，可与主机高速传输数据，输出数据长度、格式可以编程。片内含有一个 14 通道多路器，可从 11 个模拟输入或 3 个内部自测电压中选择一个。片内设有采样-保持电路。系统时钟由片内产生，并由 I/O CLOCK 同步。片内转换器的设计使器件具有高速、高精度和低噪声等特点。

与 SJA1000 的 RX 和 TX 连接的电路内的主要芯片为 PCA82C250，它是 CAN 控制器与物理总线之间的接口，可以提供对总线的差动发送能力和对 CAN 控制器的差动接收能力，抗干扰能力强。内设限流电路可防止发送输出级对电池电压的正端和负端短路。通过对引脚 R_s 的不同连接，可实现高速、斜率控制和待机三种不同的工作方式。

系统中采用了看门狗复位技术，以保证系统能正常运行；因此整个电路对现场环境差、外界干扰大的情况也很适用。

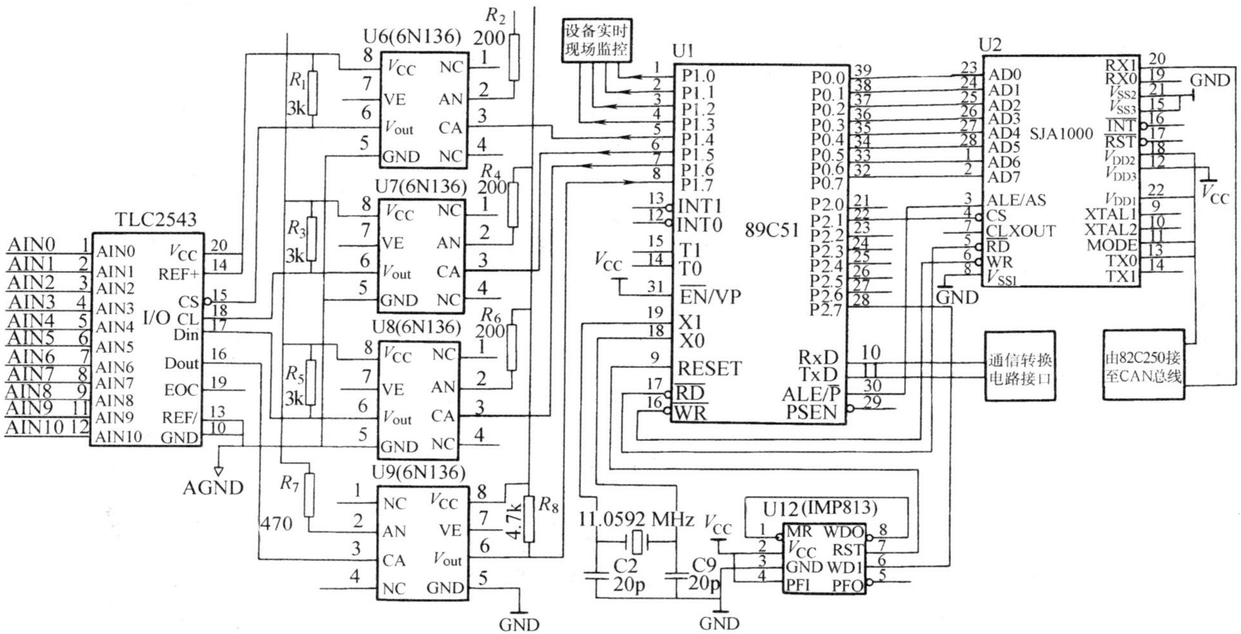

图 3-62　CAN 总线数据采集、通信转换接口电路

3. 软件设计

根据分布式数据采集与控制系统的特点，系统各个节点之间和节点到操作站的距离较远，现场环境干扰大。整个系统应有实时数据采集、实时控制、实时故障报警、现场情况显示、数据存储、历史数据查询、打印报表等功能。从系统的结构来看，它可分为两级或三级分布式结构网络，以实现对不同层次信息的管理与调度。对于最底层的现场节点单元的软件设计思想为：上电初始化、实时数据采集、数据实时处理、现场信息实时显示、故障实时报警和现场设备实时监控与其他设备进行通信等。其软件控制流程如图 3-63 所示。

对于操作站即上位机的网络管理和应用程序的设计思想主要是 CAN 接口适配卡初始化、判断网络节点间是否有冲突、设定节点优先级、数据存取、与历史数据比较、根据节点实际情况进行相应处理并回送、报文打印等功能。其软件流程如图 3-64 所示，节点控制单元对从现场设备采用查询方式接收数据，而采用中断方式接收从 CAN 总线上来的数据。

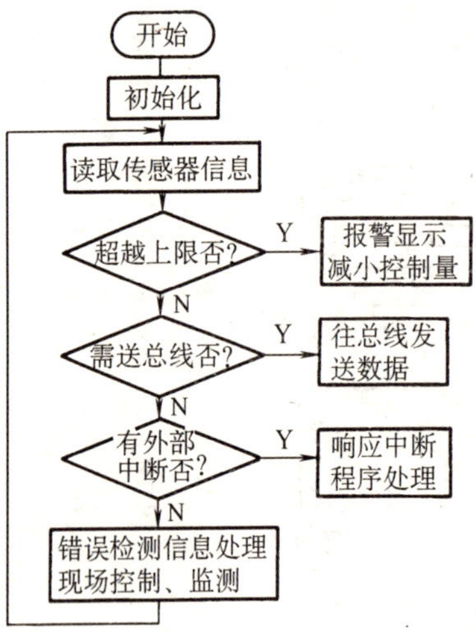

图 3-63　智能节点控制流程图

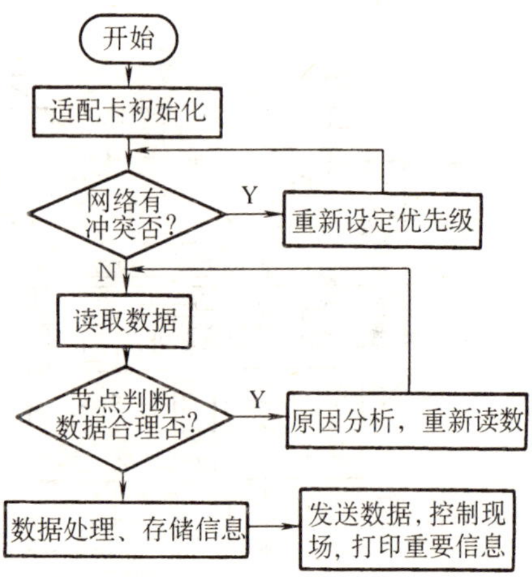

图 3-64　操作站软件流程图

基于 CAN 总线的分布式数据采集与控制系统是利用现场总线集散控制系统（FDCS）的特点，把信息处理在现场进行，而通过操作站集中管理。运用 CAN 总线技术，极大地提高了系统的可靠性、实时性，系统开发较价廉，性能价格比高，安装维护简洁方便，具有广阔的应用前景。

3.5　小结

在目前流行的现场总线中，限于篇幅本章只选择介绍了四种（除罗克韦尔自动化公司推出的总线以外），即 FF、Profibus、LON、CAN。相比之下，四种总线都有它各自的特点和擅长的应用领域，总结如下：

笔者认为，CAN 只采用了 ISO/OSI 参考模型的 1、2 两层，对应用层需由用户自行定义。由于协议相对简单，不是那么繁冗复杂，所以 CAN 最突出的是它的价廉物美，价格非常便宜，性能（抗干扰性）非常好。但是总的来讲，它最适合用的场合是低成本的、速率要求不高的离散控制系统。

LON 采用了全部 ISO/OSI 七层参考模型，功能非常强大，但是由于协议每一层都要解释，负担过重，适用于实时性要求不高的场合，如楼宇自动化、家庭自动化、保安系统、办公设备、地铁列车（固定编组）和某些实时性要求不高的过程控制。

FF 和 Profibus 采用 ISO/OSI 参考模型的第 1、2、7 层，并在应用层上增加了用户层。笔者认为，从通信协议来看，FF 和 Profibus 在 CAN 和 LON 之间进行了折中，所以两者可以胜任实时性要求高的场合，适用于冶金、石油、化工、医药等流程行业的过程自动化。

参考文献

[1] 邹益仁，马增良，蒲维. 现场总线控制系统的设计和开发［M］. 北京：国防工业出版社，2003.

[2] 方博，宣建江，冯冬芹，等. 基于高速以太网的基金会现场总线系统管理内核状态机的实现［J］. 工业控制计算机，2002（8）.

[3] 杨育红. Lon 网络控制技术及应用［M］. 西安：西安电子科技大学出版社，1999.

[4] Echelon 公司. Neuron Chip DataBook［M］. 1995.

[5] 饶运涛，邹继军，郑勇芸. 现场总线 CAN 原理与应用技术［M］. 北京：北京航空航天大学出版社，2003.

[6] 邬宽明. CAN 总线原理和应用系统设计［M］. 北京：北京航空航天大学出版社，2002.

[7] Philips Semiconductors. CAN Specification［S］. Version 2. 0. 1991.

[8] 阳宪惠，徐用宇，魏庆福. 现场总线技术及其应用［M］. 北京：清华大学出版社，1999 年.

[9] 唐济扬. 现场总线（PROFIBUS）技术应用指南［M］. 中国现场总线（PROFIBUS）专业委员会，1998.

[10] William A Shiay. 数据通信与网络教程［M］. 高传善，译. 北京：机械工业出版社，2000.

[11] 米歇尔·伏尔茨. PROFIBUS 现场总线技术手册［M］. 杨昌琨，译. 中国机电一体化技术应用协会现场总线（PROFIBUS）专业委员会，1997.

[12] PROFIBUS Development Kits Manuals. 1998.

[13] SIMATIC NET. IM180 PROFIBUS Interface Module User Description. Siemens，1996.

[14] EN50170 PROFIBUS Specification Volum2［S］. 1998.

[15] SIMATIC NET. SPC3 Siemens PROFIBUS Control User Description. Siemens，1996.

[16] 刘强，甘永梅，王兆安. PROFIBUS-DP现场总线通讯接口的开发［J］. 电子技术应用，2001，(9).

[17] Manfred Popp. The Rapid Way to PROFIBUS-DP, Germany PROFIBUS Interface Center/Lab, 1997.

[18] 潘晓宁，郝晓弘，张振武. PROFIBUS-DP工控网的通讯原理［J］. 电气传动，1999(5)：25-27.

[19] 郝丽，王兴东. PROFIBS-DP从站开发研究［J］. 北京机械工业学院学报，2000(1).

第4章　通用工业协议（CIP）

通用工业协议（Common Industrial Protocol，CIP）是一种为工业应用开发的应用层协议，被DeviceNet、ControlNet、EtherNet/IP三种网络所采用，因此这三种网络相应地统称为CIP网络。本章主要介绍CIP，并对三种CIP网络进行概括性的介绍，后面四章则分别介绍三种CIP网络。

本章首先介绍CIP网络概况，包括CIP网络的历史及现状、CIP网络有关的国际组织、CIP网络所共有的一些特点等，并简要介绍各种CIP网络的网络模型、所具有的一些特点及各自的适用场合；接着深入介绍CIP的若干重要特点；然后通过介绍CIP对象模型来对CIP进行深入介绍，因为CIP是用对象模型来描述的，并且详细介绍CIP设备描述；最后简要概括地介绍CIP网络技术的使用，包括CIP设备的开发和CIP网络的组网及其应用。

4.1　CIP网络概述

在20世纪90年代中期，罗克韦尔自动化公司所属的Allen-Bradley部门开发出两种工业网络：DeviceNet和ControlNet。这两种网络均使用CIP作为应用层协议。

CIP开发出来的时候，正赶上工业网络开放成为“现场总线”的潮流。一般认为，开放性是一种工业网络能否被称为现场总线的判据之一。所谓开放性，就是技术是公开的，其他制造商使用该技术无需，或者仅需要象征性地支付少量费用。

那么，工业网络技术的原始开发商们为什么要开放其网络技术，并无偿供别人使用呢？首先一点可以肯定的是，原始开发商们开放其网络技术，并不是因为它们无私，而是为了利润最大化。这是因为技术的开放有利于技术的推广，而技术的推广有利于其相关产品的销售。当其技术在市场上占据了主导地位时，它就成了事实上的标准制订者，利润自然也就滚滚而来。因此，那些实力雄厚的自动化制造商，纷纷都将自己的工业网络技术对外开放，比如西门子公司的Profibus、Phoenix Contact的Interbus等。

当然，其他制造商和最终用户也能从工业网络技术的开放中得到好处。对于其他制造商来说，开放使得它们可以以较低的成本使用较先进的网络技术。对于用户来说，开放是不同设备供应商提供的设备能够互操作和互换的前提条件，而互换和互操作的实现，使得一个网络中的设备可以来自于多个不同的设备供应商。这样，在一个设备供应商不能提供所需的全部设备的情况下，用户可以从其他设备供货商采购所需要的设备，组合起来实现所需要的功能。另外，用户可以在多个设备供应商提供的类似设备之间选择，从而可以压低设备采购价格，降低网络成本。

在这样的背景下，罗克韦尔自动化公司联合了其他一些制造商，在 1995 年和 1997 年分别建立了两个国际组织：开放式 DeviceNet 供货商协会（Open DeviceNet Vendor Association，ODVA）和 ControlNet 国际（ControlNet International，CI），并且把 DeviceNet 和 ControlNet 的所有权分别移交给这两个组织，由它们负责两种网络技术的管理、推广等工作。

后来，为了在人们普遍看好的工业以太网市场上也占据一席之地，ODVA/CI 联合了另外一个国际组织——工业以太网协会（Industrial Ethernet Association，IEA）在 2000 年推出了 EtherNet/IP。注意，EtherNet/IP 名称中的“IP”是工业协议（Industrial Protocol）的缩写。EtherNet/IP 在以太网技术和 TCP/IP 技术的基础上开发的一种工业以太网，其应用层协议也使用 CIP。

目前，三种 CIP 网络都已经成为国际标准。现场总线的标准化工作由国际电工委员会（IEC）负责，有关的标准有两个：一个是设备级现场总线标准（IEC 62026）；另一个是现场级现场总线标准（IEC 61158）。DeviceNet 被纳入 IEC 62026 之中，ControlNet 和 EtherNet/IP 均被纳入 IEC 61158 中。

在三种 CIP 网络的推广情况较好，尤其是 DeviceNet。在 2003 年 9 月，ODVA 会员有 264 家，在欧洲、澳大利亚、新西兰、中国、日本、韩国等地建立了分会。ControlNet 的推广情况也较理想。在 2003 年 6 月，CI 会员达到 36 家。EtherNet/IP 的推广情况也相当不错。截至 2003 年 10 月，推出 EtherNet/IP 产品的设备供应商已有 15 家，产品超过 30 种。

与 CIP 网络有关重要网站的网址如下：

- ODVA 官方网站：www. odva. org
- CI 官方网站：www. controlnet. org
- IEA 官方网站：www. industrialethernet. com
- Allen-Bradley 官方网站：www. ab. com

上述几个网站的信息量都很丰富。作为初学者或有意成为它们的会员者，均可通过这些网站得到大量信息。Allen-Bradley 部门是 CIP 网络的原始开发者，并且推出了许多 CIP 网络产品，因此其网站上与 CIP 网络有关的信息还是很多的。

另外，DeviceNet、ControlNet、EtherNet/IP 各自的规范（Specifications）中分别给出 CIP 的定义（以下将技术规范中对 CIP 的定义称为 CIP 规范）。三部规范对 CIP 的定义大同小异，只是在与网络底层有关的部分不一样。不过，ODVA/CI 已着手致力于用相同的结构来完善技术规范。这一工作将使得 CIP 网络和规范更加协调一致，也更有助于人们理解和掌握 CIP 规范，并应用在具体系统中。

三种 CIP 网络的网络模型和 ISO/OSI 参考模型对照如图 4-1 所示。DeviceNet 是一种基于控制器局域网（Controller Area Network，CAN）的网络，除了其物理层的传输介质、收发器等是自己定义的以外，物理层的其他部分和数据链路层都采用 CAN 的协议。ControlNet 的物理层是自己定义的，数据链路层用的是同时间域多路访问（Concurrent Time Domain Multiple Access，CTDMA）协议。EtherNet/IP 是一种基于以太网技术和 TCP/IP 技术的工业以太网，因此其物理层和数据链路层用的是以太网的协议，网络层和传输层用的是 TCP/IP 协议族中的协议，应用层除了使用 CIP 外，也使用了 TCP/IP 协议族中的应用层协议。

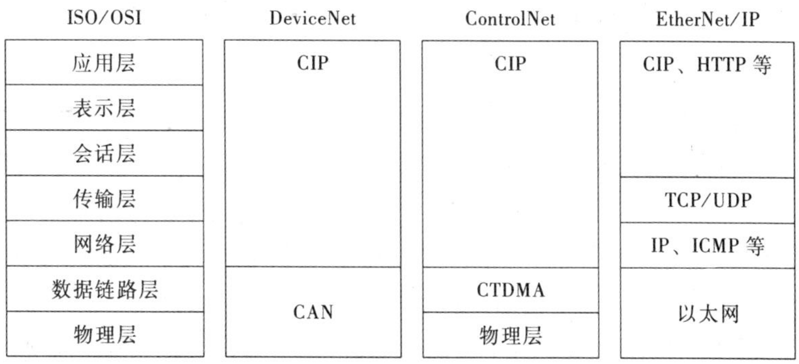

图 4-1　三种 CIP 网络的网络模型和 ISO/OSI 参考模型对照图

由于应用层协议使用 CIP，相对而言，CIP 网络功能强大、灵活性强，并且具有良好的实时性、确定性、可重复性和可靠性。所谓实时性，就是数据传输所花费的时间的多少；所谓确定性，就是数据传输所花费时间的可预测性的强弱；所谓可重复性，就是增加或减少网络节点，对数据传输所花费的时间所产生的影响的大小。CIP 网络功能的强大，体现在可通过一个网络传输多种类型的数据，完成了以前需要两个网络才能完成的任务。其灵活性体现在对多种通信模式和多种 I/O 数据触发方式的支持。而其通信的实时性、确定性、可重复性以及可靠性，则体现在其面向连接的特性、用基于生产者/消费者的方式发送对时间有苛求的报文等方面。CIP 网络的这些特点都是由于其应用层使用 CIP 带来的，因此实际上就是 CIP 的特点，在下一节中，将深入介绍 CIP 的若干重要特点。

另外，依据网络底层所采用的协议的不同，每种 CIP 网络又有其各自的一些特点。三种 CIP 网络对比见表 4-1。从表中可以看出，DeviceNet 具有节点成本低、网络供电等特点；ControlNet 具有通信波特率较高、支持介质冗余和本质安全等特点；而 EtherNet/IP 作为一种工业以太网，具有高性能、低成本、易使用、易于和企业内部网甚至因特网进行信息集成等特点。

表 4-1 三种 CIP 网络对比

CIP 网络名称	DeviceNet	ControlNet	EtherNet/IP
传输介质	电缆	同轴电缆、光缆	同轴电缆、光缆、非屏蔽双绞线
通信波特率/(Mbit/s)	0.125/0.25/0.5	5	10/100
最大节点数	64	99	很多
最大网段距离/km	0.5（当通信波特率为 125kbit/s 时）	5（同轴电缆） 30（光缆）	因传输介质和通信波特率而不同
MAC 数据包长度/B	0~8	0~510	0~1500
是否网络供电	是	否	否
是否支持本质安全	否	是	否
是否支持介质冗余	否	是	是
节点成本	低	高	高

正是由于其特点不同，三种 CIP 网络的应用场合也有显著不同。目前，罗克韦尔自动化、西门子等公司主要自动化设备制造商力推的自动化系统网络解决方案都是三层的，从上到下分别为信息层网络、控制层网络和设备层网络。之所以在一个自动化系统中采用三层网络，是因为系统各部分对网络通信功能的需求是不一样的。最上面的信息层网络提供高带宽、低确定性的通信服务，通常采用商用以太网，用于连接车间、控制室、管理部门的计算机，实现自动化系统和管理信息系统的集成；控制层网络提供中等带宽、高确定性的通信服务，用于连接控制器、工业控制计算机等；设备层网络提供低带宽、低成本、高确定性的通信服务，用于底层设备（如光电传感器、变频器等）和控制器之间的连接。三种 CIP 网络中，DeviceNet 通常用作设备层网络；ControlNet 通常用作控制层网络；EtherNet/IP 通常也用作控制层网络，与 ControlNet 有一定的竞争关系。

目前，在市场上，DeviceNet 已经站稳了脚跟，市场占有率相当高。除了罗克韦尔自动化公司以外，OMRON 公司等知名自动化设备制造商也推出了许多 DeviceNet 产品。近年来，ControlNet 和 EtherNet/IP 的应用状况也都不错。除了罗克韦尔自动化公司以外，支持 ControlNet 的有 Honeywell 等公司，支持 EtherNet/IP 的有 Prosoft 等公司。

4.2 CIP 的特点

4.2.1 报文

CIP 最重要的特点是可以传输多种类型的数据。工业应用中所需要传输的数据类型有 I/O、互锁、配置、故障诊断、程序上传或下载等。这些不同类型的数据对传输服务质量的要求是不同的。重要的传输服务质量评价指标有确定性、单位时间内有通信行为的节点所占的比例、响应时间等。各种类型的数据对传输服务质量的要求见表4-2。

表 4-2 各种类型的数据对传输服务质量的要求

服务质量	数据类型		
	I/O 或互锁	故障诊断或配置	程序上传或下载
确定性	高	中	低
单位时间内发送或接收该类数据的节点占节点总数的比例	高	中	低
响应时间	短	中	长

正是由于不同类型的数据对传输服务质量要求是不同的，早期的网络解决方案采用两个网络来传输不同类型的数据。比如，在开发出 CIP 网络之前，罗克韦尔自动化公司用数据高速公路（Data Highway Plus，DH +）网络来进行程序的上传或下载，用远程 I/O（Remote I/O，RIO）网络来传输 I/O 数据。

而 CIP 根据所传输的数据对传输服务质量要求的不同，把报文分为两种：显式报文和隐式报文。显式报文用于传输对时间没有苛求的数据，比如程序的上传或下载、系统维护、故障诊断、设备配置等。由于这种报文包含解读该报文所需要的信息，所以称为显式报文。隐式报文用于传输对时间有苛求的数据，如 I/O、实时互锁等。由于这种报文不包含解读该报文所需要的信息，其含义是在网络配置时就确定的，所以称为隐式报文。由于隐式报文通常用于传输 I/O 数据，隐式报文又称为 I/O 报文或隐式 I/O 报文。

在网络底层协议的支持下，CIP 用不同的方式传输不同类型的报文，以满足它们对传输服务质量的不同要求。DeviceNet 给予不同类型的报文不同的优先级，隐式报文使用优先级高的报头，显式报文使用优先级低的报头。ControlNet 在预定时间段发送隐式报文，在非预定时间段发送显式报文。而 EtherNet/IP 用 TCP 来发送显式报文，用 UDP 来发送隐式报文。具体情况请参看相应章节。

4.2.2 面向连接

CIP 还有一个重要特点是面向连接，即在通信开始之前必须建立起连接，获取唯一的连接标识符（Connection ID，CID）。如果连接涉及到双向的数据传输，就需要两个 CID。CID 的定义及格式是与具体网络有关的，比如，DeviceNet 的 CID 定义是基于 CAN 标识符的。通过获取 CID，连接报文就不必包含与连接有关的所有信息，只需要包含 CID 即可，从而提高了通信效率。不过，建立连接需要用到未连接报文。未连接报文需要包括完整的目的地节点地址、内部数据描述符等信息，如果需要应答，还要给出完整的源节点地址。

对应于两种 CIP 报文传输，CIP 连接也有两种，即显式连接和隐式连接。建立连接需要用到未连接报文管理器（Unconnected Message Manager，UCMM），它是 CIP 设备中专门用于处理未连接报文的一个部件。如果节点 A 试图与节点 B 建立显式连接，它就以广播的方式发出一个要求建立显式连接的未连接请求报文，网络上所有的节点都接收到该请求，并判断是否发给自己的，节点 B 发现是发给自己的，其 UCMM 就做出反应，也以广播的方式发出一个包含 CID 的未连接响应报文，节点 A 接收到后，得知 CID，显式连接就建立了。隐式连接的建立更为复杂，它是在网络配置时建立的，在这一过程中，需要用到多种显式报文传输服务。

CIP 把连接分为多个层次，从上往下依次是应用连接、传输连接和网络连接。一个传输连接是在一个或两个网络连接的基础上建立的，而一个应用连接是在一个或两个传输连接的基础上建立的。

CIP 连接的传输类型（Transport Type）有 4 种：LISTEN _ ONLY、INPUT _ ONLY、EXCLUSIVE _ OWNER 和 REDUNDANT _ OWNER。当连接的传输类型为 LISTEN _ ONLY 时，该连接的存在依赖于另一个连接，如果其所依赖的连接关闭，该连接也必须关闭。当连接的传输类型是其他三种之一时，连接的存在不依赖于另外一个连接。

CIP 传输类（Transport Class）有七种，见表 4-3。

表 4-3　CIP 传输类

<table>
<tr><th>类编号</th><th>类名称</th><th>特　　点</th><th>典型应用场合</th></tr>
<tr><td>0</td><td>基本</td><td>最简单，功能最少</td><td rowspan="4">I/O 数据传输、诊断信息传输、控制器和操作员界面设备之间的通信等</td></tr>
<tr><td>1</td><td>重复检测的</td><td>在类 0 的基础上，增加了重复数据包检测功能</td></tr>
<tr><td>2</td><td>确认的</td><td>在类 1 的基础上，增加了确认功能</td></tr>
<tr><td>3</td><td>校核的</td><td>在类 1 的基础上，增加了校核功能</td></tr>
<tr><td>4</td><td>非阻塞的</td><td>可进行双向数据传输</td><td>两个应用之间的双向数据传输</td></tr>
<tr><td>5</td><td>非阻塞且破分的</td><td>在类 4 的基础上，增加了报文的破分和重组功能</td><td>两个应用之间的双向数据传输（最长 65536B）</td></tr>
<tr><td>6</td><td>多播且破分的</td><td>在类 3 的基础上，增加了报文的破分和重组功能</td><td>报文的多播发送（最长 65536B）</td></tr>
</table>

4.2.3　生产者/消费者模型

CIP 的另外一个重要特点是基于生产者/消费者（Producer/Consumer）模型。根据所基于模型的不同，可以把工业网络分为两类，一类是基于源/目的地（Source/Destination）模型的，另一类是基于生产者/消费者模型的。除了三种

CIP 网络外，在有影响的现场总线中，基于生产者/消费者模型的还有基金会现场总线等，而 Profibus 等是基于源/目的地模型的。

在基于源/目的地模型的网络中，通常每个报文都要指明源和目的地，其报文的格式如图 4-2 所示。报文发送节点把源地址、目的地址、数据、校验和以及其他一些必要的信息组成报文，发送到网络上。报文接收节点根据网络上报文的目的地址段是否与自己的地址相同，来判断报文是否发给自己的。如果相同，就接收。

源地址	目的地址	数据	校验和

图 4-2　基于源/目的地模型的网络报文格式

而在基于生产者/消费者模型的网络中，每个报文都有唯一的报文标识符（Message ID，MID），其格式如图 4-3 所示。在发送报文之前，要在发送节点和接收节点之间建立连接，这样，接收节点就知道了发给自己的报文的 MID 应该是什么样的。然后，报文发送节点把 MID、数据、校验和以及其他一些必要的信息组成报文，发送到网络上。报文接收节点根据报文的 MID 来判断报文是不是发给自己的。如果是，就接收。

MID	数据	校验和

图 4-3　基于生产者/消费者模型的网络报文格式

注意，不要混淆生产者/消费者模型和客户/服务器模型。网络上的生产者是发送报文的节点，消费者是接收报文的节点。CIP 网络上的节点既可能是客户，也可能是服务器，或者兼备两个角色。而每一个客户/服务器可能是生产者、消费者，或者两者皆是。典型的情况是，服务器“消费”请求报文，同时“产出”响应报文；相应地，客户“消费”响应报文，同时“产出”请求报文。不过，也有一些 CIP 通信中数据传输是单向的，所涉及的节点不属于客户或服务器，而只是单纯生产或消费数据。

基于源/目的地模型的网络只支持点对点通信，而基于生产者/消费者模型的网络除了支持点对点通信外，还支持多播通信，即网络上的一个节点可以同时给几个其他节点发送报文。CIP 对多播的支持由 CIP 的原理决定，但同时也需要网络底层提供支持。比如，EtherNet/IP 多播功能的实现需要用到 IP 多播技术。

与点对点通信相比，多播通信有一些显而易见的优点。把同样的报文发给多个节点，如果用点对点方式，要给几个节点发送就需要发送几次；而采用多播方式，只需要发送一次，所有的接收节点都可以接收到，因此节约了带宽，提高了通信效率。在多播通信中，每个节点接收到报文的时间不受接收该报文的节点数多少的影响，增加或减少接收该报文的节点数目也就不会影响节点接收到报文的时间，因此可重复性好，而且增加或减少网络上的节点数目不会改变网络负载。另外，多播通信还有一个显著的优点是，各个报文接收节点接收到报文的时间是相同的，因此可以实现精确的同步。

不过，多播通信的实现难度、对网络资源的需求都大于点对点通信。在基于生产者/消费者模型的网络中，在多播通信开始之前，必须在发送节点和接收节点之间建立连接，这样，接收节点才知道发给自己的报文的 MID 应该是什么样的。而点对点通信则没有这样的要求。

在很多应用中，多播还是很合适的，比如某个系统中有一台控制器和 100 台设备，需要由控制器发一个指令让这些设备同时起动。需要工业网络提供多播通信的应用实例很多，尤其是在造纸、船舶等行业。因此，基于生产者/消费者模型的 CIP 网络具有很强的功能和广泛的应用场合，特别体现在提高了 I/O 数据的传送效率。

另外，注意 CIP 仅隐式报文传输是基于生产者/消费者模型的，可以采用多播方式；而显式报文传输都是基于源/目的地模型的，只能采用点对点方式。

4.2.4 通信模式

CIP 支持多种通信模式，包括主从（Mater/Slave）、多主（Multi-Master）、对等（Peer-to-Peer），或者三种模式的任意组合。在主从通信模式中，网络上的节点地位是不平等的，网络由一个主节点和若干个从节点组成，典型的主从网络是由一台控制器和若干台被控制器控制的设备组成的。在多主通信模式中，网络上有多个主节点。在对等通信模式中，网络上各个节点的地位是平等的，没有主从之分。

要注意 CIP 支持多种通信模式，并不意味着每个 CIP 设备都支持所有可能的通信模式。比如，类似于光电传感器的简单设备通常不能支持对等通信模式。

4.2.5 I/O 数据触发方式

CIP 还支持多种 I/O 数据触发方式，如位选通（Bit-Strobe）、轮询（Poll）、状态改变（Change of State，COS）和循环（Cyclic）等。通过选择合理的 I/O 数据触发方式，可以显著提高网络利用效率。

在位选通方式下，主节点发出一个若干字节的广播报文，即位选通命令报文，报文中的每个二进制位对应于网络上的一个节点，该位为 1，要求对应的从节点响应；该位为 0，不需要对应的从节点响应。被选中的从节点通过向主节点发送一个位选通响应报文，返回输入数据和/或状态信息。位选通方式适用于少量 I/O 数据的传输，比如，控制器和类似于光电传感器的简单设备之间的通信。

轮询方式则可在主节点和从节点之间传输任意数量的 I/O 数据。在轮询方式下，主节点以点对点方式依次向各个从节点发送轮询命令报文，轮询命令报文包含轮询命令和输出数据。从节点在接到轮询命令后，通过轮询响应报文把输入数据和/或状态信息发给主节点。

循环方式适用于模拟 I/O 数据的传输，它每隔一定时间发送一次 I/O 数据。通常，模拟量的变化是比较慢的，因此，对于模拟量输入而言，应该在输入可能发生足以引起注意的变化的最短时间内进行检测，而不是更频繁地检测；对于模拟量输出而言，也没有必要过分频繁地输出。并且，不同模拟信号的变化快慢差别很大。因此，可以根据模拟量变化的快慢，灵活设定循环发送数据的时间间隔，从而提高网络的利用效率。

状态改变方式适用于离散 I/O 数据的传输，它是一种事件触发方式，节点在其所监测的状态发生变化时发送数据。显然，在 I/O 数据变化不频繁的情况下，状态改变方式的效率要比其他方式的高得多。不过，状态改变方式有一个很大的问题，如果发送节点在很长的一段时间内不发送数据，数据的接收节点无法判断到底是发送节点所监测的状态没有变化，还是发送节点已经不处于工作状态了。为了解决这个问题，可以把状态改变方式和循环方式相结合，即节点不仅在状态改变时发送数据，另外还周期性地发送数据，通知接收节点，数据的发送节点仍然在网络上，并且处于正常工作状态。

采用循环方式和状态改变方式的 I/O 数据通信可以有应答，也可以无应答。在无应答的情况下，只有单向的数据传输，可以降低带宽消耗。

另外，要注意 CIP 支持多种 I/O 数据触发方式，并不意味着每个 CIP 设备都支持所有可能的 I/O 数据触发方式。比如，类似于光电传感器的简单设备通常不会支持全部 4 种 I/O 数据触发方式。

4.3 CIP

面向对象编程（Object-Oriented Programming，OOP）已经成为软件开发的主流方法。OOP 的核心就是建立对象模型。所谓对象模型，就是由多个对象组成的模型。因此，为了 CIP 设备开发的方便，CIP 规范用对象模型来描述 CIP。

在本节的开始，作为预备知识，先介绍一些与对象有关的基本概念。

4.3.1 对象有关的基本概念

所谓对象（Object），是人在其大脑中为客观世界中的某个东西建立的模型。东西可以是实在的，比如石头、树等；也可以是看不见、摸不着的，比如两个设备之间的通信。

对象是一些数据和操作的组合，它有属性（Attribute）、标识（Identity）、状态（State）、行为（Behavior）、方法（Method）、接口（Interface），并且通常对外提供一些服务（Service）。对象的属性实际上就是数据，用来描述对象所描述的东西的某种性质，比如，对于一块石头所对应的对象来说，其属性有硬度、体积、重量等。对象的标识是能够区别一个对象和其他所有对象的属性，比如，学生对象的标识就是其学号。对象的状态就是其属性所取的值。对象的行为就是对象如何动作和响应，当一个事件发生时，对象的状态有可能会从当前状态变为另外一个状态，并且可能会与其他对象进行通信。对象的方法是用来实现行为的一段程序，实际上就是函数。对象的接口是其一些能被外部访问的方法和属性的集合。对象所提供的服务是其所具备的功能，对象在接收到其他对象发来的消息（Message）后，通过调用相应的一段程序来提供所要求的服务。

类（Class）是对一组相似的对象的抽象。类是对象的模板（Temple），对象是类的实例（Instance）。

与传统的面向过程的编程相比，OOP 有安全性高、代码可复用等优点。OOP 的安全性是通过封装（Encapsulation）来保证的。通过把属性、方法、行为等封装在对象里面，尽可能少暴露，可以有效地防止非法的访问，从而提高安全性。OOP 代码复用的途径主要有两种：继承（Inheritance）和构成（Composition）。继承是子类继承父类的属性和方法，子类和父类之间是 is-a 的关系，例如，儿童类是“人”类的子类。构成是一个类由其他几个类构成的，是 has-a 的关系，例如，眼镜类由镜架、镜片等类构成。此外，类还可以有多态性（Polymorphism），即一个类可以有多种形态，这样类可以对同样的请求做出不同的响应，从而实现对接口的复用。

以乒乓球比赛对象模型为例。类有运动员、裁判、观众、球等。运动员 A、运动员 B 都是运动员类的实例，即运动员对象。每个运动员有许多属性，如年龄、性别、灵敏性、耐力等，并且会有许多行为，如发球、接发球等。

CIP 规范中的对象有关概念使用有点混乱。在 CIP 规范中，“对象类（Object Class）”、“类（Class）”指的都是类，“对象实例（Object Instance）、实例（Instance）”、“对象（Object）”指的都是对象。在本书中，尽量只用对象和类两个名词，以避免混淆。

4.3.2 CIP 对象模型

CIP 对象模型如图 4-4 所示。CIP 对象模型中的对象可以分为两种：一种是和通信有关的，如连接对象；另外一种是和应用有关的，如参数对象。在一台设备中，属于同一类的对象可能会有多个。

图 4-4 中给出了最重要的一些对象，每个对象简介如下：

- 显式报文连接对象：负责分配和管理与显式连接有关的内部资源。
- 隐式报文连接对象：负责分配和管理与隐式连接有关的内部资源。
- 标识对象：给出设备的 ID 以及其他一般信息。
- 报文路由对象：用于传递显式报文。

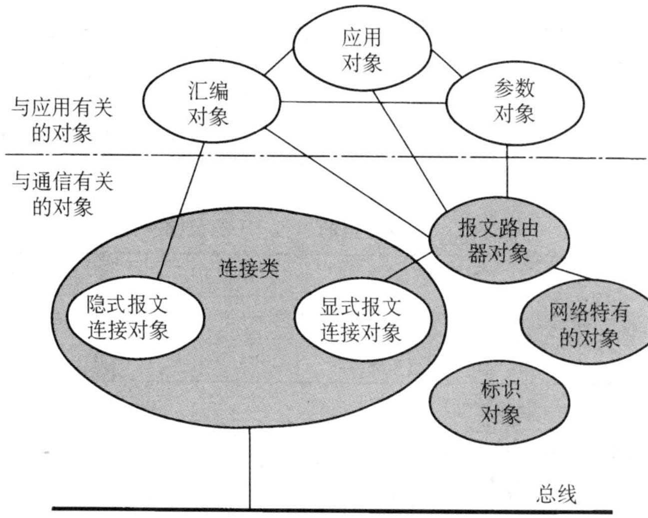

图 4-4　CIP 对象模型（其中，灰色的对象为必需的，白色的对象为可选的）

● 网络特有的对象：提供网络底层（应用层以下）的配置和状态。

● 汇编对象：用于把若干个对象的属性组合在一起，从而可以通过一个连接来传输若干个对象的数据。

● 应用对象：与设备具体功能有关的对象，如 I/O 设备中的离散输入点对象。

● 参数对象：给出设备的所有参数。

CIP 对象模型主要实现两项功能：一是给出工业应用对象的标准定义；二是通信。本小节主要介绍 CIP 通信功能的实现。

寻址是通信的前提。CIP 寻址分为四级：设备、类、对象、属性或服务。类 ID 是 16bit 的；属性 ID 和服务编码都是 8bit 的。

CIP 地址分为三类：公开的（Open）、供货商指定的（Vendor Specific）、对象类指定的（Object Class Specific）。公开的地址是由 ODVA/CI 统一分配的。供货商指定的地址是由设备供货商自行分配的地址。对象类指定的地址是由类进行分配的，只有服务的地址才有这个类型。各种类型的类 ID 的范围见表 4-4，各种类型的属性 ID 的范围见表 4-5，各种类型的服务编码的范围见表 4-6。

如 4.2.1 节所述，CIP 要发送的报文分为显式报文和隐式报文，相应地，CIP 通信也分为显式通信和隐式通信，通信原理分别如图 4-5 和图 4-6 所示。显式通信用于传输对时间没有苛求的数据，它是基于源/目的地模型的，只能用于两个节点之间的通信，客户发出请求，服务器做出响应。显式通信可以访问任何

表 4-4　各种类型的类 ID 的范围

ID 范围	类　　型	ID 范围	类　　型
00-63hex	公开的	F0hex-2FFhex	公开的
64hex-C7hex	供货商指定的	300hex-4FFhex	供应商指定的
C8hex-FFhex	保留	500hex-FFFFhex	保留

表 4-5　各种类型的属性 ID 的范围

ID 范围	类　　型	ID 范围	类　　型
00-63hex	公开的	C8hex-FFhex	保留
64hex-C7hex	供应商指定的		

表 4-6　各种类型的服务编码的范围

编码范围	类　　型	编码范围	类　　型
00-31hex	公开的	64hex-7Fhex	保留
32hex-4Ahex	供货商指定的	80hex-FFhex	非法地址
4Bhex-63hex	对象类指定的		

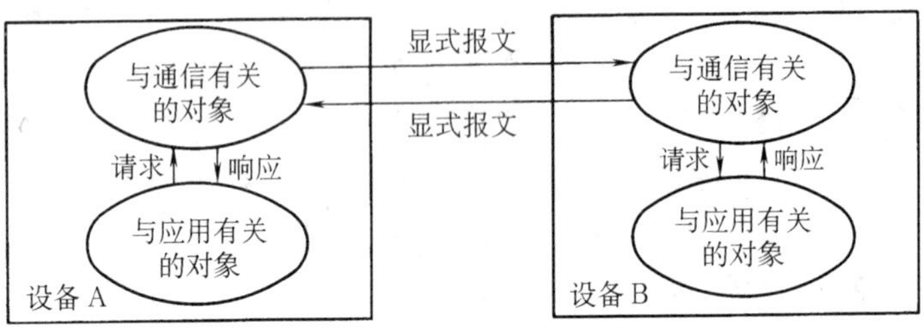

图 4-5　CIP 显式通信原理

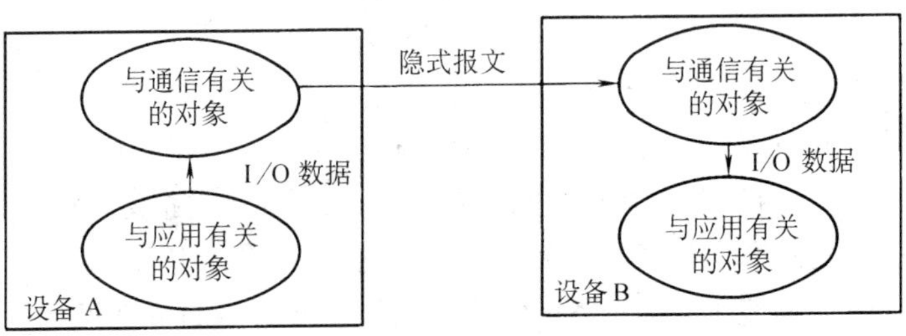

图 4-6　CIP 隐式通信原理

对象的任何可从外部访问的数据。隐式通信用于传输对时间有苛求的数据（主要是 I/O 数据），它是基于生产者/消费者模型的，支持多播。

在 CIP 通信之前，先要用未连接报文建立连接。连接建立以后，在显式通信中，如果是接收报文，连接对象将所接收到的报文送至报文路由器对象，由该对象把报文再送给合适的目标对象；如果是发送报文，应用对象把所要发送的显式报文通过报文路由器对象送到相应的连接对象。在隐式通信中，如果是接收报文，连接对象就把报文直接发送到目标对象；如果是发送报文，应用对象把报文直接送相应的连接对象。

如果 CIP 网络是由若干个子网组成的，就需要进行桥接和路由选择。桥接是把几个子网用网桥连接起来；路由选择就是选择一条合适的路由把报文从源节点送到目的节点，它是由路由器实现的。网桥实现的是数据链路层的连接，即两个子网从数据链路层以上均是相同的，仅物理层不同。而路由器实现的是网络层的连接，两个子网的网络层以下，即数据链路层和物理层均不相同。桥接和路由选择的机理比较复杂，本书不作深入介绍，感兴趣的读者可以参阅 CIP 规范。

4.3.3 类库

CIP 规范以相同的格式给出了每个类的详细定义，每个类定义包括的内容有类描述、类编码、属性、服务、行为等。其中，类描述是对类的功能的一个简短描述。

属性分为类属性和对象属性两种。在一台设备中，属于同一个类的对象可能会有多个。类属性是属于该类的所有对象所共享的属性；对象属性是每个对象独享的属性。其中，有 7 个类属性是保留的，它们是版本号、对象的最大数目、对象的数目、可选的属性列表、可选的对象列表、最大的类属性 ID、最大的对象属性 ID。这 7 个类属性的 ID 是 1 ~ 7，因此，如果要增加一个新的类属性，其 ID 必须大于 7。

属性的定义要包括的内容有属性 ID、实现的必要性、访问规则、NV、属性名称、数据类型、属性描述、值的含义等。实现的必要性有三种可能：必需的（Required）、可选的（Optional）和有条件的（Conditional），其中，所谓有条件的，是指该属性在某些特定的条件下是必需的。访问规则是指该属性是只读的、只写的，还是既可读又可写的。NV 指示该属性的值是否需要保持，“V”意味着需要保持，“NV”意味着不需要保持。

服务分为 CIP 通用服务和类特有的服务。所谓 CIP 通用服务，是指一些许多类都提供的服务，见表 4-7。CIP 规范为了避免重复定义，把 20 多个常用服务集中在一起来定义，给出每个服务的功能性描述、有关的行为以及有关的显式报文中的参数。不过，要注意的是，CIP 通用服务的集中定义仅给出通用服务的一般性描述，提供通用服务的类要给出具体使用的详细描述。而所谓类特有的服务，是指没有包含在通用服务列表中，仅该类提供的服务。

表 4-7 CIP 通用服务列表

服务编码 (hex)	服务名称	描 述
01	获取所有属性	返回全部属性的值
02	设定所有属性	设定全部属性的值
03	获取属性列表	返回所选定的若干个属性的值
04	设定属性列表	设定所选定的若干个属性的值
05	复位	使对象回到默认状态
06	开始	使对象进入运行状态
07	停止	使对象进入停止或空闲状态
08	创建	创建对象
09	删除	删除对象
0A	多服务包	一次提供多个服务
0D	应用属性	使属性启用新值
0E	获取单个属性	返回单个属性的值
10	设定单个属性	设定单个属性的值
11	寻找下一个对象	返回与当前对象有关的对象 ID 列表
14	错误响应	用于告知错误的发生,该服务仅 DeviceNet 提供
15	恢复	把属性的值恢复为原来保存的值
16	保存	保存属性的值
17	空操作	用于测试对象是否存在
18	获取成员	返回属性成员的值
19	设定成员	设定属性成员的值
1A	插入成员	在属性中插入成员
1B	去除成员	在属性中去除成员

服务的定义包括的内容有服务编码、实现的必要性、服务名称、服务描述等。

行为的定义给出当一个会改变对象状态的事件发生后对象的响应。对象根据其当前的状态和所发生的事件来决定切换到哪个新状态。

另外，类定义还需要给出该类所支持的连接。如果一个类对从外部访问其数据有任何特殊规定，也必须在类定义中给出。

类库中的类可分为与通信有关的类和与应用有关的类。与通信有关的类见表 4-8，其中有一些类是网络特有的，用于提供底层（应用层以下）的配置和状态。DeviceNet 特有的类是 DeviceNet 类；ControlNet 特有的类是 ControlNet 类、ControlNet 看守类和 ControlNet 预定类；EtherNet/IP 特有的类是 TCP/IP 接口类（0xF5）和以太网链接类（0xF6）。与应用有关的类又可分为通用的（见表4-9）及与设备具体功能有关的（见表 4-10）。

表 4-8　CIP 类库中与通信有关的类

类编码(hex)	类　名　称	类　描　述
01	标识类	给出设备的 ID 及其他一般信息
02	报文路由器类	用于传递显式报文。在设备接收报文时，连接对象通过它将所接收到的报文送给合适的目的对象；在设备发送报文时，应用对象通过它把所要发送的显式报文送到相应的连接对象
03	DeviceNet 类	DeviceNet 特有的类，用于提供网络底层的配置和状态
05	连接类	负责分配和管理与连接有关的内部资源。它是与通信有关的最重要的一个类，每个 CIP 连接都由一个连接对象来表示
06	连接管理类	用于连接的管理
2B	应答处理器类	用来接收报文应答
2E	选择类	用来选择和分配从连接对象发给应用对象的 I/O 报文
F3	连接配置类	定义了一个创建、配置、控制 CIP 连接的界面
F4	端口类	一个端口对象对应于设备中的一个 CIP 端口
F0	ControlNet 类	ControlNet 特有的类，是访问网络底层的接口
F1	ControlNet 看守类	ControlNet 特有的类，用于保存链接属性和连接发起者数据
F2	ControlNet 预定类	ControlNet 特有的类，用于预定管理
F5	TCP/IP 接口对象类	EtherNet/IP 特有的类，提供配置设备的 TCP/IP 网络接口的机制，比如设备的 IP 地址、网络掩码、网关地址等。任何支持 TCP/IP 的物理通信接口均可与该对象相联系
F6	以太网链接对象类	EtherNet/IP 特有的类，为以太网接口维护计数器及状态信息

表 4-9　与应用有关但与设备具体功能无关的类

类编码(hex)	类　名　称	描　　述
04	汇编类	用于把若干个对象的属性组合在一起，从而可以通过一个连接来传输若干个对象的数据
07	寄存器类	作为寄存器来使用
0F	参数类	给出设备的所有参数
10	参数组类	用于把设备的参数分组
12	组类	用于把类似的对象绑在一起

除了在上述几个表格中给出的类以外，还有两个没有类编码、也没有在类库中给出定义的类：链路生产者类和链路消费者等。这两个类用于低层报文传输，前者负责低层次的报文发送，后者负责低层次的报文接收。链路生产者对象和链

表 4-10　与应用有关且与设备具体功能有关的类

类编码（hex）	类 名 称	描　述
08	离散输入点类	对应于设备中的一个离散输入点
09	离散输出点类	对应于设备中的一个离散输出点
0A	模拟输入点类	对应于设备中的一个模拟输入点
0B	模拟输出点类	对应于设备中的一个模拟输出点
0E	存在检测类	用于检测一个物体的存在或不存在
1D	离散输入组类	把一组离散输入点绑成一个组
1E	离散输出组类	把一组离散输出点绑成一个组
1F	离散组类	把一组离散点绑成一个组
20	模拟输入组类	把一组模拟输入点绑成一个组
21	模拟输出组类	把一组模拟输出点绑成一个组
22	模拟组类	把一组模拟点绑成一个组
23	位置传感器类	用于位置控制器设备
24	位置控制器管理器类	用于位置控制器设备
25	位置控制器类	用于位置控制器设备
26	块定序器类	用于位置控制器设备
27	命令块类	用于位置控制器设备
28	电机数据类	作为电机参数的数据库
29	控制管理器类	用于电机控制设备
2A	AC/DC 变频器类	用于 AC/DC 变频器
2C	过载类	用于交流电机过载保护设备
2D	软起动器类	用于软起动器
30	S 设备管理器类	用于半导体设备
31	S 模拟传感器类	用于半导体设备
32	S 模拟执行机类	用于半导体设备
33	S 单级控制器	用于半导体设备
34	S 气体校核类	用于半导体设备
35	跳闸点类	用于过程控制设备中，它把某个输入与给定的值进行比较，如果输入低于或高于定值，就产生一个输出

路消费者对象不对外提供接口，它们的服务和属性描述的都只是内部行为，必须通过连接对象的属性和服务才能访问到。链路生产者对象、链路消费者对象和连接对象的关系如图 4-7 所示。

在上述类中，一个 CIP 设备必须实现的类有标识类、信息路由器类、连接类、网络特有的类以及实现该设备基本功能所需要的若干类。另外通常还需要实现汇编类。其他类都是可选的。此外，UCMM 虽然没有在对象模型中给出定义，但也是必须实现的。

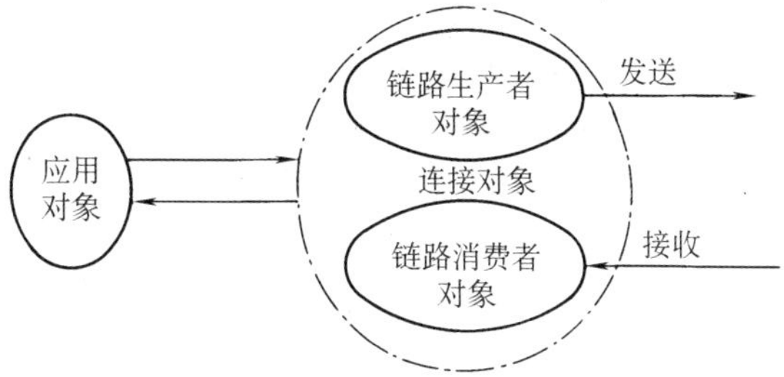

图 4-7 链路生产者对象、链路消费者对象和连接对象的关系

另外，如果 CIP 规范中所定义的类无法满足应用的要求，设备供应商可以对现有的类进行扩展，或者干脆定义新的类。

4.4 CIP 设备描述

所谓的设备描述（Device Profile），就是对某一类型设备的重要特性的描述。对于同一类型设备，各种 CIP 网络的设备描述基本上是一样的。CIP 规范提供设备描述的目的在于使不同设备供应商提供的设备能够互操作，即可以在同一网络上运行，且同一类型的设备能够互换。而要实现互操作和互换，就有必要使得同一类型的设备保持一定的一致性，如有相同的行为、生产或者消费一些相同的 I/O 数据、有一些相同的可配置参数等。如果由不同设备供应商提供的同一类型的设备符合相同的设备描述，就可以实现互操作和互换。

到本书写作时为止，CIP 规范定义的设备描述有几十种之多，每个类型的设备都有一个独一无二的编号，如交流变频器的编号是 02hex，通信适配器的编号是 0Chex，光电传感器的编号是 06hex 等。

CIP 设备描述给出三方面的内容：

1）给出设备的对象模型的定义，包括设备用到哪一些类、在设备中每个类有几个对象、各个对象是如何影响设备行为的、对象接口等。

2）给出设备的 I/O 数据的格式。设备通常都要实现汇编类，以能通过一个连接传输所有的 I/O 数据。因此，这部分要给出的内容有汇编对象的数目、汇编对象中“数据”属性的格式、汇编对象“数据”属性各个部分与其他对象属性的映射关系。

3）给出设备配置的定义，包括每个可配置参数的详细定义、每个参数对设备行为的影响、参数组定义以及这些参数的公共接口。其中，参数的详细定义通常以符合电子数据文档（Electronic Data Sheet，EDS）文件格式要求的形式给出。EDS 文件是一个由设备供应商随设备提供的、用于设备配置的数据文件，它使得用软件工具配置设备成为可能。

CIP 规范的设备描述部分包含了该文件出版时所有现有的设备描述的列表及其详细定义。随着时间的推移，CIP 规范定义的设备描述的数量将不断增加。表 4-11 列举了到目前为止已有的设备描述。

表 4-11 现有的设备描述清单

设备名称	设备类型编号	设备名称	设备类型编号
AC 驱动器	02hex	限位开关	04hex
条形码扫描器	未分配	物料流量控制器	1Ahex
断路器	未分配	信息显示器	未分配
通信适配器	0Chex	电机过载保护器	03hex
接触器	15hex	电机起动器	16hex
控制站	未分配	光电传感器	06hex
DC 驱动器	13hex	气动阀	1Bhex
编码器	未分配	位置控制器	10hex
通用模拟 I/O	未分配	解析器	09hex
通用离散 I/O	07hex	伺服驱动器	未分配
通用设备	00hex	软起动器	17hex
人-机接口	18hex	电子秤	未分配
感应式接近开关	05hex	真空/压力测量	1Chex

作为一个例子，下面给出光电传感器的设备描述。

首先定义光电传感器所用的对象模型。表 4-12 给出了光电传感器用到的类、每个类实现的必要性、每个类包括的对象的数目。表 4-13 给出了各个对象是如何影响光电传感器的行为的。表 4-14 给出了对象接口。

表 4-12 光电传感器用到的类

类	实现的必要性	对 象 数 目
标识类	必需	1
报文路由器类	必需	1
网络特有的类	必需	1
连接类	必需	2
汇编类	必需	1
参数类	可选	1
存在检测类	必需	1

表 4-13　光电传感器中各个对象对设备行为的影响

对　　象	对设备行为的影响
标识对象	支持复位服务
报文路由器对象	无影响
网络特有的对象	配置端口属性
连接对象	包含进出设备的逻辑端口数目
汇编对象	定义 I/O 数据格式
参数对象	为设备的可配置参数提供公共接口
存在检测对象	影响输出值

表 4-14　光电传感器的对象接口

对　　象	接　　口
标识对象	报文路由器对象
报文路由器对象	显式连接对象
网络特有的对象	报文路由器对象
连接对象	报文路由器对象
汇编对象	报文路由器对象、I/O 连接对象
参数对象	报文路由器对象
存在检测对象	报文路由器对象、汇编对象、参数对象

接着定义光电传感器的 I/O 数据格式。光电传感器中的汇编对象只有一个，其“数据”属性只有一个字节，格式见表 4-15。汇编对象“数据”属性两个有效位分别对应于存在检测对象的诊断属性和输出属性。

表 4-15　光电传感器的汇编对象的“数据”属性格式

第 7 位	第 6 位	第 5 位	第 4 位	第 3 位	第 2 位	第 1 位	第 0 位
保留	保留	保留	保留	保留	保留	诊断	输出

最后定义光电传感器的配置。光电传感器只有一个参数，名为运行模式配置，对应于存在检测对象的运行模式属性。该参数用于配置光电传感器的运行模式，其符合 EDS 文件格式的详细定义如下（每行“ $ ”符号后的内容为注释）：

```
[Parms]
  Paraml =
    0,                                  $ 数据占位符
```

```
    2,"20 0e 24 01 30 08"                $路径长度、路径
    0x0002,                              $描述符
    4,1                                  $数据类型及大小(布尔型)
    "Operate Mode"                       $参数名称
    "",                                  $单位(没有使用)
    "",                                  $用户手册参考(没有使用)
    0,1,0,                               $最小值、最大值、默认值
    0,0,0,0,                             $缩放有关参数值(没有使用)
    0,0,0,0,                             $缩放有关链接(没有使用)
    1;                                   $小数位
[EnumPar]
  Param1 =
    "Light Operate"                      $当值为 0 时
    "Dark Operate"                       $当值为 1 时
```

如果 CIP 规范中给出的设备描述无法满足要求，开发者可以扩展现有的设备描述，或者定义自己的设备描述。在扩展现有的设备描述时，注意不要改变现有的设备描述，以保证兼容性。

4.5 CIP 设备开发

所谓 CIP 设备开发，是指为设备开发某种 CIP 网络接口，使之具备该种 CIP 网络通信能力。

要开发 CIP 设备，一个必不可少的东西是相应的 CIP 网络的技术规范，它可以从 ODVA/CI 获得。其中，DeviceNet 和 ControlNet 规范是需要花钱买的，而 EtherNet/IP 规范可以在 ODVA 官方网站上免费下载。如果厂商想在市场上推出 CIP 设备，就必须购买相应的 CIP 网络的技术规范，并且签署使用条款协议（Term of Use Agreement），然后可以从 ODVA/CI 得到一个设备供货商 ID（Vendor ID）。

ODVA/CI 为 CIP 设备开发提供了许多支持。ODVA/CI 提供技术支持及培训，并且定期举办研讨会。ODVA/CI 网站还提供免费的技术支持，分别称为问 DeviceNet 博士、问 ControlNet 教授和问 EtherNet/IP 先生。ODVA/CI 还开发了一致性测试（Conformance Testing）软件，并在世界范围内指定了多个实验室作为一致性测试实验室，提供设备一致性测试服务。

所谓一致性测试，就是测试 CIP 设备是否与相应的 CIP 网络规范保持一致。由于设备开发者对规范的理解可能有偏差，根据规范开发出来的设备可能与规范并不一致，从而使得该设备与其他设备供货商提供的设备之间不能互操作。当用

户在一个网络中使用来自于多个不同设备供应商的设备时，如果互操作不能实现，系统就不能正常工作。因此，ODVA/CI 提供一致性测试服务，在实验室里对 CIP 设备进行多方面的严格测试，包括物理层测试、协议测试、和其他 CIP 设备之间的互操作测试等。如果通过一致性测试的设备在使用时发生问题，可以基本上肯定不是互操作问题，而是其他问题。目前，一致性测试还不是强制性的，但用户为了避免互操作问题，往往要求设备通过测试，因此通过一致性测试有利于设备的销售。

在设备开发之前，要进行需求分析，确定设备所要具有的网络通信功能列表，以及设备所需要具备的特色，比如支持介质冗余、支持本质安全等。三种 CIP 网络功能都比较强大，每台设备所具有的网络通信功能应该仅仅是 CIP 网络所提供的全部功能的子集。根据设备所具备的网络通信功能的不同，DeviceNet 把设备分为主站和从站；ControlNet 把设备分为扫描器、适配器和信息器；EtherNet/IP 把设备分为四级。

在开发 CIP 设备时，应该遵循相应的 CIP 网络的技术规范的规定。DeviceNet 和 ControlNet 技术规范都比较完整，而 EtherNet/IP 技术规范并没有给出其所采用的以太网技术和 TCP/IP 技术的定义，因此还需要参看以太网和 TCP/IP 有关的标准。

设备开发可分为硬件开发部分和软件开发部分。其中，软件开发主要就是实现 CIP。开发者可以通过阅读 CIP 规范，自行编写软件，也可以使用一些厂商提供的 CIP 栈。无论是硬件开发还是软件开发，都有一些开发工具可用。通过使用这些工具，可以显著提高开发效率。

此外，为了方便用户配置设备，设备开发者还需要编写 EDS 文件。所谓 EDS 文件，是为设备配置软件提供配置设备所需信息的文件，所提供的信息有设备的一般信息、设备的参数列表、每个参数可能的取值等。EDS 文件由 ASCII 码组成，可以用文本编辑器进行编辑。文件分成几个区，包括文件描述、设备描述两个必须具有的区，以及设备类型、参数类、参数、参数组、汇编、连接特性、端口、模块等若干个可选区。对于同一类型设备，其 EtherNet/IP 的 EDS 文件和 DeviceNet、ControlNet 的 EDS 文件很相似，但可选区有一些不同，比如，ControlNet 的 EDS 文件有看守、预定等可选区，而 DeviceNet 和 EtherNet/IP 都没有。

为了保证 EDS 文件能够被设备配置软件使用，三种 CIP 网络的规范对各自的 EDS 文件的数据编码、命令语言、语法等进行了严格的规定。详细情况可参阅各种 CIP 网络规范。

在后续各章的设备开发部分，将分别详细介绍 DeviceNet、ControlNet 和 EtherNet/IP 设备开发。

4.6 CIP 网络组网

4.6.1 网络规划和网络安装

对需求的准确理解是做好任何规划的前提条件，网络规划也不例外。在网络规划中，要获取的应用需求有关的信息有几个方面：

- 需要上网的设备清单，以及每台设备对网络通信功能的需求，即到底是传输对时间有苛求的数据，还是传输对时间没有苛求的数据，还是两者都需要；
- 需要进行的通信的清单，即哪些设备之间需要进行通信，通信到底是实时通信还是非实时通信；
- 每项通信的性能指标要求，包括对实时性、确定性、可重复性的要求，以及通信数据量的大小、I/O 数据输入/输出的容许最大时间间隔、可以接受的费用等；
- 网络工作的环境条件情况，如温度、湿度、有无腐蚀性化学物质、振动、电磁干扰等。

需要说明的是，需求分析是个反复的过程，不可能一开始就把一切都搞清楚，但是应该尽量做好，否则会走很多弯路。

需求搞清楚之后，就可以根据应用的需求选择合适的网络。网络选择要考虑的因素通常包括实时性、确定性、可重复性、灵活性、可扩展性、网络带宽、成本、工作环境等。另外，网络的应用和推广情况也是重要的考虑因素，比如网络以前是否在类似的应用中用过、应用所需要的设备是否都能提供接入该网络所需要的网络接口等。

根据应用需求情况，可以只采用一种网络，也可以采用多种网络。在一些大的应用中，各部分对通信的需求可能差异非常之大，采用多种类型网络组合的解决方案会更合适一些。比如，底层设备的连接选用 DeviceNet，而控制器的连接选用 ControlNet。不过，如果采用多种网络，就可能需要解决网络的互连问题。

然后，根据应用的需求，选择各个网络部件，主要包括网络设备（如扫描器、适配器等）、网线、连接器等。每个 CIP 网络设备所能提供的带宽都是有限的，要保证它能满足应用对带宽的需求（应用对带宽的需求是根据每项通信对带宽的需求算出来的）。而网线、连接器的选择则主要考虑网络的工作环境条件。

接着，根据应用需求，制定详细的网络方案。在制定网络方案时，要考虑的问题主要有：

- 确定通信波特率。选择通信波特率要考虑多方面的因素，包括应用对带宽的需求、成本等。值得注意的是，通信波特率越低，抗电磁干扰能力就越强。
- 确定各台设备的摆放位置。要确保各台设备的工作环境能够满足要求。

● 确定每个连接的距离，保证网段的长度在限值以内。

● 注意网络安全。控制网络与办公网络之间、控制网络与 Internet 之间应该有必要的隔离。另外，对控制网络进行操作应该很小心，要进行严格的权限控制。

网络方案确定之后，就可以安装网络了。网络安装时要严格按照有关设备的说明书来操作，尤其要妥善处理隔离、接地、屏蔽等问题。

最后，检查网络，解决存在的问题。

4.6.2 设备配置

CIP 设备配置方式有两种：一种是利用设备提供的拨码开关、跳线、拨轮、插针、人机界面等，直接在设备上进行配置；另外一种是在与 CIP 网络相连的计算机上进行远程配置。一些 CIP 设备只提供两种方式中的一种，也有一些 CIP 设备同时提供两种设备配置方式。前一种方式按照设备说明书操作即可，本小节着重介绍后一种设备配置方式。

CIP 设备远程配置利用的是 CIP 网络提供的显式通信能力。要实现远程设备配置，需要具备几个条件：用于配置的计算机应该通过 CIP 网卡或相应的通信模块连在 CIP 网络上；计算机上应该运行 CIP 设备配置软件；操作员应该拥有进行设备配置所必需的一些信息，如设备的每个参数的详细描述，尤其是参数默认值、取值范围、可能的取值等。

提供设备配置所需要的信息的方式有 5 种：打印稿、EDS 文件、参数对象描述、EDS 文件和参数对象描述结合、使用配置汇编对象。其中，通过 EDS 文件提供是最常用的方式。

CIP 设备配置软件的基本功能有三项：读入 EDS 文件；对 EDS 文件的内容进行解释；将每个参数可能的值提供给用户，然后将用户选定的参数值写入设备。此外，配置工具还可能有其他一些功能。

罗克韦尔自动化公司提供的用于 DeviceNet 设备配置的软件是 RSNetworx for DeviceNet，用于 ControlNet 设备配置的软件是 RSNetworx for ControlNet。最新推出的用于 EtherNet/IP 设备配置的软件是 RSNetworx for EtherNet/IP。EtherNet/IP 的设备远程配置可以是通过访问设备内置的 Web 服务程序完成的。

在设备配置中，比较特殊的是扫描器的配置。扫描器实际上是控制器的网络接口，它使得控制器可以与其他设备交换 I/O 数据。要进行隐式通信，需要事先编辑扫描器的扫描列表，把要传输的 I/O 数据加入扫描器的扫描列表中。DeviceNet 和 ControlNet 扫描器的配置是通过使用设备配置工具软件来实现的。在罗克韦尔自动化公司新近推出 EtherNet/IP 的设备配置工具软件后，EtherNet/IP 的设备远程配置就有多种方式了。例如，一个以罗克韦尔自动化公司的 ControlLogix PLC 为核心的系统中，对 EtherNet/IP 扫描器的配置是在与 ControlLogix 配套的 RSLogix5000 PLC 编程软件上完成的，配置时把 EtherNet/IP 扫描器当作 ControlLogix PLC 的一个 I/O 模块。

4.7 CIP 网络应用

随着计算机技术、通信技术、控制技术的发展，信息交换的领域正迅速覆盖工厂的现场设备、控制、管理的各个层次，覆盖从工段、车间、工厂、企业到整个世界的市场，从而逐步形成了以网络集成自动化系统为基础的企业信息系统。而现在多数工厂里不同厂家的产品、数种网络并存，难以将这么多的设备、网络、协议整合运行，这就严重地降低了生产效率，增加了成本，降低了企业的快速反应能力。面对企业从底层到顶层全方位自动化的要求，在自动化领域世界领先的罗克韦尔自动化公司推出了一种无缝集成的开放式结构——NetLinx 作为解决方案。

目前在世界范围内，工业特别是汽车制造业正面临着严峻的挑战。充分利用先进的自动化技术和管理方式，可以增强生产运行的高效性，满足市场的需求，保持竞争的领先地位，并获得最大利润。某汽车制造股份有限公司是全国最大的轻型越野汽车生产厂家，生产的品牌汽车占据当前全国越野车的 43% 以上的市场份额。但随着生产规模的不断扩大，在生产和物流管理方面存在的问题日益突出，已经成为阻碍公司发展的瓶颈。采用成熟的 NetLinx 开放式现场总线网络，在工业设备和高层设备之间提供连接，将底层的现场设备的控制和信息采集、中间层的协调控制和数据交换、数据的处理与通信以及上层监控与管理整个结合起来，并且作为子网接入其他类型的系统中，实现生产一线的控制系统与企业资源计划（ERP）系统中管理者决策信息交互，这将大大提高企业系统化管理水平，增强企业的市场竞争能力。

NetLinx 是罗克韦尔自动化公司利用开放式网络技术制定的从顶层到车间层的无缝集成策略，其主要思想是将网络系统与设备有机地结合在一起，用以监控生产，将信息流扩展至整个生产过程，以及利用企业的其他信息，将工厂各个车间连接成网络，实现过程控制，数据与信息方便可靠地在 PLC（可编程序控制器）、HMI（人机界面）、变频器、FCS（现场总线控制系统）、DCS（集散控制系统）之间进行交换传递，从而建成一个透明的、开放式结构体系的自动化系统。

NetLinx 基于三级网络层：信息层、控制层及设备层。其系统结构如图 4-8 所示，各层网络的功能非常明晰。

（1）信息层　这一层采用符合标准 TCP/IP 的以太网结构，它提供上层计算机系统通过以太网访问车间级的数据，主要为全厂范围控制系统的数据采集、监控、计划管理、统计、设备维护管理、生产流程以及物流跟踪服务，同时可以使

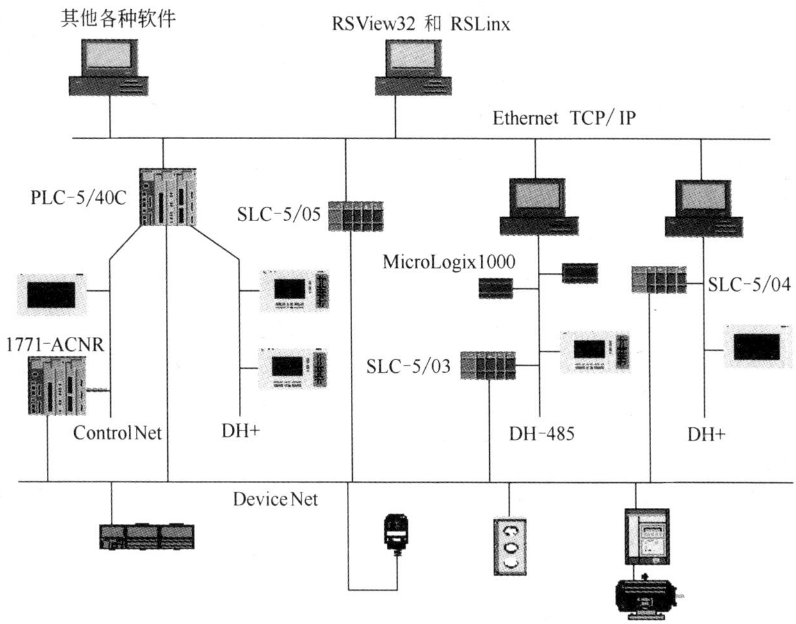

图 4-8 NetLinx 的体系结构

计算机访问采用结构化查询语言（SQL）的开放性数据库。系统管理人员可在这层网络上对系统进行监控，对控制器中的程序进行修改，使计算机系统存取生产现场的数据达到实时监控的目标，并对 PLC 提供支持。由于采用了 TCP/IP，可以方便地将工业控制网络接入企业内联网（Intranet），实现控制系统和 ERP 系统的集成。

（2）控制层 它在各个 PLC 之间及其与各种智能化控制设备之间进行控制数据的交换、控制的协调、网上编程和程序维护、远程设备的组态和故障处理，也可以连接各种人机界面产品进行监控。这一层上的网络称作控制网，采用控制及信息协议（CIP）和生产者/客户（Producer/Consumer）模式，这种模式允许网络上的所有节点同时从单个的数据源存取相同的数据，并共享数据和信息。控制网主要完成智能化的高速实时控制和 I/O 数据网络以及准确的数据传输功能，它满足连接 PLC、HMI 以及其他智能化设备所需的实时、高信息吞吐量应用的要求。

（3）设备层 在设备层上采用的设备网，主要把底层的工业设备直接连接到车间控制器上，并对其进行配置和监视。这种连接无需通过 I/O 模块，即可方便而快速地实现对工业现场中大量设备的高速数据的采集，极大地减少了接线。设备网是一种柔性的、开放性的网络，可与世界上 150 家以上厂商提供的产品兼容。

NetLinx 与其他工业控制网络相比，具有突出的优点。它采用由 Net（网络）和 Linx（开放式接口）组成的结构，能更有效地实现系统组态、数据采集和控制。其中，Net 是基于生产者/消费者的通信模型，定义了一系列超级服务协议；它支持多播式、事件触发、周期性触发等发送机制；它完全独立于网络介质，可在不同网络介质中组态。控制层/设备层利用现场总线技术把现场设备的信息作为整个企业信息网的基础，提高了控制系统的信息处理能力和运行可靠性，方便了用户对系统的组态、管理和维护。这种开放的现场总线网络，集成了多种网络服务，采用通用的网络协议和开放的软件接口，保证了无缝的信息和控制数据流传输。可以方便地与 Intranet、Internet 连接起来，使得其本来就很强大的网络功能更加强大。

该汽车制造股份有限公司在过去的生产活动中出现的最大问题是生产信息的不透明，管理者难以获知每个车间的生产情况，一旦某个生产环节出现问题，需要依靠各级管理者层层上报，经过很长时间后才能够得到处理，造成生产流水线上积压或停工待料后果，整条生产线的生产节奏就被打乱，给企业带来了相当大的损失。现在可以利用 NetLinx 把控制系统与该汽车制造股份有限公司的 ERP 系统集成，把生产信息收集到管理系统中，使生产管理者能够实时地获取每个生产阶段的在制品的准确数量和详细的产品信息，一旦生产出现问题，可以及时处理。在整条生产线上实施电子看板管理，可以指导生产线上的装配工作；并且通过 Internet 把供货需求信息传递给供货厂商。

看板管理是实施拉动式准时化生产（Justin Time，JIT）的一种非常有效的手段，它是把看板作为生产指令、取货指令、运输指令，用以控制生产和微调作业计划，它是达到生产组织上高效率、高效能、高效益的科学管理方法。它是以需求作为整个企业生产的初始拉动点，按照需求的品种、数量、时间和地点来准时地组织各环节生产，前工序仅生产后工序所取走的品种和数量，不进行多余的生产，不设置多余的库存，使企业形成一个逆向的、环环相扣的供应链。电子看板是看板管理和网络技术相结合的一种信息载体，它将车间生产线的工艺流程直观地反映在监视屏幕上，管理人员可以通过与屏幕上工艺流程中各个对象的交互，动态获取所需的在制品实时信息，对生产现场进行监控。

该汽车制造股份有限公司的生产过程分为冲压、焊装、涂装、总装、检验等环节，以总装为拉动起点，各生产环节都以取货看板为指令，按照后工序的需要组织生产和配送；必要的信息通过网络一直向上游延伸至原材料、外协件的供应商处，供应商按照用户生产线需要的时间、数量和品种实施生产与运输，所供应的外协件不需要进入用户仓库存储，直送生产线消耗点，从而降低各环节的库存成本。同时通过发挥看板的现场自动微调功能，平顺排产和物流作业，减低调度协调难度和工作量，提高系统化管理水平。开放的 NetLinx 网络集成为实现 JIT 生产提供了最合适、最可靠的平台。将连接该汽车制造股份有限公司的关键设备的自动化控制网络并入管理子网，组成一个开放的互连、互通、互操作的管理与控制一体化网络，实现自控系统与 ERP 系统进行信息交换。

NetLinx 架构具有开放结构自动化系统网络，它满足全厂自动控制系统的扩充需要，性能稳定、可靠，易于并入管理信息网络系统。网络系统由三部分组成：在车间内部，采用设备网连接现场底层设备，组成企业底层控制网络；控制网支持数据实时传输，与各种设备连接，如 PC、控制器、人机界面、拖动装置以及其他与控制网相连接的设备；由以太网处理与管理信息网络系统的连接，它在复合型结构的通信网路中作为管理子网，传送生产管理信息。这三层网络能在相互之间三层网络与 PC 之间进行通信，有利于设备的实时监控和数据采集。罗克韦尔自动化公司提供的工控设备具有高兼容性、标准接口和内置的通信功能，功能强大的软件产品为应用提供了极大的便捷；而且利用罗克韦尔自动化公司提供的 ControlLogix 控制平台作为控制网、以太网和 DH + 网的网桥和路由，方便地将不同的通信协议、不同厂家的设备数据整合到同一平台上。

罗克韦尔自动化公司为用户提供了友好、方便、高效的图形化编程组态软件，提供了简捷、直观的图形符号以及注释信息，以使用户控制逻辑的表达更加直观，操作和使用更加方便。利用 RSLinx，根据通信特征完成通信链路的选择和配置，能在车间级的 PLC 和设备与各种应用软件之间提供通信功能。

软件则是整个管理与控制系统的灵魂。基于 NT 的 HMI 软件——RSView SE 用来动态地监视控制和管理信息。它将设备现场运行状态以工艺流程图、趋势等显示在屏幕上，使控制中心的操作人员动态监控当前现场的生产状态和重要设备运转情况。

罗克韦尔自动化公司提供的功能强大的 RSSql 工业数据交割管理软件，具有分布式数据采集、分布式数据库存储和集中交割管理的系统架构，它还具有数据双向传递的能力，不仅可以将控制层的数据按 ERP 系统要求的格式提交到企业级的数据库中，方便地将工艺设备层的工艺数据、控制层的状态信息无缝集成到企业信息层数据库，供管理决策和信息发布；而且还可以从 ERP 的数据库提取数据下传到控制系统的 PLC 和上位机。

建立控制与管理一体化的网络系统，既能利用网络实现现场设备的控制，人们可以在办公室甚至在家里实现远程控制，及时准确地了解生产设备的运行情况，对生产过程进行综合的判断，从而实现生产过程的最优控制；又可利用现场自控系统设备收集的数据为管理提供决策信息服务。对接收信息汇总分析评估后，通过 ERP 系统来制定生产调度计划，修正生产管理控制目标，缩短了生产信息的反馈周期，能够有效地解决该汽车制造股份有限公司目前存在的问题。

4.8 小结

CIP 是一种在 20 世纪 90 年代中期开发出来的面向工业应用的应用层协议。与其他面向工业应用的应用层协议相比，CIP 有明显的技术先进性。

CIP 在技术上的先进性，给三种应用层使用 CIP 的网络（DeviceNet、ControlNet 和 EtherNet/IP）带来一些共同的特点，如功能强大、灵活性强，并且具有良好的实时性、确定性、可重复性和可靠性。可通过一个网络传输多种不同类型的数据，完成了以前需要两个网络才能完成的任务，体现了其功能的强大。对多种通信模式和多种 I/O 数据触发方式的支持，体现了其灵活性。面向连接的特性，用基于生产者/消费者的方式发送对时间有苛求的报文，保证了其通信的实时性、确定性、可重复性以及可靠性。

此外，根据网络底层所采用的协议的不同，每种 CIP 网络又有其各自的一些特点，因此其应用场合也有显著不同。DeviceNet 通常是作为设备层网络使用的，而 ControlNet 和 EtherNet/IP 通常是作为控制层网络使用的。目前，三种 CIP 网络中，DeviceNet 应用和推广情况良好，市场占有率高。同时 ControlNet 和 EtherNet/IP 也得到了广泛的应用和推广。

为了方便设备开发者实现 CIP，CIP 规范中用对象模型来描述 CIP。为了保证可操作性和互换性，CIP 规范为各种类型的设备提供设备描述。为了方便用户配置 CIP 设备，设备开发者必须随设备提供 EDS 文件，CIP 规范对 EDS 文件的数据编码、命令语言、语法等进行了严格的规定。

参 考 文 献

[1] ODVA. DeviceNet Specifications [S]. Release 2.0, Errata 1 & 2. June 1999.

[2] CI. ControlNet Specifications [S]. Version 2.0, Errata 3. March 2003.

[3] ODVA/CI. EtherNet/IP Specifications [S]. Release 1.0. June 2001.

[4] ODVA. DeviceNet Technical Overview.

[5] CI. ControlNet Technical Overview.

[6] EtherNet/IP Background Information. [OL] http://www.odva.org.

第 5 章　DeviceNet

DeviceNet 是应用日益广泛的一种底层设备现场总线，目前有包括罗克韦尔自动化公司在内的 300 多家自动化设备制造商的产品支持这种协议，在欧美和日本的现场总线市场占有很大的份额。2000 年 6 月，DeviceNet 成为有关低压开关设备与控制设备、控制器与电气设备接口的 IEC 62026 现场总线标准之一。正如第 4 章所指出的那样，DeviceNet 属于 CIP 网络的范畴，具有 CIP 网络的很多共性。因此读者在阅读本章时，可以参考第 4 章的内容。

本章将专门介绍 DeviceNet 设备层现场总线。5.1 节简要介绍什么是 DeviceNet 以及 DeviceNet 的技术特点。5.2 节在 ISO/OSI 参考模型的基础上，分析 DeviceNet 的网络模型。5.3 ~ 5.5 节分别介绍 DeviceNet 的物理层、数据链路层和应用层协议。5.6 节介绍如何组态一个 DeviceNet 网络。最后，5.7 节给出 DeviceNet在工业自动化领域的一个应用实例。

5.1 DeviceNet 概述

DeviceNet 是 20 世纪 90 年代中期发展起来的一种基于 CAN 总线技术的符合全球工业标准的开放型通信网络。它既可连接底端工业设备，又可连接像变频器、操作员终端这样的复杂设备。如图 5-1 所示，它通过一根电缆将诸如可编程序控制器、传感器、测量仪表、光电开关、操作员终端、电动机、变频器和软起动器等现场智能设备连接起来，它是分布式控制系统的理想解决方案。这种网络

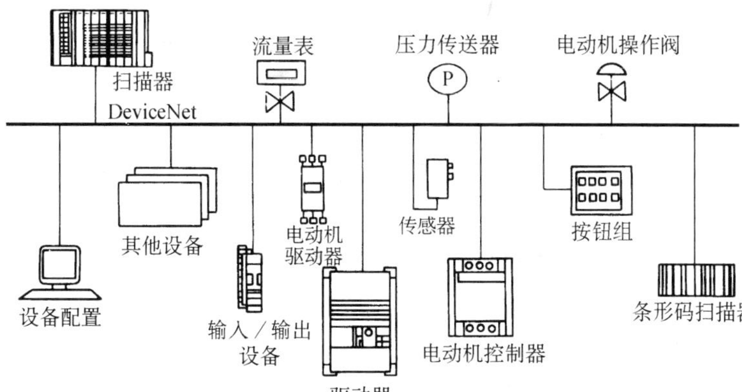

图 5-1　DeviceNet 通信网络示例

虽然是工业控制网的低端网络，通信速率不高，传输的数据量也不太大，但它采用了先进的通信概念和技术，具有低成本、高效率、高性能、高可靠性等优点。

DeviceNet 是一种简单的网络解决方案，在提供供应商同类部件间的可互换性的同时，减少了配线和安装工业自动化设备的成本和时间。DeviceNet 的这种设备直接互连性改善了设备间的通信，并同时提供了相当重要的设备级诊断功能，这是通过硬接线 I/O 接口很难实现的。

DeviceNet 的主要技术特点可以概括如下：

1）同一网段上最多可以容纳 64 个节点，每个节点支持的 I/O 数量没有限制。

2）采用主干-分支结构。

3）三种可选数据传输速率：125kbit/s、250kbit/s 和 500kbit/s。

4）采用生产者/消费者（Producer/Consumer）模型，支持对等（点对点）、多主和主/从通信方式。

5）采用带非破坏性逐位仲裁的载波侦听多址访问（Carriev Sense Multiple Access With Nondestructive Bit-Wise Arbitration，CSMA/NBA）总线技术。当多个节点同时向总线发送信息时，优先级较低的节点会主动地退出发送，而最高优先级的节点可不受影响地继续传输数据，从而大大节省了总线冲突仲裁时间，尤其是在网络负载很重的情况下，也不会出现网络瘫痪的情况。

6）支持位选通（Bit-Strobe）、轮询（Poll）、状态改变（Change of State）和循环（Cyclic）的通信方式。

7）采用 CAN 的物理层和数据链路层协议，采用 CAN 控制器芯片，得到国际上主要芯片制造商的支持。

8）采用短帧结构，传输时间短，受干扰的概率低，具有极好的检错效果。每帧信息都有 CRC 校验及其他检错措施，保证了极低的数据出错率。具有通信错误分级检测机制及通信故障的自动判别和恢复功能。

9）通信介质为独立双绞线，总线信号与电源承载于同一电缆。电源采用 24V 直流电源。

10）支持设备的热插拔，可带电更换网络节点，在线修改网络配置。

11）接入 DeviceNet 的设备可选择光隔离设计，由外部供电的设备与由总线供电的设备共享总线电缆。

12）总线电源结构和容量可调，每个电源的最大容量为 16A。

表 5-1 列出了 DeviceNet 的主要特点和功能。

DeviceNet 在 1994 年 3 月由美国罗克韦尔自动化公司推出，1995 年成为开放协议，首先在北美推广，逐渐在亚太地区乃至全世界应用。2000 年 2 月，DeviceNet 进入中国。2000 年 6 月，DeviceNet 成为 IEC 62026 标准，2002 年 10 月成为我国标准。

表 5-1 DeviceNet 的特点和功能

网络大小	最多 64 个节点	
网络长度	可选的端-端网络长度随网络传输速度而变化	
	波特率	距　离
	125kbit/s	500m(1640ft)
	250kbit/s	250m(820ft)
	500kbit/s	100m(328ft)
数据包	0～8B	
总线拓扑结构	线性(干线/支线);电源和信号在同一网络电缆中	
总线寻址	带多点传送(一对多)的点对点;多主站和主/从;轮询或状态改变	
系统特性	支持设备的热插拔,无需网络断电	

DeviceNet 规范为属于同一类别、但由不同制造商生产的设备定义了标准的设备模型。符合同一模型的设备遵循相同的身份标识和通信模式。这些与不同类设备相关的数据包含在设备描述中。设备描述定义了对象模型、I/O 数据格式、可配置参数和公共接口。

DeviceNet 规范还允许制造商提供电子数据文档（EDS），以文件的形式记录设备的一些具体操作参数等信息，便于在配置设备时使用。这样，来自第三方的 DeviceNet 产品可以方便地连接到 DeviceNet 上。

DeviceNet 是一个开放的网络标准，其规范和协议都是开放的。用户将设备连接到系统时，无需购买硬件、软件或许可权。任何个人或制造商都能以少量的复制成本获得 DeviceNet 规范和协议。

DeviceNet 是基于 CAN 的技术，关键硬件如 CAN 芯片可从世界上最大的供应商处获得。在工业自动化领域里，DeviceNet 总线遍及全球，尤其是北美和日本，占有很大的市场份额，应用日益广泛。DeviceNet 在我国发展和推动得很快，2002 年成为我国国家现场总线标准之一。

随着 DeviceNet 在各种领域的应用和推广，对其标准化也提出了更高的要求。DeviceNet 总线的组织机构是“开放式DeviceNet供货商协会”（ODVA）。ODVA 是一个独立组织，制定并管理着 DeviceNet 规范（DeviceNet Specification），促进 DeviceNet在全球的推广与应用。DeviceNet 规范作为真正开放的网络标准，由 ODVA 不断地对其进行补充修订，促使更多的现场设备能够作为标准设备接入 DeviceNet 中。中国的 ODVA 机构设在上海电器科学研究所。目的是把 DeviceNet 这一先进技术引进到中国，促进我国的自动化和现场总线技术的发展。

DeviceNet 规范定义了一个网络通信标准，以便在工业控制系统的各组成元件间传送数据。规范（2.0 版本）分为两卷，内容如下：

卷 1

- DeviceNet 通信协议和应用（第 7 层——应用层）
- CAN 以及它在 DeviceNet 中的应用（第 2 层——数据链路层）
- DeviceNet 物理层和介质（第 1 层——物理层）

卷 2

为实现同类产品之间的互操作性和可互换性进行的设备描述

5.2 DeviceNet 的网络模型

如图 5-2 所示，DeviceNet 遵从 ISO/OSI 参考模型，它的网络结构分为三层，即物理层、数据链路层和应用层，物理层下面还定义了传输的介质。按照 IEEE802.2 和 802.3 标准，数据链路层又划分为逻辑链路控制（LLC）和媒体访问控制（MAC）。物理层又划分为物理层信号（Physical Layer Signal，PLS）和媒体访问单元（Medium Attachment Unit，MAU）。

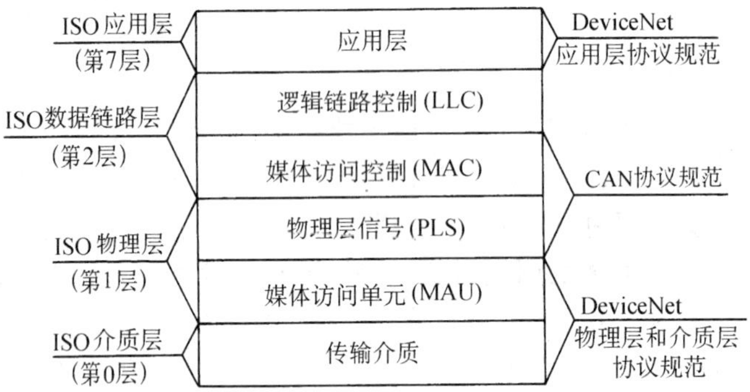

图 5-2　DeviceNet 的 ISO/OSI 参考模型

DeviceNet 建立在 CAN 协议的基础之上，但 CAN 仅规定了 ISO/OSI 参考模型中物理层和数据链路层的一部分，DeviceNet 沿用了 CAN 协议标准所规定的总线网络的物理层和数据链路层，并补充定义了不同的报文格式、总线访问仲裁规则及故障检测和隔离的方法。DeviceNet 应用层规范则定义了传输数据的语法和语义，可以简单地说，CAN 定义了数据传送方式，而DeviceNet的应用层又补充了传送数据的意义。从图 5-2 可看到，DeviceNet 的物理层中物理层信号和数据链路层中的媒体访问控制子层沿用了 CAN 协议。DeviceNet 的物理层中的媒体访问单元是自己定义的，同时，DeviceNet 增加了有关传输介质的协议规范。

DeviceNet 通信连接是建立在面向广播的通信协议——控制器局部网（CAN）之上的。CAN 协议最初是由 BOSCH 公司为欧洲汽车市场开发的，原想用低成本的网络电缆取代汽车上昂贵的硬接线。因此，CAN 协议具有快速响应和高可靠性性能，能满足防抱死制动装置和安全气囊控制要求。CAN 芯片有各种封装形式，其高温度等级、高抗扰性的性能非常适合工业自动化市场。目前，它已广泛应用于汽车领域及其他工控领域。

DeviceNet 的数据链路层完全遵循 CAN 协议，并由 CAN 控制器芯片实现。用户和商业化要求是降低 CAN 芯片价格和提高 CAN 芯片性能最重要的驱动力量。早在 1994 年，4 家 CAN 芯片的供货商（英特尔、摩托罗拉、飞利浦、西门子公司）就提供了超过 400 万片 CAN 芯片。1996 年，发送了超过 1000 万片 CAN 芯片。而其他的工业自动化网络使用的定制芯片，年订货量为 2 万～20 万片，DeviceNet 产品使用与在汽车和其他用户/商业应用中使用相同的 CAN 芯片。DeviceNet 产品使用的芯片通常是其他网络所使用芯片价格的 1/5～1/10，这为 DeviceNet 的广泛应用打下了牢固的基础。

DeviceNet 的应用层协议用的是通用工业协议（CIP）。为了设备开发的方便，CIP 用对象模型来描述。对象模型中所用到的每个类都在类库中给出了详细的定义。

CIP 的功能主要有两个：一是通信；二是给出了工业应用对象的标准定义。CIP 通信最重要的特点是它用不同的方式传输不同类型的报文。根据对传输服务质量要求的不同，CIP 把需要发送的报文分为两种：显式报文和隐式报文。显式报文是对时间没有苛求的报文，比如程序的上载下载、系统维护、故障诊断、设备配置等。由于这类报文要包括解读该报文所需要的信息，所以称为显式报文。显式报文只能以点对点的方式传输。隐式报文是对时间有苛求的报文，如 I/O 报文、实时互锁报文等。由于这种报文不包括解读该报文所需要的信息，其含义是在网络配置的时候就确定的，所以称为隐式报文。隐式报文可以以多播的方式传输。

CIP 通信的另外一个重要特点是，其隐式报文的传输基于生产者/消费者模型。这意味着 CIP 支持多播通信，即网络上的一个节点可以同时给几个其他节点发送信息，因此可以提高通信效率。EtherNet/IP 多播功能的实现需要用到 IP 多播技术。

CIP 通信还有一个特点是基于连接。因此，在通信开始之前必须建立起连接，获取连接标识符（CID）。

由于截止本书写成时尚没有开发出 DeviceNet 协议芯片，能够固化全部或部分应用层协议，所以对开发 DeviceNet 产品者来讲，它的应用层协议要靠开发人员完全用软件来实现。

5.3 DeviceNet 的物理层和传输介质

正如上一节所介绍的，DeviceNet 的物理层包括两部分：物理信号和媒体访问单元。物理层下面的传输介质也在这一节介绍。媒体访问单元主要包括驱动器/接受器的电路和其他用于连接节点到传输介质的电路，这部分规定在ISO/OSI参考模型中被称之为物理媒体访问（PMA）。而传输介质主要定义了传输介质的电气及机械接口，这部分规定在ISO/OSI参考模型中被称之为介质从属接口（MDI）。

下面分别对媒体访问单元、传输介质和物理层信号三部分加以介绍。

5.3.1 媒体访问单元

物理层的媒体访问单元包括收发器、连接器、误接线保护电路、调压器和可选的光隔离器。图5-3为物理层媒体访问单元各部件的框图。本节将讨论收发器、误接线保护（Mis Wiring Protection，MWP）回路和光隔离器，连接器及调压在下一节介绍。

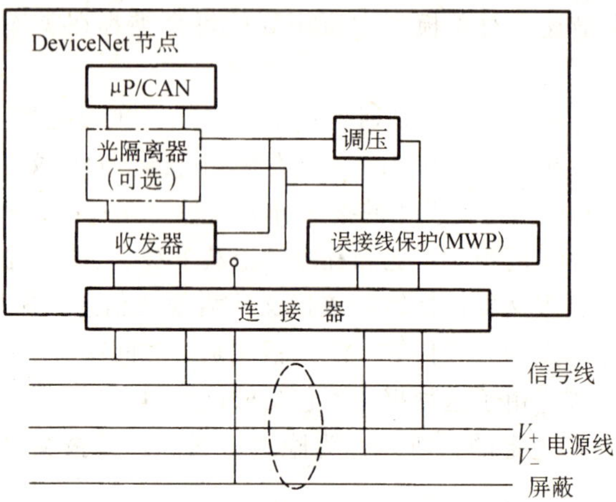

图5-3 物理层模块图

1. 收发器

收发器是在网络上传送和接收CAN信号的物理组件。收发器从网络上差分接收网上信号供给CAN控制器，并用CAN控制器传来的信号差分驱动网络。市场上有许多集成CAN收发器。在选择收发器时，须保证所选择的收发器符合DeviceNet规范。

为了和供电系统设计匹配，收发器必须至少支持5V共模工作电压，这意味其对地电位差为±5V。未供电的收发器的输入阻抗可能比供电收发器低，这就造成不必要的网络负载和信号衰减。供电或未供电的物理层应满足表5-2所规定的差分输入电阻。

2. 误接线保护（MWP）

表 5-2　DeviceNet 物理层特性

通用属性	规　　范
传输速率	125kbit/s,250kbit/s,500kbit/s
粗电缆距离	500m,125kbit/s 250m,250kbit/s 100m,500kbit/s
节点数	64
信号	CAN
调试	基带
编码	位填充 NRZ
介质耦合	DC 差分耦合 TX/RX
隔离	500V(可选在收发器节点侧的光隔离器)
差分输入阻抗典型值 (隐性状态)	分流电容 $C=10$pF 分流电阻 $R=25$kΩ　(电源开)
差分输入阻抗最小值 (隐性状态)	分流电容 $C=24$pF 加上 40pF/m 分流电阻 $R=20$kΩ
绝对最大电压范围($V_- \sim V_+$)	(−25)~(+18)V(CAN_H—CAN_L)

注：CAN_H 和 CAN_L 电压以收发器集成块接地引脚作为参考。此电压比 V_- 端子高出的数值等于肖特基二极管电压降，此电压最大为 0.6V。

DeviceNet 要求节点能承受连接器上 5 根线的各种组合的接线错误。这种情况下，可承受表 5-2 中规定的电压范围，包括 V_+ 电压高达 18V 时，不会造成永久性的损害。许多集成 CAN 收发器对 CAN_H 和 CAN_L 最大负向电压只有有限的承受能力。使用这些器件时，需要提供有外部保护电路。图 5-4 为误接线保护的电路原理图。在接地线中加入一个肖特基二极管来防止 V_+ 信号线误接到 V_- 端子。在电源线上接入了一个晶体管开关，以防止由于 V_- 连接断开而造成的损害。该晶体管及电阻回路可防止接地断开。

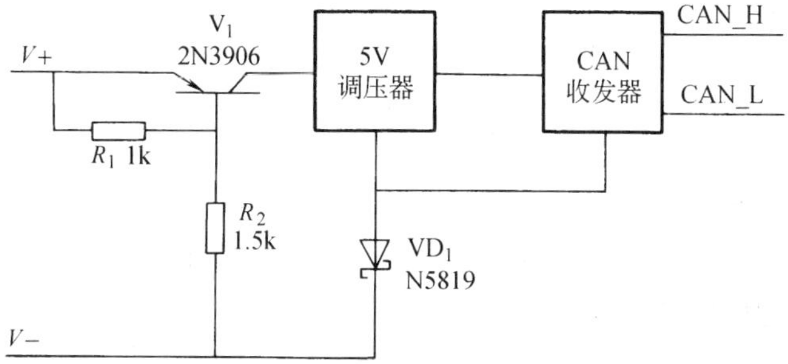

图 5-4　误接线保护的电路原理图

图 5-4 中，V_1、R_1 和 R_2 的型号和数值仅供参考，可根据应用自行决定。V_1 必须能承受预期的最大电流。R_2 必须选择在最小 V_+（11V）时能提供足够的基极电流（通常为 $i_c = 10 \sim 20\text{mA}$）。如果 R_2 的耗散/尺寸不理想，而且调压器能处理较低的输入电压，则采用达林顿晶体管更为理想。R_1 必须选择能吸收几百微安但不要超过几毫安的电流。基极电阻限制 V_+ 和 V_- 颠倒时的击穿电流。如有必要，可在发射极、基极或发射极和基极之间增加一个二极管，以限制雪崩。

3. 接地和隔离

为防止地线形成回路，DeviceNet 网络必须只在一处接地。所有设备中的物理层回路是以 V_- 总线信号为基准的，总线供电将提供接地连接。除了电源，在 V_- 和地之间不会有电流通过设备。如图 5-5 所示，任一设备都必须有接地隔离栅。注意，在 DeviceNet 产品外部也可能存在隔离栅。有些产品可能有不止一处的电位接地路径。在这些产品中，所有的可能路径都必须隔离。

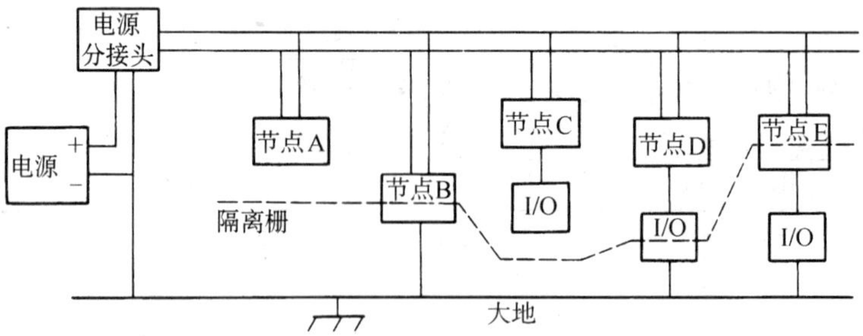

图 5-5　DeviceNet 的接地绝缘

图 5-5 中，节点 B 和 E 有接地隔离栅。有接地隔离栅的节点称作隔离节点，反之，则称作无隔离节点或非隔离节点。隔离节点可在物理层或其他部位隔离。

4. 非隔离的物理层

DeviceNet 支持节点内的非隔离和隔离的物理层。如果节点含有非隔离物理层，该节点的所有部件必须或以 V_- 为参考接地或者接地隔离。在含有非隔离物理层的节点内，以 V_- 为参考地的部件可通过串行口、并行口及 I/O 与其他设备连接，如图 5-5 中所示的节点 C 和 D。这些外部设备必须隔离接地。DeviceNet 连接器上的屏蔽线应通过并联电阻电容连接到设备外壳上。为达到最佳抗 EMI 性能，沿此路径的导线应非常短，且外壳必须为导电材料的封闭结构。如设备没有这样的外壳，连接器中的屏蔽线可以不连接。图 5-6 为具有非隔离物理层节点的示例，该节点从网络获取所有电源，其所有部件以 V_- 为接地参考。

5. 隔离物理层

在带隔离物理层的节点内，其中一部分部件不以 DeviceNet 网络的 V_- 为接地参考，而是连到接地点。包括具有 RS232 和 RS485 串行口、并行口或任何不

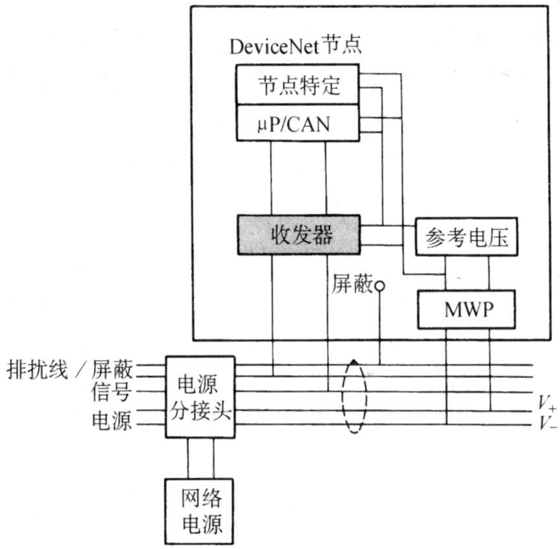

图 5-6　非隔离的物理层

以网络的 V_- 作为接地参考的部件。含有隔离物理层的节点如图 5-7 所示，不管是处于供电或未供电状态，都必须满足表 5-2 中所规定的差分输入阻抗。如网络

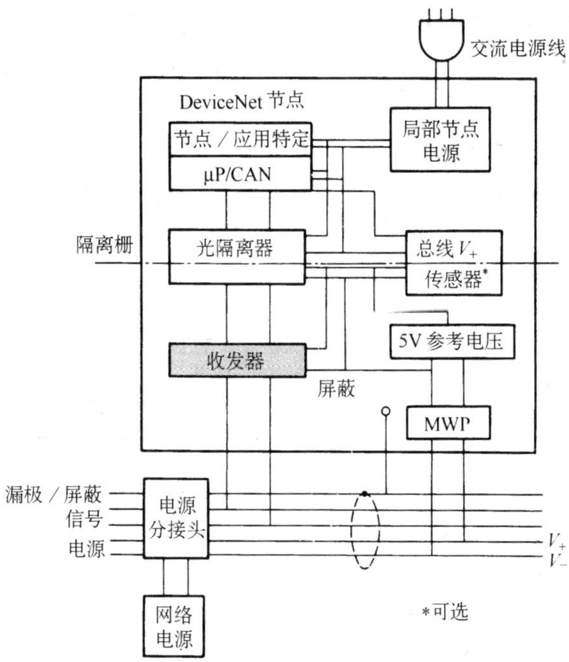

图 5-7　隔离的物理层

供电回路以 V_- 为参考地或为接地隔离，则网络电源可用于其他回路。DeviceNet 连接器上的屏蔽线应该通过并联电阻电容后连接至设备外壳上，为达到最佳抗 EMI 性能，导体应该保持最短路径，且外壳应为导体材料的封闭结构。如果设备无此类外壳，连接器上的屏蔽线可以不连接。

隔离节点和非隔离节点可在 DeviceNet 上同时存在和通信。光电延时将计入最大干线长度限制。对于一个带物理层隔离的隔离节点，CAN 控制器在总线掉电状态下仍将有效。一个无法探测该事件的节点最终进入离线状态，并需要复位。在收发器电源故障或网络电源故障的情况下，节点无法进入离线状态，因此，需要外部用户干预。

网络上的设备可以直接由总线供电，并通过同一根电缆进行相互通信。可以在不切断网络供电的情况下，将节点接入网络，或从网络中移走。

5.3.2 传输介质

DeviceNet 物理层协议规范中对传输介质作了描述，定义了 DeviceNet 的总线拓扑结构及网络元件，具体包括系统接地、粗缆和细缆混合结构、网络端接地和电源分配。

DeviceNet 传输介质有两种主要的电缆：粗缆和细缆。粗缆适合长距离干线和需要坚固干线或支线的情况，细缆可提供方便的干线和支线的布线。

1. 拓扑结构

DeviceNet 所采用的典型拓扑结构是干线—分支方式，如图 5-8 所示。每条干线的末端都需要终端电阻。线缆包括粗缆（多用作干线）和细缆（多用于分支线）。每条支线最长为 6m，允许连接一个或多个节点。DeviceNet 只允许在支线上有分支结构。总线线缆中包括 24V 直流电源线和信号线两组双绞线以及信号屏蔽线。在设备连接方式上，可灵活选用开放式和密封式的连接器。网络采取分布式供电方式，支持冗余结构。总线支持有源和无源设备，对于有源设备提供专门设计的带有光隔离的收发器。

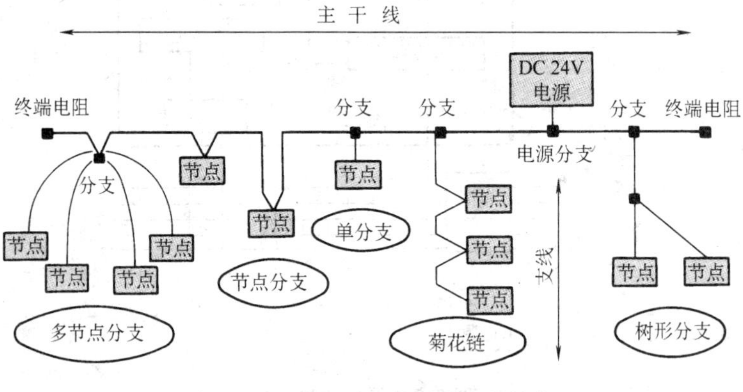

图 5-8　DeviceNet 现场总线拓扑结构

DeviceNet 提供 125/250/500kbit/s 3 种可选的波特率，最大拓扑距离为 500m，每个网段最多可连接 64 个节点。波特率、线缆类型、拓扑距离之间的对应关系见表 5-3。

表 5-3 DeviceNet 波特率、线缆类型、拓扑距离间的对应关系

传输速率/(kbit/s)	125	250	500
粗缆干线最大长度/m	500	250	100
细缆干线最大长度/m	100	100	100
最大支线长度/m	6	6	6
支线允许总长/m	156	78	39

网络干线的长度由数据传输速率和所使用的电缆类型决定。电缆系统中任何两点间的电缆距离不允许超过波特率允许的最大电缆距离。对只有一种电缆构成的干线，两点间的电缆距离为两点间的干线和支线电缆的长度和。DeviceNet 允许在干线系统中混合使用不同类型的电缆。支线长度是指从干线端子到支线上节点的各个收发器之间的最大距离，此距离包括可能永久连接在设备上的支线电缆。网络上允许支线的总长度取决于数据传输速率。

2. 终端电阻

DeviceNet 要求在每条干线的末端安装终端电阻。电阻的要求为：121Ω、1% 金属膜电阻、1/4W，终端电阻不可包含在节点中。将终端电阻包含在节点中很容易使网络由于错误布线（阻抗太高或太低）而导致网络故障。例如，移走含有终端电阻的节点会导致网络故障。终端电阻只应安装在干线两端，不可安装在支线末端。

3. 连接器

所有连接器支持 5 针类，即一对信号线、一对电源线和一根屏蔽线。所有通过连接器连到 DeviceNet 的节点都有插头，此规定适用于密封式和非密封式连接器及所有消耗或提供电源的节点。无论选择什么样的连接器，应保证设备可在不切断和干扰网络的情况下脱离网络。不允许在网络工作时布线，以避免诸如网络电源短接、通信中断等问题的发生。

DeviceNet 可以使用几种不同类型的连接器（见图 5-9）。开放式和密封式连接器都可以使用。还可以使用大尺寸（小型）和小尺寸（微型）的可插式密封连接器。对于不要求使用密封式连接器的产品，可以使用开放式连接器。如果不要求可插式连接器，可以用螺钉或压接式连接直接接到电缆上。DeviceNet 规范包括如何使用这些电缆和连接器组件，构建单端口或多端口分接头的相关信息，这里不再叙述。

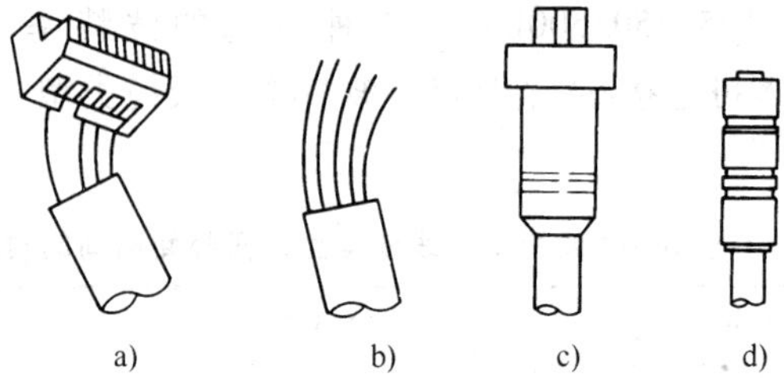

图 5-9 DeviceNet 可以使用的开放式和密封式连接器
a）开放式连接器 b）非密封硬接线 c）密封式小型连接器 d）密封式微型连接器

4. 设备分接头

设备端子提供连接到干线的连接点。设备可直接通过端子或通过支线连接到网络，端子可使设备无需切断网络运行就可脱离网络。

5. 电源分接头

通过电源分接头将电源连接到干线。电源分接头不同于设备分接头，其包含下列部件：

1）一个连在电源 V_+ 上的肖特基二极管，允许连接多个电源（省去了用户电源）。

2）两根熔丝或断路器，以防止总线过电流而损坏电缆和连接器。连接到网络后，电源分接头的特性为提供信号线、屏蔽线和 V_- 线的不间断连接；在分接头的各个方向提供限流保护；提供到屏蔽/屏蔽线的网络接地。

图 5-10 说明了 DeviceNet 电源分接头的组件。图中所示的 DeviceNet 电源分接头具备下列特性：

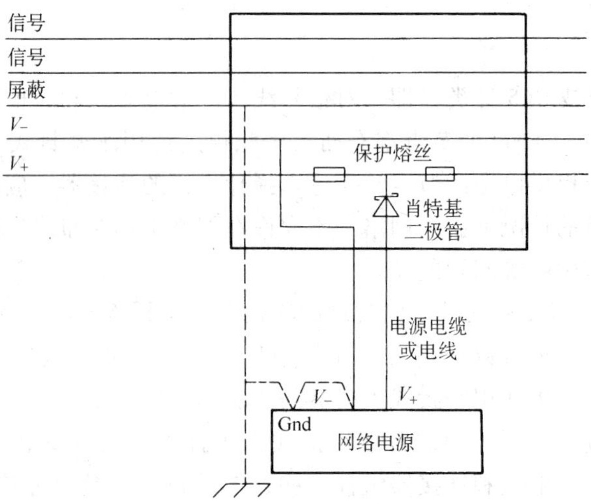

图 5-10 DeviceNet 电源分接头

1）规定电源和网络电流的额定值。

2）在回路中使用一个以上电源时，提供连接到电源的肖特基二极管。

3）熔丝或断路器将端子各个方向上的总线电流限制在特定值。如果电源内部的限流不充分，则必须使用上述装置。

4）电源到电源分接头的电缆最大长度为3m。

电源分接头可加在网络的任何一点，可以实现多电源的冗余供电。干线的额定电流为8A。光隔离设计允许外部供电的设备（如：交流电动机起动器和阀门线圈）分享同一总线电缆，而其他基于CAN的网络只允许整个网络由一个电源供电。

6. 网络接地

DeviceNet应在一点接地。多处接地会造成接地回路，网络不接地将增加对静电放电（ESD）和外部噪声源的敏感度。单个接地点应位于电源分接头处，密封DeviceNet电源分接头的设计应有接地装置，接地点也应靠近网络的物理中心。干线的屏蔽线应通过铜导体连接到电源地或V_-。铜导体可为实心体、绳状或编织线。如果网络已经接地，则不要再把电源地或分接头的接地端接地。如果网络有多个电源，则只需在一个电源处把屏蔽线接地，接地点应尽可能靠近网络的物理中心。

7. 临时终端支持

DeviceNet规定了在临时终端上使用的开放式连接器。图5-11为该连接器示意图。该连接器允许通电状态下拔出或插入终端电缆，这样就使得临时终端连接所需的电缆标准化。

5.3.3 物理层信号

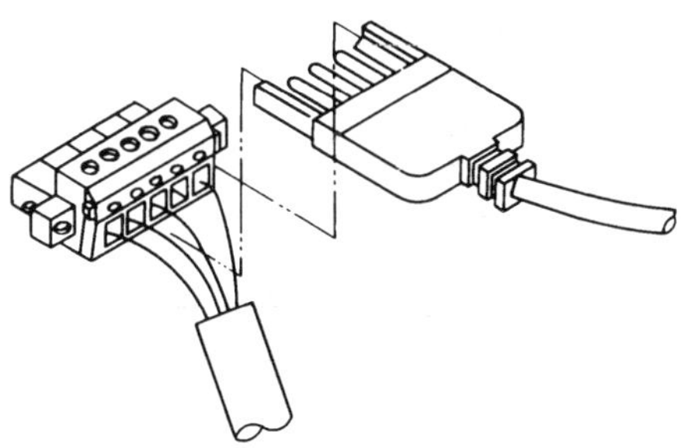

图5-11　临时终端支持连接器

DeviceNet的物理层信号采用CAN的物理层信号。CAN规范定义了两种互补的逻辑电平：“显性”（Dominant）和“隐性”（Recessive）。同时传送“显性”和“隐性”位时，总线结果值为“显性”。例如，在DeviceNet总线接线情况下：“显性”电平用逻辑“0”表示，“隐性”电平用逻辑“1”表示。代表逻辑电平的物理状态（例如电压）在CAN规范中没有规定。这些电平的规定包含在ISO 11898标准中。例如，对于一个脱离总线的节点，典型CAN_L和CAN_H的“隐性”（高阻抗）电平为2.5V（电位差为0V）。典型CAN_L和CAN_H的“显性”（低阻抗）电平分别为1.5V和3.5V（电位差为2V），如图5-12所示。

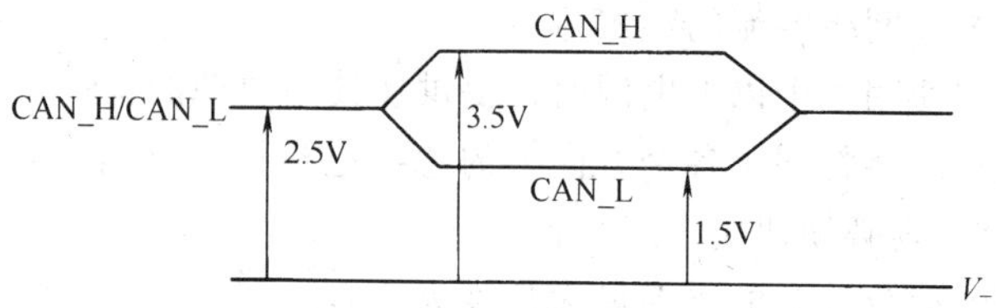

图 5-12　CAN _ L 和 CAN _ H 信号电平

5.4　DeviceNet 的数据链路层

DeviceNet 的数据链路层遵循 CAN 协议规范，并通过 CAN 控制器芯片实现。DeviceNet 的数据链路层分为媒体访问控制（MAC）子层和逻辑链路控制（LLC）子层。MAC 子层的功能主要是传送规则，亦即控制帧结构、执行仲裁、错误检测、出错标定和故障界定。LLC 子层的主要功能是为数据传送和远程数据请求提供服务，确认由 LLC 子层接受的报文实际已被接受，并为恢复管理和通知超载提供信息。关于 LLC 子层，在本书 3.4.2 节中已经有比较深入的介绍，在此不再详述。

5.4.1　MAC 帧

CAN 在 MAC 子层定义了四种帧格式，分别是数据帧、远程帧、超载帧和出错帧。在 DeviceNet 上传输数据采用的是数据帧格式；远程帧格式在 DeviceNet 中没有使用；超载帧是用来进行数据流的控制，在 DeviceNet 中没有使用，但也没有禁用；出错帧则用于错误和意外情况的处理。本节只介绍 DeviceNet 使用的数据帧和出错帧。

1. 数据帧的格式

如图 5-13 所示，DeviceNet 的数据帧包括如下几部分：

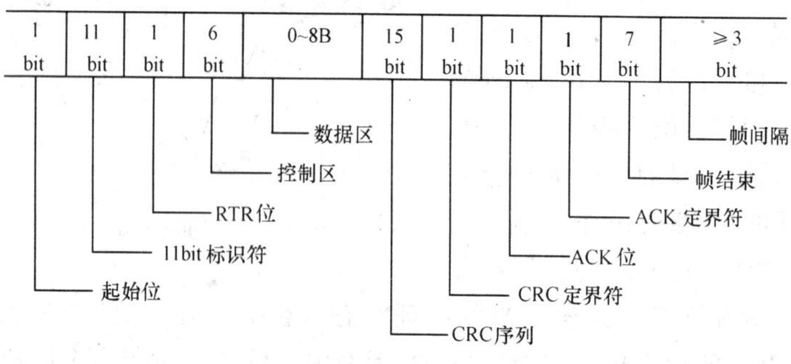

图 5-13　DeviceNet 的数据帧格式

帧起始位，标志数据帧的开始，它由 1 个"显性"位构成。

仲裁场包括 11bit 标识符和 RTR 位。其中 11bit 标识符和 LLC 子层的标识符含义相同，用于总线仲裁，决定网络上节点的优先权；RTR 位表示远程帧，由于 DeviceNet 没有使用远程帧，所以这位总是“显性”。

控制场包括两个固定位（保留）和一个 4bit 的长度区。长度区可以是 0 ~ 8 中的任一个数字，表示数据区中的字节数。0 ~ 8B 的数据长度对于具有少量但必须频繁交换 I/O 数据的低端设备来说很理想，同时 8B 使简单设备可以灵活地发送诊断数据，或向驱动器发送速度基准和加速度值。

数据场指存放的数据区。DeviceNet 每帧最大能传送 8B 数据，如果需要传送的数据超过 8B，可以使用分段传送协议，分成多个帧传送。在使用分段协议时，每个帧有 1B 用于分段协议，表示这个帧是第一分段（0）、中间分段（1）、最后分段（2）、分段应答（3）。用 6bit 表示分段计数值，指示这是第几个分段，通过分段协议可以保证数据的分段和正确重组。

循环冗余校验（Cyclic Redundancy Cheek——CRC）场包括 CRC 序列，后随 CRC 定界符。CAN 控制器用循环冗余校验来检测帧错误。为实现 CRC 计算，被除的多项式被定义为这样一个多项式，其系数由帧起始、仲裁场、控制场、数据场和 15 位最低系数为 0 组成的解除填充的位流给定。此多项式被生成多项式 $X^{15}+X^{14}+X^{10}+X^{8}+X^{7}+X^{4}+X^{3}+1$ 除（系数按模 -2 计算），该多项式相除的余数即为发至总线的 CRC 序列。CRC 序列后随的 CRC 定界符由单个“隐性”位构成。

ACK 场为两位，即 ACK 位和 ACK（定界）符。发送节点的 ACK 场中，送出两个“隐性”位。在 ACK 位内，所有接收到匹配 CRC 序列的节点，以“显性”位改写发送器的“隐性”位送出一个应答。应答中的显性位表明除了发送者以外，至少有一个接收器接受到报文。ACK 定界符为 ACK 场的第二位，其必须是“隐性”位，因此，ACK 位被两个“隐性”位（ACK 定界符和 CRC 定界符）所包围。

帧结束由 7 个“隐性”位构成的标志序列定界。

DeviceNet 数据最大为 8B，允许 0B，也就是不含任何数据。每帧长度范围为 47bit ~ 11bit，用时约为 94μs（500kbit/s）~ 888μs（125kbit/s）。DeviceNet 使用 CAN 的包括 CRC 和自动重试在内的多种错误检测和故障限制方法，这些对应用来说高度透明的方法，可以防止故障节点破坏（中断）网络。

2. 出错帧的格式

出错帧由两个不同场构成，第一个场由来自不同节点的错误标志叠加给出，第二个场为错误定界符。

（1）错误标志　有两种错误标志形式：错误主动标志和错误被动标志。前者由 6bit 连续的“显性”位构成；后者由 6bit 连续的“隐性”位构成，错误被动标志的一些或所有位可由来自其他节点的“显性”位改写。

一个检测到出错状态的“错误主动”节点，借助发送错误主动标志来标注。此错误标志形式有违位填充规则或者破坏了要求固定形式的位场。这样，所有其他节点将检测到一个出错条件，并在它们的部件上开始发送一个错误标志。因此实际上，总线上监控到的“显性”位序列是由各节点发送的不同错误标志叠加而成的。此序列的总长度在最小值6bit～最大值12bit之间变化。

由发送器启动的错误被动标志，当它们在以位填充方法进行编码的帧场中启动时，将在接收器中引起错误，因为它们将导致由接收器检测的填充错误。因而，要求在仲裁和其他节点继续发送期间，不能启动这样的错误标志，或者在CRC序列结束前启动很少几位，并且CRC序列的最后几位全为“隐性”。

由接收器启动的错误被动标志，不能赢得总线上的任何活动，因而“错误一被动”接收器在检测到出错条件后，总是必须等待6个后续的相同位，直至它们完成其错误标志。

(2) 错误定界符　错误定界符由8bit“隐性”位构成。发送错误标志后，每个节点送出“隐性”位，并监控总线，直到其检测到“隐性”位。此后，它开始发送剩余的7个“隐性”位。

5.4.2 总线仲裁机制

网络上各节点要通信时，哪个节点有优先权在网上发送数据？几个节点同时在网上发送数据，发生“碰撞”时，谁有权继续发送？各种网络的媒体访问控制（MAC）协议就是负责整个“仲裁”的。以太网采用“带碰撞检测的载波侦听多址访问（CSMA/CD）”仲裁机制。DeviceNet和CAN采用“优先级仲裁”机制，即“带非破坏性逐位仲裁的载波侦听多址访问”（CSMA/NBA）。Profibus和ControlNet都是令牌传递的总线形控制网络。下面对DeviceNet的仲裁机制加以介绍。

CAN协议规范定义总线数值为两种互补的逻辑数值之一：“显性”（逻辑0）和“隐性”（逻辑1）。任何发送设备都可以驱动总线为“显性”，当同时向总线发送“显性”位和“隐性”位时，最后总线上出现的是“显性”位，当且仅当总线空闲或发送“隐性”位期间，总线为“隐性”状态。

在总线空闲时，每个节点都可尝试发送，但如果多于两个的节点同时开始发送，发送权的竞争需要通过11bit标识符的逐位仲裁来解决。DeviceNet采用CSMA/NBA的方法解决总线访问冲突问题。网络上每个节点拥有一个唯一的11bit标识符，这个标识符的值决定了总线冲突仲裁时节点优先级的高低。标识符值越小，优先级越高，标识符值小的节点在竞争仲裁中为获胜的一方。这种机制不同于以太网，总线上不会发生冲突，竞争中获胜的节点可以继续发送，直至完成为止。这种机制保证了总线上的信息不会丢失，总线资源也得到最大的利用，不会浪费。

DeviceNet 的总线冲突仲裁过程具体如下：在任一时刻，DeviceNet 上所有节点都在侦听总线的状态，当总线上已有节点正在发送时，任何节点必须等待这一帧发送结束，经过约定的帧间隔，任何节点都可以申请下一帧的发送。当多个节点同时向总线发送报文时，要经过 11bit 标识符的仲裁。在该标识符发送期间，每个发送节点都在监视总线上当前的电平，并与其自身发送的位电平进行比较，如果值相等，这个节点继续发送下一位，如果发送了一个隐性位（1），而在总线上监测到一个显性位（0），则说明另一个具有更高优先级的节点发送了一个显性位（0），那么此节点失去仲裁权，立即停止下一位的发送。失去仲裁权的节点可以在当前帧结束后，再次尝试发送。由此可见，11bit 标识符数值最小的节点拥有最高的优先级，作为获胜的一方，可不受影响地继续传输数据，所以这种碰撞和仲裁并未造成数据帧的损坏，即不会浪费通信资源。同时可以看到，由于标识符数值低的节点具有较高的优先权，所以通过标识符的分配可以使重要的数据得到优先发送。DeviceNet 非破坏性逐位仲裁机制如图 5-14 所示。

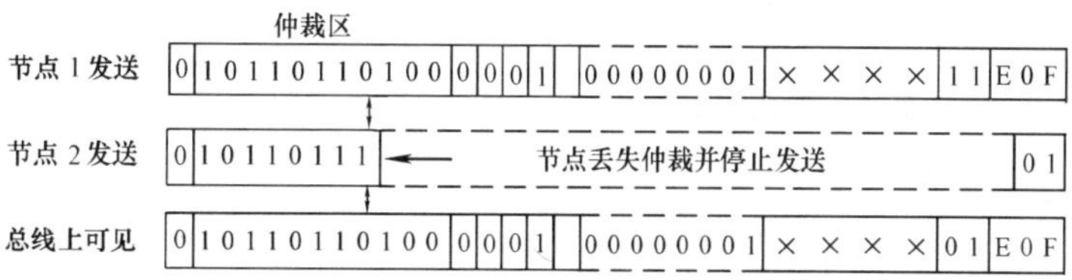

图 5-14　DeviceNet 非破坏性逐位仲裁举例

5.4.3　错误诊断和故障界定机制

CAN 提供了检测下列错误的机制：

（1）位错误　当发送器将自己发送的电平与总线上的电平相比较，发现两者不相等时产生位错误。隐性位传输时、显性位的检测在仲裁区、ACK 时间段或错误被动标志传输期间都不会导致位错误。

（2）应答错误当发送器确定报文没有得到应答时发生应答错误。在数据帧和远程帧中都有一个应答场，所有接收的节点，无论是不是目标接收者，都要对此报文作出应答。

（3）填充错误　当节点检测到 6 个相同电平值的连续位时发生填充错误。在正常情况下，当发送器检测到它已经发送了 5 个数值相同的连续位时，那么它将在第 6 位上插入一个取反值（称之为位填充）。所有接受器在 CRC 计算之前将除去填充位。这样，当节点检测到 6 个连续的具有相同值的位时，即产生一个填充错误。

（4）CRC 错误　当 CRC 值与发送器生成值不匹配时发生 CRC 错误。每一帧包含一个由发送器初始化的 CRC 域。接收器计算出 CRC 值，并与发送器产生的值相比较。如果两个值不相等，即产生 CRC 错误。

（5）格式错误　当在一必须发送预定值的区内检测到非法位时发生格式错误。确定的预定义的位值必须在 CAN 帧内的一个确定点发送，如果在这些区域中的一个位检测到非法位值，即产生格式错误。

所有节点检验所有报文的有效性，每个节点将会在每一个有效报文的应答场给出显性应答位。这样就能告诉发送节点没有节点检测到错误或者至少有一个别的节点正确接收到报文。每个节点对无效报文发送出错帧来标识错误，一旦发现故障就发送出错帧，告诉所有节点至少有一个节点没有正确接收到报文。

CAN 定义了一个故障界定状态机制。一个节点可能处于下列三种错误状态之一：

（1）错误主动（Error Active）　当一个错误主动节点检测到上述某个错误时，它将发送一个错误主动帧，该帧由 6 个连续的显性位组成。这一发送覆盖其他任何同时生成的发送，并导致其他所有节点都检测到一个填充错误，并依次放弃当前帧。

当处于错误主动状态的节点检测到一个发送问题时，它将发出一个错误主动帧，以避免所有其他节点接收报文包。无论检测到错误的节点是否要接收这个数据，都要执行这个过程。

（2）错误被动（Error Passive）　当一个错误被动节点检测到上述的某一个错误时，它将发出一个错误被动帧。该帧由 6 个连续的隐性位组成。这个帧可能会被同时出现的其他发送所覆盖。如果其他站点没有检测到这一错误，将不会引起丢弃当前帧。

（3）离线（Bus Off）　处于离线状态下的节点不允许对总线有任何影响。它在逻辑上与网络断开。

DeviceNet 的故障界定机制参考了 CAN 现场总线的错误界定机制。同样，为进行故障界定，在 DeviceNet 上的每个节点中都设有两种计数器：发送错误计数器和接收错误计数器。

在故障界定状态机制中，对故障进行认定的过程如下：①节点保持对发送和接收错误计数器的跟踪；②节点在开始错误主动状态时，错误计数器的值等于 0，并且在错误主动状态下的节点假设所有检测到的错误不是该节点引起的；③错误类型以及检出错误的节点被赋予不同的计数值，这些计数值将根据是发送还是接收错误进行累加，有效的接收及发送使这些计数器递减，直至最小值为 0；④当这些计数器中的任何一个超出 CAN 定义的阈值时，该节点进入错误被动状态，在此状态下，该节点将被认为是导致错误的原因；⑤当发送错误计数值超出 CAN 定义的另一个阈值时，节点进入离线状态，按照 DeviceNet 规范定义的从离线到错误主动之间的状态转换机制进行转换。⑥当错误被动的节点的发送及接收错误计数器值都减小至 CAN 定义的阈值以下时，节点重新进入错误主动状态，如图 5-15 所示。

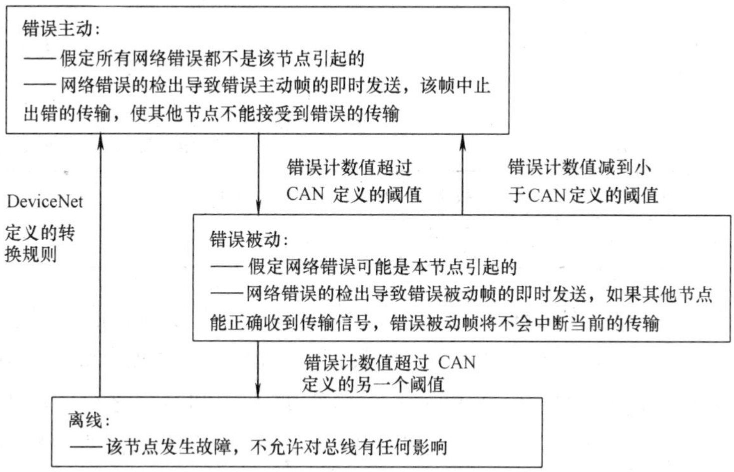

图 5-15　DeviceNet 出错限制状态转换图

5.5　DeviceNet 的应用层

DeviceNet 应用层规范，详细定义了有关连接、报文传送和数据分割等方面的内容。它在应用层采用的是 CIP。CIP 在第 4 章中介绍过了，本节针对 DeviceNet 的报文格式来介绍 DeviceNet 在 CIP 上的具体体现。

5.5.1　DeviceNet 的连接和报文组

DeviceNet 是基于“连接”的网络，网络上的任意两个节点在开始通信之前必须事先建立连接，这种连接是逻辑上的关系，并不是物理上实际存在的。在 DeviceNet 中通过一系列参数和属性对连接进行描述，如这个连接所使用的标识符（即 DeviceNet 数据帧中的 11bit 标识符）、这个连接传送报文的类型、数据长度、路径信息的产生方式、报文传送频率和连接的状态等。DeviceNet 不仅允许预先设置或取消连接，也允许动态建立或撤销连接，这使通信具有更大的灵活性。

在 DeviceNet 中，每一个连接由一个 11bit 的连接标识符（Connection ID，CID）来标识，该 11bit 的连接标识符包括了媒体访问控制标识符（MAC ID）和报文标识符（Message ID）。DeviceNet 用连接标识符将优先级不同的报文分为 4 组。连接标识符属于组 1 的报文优先级最高，通常用于发送设备的 I/O 报文，连接标识符属于组 4 的报文优先级最低，用于设备离线时的通信。DeviceNet 所定义的 4 个报文组见表 5-4。

表 5-4　DeviceNet 的报文分组

<table>
<tr><th colspan="11">标　识　符</th><th rowspan="2">十六进制范围</th><th rowspan="2">标识符分组</th></tr>
<tr><th>10</th><th>9</th><th>8</th><th>7</th><th>6</th><th>5</th><th>4</th><th>3</th><th>2</th><th>1</th><th>0</th></tr>
<tr><td>0</td><td colspan="4">组 1 报文 ID</td><td colspan="6">源 MAC　ID</td><td>000 ~ 3FF</td><td>报文组 1</td></tr>
<tr><td>1</td><td>0</td><td colspan="6">MAC ID</td><td colspan="3">组 2 报文 ID</td><td>400 ~ 5FF</td><td>报文组 2</td></tr>
<tr><td>1</td><td>1</td><td colspan="3">组 3 报文 ID</td><td colspan="6">源 MAC ID</td><td>600 ~ 7BF</td><td>报文组 3</td></tr>
<tr><td>1</td><td>1</td><td>1</td><td>1</td><td>1</td><td colspan="6">组 4 报文 ID(0-2f)</td><td>7C0 ~ 7EF</td><td>报文组 4</td></tr>
<tr><td>1</td><td>1</td><td>1</td><td>1</td><td>1</td><td>1</td><td>1</td><td>×</td><td>×</td><td>×</td><td>×</td><td>7F0 ~ 7FF</td><td>无效 CAN 标识符</td></tr>
</table>

MAC ID 为分配给 DeviceNet 上每一个节点的一个整数标识值，用于在网络上识别这一个节点。MAC ID 为 6bit 二进制数，可标识 64 个节点。6bit 的 MAC ID 从 0 到 63，通常由设备上的拨码开关设定。MAC ID 有源和目的之分。源 MAC ID 分配给发送节点。组 1 和组 3 需要在标识区内指定源 MAC ID；目的 MAC ID 分配给接收设备。报文组 2 允许在标识区的 MAC ID 部分指定源或目的 MAC ID。

Message ID（也可称为报文 ID）用于标识一个连接所使用的通信通道。Message ID 是在特定端点内的报文组中识别一个报文。用 MessageID 在特定端点内单个报文组中可以建立多重连接。Message ID 的位数对不同报文组不一样，组 1 为 4bit（16 个信道），组 2 为 3bit（8 个信道），组 3 为 3bit（8 个信道），组 4 为 6bit（64 个信道）。

1. 报文组 1

在组 1 的传输中，总线访问优先权被均匀地分配到网络的所有设备上。当两个或多个组 1 报文进行 CAN 总线访问仲裁时，小数字的组 1 报文 ID 值的报文将赢得仲裁，并获得总线访问权。表 5-5 列出了展开报文组 1 后标识符的分配情况。例如，device#20，message _ ID = 2 将先于 device#5，message _ ID = 6 赢得仲裁。如果两个或多个 message ID 值相等的组 1 报文进行总线仲裁，那么来自 MAC ID 值较低的设备的发送将赢得仲裁。例如，device#2，message ID = 5 将先于 device#3，message ID = 5 赢得仲裁。这样，在组 1 中就提供了 16 个级的优先权均匀分配方案。

2. 报文组 2

在组 2 内，MAC ID 可以是发送节点的 MAC ID（源 MAC ID），也可以是接收节点的 MAC ID（目的 MAC ID）。当通过组 2 建立连接时，端点将确定是源 MAC ID 还是目的 MAC ID。当两个或多个组 2 传输数据，在进行 CAN 总线仲裁时，其 MAC ID 数值较小的报文将获得总线访问权。表 5-6 列出了展开报文组 2 后标识符的分配情况。

表 5-5　报文组 1 标识符

标识位											报文 ID 的意义
10	9	8	7	6	5	4	3	2	1	0	
0	组 1 报文 ID				源 MAC ID						组 1 报文
0	0	0	0	0	源 MAC ID						组 1 报文标识符
0	0	0	0	1	源 MAC ID						
0	0	0	1	0	源 MAC ID						
0	0	0	1	1	源 MAC ID						
0	0	1	0	0	源 MAC ID						
0	0	1	0	1	源 MAC ID						
0	0	1	1	0	源 MAC ID						
0	0	1	1	1	源 MAC ID						
0	1	0	0	0	源 MAC ID						
0	1	0	0	1	源 MAC ID						
0	1	0	1	0	源 MAC ID						
0	1	0	1	1	源 MAC ID						
0	1	1	0	0	源 MAC ID						
0	1	1	0	1	源 MAC ID						
0	1	1	1	0	源 MAC ID						
0	1	1	1	1	源 MAC ID						

表 5-6　报文组 2 标识符

标识位											报文 ID 的意义
10	9	8	7	6	5	4	3	2	1	0	
1	0	源或目的 MAC ID						组 2 报文 ID			组 2 报文
1	0	源或目的 MAC ID						0	0	0	组 2 报文标识符
1	0	源或目的 MAC ID						0	0	1	
1	0	源或目的 MAC ID						0	1	0	
1	0	源或目的 MAC ID						0	1	1	
1	0	源或目的 MAC ID						1	0	0	
1	0	源或目的 MAC ID						1	0	1	
1	0	目的 MAC ID						1	1	0	为预定义主从连接管理保留
1	0	目的 MAC ID						1	1	1	重复 MAC ID 检查报文

3. 报文组 3

在组 3 中，报文 ID 描述了由一个特定端点交换的各种组 3 报文。动态建立的显式报文连接在组 3 传输，并将 5（响应）和/或 6（请求）置于 CAN 标识区的组 3 报文 ID 部分。这些报文被认为是未连接显式报文。未连接显式报文由未连接报文管理器（UCMM）进行处理。表 5-7 列出了展开报文组 3 后标识符的分配情况。

表 5-7 报文组 3 标识符

标识位											报文 ID 的意义
10	9	8	7	6	5	4	3	2	1	0	
1	1	组 3 报文 ID			源 MAC ID						组 3 报文标符
1	1	0	0	0	源 MAC ID						组 3 报文标识符
1	1	0	0	1	源 MAC ID						
1	1	0	1	0	源 MAC ID						
1	1	0	1	1	源 MAC ID						
1	1	1	0	0	源 MAC ID						
1	1	1	0	1	源 MAC ID						未连接显示响应报文
1	1	1	1	0	源 MAC ID						未连接显示请求报文

在组 3 的传输中，总线访问优先权将均衡地分配给网络中的所有节点。当两个或多个组 3 报文接受 CAN 总线访问仲裁时，组 3 报文 ID 值较小的报文将赢得仲裁，并获得总线访问权。例如：设备#20，message ID = 2 将先于设备#5，message ID = 4 赢得仲裁。

4. 报文组 4

在组 4 中，报文 ID 2C-2F 将全部用于离线连接组报文。表 5-8 列出了展开报文组 4 后标识符的分配情况。

表 5-8 报文组 4 标识符

标识位											报文 ID 的意义
10	9	8	7	6	5	4	3	2	1	0	
1	1	1	1	1	组 4 报文 ID						组 4 报文
1	1	1	1	1	0 ~ 2B						保留的组 4 报文
1	1	1	1	1	2C						通信故障响应报文
1	1	1	1	1	2D						通信故障请求报文
1	1	1	1	1	2E						离线所有权响应报文
1	1	1	1	1	2F						离线所有权请求报文
1	1	1	1	1	1	1	×	×	×	×	无效的 CAN 标识符

未连接显式报文建立和管理显式报文连接。通过发送一个组 3 报文（报文 ID 值设置成 6）来指定未连接的请求报文。对未连接显式请求的响应将以未连接响应报文的方式发送。通过发送一个组 3 的报文（报文 ID 值设置成 5）来指定未连接响应报文。

未连接报文管理器（UCMM）负责处理未连接显式请求和响应。UCMM 需要一台设备将未连接显式请求报文 CAN 标识符从所有可能的源 MAC ID 中筛选出来。

显式报文连接是无条件的点对点连接。点对点连接只存在于两台设备之间。请求打开连接（源发站）的设备是连接的一个端点，接收和响应这个请求的模块是另一个端点。

动态 I/O 连接是通过先前建立的显式报文连接的连接分类接口而建立的。以下为动态建立 I/O 连接所必须完成的任务：

1）与将建立 I/O 连接的一个端点建立显式报文连接。

2）通过向 DeviceNet 连接分类发送一个创建请求来创建一个 I/O 连接对象。

3）配置连接实例。

4）应用 I/O 连接对象执行的配置。这样做将实例化服务于 I/O 连接所必需的组件中。

5）在另一个端点重复这一步骤。

动态处理便于不同种类的 I/O 连接的建立。DeviceNet 规范并不规定哪一方可以执行连接配置的任何规则。I/O 连接可以是点到点的，也可以是多点的。多点通信连接允许多个节点收听单点发送。图 5-16 给出了一个连接过程的示意。

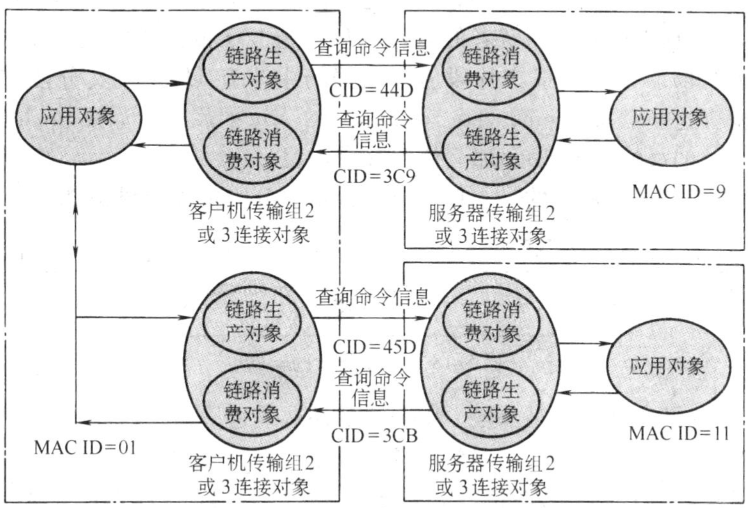

图 5-16　DeviceNet 连接示意图

最后总结 DeviceNet 连接的特点包括如下几方面：

1）建立连接就是明确一个信息交换关系，明确信息源、目的地址、所使用的信息通道及识别这个信息的 11bit 标识符。

2）连接是单方向的，如果需要双向交换，要建立两个连接。

3）一个节点只有一个 MAC ID，但在一个节点上可以对多个节点建立连接，也可以对一个节点建立多个连接。

4）DeviceNet 对连接定义了多种属性，通过属性的定义规定一个连接的行为，比如信息长度、访问机制、数据生产方式，连接类型等。这也意味着，对不同的数据可以用不同的规则交换，这样可以充分利用信道。

5）连接可以动态建立和撤销。

5.5.2 DeviceNet 的报文

DeviceNet 定义了两种报文：I/O 报文和显式报文。

1. I/O 报文(I/O Message)

I/O 报文适用于实时性要求较高和面向控制的数据，它提供了在报文发送过程和多个报文接收过程之间的专用通信路径。I/O 报文对传送的可靠性、送达时间的确定性及可重复性有很高的要求。图 5-17 为 I/O 报文的格式。

CAN 帧头	I/O 数据（0～8B）	CAN 帧尾

图 5-17　I/O 报文的格式

I/O 报文通常使用优先级高的连接标识符，通过一点或多点连接进行信息交换。I/O 报文数据帧中的数据场不包含任何与协议相关的位，仅仅是实时的 I/O 数据。连接标识符提供了 I/O 报文的相关信息，在 I/O 报文利用连接标识符发送之前，报文的发送和接收设备都必须先进行设定，设定的内容包括源和目的对象的属性以及数据生产者和消费者的地址。只有当 I/O 报文长度大于 8B（最大尺寸），需要分段形成 I/O 报文片段时，数据场中才有 1B 供报文分段协议使用。I/O连接检查连接对象的 produced _ connection _ size 的属性。如果 produced _ connection _ size 的属性大于 8B，那么使用分段协议。

分段协议位于数据区的一个单字节中，报文分段格式如图 5-18 所示。

字节数	7	6	5	4	3	2	1	0
0	分段类型		分段计数器					
	I/O 报文分段							

图 5-18　报文分段的格式

其中，分段类型表明是首段、中间段的还是最后段的发送。分段计数器标志每一个单独的分段，这样接收器就能够确定是否有分段被遗失。如果分段类型是第一个分段，每经过一个相邻连续分段，分段计数器加 1；当计数器值达到 63 时，又从 0 值开始。

I/O 报文有时也称为隐式报文，由于它的数据域中常常不包含协议信息，因而节点处理这些报文所需的时间大大缩短。I/O 报文的一个例子是控制器将输出数据发送给一个 I/O 模块设备，然后 I/O 模块按照它的输入数据回应给控制器。

2. 显式报文（Explicit Message）

显式报文适用于设备间多用途的点对点报文传递，是典型的请求—响应通信方式，常用于上/下载程序、修改设备组态、记载数据日志、作趋势分析和诊断等。其结构十分灵活，数据域中带有通信网络所需的协议信息和要求操作服务的指令。显式报文利用 CAN 的数据区来传递定义的报文，图 5-19 为显式报文的格式。

CAN 头	协议域和数据域（0～8B）	CAN 尾

图 5-19　显式报文的格式

含有完整显式报文的传送数据区包括报文头和完整的报文体两部分。如果显式报文的长度大于 8B，则必须在 DeviceNet 上以分段方式传输。一个显式报文的分段包括报文头、分段协议、分段报文体三部分。

（1）报文头　显式报文的 CAN 数据区的 0 号字节指定报文头，其格式如图 5-20 所示。

字节数	7	6	5	4	3	2	1	0
0	Frag	XID	MAC ID					

图 5-20　报文头的格式

其中，Frag（分段位）指示此传输是否为显式报文的一个分段。XID（事务处理 ID）表明该区应用程序用以匹配响应和相关请求。该区由服务器用响应报文简单回复。MAC ID 包含源 MAC ID 或目的 MAC ID。根据表 5-5、表 5-6 和表 5-7 来确定该区域中指定何种源或目的 MAC ID。

接收显式报文时，须检查报文头内的 MAC ID 区，如果在连接 ID 中指定目的 MAC ID，那么必须在报文头中指定其他端点的源 MAC ID。如果在连接 ID 中指定源 MAC ID，那么必须在报文头中指定接收模块的目的 MAC ID。

（2）报文体　报文体包含服务区和服务特定变量。报文体的格式如图 5-21 所示。

	7	6	5	4	3	2	1	0	
报文体	R/R	服务代码							服务区
	服务特定变量								

图 5-21　报文体的格式

报文体指定的第一个变量是服务区，用于识别正在传送的特定请求或响应。服务区内容如下：

服务代码——服务区字节低 7 位值，表示传送服务的类型。

R/R——服务区的最高位。该值决定了这个报文是请求报文还是响应报文。

报文体中紧接服务区之后的是正在传送的服务特殊类型的详细报文。

(3) 分段协议　显式报文连接检查要发送的每个报文的长度。如果报文长度大于 8B，那么就使用分段协议。如果传输的是显式报文的一个分段，那么该数据区含报文头、分段协议以及报文体分段。分段协议用于大段显式报文的分段转发及重组。

显式报文分段协议位于数据区的一个单字节中，其格式如图 5-22 所示。

字节数	7	6	5	4	3	2	1	0
0	Frag	XID	MAC ID					
1	分段类型		分段计数器					
	显示报文体分段							

图 5-22　分段协议的格式

其中，分段类型表明是首段、中间段还是最后段的发送。分段计数器标志每一个单独的分段，这样接收器就能够确定是否有分段被遗失。如果分段类型是第一个分段，每经过一个相邻连续分段，分段计数器加 1；当计数器值达到 64 时，又从 0 值开始。分段协议在显式报文内的位置与在 I/O 报文内的位置是不同的，显式报文位于 1 字节，I/O 报文位于 0 字节。

每台设备必须能解释每个显式报文的含义，实现它所请求的任务，并生成相应的回应。为了按通信协议解释显式报文，在真正要用到的数据上必须有较大一块的附加量。这种类型的报文在数据量的大小和使用频率上都是非常不确定的。显式报文通常使用优先级低的连接标识符，并且该报文的相关信息直接包含在报文数据帧的数据场中，包括要执行的服务和相关对象的属性及地址。

例如建立一个显式报文连接，客户机 MAC ID = 0，服务器 MAC ID = 5，客户机向服务器发送报文使用组 1，报文 ID = A，服务器向客户机发送报文使用组 1，报文 ID = 3，由客户机向服务器发出打开显式报文连接的请求，如图 5-23 所示。

打开显式报文连接响应格式 11 101 000101 数据 = 00CB00030200

5.5.3　UCMM 服务

未连接报文管理器（UCMM）提供动态建立显式报文连接。UCMM 能支持未连接显式报文的接收和处理。UCMM 处理两种服务：一是打开显式报文连接，建立一个显式报文连接；二是关闭连接服务代码，删除一个连接对象并解除所有相关资源。

此外，UCMM 可以分配信息 ID、出错响应、设备侦听信息。

与 UCMM 相关的术语如下：

(1) 具有 UCMM 功能的设备　指支持未连接报文管理器（UCMM）的设备。

(2) 仅限组 2 服务器　指无 UCMM 功能，必须通过预定义主/从连接组建立通信的从机（服务器），至少必须支持预定义主/从显式报文连接。仅限组 2 设

字节偏移	7	6	5	4	3	2	1	0	
0	Frag[0]	XID	MAC ID						报文头
1	R/R[1]	服务代码 [4B]							报文体
2	保留（所有位=0）				实际报文体格式				
3	目的信息				源信息 ID				
4	连接实例 ID								
5									

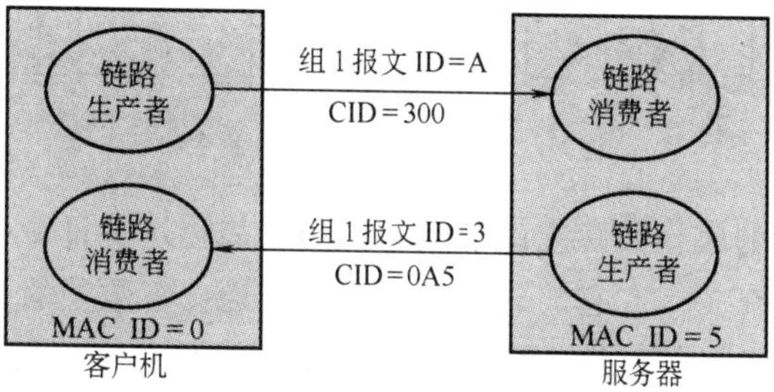

图 5-23　建立的显示连接示意图

备只能发送和接收预定义主/从连接组所定义的标识符。

（3）仅限组 2 客户机　指仅作为组 2 客户机对组 2 服务器进行操作的设备，仅限组 2 客户机为仅限组 2 服务器提供 UCMM 服务的功能。

在设备间建立连接的一般规则是先建立未连接显式报文，再建立显式报文连接，最后建立 I/O 连接。

5.5.4　DeviceNet 的 I/O 数据触发方式

DeviceNet 支持多种 I/O 数据触发方式，如位选通（Bit Strobe）、轮询（Poll）、状态改变（COS）和循环（Cyclic）等。

1. 位选通

在位选通方式下，利用 8B 的广播报文，64 个二进制位的值对应着网络上 64 个可能的节点，通过位的标识，指定要求响应的从设备。主站通过位选通命令向已在主站扫描表中具有 MAC ID 的每个从站发送一位输出数据，表示是否需要它发送数据，选中的从站向主站返回最大 8B 输入数据和/或状态信息。位选通命令报文包含一个 8B 即 64bit 数据串，一个输出位对应一个网络上的 MAC ID（0～63），如图 5-24 所示。

图 5-24 中，主站给它的五个从站分别发送 1bit 数据。注意从站的 MAC ID 并不需要连续，不管从站设备的数量和它们的 MAC ID 是多少，整个 64bit 一起发送。只有配置为消费位选通命令的从站接受该命令。

1）最低位字节的低位分配给 MAC ID = 0。

2）最高位字节的高位分配给 MAC ID = 63。

2. 轮询

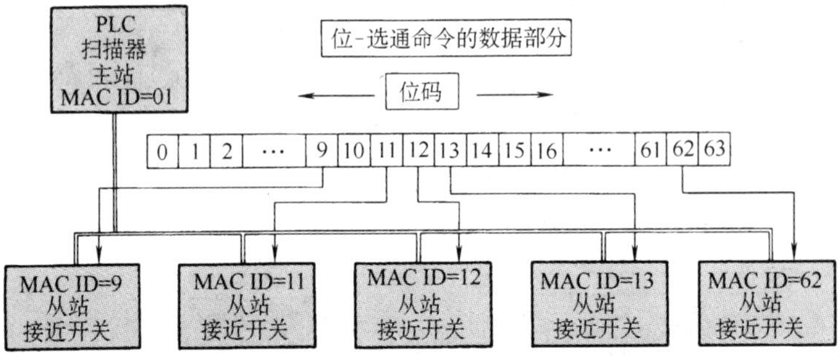

图 5-24　DeviceNet 选通命令

位选通命令和响应报文在主站和从站之间只能传送少量 I/O 数据，而轮询命令和响应报文则可在主站和它的轮询从站之间传送任意数量的 I/O 数据。在轮询方式下，I/O 报文直接依次发送到各台从设备（点对点）。轮询命令是从主站发往从站的命令和输出数据。响应是从站接到主站的轮询命令后的回答。

（1）轮询命令报文　轮询命令可将任意数量的输出数据（整体或分段）发送到目的从站设备。而从站设备则能够执行以下一种或所有动作：

1）忽略轮询命令（或许从站设备是选通设备或没有分配轮询）。

2）消费轮询命令及其输出数据。

3）消费轮询命令，把它作为一个触发器，但忽略其输出数据。

并非所有 DeviceNet 设备必须使用轮询输出数据。例如，一台输入设备可被设计为不接收任何应用 I/O 数据，但是使用轮询命令来触发发送轮询响应报文中的返回输入数据。在这种情况下，主站可向此从站发送一个 0B 轮询命令报文（无输出数据）。CAN 数据区中不包含应用 I/O 数据的轮询命令，被应用对象视作 receive _ idle 事件。对 receive _ idle 事件，不同的应用对象会有不同的行为。包含应用 I/O 数据的轮询命令报文被应用对象视为运行事件。应用对象在检测到运行事件时的行为也视对象的不同而不同。

（2）轮询响应报文　轮询响应可由从站向主站返回任意数量（分段或不分段）的输入数据和/或状态报文。图 5-24 中的轮询应用由 1 个主站和 5 个从站组成。PLC 扫描器（主站）将轮询传感器，以获得输入报文，并向执行机构发送输出控制数据。

3. 循环

适用于一些模拟设备，可以根据设备信号发生的快慢，灵活设定循环进行数据通信的时间间隔，这样就可以大大降低对网络带宽的要求。

循环可降低不必要的通信流和包处理。它只保证在模拟量输入发生变化的可能时间内进行检测，而不是不断地快速采样。

4. 状态改变

此方式用于离散的设备，使用事件触发方式，当设备状态发生改变时，才发生通信，而不是由主设备不断的查询来完成。

采用状态改变方式，设备仅在其检测的状态发生变化时才发送数据。为了保证它的数据接受对象知道它目前所处的工作状态，DeviceNet 提供一种可调整的后台运行的节拍方式。设备在状态改变和节拍周期到时就发送数据，节拍的作用只是设备汇报它还在工作，没有被切除离网络。

后两种方式，是利用主站或从站的状态改变或循环产生触发器，来触发数据的传递。它有主站的状态改变和从站的状态改变的区分。状态改变/循环报文可以是有应答或无应答的。

预定义主/从站连接组可支持主/从站之间的状态改变或循环数据产生。状态改变和周期性轮询的默认设置都是应答交换式的，保证发送设备确定接收设备得到了数据。

多种可选的数据交换形式，均可由用户自由地指定。通过选择合理的数据通信方式，可以明显地提高网络利用效率。

5.5.5 DeviceNet 对象模型

DeviceNet 使用抽象的对象模型（Object Model）来表示如何建立和管理设备的特性和通信关系，DeviceNet 的节点被模型化为对象（Object）的集合。DeviceNet 的每台设备都由两类基本的对象集（与通信有关的对象和与应用有关的对象）组成。

DeviceNet 对象模型如图 4-4 所示。它提供了组织和实现 DeviceNet 产品的组件属性、服务和行为的简便模板，并可通过 C + + 中的类直接实现。注意图 4-4 中的网络特有的对象在 DeviceNet 中为 DeviceNet 对象，在 ControlNet 中为 ControlNet 对象。一个设备的组件可分为组件属性、服务和行为三部分，这三部分可按如下对象进行描述：

（1）连接对象（Connection Object） DeviceNet 产品中，一般至少包括两个连接对象。每个连接对象代表 DeviceNet 上两个节点间虚拟连接中的一个端点。两种连接类型分别是显式报文连接和 I/O 报文连接。显式报文中，包括属性地址、属性值和用以表述所请求行为的服务代码。I/O 报文中，只包含数据，所有关于如何处理该数据的信息都包含在与该 I/O 报文相关的连接对象中。

（2）DeviceNet 对象（DeviceNet Object） DeviceNet 产品中，一般都有一个 DeviceNet 对象实例，该实例具有下列属性：节点地址或其 MAC ID、波特率、总线离线动作、总线离线计数器、单元选择和主站的 MAC ID。

（3）标识对象（Identity Object） DeviceNet 产品中，一般都有一个标识对象实例，此实例包含各种属性，如供货商 ID、设备类型、产品代码、版本、状态、序列号、产品声明等。

（4）报文路由对象（Message Router Object） DeviceNet 产品中，一般都有一个报文路由对象实例，可将显式报文传送给其他相应的对象。一般在 DeviceNet 中，它不具有外部可视性。

（5）汇编对象（Assembly Object） DeviceNet 产品中，一般都有一个或多个汇编对象。这些对象的任务就是将来自不同应用对象的不同属性（数据）组合成一个能够随单个报文传送的属性。

（6）参数对象（Parameter Object） 在带有可配置参数的设备中，都用到了可选的参数对象。每个可配置参数的设备都应引入一个实例。参数对象为配置工具访问所有的参数提供标准的方法。

（7）应用对象（Application Object） 根据设备的具体要求定义应用对象，DeviceNet 协议中有一个标准设备库，提供了大量的标准对象。

由于篇幅所限，对于 DeviceNet 各个对象类的属性、服务、实例以及实例属性等具体赋值和含义就不一一介绍了，有兴趣的读者可参见参考文献［1］。

DeviceNet 为了对各个对象及其中的类、实例、属性等进行寻址，提供了以下几种寻址标识符：

- 媒体访问控制标识符（MAC ID）：对 DeviceNet 网段上的各个节点进行标识。
- 类标识符（Class ID）：对 DeviceNet 网段上的各个类进行标识。
- 实例标识符（Instance ID）：对同一个类中的各个实例进行标识。
- 属性标识符（Attribute ID）：对同一对象中的各个属性进行标识。

5.5.6 DeviceNet 设备描述

DeviceNet 协议规范为属于同一类别但由不同制造商生产的设备定义了标准的设备模型，符合同一模型的设备遵循相同的身份标识和通信模式，这保证了不同制造商生产的同一类设备之间的互换性和互操作性。这些与不同类设备相关的数据包含在设备描述中。设备描述是一个设备的基于对象模型的正式定义，包括以下内容：

- 设备的内部构造（包括设备的对象模型、设备行为的详细描述）。
- I/O 数据格式（数据交换的内容和格式，以及在设备内部的映射所表示的含义）。
- 可组态的属性和公共接口（包括该属性如何被组态、组态数据的功能）。

DeviceNet 协议规范还允许制造商提供电子数据文档（EDS），以文件的形式记录设备的一些具体操作参数等信息，便于在配置设备时使用。这样，来自第三方的 DeviceNet 产品就可以方便地连接到 DeviceNet 上。

1. 对象模型

为了实现同类设备之间的互操作性，两台和两台以上设备中实施的相同对象必须保持设备间的行为一致。因此，每个对象规范包括一个严格的行为定义。每个 DeviceNet 产品都包含若干个对象，这些对象互相作用提供产品的基本行为。因为各个对象的行为是固定的，所以相同的对象组的行为也是固定的。因此，以特定的次序组织的相同对象组将互相作用在各台设备中而产生相同的行为。设备中使用的对象组是指设备的对象模型，如图 4-4 所示。为使同类设备产生相同的行为，同类设备必须具备相同的对象模型。因此，各设备描述中都包括对象模型，以便在 DeviceNet 的同类设备之间提供互操作性。

对象模型建立规则如下：①标识设备中存在的所有对象类（必需的或可选的）；②表明各对象类中存在的实例数。如果设备支持实例的动态创建和删除，对象模型将说明对象类中可以存在的最大实例数；③说明对象是否影响设备的行为。如果影响设备的行为，对象模型说明是如何影响的；④定义每个对象的接口，即定义对象和对象类如何链接。

（1）设备中存在的所有对象　设备可以包含必需对象和可选对象。当对象标识为“必需”时，就表示所有该类型的设备都必须为该对象，至少，DeviceNet 设备的对象模型必须指定以下对象类的实例：①连接对象类；②DeviceNet 对象类；③标识对象类；④报文路由器对象类。

DeviceNet 网络除了需要这些最低限度的对象类外，对象模型一般也能包括这个设备类型所需要的应用特定的对象类。设备中可能包括某些对象类，它们提供的功能不在特定设备最低要求之内或这些功能不影响设备的行为。描述中将该类对象标识为“可选”。在将一个对象标识为“可选”时，它对该类型的所有设备来说是可选的。图 5-25 中的对象模型表示一个限位开关。表 5-9 表明了限位开关中：①存在哪些对象；②对于该设备类型，它们是必需的还是可选的；③在每个对象类中存在的实例数。

该例包括一个存在的传感对象。目前，这个对象在 DeviceNet 对象库中不存在。然而，它们代表了一种可为自己的 DeviceNet 产品设计的对象类型。

（2）影响行为的对象　标识完设备中包括的所有对象后，该部分描述将区分哪些对象影响设备的行为，哪些对象不影响设备行为。表 5-9 列出了限位开关中影响设备行为的对象。

（3）对象接口　设备描述中对象模型规范的最后部分是访问设备内部各对象的所有接口的定义。对象接口定义表明设备内对象是如何连接的。表 5-9 表明了限位开关中对象具有的接口。

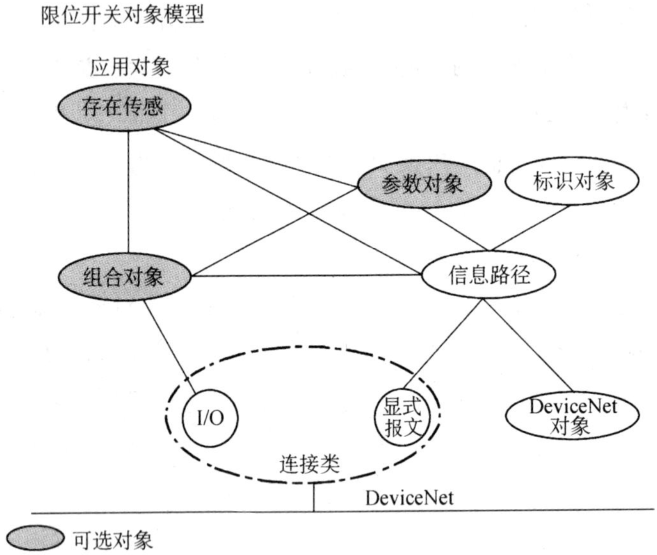

图 5-25 设备描述示例：限位开关对象模型

表 5-9 限位开关示例的对象模型

对象	必需/可选	实例数	对行为的影响	接口
标识	必需	1	支持复位服务	报文路由器
报文路由器	必需	1	无影响	显式报文连接实例
DeviceNet	必需	1	配置端口属性（波特率、MAC ID、BOI 处理）	报文路由器
连接	必需	2（1 个 I/O、1 个显式报文）	包含进出设备的逻辑端口数	报文路由器
组合	必需	1	定义 I/O 数据格式	I/O 连接或报文路由器
参数	可选	1	提供访问设备配置数据的公共接口	报文路由器
存在传感	必需	1	影响输出值（属性）	报文路由器或参数对象、组合对象

2. I/O 数据格式

设备描述部分定义了设备如何在对设备的 I/O 数据格式有严格规定的 DeviceNet 上进行通信。灵活的联网设备能生产和/或消费不止一个 I/O 值。通常，它们将生产和/或消费一个或多个 I/O 值以及状态和诊断信息。通过设备通信的每段数据都可用设备内部某个对象的一个属性值表示。通过一个单独 I/O 连接进行多段数据(属性)通信时,需要将属性组合成一个单一信息块。组合对象类实例将完成该组合。因此,设备 I/O 数据格式的定义等效于用于组合 I/O 数据的组合实例的定义。在一个设备描述中,设备 I/O 数据格式将遵守这些原则:①I/O 组合可以是输入或输出型;②一台设备可以包含不止 1 个 I/O 组合。

设备 I/O 组合实例的定义:①用实例编号、类型和名称标识 I/O 组合;②指定 I/O 组合数据属性格式;③将 I/O 组合数据属性分量映射到其他属性。

(1) I/O 组合实例　因为 DeviceNet 产品可以含有一个或多个 I/O 组合(输入或输出型),因此要为每台设备类型清楚地标识组合实例。表示限位开关设备示例支持的 I/O 组合实例见表 5-10。

表 5-10　限位开关示例:I/O 组合实例

编　号	类　型	名　称
1	输入	输入数据

(2) I/O 组合数据属性的格式　任何与其他设备通信、交换 I/O 数据的设备,都必须了解其他设备的 I/O 数据格式。组合对象的数据属性(实例属性#3)持有该 I/O 格式。因此,这部分描述为每个组合实例指定了数据属性格式,该组合属性被列入组合属性识别表中。数据属性是 1B 数组,设备描述指定如何定义一个表示设备的 I/O 数据的数组。I/O 组合数据属性规范规定遵守下列原则(见表 5-11):

1) 大于 1B 的数据分量,低字节部分列在前面。

2) 小于 1B 的数据分量,在一个字节中右对齐(从位 0 开始)。

3) 明确预留位的状态。

表 5-11　限位开关示例:I/O 组合数据属性格式

实例	字节	位 7	位 6	位 5	位 4	位 3	位 2	位 1	位 0
1	0	保留	保留	保留	保留	保留	保留	诊断	输出

(3) I/O 组合数据属性分量映射　由于组合对象的数据属性分量是其他对象的属性,因此设备描述包括这些属性对它们各自对象的映射。映射包括每个数据分量的分类、实例和属性 ID 规范。各数据属性分量相对地址的规范基本等同于组合对象的 Member _ List 实例属性(#2)的规定。表 5-12 表示限位开关示例的 I/O 组合数据属性映射。

如果设备具有不止一个 I/O 的组合实例,描述应该包括一个与表 5-12 相类似的每个 I/O 组合实例属性映射表。

表 5-12　限位开关示例：I/O 组合数据属性映射

数据分类名称	类		实例编号	属　性		数据类型
	名称	编号		名称	编号	
诊断	存在探测	OEhex	1	诊断	4	UINT
输出	存在探测	OEhex	1	输出	1	BOOL

3. 设备配置

除了产品的对象模型和它的 I/O 数据格式以外，设备描述还包括设备可配置参数的规范和这些参数的公共接口。设备中的可配置参数直接影响它的行为，同类设备必须以相同的方式动作。因此，它们必须具备相同的配置参数。“相同的配置”是指基本配置相同。设备可能具有该设备类型定义的行为以外的扩展功能（带有相关参数）。上电时，该功能必须以某种形式默认，这样，设备行为表现出与为该类型设备定义的行为一致。除了定义相同的配置参数外，到这些参数的公共接口必须一致。设备配置的定义还包括每个可配置属性的下列信息：

1）配置参数数据。

2）每个参数对象实例的所有属性值。

3）电子数据文档（EDS）参数部分的所有值。

4）至少包括下列打印的数据文档信息：

① 参数名称。

② 属性路径（类、实例、属性）

③ 数据类型。

④ 参数单元。

⑤ 最小/最大默认值。

5）参数对设备行为的影响。

6）设备配置的公共接口。

下面分别对参数、参数对行为的影响、参数组以及设备配置数据的公共接口作简单介绍。电子数据文档的内容在 6.5 节中介绍。

（1）参数　各配置参数的定义包含下列任一规定：

1）参数对象类（每个配置参数）实例的实例属性。

2）EDS 参数部分列出的所有数据。

3）包括打印的数据文档信息有：①参数名称；②属性路径（类、实例、属性）；③数据类型；④参数单元。⑤最小/最大默认值。

DeviceNet 对象库的对象定义中包括参数对象的实例属性。对于这些对象库以及实例属性的具体内容可参考 DeviceNet 规范的第 2 卷。

（2）配置参数对行为的影响　设备描述的配置部分还说明了各配置参数对设备行为的影响。表 5-13 举例说明了某流量变送器配置参数对设备行为的影响。

表 5-13 流量变送器示例：配置参数的影响

参 数	对行为的影响
输入范围	选择模拟量输入范围(即 0 ~ 5V、4 ~ 20mA 等)
LPF 系数数组	决定滤波器的传递函数,它直接影响模拟输入值的响应
LPF 增益系数	决定滤波器输出值的增益

(3) 参数组　如果利用参数组对象类实例对可配置参数分组，则本节指定每个组的定义。每个配置参数的定义包括：

1) 参数组对象类（每一个配置参数）实例的实例属性。

2) EDS 参数组部分列出的所有数据。

(4) 设备配置数据的公共接口　描述中配置部分的最后一部分明确地规定了连接设备配置数据的公共接口。在限位开关示例中，下列对象 类提供访问设备配置数据的公共接口：

1) 参数（每个可配置属性的一个参数对象实例）。

2) 组合（配置组合提供加载和卸载数据的批处理方法）。

3) 报文路由器（可访问存在传感对象）。

4. 扩展的设备描述

制造商可以选用现存的设备描述进行扩展，使它适合其产品表现的附加行为。产品的制造商可能希望他设计的产品既能在设备描述定义中提供产品的基本行为，又能提供扩展功能，以使他的产品能与竞争对手的产品相区别。在 DeviceNet 设备描述库发展相当一段时间后，扩展现存描述将会变成通常惯例。在扩展一个现存设备描述时，不应改变基本设备描述的定义，并且增加的功能不应使扩展描述与基本设备描述相冲突。因此，扩展现存设备描述时应遵守下列原则：

1) 所有加到描述中的新对象、属性和服务都是可选的。必须保持向下兼容性。

2) 在设备上电时，它所有新增的特性必须默认，使得该设备的行为与其所属的设备类型定义的基本行为一致。

3) 不能更改基本 I/O 格式，但可以为增加的可选 I/O 组合实例提供扩展的 I/O 格式。

4) 不能改变基本配置，但可以通过增加可选的配置组合实例或可选的参数对象类实例提供扩展的配置参数。

5) 所有附加组合实例只能定义在供应商专用的地址范围内。

表 5-14 显示了设备描述使用的编码机制。表明设备描述可以是公共定义的或供应商特定的。

表 5-14　设备描述使用的编码机制

类型	范围	数量	类型	范围	数量
公共定义	00～63hex	100	公共定义	100～2FFhex	512
供应商特定	64～C7hex	100	供应商特定	300～4Ffhex	512
预留	C8～FFhex	56	预留	500～FFFFhex	64256

可将设备类型编号范围设置在“供应商特定”设备描述一类。如果选择使用了这类设备类型编号中的一个，制造商就不必为其产品出版一份设备描述。值得注意的是，如果制造商不出版自己产品的设备描述，用户将无法找到该产品的直接替代产品，更为重要的是，他们无法用该产品直接替代竞争者的产品。

5.5.7　DeviceNet 预定义主/从连接

DeviceNet 是基于连接的通信协议，它通过未连接显式报文建立显式连接；I/O 连接则是在显式连接基础上，通过设置而改为 I/O 连接。这种设置是可以预先建立，也可以在线动态修改。这使得 DeviceNet 具有很好的灵活性，在一条总线上，可以同时传送显式报文和 I/O 报文，可以根据实际需要在线修改配置。但是这些灵活性也增加了复杂性，设置手续比较繁复，同时设备需要具备灵活配置和修改的能力。例如，对未连接显式报文的接收和处理要求设备具备 UCMM 能力，因为它要从专门的信息通道接收从未登记的节点而来的信息，并且要根据建立连接的请求分配报文 ID，并对报文 ID 进行动态管理，这对设备的硬件和软件能力都有较高的要求。而在实际使用中，许多对象的应用情况往往很简单，常用的主/从连接方式足以满足要求。为此，DeviceNet 定义了一个预定义主/从连接组和仅限组 2 的从站，以降低从站的成本和简化设备的配置。

预定义主/从连接组用于主/从连接式通信，并预先定义好各报文组内一些通信的功能。在使用前，主站需要通过主/从连接组，分配请求服务和从站的应答来明确主从关系，并通过分配选择的设置，明确所采用的报文传送机制（位选通、轮询、状态改变、循环、显式）。

表 5-15 给出了预定义主/从连接组的标识符分配情况。由此可以看出，主站发往从站的报文都使用目的节点的 MAC ID 标识，而从站发往主站的报文都使用源 MAC ID 标识，这使从站容易辨识自己的报文；而对于功能较强的主站来说，也有能力处理来自多个从站的报文。

表 5-15　预定义主/从连接组的标识符分配

<table>
<tr><th colspan="11">标识符</th><th rowspan="2">报文类型</th></tr>
<tr><th>10</th><th>9</th><th>8</th><th>7</th><th>6</th><th>5</th><th>4</th><th>3</th><th>2</th><th>1</th><th>0</th></tr>
<tr><td>0</td><td colspan="4">组 1 报文</td><td colspan="6">源 MAC ID</td><td>组 1 报文</td></tr>
<tr><td>0</td><td>1</td><td>1</td><td>0</td><td>0</td><td colspan="6">源 MAC ID</td><td>从站 I/O 多点轮询响应报文</td></tr>
</table>

（续）

标识符											报文类型
10	9	8	7	6	5	4	3	2	1	0	
0	1	1	0	1	源 MAC ID						从站 I/O 状态改变/循环报文
0	1	1	1	0	源 MAC ID						从站 I/O 位选通响应报文
0	1	1	1	1	源 MAC ID						从站 I/O 轮询响应/状态改变/循环应答报文
1	0	MAC ID						组 2 报文 ID			组 2 报文
1	0	源 MAC ID						0	0	0	主站 I/O 位选通命令报文
1	0	多点通信 MAC ID						0	0	1	主站 I/O 多点轮询命令报文
1	0	目的 MAC ID						0	1	0	主站状态改变/循环应答报文
1	0	源 MAC ID						0	1	1	从站显式/未连接响应报文
1	0	目的 MAC ID						1	0	0	主站显式响应/请求报文
1	0	目的 MAC ID						1	0	1	主站 I/O 轮询命令/状态改变/循环应答报文
1	0	目的 MAC ID						1	1	0	仅限组 2 未连接显示响应/请求报文（预留）
1	0	目的 MAC ID						1	1	1	重复 MAC ID 检查报文

表 5-15 中涉及的报文类型有：

（1）I/O 位选通命令/响应报文　位选通命令是由主站发送的一种 I/O 报文。位选通命令报文具有多点发送功能，多个从站能同时接受并响应同一个位选通命令（多点发送功能）。位选通响应报文是当从站收到位选通命令后，由从站发送回主站的 I/O 报文。在从站中，位选通命令和响应报文由同一个连接对象来接收和发送。

（2）I/O 轮询命令/响应报文　轮询命令是由主站发送的一种 I/O 报文。轮询命令是指向单独特定的从站（点到点）的，主站必须向它的每个要查询的从站分别发送不同的查询命令报文。轮询响应是当从站收到轮询命令后，由从站发送回主站的 I/O 报文。在从站中，轮询命令和响应报文由同一个连接对象来接收和发送。

（3）I/O 状态改变/循环应答报文　主站和从站都可发送状态改变/循环报文。状态改变/循环报文指向单独特定的节点（点到点），将返回一个应答报文作为响应报文。无论是在主站或者是在从站中，生产状态改变报文和消费应答报文都由同一个连接对象接收/发送。消费状态改变报文和生产状态应答报文由另一个连接对象接收/发送。

（4）I/O 多点轮询响应报文　多点轮询命令是一个由主站发送的 I/O 报文。多点轮询指向一个或多个从站。多点轮询响应是在接收到多点轮询命令时，从站返回给主站的I/O报文。在从站内，多点轮询命令和响应报文由单个连接对象接收/发送。

（5）显式响应/请求报文　显式请求报文用于执行如读写属性的操作。显式响应报文表明对显式请求报文的服务结果。在从站中，显式响应和请求报文由一个连接对象接收/发送。

（6）未连接响应报文　动态建立的显式报文连接的信息在组2传输并将响应（5）置于CAN标识区的组2报文ID部分。这个报文被认为是未连接的响应报文。未连接的响应报文由未连接报文管理器（UCMM）进行处理。

（7）仅限组2未连接显式响应/请求报文　仅限组2未连接显式请求，报文端口用于分配/释放预定义主/从连接组。此端口（组2，报文ID=6）已预留，不可用作其他用途。仅限组2未连接显式响应报文端口用于响应仅限组2未连接显式请求报文和发送设备监测脉冲/设备关闭报文。这些报文采用和显式响应报文相同的标识符（组2，报文ID=3）发送。

（8）重复MAC ID检查报文　DeviceNet的每一个物理连接必须分配一个MAC ID。这一配置包括人工设备，因此，同一链接上的两个模块具有相同MAC ID的情况将是很难避免的。因为定义一个DeviceNet传输时都涉及MAC ID，因此要求所有DeviceNet模块都参与重复MAC ID检测算法。组2中定义了一个特定的报文ID值，用以规定重复MAC ID检查报文，见表5-6。重复MAC ID检查报文的数据格式如图5-26所示。

<table>
<tr><th>字节位数</th><th>7</th><th>6</th><th>5</th><th>4</th><th>3</th><th>2</th><th>1</th><th>0</th></tr>
<tr><td>0</td><td>R/R</td><td colspan="7">物理端口编号</td></tr>
<tr><td>1</td><td colspan="8" rowspan="2">低字节　　制造商ID
高字节</td></tr>
<tr><td>2</td></tr>
<tr><td>3</td><td colspan="8" rowspan="4">低字节　　序列号
高字节</td></tr>
<tr><td>4</td></tr>
<tr><td>5</td></tr>
<tr><td>6</td></tr>
</table>

图5-26　重复MAC ID检查报文的数据格式

其中，R/R位为请求/响应标志；物理端口编号是DeviceNet内部分配给每个物理连接的一个识别值。完成与DeviceNet多个物理连接的产品必须在十进制数0～127范围内分配唯一的值。执行单个连接的产品设备值为0；制造商ID为16bit整数区（UINT），包含分配给报文发送设备的制造商识别代码；系列号为32bit整数区（UDINT），包含由制造商分配给设备的系列号。

所有生产DeviceNet节点设备的制造商都将被分配一个制造商识别码。另外，当制造产品时，每一个制造商必须为每一个DeviceNet产品配置一个唯一的32bit系列号。系列号对特定的制造商应该是唯一的。

对于不具有UCMM能力的从站，称为仅限组2从站，它没有能力接收通常的未连接显式报文，只能通过预定义主/从连接组内预留的未连接显式请求报文（组 2，报文 ID =6）和从站的显式/未连接响应报文（组 2，报文 ID =3）来实现预定义主/从连接的分配或删除。

许多传感器和执行装置执行规定的动作（如测量压力、起动电动机等），其数据的类型和流量在使用时已经确定。这些设备主要的是输入输出数据和接受组态数据等。用预定义的主/从连接已能满足这些功能。

5.6 DeviceNet 组网

DeviceNet 属于底层设备现场总线。现场总线上一般挂接了多台设备，所以组态 DeviceNet 最重要的是确定网络拓扑结构。在确定好网络拓扑结构后，正式进行组态配置前要明确所需的硬件设备和组态软件，然后再对网络进行配置和组态。

5.6.1 组态配置所需软硬件

组态配置 DeviceNet 前需要在硬件和软件上做相应的准备工作。

1. 硬件

DeviceNet 中通常有 DC24V 电源、扫描器模块、适配器模块等，搭建 DeviceNet 首先要选择一个稳定的 24V 电源保证有足够的功率给网络上所有设备供电，并根据系统的需要确定相应的扫描器模块，然后陆续确定系统中接在网络上的各台设备，并用专用的 DeviceNet 网络连线连接网络上的所有设备和供电电源，最后在网络的两端接上终端电阻。

在一个 DeviceNet 中的每台设备都有一个唯一的 0～63 的 MAC ID 地址，通常每台设备都提供了相应的两位的拨码开关，调节拨码开关使得网络中每台设备都有一个唯一的地址。网络中的各台设备要相互通信，还必须按照统一的波特率传输数据，所以还要设置好每台设备的通信波特率，可以选择 125kbit/s、250kbit/s 或者 500kbit/s 中的一个。

由于系统的组态配置需要在计算机里进行，所以在开发阶段还需要将网络通过一个 1770KFD 模块与计算机的一个串行口相连接，或者通过 1784-PCD 网卡与计算机相连接。

2. 软件

用于 DeviceNet 的组态和配置的软件为 RSNetWorx for DeviceNet，通过该软件可以方便地对 DeviceNet 进行网络配置。

5.6.2 DeviceNet 网络配置

以下介绍使用 RSNetWorx for DeviceNet 软件对 DeviceNet 进行组态配置的过程。

1）运行 RSNetWorx for DeviceNet 软件，以新建一个工程文件，该工程用于保存所有的配置信息，如图 5-27 所示。

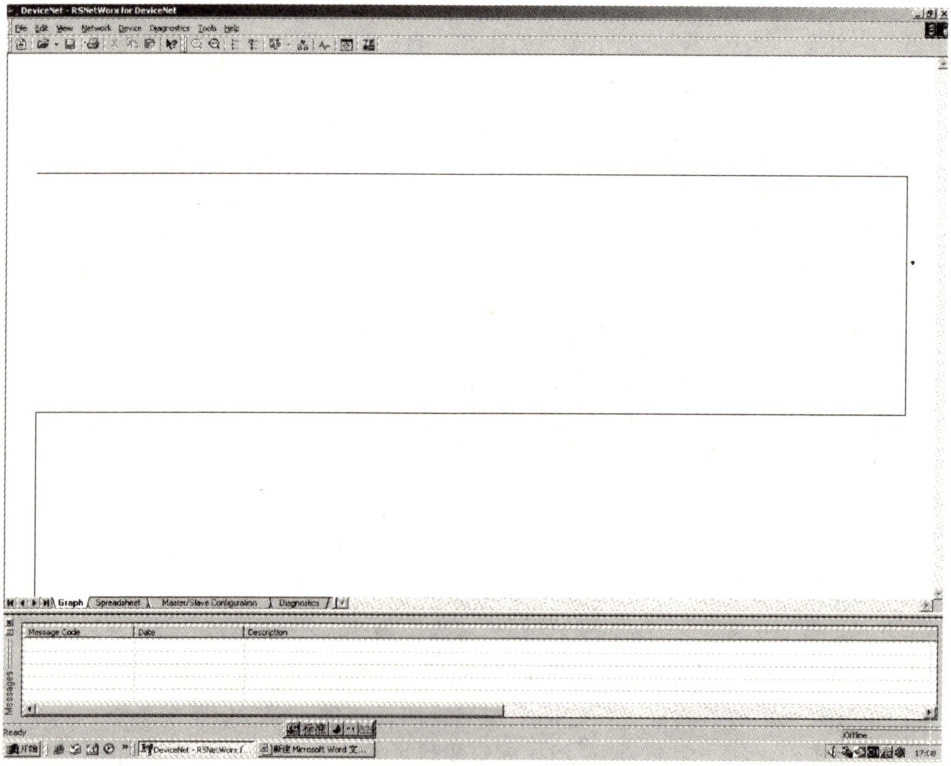

图 5-27　打开的软件界面

2）在打开的窗口中，从菜单中选择 File→Save As，得到如图 5-28 所示的对话框，将该工程根据需要重命名（也可不修改），后缀名为 . dnt，这里命名为 DeviceNet. dnt。

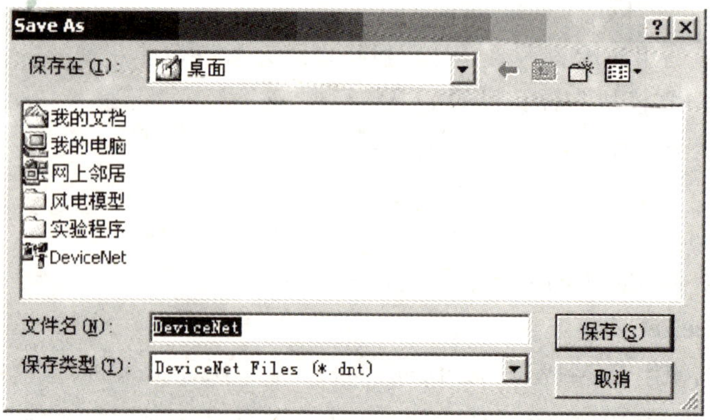

图 5-28　保存工程

3）工程保存完毕，要进行组态配置，需要先添加通信驱动，选择相应的通信方式。打开 RSLinx 软件，从菜单栏选择 Communication→Configure Drivers 选项或直接从工具栏单击按钮，得到如图 5-29 所示的下拉列表框，选择相应的通信方式，这里选择 EtherNet/IP Driver，完成该项配置。

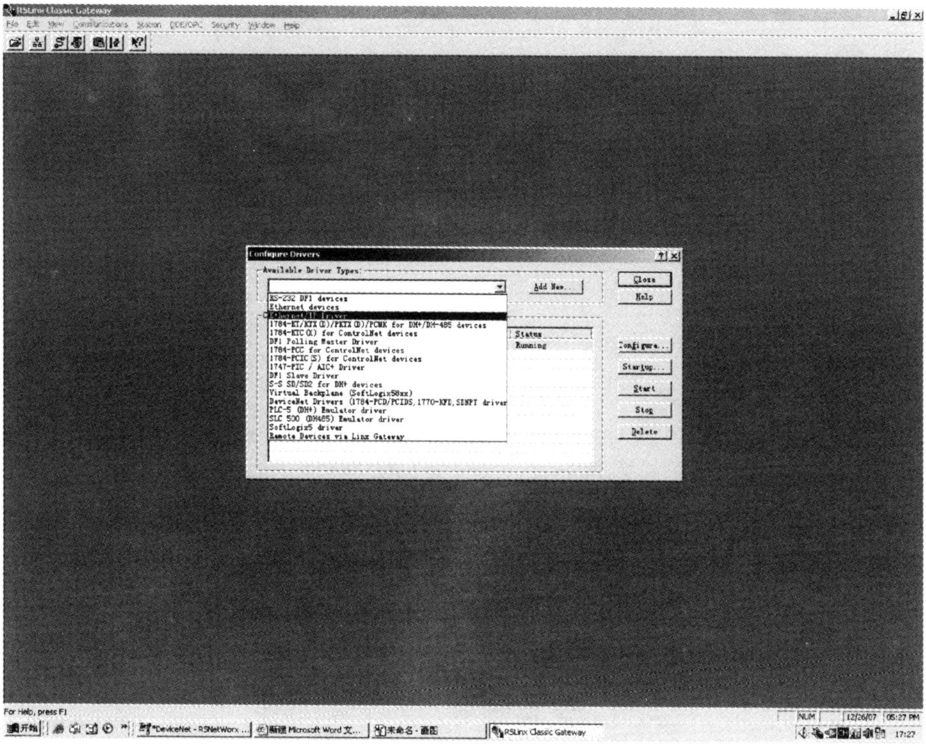

图 5-29 选择通信方式

4）通信驱动添加完毕，可单击工具栏中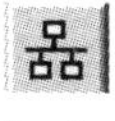按钮，得到如图 5-30 所示的窗口，查看控制网络中的设备状况（选中其中的“A，DeviceNet”，即可查看 DeviceNet 中的节点设备）。

5）完成通信驱动方式的添加，回到 RSNetWorx For DeviceNet 界面，选择菜单中 NetWork→Online 或单击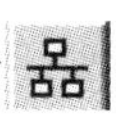按钮，得到如图 5-31 所示的对话框，选择要组态的 DeviceNet，比如图中“A DeviceNet”。完成后进入下一步。

6）等待扫描结束。图 5-32 所示为扫描过程，可以观察到网络上各设备状况。其中，00 号节点为 DNB 模块，该模块与处理器在同一机架上。

7）完成扫描后，开始对各节点设备进行配置，以 1794-ADN DeviceNet Flex I/O Adapter 为例。双击 02 号节点（该节点号在 Flex I/O 适配器上手动设置），

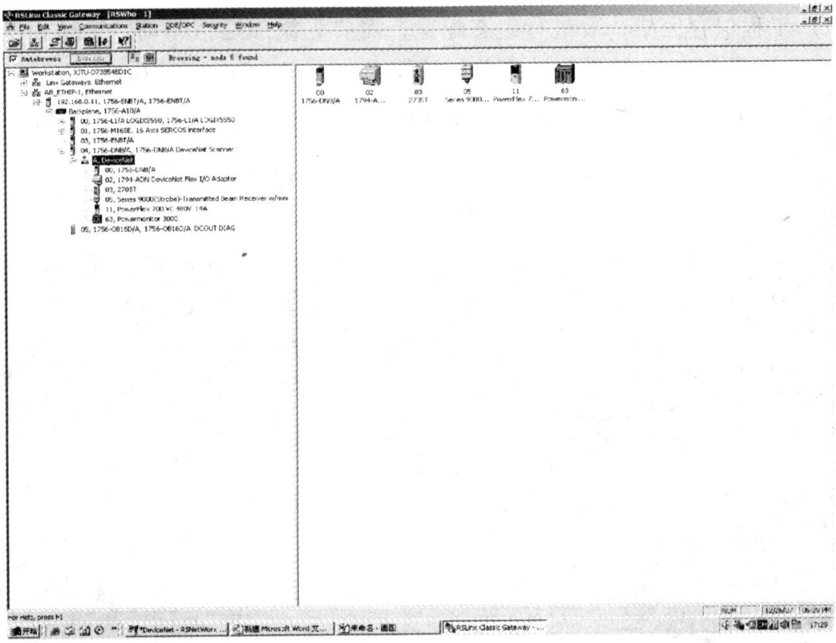

图 5-30　DeviceNet 节点状况

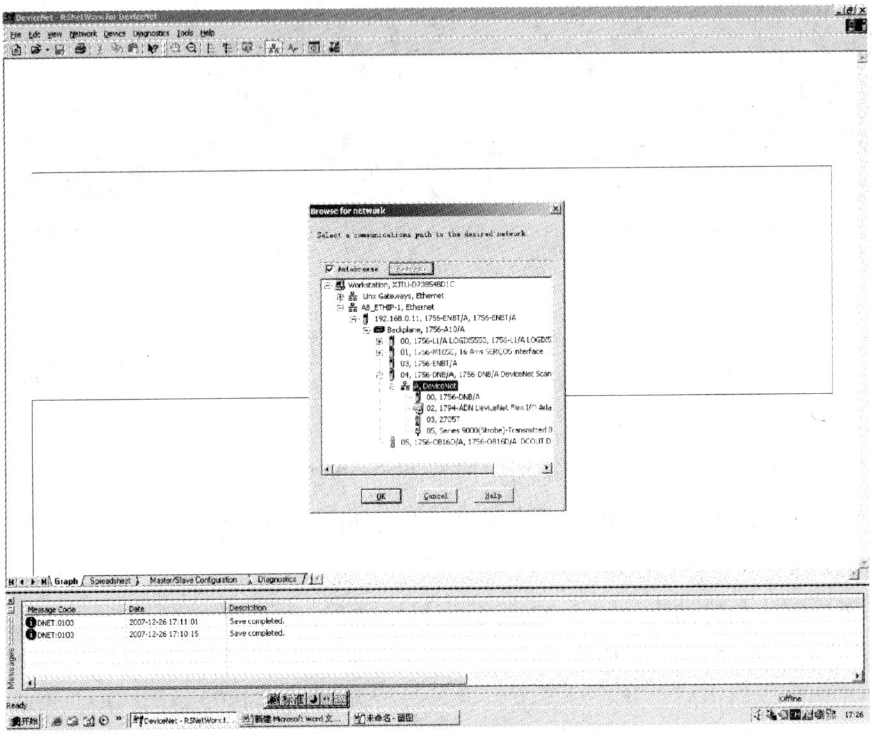

图 5-31　选择要组态的网络

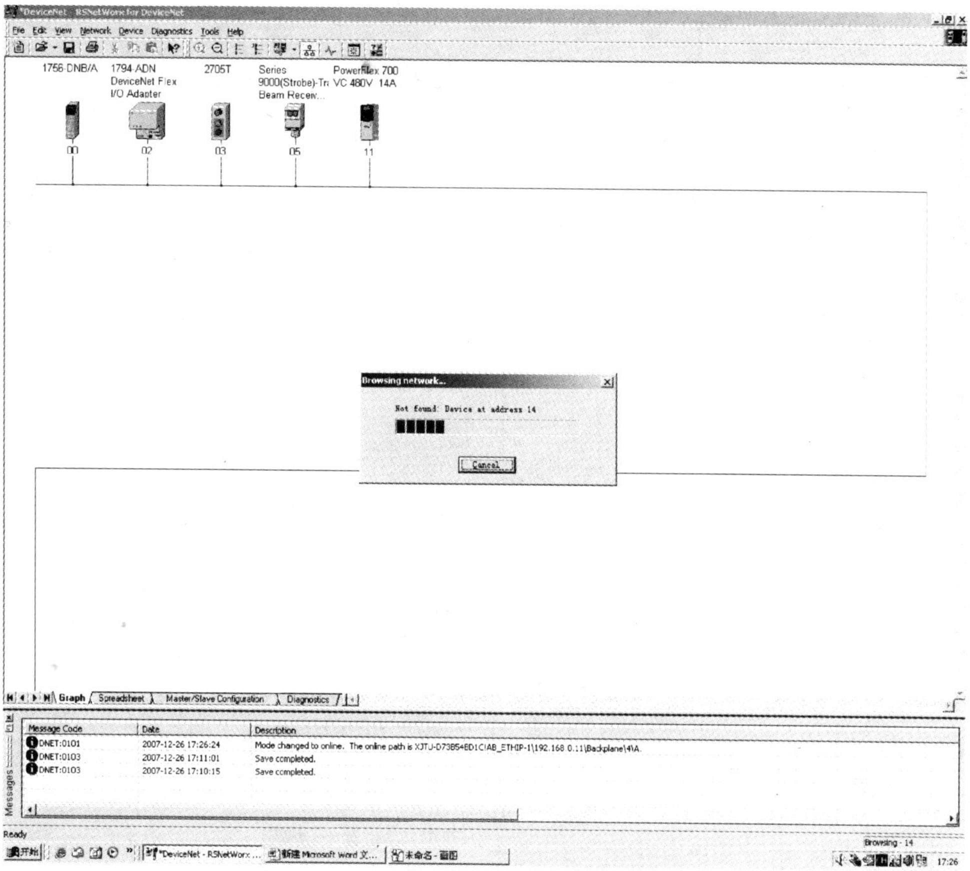

图 5-32　扫描过程

得到如图 5-33 所示的对话框，从中可以查看该模块的信息，根据硬件进行相关的配置，确定输入输出的点数。

8）按步骤 7 分别对 DeviceNet 中的除 00 号节点外的其他节点进行配置，配置完成后，双击 00 号节点，得到图 5-34 所示的对话框，图 a 中 Address 为该模块在网络中的节点号。打开 Module 选项卡（见图 5-34b），可查看 DNB 模块信息，并设置其属性，Slot 为该模块在机架中的槽号，此处为 4。然后打开 Scanlist 选项卡（见图 5-34c），将左边列表框中的设备逐一添加到右边。点击图 5-34d 中 Advanced 按钮后会弹出图 5-34e 所示的画面，为刚添加的设备的 I/O 与 DNB 模块的对应关系，图中所示表示 1794-ADN 模块的输入对应 DNB 模块的 Dword0 的 Bit0 位到 Dword1 的 Bit15，输出设置与输入相同。然后可单击 ADR 和 Summary 选项卡查看节点映射情况，如图 5-34f 和 g 所示。

9）配置完成，点击应用，将会弹出如图 5-35 所示的对话框，点击确定按钮，将以上配置信息下载到各节点设备上，组态配置完成，可退出该软件。

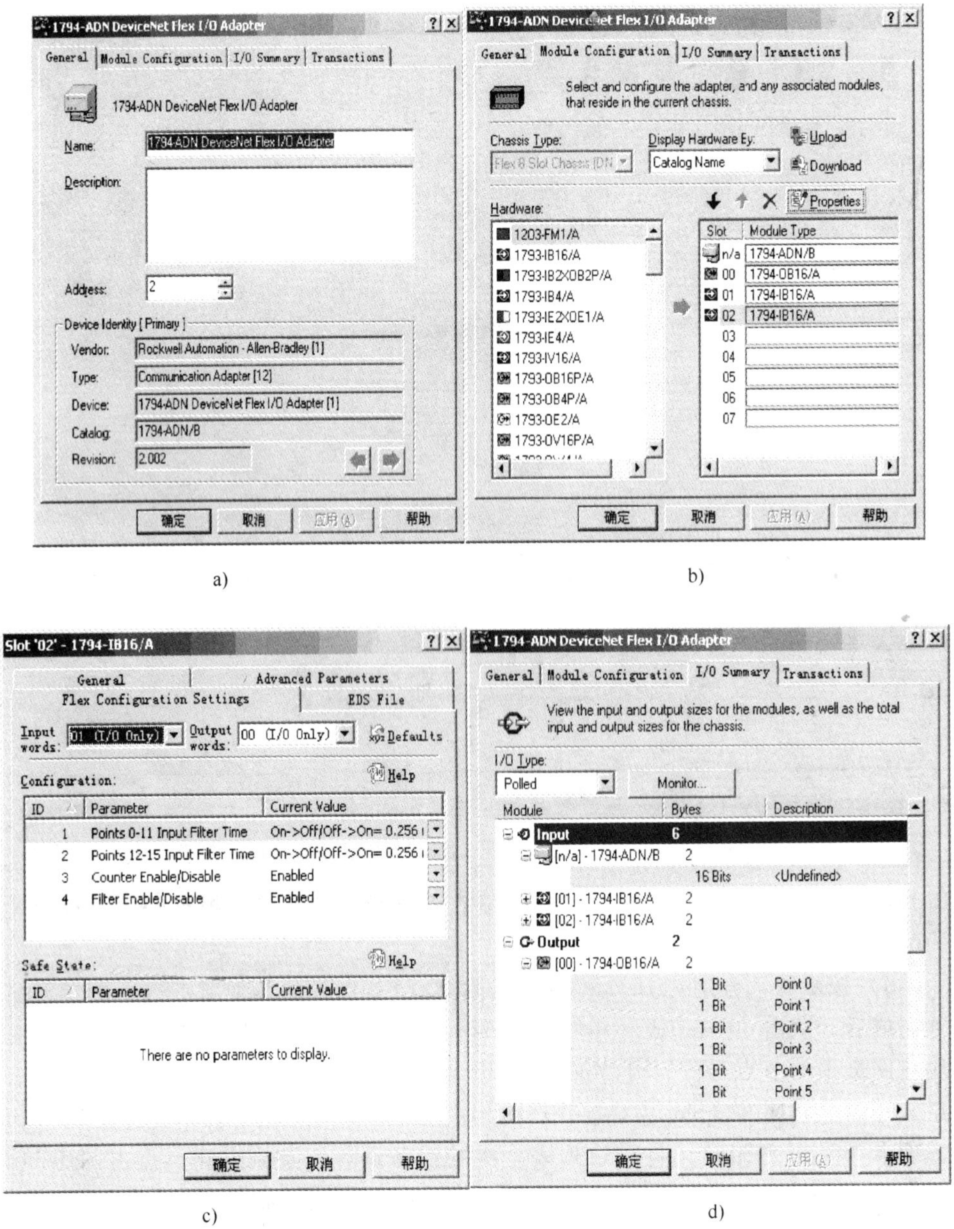

图 5-33 1794-ADN 模块配置

a）通用信息 b）模块组态

c）I/O 设置 d）I/O 统计信息

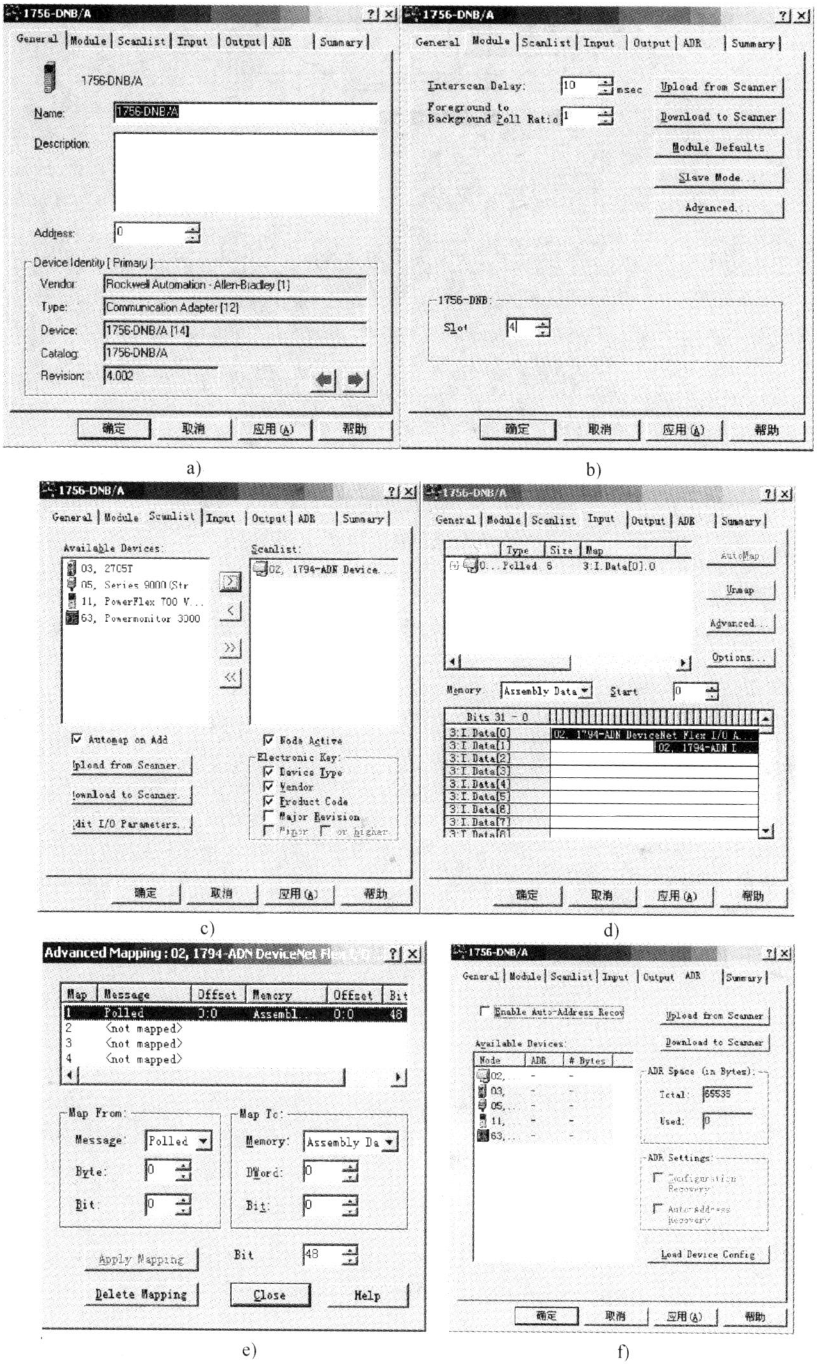

图 5-34 DNB 节点配置

a）通用信息 b）DNB 模块信息 c）扫描列表 d）I/O 映射配置 e）I/O 与 DNB 模块的对应关系 f）ADR 信息

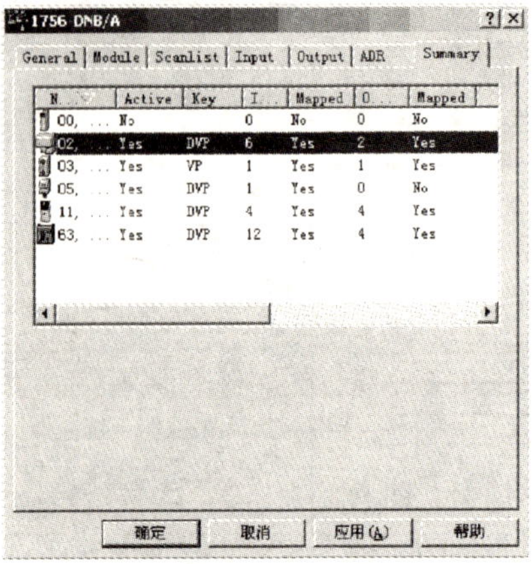

g)

图 5-34　DNB 节点配置（续）

g）I/O 映射统计列表

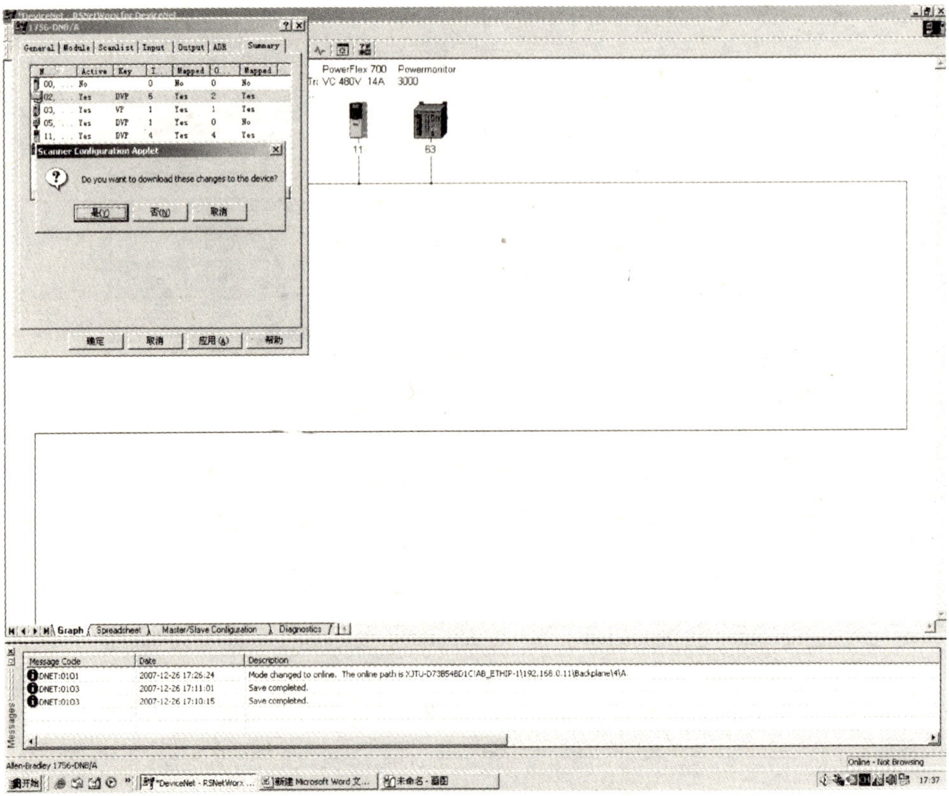

图 5-35　下载配置信息到设备

5.7 DeviceNet 应用实例

DeviceNet 进入我国虽然比较晚，但因其突出的优点而受到了我国有关部门和单位的高度重视。2002 年 10 月 8 日，DeviceNet 被批准为中国国家标准 GB/T 18858.3～2002，并于 2003 年 4 月 1 日开始实施，从而进一步推动了 DeviceNet 现场总线技术在我国的推广与应用。

DeviceNet 已广泛应用于中国的汽车工业，例如已应用于一汽-大众汽车有限公司的 AUDI A6、BORA A4、JETTA 的焊装生产线、总装生产线，张家港牡丹汽车厂的焊装生产线、总装生产线，青岛颐中汽车厂的涂装生产线，长春客车厂转向架涂装线，哈飞汽车厂的焊装生产线、涂装生产线、总装生产线等等。本节介绍 DeviceNet 在一汽-大众 BORA A4 总装生产线的应用。

1. 总装生产线设计目标

一汽-大众 BORA A4 总装生产线的设计是根据中国第一汽车集团公司发展规划，对原总装生产线的设备及控制系统进行技术改造的项目，设计目标是满足 BORA A4 和 JETTA 两种车型混线生产的要求，以达到生产节拍为 90s/辆、年产 15 万辆的生产能力。总装生产线工艺设计采用国际上先进的模块化工艺装配技术以及多种车型混线生产的柔性生产线技术，并配备高效、可靠、维护方便的控制系统，以提高整车装配质量。

BORA A4 生产线工艺流程由存储区、工件装配区、升降区、检修区、检测区、下线区组成。机械化生产线系统包括整车装配线（工艺链由多台电动机驱动）、车身输送线（积放链）、储备线（积放链）、升降机等。其中，停止器 22 个、推车机 10 个、道岔 6 个；电动机的驱动与控制均要求变频调速；现场被控设备数量多且具有高度的分散性；I/O 点数约为 2600 个、长度达 3000m。

为了满足生产线的设计要求，并尽量节约成本，在充分利用原有设备及线路的前提下，对原有的输送系统重新进行了更为合理的布置；在各线之间的转线处均加装推车机，避免了转线故障；采用新型平衡轨系统，使生产线的运行平稳、可靠，减轻了工人的劳动强度；将轿车靠模轨下线改为升降机下线，为整个轿车装配线增加了两个工位；增加了机械手装配工位。

生产线原控制系统是在多年前设计的，采用的是传统的 PLC 集中控制，系统控制精度低，操作不便；所有的数字量与模拟量 I/O 点均从 PLC 柜内接线，导线用量大、布线复杂、故障率高，给现场维护带来了诸多不便，严重地影响了生产，已不适应现代企业的生产要求。因此，必须设计一种性能优异的新型控制系统，这是保证生产线达到预定设计目标的关键。

2. 控制系统

采用以 DeviceNet 为底层网络的现场总线控制系统，如图 5-36 所示。DeviceNet 上连接的输入设备有按钮、急停开关、接近开关、光电开关、行程开关等，输出设备有指示灯、控制阀、变频器等。系统通过 ControlNet 实现不同 PLC 之间的互相通信，完成在中央控制室的监视、控制、故障报警、管理信息交换等功能。

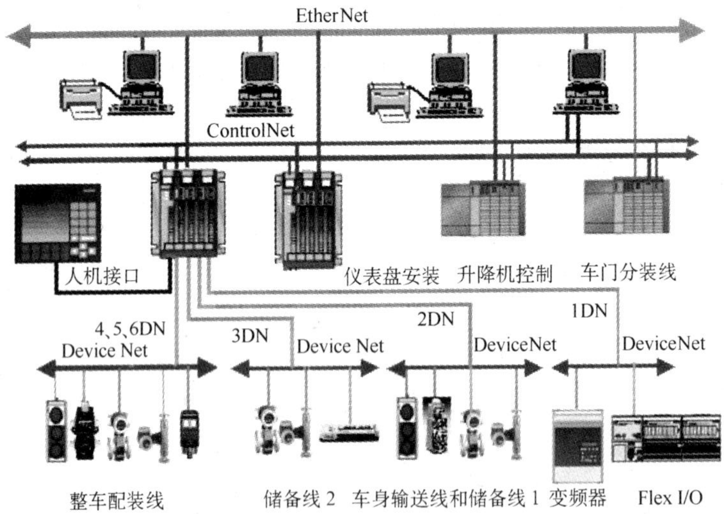

图 5-36　以 DeviceNet 为底层网络的总装生产线现场总线控制系统

图 5-37 为系统中所用的罗克韦尔自动化公司 PLC-5/80C 可编程序控制器的硬件配置（其自身有内置的远程 I/O（RIO）和 ControlNet 接口）。由于系统中控制的点数多、线路长，因此用了 6 个 1771-SDN 扫描器，共有 12 条 DeviceNet 与被控设备相连。12 条 DeviceNet 分别命名为 1DN1、1DN2、2DN1、2DN2、3DN1、3DN2、4DN1、4DN2、5DN1、5DN2、6DN1、6DN2。其中，1DN1 控制生产线上的所有 14 台变频器；1DN2 控制生产线上的所有 FlexI/O 节点，FlexI/O 所连接的大部分设备是原总装生产线上不能直接连接到 DeviceNet 上的设备；2DN1 控制车身输送线（积放链）；2DN2 控制储备线（积放链）；3DN1 和 3DN2 控制另一条储备线（积放链）；4DN1 ~ 6DN2 控制整车装配线（工艺链）。整车装配线的工艺非常复杂，由 153 个工位组成，主要控制功能有工艺急停、与其他设备联锁等；主要设备有底盘打号机、天窗装配机械手、涂胶机械手、装配机械手、风挡玻璃涂胶机器人、驾驶系统控制模块、动力总成、检测装置等。系统共有 200 多个节点。

所有现场生产设备的工作状态、工作参数、故障信息等均通过 DeviceNet 传送至位于中央控制室的控制器；控制器对现场生产设备实施的各种控制也是通过 DeviceNet 进行的。系统中连接到 Ethernet 上的监视计算机应用 RSView32 组态软

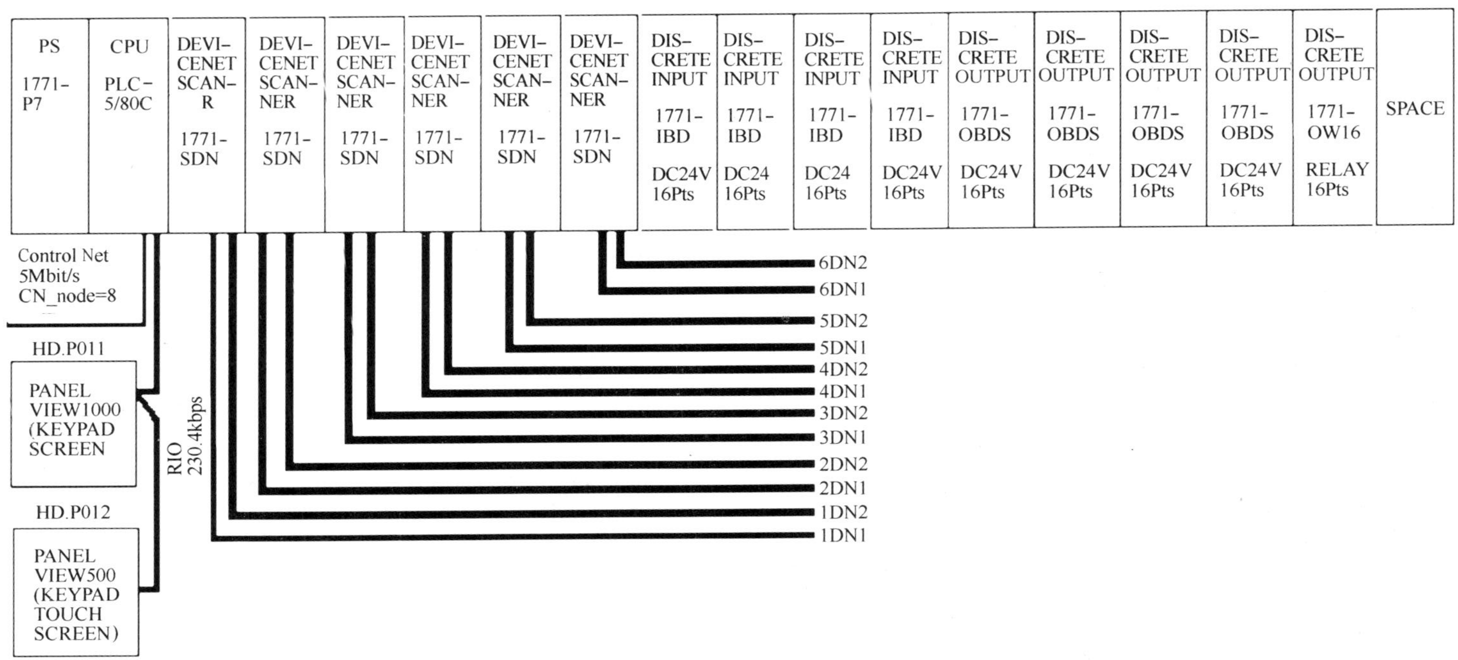

图 5-37 PLC-5/80C 硬件配置

件，以丰富的文字、形象的图形显示各生产设备的运行状态、运行参数、自动弹出故障报警画面、记录故障点、调出相关的控制程序及电控图样，也可进行生产信息的自动记录、统计管理等，并可将报警信息（故障点、故障原因、故障时间等）传送至维修部门的远程终端上，而且可通过连接到 Ethernet 上的控制器控制生产线的起停、改变控制参数等。系统通过远程 I/O 在控制柜上安装了人机接口（HMI），用于显示生产设备的工作状态、工作参数、调节控制参数等。系统具有完善的 PLC 故障自动诊断程序和 HMI 报警系统，使设备故障的查询极其快速、方便、准确。系统采用电流闭环自动控制技术，解决了单链多驱动同步控制的技术难题，保证了生产线的正常、安全运行。系统控制层采用冗余的 ControlNet 实现与车门分装线、升降机控制系统、仪表盘安装系统等的 PLC 处理器进行实时的控制信息交换。

3. 系统的构建与调试

现场的所有信号通过 DeviceNet 实时传输到控制器，控制器控制信号也是通过 DeviceNet 传输到现场设备中，因此 DeviceNet 的构建是整个控制系统的基础，其构建步骤如下：

1）进行总体规划，合理布线。

2）将 DeviceNet 节点设备连接到网络上。

3）安装 RSLinx 通信软件和 RSNetworx for DeviceNet 或 DeviceNet Manager 网络组态工具软件。

4）给将要添加到 DeviceNet 上的每台设备分配节点地址，并设置正确的通信波特率，因为 DeviceNet 上每个网段所有节点的通信波特率必须一致，且不允许有节点地址重复的设备。

5）将编程终端（计算机或专用编程设备）连接到网络上（通过计算机通信板卡或外置通信模块），并建立通信，即在 RSLinx 下配置 DeviceNet 驱动程序：DeviceNet Driver（1784-PCD/PCIDS、1770-KFD、SDNPT driver）（该操作只能在在线模式下进行）。

6）通过网络（DeviceNet 或上层网络 ControlNet、Ethernet）配置 DeviceNet 设备运行参数，如设备的 I/O 数据触发方式、设备 I/O 报文的大小及设备本身的运行参数（如变频器的启动方式、最大频率及其他运行参数）。

7）将设备配置参数下载到节点设备和 DeviceNet Scanner（1791-SDN）中，并保存到网络组态工具软件的配置文件中（用于离线查看网络信息或配置相同的网络）。

DeviceNet 的硬件布线及软件组态十分简便，因此系统的安装调试周期大大缩短。在进行 DeviceNet 硬件安装调试时应注意：①选用 DeviceNet 总线电缆及连接组件，这可使硬件安装大大简化，并提高可靠性；②每个网段供电电源只能有一点接地；③网络总线两端应安装正确的终端电阻 120Ω，可选配随系统提供的标准终端电阻，在系统不上电时测得的网络 CAN-H 和 CAN-L 之间的电阻值应在 50～70Ω。

5.8 小结

DeviceNet 是一种低成本的通信总线。它将工业设备连接到网络上，从而消除了昂贵的硬接线成本。DeviceNet 既可连接底端工业设备，又可连接像变频器、操作员终端这样的复杂设备，是分布式控制系统的理想解决方案。

DeviceNet 遵从 ISO/OSI 参考模型，按照该基准模型，它的网络结构化分为三层：物理层、数据链路层和应用层，物理层下面还定义了传输的物理介质。DeviceNet 建立在 CAN 协议的基础之上，采用了 CAN 物理层和数据链路层规约，采用 CAN 控制器芯片，得到国际上主要芯片制造商的支持。

DeviceNet 属于总线式串行通信网络，由于采用了许多先进的新技术，与一般的通信总线相比，具有突出的高可靠性、高效率、高实时性和灵活性。现在开放式 DeviceNet 供货商协会（ODVA）拥有遍布全世界的 300 多个会员，DeviceNet 总线已成为工业自动化领域的标准网络之一，应用日益广泛。

参考文献

[1] ODVA. DeviceNet Specification [S]. Release 2.0, 1999.

[2] 张浩，谭克勤，朱守云. 现场总线与工业以太网络应用技术手册 [M]. 上海：上海科学技术出版社，2002.

[3] 浙江大学罗克韦尔自动化技术中心. 可编程序控制器系统 [M]. 杭州：浙江大学出版社，2000.

[4] 罗克韦尔自动化公司. DeviceNet 技术概要 . 2000.

第6章　DeviceNet 的节点开发

随着计算机网络技术的迅速发展，现场总线以其开放性好、性能可靠、造价低廉、可维护性好等优点，引起了自动化领域的革命性变革，并已成为当今自动化领域技术发展的必然趋势，适应于这一要求，开发设备的现场总线通信接口，提供设备与现场总线间的连接，使现有设备通过少量改进就能作为网络的一个节点接入现场总线控制系统，以少量代价获得现场总线应用水平的大幅度提高，必将能满足相关行业的迫切需求，推动自动化领域的革新与进步，具有广泛的应用前景。

DeviceNet 作为当今主流的底层设备现场总线技术，已于 2002 年 10 月成为我国国家标准，其节点开发工作就显得尤为重要。本章专门从软硬件方面介绍 DeviceNet 节点或产品的通信接口的设计和开发。6.1 节介绍 DeviceNet 的节点开发的一般途径和步骤。6.2 节围绕硬件，介绍其基本构成，特点和设计的注意问题。6.3 节以 C + +语言为例，介绍软件的实现。6.4 节和 6.5 节分别介绍设备描述和设备配置以及电子数据文档（EDS）的编写。6.6 节介绍一致性测试的内容。最后，6.7 节给出一个基于单片机平台的 DeviceNet 节点开发的实例。

6.1　DeviceNet 节点开发的途径和步骤

DeviceNet 是一个开放的现场总线。它最初是由美国罗克韦尔自动化公司开发的。目前，DeviceNet 技术属开放式 DeviceNet 供货商协会（ODVA）所有和推广。ODVA 在世界范围内拥有 300 多家著名自动化设备制造商会员，如罗克韦尔自动化、ABB、OMRON 等公司。中国的 ODVA 由上海电器科学研究所牵头成立，目前正积极推广该技术。设备制造商只要参加ODVA,就可以得到有关 DeviceNet 规范，还可以加入产品讨论组来得到 DeviceNet 节点开发以及产品开发的帮助。

DeviceNet 产品的开发较复杂。DeviceNet 是基于 CAN 的技术。作为一种串行通信技术，CAN 是 20 世纪 80 年代中后期适应汽车控制网络化要求而产生并迅速发展起来的，并已成为开放的国际标准通信协议（ISO 11898），在包括工业自动化在内的众多领域得到了广泛的应用。目前有许多著名的半导体制造商生产 CAN 芯片，并在工业中得到了很广泛的应用。事实上，CAN 本身并非是一个完整的协议，它并未指定流量控制、数据分割成帧、从站地址分配、通信的建立等具体内容，这些内容被包括在更高层协议（Higher Layer Protocol，HLP）中，允许多制造商自行开发。DeviceNet 产品的开发难度主要在于更高层协议，具体来讲就是应用层协议的消化和理解，并用软件来实现。

DeviceNet 作为应用日益广泛的一种底层设备现场总线技术，其通信接口的开发目前在国内还处于起步阶段，仅有上海电器科学研究所、本安仪表公司、埃通公司等少数几家在做这方面的工作，其开发出的产品也仅限于简单的输入/输出模块和智能泵控制器等。这主要是由于国内目前所能提供的开发资源和技术支持十分有限。目前，DeviceNet 节点的开发大致有两种途径：

1）开发者本身对 DeviceNet 规范相当熟悉，具有丰富的相关经验，并且有长期深入开发 DeviceNet 应用产品的规划，选择从最底层协议做起，根据自身对协议的深刻领会，自己编写硬件驱动程序，再移植到单片机或其他微处理器系统中，完成开发调试工作。

2）利用开发商提供的一些软件包，这些软件包中的源程序往往可以直接应用于单片机中，对于那些复杂的协议处理内容，已封装定义好，用户只需编写自己的应用层程序，而无须涉及过多的协议内容。但其缺点就是价格昂贵，同时受限于软件包的现有功能，不能向更深层的功能进行开发。

比较两种开发途径，可以看到采用第一种途径，工作量是非常巨大的，而且一般来讲开发周期长，其好处就在于可以加深对 DeviceNet 规范的认识，对于开发功能更为复杂的产品（如主站的通信）打下了良好的基础。而第二种途径，一般开发周期比较短，工作量小，但不利于自行开发具有复杂功能的 DeviceNet 产品。

一般来讲，不论哪种途径，DeviceNet 的节点开发遵循以下步骤：

步骤 1：决定为哪种类型的设备设计 DeviceNet 接口。

这是在着手开发设备之前必须首先确定的事情，也就是确定开发产品的功能。大多数 DeviceNet 产品只具备从机的功能，开发从机功能产品第一个要考虑的问题是 I/O 通信。在 DeviceNet 的初始阶段，在从机产品中只包含位选通（Bit Strobe）和轮询（Poll）I/O 通信。但随着越来越多的具有状态改变（Change of State）通信和循环（Cyclic）I/O 通信的从机产品的出现，其优越的带宽特性使你必须考虑这些通信方法。

位选通式通信主要用于那些含有少量的位数据的传感器或其他从机设备，轮询式通信是一种主要的 I/O 数据交换手段，必须在所有的应用中加以考虑。状态改变或循环式通信是增加网络吞吐量并降低网络负载的有效方法，由于它允许延用 CAN 协议中的多主站特性，在开发新产品时，应该考虑它。

第二个要考虑的问题是设备信息对显式报文的通信功能，DeviceNet 协议要求所有设备支持显式报文的通信，至少是标识符。DeviceNet 的通信对象必须能由隐式报文（即 I/O 报文）来访问，如在 DeviceNet 规范中定义的那样。但如果组态要求超过了只设定几个开关的功能，就必须考虑通过显示报文的通信来组态设备。

分段功能，虽然不是必须具备的，但至少对显示报文应答所有使用32bit名称域的产品要考虑。如果还想支持通过DeviceNet口进行上载/下载、组态或对固件进行版本更新，则必须对发送和接受信息采用显式报文通信的分段功能。

如果考虑开发具有主站功能的产品，就必须要求作为主站的设备或产品具有UCMM功能，以便支持显式报文点对点连接。同时必须具备一个主站扫描列表，用于配置和管理从站。这两个功能缺一不可。因此主站的开发相对从站而言，要复杂和困难得多。截止本书写成之时，具有主站功能的产品的开发，目前国内还无一家单位成功。国外有美国Culter-Hammer公司、日本Hitachi公司和美国罗克韦尔自动化公司等的主站卡已在国内市场上销售。

步骤2：硬件设计。

硬件设计需满足DeviceNet物理层和数据链路层的要求。DeviceNet规范允许所有四种连接方式：迷你型接头、微型接头、开放式接头和螺栓型接头。如可能，采用迷你型接头、微型接头、开放式接头配之以其他接线部件，则可进行即插即用的安装。而在一些不能利用以上三种接头的场合，则采用螺栓型接头。

在DeviceNet中目前只有125kbit/s、250kbit/s和500kbit/s三种速率。由于严格的网络长度限制，它不支持CAN的1Mbit/s速率。

DeviceNet物理层可以选择使用隔离。完全由网络供电的设备和与外界无电连接的设备（如传感器）可以不用隔离，而与外界有电联系的设备应该具有隔离，光隔离器件的速度很重要，因为它决定了收发器的总延时，DeviceNet规范中要求的最大延时为40ns。

DeviceNet是基于CAN的现场总线，从技术的角度上来说，其开发不困难。但由于其特殊性，在开发DeviceNet产品时要考虑以下几点：

（1）CAN/微处理器硬件　可以使用具有11bit标识符的CAN芯片，而不能使用具有长标识符（29bit）的芯片。

如将设备限制在组2从站设备时，使用基本的CAN芯片就可以实现。但带内置CAN芯片的微处理器将减少芯片的数量，它仅在它们能正好满足设备要求时才被推荐使用。采用独立的CAN芯片将给设计带来灵活性。

在复位、上电和断电时要特别注意CAN_H和CAN_L线的状态。在此阶段CAN芯片会漂移或跳转到其他电平，因此会导致总线被驱动为显性。如采用上拉或下拉电阻的方式，则能保证CAN总线上的状态为无害的。另外，不要将控制器上的不用的输入端浮空。

（2）收发器的选择　DeviceNet要求收发器超越ISO 11898的要求，主要是因为在其连接上要挂64个物理设备。满足这些要求的器件有：Philips 82C250、

Philips 82C251、Unitrode UC5350 等。

(3) 单片机系统 DeviceNet 产品的开发和其他嵌入式系统开发有着共同之处，首先应搭建一套适合于单片机或者更高层次 CPU 软硬件系统的环境，再开发单片机或者更高层次 CPU 的应用系统。

步骤 3：软件设计。

软件设计需满足 DeviceNet 应用层的要求。

(1) 采用的软件 DeviceNet 方面的软件包有许多种，采用它们可以与你的产品协同工作，考虑其特性是个首要的问题。以下提出一些有关的必须考虑的问题：

- 该软件对自己的硬件适用否？
- 是否要重写汇编代码？
- 在何种程度上要重写硬件的驱动程序？
- 软件的速度对自己的产品适合否？
- 某特定的应用是否需要所有的通信特性（如 I/O 交换和显式报文传送）？
- 是否支持分段？
- 采用何种编译器？

(2) 选择设计或购买策略 在确定是自行设计或购买的策略时，可以作如下的考虑：

- 自己是否掌握足够的开发知识，如 CAN 和微处理器？
- 是一次性设计产品还是将来要改进的？
- 仅实现从站功能的产品极易开发，一些公司只要数周即可完成；但比较复杂的产品，如具有主站功能的，采用商业开发软件包来开发比较好。

(3) 设计工具 一般来说，可以用微处理器开发系统来完成开发，因此，这里只讨论与 DeviceNet 有关的工具，其最小配置为 CAN 的监视器，它是一个由 PC 卡和相关软件组成的工具。DeviceNet 的兼容工具可以向 Softing、STZP、Huron Networks、S-S Technologies 等公司购买。其价格和性能差别很大，一个典型的底层开发工具是罗克韦尔自动化公司的从站开发工具（Slave Development Tools）和代码例子，而 Vector Informatik CANALYZER 是一个最高层的开发工具。实际上，ODVA 可以提供大量的有用信息，如果开发人员只想做 CAN 这一层的工作，有许多公司的产品可以帮助开发人员监视 CAN 层。

如果开发的产品可以使用了，可以考虑在一个典型的工业控制环境中使用。这里要包括使用组态工具来检查其对显式报文传送的反映、是否能改变设备的组态参数等。

软件的开发还要选择合适的开发包。DeviceNet 方面的软件开发包有很多种，可以帮助进行软件的开发，在软件开发时，有这样一些问题需要考虑：

● 该软件是否适用于自己的硬件？

● 软件是否可以直接移植到单片机上？在多大的程度上，需要对原代码进行改动？或是否要重写硬件驱动程序？

● 软件中支持的通信特性（如 I/O 报文、显式报文、UCMM 等）是否都需要？

● 软件支持何种编译器？

步骤 4：根据设备类型选定设备描述或自定义设备描述。

DeviceNet 使用设备描述来实现设备之间的互操作性、同类设备的可互换性和行为一致性。

设备描述有两种，即专家已达成一致意见的标准设备类型的设备描述和一般的或制造商自定义的非标准设备类型的设备描述（又称为扩展的设备描述）。ODVA 负责在技术规范中发布设备描述。每个制造商为其每个 DeviceNet 产品根据设备类型选定扩展或定义设备描述，其内容涉及设备遵循的设备行规。

设备描述是一台设备的基于对象模型的正式定义，包括以下内容：

1）设备的内部构造（使用对象库中的对象或用户自定义对象，定义了设备行为的详细描述）。

2）I/O 数据（数据交换的内容和格式，以及在设备内部的映像所表示的含义）。

3）可组态的属性（怎样被组态，组态数据的功能，它可能包括 EDS 信息）。

在 DeviceNet 产品开发中，必须指定产品的设备描述。如果不属于标准设备描述，就必须自定义其产品的设备描述，并通过 ODVA 认证。

步骤 5：决定配置数据源。

如图 6-1 所示，DeviceNet 标准允许通过网络远程配置设备，并允许将配置参数嵌入设备中。利用这些特性，可以根据特定应用的要求，选择和修改设备配置设定。DeviceNet 接口允许访问设备配置设定。

只有通过 DeviceNet 通信接口，才可访问配置设定的设备，同时必须用配置

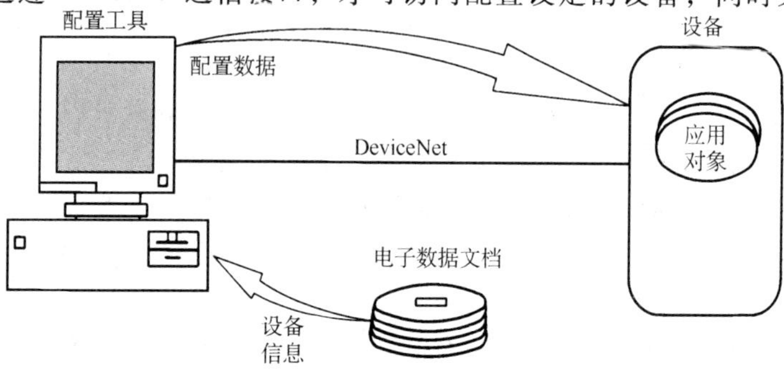

图 6-1　DeviceNet 通过网络远程配置设备

工具改变这些设定。使用外部开关、跳线、拨盘开关或其他所有者的接口进行配置的设备，不需要配置工具就可以修改设备配置设定。但设备设计者应提供工具访问和判定硬件配置开关状态。

步骤 6：完成 DeviceNet 一致性声明。

一致性与互操作性测试是认证开放系统的产品可以互连的重要步骤。DeviceNet 产品的制造商需要通过一致性测试向购买者表明，他们的产品符合 DeviceNet 规范。用户需通过互操作测试，以证实他们购买的产品彼此能互操作。

DeviceNet 的一致性与互操作性是由 ODVA 通过一致性测试（Conformance Test）保证的。ODVA 要求每种产品在投放市场之前，必须通过一致性测试。ODVA 在世界范围的三个地区设立了独立的测试实验室，使用相同的软件测试 DeviceNet 制造商的产品。它们是美国密歇根州 ODVA 技术培训中心、日本先进软件技术研究所（ASTEM RI）和正在筹建的中国上海电器设备检测所（STIEE）。ODVA 允许制造厂商在其产品通过独立实验室全部测试项目后，在产品上加上 DeviceNet 一致性测试服务标志。

6.2 DeviceNet 的硬件设计

6.2.1 硬件的基本构成

DeviceNet 接口硬件电路主要由微处理器系统、CAN 总线接口部分、拨码开关设定及 LED 三部分组成，如图 6-2 所示。这部分接口硬件电路主要实现与 DeviceNet 总线的接口，以及完成报文的收发。在微处理器系统的控制下，将采集到的设备数据发送给主站或者将主站发送的数据输出给设备。

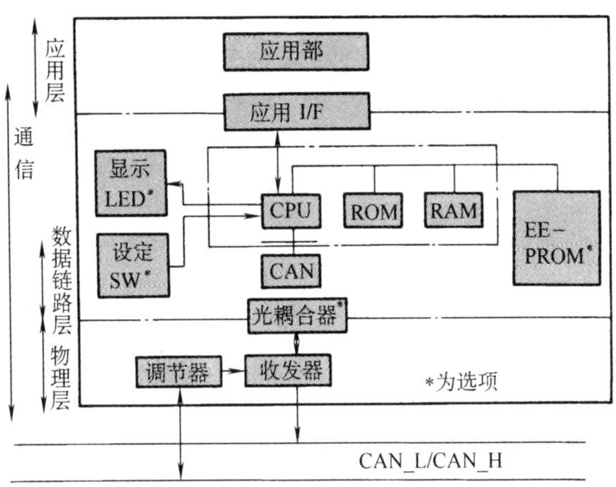

图 6-2 DeviceNet 硬件基本构成框图

1. 微处理器系统

DeviceNet 设备使用 CAN 芯片实现物理层和数据链路层的功能，但 DeviceNet

应用层协议是用附加的软件在另外的微处理器中实现的。因此，所开发的设备功能不同，对微处理器的要求也不同。大体分三种情况。

（1）DeviceNet 设备作为较复杂的从站设备或主站设备用　一般情况下，微处理器需要更强大的处理能力，建议使用具有分立微处理器的独立 CAN 芯片，如 Intel 82527、Philips SJA 1000。相应的微处理器可选 80186（至少 25 ~ 40MHz）或 80386（选择此芯片前，应确认中断等待时间）；内存要选 64KB 以上的 RAM 和 EEROM，因为有些可配置参数应该可以修改，所以 EEROM 是必需的。对于复杂设备应用或远程模块，建议使用分段报文传输（报文大于 8B），并需要较之简单设备更强的处理能力和内存。可以选用上述推荐的组件，或使用高端的 CAN 微控制器如 Siemens C167CR 或 Philips XA-C3。

（2）DeviceNet 设备作为简单从站设备用　建议典型使用非分段报文传输（报文小于等于 8B）。一般情况下，要求微处理器采用较低速度的 CPU 和 64KB 以下的内存空间即可，可使用表 6-1 所示的低成本的微处理器。

表 6-1　低成本的微处理器

制造商	微处理器型号	制造商	微处理器型号
Philips	82C592	Motorola	680HC705X32
Philips	XA-C3	Siemens	C167CR
Motorola	680HC705X4	Siemens	C515C8
Motorola	680HC705X16		

（3）仅限组 2 的从站设备　只要任一款带 CAN 接口的单片机（至少支持 CAN2.0A）就可以，如果使用 ISP 技术的单片机，Atemel 公司的 T89C51CC01 就可以。另外根据运算速度的需要，可以选用三菱电机公司的 H300 系列的 H3687，它也是 ISP 编程、带 CAN 接口、16bit 的内核。如果做一些稍微复杂功能的 CAN 总线监控，选用 Philips 公司的 SJA1000 独立 CAN 控制器加一款通用的单片机。

对于单片机的开发环境问题，那要根据单片机的型号来定，如果是 CAN 内嵌式的单片机，最好是此单片机型号专用仿真器，这样就可以在调试环境里看到 CAN 的帧信息。值得一提的是，Keil 6.0 以上版本支持针对内嵌式单片机部分型号的 CAN 信息的软仿真，这对于 ISP 编程的单片机来说，可以不用仿真器。

2. CAN 总线接口部分

由于 DeviceNet 是基于 CAN 总线的协议，它的数据链路层及物理层部分引用了 CAN 协议，所以在总线接口这部分是由 CAN 的协议芯片和收发器来实现的。

（1）CAN 芯片的选择　目前很多制造商，如 Intel、Motorola、Philips、Siemens、Bosch 等公司提供 CAN 芯片，这里提供了一个简单的比较，见表 6-2。

表 6-2 几种 CAN 控制器的比较

特性＼类型	Intel 82527	Philips SJA1000	Siemens SAE81C90
封装	PLCC44 QFP44	DIP28 SO28	PLCC44
CPU/bit	8	8	8
访问时间/ns	288	45	120
串行接口	SPI,8MHz	无	4 线,5MHz
寄存器	15 个邮箱寄存器	64B FIFO	16 个邮箱寄存器

一般来说，多数从站设备用 Intel 82527 或 Motorola 68HC705X4 芯片，多数主站设备用 Philips SJA 1000 芯片。使用 FIFO 堆栈更适合处理主站的高信息吞吐量的数据。从站使用这种邮箱寄存器（Mailbox）更为适合，可以对每一类型的报文分别使用一个独立的 Mailbox 来区分，而不是让所有的报文共同使用一个巨大的 FIFO。

（2）收发器的选择 DeviceNet 的收发器要求超越 ISO 11898 的要求，主要因为要挂 64 个物理设备。满足要求的收发器有 Philips 82C250、philips 82C251、Unitrode UC5350 等等。

物理层可以选择使用或不使用隔离。完全由网络供电的设备、与外界无电气连接的设备（如传感器）可以不用隔离，而与外界有电气连接的设备应具有隔离。光隔离器件的速度很重要，因为这直接影响收发器的总延时，DeviceNet 规范中要求的最大延时是 40ns。

Philips 82C25X 收发器的特点有：

1）输入阻抗大（最小为 20kΩ）。

2）输入电容小（最小可达 10pF）。

3）共模电压范围大（DeviceNet 采用 ±5V 的设计）。

4）延迟小。

5）低成本，面积小。

（3）通信电源 除了提供通信通道之外，DeviceNet 还提供电源。由于电源线和信号线在同一电缆中，DeviceNet 设备可以从网络上直接获得电源（DC24V），而不需要另外的电源，当然也可以增加其他的电源。需要注意的是：

1）网络上所有设备的收发器部分都由通信电源来提供。

2）不能超出电缆的最大允许电流。主干线（粗缆）的最大允许电流为 8A；分支线（细缆）的最大允许电流为 3A。

3）使用多个通信电源时，一定要使用电源分接头。如果只用一个电源来供给时，就不需要用电源分接头。

4）电源供给位置仅限于主干线，分支线上不可以。

5）计算电源时要考虑到通过电缆时的损耗和从站所需的容量。

（4）连接器　DcviceNet 协议允许四种连接方式：迷你型接头、微型接头、开放式接头和螺栓型接头。如可能，采用前 3 种配以其他的接线部件，则可以进行即插即用的安装。而在一些不能利用以上三种接头的场合，采用螺栓型接头。

（5）电缆（粗缆和细缆）　在 DeviceNet 系统设计中，应将收发器、终端电阻值、最大距离、分支等因素都考虑在内。粗缆和细缆的结构相同，阻抗延迟等特性也相同，电阻值不同，导致衰减度和电流容量不同。

3. LED 和开关设定部分

此部分为可选项。尽管 DeviceNet 不要求产品有状态指示器，但产品若带有状态指示器，则必须遵守 DeviceNet 规范。DeviceNet 规范建议状态指示器应包括模块状态 LED 和网络状态 LED，或两者相结合的模块状态/网络状态 LED。

状态指示器由双色（绿/红）LED 组成，使用开、关或闪烁的组合来表达信息。模块状态 LED 用来指示设备是否有电、操作是否正常。网络状态 LED 用来指示通信链路的状态。

DeviceNet 可以使用开关设定 MAC ID 和波特率。建议使用双列直插式封装（DIP）开关设置 MAC ID，该开关为二进制格式。使用旋转式、压轮式开关，则开关为十进制格式。用户在配置开关时，最高位始终在产品的最左端或最上端。

如果使用开关设置 DeviceNet 的波特率，其编码的规律是，当波特率为 125kbit/s 时，开关设置为 0；当波特率为 250kbit/s 时，开关设置为 1；当波特率为 500kbit/s 时，开关设置为 2。

6.2.2　硬件的特征

DeviceNet 在硬件上具备如下特征：

1）利用 CAN 技术。

2）最多可支持 64 个从站。

3）采用 5 线制电缆，包括 2 条信号线、2 条 24V 电源线和 1 条屏蔽线。

4）可选择的传输速度有 125/250/500kbit/s（可选）。

5）最大通信距离为 500m。

6）可以在不切断主干线的情况下拆装从站。

7）内部带有接线错误时的保护回路。

8）将衰减、延迟等因素都考虑在内的专用电缆（粗缆、细缆）。

9）品种丰富的连接器产品（屏蔽型、开放型）。

10）同时支持隔离型节点和非隔离型节点。

11）可以通过网络总线供电。

6.2.3 设计硬件时需注意的问题

在进行 DeviceNet 硬件设计时，需注意如下几个问题：

1）由于 CAN 的数据帧较短，而且速度较高，所以必须考虑中断产生的速度。表 6-3 给出了每一个 DeviceNet 帧的最小 CAN 中断时间。

表 6-3 DeviceNet 帧的最小 CAN 中断时间

数据长度/B	0	1	2	3	4	5	6	7	8
CAN 位长度/bit	47	55	63	71	79	87	95	103	111
125kbit/s 中断时间/μs 1bit 为 8μs	376	440	504	568	632	696	760	824	888
250kbit/s 中断时间/μs 1bit 为 4μs	188	220	252	284	316	348	380	412	444
500kbit/s 中断时间/μs 1bit 为 2μs	94	110	126	142	158	174	190	206	222

如表 6-3 所示，DeviceNet 中断速率相当高，在 500kbit/s 时，0 字节的数据帧传输时，每 94μs 可发生一次中断。很多微控制器不能保持这么高的中断速率。因此在 CAN 控制器能力和数据打包长度之间必须进行平衡。

2）CAN 接口芯片的滤波器（Acceptance Filter）的个数决定了 DeviceNet 设备程序的效率。仅限组 2 的设备（支持轮询）只需要 1 个滤波器。仅限组 2 的设备同时支持轮询和位选通需要 2 个滤波器。支持 UCMM 的设备需要更多的滤波器。如果要靠软件来代替滤波器的作用，则对处理器有很高的速度要求。

3）收发器采用指定的元件（如 82C250/82C251）是最保险的。

4）对于隔离节点中的光耦合器，要选用可以满足 40ns 延迟的器件，如 HCPL7710/HCPL0710/6N137。

5）电路设计时，必须有接线错误的保护回路，同时要考虑通信电源的波动范围（DC11 ~ 25V）。也就是说，电源必须考虑到设备线路压降，设备必须在 11V 时也能正常工作。

6.3 软件的设计和实现

在实际组网的 DeviceNet 里，除了少数的主站如扫描器以外，绝大部分是组 2 从站设备（Group 2 Slave Device）。也就是说，使用预定义主/从连接方式。本节以仅限组 2 的从站节点为对象，介绍软件的设计思想和实现。考虑到实际的应用，主站和从站之间至少需要传输下述应用数据：

1. 从站→主站

● 模拟量输入；

● 开关量输入。

2. 主站→从站

● 模拟量输出；

● 开关量输出。

以上数据的通信要求响应迅速、传送可靠，应采用 I/O 报文进行传送。除 I/O 报文之外，为支持 DeviceNet 协议，设备还应支持显式请求/响应报文、重复 MAC ID 检查报文、组 2 未连接显式报文。

此外，软件设计时需要考虑满足以下要求：

● 使用预定义主/从连接，在满足通信能力要求的前提下，尽量降低设备的复杂性。

● 设备的 MAC ID 和通信的波特率可以通过软件设置，波特率在 125kbit/s、250kbit/s、500kbit/s 间可任选。

● 在设计程序时，充分考虑代码的可继承性、可移植性，为将来进一步工作打下基础。

DeviceNet 协议栈和应用层程序实现 DeviceNet 规范中的协议栈和应用层，是通信接口软件的主体和设计难点。它包括 DeviceNet 对象模型中各个对象类的设计和主程序的设计，以及 EDS 文件的编写。

由于 DeviceNet 协议栈和应用层使用了面向对象的思想，即沿用了类、属性、服务等概念，所以这里以面向对象的 C + + 语言为例，讲述 DeviceNet 规范中的对象模型的实现。如果采用单片机或其他高级微处理器系统，可以遵循此思路，完成在不同开发平台上的软件编程。

需要说明的是，为了方便理解，这里以 4 路模拟量输入、2 路模拟量输出、8 路开关量输入、4 路开关量输出为例，讲解应用层各类的实现。但如果实际设备中存在或需要更多的 I/O，可通过简单地增加应用类实例和修改组合类，扩充设备的通信能力，以达到不同设备的通信要求。

6.3.1 需要支持的连接和报文

对于 DeviceNet 组 2 从站设备的通信接口，这类设备是不具有 UCMM 能力，必须使用预定义主/从连接组（Predefined Master/Slave Connection Set）与主站进行通信。预定义主/从连接组支持的 I/O 报文（I/O Message）有：

● 位选通命令/响应报文（Bit-Strobe Command/Response Message）；

● 轮询命令/响应报文（Poll Command/Response Message）；

● 状态改变/循环报文（Change of State/Cyclic Message）。

考虑到模拟量是连续变化的，主站需要定时地向从站发送几路模拟量输出，并接受从站的若干路模拟量输入，这正符合了轮询命令/响应报文的特点。所以可以指定主站定时地用轮询命令报文下发模拟量输出，从站在收到轮询命令报文后，用轮询响应报文上传模拟量输入。开关量的变化是离散的，适合于用状态改变报文传输。所以本书指定，当从站检测到开关量输入发生变化时，用状态改变报文向主站上传开关量输入。同样地，开关量输出也适合于主站用状态改变报文下发。然而，在 DeviceNet 规范中，主站状态改变连接和轮询连接都使用连接实例 2，两者不能共存。在这里，模拟量输入/输出的轮询连接已经占用了连接实例 2，就不能再有主站状态改变连接了。因而开关量输出只能放在轮询命令里下发给从站。综上所述，模拟量输出和开关量输出可以使用轮询命令报文，模拟量输入则可以使用轮询响应报文，开关量输入可以使用从站状态改变报文。这种报文分配既充分使用了预定义主从连接提供的资源，又提供了快速的通信响应。

除了上述 I/O 报文外，为了实现 DeviceNet 从站设备的通信功能，还需要支持主站的显式请求报文（Master's Explicit Request Message）、仅限组 2 未连接显式请求报文（Group 2 Only Unconnected Explicit Request Message）、显式/未连接响应报文（Explicit/Unconnected Response Message）、重复 MAC ID 检查报文（Duplicate MAC ID Check Message）。

综上所述，一般开发的 DeviceNet 从站设备通信接口需要支持下列报文：

（1）从站 I/O 状态改变报文（Slave's I/O Change of State Message） 当从站开关量输入发生改变时，用该报文向主站传送新的开关量值。

传输方向：从站→主站

报文标识符：

bit10	bit9	bit8	bit7	bit6	bit5	bit4	bit3	bit2	bit1	bit0
0	1	1	0	1	从站 MAC ID					

数据区格式：

字节 0	1～8 号开关量输入

（2）从站 I/O 轮询响应报文（Slave's I/O Poll Response Message） 当从站收到主站 I/O 轮询命令报文时，用该报文响应主站请求，传送模拟量输入值。

传输方向：从站→主站。

报文标识符：

bit10	bit9	bit8	bit7	bit6	bit5	bit4	bit3	bit2	bit1	bit0
0	1	1	1	1	从站 MAC ID					

数据区格式：

字节 0	1 号模拟量输入
字节 1	2 号模拟量输入
字节 2	3 号模拟量输入
字节 3	4 号模拟量输入

(3) 从站显式/未连接响应报文 (Slave's Explicit/Unconnected Response Message) 当从站收到主站显示请求报文或仅限组 2 未连接显示请求报文时，用该报文响应主站请求。

传输方向：从站→主站。

报文标识符：

bit10	bit9	bit8	bit7	bit6	bit5	bit4	bit3	bit2	bit1	bit0
1	0	从站 MAC ID						0	1	1

数据区格式分为成功响应和错误响应。

成功响应：

字节 0	Frag	XID	主站 MAC ID
字节 1	R/R	服务代码	
	服务数据（可选）		

错误响应：

字节 0	Frag	XID	主站 MAC ID
字节 1	R/R	服务代码	
字节 2	一般错误代码		
字节 3	附加代码		

其中，Frag 用来标志此报文是否为分段报文，0 为否，1 为是。假设所有报文都短于或等于 8B，所以 Frag 应为 0。XID (Transaction ID) 是处理标识符，用来把响应和相应的请求匹配起来。在从站显式/未连接响应报文中，简单地回复请求中的 XID 值。R/R 用来标志此报文是请求还是响应，0 为请求，1 为响应，在从站显式/未连接响应报文中，R/R 应该为 1。需注意的是，成功响应中的服务数据的字节数及其格式是由服务的种类决定的。

(4) 主站显式请求报文 (Master's Explicit Request Message) 从站用该报文向从站发显式报文，要求从站提供相应服务。

传输方向：主站→从站。

报文标识符：

bit10	bit9	bit8	bit7	bit6	bit5	bit4	bit3	bit2	bit1	bit0
1	0	从站 MAC ID						1	0	0

数据区格式：

<table>
<tr><td>字节 0</td><td>Frag</td><td>XID</td><td>主站 MAC ID</td></tr>
<tr><td>字节 1</td><td>R/R</td><td colspan="2">服务代码</td></tr>
<tr><td>字节 2</td><td colspan="3">类 ID</td></tr>
<tr><td>字节 3</td><td colspan="3">实例 ID</td></tr>
<tr><td></td><td colspan="3">服务数据
（可选）</td></tr>
</table>

其中，Frag、XID、R/R 的含义如从站显式/未连接响应报文中所述。这里 R/R 应为 0。

（5）主站 I/O 轮询命令报文（Master's I/O Poll Command Message） 主站用该报文向从站发送模拟量输出和开关量输出，同时要求从站报告模拟量输入值。

传输方向：主站→从站。

报文标识符：

bit10	bit9	bit8	bit7	bit6	bit5	bit4	bit3	bit2	bit1	bit0
1	0	从站 MAC ID						1	0	1

数据区格式：

<table>
<tr><td>字节 0</td><td colspan="5">1 号模拟量输出</td></tr>
<tr><td>字节 1</td><td colspan="5">2 号模拟量输出</td></tr>
<tr><td>字节 2</td><td>0</td><td>0</td><td>0</td><td>0</td><td>1～4 号开关量输出</td></tr>
</table>

（6）仅限组 2 未连接显式请求报文（Group 2 Only Unconnected Explicit Request Message） 主站用该报文命令从站配置/删除连接。

传输方向：主站→从站。

报文标识符：

bit10	bit9	bit8	bit7	bit6	bit5	bit4	bit3	bit2	bit1	bit0
1	0	从站 MAC ID						1	1	0

数据区格式：

字节 0	Frag	XID	主站 MAC ID
字节 1	R/R	服务代码（0x4b）	
字节 2	类 ID（3）		
字节 3	实例 ID（1）		
字节 4	配置选择		
字节 5	0	0	主站 MAC ID

其中，Frag、XID、R/R 的含义如从站显示/未连接响应报文中所述。这里 R/R 应为 0。组 2 未连接显式请求报文是用于配置主/从连接组的，其服务代码为 0x4b。这个报文指向 DeviceNet 对象，其类 ID 为 3。在每个 DeviceNet 的物理连接中，只有一个 DeviceNet 类的实例，因此实例 ID 为 1。配置选择给出了需要建立的连接（见表 6-4）。

（7）重复 MAC ID 检查报文（Duplicate MAC ID Check Message） 本站用该报文和其他设备交换有关重复 MAC ID 检查的信息。

传输方向：本站和其他设备之间双向传递。

报文标识符：

bit10	bit9	bit8	bit7	bit6	bit5	bit4	bit3	bit2	bit1	bit0
1	0	从站 MAC ID						1	1	1

数据区格式：

字节 0	R/R	端口号（0）
字节 1 字节 2	供货商 ID	
字节 3 字节 4 字节 5 字节 6	序列号	

其中，端口号是指连接到 DeviceNet 的端口标识符，如果一台设备有多个端口连接到 DeviceNet，那么每个端口应该有一个端口号。本书所述的开发设备只有一个端口连接到 DeviceNet，所以这里的端口号应为 0。供货商 ID（Vendor ID）标识发送这条报文的设备供货商，是一个 16bit 的整数。序列号（Serial Number）标识发送这条报文的设备，它是一个 32bit 的整数，由供货商指定给设备。在此报文中，供货商 ID 和序列号都是按从低字节到高字节排列的。

6.3.2 设备对象模型

开发的从站设备的对象模型如图 6-3 所示。其中，应用对象有开关量输入对象、开关量输出对象、模拟量输入对象、模拟量输出对象，每个对象对应一个真实的输入/输出点。组合类对象有从站状态改变输入组合对象（负责把开关量输入对象的数据打包，供从站状态改变连接对象使用）、轮询输入组合对象（负责把模拟量输入对象的数据打包，供 I/O 轮询连接对象使用）、轮询输出组合对象（负责把 I/O 轮询连接对象收到的开关量输出和模拟量输出解包，供开关量输出对象和模拟量输出对象使用）。连接类对象有从站状态改变连接对象（负责发送从站状态改变报文给主站）、I/O 轮询连接对象（负责接收主站下发的轮询命令报文，并发送轮询响应报文给主站）、显式报文连接对象（负责接收主站下发的显式请求报文，并发送显式响应报文和未连接响应报文给主站）。此外，对象模型中还有必需的 DeviceNet 对象、标识对象和报文路由对象。DeviceNet 对象还负责仅限组 2 未连接显式请求报文的接收和重复 MAC ID 检查报文的收发。

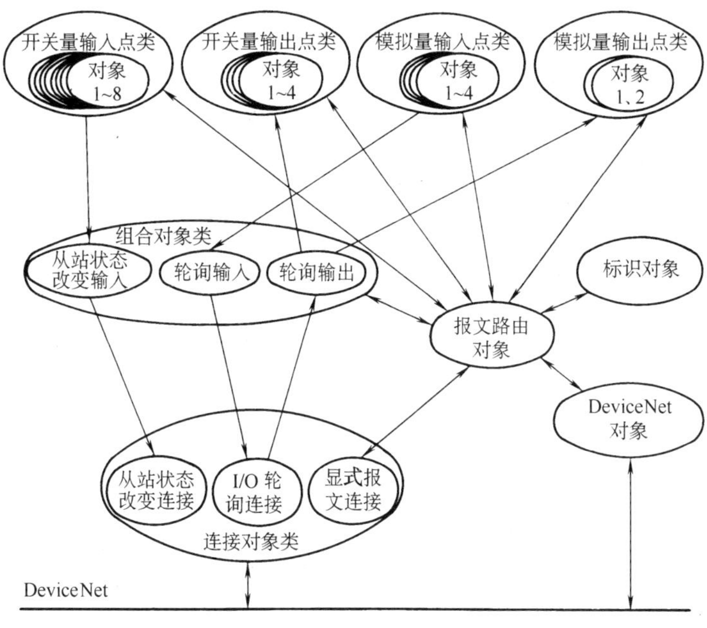

图 6-3 DeviceNet 从站设备对象模型实例

6.3.3 对象类的设计和实现

本节详细叙述对象模型中各个类的设计和实现。

1. 连接类的实现

在设备对象模型中，连接（Connection）类负责管理I/O报文连接和显式报文连接。连接对象在程序运行过程中，在不同的阶段具有不同的状态，状态之间的转变由特定的事件来触发。在预定义主/从连接组中，I/O连接对象和显式连接对象的状态转变分别如图6-4和图6-5所示。由图可见，I/O报文连接对象具有四种状态：不存在、配置中、已建立、超时；显式报文连接对象具有三种状态：不存在、已建立、延期。这两种连接对象的初始状态都是不存在，经过配置和设置属性，进入已建立状态，这是程序正常运行时连接对象应处的状态。当连接发生不正常事件，如超时、释放/删除时，会重新进入不存在状态。

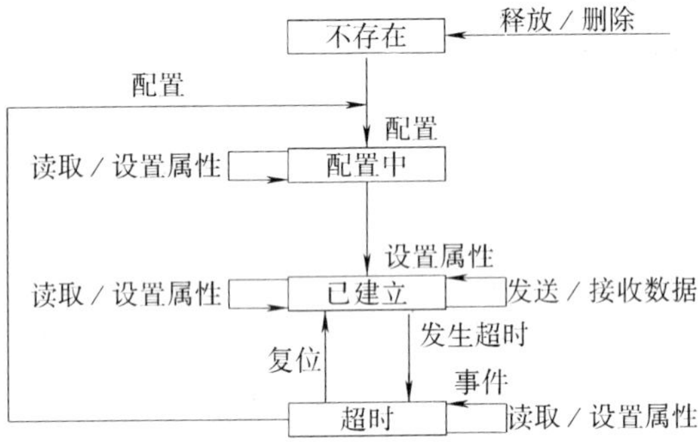

图6-4　I/O连接对象状态转变

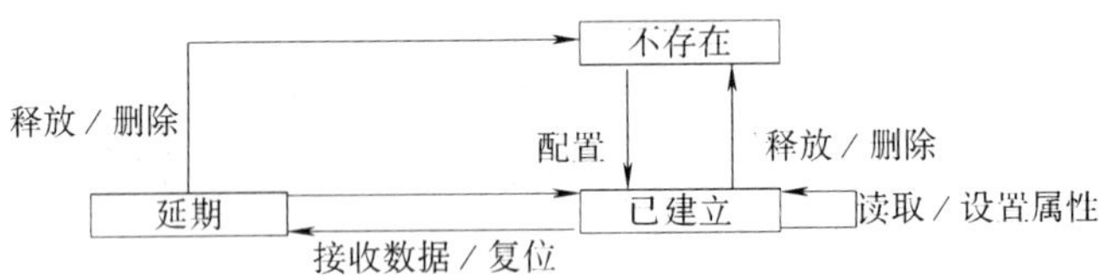

图6-5　显式连接对象状态转变

连接类的描述如下：

```
class Connection
{
    private:
    static UCHAR path[10];//存放生成报文的对象的路径
    UCHAR instance;      //实例号
    static UINT class _ revision;
    UCHAR state,instance _ type,transport _ class _ trigger;
    UINT produced _ conxn _ id,consumed _ conxn _ id;
    UCHAR initial _ comm _ characteristics;
    UINT produced _ conxn _ size,consumed _ conxn _ size;
```

```
    UINT expected _ packet _ rate;
    UCHAR watchdog _ timeout _ action;
    UINT produced _ conxn _ path _ length;
    UCHAR produced _ conxn _ path[10];
    UINT consumed _ conxn _ path _ length;
    UCHAR consumed _ conxn _ path[10];
    UINT production _ inhibit _ time;
    public:
    Connection(UCHAR inst);           //构造函数
    UCHAR get _ state();              //取实例状态
    UCHAR get _ timeout _ action();   //取看门狗超时动作
    void set _ state(UCHAR sta);      //设定实例状态
    static void handle _ class _ inquiry(UCHAR * request,UCHAR * response);
                                      //处理类的属性读取
    void handle _ explicit(UCHAR * request,UCHAR * response);
                                      //处理显式请求
    int link _ consumer(UCHAR * request);
                                      //接收请求报文
    void link _ producer(UCHAR * response);
                                      //发送响应报文
};
```

其中支持的连接类的属性有：

- 修正版本号：class _ revision

支持的连接类的实例的属性有：

- 状态：state
- 实例类型：instance _ type
- 发送类触发器：transport _ class _ trigger
- 生产连接标识符：produced _ conxn _ id
- 消费连接标识符：consumed _ conxn _ id
- 初始通信特性：initial _ comm _ characteristics
- 生产连接大小：produced _ conxn _ size
- 消费连接大小：consumed _ conxn _ size
- 期望报文速率：expected _ packet _ rate
- 看门狗超时动作：watchdog _ timeout _ action
- 生产连接路径长度：produced _ conxn _ path _ length

● 生产连接路径：produced _ conxn _ path [10]

● 消费连接路径长度：consumed _ conxn _ path _ length

● 消费连接路径：consumed _ conxn _ path [10]

● 生产禁止时间：production _ inhibit _ time

因篇幅限制，这里不再详述 Connection 类属性和实例属性的含义，请参考 DeviceNet 规范。

需要注意的是，连接类中有三个实例（见图 6-3）：从站状态改变连接、I/O 轮询连接、显式报文连接。这三个实例具有不同的属性默认值和行为，所以在类的设计中引入了变量 instance，用来标识该对象的实例类型。在类的服务中，先判断 instance 的值，然后做出相应的动作。

在 Connection 类提供的服务中，Connection（）是构造函数，负责初始化对象实例号、实例类型、对象状态，其伪代码如下：

```
Connection (UCHAR inst)
{
    instance = inst; //设定连接对象的实例号
    根据实例号设定实例类型;
    设定对象初始状态为不存在;
}
```

set _ state（）负责设定对象的状态，并根据对象状态给对象的属性赋默认值。因为不同实例的属性默认值不同，所以在给对象属性赋默认值前，先判断对象的实例号。其伪代码如下：

```
set _ state(UCHAR sta)
{
    实例状态 = sta;//设定连接对象状态
    if(实例是显式报文连接 && 实例状态是已建立)
        给对象属性赋显式报文连接的默认值;
    if(实例是 I/O 轮询连接 && 实例状态是配置中)
        给对象属性赋 I/O 轮询连接的默认值;
    if(实例是从站状态改变连接 && 实例状态是配置中)
        给对象属性赋从站状态改变连接的默认值;
    if(实例状态是不存在)
        停止对该实例进行计时;
}
```

handle _ class _ inquiry( )负责处理指向连接类的显式请求，其伪代码如下：

```
handle _ class _ inquiry(UCHAR * request,UCHAR * response)
```

```
{
    读请求报文 request;
    switch(请求类型)
      case(读取属性值):
      {
          if(该属性可以被读取)
              请求成功,生成成功响应 response;
          else
              请求错误,生成错误响应 response;
          break;
      }
      case(设置属性值):
      {
          if(该属性可以被设置)
              请求成功,生成成功响应 response;
          else
              请求错误,生成错误响应 response;
          break;
      }
}
```

handle_explicit()负责处理指向连接类实例的显式请求，其伪代码与 handle_class_inquiry()相同。这两者的区别在于：handle_class_inquiry()处理指向连接类的显式请求，是静态成员函数；而 handle_explicit()处理指向连接对象实例的显式请求。handle_explicit()的大部分处理与 handle_class_inquiry()类似，比较特殊的是对设置期望报文速率的请求的处理。期望报文速率指示休止/看门狗定时器的计时初始值，其单位是毫秒。受 PC 定时器的分辨率限制，用显式报文请求设置该属性时，请求中指定的设置值不一定恰好是 PC 定时器的分辨率的整数倍（如 PC 定时器的分辨率是 50ms，而请求中指定的设置值是 230ms），所以在处理这种请求时，除了检查设置值是否处于有效范围，还需要作下列处理：

- 如果设置值不等于 PC 定时器的分辨率的整数倍，则将设置值调整到大于设置值的 PC 定时器分辨率的整数倍中最小的一个。比如，如果 PC 定时器的分辨率是 50ms，而设定值是 230ms，则将设定值调整到 250ms。在设置请求的响应报文中，返回经调整后实际的设置值。
- 如果设置值刚好等于 PC 定时器的分辨率的整数倍，则使用这个设置值，并在响应报文中返回。

在显式报文连接对象中，期望报文速率的默认值是2500bit/s，在I/O连接对象中，其默认值为0，即不计时。在所有的消费连接中，都必须有休止/看门狗定时器，如本书中的I/O轮询连接和显示报文连接。当连接对象的状态转变到已建立时，休止/看门狗定时器被激活。当连接对象收到一个合法的报文时执行下列操作：

- 休止/看门狗定时器停止计时，计时值恢复到初始值。
- 重新激活休止/看门狗定时器。

需要注意的是，上述这些操作是在处理接收到的报文之前进行的。休止/看门狗定时器到时，说明连接对象等待接收报文时超时了，此时连接对象执行下列操作：

- 给应用对象发一个指示，说明等待接收报文超时。
- 执行规定的看门狗超时动作。

根据连接对象建立后是否已经接收到报文，休止/看门狗定时器使用两个不同的计时初始值：

- 连接对象建立后，初次激活休止/看门狗定时器时，计时初始值为1000ms或4倍的期望报文速率中较大的一个。这条规则考虑到了连接对象最初进入已建立状态时，需要一些时间进行连接的配置。
- 在这之后，每次激活休止/看门狗定时器时，计时初始值为4倍的期望报文速率。
- 如果期望报文速率为0，则禁止休止/看门狗定时器。

连接对象使用link_consumer()和link_producer()来执行低层的数据接收和数据发送功能。在link_consumer()中，首先处理由接收报文而触发的连接对象状态的转变，然后判断报文的正确性，以此为依据决定是否需要生成响应。在link_producer()中，依据连接对象的实例号，发送相应的报文。其伪代码分别如下所述：

```
link_consumer(UCHAR * request)
{
  if(实例是显式报文连接 && 实例状态是延期)
      实例状态转变为已建立;
  if(实例状态不是已建立)
      return(不产生响应);
  重新装载休止/看门狗定时器初始计时值,重新开始计时;
  if(请求 request 有效)
      return(产生响应);
```

```
    else
        return(不产生响应);
}
void link_producer(UCHAR * response)
{
    switch(实例号)
    {
        case(从站状态改变连接):
            发送从站状态改变报文;
            break;
        case(I/O 轮询连接):
            发送 I/O 轮询响应报文;
            break;
        case(显示报文连接):
            发送显式响应报文;
            break;
    }
}
```

2. DeviceNet 类的实现

在设备对象模型（见图 6-3）中，DeviceNet 类负责管理 DeviceNet 物理连接的配置和状态。每个物理连接对应一个 DeviceNet 对象实例，如果一个设备有多个 DeviceNet 的物理连接，则在对象模型中应该相应地有多个 DeviceNet 对象实例。

DeviceNet 类的描述如下：

```
class DeviceNet
{
    private:
    static UINT class_revision;
    public:
    UCHAR mac_id;
    ULONG serial;
    UCHAR baud_rate;
    UINT vendor_id;
    BOOL bus_off_int;
    struct
```

```
    {
        UCHAR choice;
        UCHAR my_master;
    } allocation;
    DeviceNet(UCHAR mac,UCHAR baud,UINT id,ULONG ser);
                    //构造函数
    static void handle_class_inquiry(UCHAR * ,UCHAR * );
                    //处理类的属性读取
    int handle_unconnected_port(UCHAR * ,UCHAR * );
                    //处理未连接显示请求
    void handle_timeout(UCHAR);
                    //处理连接超时
    void handle_explicit(UCHAR * ,UCHAR * );
                    //处理显示请求
    int consume_dup_mac(UCHAR * );
                    //消费重复 MAC ID 检查报文
    void send_dup_mac_response();
                    //发送重复 MAC ID 检查报文
};
```

其中，支持的 DeviceNet 类的属性有：

- 修正版本号：class_revision

支持的 DeviceNet 类的实例的属性有：

- MAC ID：mac_id
- 波特率：baud_rate
- 总线离线中断：bus_off_int
- 连接配置信息：allocation

其中，连接配置信息指出该设备是否配置了预定义主/从连接，配置了哪些预定义主/从连接。显式报文可以使用“设定属性（set_attribute_single）”这个服务来设定对象的属性值，然而连接配置信息这个属性却不能通过这个办法来设定。只有通过“配置主/从连接请求”下发配置请求，从站在验证了这个请求的正确性后，配置主/从连接，等主/从连接建立之后，才能相应地修改“连接配置信息”这个属性。连接配置信息包括两部分：

- 配置选择字节：指明哪些预定义主/从连接是激活的（状态为配置中或已建立）。它的格式见表 6-4。其中每一位表示预定义主/从连接组中的一个连接，1 表示激活。上电后配置选择字节的初始值是 0x00。

表 6-4 配置选择字节格式

bit7	bit6	bit5	bit4	bit3	bit2	bit1	bit0
保留	保留	循环连接	状态改变连接	保留	位选通连接	轮询连接	显式连接

● 主站 MAC ID：指出主站的 MAC ID，主站是指发出配置连接请求的设备。其有效值的范围是 0~63 或 255。0~63 说明预定义主/从连接组已经配置，其值指明了执行配置设备的 MAC ID；255 说明还没有配置预定义主/从连接组。上电后主站 MAC ID 的初始值是 255。

在 DeviceNet 类提供的服务中，DeviceNet（）是构造函数，负责初始化对象的属性。handle _ class _ inquiry（）负责处理指向 DeviceNet 类的显式请求，其伪代码与前面所述的连接类的 handle _ class _ inquiry（）相似。handle _ explicit（）负责处理指向 DeviceNet 类的实例的显式请求，其伪代码也与前面所述的连接类服务 handle _ class _ inquiry（）相似，但是多支持两种请求类型：配置预定义主/从连接和删除预定义主/从连接，当 DeviceNet 类的 handle _ explicit（）遇到这两种显式请求时，调用 handle _ unconnected _ port（）进行处理。

所有的配置/删除预定义主/从连接请求都由 DeviceNet 对象进行处理。仅限组 2 未连接显式请求报文直接指向 DeviceNet 对象，显式报文传来的配置/删除预定义主/从连接请求也被路由到 DeviceNet 对象。DeviceNet 对象中的 handle _ unconnected_ port（）是负责处理配置和删除预定义主/从连接的。在处理时，需要先验证请求的正确性。处理配置预定义主/从连接的步骤如下：

1）如果设备不支持预定义主/从连接组，则返回错误响应。

2）如果设备支持预定义主/从连接组，则设备开始验证主站 MAC ID 的正确性：

● 如果设备中已经配置了预定义主/从连接，而原先进行配置的主站 MAC ID 不等于当前发出配置请求的主站 MAC ID，则返回错误响应。

● 如果设备中已经配置了预定义主/从连接，而原先进行配置的主站 MAC ID 等于当前发出配置请求的主站 MAC ID，那么从站设备开始验证配置选择参数的正确性，如（3）中所述。

● 如果设备中还没有配置预定义主/从连接，那么从站设备开始验证配置选择参数的正确性，如（3）中所述。

3）从站设备开始验证配置选择参数的正确性：

● 如果配置选择中有从站设备不支持的连接，则返回错误响应。

● 如要配置选择中有已经配置了的连接，则返回错误响应。一个例外时：如果原先配置的连接处于超时状态，则从站设备重新配置该连接，并使该连接的状态为配置中。

● 如果配置选择中没有选择任何连接，则返回错误响应。

● 如果配置选择中请求的连接所需的资源目前不可用，则返回错误响应。

● 状态改变连接和循环连接是不可共存的，如果配置选择同时请求这两个连接，则返回错误响应。

● 状态改变/循环连接和 I/O 轮询连接共用连接实例 2，如果在已经配置状态改变/循环连接后，配置选择又请求配置 I/O 轮询连接，则返回错误响应。

● 应答压缩是针对状态改变/循环连接而言的，如果配置选择中选择了应答压缩，可是没有请求配置状态改变/循环连接，则返回错误响应。

如果出现任何一种上述的错误，则整个配置请求都将被认为是错误请求，设备不会作出任何配置动作。

4）在验证了主站 MAC ID 和配置选择参数的正确性后，从站设备配置所有请求的连接，更新 DeviceNet 对象中的连接配置信息。

5）配置的 I/O 连接的状态转变为配置中，配置的显式报文连接的状态转变为已建立。

6）返回正确响应。

处理删除预定义主/从连接的步骤如下：

1）如果设备不支持预定义主/从连接组，则返回错误响应。

2）从站设备开始验证删除选择参数的正确性：

● 如果删除选择中有从站设备不支持的连接，则返回错误响应。

● 如果删除选择中没有选择任何连接，则返回错误响应。

● 如果删除选择中选择的连接中有处于不存在状态的，则返回错误响应。

如果出现任何一种上述的错误，则整个删除请求都将被认为是错误请求，设备不会做出任何删除动作。

3）如果请求是正确的，从站设备删除所有请求的连接，更新 DeviceNet 对象中的连接配置信息。

4）如果（3）的动作导致所有预定义主/从连接都不处于已建立状态，则从站设备删除所有连接，所有连接的状态转变为不存在。

DeviceNet 对象使用 handle _ timeout（）处理连接超时事件，其伪代码如下：

```
handle _ timeout( UCHA conxn)
{
    if( 实例是显式报文连接)
    {
```

```
        if(超时动作是自动删除
        (超时动作是推迟删除 && 没有 I/O 连接处于已建立状态))
        {
        释放该连接;
        该连接状态转变为不存在;
        }
        if(过时动作是延期删除 && 有 I/O 连接处于已建立状态)
        该连接状态转变为延期
    }
    else if(实例是 I/O 连接)
    {
        释放该连接;
        该连接状态转变为超时;
        if(显式报文连接的过时动作是延期删除 && 没有 I/O 连接处于已建
        立状态)
        {
        删除显式报文连接;
        显示报文连接状态转变为不存在;
        }
    }
    if(已经没有连接处于已建立状态)
    {
    释放所有连接;
    所有连接的状态转变到不存在;
    更新连接配置信息;
    }
}
```

DeviceNet 对象还负责发送重复 MAC ID 检查报文，处理接收到的重复 MAC ID 检查报文，分别用 consume _ dup _ mac （） 和 send _ dup _ mac _ response （） 实现。

3. 标识类的实现

标识（Identity）类负责提供设备的标识和通用信息。它的描述如下：

```
class Identity
{
    private:
```

```
    static UINT class_revision;
    UINT vendor_id;
    UINT device_type;
    UINT product_code;
    struct
    {
        UCHAR major;
        UCHAR minor;
    } revision;
    ULONG serial;
    char product_name[40];
    ULONG device_clock,dup_mac_clock;
              //计时值,用于设备自检及重复 MAC ID 检查
    public:
    UINT status;
    UCHAR state;
    Identity(UINT,ULONG);        //构造函数
    static void handle_class_inquiry(UCHAR *,UCHAR *);
                                 //处理类的属性读取
    void handle_explicit(UCHAR *,UCHAR *);
                                 //处理显式请求
    inline UCHAR get_state();    //返回状况属性
    void device_self_test();     //执行设备自检
    void send_dup_mac_check_message();
                                 //发送重复 MAC ID 检查报文
    void update_device();        //刷新设备
}
```

其中支持标识类的属性有：

- 修正版本号：class revision

支持标识类实例的属性有：

- 供货商 ID：vendor_id
- 设备类型：device_type
- 产品代码：product_code
- 修正版本：revision
- 状态：status

- 序列号：serial
- 产品名：product _ name [40]
- 状况：state

在标识类提供的服务中，Identity ( ) 是构造函数，负责初始化对象的属性。handle _ class _ inquiry ( ) 负责处理指向标识类的显式请求，handle _ explicit ( ) 负责处理指向标识类实例的显式请求报文。get _ state ( ) 返回情形属性。device _ self _ test ( ) 负责在开机时执行设备自检。send _ dup _ mac _ check _ message ( ) 负责在开机后发送重复 MAC ID 检查请求报文。update _ device ( ) 负责定期检测设备、网络、连接的状态，并据此控制模块指示灯和网络指示灯的状态。

4. 组合类的实现

组合 (Assembly) 类负责把多个对象的输入/输出数据打包/解包，使得多个对象的数据可以通过一个连接传送。由图 6-3 可见，设计的从站设备有 3 个组合类的实例：从站状态改变输入组合对象，轮询输入组合对象，轮询输出组合对象。数据包的格式如图 6-6 所示。

	bit 7	bit 6	bit 5	bit 4	bit 3	bit 2	bit 1	bit 0
字节 0	8 号开关量输入	7 号开关量输入	6 号开关量输入	5 号开关量输入	4 号开关量输入	3 号开关量输入	2 号开关量输入	1 号开关量输入

a)

	bit 7	bit 6	bit 5	bit 4	bit 3	bit 2	bit 1	bit 0
字节 0	1 号模拟量输入							
字节 1	2 号模拟量输入							
字节 2	3 号模拟量输入							
字节 3	4 号模拟量输入							

b)

	bit 7	bit 6	bit 5	bit 4	bit 3	bit 2	bit 1	bit 0
字节 0	1 号模拟量输出							
字节 1	2 号模拟量输出							
字节 2					4 号开关量输出	3 号开关量输出	2 号开关量输出	1 号开关量输出

c)

图 6-6 组合类对象数据包格式

a) 从站状态改变输入组合 b) 轮询输入组合 c) 轮询输出组合

组合类的描述如下：

```
class Assembly
{
    private:
    static UINT class _ revision;
    UCHAR instance;  //实例号
    UCHAR data[4];
    public:
    Assembly(UCHAR ins);
    static void handle _ class _ inquiry(UCHAR * ,UCHAR * );
    void handle _ explicit(UCHAR * ,UCHAR * );
    void update _ data();
    void handle _ io _ poll _ request(UCHAR * ,UCHAR * );
    void handle _ slave _ cos(UCHAR request[ ],UCHAR response[ ]);
    void get _ data(UCHAR * );
};
```

其中，支持组合类的属性有：

● 修正版本号：class revision

支持标识类实例的属性有：

● 数据：data [4]

因为组合类有三个实例，所以需要由属性 instance 标识实例号，以便类提供的服务根据实例号作出不同动作。

在提供的服务中，Assembly（）是构造函数，负责初始化属性。handle _ class _ inquiry（）负责处理指向标识类的显式请求，handle _ explicit（）负责处理指向标识类实例的显式请求报文。update _ data（）负责重新读输入数据，并将输入数据打包，存放在组合对象的数据里。handle _ io _ poll _ request（）负责处理 I/O 轮询请求。在轮询输出组合对象中，handle _ io _ poll _ request（）将主站下发的轮询命令解包，并发送到相应的模拟量输出对象和开关量输出对象；在轮询输入组合对象中，handle _ io _ poll _ request（）将模拟量输入对象的数据包传给从站轮询响应报文。handle _ slave _ cos（）负责处理从站状态改变请求，将开关量输入对象的数据包传给从站状态改变报文。get _ data（）简单地返回组合对象的数据。

5. 报文路由类的实现

报文路由（Message Router）类提供了一个传递报文的连接点，主站通过它可以将报文转送到设备中的任何一个类或对象。其描述如下：

```
class Router
{
    private:
    static UINT class_revision;
    public:
    static void handle_class_inquiry (UCHAR *, UCHAR *);
    void handle_explicit (UCHAR *, UCHAR *);
    void route (UCHAR *, UCHAR *);
};
```

handle_class_inquiry () 负责处理指向报文路由类的显式请求，handle_explicit () 负责处理指向报文路由类实例的显式请求报文。在 route () 中，根据显示报文中的类 ID 和实例 ID（见 6.3.1 节）调用相应对象的 handle_explicit ()，就可以将该报文正确路由至相应的类和实例。

6. 应用类的实现

在设备对象模型（见图 6-3）中可见，设计的应用（Application）类包括：开关量输入点（Discrete Input Point）类、开关量输出点（Discrete Output Point）类、模拟量输入点（Analog Input Point）类、模拟量输出点（Analog Output Point）类。它们的实例个数分别是 8、4、4、2。

开关量输入点对象表示设备中的一路开关量输入。该对象负责从实际的输入设备采样开关量输入，并保存在它的属性中。采样由输入状态改变或定时触发。

开关量输出点对象表示设备中的一路开关量输出。该对象的属性中保存了开关量输出的值，该对象负责将值输出到实际的输出设备。

模拟量输入点对象表示设备中的一路模拟量输入。该对象负责从实际的输入设备采样模拟量输入，并保存在它的属性中。采样由输入状态改变或定时采样触发，本书中的模拟量输入采样是由定时采样触发的。

模拟量输出点对象表示设备中的一路模拟量输出。该对象负责将保存在它的属性中的输出值输出到实际的输出设备上。

其中，模拟量输入的描述如下：

```
class AnalogInputPoint
{
    private:
    UCHAR value;                //模拟量输入值
    BOOL status;                //对象状态
    UCHAR data_type;            //模拟量输入数据类型
    UCHAR instance;             //实例号
```

```
    static UINT class _ revision;
    public:
    AnalogInputPoint ();
    AnalogInputPoint (UCHAR inst);
    void set _ instance (UCHAR inst);
    static void handle _ class _ inquiry (UCHAR *, UCHAR *);
    void handle _ explicit (UCHAR *, UCHAR *);
    void compute _ value ();        //读真实模拟量输入值
    UCHAR get _ value ();           //返回 value
};
```

其中，属性 value 存储模拟量输入值；属性 data _ type 规定模拟量输入值的数据类型，例如整形、实型等。服务 AnalogInputPoint ( ) 是构造函数；服务 handle _ class _ inquiry ( ) 负责处理指向模拟量输入类的显式请求；服务 handle _ explicit ( ) 负责处理指向模拟量输入类实例的显式请求报文；服务 compute _ value ( ) 从模拟量输入设备（如 A/D 转换器）读模拟量输入值，并赋给 value；服务 get _ value ( ) 返回 value。

模拟量输出类的属性和模拟量输入类相同，但是模拟量输出类没有服务 compute _ value ( ) 和 get _ value ( )，取而代之的是服务 set _ value ( ) 和 output _ value ( )。set _ value ( ) 设定 value，output _ value ( ) 将 value 输出到模拟量输出设备，如 D/A 转换器。

开关量输入类和模拟量输入类的类构造和模拟量输入/输出相类似，因篇幅限制，不再详述。

6.3.4 主程序设计

主程序的任务是调用各对象的服务，配合实现 DeviceNet 规范中定义的从站设备的功能和行为。

主程序中有四个重要的全局变量：global _ event、global _ status、global _ CAN _ buf、global _ timer [ ]。用这四个变量在主程序和中断服务程序间传递信息。global _ event 是一个字，其中每一位表示一个事件，如果该位是 1，说明该事件发生了，需要主程序处理它。程序还利用位的位置来表示全局事件的优先级，位数越低，该位代表的事件优先级就越高，需要被优先处理。程序从最低位开始处理，保证紧急事件的迅速响应。由低位到高位代表的事件有：从站状态改变、收到 I/O 轮询请求、收到显式报文请求、收到重复 MAC ID 检查请求/响应、收到未连接显式请求、从站状态改变连接超时、显式报文连接超时、I/O 轮询连接超时、设备状态更新。global _ status 表示设备的状态。global _ CAN _ buf 中存放当前需要处理的接收到的报文。global _ timer [ ] 是一组定时器的计时值，有从站状态改变定时器、I/O 轮询连接定时器、显式报文请求定时器、设备状态更新定时器。计时值在定时中断服务中递减，如减至 0，则说明发生了相应的连接超时事件或需要更新设备状态了。

以下以伪代码形式给出主程序流程：

```
① 读命令行参数，验证其正确性，设定波特率和从站设备的 MAC ID；
② 初始化设备对象模型中的各对象；
③ 初始化全局变量；
④ 初始化 SJA1000 型 CAN 控制器芯片；
⑤ 利用 PC 内部的 18.2Hz 定时中断建立定时中断服务；
⑥ for（;;）//主循环
⑦ {
⑧ 更新开关量输入；
⑨ 读驱动的 CAN 报文缓冲区；
⑩ 判断报文类型，设备 global_event；
⑪ switch（全局事件）
⑫     {
⑬ case（收/发报文）：处理收/发报文：break；
⑭ case（连接超时）：DeviceNet::handle_timeout（）；break；
⑮ case（设备状态更新）：更新模拟量输入；更新指示灯状态；break；
⑯     }
⑰ }
```

主程序开始运行后，先完成初始化（①~⑤），然后就不停地执行一个循环（⑥~⑰）。在循环中，当检测到有开关量变化时，则⑧更新开关量输入点对象中的输入值，重新打包从站状态改变输入组合对象中的数据，并设置 global_event，标志有从站状态改变事件发生。⑨判断 CAN 报文缓冲区（见 4.2 节）是否空，如果不为空，则读出其中的第一条报文。⑩根据报文的 ID 判断报文类型，设置 global_event，标志收到了相应的报文，然后将报文的数据区的字节存入 global_CAN_buf，等待处理。⑪~⑯根据 global_event 中各位的值（其中关于连接超时和设备状态更新的标志位在定时中断服务中设定），按优先级从高到低处理，调用对象模型中各对象提供的服务处理各个事件。当发生有关报文收发的事件时（包括从站状态改变、收到 I/O 轮询请求、收到显式报文请求、收到重复 MAC ID 检查请求/响应、收到未连接显式请求），调用以下 1）~5）所示的相应事件处理流程进行处理。当发生连接超时事件时（包括从站状态改变连接超时、显式报文连接超时、I/O 轮询连接超时），调用 DeviceNet 对象中的 handle_timeout（）来决定对连接的删除和设备状态的转变。当发生设备状态更新事件时，根据设备当前的状态，更新模块指示灯和网络指示灯的闪亮，采集模拟量输入，并更新 I/O 轮询输入组合中的数据。

1）处理从站状态改变事件的流程（伪代码）：

① 从站状态改变连接计时器重新开始计时；
② 读出从站状态改变输入组后对象中的数据（开关量输入值）；
③ 调用从站状态改变连接对象的发送服务，将数据用从站状态改变报文发送给主站。

2）处理收到 I/O 轮询请求事件的流程（伪代码）：

① I/O 轮询连接定时器重新开始计时；
② 调用 I/O 轮询输出组合对象将模拟量输出、开关量输出分配到模拟量输出对象、开关量输出对象；
③ 读出 I/O 轮询输入组合对象中的数据（模拟量输入值）；
④ 调用 I/O 轮询连接对象的发送服务，将数据用 I/O 轮询响应报文发送给主站。

3）处理收到显式报文请求事件的流程（伪代码）：

① 显式报文连接定时器重新开始计时；
② 调用报文路由对象的 route（）将请求指到相应的对象实例；
③ 调用被指到对象的 handle _ class _ inquiry（）或 handle _ explicit（）处理显式报文服务，生成响应数据；
④ 调用显式报文连接对象的发送服务，将响应数据用显式报文响应报文发出。

4）处理收到重复 MAC ID 检查请求/响应事件的流程（伪代码）：

```
① if（收到响应）
② 本站使用了重复的 MAC ID，发生了重复 MAC ID 错误；
③ else //收到请求
④ {
⑤ if（本站还未进入在线状态）
⑥ 本站使用了重复的 MAC ID，发生了重复 MAC ID 错误；
⑦ else //已进入在线状态
⑧ 别站使用重复的 MAC ID，发重复 MAC ID 检查响应报文通知别站；
⑨ }
```

在 DeviceNet 规范中重复 MAC ID 检查机制是这样的：

① 任何一台设备挂上网后，就发一个重复 MAC ID 检查请求报文，如果连续发两次请求都没有收到响应（发送 2 次是出于更保险的考虑），说明它的 MAC ID 和网上设备没有重复；如果收到了响应，说明它的 MAC ID 和网上设备重复了。

② 挂在网上的、处于在线状态的设备，如果收到了 MAC ID 检查请求报文，

说明发该请求的设备和它用的是同一个 MAC ID，就发出 MAC ID 检查响应报文，通知发请求的设备：你已经使用了重复的 MAC ID 了！

5）处理收到未连接显式请求事件的流程（伪代码）：

```
1）调用 DeviceNet：handle _ unconnected _ port（），生成响应报文；
2）发送响应报文。
```

所有 DeviceNet 设备都遵循网络访问状态机，如图 6-7 所示。主程序开始运行后，网络访问状态的初始值是“不存在”，先进行设备自检，然后进入“发送重复 MAC ID 检查请求报文”状态。以后在各个状态内，对各个事件的反映如下所列：

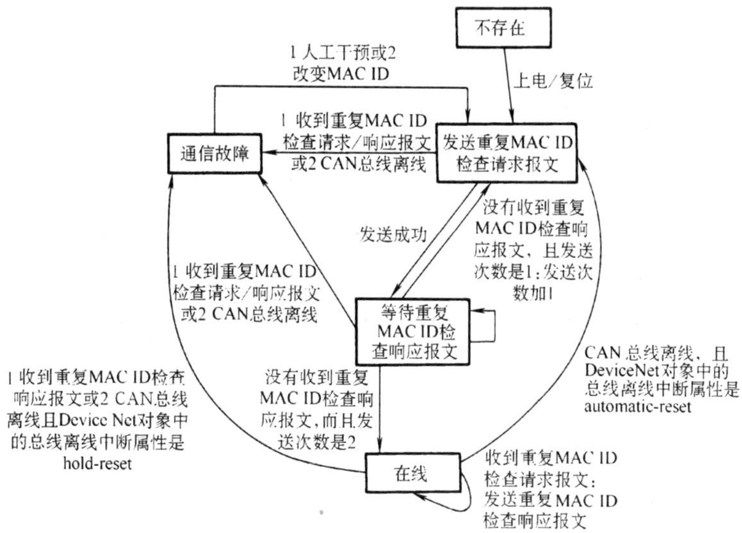

图 6-7　网络访问状态机

① 状态“发送重复 MAC ID 检查请求报文”

● 事件“成功发送重复 MAC ID 检查请求报文”：开始 1s 计时，并转入“等待重复 MAC ID 检查响应报文”状态。

● 事件“CAN 总线离线”：转入“通信故障”状态。

● 事件“收到重复 MAC ID 检查请求/响应报文”：说明网上已有其他设备使用了本设备的 MAC ID，转入“通信故障”状态。

② 状态“等待重复 MAC ID 检查响应报文”

● 事件“CAN 总线离线”：转入“通信故障”状态。

● 事件“收到重复 MAC ID 检查请求/响应报文”：说明网上已有其他设备使用了本设备的 MAC ID，转入“通信故障”状态。

● 事件“1s 计时到”：如果这是第一次计时到，则要求发送重复 MAC ID 检查请求报文，并转入“发送重复 MAC ID 检查请求报文”状态；如果这是第二次计时到，则说明本设备连续两次发送重复 MAC ID 检查请求报文都没有得到响应，本设备的 MAC ID 没有和网上其他设备相冲突，转入“在线”状态。

● 事件“收到其他类型的报文”：不处理。

③ 状态：“在线”

● 事件“CAN 总线离线”：如果 DeviceNet 对象中的总线离线中断属性是 hold-reset，则转入“通信故障”状态；如果该属性是 automatic-reset，则转入“发送重复 MAC ID 检查请求报文”状态，重新开始发送重复 MAC ID 检查。

● 事件“收到重复 MAC ID 检查请求报文”，说明网上有其他设备试图使用本设备的 MAC ID，则发送重复 MAC ID 检查响应报文并通知那台设备：你使用了重复的 MAC ID。

● 事件“收到其他类型的报文”：处理该报文。

④ 状态：“通信故障”

● 事件“人工干预”或“改变 MAC ID”：转入“发送重复 MAC ID 检查请求报文”状态。

以上所有状态中，只有当处于“在线”状态时，才能处理或发送其他类型的报文（除了重复 MAC ID 检查/响应报文之外）。当处于所有别的三种状态时，如果接收到其他类型的报文，则丢弃该报文；同样地，如果有发送其他类型报文的请求，则丢弃该发送请求。这种机制保证了发生故障的设备不会影响网络中其他设备的正常工作。

6.4 设备描述的规划

DeviceNet 规范通过定义标准的设备模型促进不同制造商设备之间的互操作性，它对直接连接到网络的每一类设备都定义了设备描述。设备描述是从网络的角度对设备内部结构进行说明，它使用对象模型的方法说明设备内部包含的功能、各功能模块之间的关系和接口。设备描述说明了使用哪些 DeviceNet 对象库中的对象和哪些制造商定义的对象，以及关于设备特性的说明。

设备描述包括：

1）设备对象模型定义——定义设备中存在的对象类、各类中的实例数、各个对象如何影响行为以及每个对象的接口。

2）设备 I/O 数据格式定义——包含组合对象的定义、组合对象中包含所需要的数据元件的地址（类、实例和属性）。

3）设备可配置参数的定义和访问这些参数的公共接口——配置参数数据、参数对设备行为的影响、所有参数组以及访问设备配置的公共接口。

关于以上三部分内容的详细介绍见 5.5.5 节。简单地说，这三部分分别规定了一个设备如何动作、如何交换数据和如何进行配置。

设备描述有两种，即专家已达成一致意见的标准设备类型的设备描述和一般的或厂商自定义的非标准设备类型的设备描述（又称扩展的设备描述）。ODVA负责在技术规范中发布设备描述。每个制造商为其每个 DeviceNet 产品根据设备类型选定扩展或定义设备描述，其内容涉及设备遵循的设备行规。

DeviceNet 有关设备描述部分包含了该文件出版时所有现存的设备描述列表及其详细叙述。随着设计者建造了更多的 DeviceNet 兼容设备和开放式 DeviceNet 供货商协会（ODVA）的成员公司为开发的新设备，定义的描述的数量将不断增加。截至目前为止已有的设备描述的具体说明见表 4-11。

如果所要的设备描述不在上述范围之内，新设备描述的建立过程为：首先由 ODVA 专家，主要是特别兴趣小组定义新的设备类型，并将提案交予 ODVA 技术委员会审查。然后，通过 ODVA 讨论，如需改进，则要求开发商修改完善，然后批准该设备描述，ODVA 为新设备分配一个新的设备类型编码；最后 ODVA 印刷发行新的设备描述。

6.5 设备配置和电子数据文档（EDS）

本节将简述设备配置的标准方法、电子数据文档（EDS）的结构和编写等方面的内容。在此之前，先解释几个基本术语。

解码格式：DeviceNet 报文格式中解码的属性数据值。

EDS：电子数据文档的简写，是磁盘上的一个包括指定设备类型的配置数据的文件。

编码格式：电子数据文档格式中编码的属性数据值。

DeviceNet 路径：DeviceNet 类、实例、属性格式中对象属性地址。

参数对象整体：设备中的一个对象，它包括配置数据值、提示字符串、数据转换系数以及其他设备相关信息。

参数对象存根：参数对象的简写形式，它只存储配置数据值，并且只提供一个标准的参数访问点。

6.5.1 设备配置概述

DeviceNet 标准允许通过网络远程配置设备，并允许将配置参数嵌入设备中。利用这些特性，可以根据特定应用的要求，选择和修改设备配置设定。DeviceNet 接口允许访问设备配置设定。

只有通过 DeviceNet 通信接口，才可访问配置设定的设备，同时必须用配置工具改变这些设定。使用外部开关、跳线、拨盘开关或其他所有者的接口进行配置的设备，不需要配置工具就可以修改设备配置设定，但设备设计者应提供工具访问和判定硬件配置开关状态。

存储和访问设备配置数据的方法包括输出数据文档的打印、电子数据文档（EDS）、参数对象以及参数对象存根、EDS和参数对象存根的结合。

1. 利用打印输出的数据文档支持配置

使用在打印数据文档上收集的配置信息时，配置工具只能提供服务、类、实例和属性数据的提示，并将该数据转发给设备。这种类型的配置工具不决定数据的前后联系、内容和格式。

2. 利用电子数据文档支持配置

可采用被称作电子数据文档（EDS）的特殊格式化的ASCII文件对设备提供配置支持。EDS提供设备配置数据的前后关系、内容及格式等有关信息。EDS信息使用户通过必要的步骤配置设备，EDS提供访问和改变设备可配置参数的所有必要信息，该信息与参数对象类实例所提供的信息相匹配。不提供计算机可读介质形式的EDS制造商可以提供他们的EDS打印清单，以便最终用户可以利用文本编辑器建立计算机可读取的EDS。

图6-1所示的设备配置采用了支持EDS的配置工具。设备中的应用对象表示配置数据的目的地址，这些地址在EDS中编码。

3. 利用参数对象和参数对象存根支持配置

设备的公共参数对象是设备中一个可选的数据结构，它提供访问设备配置数据的第三种方法。当设备使用参数对象时，它要求每个支持的配置参数有一个参数对象类实例。每个实例链接到一个可配置参数，该参数可以是设备其他对象的一个属性。修改参数对象的参数值属性将引起属性值中相应的改变，一个完整的参数对象包括设备配置所需的全部信息。部分定义的参数对象称为参数对象存根，它包含设备配置所需的部分信息，不包括用户提示、限制测试和引导用户完成配置说明文本。

（1）利用完整参数对象　参数对象将所有必要的配置信息嵌入设备。参数对象提供：

1）至设备配置数据值的已知公共接口。

2）说明文本。

3）数据限制、默认、最小和最大值。

当设备包含完整的参数对象时，配置工具可直接从设备导出所有需要的配置信息。

（2）使用参数对象存根　参数对象存根提供到设备的配置数据值的已建立地址，不需说明文本的规范、数据限制和其他参数特性。当设备包括参数对象存根时，配置工具可以从EDS得附加的配置信息或仅提供一个到修改参数的最小限度接口。

4. 使用EDS和参数对象存根的配置

配置工具可从嵌在设备中的部分参数对象或参数对象存根中获得信息，该设备提供一个伴随 EDS，此 EDS 提供配置工具所需的附加参数信息。参数对象存根可以提供一个到设备参数数据的已知公共接口，而 EDS 提供说明文本、数据限制和其他参数特性，如：

1）有效数据的数据类型和长度。

2）默认数据选择。

3）说明性用户提示。

4）说明性帮助文本。

5）说明性参数名称。

5. 使用配置组合进行配置

配置组合允许批量加载和下载配置数据。如果使用该方法配置设备，必须提供配置数据块的格式和每个可配置属性的地址映射。在规定配置组合的数据属性时，必须按属性块给出的顺序列出数据分量，大于 1B 的数据分量先列出低字节，小于 1B 的数据分量在 1B 中右对齐，从位 0 开始。

6.5.2 EDS 概述

EDS 允许配置工具自动进行设备配置，DeviceNet 规范中关于 EDS 的部分为所有 DeviceNet 产品的设备配置和兼容提供一个开放的标准。

1. 电子数据文档

EDS 除了包括该规范定义的、必需的设备参数信息外，还可以包括供应商特定的信息。标准的 EDS 通用模块如图 6-8 所示。

2. 产品数据文档模式

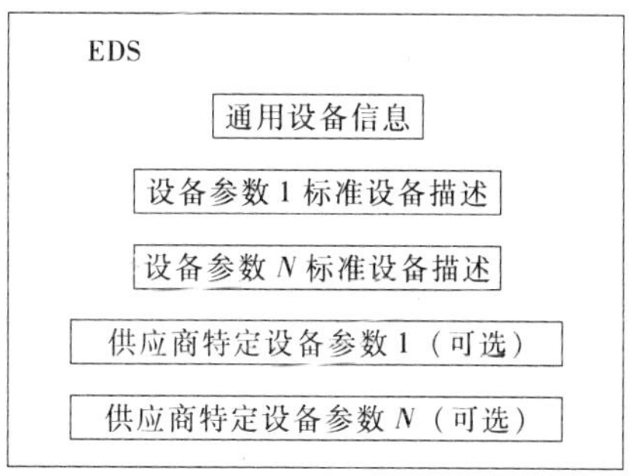

图 6-8　标准的 EDS 通用模块

电子数据文档应按照产品数据文档的含义，将其修改成符合 DeviceNet 要求。通常，产品数据文档向用户提供判断产品特性所需的信息及对这些特性用户可赋值的范围。

数据文档将信息从产品制造商传送给产品用户。产品用户理解制造商的数据文档，并决定哪些设置必须设置为非默认值，以执行必要的动作，从而将信息从数据文档中导入设备中。为执行实际配置，配置工具用 DeviceNet 报文传递来实现设备中的变化。目前，EDS 中的文本信息必须是 ASCII 表示的字符。EDS 提供两种服务：①说明每个设备的参数，包括它的合法值和默认值；②向用户提供设备中每个可配置参数的选择。

DeviceNet 配置工具至少具备：

1）将 EDS 装载到配置工具的内存。

2）解释 EDS 的内容，判断每个参数的特性。

3）向用户展示各设备参数的数据记录区或选择清单。

4）将用户的参数选择装载到设备中正确的参数地址中。

所有 EDS 开发者必须使 EDS 符合这些要求。产品开发者将决定其他所有的执行细节。为 DeviceNet 产品设计的每个 EDS 解释器必须能够读取并解释任何标准 EDS，向设备用户提供信息和选择，建立配置相关 DeviceNet 产品的必要信息。

3. 配置工具上使用 EDS

DeviceNet 配置工具从标准 EDS 中提取用户提示信息，并以人工可读的形式向用户提供该信息。

4. EDS 解释器功能

解释器必须采集 EDS 要求的参数选择，建立配置设备所需的 DeviceNet 信息，并包含要求配置的各设备参数的对象地址。

5. EDS 文件管理

图 6-9 为电子数据文档结构框图。EDS 文件编码要求使用 DeviceNet 的标准文件编码格式，而无须考虑配置工具主机平台或文件系统。

单一文件必须包括完整的 EDS。表 6-5 概括了 EDS 中的分区结构、区分隔符和各区的次序。

定义 EDS 时遵守下列原则：

（1）区（Section） EDS 文件必须划分为可选的和必需的部分。

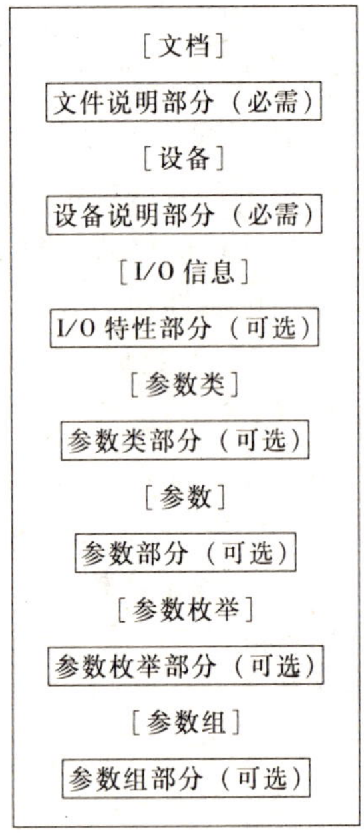

图 6-9 电子数据文档结构框图

表 6-5 EDS 中的分区结构、区分隔符和各区的次序

区 名 称	区分隔符	位 置	必需/可选
文件说明	[File]	1	必需
设备说明	[Device]	2	必需
I/O 特性	[I/O _ Info]	*	可选
参数类	[ParamClass]	*	可选
参数	[Params]	*	可选
参数枚举	[Enumpar]	*	可选
参数组	[Group]	*	可选

注：* 表示该可选项的位置跟随其所需区。

（2）区分隔符（Section Delimiters） 必须用方括号中的区关键字作为合法的区分隔符来正确分隔 EDS 的各区。

（3）区顺序（Section Order） 必须按要求的顺序放置每个所需的区。可选部分可以完全省略或用空数据占位符填充。

（4）入口（Entry） EDS 的每个区包括一个或多个入口，以入口关键字开关，后面跟有一个符号。入口关键字的含义取决于该部分的上下文。用分号表示入口结束，入口可以跨越多行。

（5）入口域（Entry field） 每个入口包括一个或多个域。用逗号分隔符分隔各域，各域的含义取决于区的上下文。

（6）供货商特定的关键字（Vendor-specific Keyword） 区和入口关键字可以是供货商特定的。这些关键字应该以增补内容的公司的供货商 ID 开头，后面跟随一个下划线（VendorID _ VendorSpecificKeyword）。供货商 ID 应以十进制显示，且不应该包含引导 0。各供应商应提供有关供应商特定关键字的文字说明。

下面的例子突出显示电子数据文档的结构（注："$"字符表示注释语句）。

```
[section name]
$   an example for EDS
    line
    Entry1 = Field1, Field2, Field3;   $ Entire entry on one line
    Entry2 = Field1, Field2,           $ Entire entry on two line
    Field3, Field4;
    Entry3 =                           $ Multiple line entry
              Field1,
              Field2,
              Field3;
    65 _ Entry4 =                      $ Combination
                   Field1, Field2,
                   Field3,
                   Field4;
```

从上例中可以发现，只有逗号能正确地分隔各区，一个入口可以扩展到几行。配置工具忽略任何空白字符，包括注释、制表符和空格。注释以注释分隔符（$）开头，到该行结尾。所有的入口必须用一个分号表示结束。

文件命名要求：除了在 DOS/Windows 环境中的文件外，目前以磁盘为介质的 EDS 文件不存在文件命名约定。文件名后面应该加有后缀".EDS"。

DeviceNet 规范允许通过 DeviceNet 对设备进行远程配置，用户使用配置工具软件，可以修改设备的配置，使配置适合特定的应用。EDS 文件中包含了设备的信息和配置参数，通过 EDS 文件提供的信息，配置工具可以自动对设备进行配置。这样当通过配置工具（如 DeviceNet Manager）配置 DeviceNet 时，只需要将设备的 EDS 复制到相应的目录中，配置工具就能自动识别出 DeviceNet 上的设备，并提供配置的参数。而且，EDS 文件的格式有统一的标准，这为设备配置和产品兼容提供了一个开放的标准。

6.5.3 EDS 文件的编写

为了将不同制造商生产的 DeviceNet 产品集成在一起，制造商必须以 EDS 文件的形式提供产品的功能参数，主要包括制造商和设备的名称、硬件和软件的版本、波特率、总线插头、设备的各项参数等等。这也是开发者必须完成的工作。

1. 文件说明部分

文件说明部分包括 EDS 文件的管理信息。配置工具读取该信息，对其进行格式化，并将其显示给用户。用户可以利用文本文件浏览器访问这部分，并显示未格式化的信息。见表 6-6。文件说明部分必须包括文件说明文本、文件创建日期、文件创建时间、EDS 版本。

表 6-6 EDS 文件说明部分

条目名称	条目关键字	区数量	数据类型	必需/可选
文件说明文本	DescText	1	ASCII 字符串	必需
文件创建日期	GreatDate	1	DATE	必需
文件创建时间	GreatTime	1	TIME _ OF _ DAY	必需
最后一次修改日期	ModDate	1	DATE	有条件
最后一次修改时间	ModTime	1	TIME _ OF _ DAY	有条件
EDS 版本	Revision		REVISION	必需

2. 设备说明部分

设备说明部分包括设备制造商有关信息，包括设备标识对象中的某些相同值。表 6-7 给出了设备说明部分中的条目。

3. I/O 特性部分

[IO _ Info] 部分包括设备下列 I/O 特性的有关情况：

1）I/O 触发类型：轮询、位选通、状态改变和循环。

2）I/O 报文长度：字节数。

3）预定义的 I/O 连接路径。

表 6-8 给出了 [I/O _ Info] 部分的条目。

4. 参数类部分

参数类部分将标识 EDS 说明的配置参数的分类级属性及包括参数对象类属性的子集。表 6-9 说明参数类部分中预定义格式和各区的合法范围。

表 6-7 设备说明部分中的条目

条目名称	条目关键字	区 号	数据类型	必需/可选
供应商 ID	VendCode	1	UINT	必需
供应商名称	VendName	1	ASCII 字符串	必需
设备类型	ProdType	1	UINT	必需
设备类型字符串	ProdTypestr	1	ASCII 字符串	必需
产品代码	ProdCode	1	UINT	必需
主版本	MajRev	1	UINT	必需
次版本	MinRev	1	UINT	必需
产品名称	ProdName	1	ASCII 字符串	必需
目录编号	Catalog	1	ASCII 字符串	可选

表 6-8 [IO _ Info] 部分的条目

条 目 名 称	条目关键字	必需/可选
默认报文	Default	必需
轮询报文	PullInfo	可选
位选通报文	StrobeInfo	可选
多点轮询报文	MulticastPollInfo	可选
状态改变报文	COSInfo	可选
循环报文	CyclicInfo	可选
设备的生产连接	Input	可选
设备的消费连接	Output	可选

表 6-9 参数类部分中预定义格式和各区的合法范围

条目名称	条目关键字	区编号	数据类型	必需/可选
最大实例	MaxInst	1	UINT	必需
参数类说明	Descriptor	1	WORD	必需
配置组合实例	CfgAssemly	1	UINT	必需

5. 参数部分

参数部分标识设备中所有的配置参数，设备中所有实施的配置都取决于配置参数。所有参数的条目关键字由字符数组“Param”同设备的参数对象实例编号（十进制）相结合组成（例如，“Paraml”）。当节点中存在一个参数对象实例，而且如果在 EDS 中也说明了该参数时，“Param N”中的值“N”应该等同于参数对象实例。实际参数对象实例无需在设备内实施。各条目包括的格式化区见表 6-10。

表 6-10　各条目包括的格式化区

区名称	区数量	数量类型	必需/可选
保留	1	USINT	必需
链接路径尺寸	2	USINT	必需
链接路径	3	ASCII 字符串	必需
解说符	4	WORD	必需
数据类型	5	EPATH	必需
数据尺寸	6	USINT	必需
参数名称	7	ASCII 字符串	必需
单位字符串	8	ASCII 字符串	必需
帮助字符串	9	ASCII 字符串	必需
最小值	10	Data type	必需
最大值	11	Data type	必需
默认值	12	Data type	必需
乘数比例	13	UINT	可选
除数比例	14	UINT	可选
比例基数	15	UNIT	可选
比例偏移	16	INT	可选
乘数链接	17	UINT	可选
除数链接	18	UINT	可选
基数链接	19	UINT	可选
偏移链接	20	UINT	可选
小数精度	21	USINT	可选

注：USINT—无符号短整型；WORD—字节型；UINT—无符号整形；INT—整型；Data type—专有的数据类型；EPATH—DeviceNet 路径。

6. 参数组部分

参数组部分标识设备中所有的参数组。每个参数组包含一个组中参数对象实例清单。每个组的条目关键字由字符数组“Group”同设备中参数组实例编号（十进制）相结合组成，例如，“Groupl”。十进制编号必须从 1 开始，并以步长 1 递增。各条目中的区包括组名称、组中成员数、组中参数对象的实例编号。逗号分隔所有分区，分号表明条目结束。参数组部分包括内容见表 6-11。

表 6-11 参数组部分包括的内容

区 名 称	区 编 号	数据类型	必需/可选
组名称字符串	1	ASCII 字符数组	必需
成员数	2	UINT	必需
参数	3 ~ (成员数 +2)	UINT	必需

7. 组合部分

组合部分描述了数据块的结构，此块通常为组合对象的数据属性。但是，EDS 的这部分可用来描述任何复杂结构，该数据块的描述与组合对象用来描述其成员表的机制是相同的。条目关键字“Revision”应为 16bit 整数，该数应是设备内组合对象的修正（类属性 1）。如要可选条目不存在，则该组合对象的修正应为 2。所有对象的条目关键字应由特性数组、“Assem”及设备的组合对象实数（十进制）等组成（例如“Asseml”）。如果组合对象的特定实例可从链接中寻址，则在 EDS 文件的 Assem 编号和设备的组合实例编号之间应一一成对。用逗号分隔所有区，并用分号表示条目结束。如果未提供可选区，两个逗号间可为空格键或空白。每个条目应包含表 6-12 中列出的格式化区。

表 6-12 每个条目应包含的格式化区

域　　名	区 编 号	数 据 类 型	必需/可选
名称	1	Eds _ Char _ Array	可选
路径	2	Eds _ Char _ Array	可选
长度	3	UINT	必需
描述符	4	WORD	可选
预留	5,6	Empty	
成员长度	7,9,11…	UINT	有条件
成员参考	8,10,12…	AssemN、ParamN、Number 或 EPATH	有条件

下面给出一个完整的电子数据文档示例：

```
$ CFDEV Electronic Data Sheet
$ Version 1.0
$ 10 July 2002
$ File Description Section
[File]
DescText = "CFDEV EDS File";          $ 文件描述
CreateDate    = 07 - 10 - 2002;       $ 文件创建日期
```

```
CreateTime   =10: 45: 00;              $ 文件创建时间
Revision =1.0;                         $ 文件版本
$ Device Description Section
[Device]
VendCode   =0x1234;                    $ 供货商代码
VendName   ="Rockwell Automation Lab XJTU";
                                       $ 供货商名称
ProdType   =0;                         $ 产品类型
ProdTypeStr ="Generic Device";         $ 产品类型名
ProdCode   =1;                         $ 产品代码
MajRev   =1;                           $ 产品主版本号
MinRev  =0;                            $ 产品次版本号
ProdName   ="CF";                      $ 产品名
Catalog    ="RALXJTU-CF-1.0";          $ 产品分类号
$ I/O Characteristics Section
[IO_Info]
Default    =0x0005;                    $ 默认的 I/O 连接
PollInfo  =                            $ I/O 轮询连接信息
           0x0005,                     $ 兼容的 I/O 连接
           1,                          $ 默认的输入:
                                         input1
           1;                          $ 默认的输出:
                                         output1
COSInfo =                              $ 状态改变连接信息
           0x0005,                     $ 兼容的 I/O 连接
           2,                          $ 默认的输入:
                                         input2
           0;                          $ 默认的输出:
                                         无输出
Input1     =                           $ 输入信息
           4,                          $ 长度为 4B
           0,                          $ 所有位都有效
           0x0001,                     $ 所用连接:
                                         I/O 轮询连接
           "Analog Input Data",        $ 输入名
```

```
                6,                          $ 输入数据路径长度
                "20 04 24 01 30  03",       $ 输入数据路径
                  "";                       $ 其他信息
Input2      =                               $ 输入信息
                1,                          $ 长度为 1B
                0,                          $ 所有位都有效
                0x0004,                     $ 所用连接:
                                              状态改变连接
                "Discrete Input Data",      $ 输入名
                6,                          $ 输入数据路径长度
                "20 04 24 02 30  03",       $ 输入数据路径
                "";                         $ 其他信息
Output1  =                                  $ 输出信息
                3,                          $ 长度为 1B
                0,                          $ 所有位都有效
                0x0001,                     $ 所用连接:
                                              I/O 轮询连接
                "Analog and Discrete Output Data",
                                            $ 输出名
                6,                          $ 输出数据路径长度
                "20 04 24 03 30  03",       $ 输出数据路径
                "";                         $ 其他信息
[paramClass]
     MaxInst = 3;                           $ 最大实例数
     Descriptor = 0x0E;                     $ 参数类说明
     CfgAssembly = 1;                       $ 配置组合实例数
[Params]
     Param1 =0, 1,"2002", 0x0E94, 1, 1,"Preset",
                                            $ 参数 1
        0, 5, 0, 2;
[EnumPar]  =
     Param1 = "10 ms input delay";          $ 枚举组 1
[Groups]  =
     Group1 = "Monitor", 2, 2, 3;           $ 组 1
$  End of CFDEV EDS File
```

6.6 一致性实验测试

DeviceNet 是一个由多制造商支持的开放式设备层现场总线。为了保证种类繁多的产品的互换性及可互操作性，ODVA 要求每种产品在投放市场之前必须通过一致性测试（Conformance Test）。ODVA 通过其会员的志愿努力，已经开发了详尽的一致性测试软件包，以满足产品开发商的有关需求。用户可以在产品开发过程中，使用 ODVA 提供的一致性测试软件进行一致性试验，在所开发产品通过预测试后，再送交 ODVA 独立测试实验室进行第三方认证测试。除了基于 PC 的一致性测试软件外，各实验室还利用多供货商测试平台进行物理层测试。ODVA 在全世界设有三个独立的测试实验室。它们是美国密歇根州 ODVA 技术培训中心、日本先进软件技术研究所（ASTEM RI）和正在筹建的中国上海电器设备检测所（STIEE）。各实验室使用相同的软件测试产品。ODVA 允许制造商在其产品通过独立实验室全部测试项目后，在产品上加上 DeviceNet 一致性测试服务标志。

一致性测试软件的第一版于 1996 年 7 月颁布，此时独立测试实验室开始测试产品。建立独立测试实验室的目的，一是为了满足用户独立测试产品的需求，二是为开发一个多供货商测试平台，以进行更多的扩展实验，从而节约每个制造商对测试设备及开发的投资。1997 年 2 月，物理层和系统测试被增加到独立测试实验室进行的试验系列中。通过一致性测试这种手段，一致性特别兴趣小组将协助用户迅速查找产品缺陷，同时用户将在更加可靠的独立测试中得益于产品知识的获取。

目前，一致性测试包括如下三个方面：

1. 通信协议一致性测试

这是对安装在设备中软件的测试，通过安装在 PC 或其他测试平台的一致性测试软件，验证被检测设备安装的软件是否符合规范，是否可以按照协议正确地响应，如图 6-10 所示。

在进行通信协议一致性测试时，被检测设备与测试工具之间是一对一的测

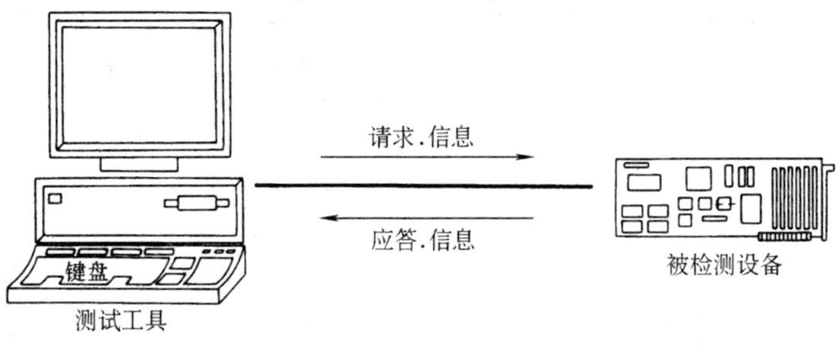

图 6-10　通信协议一致性测试

试，测试的主要内容是对软件发出的请求（Command）检查其应答。如果不论是正确的请求还是错误的请求，被检测设备安装的软件都作出了正确的响应和应答，则该设备通过了通信协议一致性测试。否则有可能是开发的设备中软件的问题，如果是这种情况的话，将其修正后再次接受测试，直至成功为止。当然也有可能是由于测试用软件的故障，或是规范解释不当，如果是这种情况的话，可委托一致性特别兴趣小组就此进行商讨。他们将协助用户迅速查找产品缺陷，帮助解决问题。

2. 物理层测试

属于电气特性方面的测试，通过安装在 PC 或其他测试平台的一致性测试软件，检查在发送接受信息中是否出现了通信上的异常，比如延迟、反向、衰减、供电等，如图 6-11 所示。

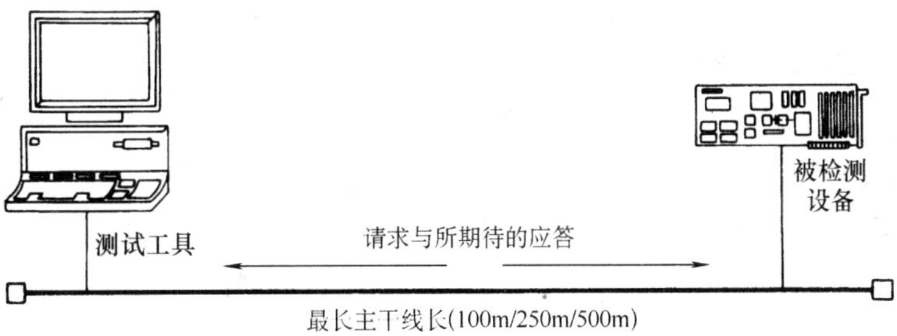

图 6-11　物理层测试

在进行物理层测试时，被检测设备与测试工具之间是一对一的测试，测试的主要内容是检查连接器的尺寸和电气特性；检查电源特性，如电压、电流和纹波；检查信号特性，如 CAN _ H、CAN _ L、差分电压；检查误接线保护等。

3. 互操作性测试

测试的目的是检验产品的设备描述的正确性以及设备之间的互换性，这是属于网络上的测试，用于和其他设备之间的相互替换性的测试，可以进行与日立、东芝、横河、OMRON（欧姆龙）公司等多供货商产品（从站）间的替换性试验。

测试项目包括 I/O 连接动作、上电顺序、电源开关、通信连接器的拆装、网络负载试验等。由于 DeviceNet 的最大节点数为 64，所以在测试时，要求主站（被实验物）、工具和网络负载用从站以及试验对象从站标准产品的总数恰好达到 64 个（见图 6-12）。最大网络长度为 100m，相应的波特率为 125kbit/s。

鉴于 ODVA 是官方的 DeviceNet 产品测试机构，它主要测试协议和物理层的兼容性，测试只有通过和未通过两种结果。需要指出的是，ODVA 并不强迫产品测试，只是建议用户将其产品送交独立测试实验室测试。但由于用户的要求以及

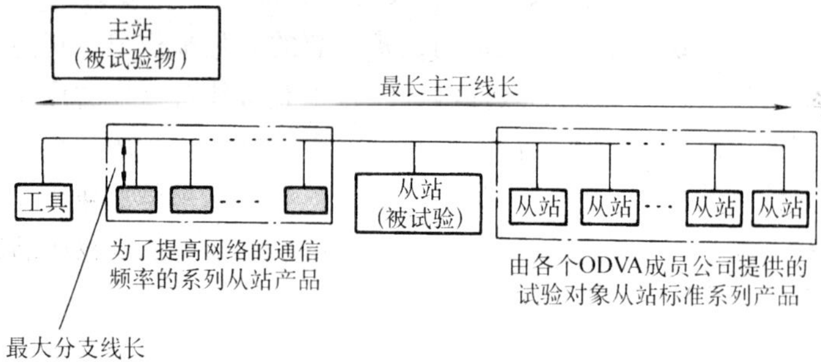

图 6-12　互操作性测试

对产品的信任，通过测试对产品大有益处。测试主要分两个步骤。

步骤 1：设计者采用描述工具软件描述产品对象的细节，在测试所有协议特性时，需要此类描述。设计者在开发阶段也可进行自我测试，该软件（可从 ODVA 得到）允许在开发阶段仅对某些协议特性进行测试。如果设计者自测完成，则进行步骤 2。

步骤 2：开发者与 ODVA 联系测试事宜，如测试通过，其结果将由 ODVA 来公布。

测试实验室的测试比自我测试更完善。但由于费用方面的原因，开发者一般在独立测试实验室测试之前，先进行自我测试。自我测试包括两方面的内容，一个是搭建 DeviceNet 网络，网络上挂接的节点至少包括一个模拟主站，当然还应有待测试的设备。测试主从站之间是否正常通信。这里首先要说的是，DeviceNet 的模拟主站可以不单单是 PC 卡，也可以是其他设备，如 PLC、与 PC 以串行口连接的适配器等，但一般在 PC 上采用软件环境进行操控比较方便，如 AB 公司的 RSlinx 建立下的 Rsnetworx 环境，OMRON 公司的 DeviceNet Configurator 环境等。另外一个是通过 ODVA 提供的基于 PC 的一致性测试软件进行自我测试。在提交 ODVA 独立测试实验室之前用一致性测试软件进行自测试是开发 DeviceNet 产品的研发人员的一贯作法，毕竟这样可以确保心中有数。表 6-13 罗列了支持 DeviceNet 一致性测试软件的 PC 接口 CAN 卡。

表 6-13　支持 DeviceNet 一致性测试软件的 PC 接口 CAN 卡

公　司　名	CAN 卡型号	插 槽 类 型
SST	5136-DN	ISA 插槽
Softing	CAN-AC1-PCI/DN	ISA 插槽
	CAN-AC2-PCI	
	AC1	
	AC2	
	AC/527	
	CANcard-SJA	
	CANcard2	

(续)

公 司 名	CAN 卡型号	插槽类型
Huron	DN-PC2	ISA 插槽
IXXAT	iPC-I165	ISA 插槽
	iPC-I320	
	tinCAN	
Allen Bradley①	1784-PCD rev B 或者更高	ISA 插槽

① 系罗克韦尔自动化公司旗下的一个品牌。

6.7 DeviceNet 节点开发实例

开发实例主要针对 DeviceNet 组 2 从站设备，在遵循 DeviceNet 协议的基础上，实现了主从站之间简单的数字与模拟量的输入输出。

1. 硬件结构

硬件结构如图 6-13 所示，采用 Philips 公司的 SJA1000 CAN 协议控制芯片和 PCA82C250 CAN 收发器。单片机主要实现 SJA1000 的初始化及正常模式下控制 SJA1000 的收发操作，完成与总线的通信。下面分四部分进行详细说明。

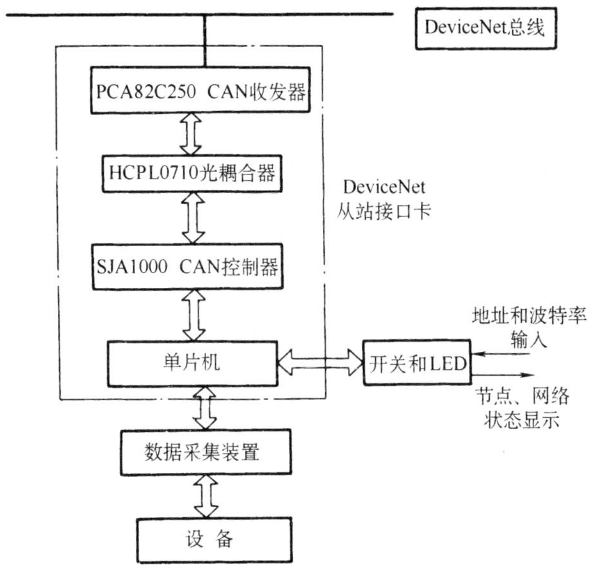

图 6-13 硬件结构框图

(1) 单片机部分 单片机使用的是 Winbond 公司的 8bit W78E58 单片机，其功能、引脚与 80C52 完全兼容，并提供 256B 的内部 RAM 以及 32KB 的 Flash EEPROM，从而使系统不需扩展外部程序存储器便可满足 DeviceNet 协议程序的容量要求，这样既缩小了电路体积，又提高了程序运行速度（因程序在片内，读取速度快）。单片机外部扩展了1个8KB的6264RAM，用于外部数据存储。并且采用了看门狗电路，防止系统运行中程序跑飞。同时还有复位电路、数据锁存器和片选芯片。所有的片选信号的控制都来自74HC138译码器的信号；通过判断使用5路片选信号中的某一路，来决定SJA1000的工作方式。地址锁存器采用74HC573，保证单片机与外部存储器的连接，用以扩大单片机数据信号的容量。

以上的单片机最小系统用作电路的控制核心，通过单片机的使用，控制SJA1000处理通信信号，完成与DeviceNet通信的功能，如图6-14所示。

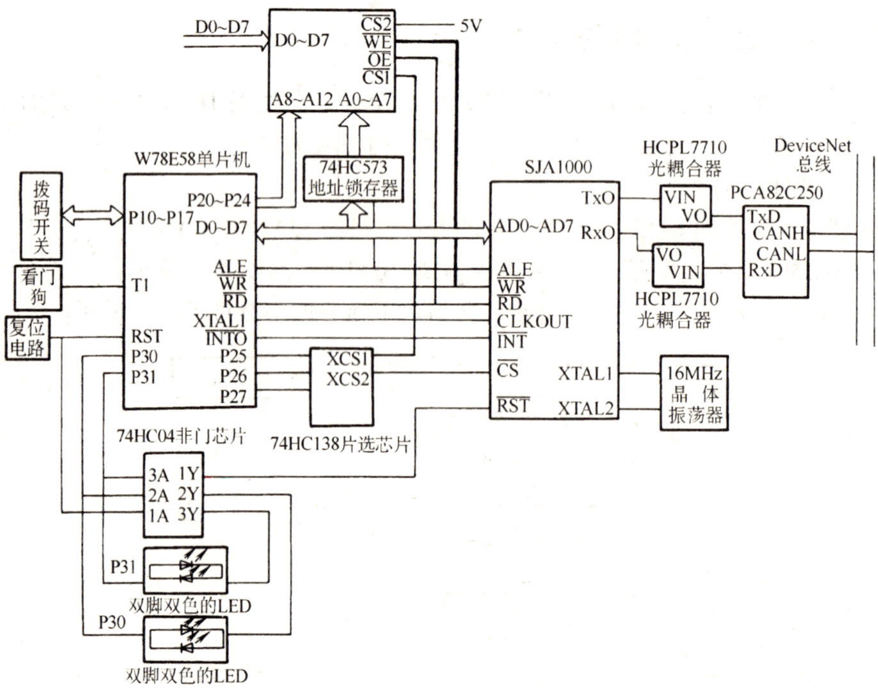

图6-14 DeviceNet总线接口的硬件电路简图

看门狗选用MAX813L，其电路如图6-15所示。看门狗电路为单片机提供了一个独立的保护系统，硬件连接使用单片机P0口的低4bit。用户可以通过串行输入、输出引脚对芯片内部的状态寄存器读写控制字，并根据智能模块系统程序的需要设定看门狗电路计数器的溢出时间。在主程序中设一条指令对计数器复位置零。一旦程序在运行过程中因干扰而陷入死循环，超过预定时间间隔而没能执行这条指令，复位芯片就会产生一个高电平输出，使得与之相连的单片机、总线控制器及传感器接口芯片等统统复位，重新初始化并恢复到正常运行状态，来保护电路运行的安全。但是在调试的过程中，不要使用芯片，不然会屏蔽仿真器的调试功能，使调试工作无法进行。

（2）CAN 总线接口部分　SJA1000 具有完成 CAN 总线通信协议的全部特性，可以直接与 CAN 总线连接。但是为了增强驱动能力，使用 PCA82C250 CAN 收发器与之配合，提高其差动发送接收能力。

SJA1000 的发送缓冲器可以存储一个完整的信息。当主控制器开始一个传送时，逻辑管理模块强迫 CAN 核心块将串行位流转换成用于验收滤波的并行数据。通过这个可编程的滤波器，SJA1000 能确定哪些信息被主控制器收到。所有收到的信息由验收滤波器接收并存储在接收 FIFO 中。由于 DeviceNet 总线协议采用 11bit 的标识符，因此应使 SJA1000 工作在 Basic CAN 模式。

主控制器与 SJA1000 之间的数据交换是通过一套寄存器和 RAM 来实现的。在 SJA1000 的复位模式下，通过主控制器的程序初始化 SJA1000 的寄存器。在正常模式下，主控制器控制 SJA1000 的收发操作，完成总线的通信。

采用 PCA82C250 CAN 收发器的主要作用是收发 CAN 总线上的信号：一方面将总线信号转换为 CAN 控制器所需的信号；另一方面，将 CAN 控制器的输出信号转化为 CAN 总线信号。如图 6-16 所示，TxD 和 RxD 是用来将收发器的串行通信口与 SJA1000 的通信口相连；V_{ref}是参考电压；CAN _ H 和 CAN _ L 是与总线相连的端口。在 PCA82C250 中，R_s 口的作用是用来控制 CAN 收发器的收发速度，R_{ext}叫做斜坡电阻，顾名思义，CAN 收发器速度会随着这个电阻的大小改变，R_s 口直接接地时收发器速度最快。

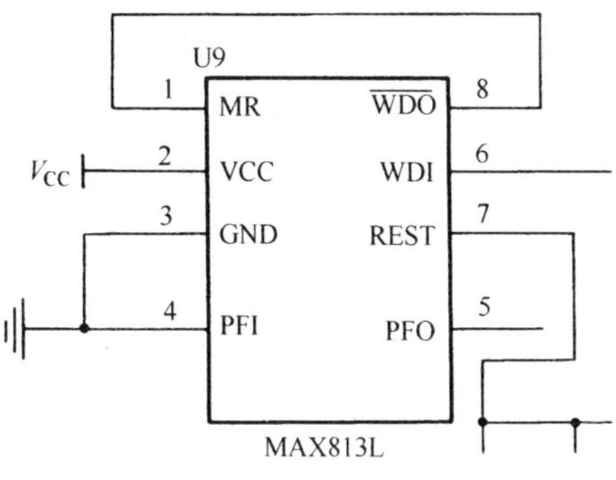

图 6-15　看门狗电路

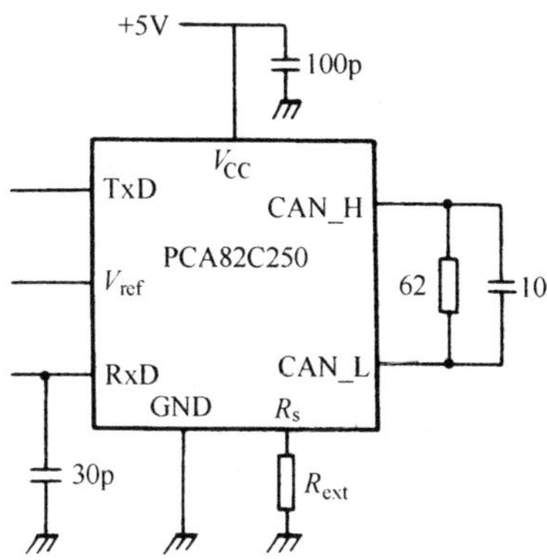

图 6-16　PCA82C250 芯片

因为在 DeviceNet 上系统安全性要求较高，对于所有的电路都要求有保护电路。整个电路共地，而电源分别由外部电源供电和总线供电，在图 6-16 中，引出 5V 电源对 PCA82C250 供电。SJA1000 和其他芯片都采用外部供电。理论上，整个电路芯片的电源都可以采用总线供电，但在实际中考虑到会给总线造成太大的负载，因此只在部分芯片用总线供电。

（3）拨码开关和 LED 部分　由于 DeviceNet 有三种波特率可选，并且 DeviceNet

规范规定总线最多可挂 64 个节点，因此网络的波特率和设备的 MAC ID 采用 8 位拨码开关进行设定。其中 2 位用作波特率的设定，6 位作为 MAC ID 的设定。

LED 采用两脚双色的 LED，主要通过单片机的 P30 和 P31 控制。这样就减小了电路板的大小。本开发实例主要用到两个 LED，用来显示网络的状态和模块的状态。

2. 软件设计

软件部分的设计主要包括 SJA1000 CAN 协议芯片的初始化和 DeviceNet 协议栈及应用层的编写。DeviceNet 是基于对象的协议，所以协议栈及应用层用 C++ 进行编程比较简单。但是由于本开发以单片机为平台，单片机不支持 C++ 的编译环境，为此，协议栈及应用层的编写是软件开发的难点。本开发实例是采用 C51 单片机进行编程。

(1) SJA1000 CAN 协议芯片的初始化　初始化是在程序运行前对 SJA1000 的工作方式进行设定，按照用户需要的方式进行通信，如图 6-17 所示。

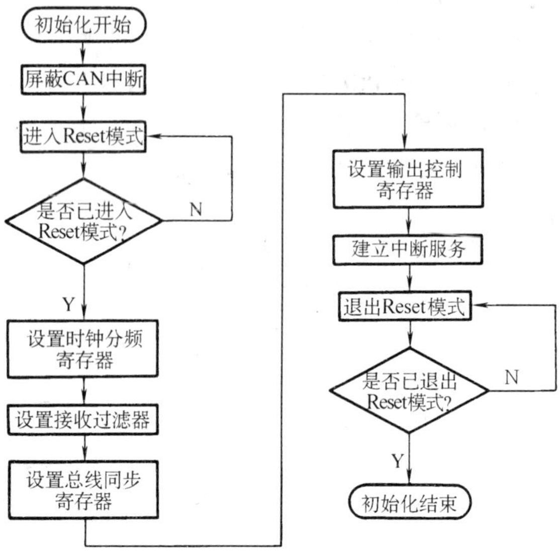

图 6-17　SJA1000 初始化流程

(2) 协议栈及应用层的编写　这部分程序的编写需要先熟悉 DeviceNet 规范，确定需要编写的类及对象，即建立对象模型。弄清楚对象的属性和行为、对象间的相互作用、对象的状态转变的触发条件、不同状态下对象可执行的操作等等。然后再进行对各个类的编写及主程序的编写。

每个类的编写主要需要考虑所要编写的类的属性及实例的属性，还有所要用到的服务。对于属性，要采用结构体来实现，并且将该类的对象作为结构体的变量。服务则采用函数来实现，由主程序进行调用。下面以模拟输入类及其对象来举例说明：

```
sruct AnalogInputPoint//定义类名及其属性
  {
     UCHAR value; //模拟量输入值
```

```
        BOOL status; //对象状态
        UCHAR data _ type; //模拟量输入类型
        UCHAR instance; //实例号
        static UINT class _ revision; //类的属性
    } ana _ input [4]; //4 个模拟量输入对象
    struct AnalogInputPoint * ana;
    其中的一个服务;
    AnalogInput (UCHAR inst, ana);
    {
for (ana = ana _ input, ana < ana _ input +4, ana ++)
        {
        ana - > instance = inst;
        ana - > value =0;
        ana - > status =0; //no alarms or faults
        ana - > data _ type =2;
    };
}
```

设计完各个对象类后，在主程序中就可以调用各对象的服务，配合实现 DeviceNet 规范中定义的从站设备的功能和行为。主程序中有四个重要的全局变量：global _ event、global _status、global _ CAN _ buf、global _ timer [ ]。用这四个变量在主程序和中断服务程序间传递信息。global _ event 是一个字，其中每一位表示一个事件，如果该位是 1，说明该事件发生了，需要主程序处理它。程序还利用位置位表示全局事件的优先级，位数越低，该位代表的事件的优先级就越高，需要优先处理。由低位到高位代表的事件有：从站状态改变、收到 I/O 轮询请求、收到显式报文请求、收到重复 MAC ID 检查请求/响应、收到未连接显式请求、从站状态改变连接超时、显式报文连接超时、I/O 轮询连接超时、设备状态更新。global _ status 表示设备的状态。global _ CAN _ buf 中存放当前需要处理的接收到的报文。global _ timer [ ] 是一组定时

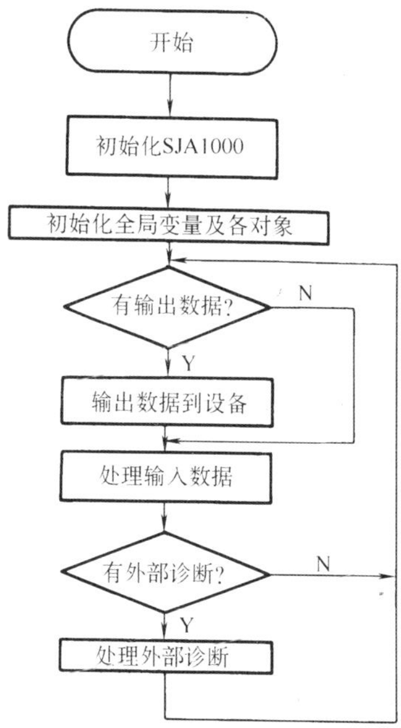

图 6-18　主程序流程

器的计时值，有从站状态改变定时器，I/O 轮询连接定时器、显式报文请求定时器、设备状态更新定时器。计时值在定时中断服务中递减，如减至 0，则说明发生了相应的连接超时事件或需要更新设备状态了。主程序通过这四个全局变量以及调用相应的函数（即服务）完成通信。

图 6-18 所示为主程序流程，控制器先进行 SJA1000 的初始化，然后对四个全局变量及对象的属性进行初始化。接下来就开始进行收发报文和外部诊断的工作，如果有报文需要输出，则 global _ event 事件的“收到 I/O 轮询请求”位至“1”，然后进行相应的处理。若有输入报文，则 global _ even 中的“从站状态改变”位至“1”，然后由主控制器进行相应的处理。其他超时和重复 MAC ID 检测将作为外部诊断，再做相应的处理。

DeviceNet 规范规定可以通过编写设备的 EDS 文件来设定设备的信息和参数。当由网络配置软件（DeviceNet Manager）配置网络时，只需要将设备的 EDS 文件调入即可。EDS 文件的格式有统一的标准，这为设备和产品的兼容提供了一个开放的标准。

6.8 小结

DeviceNet 是一个非常开放、限制很少的开放型网络。唯一要进行注册的是申请一个供货商 ID 号，其作用是在一个运行的网络中区别你的产品和其他制造商的产品。在向 ODVA 购买了技术手册并确定协议后，就可以得到该 ID 号。

进行 DeviceNet 的节点或设备的开发工作，最重要的是对其软硬件有一个适合自己条件的规划。由于截止写此书时，DeviceNet 尚没有协议芯片在国内市场上出售，所以对应用层协议的实现需要自己把握。熟悉 DeviceNet 规范的程度是开发成功的另一个重要因素。

一致性测试的目的是检测实现 DeviceNet 规范的实体或系统与 DeviceNet 规范的符合程度。DeviceNet 一致性测试的重要性在于通过这项测试，可以尽可能全面地检查被测试实体协议实现软件的完备性。DeviceNet 一致性测试是一种比较严格的测试手段，通常在产品定型时需要进行这种测试。

参考文献

[1] ODVA. DeviceNet Specification [S]. Release 2. 0. 2003.

[2] 陈景刚，贾青，章扬. 设备网（DeviceNet）技术与实现 [J]. 自动化博览，2000 (6).

[3] 张培仁. 基于 C 语言的 MCS-51 单片机原理与应用 [M]. 北京：清华大学出版社，2003.

[4] Philips. SJA1000 Stand-alone CAN Controller Application Note. 1997.

[5] 张浩，谭克勤，朱守云．现场总线与工业以太网络应用技术手册［M］．上海：上海科学技术出版社，2002.
[6] 陈斐，甘永梅，王兆安．DeviceNet 现场总线通信协议接口的开发［J］．电气自动化，2002（4）．
[7] 董丽娜，甘永梅，王兆安．DeviceNet 与 Rs232 协议转换模块的设计［J］．电气自动化，2007（1）．

第 7 章　ControlNet

ControlNet 是一种 CIP 网络，因此它具备 CIP 网络所共有的一些特点，如功能强大、灵活性强、确定性好等。除此之外，它还具有带宽中等（5Mbit/s）、支持介质冗余和本质安全等特点。在工业自动化系统的网络结构中，ControlNet通常用作控制层网络，用于控制器、工控机等设备之间的通信。

本章将首先简要介绍ControlNet概况，包括其发展历史、有关的国际组织、应用现状、技术规范（Specifications）、网络模型、技术特点等，并简要介绍网络模型中的各层所用的协议；然后依次详细深入地介绍ControlNet的物理层、数据链路层及应用层；最后，介绍ControlNet的使用，包括设备开发、组网等，并且给出一个应用实例。

7.1 ControlNet概述

ControlNet是由罗克韦尔自动化公司所属的 Allen-Bradley 部门所开发出来的，于 1995 年 10 月正式推出。1996 年 10 月，罗克韦尔自动化公司发布了ControlNet规范（ControlNet Specifications）。为了推广ControlNet技术，1997 年 7 月罗克韦尔自动化等 22 家公司联合发起成立了ControlNet国际（CI），同时，罗克韦尔自动化公司将ControlNet的所有权转移给 CI。2000 年 1 月，现场级现场总线标准 IEC 61158 得以通过，ControlNet是 IEC 61158 所纳入的八种现场总线之一，是其中的类型 2。

CI 是一个为ControlNet用户及设备供货商服务的独立的非营利组织。它负责改进ControlNet技术、管理ControlNet规范、开发一致性测试软件、提供设备的一致性测试服务、出版ControlNet产品目录、资助ControlNet技术培训等，以促进世界范围内ControlNet技术的推广和应用。此外，CI 还组织了一些特别兴趣小组来为各种类型的ControlNet设备定义设备描述。在 2003 年 6 月，CI 在世界范围内共有 36 家成员单位。

需要指出的是，与同类总线相比，ControlNet的推广工作是比较理想的。这体现在几个方面：在本书写作时，CI 会员已有 36 家，包括罗克韦尔自动化、Honeywell 等知名公司；市场上的ControlNet的产品种类在逐年增加，ControlNet的应用案例也不断增多，尤其是在罗克韦尔自动化公司推出了 ControlLogix 控制器以来，ControlNet在钢铁、冶金等行业得到了广泛的应用；ControlNet是一种 CIP 网络，因此它也有 CIP 网络所共有的一些特点，如功能强大、灵活性强、具有相对较好的实时性、确定性和可重复性等。此外，ControlNet还有通信波特率较高、支持介质冗余和本质安全等特点，特别适合用作控制层网络。所以，尽管控制层网络市场的竞争比较激烈，但是在 CI 的大力推动下，ControlNet应该能够始终在市场上占据一席之地。

ControlNet规范当前的最新版本是 2.3 版。ControlNet规范给出了ControlNet技术各方面的详细定义，总共有 750 多页，分为 10 个部分：

- 第 1 部分：一般描述（General Description）
- 第 2 部分：物理层及介质（Physical Layer and Media）
- 第 3 部分：数据链路层（Data Link Layer）
- 第 4 部分：网络及传输层（Network and Transport Layer）
- 第 5 部分：数据管理（Data Management）
- 第 6 部分：对象模型（Object Model）
- 第 7 部分：设备描述（Device Profiles）
- 第 8 部分：电子数据文档（EDS）
- 第 9 部分：站管理（Station Management）
- 第 10 部分：对象库（Object Library）

另外，据可靠消息，目前 ODVA/CI 正在着手按统一的格式来重新组织 DeviceNet、ControlNet、EtherNet/IP 的技术规范。这项工作预计能在 2003 年年底完成。重新组织后的规范将把 CIP 单独剥离出来作为一卷。

ControlNet模型如图 7-1 所示，采用了 ISO/OSI 参考模型七层中的三层，不过，ControlNet规范中给出的网络模型与图 7-1 所给出的有所差异。在ControlNet规范中，CIP 被分为三个部分：对象模型、数据管理和连接管理，分别对应于 ISO/OSI 参考模型的应用层、表示层和网络及传输层。ControlNet规范这样给ControlNet建模是有理由的，毕竟分层是人为的划分，CIP 所具备的功能的确有一些可以被划分到应用层以下各层。不过，这样ControlNet模型和 DeviceNet、EtherNet/IP 的模型在结构上不一致，会给人们理解ControlNet技术带来困难，容易造成困惑。因此，本书所采用的ControlNet模型是三层的，其中应用层采用 CIP。

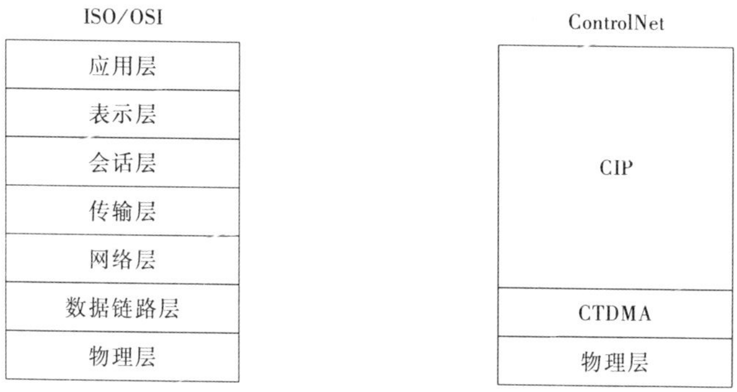

图 7-1　ControlNet 模型和 ISO/OSI 参考模型对照

由于在应用层使用了 CIP，ControlNet也具备 CIP 网络所共有的一些特点，包括：

● 可以传输多种不同类型的数据，包括 I/O 数据、配置和故障诊断、程序上下载等。

● 面向连接，通信之前必须建立连接。

● 用不同的方式传输不同类型的报文，具体到ControlNet，是把显式报文放在非预定时段传输，把隐式报文放在预定时段传输。

● 基于生产者/消费者模型，提供对多播通信的支持。

● 支持多种通信模式：主从、多主、对等，或三者的任意组合。

● 支持多种 I/O 数据触发方式：轮询、选通、周期或状态改变（Change of State）。

● 用对象模型来描述应用层协议，方便开发者编程实现。

● 为各种类型的ControlNet设备提供设备描述，以保证互操作性和互换性。

ControlNet的数据链路层分为 LLC 子层和 MAC 子层，其中，LLC 子层遵从 IEEE802.2 标准，而 MAC 子层采用同时间域多路访问（CTDMA）协议。按照 CTDMA 协议，网络时间被分为一个个的时间片，称为网络更新时间（Network Update Time，NUT）。每个 NUT 分为三个部分：预定时段、非预定时段和网络维护时段。所谓的预定时段是指如果某信息要在该时段传输，那在网络组态时就要组态好。而非预定时段则没有这个要求。CTDMA 协议在预定时段内传输对时间有苛求的数据，在非预定时段内传输对时间没有苛求的数据。这样，既满足了 I/O 数据对确定性和可重复性的要求，同时又使得可以在一条链路上传输多种类型的数据。

ControlNet数据链路层有关的主要技术特点如下：

● 数据包长度：0～510B。

● 网络更新时间：0～100ms。

● 循环冗余校检（CRC）：使用 16bit 多项式的改进 CCITT 法。

● 支持节点标识符（ID）重复检测。

● 支持报文破分（Message Fragmentation）。

ControlNet 物理层是自行定义的，有关的主要技术特点如下：

● 通信波特率：ControlNet只支持一种通信波特率，即 5Mbit/s。

● 传输介质：同轴电缆或光纤，另外在临时连接中使用屏蔽双绞线。

● 拓扑结构：当传输介质为同轴电缆时，拓扑结构可以为主干—分支形、星形、树形或三者的任意组合；当传输介质为光纤时，拓扑结构可以为环网或点对点；当传输介质为屏蔽双绞线时，拓扑结构只能为点对点。

● 连接器：插入式标准英国海军连接器（BNC）或标准螺纹英国海军连接

器（TNC）。

● 最大长度（带中继器）：30km 以上。

● 网段的容许最大长度：与通信波特率、传输介质、节点数有关。在使用 5Mbit/s 的通信波特率、传输介质为同轴电缆的情况下，节点数为 2 时的网段最大长度为 1000m，节点数为 48 时为 250m。也就是每增加一个节点，所容许的最大长度减少约 16m。中继器虽然不占用节点地址，但与普通节点一样，也会使得网段的容许最大长度减少约 16m。传输介质为光纤时，最大长度为 3000m。

● 节点数：一个 ControlNet 网络最多可以有 99 个节点。一个网络由一个或几个网段组成，网段之间通过中继器连接。单个网段最多可以有 48 个节点，如果网络上的节点数超出 48 个，就需要使用中继器进行扩展。

● 中继器数目：一个ControlNet网络最多可以串联使用 5 个中继器，或并联使用 48 个中继器。

● LED 指示灯：两个，一个指示ControlNet网络工作状态，另外一个指示设备工作状态。

● 供电：网络不提供电源，即ControlNet设备是外部供电的。

● 可选的介质冗余，以提高系统可靠性。

● 可选的本质安全。

● 可带电插拔设备。

● 提供临时的网络访问接口（Network Access Port，NAP），方便配置、编程等。

比较而言，ControlNet的实时性、确定性和可重复性比较突出。ControlNet的实时性、确定性和可重复性是通过多方面来保证的：一是应用层使用 CIP，而 CIP 对不同类型的报文采用不同的传输方法，并且 CIP 提供对多播的支持；二是数据链路层的 MAC 子层采用 CTDMA 协议；三是其通信波特率相对较高（5Mbit/s），传输相同量的数据花费的时间相对较少，或者可以在单位时间内传输相对较多的数据。

在工业自动化系统的网络结构中，ControlNet通常用作控制层网络，它适用于一些对确定性、可重复性、实时性和传输的数据量要求较高的场合，如协同工作的多驱动器系统、焊接控制、机器人控制、视觉信息处理、运动控制、复杂的批次控制、有大量数据传送要求的过程控制、有多个控制器和人机界面共存的系统等。

7.2 ControlNet物理层

7.2.1 三个子层

在 ISO/OSI 参考模型中，物理层定义的是网络的机械、电气、功能、规程等特性。具体地说，在物理层需要定义的东西有通信波特率、传输介质、网络拓扑结构、信号编码等。

ControlNet规范把物理层分为三个子层，从上到下依次是物理层信号（PLS）子层、物理媒体连接（PMA）子层和传输介质子层。PLS 子层定义的是与信号有关的内容，包括通信波特率、信号编码等。ControlNet通信波特率只有一种，即5Mbit/s 信号。编码采用曼彻斯特编码，即把一个位时间（Bit Time）平分为两半，前一半高电平、后一半低电平为 1，前一半低电平、后一半高电平为 0，一个位时间内电平没有变化为非法。PMA 子层定义的是设备内的物理部件，所定义的内容有收发器、连接器等。传输介质子层定义的是与传输介质有关的内容，包括线缆、网络拓扑结构、分接头等。

除了三个子层以外，ControlNet规范在物理层部分还定义了三个接口：数据链路层的 MAC 子层与 PLS 子层的接口、PLS 子层与 PMA 子层的接口、PMA 子层与传输介质子层的接口。

根据传输介质的不同，ControlNet物理层的 PMA 子层的定义、PLS 和 PMA 的接口的定义也不一样。ControlNet选用了三种传输介质：同轴电缆、光纤、屏蔽双绞线（仅用于临时连接）。以下分别介绍三种传输介质以及相应的 PMA、PLS 和 PMA 接口等。

7.2.2 同轴电缆

同轴电缆是ControlNet最常用的传输介质。ControlNet所采用的同轴电缆与有线电视系统用的相同，一般称为 RG6 同轴电缆。同轴电缆的使用比较灵活，比如可以直接掩埋、高度柔韧等。由于有线电视用的就是 RG6 同轴电缆，因此 RG6 同轴电缆应用非常广泛，与其他传输介质相比，RG6 同轴电缆价格相对较低，并且可很容易地从市场上买到。另外，市场上有为各种特定应用场合设计的 RG6 同轴电缆，如水埋、高度弯曲、本质安全等，它们都通过了相应的认证测试。同轴电缆的缺点是接线较不方便，尤其是其所使用的 BNC 接头，制作起来比较麻烦。

基于同轴电缆的ControlNet通常采用主干—分支型拓扑结构。不过，通过使用中继器，ControlNet可以具备所需的各种物理拓扑结构，如主干—分支型、树形、星形或者它们之间的任意组合。

一个典型的基于同轴电缆的ControlNet网络由干线电缆、终端电阻、分接头（Tap）、支线电缆、ControlNet设备等组成，如图 7-2 所示。为了防止信号反射，网段的两个末端要安装 75Ω 的终端电阻（注意千万不能用以太网的 50Ω 终端电阻）。ControlNet设备（包括中继器）通过 1m 长的支线电缆连到干线电缆上安装的分接头上。与基于同轴电缆的以太网不一样的是，ControlNet的干线分接头之间没有最小间距的限制，这样可以使得接线比较灵活。注意，一般来说，应该避免在网络干线上安装空闲的分接头，因为这将带来传输噪声，从而造成信号反射。如果安装了空闲的分接头，就必须加装虚负载，以保证信号的正常传输。另外，为了便于将来的扩展，可以在分接头之间安装一个75Ω电阻电缆插孔连接器，在干线电缆上保留一个空间，以便将来安装分接头或与干线电缆相连接。

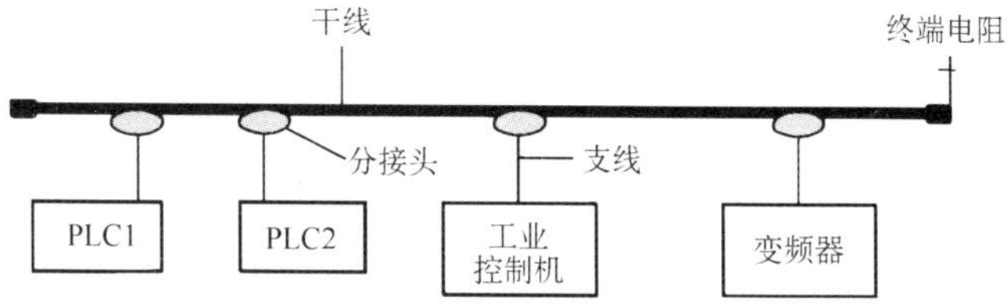

图 7-2　一个典型的 ControlNet

ControlNet提供四种分接头：直线式 T 型分接头、直线式 Y 型分接头、直角式 T 型分接头、直角式 Y 型分接头，可以根据实际情况选用。注意不要使用非标准的ControlNet分接头（例如以太网的），因为它们可能造成严重的信号反射问题。

ControlNet还支持传输介质的冗余。当建立冗余系统时，要求网络上的所有ControlNet设备都支持冗余，以冗余的方式相连接，并且把两个通道都启用，这样系统才能以冗余的方式工作。注意不要把两个通道接反了，如果接反了，网络就不能工作。支持冗余的设备也可以接到非冗余的系统中，只要将设备配置为仅启用一个通道即可。

另外，ControlNet是一个与地隔离的网络，应该保证网络不会意外接地。

图 7-2 所示的ControlNet是一个单网段网络。如果节点数或网段长度超出了限值，可以用中继器进行扩展，从而成为多网段网络。

基于同轴电缆的ControlNet设备的 PMA 包括的部件有收发器、变压器和连接器，如图 7-3 所示。收发器负责发送和接收物理信号，图中 X 表示发送，R 表示接收。变压器用于收发器和传输介质（即同轴电缆）之间的隔离。连接器则用于把设备和传输介质连接起来。ControlNet所选用的连接器可以是满足 IP65 密封要求的 BNC 连接器，也可以是满足 IP67 密封要求的 TNC 连接器。

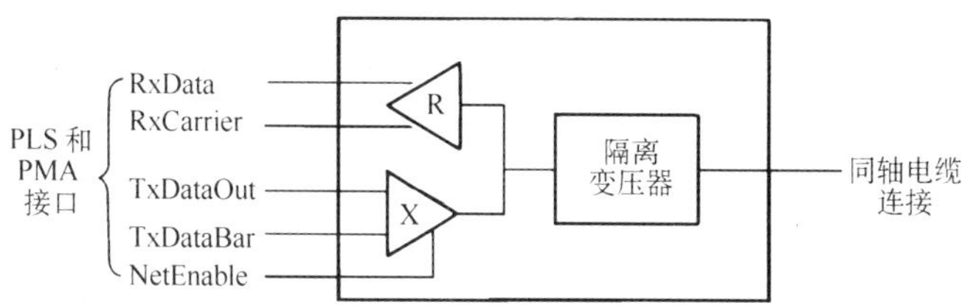

图 7-3　基于同轴电缆的 ControlNet 设备 PMA 结构

基于同轴电缆的ControlNet设备的 PLS 和 PMA 接口使用了五个信号，接口定义见表 7-1。

表 7-1　基于同轴电缆的ControlNet设备 PLS 和 PMA 接口定义

TxDataOut	TxDataBar	NetEnable	RxData	RxCarrier	物理电平
x	x	0	未定义	0	无传输
0	0	1	未定义	0	无传输
1	0	1	1	1	高电平
0	1	1	0	0	低电平
1	1	1	—	—	不容许

7.2.3　光纤

光纤是ControlNet可采用的另外一种传输介质。光纤具有抗干扰能力强、传输距离长等优点。另外，由于光纤具有本质安全性，在一些有防爆要求的应用场合非常合适。光纤的缺点是成本相对较高。但是，随着技术的进步、应用的推广，光纤的成本正在迅速下降，已经成为一种很有竞争力的传输介质。

ControlNet支持的光纤有三种：一种用于短距离系统，最大传输距离为300m；另一种用于中等距离系统，最大传输距离为7km；还有一种用于长距离传输，最大传输距离为20km。

基于光纤的ControlNet采用的是点对点方式或者环网的方式。点对点方式用于两个节点之间的连接、节点和中继器之间的连接或者两个中继器之间的连接。环网用于多个节点之间的连接，参与连接的每个ControlNet设备都必须具备环中继功能，每个设备有两个接口，接口之间通过光纤首尾相接，构成一个环，如图 7-4 所示。

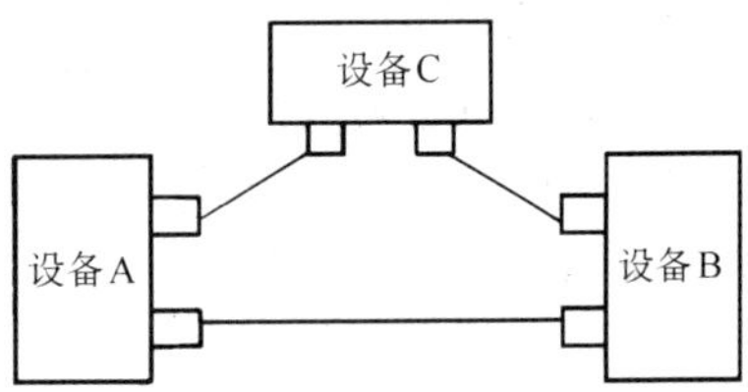

图 7-4　ControlNet 光纤环网

基于光纤的 ControlNet 设备 PMA 包括的部件有收发器和连接器，其结构如图 7-5所示。ControlNet使用的光纤连接器是标准的。注意一个光纤连接需要两根光纤，一根用于发送数据，另一根用于接收数据。

基于光纤的ControlNet设备的 PLS 和 PMA 接口使用了四个信号，定义见表 7-2。

表 7-2　基于光纤的 ControlNet 设备 PLS 和 PMA 接口的定义

TxDataOut	NetEnable	RxData	RxCarrier	物理电平
无所谓	0	0	0	低电平
1	1	1	1	高电平
0	1	0	0	低电平

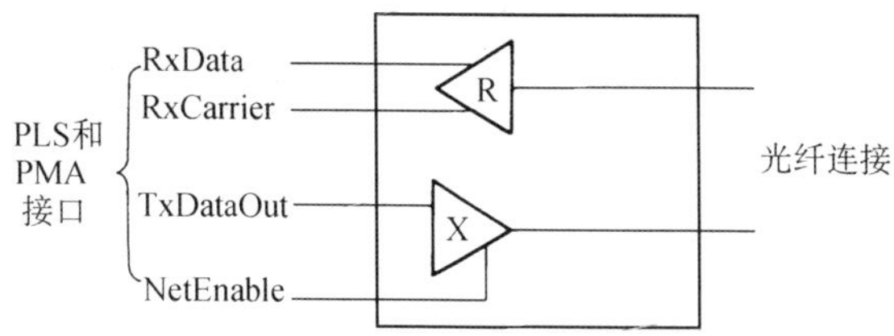

图 7-5　基于光纤的 ControlNet 设备 PMA 结构

7.2.4　屏蔽双绞线

ControlNet所采用的屏蔽双绞线是 8 芯的，仅用于两个 NAP 之间的点对点连接，如图 7-6 所示。大多数ControlNet设备都带有 NAP，用于建立系统配置、诊断、或控制器编程时所需要的临时连接。通过 NAP，操作人员可以访问整个ControlNet网络，而非仅仅是某一个设备。两个 NAP 之间的连线的长度不能超过 10 米。

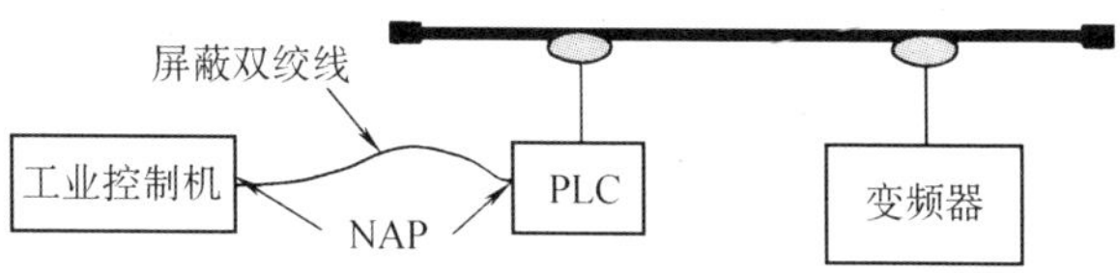

图 7-6　ControlNet 临时连接的建立

在图 7-6 所示的网络中，与ControlNet网络直接连接的节点称为永久节点，通过 NAP 与永久节点相连的节点称为临时节点。临时节点通过与之连接的永久节点提供的中继功能与其他永久节点通讯。

值得注意的是，使用 NAP 时不能同时将临时节点的 NAP 和同轴电缆接口连接到不同的设备上。比如，在图中，如果工控机的ControlNet网卡上的 NAP 已经与某一台设备的 NAP 连起来，那么它的同轴电缆接口就不能与另外一台设备相连。另外，NAP 也不能用于两个网段之间的连接。

基于屏蔽双绞线的ControlNet设备的 PMA 包括的部件有可选的光隔离、收发器和连接器，如图 7-7 所示。如果该设备要充当临时节点，其收发器需要光隔离，否则就不需要。连接器用的是 RJ-45 屏蔽式连接器，连接器的引脚定义见表 7-3。由于是点对点连接，连接时需要跳线。

基于屏蔽双绞线的ControlNet PLS 和 PMA 接口使用了两个信号：TxPTC 和 RxPTC。TxPTC 为 0，表示从 PMA 发给 PLS 的是高电平；TxPTC 为 1，表示从 PMA 发给 PLS 的是低电平。RxPTC 为 0，表示从 PLS 发给 PMA 的是高电平；RxPTC 为 1，表示从 PLS 发给 PMA 的是低电平。

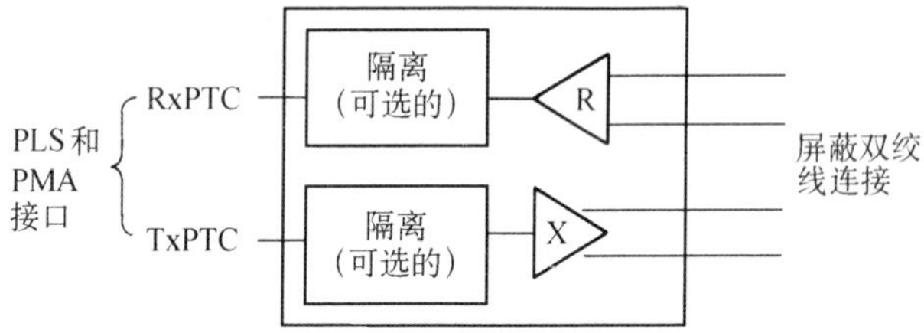

图 7-7 基于屏蔽双绞线的 ControlNet 设备 PMA 结构

表 7-3 基于屏蔽双绞线的ControlNet设备连接器引脚定义

引脚编号	信号名称	引脚编号	信号名称
1	GND REF	5	RX _ L
2	未用	6	RX _ H
3	TX _ H	7	未用
4	TX _ L	8	GND REF

7.2.5 中继器

中继器是工作在物理层的设备，其功能是双向接收、处理并重发物理信号。

ControlNet中继器用于连接多个网段，其用途有两个：一是在节点数或网段长度超出限值时，用于网络扩展；二是用于传输介质或者拓扑结构的切换。使用不同传输介质的两个网段，或者使用不同拓扑结构的两个网段之间的连接，都需要使用中继器。

ControlNet中继器有两种：普通中继器和环中继器。普通中继器有两个网络接口，使用时分别连接在两个网段上。环中继器和普通中继器的区别在于对介质冗余的支持。环中继器有三个网络接口，其中一个称为首要接口，使用时与非冗余网段相接，另外两个接口称为次要接口，使用时多个环中继器的两个次要接口首尾相接，构成一个环。

无论是普通中继功能，还是环中继功能，都可以集成到普通ControlNet设备里面去。如果要构成环网，网络中的每台设备都必须具备环中继功能。

7.3 ControlNet数据链路层

7.3.1 MAC 协议原理

ControlNet的数据链路层分为媒体访问控制（MAC）子层和逻辑链路控制（LLC）子层。MAC 子层的任务是解决网络上所有的节点共享一个信道所带来的信道争用问题。LLC 子层的任务是把要传输的数据组成帧，并且解决差错控制和流量控制的问题，从而在不可靠的物理链路上实现可靠的数据传输。LLC 子层为网络层的数据传输提供三种服务：不可靠的数据报服务、确认的数据报服务、可靠的面向连接的服务。

ControlNet采用的 MAC 协议是一种令牌总线协议。提到令牌总线协议，人们首先想到的就是 IEEE802.4，所以在本节的开始，先简单介绍 IEEE802.4 令牌总线 MAC 协议。

IEEE802.4 令牌总线 MAC 协议采用的物理拓扑结构不是环形的，可以很灵活（通常是总线形的），但在逻辑上是环形的。在网络中，每个节点都有一个独一无二的逻辑地址。每个节点都知道其前一个节点和后一个节点的逻辑地址。最后一个节点的后一个节点是首节点，即首尾相连，所以说网络在逻辑上是环形的。网络运行时，持有令牌的节点可以发送数据，直到发送完所要发送的全部数据，或用完规定的令牌持有时间。然后，该节点生成一个新的令牌，并传递给其下一个节点。如果某个节点没有数据需要发送，只要直接将令牌传给其下一节点即可。这样，网络上的各个节点轮流发送数据。由于每次只有持有令牌的节点发送数据，因而不会发生冲突。

ControlNet采用的 MAC 协议与 IEEE802.4 有所区别，它采用的是隐性令牌传递机制。也就是说，虽然ControlNet也是持有令牌的节点发送数据，但是网络上并没有真正的令牌在传递。网络上的每一个节点有唯一的 MAC 地址（1 ~ 99）。ControlNet网络中的每个节点都有一个隐性令牌寄存器，每个节点都不停地监听每个数据帧的源节点地址，当该帧传输完毕之后，就把隐性令牌寄存器的值设为监听到的源节点地址加 1。如果某个节点发现其隐性令牌寄存器的值正好与其 MAC 地址相同，就可以立即开始发送数据。这样，由于网络上所有节点的隐性令牌寄存器的值在任一时刻都相同，所以可以有效保证在任一时刻都只有一个节点发送数据，从而避免了冲突。

ControlNet中的隐性令牌传递依据一种称为同时间域多路访问（CTDMA）的协议。CTDMA 协议把网络时间分割为一个个的时间片，每个时间片的持续长度为一个网络更新时间（NUT）。在每一个 NUT 内，CTMDA 协议根据一定的算法分配隐性令牌。ControlNet 技术规范规定 NUT 为 0.5 ~ 100ms（目前市场上ControlNet产品的 NUT 最小为 2ms）。

CTDMA 把每个 NUT 分为三个部分：预定时段、非预定时段和网络维护时段，如图 7-8 所示。所谓的预定时段是指如果某信息要在该时段传输，在网络组态时就要组态好。而非预定时段则没有这个要求。

在预定时段，CTDMA 协议传输所谓的隐式报文，即对时间有苛求的报文，比如 I/O 报文、控制器实时互锁报文等。CTDMA 协议保证每个有隐式报文发送需求的节点在该时段中有一次发送机会。若把有隐式报文发送需求的最大节点地址记为 SMAX，则节点地址从 1 到 SMAX 的每个节点在该时段中都有机会发送数

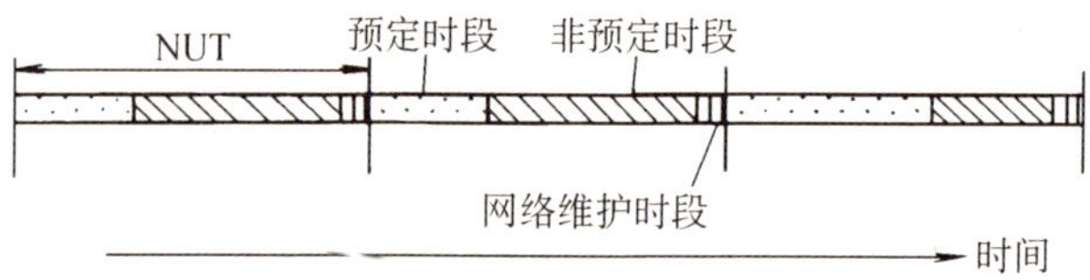

图 7-8　CTDMA 示意图

据。如果某个节点从网络上丢失，其下一个节点要等一个槽时间（Slot-time）才能发送数据。槽时间是信号在链路上走一个来回需要的最小时间，它的大小取决于链路的物理特性，如电缆的长度、中继器数目等。如果轮到某一个节点发送，而它没有数据需要发送，那就发送一个无效帧（Null Frame）。显然，预定时段的长度是不固定的。

不过，不同的 I/O 数据对刷新频率的要求是不同的，比如一些变化缓慢的模拟量数据无需在每个 NUT 都发送；而一些变化迅速的离散量数据则需要。因此，通过灵活设置数据包发送的时间间隔，可以大大提高网络的效率。ControlNet支持 8 种数据包发送时间间隔，分别是 NUT 的 1、2、8、16、32、64、128 倍，网络上每个节点可以以不同的时间间隔发送不同的数据。用户可根据实际应用需求选择请求的数据包时间间隔（Requested Packet Interval，RPI），网络组态工具根据 RPI 进行计算，设定实际的数据包时间间隔（Actual Packet Interval，API）。如果要求不能得到满足，网络组态工具将提供反馈信息给用户。

在非预定时段，CTDMA 传输所谓的显式报文，即对时间没有苛求的报文，如程序的上载/下载报文、故障诊断报文、设备配置报文等。组态时要保证此时段的长度足够一个节点发送容许的最长数据包（510B）。类似地，用 UMAX 表示有隐式报文发送需求的节点中的最大节点地址。使用该时段的第一个节点的地址用循环 Robin 法确定，即逐次加 1，循环反复，直到该时段被用完。同样，如果某个节点从网络上丢失，其下一个节点要等一个槽时间才能发送数据；如果轮到的节点没有数据需要发送，那就发送一个无效帧（Null Frame）。

在网络维护时段，由网络地址最小的节点（称为协调节点）发“协调帧”进行维护，其他所有节点都不发送数据。协调帧用于同步网络上所有节点的内部时钟，以及公布一些重要的网络参数，如 NUT、SMAX、UMAX 等。由于网络参数在运行过程中可能会改变，并且有必要为新加入的节点提供网络参数，所以协调帧在每个 NUT 上都要发送。网络上的每个节点把所接收到的协调帧里的网络参数和自己所存储的网络参数进行对比，如果不一样就禁用自己。如果协调节点意外地停止工作，当其他节点在连续两个 NUT 中都没有收到协调帧时，其他节点中的 MAC 地址最小的节点会从第 3 个 NUT 开始发送协调帧，充当协调节点。此外，当一个协调节点发现另一个节点的 MAC 地址比它低，它会立即停止发送协调帧，不再充当协调节点。

从 CTDMA 的工作原理可以看出，网络编址的合理与否对网络性能影响很大。对ControlNet进行编址时，应该把需要发送实时信息的节点都给予比较低的地址。另外，因为对应于每一个空地址，网络都要等待一个槽时间，网络上最好不要有比 SMAX 和 UMAX 小的空地址。

此外，ControlNet中必须至少有一个节点充当看守节点（Keeper）。只有扫描器类型的ControlNet设备（如 PLC）才可以充当看守节点。看守节点存有网络扫描列表，并且具有保存和应用网络参数（包括 NUT、SMAX、UMAX 等）和预定连接信息的能力。它负责接收网络配置信息，并分配预定连接信息给各个连接发起者，不在看守节点的预定信息里的连接发起者将不能使用预定时段。

根据网络中看守节点的多少，可以把ControlNet分成单看守网络和多看守网络。单看守网络中只有一个节点，即节点地址为 1 的节点，可以存储网络参数和预定连接信息。参与预定连接的节点可以包括也可以不包括看守节点。在单看守网络中，任何预定连接的建立都必须通过看守节点，所以要求看守节点在连接建立之前必须在线；当预定连接建立以后，该连接将一直工作，看守节点离线也不造成影响。多看守网络中有多于一个节点的设备可以存储网络参数和预定连接信息，对看守节点的节点地址没有特殊要求，只是考虑到兼容性，推荐将节点地址为 1 的设备作为看守节点。在多看守系统中，只要有一个看守节点在线，预定连接就可以建立。

7.3.2 MAC 帧

根据 CTDMA 协议，每个节点在每个机会都可以传送一个并仅能传送一个数据帧，有效字节数为 510B。MAC 帧的格式如图 7-9 所示。帧头附加了 4B，包括 2B 的各位均为 1 的前导码，1B 的开始分隔符，1B 的源 MAC 地址。帧尾附加了 3B，包括 2B 的循环冗余校验，1B 的结束分隔符。

每个 MAC 帧可以包括 0 个或多个 Lpacket（Link Packet Frame）。如果一个 MAC 帧包括的 Lpacket 数是 0 个，称为无效帧。Lpacket 包括四个部分：大小、控制、标签（Tag）及数据段，其格式如图 7-10 所示。

2B	1B	1B	0～510B	2B	1B
前导码	开始分隔符	源 MAC 地址	数据	CRC 校验	结束分隔符

图 7-9　ControlNet 的 MAC 帧格式

1B	1B	2B 或 3B	0～505B
大小	控制	标签	数据

图 7-10　ControlNet 的 Lpacket 格式

在 Lpacket 中，大小域表示的是整个 Lpacket 的字节对的数目（3～255）。之所以该域表示字节对数，而不表示字节数，是为了用一个字节就足够表示 Lpacket 的大小。其中，大小域和控制域是合起来算一个字节对；标签域和数据域分开算字节对数，如果字节数是单数，就向上舍入。比如，一个 Lpacket 标签域有 3B，数据域有 5B，则其字节对数为 6。不过，虽然该 Lpacket 的字节对数为 6，在插入 MAC 帧时，其实际字节数仍然为 10，而不是 12。

控制域有 8bit。位 0 和位 4 表示的是 Lpacket 的类型；位 1 表示标签域的字节数是单数还是偶数；位 2 表示数据域的字节数是单数还是偶数；其余 4bit 保留。

标签是用来标识 Lpacket 的特定信息，选用时必须保证其是唯一的。标签有两种：一种是传输显式报文用的，称为固定标签，固定标签的长度为 2B，第 1 字节是指定要求提供的服务，如 0x83 是要求提供未连接报文管理器（UCMM）服务，0x00 是协调帧，具体可以参见ControlNet数据链路层规范中的代码与服务的对照表，第 2 字节是目的节点地址，如果目的节点地址为 0xFF 就是广播；另外一种是用于传输隐式报文的普通标签。普通标签实际上就是连接 ID（CID），其长度为 3B。

一个 MAC 帧中的多个 Lpacket 可分别发送给网络上多个其他节点。如前所述，ControlNet中隐式报文的传输是基于生产者/消费者模型的，生产者节点发送报文，消费者节点根据 Lpacket 的 CID 进行过滤，把特定的 Lpacket 从网上接收下来。

7.3.3 内部结构

ControlNet数据链路层的内部结构如图 7-11 所示，图中每个部件的详细定义均在ControlNet数据链路层规范中用状态描述语言或 C++ 语言给出。访问控制器（Access Control Machine，ACM）负责发送和接收控制帧和报文头信息，并且决定传输的定时和持续时间长短。发送 LLC（Transmit LLC，TxLLC）缓存从站管理实体或者应用层接收到的服务数据单元（Service Data Unit，SDU），并决定下一个应该发送什么。接收 LLC（Receive LLC，RxLLC）缓存接收到的链接数据包，直到它们通过循环冗余校验（CRC）。发送机（Transmit Machine，TxM）从 ACM 接收要求发送 MAC 帧头、帧尾以及 Lpacket 的请求，然后把它们破分为字节符号交给串行器。接收机（Receive Machine，RxM）将从逆串行器接收到的字节符号组装成 Lpacket，交给 RxLLC。串行器（Serialiser）接收字节符号，并把它们转换成串行的 MAC 符号交给物理层。另外，它还负责生成循环冗余码（CRC）。逆串行器（Deserialiser）从物理层接收串行的 MAC 符号，并把它们转换成字节符号交给接收机。另外，它还负责检查循环冗余码（CRC）。DLL

管理接口保存属于数据链路层的站管理变量，并且协助管理链接参数的同步变化。

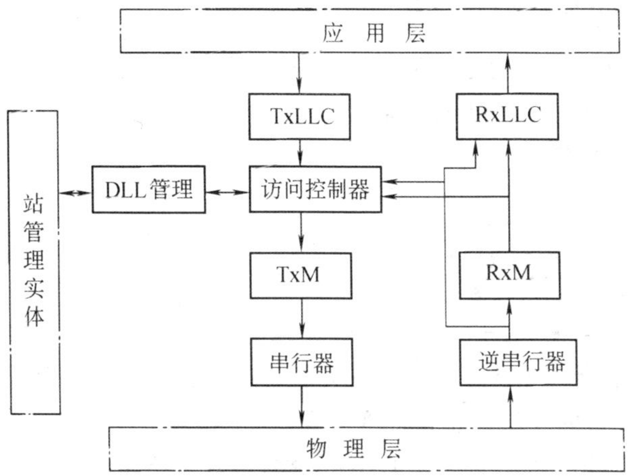

图 7-11 ControlNet 数据链路层内部结构

7.3.4 外部接口

ControlNet数据链路层的外部接口是它为上面的应用层、下面的物理层、边上的站管理实体所提供服务的集合。其中，站管理实体的功能是：定义对象接口，使得每层的变量和事件可以被访问；定义公共的用户接口，包括网络状态发光二极管（LED）指示灯、设备状态 LED 指示灯，以及用于设置网络地址的拨码开关等；协调链接参数的改变，调整链接参数，在不中断网络的情况下添加或去除节点，从而保证灵活性；同步网络上两个节点的时钟。

ControlNet数据链路层提供的服务的清单如下：

- 发送服务：把待发送的 Lpacket 加入队列中。
- 队列维护服务：用于 Lpacket 队列的管理。
- 标签过滤器管理服务：用于标签过滤器的管理。
- 接收服务：表明节点的数据链路层已经接收到了 Lpacket。
- 网络同步服务：表明节点开始使用一个新的 NUT。
- 同步参数改变服务：用于同步改变网络参数。
- 事件报告服务：将发生的事件报告给站管理实体。
- 循环冗余校验错误指示服务：通知站管理实体循环冗余校验错误的发生。
- 当前协调节点指示服务：通知站管理实体当前哪个节点是协调节点。
- 上电服务：让数据链路层开始工作。

- 使能协调节点服务：使节点开始充当协调节点。
- 使只听服务：使节点只接收数据而不发送数据。

7.4 ControlNet应用层

ControlNet应用层用的是 CIP。为了设备开发的方便，ControlNet规范也用对象模型来描述 CIP。为了保证设备之间的互操作性和同类设备之间的互换性，ControlNet规范也提供设备描述。CIP 在第 4 章中已经进行了详细深入的介绍，在此不再重复。

7.5 ControlNet设备开发

所谓ControlNet设备开发，是指为设备开发ControlNet接口，使之具备ControlNet通信能力。这里所说的设备可能是控制器、工业控制机、操作员界面，也可能是各种类型的底层设备，如变频器、机器人等。

要开发ControlNet设备，一个必不可少的东西是ControlNet规范，它可以从 CI 获得。如果制造商想在市场上推出ControlNet设备，就必须购买ControlNet规范，并且签署使用条款协议（Term of Use Agreement），然后可以从 CI 得到一个设备供货商 ID（Vendor ID）。

CI 为ControlNet设备开发提供了许多支持。CI 提供技术培训，并且定期举办研讨会。CI 还为ControlNet设备开发了一致性测试（Conformance Testing）软件，并在世界范围内指定了多个实验室作为一致性测试实验室，提供设备一致性测试服务。

ControlNet设备开发有两种方式：一种是基于单板计算机（简称单板机）的；另外一种是开发嵌入式系统。基于单板机的开发方式可以在开发设备原型时使用。通过在单板机上安装ControlNet网卡、网卡驱动、ControlNet配置软件等，就可以免掉几乎全部的硬件工作，并且充分利用单板机上强大的操作系统。如果采用单板机的方案并不适合，比如说希望更低的成本，或者希望设备更紧凑，就需要开发一个嵌入式系统。

7.5.1 需求分析

在ControlNet设备开发之前，要进行需求分析，确定设备所要具有的网络通信功能列表，以及设备所需要具备的特色，比如支持介质冗余、支持本质安全等，然后根据需求确定所要开发的设备的类型。ControlNet功能比较强大，每个设备所具有的网络通信功能应该仅仅是ControlNet所提供的全部功能的子集。根据设备所具备的网络通信功能的不同，可以把ControlNet设备分成三类：扫描器（Scanner）、适配器（Adapter）和信息器（Messaging），如图 7-12 所示。

扫描器类型的设备功能最为强大，它既可以作为显式通信的客户机或服务器，又可以作为隐式通信的客户机或服务器。典型的扫描器类型ControlNet设备有基于 PC 的控制器、可编程序控制器（PLC）等。

适配器类型的设备可以作为显式通信的客户机或服务器，也可以作为隐式通信的服务器，但不能作为隐式通信的客户机。也就是说，适配器只能对扫描器要求发送对时间有苛求的数据的请求做出响应，而不能向其他设备发出要求发送对时间有苛求的数据的请求。I/O 适配器以及一些复杂的底层设备，如变频器、机器人等，都是典型的适配器类型的ControlNet设备。

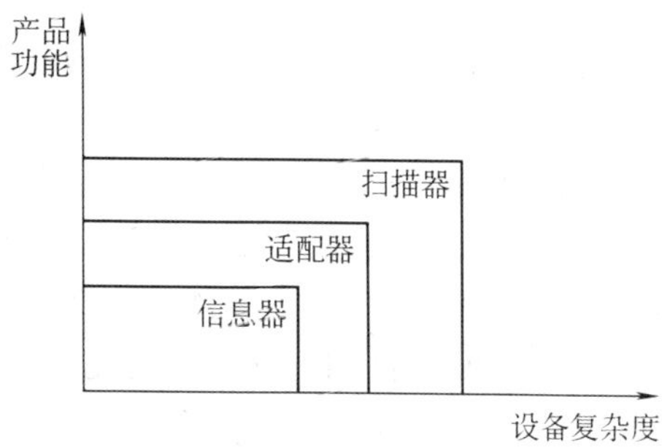

图 7-12　ControlNet 设备类型

信息器类型设备只能作为显式通信的客户机或服务器，不能参加隐式通信，也就是说它不能发送或接收对时间有苛求的报文（即 I/O 报文和控制器实时互锁报文）。典型的信息器类型的ControlNet设备有编程设备、组态工具、操作员界面等。

在信息处理的功能方面，低层次的设备是高层次设备的严格子集。而功能越强大，设计越复杂，开发成本也就越高。

7.5.2　硬件和软件的开发

设备开发可分为硬件开发部分和软件开发部分。硬件开发是把 ASIC 芯片、收发器、隔离变压器、时钟发生器等组合在一起。软件开发主要就是实现 CIP。在开发ControlNet设备时，应该遵循ControlNet规范。

CI 提供了一套进行 ControlNet 设备开发的工具包，其中包括开发文档、ControlNet协议规范、硬件部件（包括ControlNet专用的协议处理 ASIC 芯片、隔离收发器、变压器、时钟发生器等）、一致性测试工具和网络分析软件。另外，SST、罗克韦尔自动化公司等也提供一些开发工具。通过使用这些工具，可以显著提高开发效率。

目前可供选择的ControlNet ASIC 芯片主要有CNA10和SMAC。CNA10 芯片由 CI 提供，该芯片实现了ControlNet数据链路层协议，带有双口 RAM 接口，最多可以支持 15 个预定连接。CNA10 适用于开发适配器类型的或者简单的扫描器类型的ControlNet设备。SMAC 由罗克韦尔自动化公司提供，它最多可以支持 127 个连接，适用于开发扫描器类型设备。另外，SST 公司的应用现场可编程门阵列（Field Programmable Gate Array，FPGA）技术的通信芯片也是一种选择。

此外，罗克韦尔自动化公司还为基于 CNA10 的适配器类型设备开发提供固件（Firmware）以及例子代码。设备开发者只需要根据需求对例子代码稍加改动即可应用，从而大大减少了设备开发的软件工作。

7.5.3 EDS文件编写

为了方便用户配置设备，设备开发者还需要编写EDS文件。所谓EDS文件，是提供配置设备所需信息的文件，所提供的信息有设备的一般信息、设备的参数列表、每个参数可能的取值等。EDS文件由ASCII码组成，可以用文本编辑器进行编辑。ControlNet的EDS文件分成几个区，依次是文件、设备、参数类、参数、参数组、汇编、ControlNet物理层、设备类型、端口、看守、预定、连接管理器、能力、模块。其中，除了文件区、设备区、设备类型区以外，其他区都是可选的。

为了保证EDS文件能够被ControlNet设备配置软件使用，ControlNet协议对EDS的数据编码、命令语言、语法进行了严格的规定。详细情况可参阅ControlNet协议。值得注意的是，对于同一设备，为其ControlNet接口编写的EDS文件和为其DeviceNet或EtherNet/IP接口编写的EDS文件差别不大，只是若干可选区不一样。

7.6 ControlNet组网

7.6.1 网络规划和网络安装

网络规划首先是需求分析。需求分析是个反复的过程，不可能一开始就把一切都搞清楚，但是应该尽量做好，否则会走很多弯路。在网络规划中，要获取的应用需求有关的信息有几个方面：

- 需要上网的设备清单，以及每台设备对网络通信功能的需求，即到底是传输对时间有苛求的数据，还是传输对时间没有苛求的数据，还是两者都需要；
- 需要进行的通信的清单，即哪些设备之间需要进行通信，通信的性质是什么样的，到底是实时通信还是非实时通信；
- 每项通信的性能指标要求，包括对实时性、确定性、可重复性的要求、通信数据量的大小、I/O数据输入/输出的容许最大时间间隔、可以承受的费用等；
- 网络工作的环境条件情况，如温度、湿度、有无腐蚀性化学物质、振动、电磁干扰等。

需求搞清楚之后，就可以根据应用的需求选择网络。网络选择要考虑的因素通常包括实时性、确定性、可重复性、网络带宽、成本、工作环境等。另外，网络的应用和推广情况也是重要的考虑因素，比如网络以前是否在类似的应用中用过，应用所需要的设备是否都能提供接入该网络所需要的网络接口等。根据应用需求情况，可以只采用一种网络，也可以采用多种网络。本节假设应用只使用ControlNet。

然后，根据应用的需求，选择各个网络部件，主要包括网络设备（如扫描器、适配器等）、网线、连接器等。每个ControlNet扫描器所能提供的带宽都是有限的，要保证它能满足应用对带宽的需求。应用对带宽的需求是根据每项通信对带宽的需求算出来的。而网线、连接器的选择则主要考虑网络的工作环境条件，比如在一些电磁干扰很严重的场合，可以考虑采用光纤。

接着，根据应用需求，制定详细的网络方案。在制定网络方案时，要考虑的问题主要有：

- 确定各台设备的摆放位置。要确保各台设备的工作环境能够满足要求。
- 确定每个连接的距离，保证网段的长度在限值以内。
- 注意网络安全。控制网络与办公网络之间、控制网络与 Internet 之间，应该有必要的隔离。另外，对控制网络进行操作应该很小心，要进行严格的权限控制。

网络方案确定之后，就可以安装网络了。网络安装时要严格按照有关设备的说明书来操作，妥善处理隔离、接地、屏蔽等问题。需要特别注意的是：ControlNet是一个与地隔离的网络，要防止网络意外接地。

最后，检查网络，解决存在的问题。

7.6.2 设备配置和网络配置

ControlNet设备配置的基本方式有两种：一种是利用设备提供的拨码开关、跳线、拨轮、插针、人机界面等，直接在设备上进行配置；另外一种是在与ControlNet相连的计算机上进行远程配置。许多ControlNet设备同时提供两种设备配置方式。前一种方式应该按照设备说明书进行操作，本小节着重介绍后一种设备配置方式。

ControlNet设备远程配置利用的是ControlNet提供的显式通信。要实现远程设备配置，需要具备几个条件：用于配置的计算机应该装有ControlNet网卡以及网卡驱动，并且连在ControlNet上；计算机上应该安装有ControlNet设备配置软件；操作员应该拥有进行设备配置所必需的一些信息，如设备的每个参数的详细描述，尤其是其默认值、取值范围、可能的取值等。其中，配置所需要的信息通常是通过 EDS 文件提供的。

ControlNet设备配置软件的基本功能有三项：把设备的 EDS 文件读入配置软件的数据库中；对 EDS 文件的内容进行解释：将每个参数可能的值提供给用户，然后将用户选定的参数值写入设备。

罗克韦尔自动化公司提供的ControlNet设备配置软件名叫 RSNetworx for ControlNet，它提供图形用户界面，可用于在线配置，也可用于离线配置。RSNetworx for ControlNet 的运行需要依赖于另外一个软件 RSLinx。RSLinx 为ControlNet网卡提供驱动，并且为 RSNetworx for ControlNet 软件和ControlNet网卡交换数据提供接口。

此外，ControlNet设备配置软件还可能有其他一些功能，其中最重要的是ControlNet的网络配置。其实，网络配置也是通过设备配置实现的，只不过网络配置涉及的不是单台设备，而是多台设备。用配置软件对ControlNet进行配置的步骤如下：

首先，用户输入网络参数（NUT、UMAX 和 SMAX）、网络物理参数（节点数、电缆长度和中继器数目）、需要传输的 I/O 数据及每个 I/O 数据的请求数据包时间间隔（RPI）。其中，UMAX 和 SMAX 应该尽量小，也就是网络上最好不要有比 SMAX 和 UMAX 小的空地址，因为对应于每一个空地址，网络都要等待一个槽时间；RPI 则要根据 I/O 数据对刷新频率的要求来确定。

然后，配置软件自动进行一些计算：计算非预定时段是否足够一个节点发送容许的最长数据包（510 字节）；计算 NUT 是否能够支持请求的网络参数；计算槽时间和实际的数据包时间间隔（API）；计算预定时段和非预定时段的可用百分比。如果带宽使用率超过 100%，或用户要求不能满足，配置软件将给出警告。

如果用户对配置软件的计算结果感到满意，就可以将配置信息下载到网络，网络配置就到此完成。

7.7 ControlNet应用实例

ControlNet在沈阳铁西污水处理项目中得到应用，该应用实例由深圳极光自动化实业有限公司的张劲强报导。

沈阳铁西污水处理项目采用 AO（厌氧/好氧）生物处理工艺，去除污水中有机物，除磷脱氮。城市污水经机械粗、细格栅去除较大漂浮物后，由污水进水提升泵房中的潜水泵提升，经原水流量计进入沉砂间。经过沉砂后的污水送入初沉池进行初级沉淀，沉淀下来的泥渣进入排渣井，其上清液经流量计进入 AO 池进行生化处理。经 AO 池处理后的出水混合液进入二沉池进行固液分离，二沉池的上清液送进接触池进行消毒处理，消毒处理后的水经二次提升泵房排出。二沉池沉淀的污泥排入污泥回流泵房，一部分经污泥回流泵房中回流污泥泵提升至 AO 池。剩余污泥则送进污泥浓缩池，浓缩池上清液返回初沉池处理，浓缩后的污泥排入污泥脱水调节池，再由泵加压，与混凝剂混合，送至污泥脱水间进行脱水，产生的干泥外运（填埋）。此外，还设有气浮池、滤池等污水回用的深度处理设施，为厂区冲洗提供用水。该项目的工艺流程如图 7-13 所示。

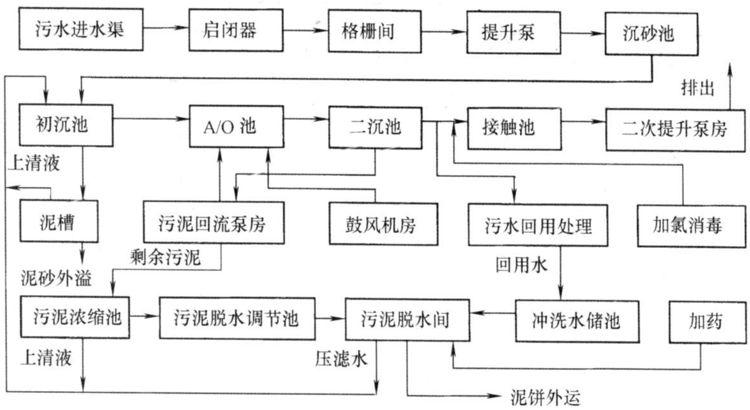

图 7-13　沈阳铁西污水处理项目工艺流程

该项目的监控系统包括一个中心控制室和 5 个控制站（实际上就是子系统）：污水提升泵房控制站、鼓风机房控制站、浓缩脱水机房控制站、回用水处理间控制站、模拟屏控制站。污水提升泵房控制站负责监控粗格栅机、细格栅机及提升泵。鼓风机房控制站负责监控鼓风机、A/O 池曝气量控制电动调节阀、污水取样泵等设备，以及监测 A/O 池水质、10kV 配电装置等。浓缩脱水机房控制站只负责控制污泥浓缩脱水系统的起动和停止，其余的控制由污泥浓缩脱水系统自身完成，此外它还负责污泥浓缩脱水系统的运行工况监视和故障报警。回用水处理间控制站负责对回用水处理的气浮池、滤池工艺设施进行监控。模拟屏控制站负责监控模拟显示屏。

除了模拟屏控制站外，其他各个控制站均使用一套罗克韦尔自动化公司提供的 ControlLogix PLC，并且配备一台工控机进行现场监控。控制站的工控机和中心控制室的计算机之间通过带宽为 100Mbit/s 的快速以太网连接。控制站内的 PLC、上位监控工控机之间通过ControlNet网络连接。模拟屏控制站没有配备工控机，其 PLC 同时接入ControlNet和以太网。该系统的网络结构如图 7-14 所示。

ControlNet采用的是双重冗余的ControlNet光纤环网。使用光纤环网的优点是明显的。由于其拓补结构是环形的，任何一处中断，网络仍然能够正常工作，网络可靠性较好。由于使用光纤作为传输介质，网络抗干扰能力较强。双重冗余则进一步提高系统可靠性。不过，双重冗余的ControlNet光纤环网的费用是相当高的。

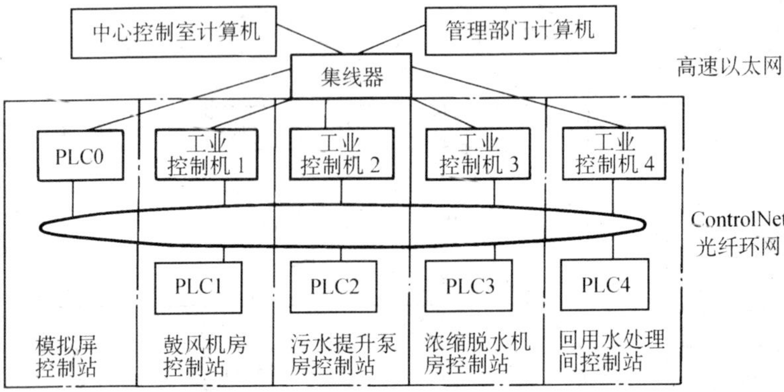

图 7-14　沈阳铁西污水处理项目网络结构

7.8　小结

ControlNet是一种 CIP 网络，因此它也有 CIP 网络所共有的一些特点，如功能强大、灵活性强、具有相对较好的实时性、确定性和可重复性等。除了这些特点以外，ControlNet还有通信波特率较高、支持介质冗余和本质安全等特点，特别适合用作控制层网络。

ControlNet技术上的先进性毋庸置疑，与同类总线相比，其应用和推广情况也比较理想。这是因为ControlNet定位为控制层网络，与其他 IEC61158 标准中的总线相比，有一定的技术先进性，有 CI 国际组织的推动，有 Rockwell Automation、Honeywell 等知名公司的大力支持，发展前景是相当不错的，将来的市场份额有较大的增长空间，并可望成为我国国家标准。

参考文献

[1]　CI. ControlNet Specifications [S]. Version 2.0, Errata 3. March 2003.

[2]　Rockwell Automation. ControlNet Network System Overview. 1997.

[3]　罗克韦尔自动化. ControlNet 网络系统概貌. 1998.

[4]　CI. ControlNet Technical Overview.

[5]　罗克韦尔自动化. ControlNet技术概要. 2001.

[6]　浙江大学罗克韦尔自动化技术中心，可编程序控制器系统 [M]，杭州：浙江大学出版社，2000.

[7]　夏德海. 现场总线技术 [M]. 北京：中国电力出版社，2003.

第8章　工业以太网和EtherNet/IP

从20世纪90年代开始，因特网开始了爆炸性的发展。因特网的基础是TCP/IP协议族，以太网是应用最为广泛的一种局域网，TCP/IP和以太网相结合是当前最为流行的网络解决方案。因此，很自然人们就想在工业应用中也使用以太网和TCP/IP，这样就可以使用大量成熟、廉价、易用的技术和产品，并且使得信息集成更为容易。

在工业应用中，使用以太网和TCP/IP的结果是多种工业以太网的开发成功，其中之一就是EtherNet/IP。EtherNet/IP名称中的“IP”是工业协议（Industrial Protocol）的缩写，它是一种应用层使用CIP的工业以太网。

本章将首先介绍以太网、TCP/IP及工业以太网，然后介绍EtherNet/IP的历史、现状、网络模型、规范等，接着介绍EtherNet/IP设备开发及组网，最后介绍EtherNet/IP网络的一个应用实例。

8.1　以太网及TCP/IP

8.1.1　以太网概况

以太网的前身是20世纪70年代夏威夷大学的Norman Abramson等人开发的ALOHA系统，该系统用无线电把散布在夏威夷岛上的节点连成网络。ALOHA系统在世界上首次采用随机访问技术来解决网络上所有节点共享一个信道所带来的信道争用问题。

在ALOHA的基础上，施乐公司Palo Alto研究中心的Bob Metcalfe和David Boggs开发了一种采用带碰撞检测的载波侦听多址访问（CSMA/CD）协议的网络来连接办公室中的计算机、打印机及其他办公设备，并将该网络命名为以太网。所谓“以太”，是早期人们认为存在于真空中，作为电磁波的传播介质的一种物质。1887年，著名的Michalson-Mloey实验发现电磁波可以在真空中传播，从而否决了以太的存在。以太网的发明者给它起这个名字，一方面是表明该网络是以ALOHA为基础开发出来的，因为ALOHA用的是无线传输；另一方面是表明该网络的一个特色：数据被网线送往每一个节点，这类似于原来人们认为的电磁波在以太中的传播。

其后，以太网技术继续向前发展。1980年，DEC、Intel、Xerox等三家公司联合发布了以太网的DIX1.0版（以三家公司名称的首字母命名）。DIX1.0版所定义的以太网使用粗缆作为传输介质，通信波特率为10Mbit/s。1982年，三家公司又联合发布了以太网的 DIX2.0 版。

以太网的成功引起了 IEEE802 标准委员会的注意。成立于 1980 年的 IEEE802 标准委员会致力于制定局域网及城域网标准，主要定位在物理层和数据链路层做工作。其所制定的 IEEE802 局域网及城域网标准是一个庞大的标准体系，其结构如图 8-1 所示。其中，IEEE802.1 定义了标准的概述、标准的体系结构、桥接（即网络互连）、网络管理等；IEEE802.2 定义了数据链路层的逻辑链路控制（LLC）子层；IEEE802.3 定义了以太网的物理层以及数据链路层的媒体访问控制（MAC）子层。除了以太网外，比较有影响的局域网还有 IEEE802.4 所定义的令牌总线网、IEEE802.5 所定义的令牌环网等。

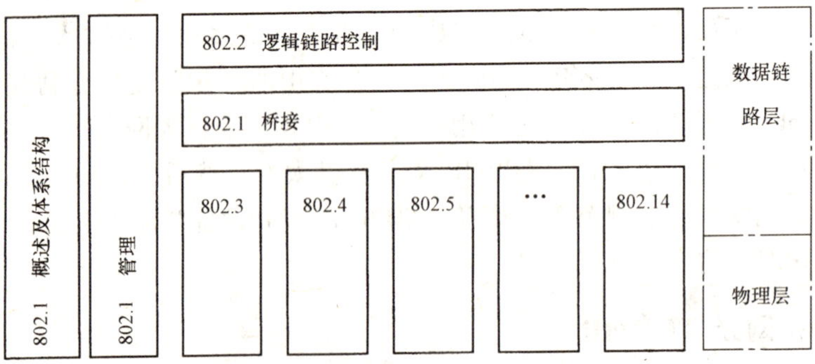

图 8-1　IEEE802 标准的结构图

以 DIX 版的以太网为基础，1983 年，IEEE802.3 标准发布，它也采用粗缆作为传输介质。值得注意的是，IEEE802.3 标准与 DIX 标准有一些差异，主要是两者所定义的帧格式有所区别。

严格地说，符合 DIX 标准的网络才是以太网。不过，习惯上，人们把符合 IEEE802.3 标准的网络也叫做以太网。由于现在 DIX 标准已经基本上没有人用，在本书中，以太网指的是符合 IEEE802.3 标准的网络，其特点是使用 CSMA/CD 协议来解决信道争用问题。

其后，IEEE802.3 标准不断扩充。截至 2003 年 3 月，IEEE802.3 标准所支持的传输介质有同轴电缆、非屏蔽双绞线（UTP）、光纤等，所支持的通信波特率有 1Mbit/s、10Mbit/s、100Mbit/s、1000Mbit/s、10Gbit/s 等。在以太网的发展历史中，一个里程碑式的事件是在 1990 年 IEEE802.3 标准提供对 UTP 的支持。UTP 的使用、安装、维护等都很方便，且成本低廉。另外，由于电话线用的也是 UTP，而建筑物里一般都会布有电话线，因此组网时可不必重新布线，使用现成的电话线即可。虽然 UTP 有抗干扰能力不强的缺点，但在商业应用中，通常这不是一个大问题。因此在这之后，以太网迅速得到广泛应用，目前已经成为应用最为广泛的一种局域网。

8.1.2 以太网的物理层

IEEE802.3 标准定义了近 20 种以太网，见表 8-1。分类的依据主要是传输介质和通信波特率的不同。以太网类型名称分为三段。名称最前面是数字，表示的是通信波特率。名称的中间是 BASE 或 BROAD，表示网络是宽带还是基带。所谓宽带指的是在一条线上有多个信道（即信号频率），不同的数据可以通过使用不同的信道在同一物理介质上传播；所谓基带是指一条线上只有一个信道，所有的数据传输只能使用这个信道。除了一种以太网（10BROAD36）是宽带网络外，其他类型的以太网都是基带网络。以太网名称的最后面如果是数字表示的是网段的最大长度，如果是字母 T 表示传输介质是双绞线，如果是字母 F 表示传输介质是光纤。

表 8-1 IEEE802.3 标准所包括的以太网类型一览表

以太网类型	发布时间	拓扑结构	传输介质
10BASE5	1983 年	总线形	直径为 10mm 的 50Ω 同轴电缆（粗缆）
10BASE2	1985 年	总线形	直径为 5mm 的 50Ω 同轴电缆（细缆）
10BROAD36	1985 年	总线形或树形	75Ω 同轴电缆
1BASE5	1987 年	星形	UTP
10BASE-T	1990 年	星形	UTP
10BASE-F 系列	1993 年	星形	光纤
100BASE 系列	从 1995 年开始	星形	UTP、光纤
1000BASE 系列	从 1998 年开始	星形	UTP、光纤
10GBASE 系列	从 2002 年开始	星形	UTP、光纤

从表 8-1 中可以看出，在 IEEE802.3 标准的发展过程中，前期主要是扩充所支持的传输介质，后期主要是提升通信波特率。

最早发布的 10BASE5 所使用的传输介质是直径为 10mm 的 50Ω 同轴电缆（粗缆）。为了防止信号反射，需要在电缆的两端装上 50Ω 的终端电阻，其中一端应该接地。10BASE5 以太网的网段最大长度为 500m，每个网段最多能接 100 个节点，节点间的最小距离为 2.5m，组网时节点间的距离一般取 2.5m 的整数倍。

要把一个节点接入 10BASE5 以太网，必须在节点上安装网卡，在电缆上安装收发器，并用收发器电缆把收发器和网卡连接起来（收发器电缆的最大长度为 50m）。

如果 10BASE5 网段长度超过 500m，或节点数目超过 100 个，就需要另外组建一个网段，两个网段之间使用中继器连接。中继器是工作在物理层的设备，其功能是双向接收、处理并重发物理信号，从而解决信号长距离传输所造成的衰减和失真问题。在一个 10BASE5 以太网中，最多可以使用 4 个中继器。

接着发布的 10BASE2 所使用的传输介质是直径为 5mm 的 50Ω 同轴电缆（细缆）。为了防止信号反射，也需要在电缆的两端装上 50Ω 的终端电阻，其中一端应该接地。10BASE2 以太网的网段最大长度为 185m，每个网段最多能接 30 个节点，节点间的最小距离为 0.5m。

在 10BASE2 以太网上安装节点，需要在节点上安装网卡，并在网卡上装 T 型连接器。然后，把电缆切断，并且在每根电缆的两头都装上 BNC 连接器。最后，用网卡上的 T 型连接器把两个 BNC 连接器连接起来。

10BASE2 以太网同样可以用中继器来扩展，并且在一个网络中也最多容许用 4 个中继器。

10BASE5 以太网和 10BASE2 以太网各有优劣。10BASE5 以太网可靠性高、抗干扰能力强、网段最大长度长，但是成本较高、使用不方便；10BASE2 以太网成本低、使用方便，但是可靠性较差。因此，可以将粗缆和细缆混合使用，取长补短，粗缆和细缆之间通过粗细缆转接器连接。

1990 年发布的 10BASE-T 是以太网发展史上的一个里程碑，它在双绞线上实现了 10Mbit/s 的数据传输。双绞线虽然应用广泛、使用方便、成本低廉，但早期人们认为双绞线只能用于音频信号传输或低速数据传输，因此 1987 年首先发布的是波特率为 1Mbit/s 的 1BASE5。10BASE-T 通常采用 3 类 UTP，它是 8 芯的双绞线，每根线的直径约为 0.5mm，两两相绞成 4 对，每对线标以不同的颜色。10BASE-T 以太网只用了 4 对线中的两对：一对用于数据发送，另一对用于数据接收。

在 10BASE-T 以太网中，所有的节点都通过双绞线接到中心集线器（Hub）上，因此其物理拓扑结构是星形的。Hub 的主要功能是将从某一个端口接收到的信号转发给其他每一个端口，从而实现了节点间的连接。另外，Hub 还具有检测碰撞、隔离发生故障的站点等功能。Hub 的使用，提高了网络的可靠性，并且使得网络的安装、维护、管理等都更为方便。

要在 10BASE-T 以太网上安装一个节点，只需在节点上安装一个网卡，然后找一根 UTP 网线，在线的两端都装上 RJ-45 接头，最后用这根线把网卡和 Hub 连接起来即可。注意如果使用的是 3 类 UTP，线长不能超过 100m。

10BASE-T 以太网可以用多种方法进行扩展。Hub 之间可以级连，即可以用一根网线把一个 Hub 接到另外一个 Hub 上。如果 Hub 是可堆叠的，可以把若干个 Hub 堆叠在一起，并用专用的电缆相连接。如果 Hub 上带有连接单元接口（AUI）或 BNC 接口，还可以把 Hub 接入 10BASE5 以太网或 10BASE2 以太网。

与使用同轴电缆的 10BASE5、10BASE2、10BROAD36 等以太网相比，10BASE-T 以太网具有使用方便、成本低廉、性能优越等显著的优点，因此迅速得到广泛应用。此外，10BASE-T 还提供对全双工通信的支持，而 10BASE5、10BASE2、10BROAD36 等都只支持半双工通信。

1992 年发布的 10BASE-F 系列使用的传输介质是光纤。10BASE-F 系列包括三种：10BASE-FL、10BASE-FB 和 10BASE-FP，其中只有 10BASE-FL 支持全双工通信。

10BASE-FL 是对 1987 年发布的光纤中继器间链路（Fiber Optic Inter-Reperted Link，FOIRL）的改进和扩展。FOIRL 用来连接距离较远的两个中继器，在半双工模式下，其最大传输距离是 1000m。10BASE-FL 可用于连接两个中继器、两个节点或一个节点和一个中继器，在半双工模式下，其最大传输距离为 2000m。FOIRL 和 10BASE-FL 都可以在全双工模式下工作。

10BASE-FB 采用了特殊的同步信号发送协议，这使得在一个 10BASE-FB 以太网中，可以使用数目更多的中继器。10BASE-FB 只能用于两个中继器之间的连接，其最大传输距离为 2000m。

10BASE-FP 用于把节点连接到 Hub 上。10BASE-FP Hub 工作不需要电源。

与前面所介绍的几种以太网相比，10BASE-F 系列以太网是最为昂贵的。不过光纤传输有很好的抗干扰能力，并且传输距离长。因此，在一些需要长距离传输或者干扰比较严重的应用场合，10BASE-F 系列以太网是合理的选择。

从 1995 年开始陆续发布的 100BASE 系列以太网，把通信波特率提高到 100Mbit/s。100BASE 系列以太网通常又称为百兆位以太网或快速以太网，一共有四种：100BASE-T2、100BASE-T4、100BASE-TX 和 100BASE-FX。其中，除 100BASE-T2 是 1997 年发布的以外，其他三种都是 1995 年发布的。四种网络中，只有 100BASE-T4 不支持全双工通信。

100BASE-T4 所使用的 UTP 是和 10BASE-T 一样的 3 类 UTP，不过它把 UTP 中的 4 对线全部用起来了，其网段的最大长度为 100m。100BASE-TX 所使用的 UTP 是 5 类 UTP，在半双工模式下和全双工模式下，网段的最大长度都是 100m。100BASE-FX 用的传输介质是光纤，其网段的最大长度在半双工模式下为 412m，全双工模式下可以达到 2000m。100BASE-T2 所使用的 UTP 是和 10BASE-T 一样的 3 类 UTP，并且和 10BASE-T 一样只用了 4 对线中的 2 对，不同之处在于它采用了一种特殊的编码方法。100BASE-T2 在半双工模式下和全双工模式下网段的最大长度都是 100m。

之后，从 1998 年开始陆续发布了通常称为吉位（曾称千兆位）以太网的

1000BASE 系列以太网，从 2002 年开始陆续发布了通常称为万兆以太网的 10GBASE 系列以太网。在一些对带宽需求比较高的应用中，目前吉位以太网已经用得很多。不过，对于工业应用来说，这么高的通信波特率通常没有必要，因此，本书不介绍这两个系列的以太网。

8.1.3 以太网的数据链路层

和 IEEE802 标准所规定的其他各种局域网一样，以太网的数据链路层也分为媒体访问控制（MAC）子层和逻辑链路控制（LLC）子层。MAC 子层的任务是解决网络上所有的节点共享一个信道所带来的信道争用问题。LLC 子层的任务把要传输的数据组帧，并且解决差错控制和流量控制的问题，从而在不可靠的物理链路上实现可靠的数据传输。LLC 子层为网络层的数据传输提供三种服务：不可靠的数据报服务、确认的数据报服务、可靠的面向连接的服务。

如前所述，以太网的 MAC 子层采用 CSMA/CD 协议。网络上的节点在发送数据前，要监听网络是否空闲。如果网络空闲，则发送；如果网络忙，则继续监听。如果有两个节点要同时发送数据，则发生冲突。如果发生冲突，则节点发出阻塞信号，所有的节点都停止发送，等待一个随机的时间片后再尝试发送。确定随机时间片的长度所需要的随机数用二进制指数补偿算法（Binary Exponential Backoff Algorithm）产生。

CSMA/CD 协议的工作原理决定了它具有若干缺点。首先，它只能是一种半双工的通信模式，即一个节点只能发送数据或接收数据，不能同时发送和接收数据。另外，CSMA/CD 协议也不提供优先级机制，网络上的节点地位是平等的。

IEEE802.3 标准也定义了以太网的全双工通信模式，该模式只用于两个节点间的连接。当网络上只有两个节点时，就不可能发生碰撞，因此，在全双工模式下，即不需要碰撞检测，也不需要载波侦听。一个以太网支持全双工要满足两个条件：一是传输介质要支持全双工，即发送和接收能够同时进行而不发生冲突，10BASE5、10BASE2、10BASE-FP、10BASE-FB 和 100BASE-T4 都不能满足这一要求；二是参与连接的两个节点都要支持全双工，并且都处于全双工工作模式下。

与半双工以太网相比，全双工以太网有一些显著的优点。由于全双工以太网中的节点可以同时发送和接收，其通信波特率是半双工以太网的两倍。又由于它既不检测碰撞也不侦听，通信效率大为提高。另外，全双工以太网的网段最大长度一般要大于半双工以太网的，这是因为半双工以太网需要保证如果有碰撞发生，所有的节点都能够在一个槽时间（512bit 时间）内检测到，从而限制了其网段最大长度。

IEEE802.3 规定的 MAC 帧结构如图 8-2 所示。前导码一共有 7B，每个字节均为 10101010B。前导码的功能是让接收节点做好准备。接着是 1B 的帧开始定界符（Start Frame Delimiter，SFD），用来指示帧的开始。

7B	1B	2B 或 6B	2B 或 6B	2B	0～1500B	0～46B	4B
前导码	SFD	目的地址	源地址	长度或类型	数据区	填充段	校验和

图 8-2　IEEE802.3 标准规定的以太网 MAC 帧格式

接着出现的是目的地址和源地址。虽然 IEEE802.3 容许采用 2B 或 6B 的地址，实际上以太网一般都使用 6B 的地址。地址的最高位表示该地址是单播地址还是多播地址，该位为 0 表示单播地址，该位为 1 表示多播地址。如果地址的各位均为 1，则该地址为广播地址，该帧发给网络上的所有节点。地址的次高位表示该地址是全局地址还是局部地址，该位为 0 表示全局地址，该位为 1 表示局部地址。全局地址由 IEEE 分配，需要保证世界上没有两个节点地址是一样的；局部地址由网络管理员自行分配，只要保证在网络内部没有两个节点地址一样即可。

接下来的 2B 如果小于或等于 1500，指示的是数据区的长度，如果大于或等于 1536，指示的是数据区中数据的类型。

数据区的长度是 0～1500B。不过，为了碰撞检测的需要，如果数据区的长度小于 46 字节，需要在后面加一段填充段。因此，以太网的一个帧中包含的有效数据有 46～1500B。

帧的最后是校验和。源节点在组装帧时，对从目的地址到填充段的数据进行 CRC 运算，将结果作为校验和。目的节点在接收到某一帧时，进行 CRC 校验，如果发现错误，就丢弃该帧。

8.1.4　TCP/IP 概况

TCP/IP 的历史可以追溯到 ARPANET 的研究。1969 年，美国国防部下属的高级研究项目署（Advanced Research Projects Agency，ARPA）资助了一个项目，该项目通过电话线路把分布在全美各地的计算机连成一个网络，被称为 ARPANET。后来，当各种不同类型的网络要加入 ARPANET 中时，就碰到了网络互连的问题。为了解决网络互连的问题，人们制定了一系列协议，并以其中的两种重要协议（TCP 和 IP）命名为 TCP/IP。因此，人们通常所说的 TCP/IP 实际上是一个庞大的协议族，它不仅包括网络层和传输层的协议，也包括应用层的一些协议。

由于因特网是从 ARPANET 发展而来的，TCP/IP 也就相应地成为因特网的基础。当然，TCP/IP 不仅用于因特网，也广泛用于企业内部网络，即所谓的Intranet。

TCP/IP 的协议族中的协议都是以请求评论（Requests for Comments，RFC）文档的形式发布的。根据文档编写时间的先后，每个 RFC 文档都有一个唯一的编号，比如，IP 由 RFC791 定义，ICMP 由 RFC792 定义等。

目前，TCP/IP 仍然在不断的发展中，其管理工作由因特网架构委员会（Internet Architecture Board，IAB）负责。IAB 下属的因特网工程任务部（Internet Engineering Task Force，IETF）负责具体工作，IAB 下属的因特网工程指导组（Internet Engineering Steering Group，IESG）负责指导。

为了帮助人们理解 TCP/IP，建立了 TCP/IP 参考模型。由于 TCP/IP 是在 ISO/OSI 之前发展起来的，TCP/IP 参考模型中的层与 ISO/OSI 参考模型中的层并不完全对等，两者的对比如图 8-3 所示。实际上，TCP/IP 参考模型在网络层以下还有个网络接口层。不过，这个网络接口层实际上并不是通常意义上的层，它仅仅是网络层和底层的接口，因此没有在图 8-3 中给出。

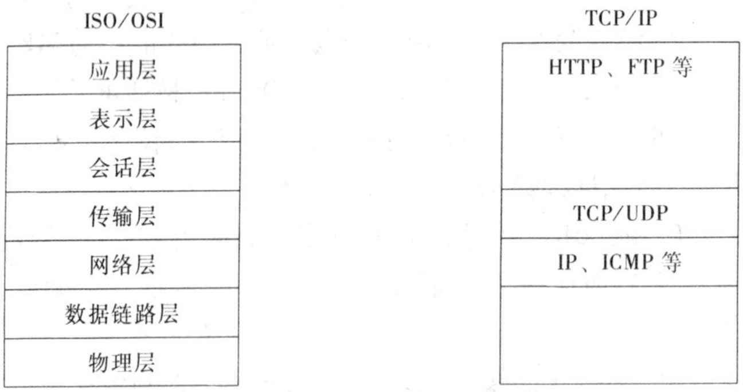

图 8-3　TCP/IP 参考模型和 ISO/OSI 参考模型对比

特别值得注意的是，TCP/IP 不涉及数据链路层和物理层。正是因为如此，TCP/IP 才能作为因特网的基础，在以太网、异步传输模式（Asynchronous Transmission Mode，ATM）网络、光纤分布式数据接口（Fiber Disfributed Data Interface，FDDI）网络等不同类型的网络上运行。

8.1.5　TCP/IP 网络层

网络层所要实现的功能是把数据包由源节点送到目的节点。要实现这一功能，网络层需要解决报文格式定义、路由选择、阻塞控制、网际互连等一系列问题。

如第 2 章所述，网络层要么是基于虚电路的有连接型的，要么是基于数据报的无连接型的。TCP/IP 模型中的网络层是基于数据报的无连接型的。其工作原理是：源节点的传输层把要传输的数据流分为一个个的数据报（Datagram），交给网络层；网络层根据一定的算法，为每个数据报单独选择路由；数据报在网络中传输的过程中可能会进一步分成多个数据报；每个数据报根据所选定的路由到达目的节点后，由目的节点的网络层拼装成原始数据报，然后上交目的节点的传输层。

网络层最重要的协议是网际协议（Internet Protocol，IP）。IP 是一个不可靠，但是会尽力传送（Best-effort delivery）的协议。IP 的不可靠体现在它不提供任何核查或追踪功能，因此可能会发生数据报丢失或者出错。IP 的尽力传送体现在它不轻易放弃任何一个数据报，只有在资源耗尽或者网络出现故障的情况下才会放弃。

IP 数据报的格式如图 8-4 所示。它是一个长度可变的数据包，最长为 65536B，不过，实际 IP 数据报的长度通常在 1500B 左右。对 IP 数据报中每个域的解释如下：

● 版本：所使用的 IP 的版本号。目前所使用的 IP 大多为第 4 版，即 IPv4，但正在逐步向第 6 版 IP（IPv6）过渡。注意不同版本的 IP 所使用的数据报格式是不同的，并不仅仅是这个域的内容不一样。

4	4	8	16	16	3	5	4	4	16	32	32	不定
版本	报头长度	服务类型	总长度	标识	标志	片偏移	生存时间	协议	报头校验和	目的节点地址	源节点地址	选项区

图 8-4　IP 数据报报头格式（图中数字的单位为 bit）

● 报头长度：该数据报报头的长度，以字（32bit）为单位给出。当选项区为 0B 时，该域取最小值 5；其最大值为 15，因此选项区最多有 40B。

● 服务类型：该域分为 6 个子域，从左到右分别是：3bit 的优先级标识位、D 标识位、T 标识位、R 标识位、C 标识位、1bit 未用。前 3 位给出数据报的优先级，后 4bit 表示数据报希望以什么样的传输方式传输，D 表示低延误，T 表示高吞吐率，R 表示高可靠性，C 表示低成本。

● 总长度：整个数据报的总长度，以字节为单位给出。

● 标识、标志和片偏移：用于数据报的破分和重组控制。

● 生存时间：用于限制数据报的生存时间。在传输过程中，该域的值不断减小，当其值减小为 0 时，数据报被丢弃，并且向源节点报告。

● 协议：指定到达目的节点后，用哪一个传输层协议进行处理。

● 报头校验和。

● 源节点地址和目的节点地址：给出源节点和目的节点的 IP 地址。

● 选项区：给出一些不常用的信息。比较重要的选项有 5 个：用于表示信息的机密程度的安全选项、给出从源节点到目的节点的完全路径的严格源节点路由选项、给出必须经过的路由器的宽松节点路由选项、要求路由器把其 IP 地址附加上去的记录路由选项、要求路由器把数据报通过它的时间附加到数据报上的时间戳选项。每个选项的开始都会有一个字节来标明选项类型。

除了定义数据报格式外，IP 要解决的另外一个核心问题是路由选择，即选择一条合适的路径把数据报由源节点送达目的节点。IP 采用的是动态路由选择。

IP 把因特网分为许多自治系统，在自治系统内部，采用统一的路由算法。这样，就可以把路由选择协议分为两类：在自治系统内部使用的内部网关协议和在自治系统之间使用的外部网关协议。内部网关协议常用路由信息协议（Routing Information Protocol，RIP）或开放式最短路径优先（Open Shortest Path First，OSPF）协议。外部网协议通常用边界网关协议（Border Gateway Protocol，BGP）。

除了 IP 外，网络层所使用的其他一些协议为 IP 服务，作为 IP 有效的补充，包括：

- 地址解析协议（Address Resolution Protocol，ARP），用于在已知 IP 地址的情况下确定物理地址。
- 反向地址解析协议（Reverse Address Resolution Protocol，RARP），用于在知道物理地址的情况下确定 IP 地址。
- 点对点协议（Point-to-Point Protocol，PPP）和串行线路接口协议（Serial Line Interfoce Protocol，SLIP），用于通过串行线路传输 IP 数据报文。
- 因特网控制报文协议（Internet Control Message Protocol，ICMP），主要用于报告传输中出现的问题，另外也可以用于网际测试。ICMP 报文是封装在 IP 数据报中传输的。ICMP 部分地弥补了 IP 在可靠性方面的缺陷，提供了一定的差错报告功能。
- 因特网组管理协议（Internet Group Management Protocol，IGMP），用于管理多播组，在主机和多播路由器之间交换组从属关系信息。IGMP 报文也是封装在 IP 数据报中传输的。IGMP 报文只有查询报文和回答报文两种。

目前使用的 IP（IPv4）中的 IP 地址是 32bit 的，包括类型、网络 ID、节点 ID 三个字段。IP 地址通常用点分十进制标记法，也就是用点号相连的 4 个十进制数来标识。IP 地址分为 A、B、C、D、E 五类，其中 A 类、B 类、C 类都是普通地址，D 类为多播地址，E 类保留给将来使用。此外，还有一些 IP 地址是有特殊用途的：0.0.0.0 用于标识节点自身；网络 ID 为 0 的 IP 地址用于标识本网络中的某个节点，只用作源节点地址；网络 ID 和节点 ID 均为 -1 的 IP 地址用于对本网络进行广播，只用作目的节点地址；节点 ID 为 -1 的 IP 地址用于对某个网络进行定向广播，只用作目的节点地址；而第一个十进制数为 127 的 IP 地址用于回送测试（Loopback Testing）。

不过，随着因特网的迅猛发展，节点地址是 32bit 的 IPv4 的地址空间已经无法满足要求，因此，节点地址是 128bit 的 IPv6 就应运而生了。IPv6 与 IPv4 并不兼容，两者的数据报报头格式是不一样的。但是 TCP/IP 协议族中的其他协议和 IPv6 有较好的兼容性，通常只要稍做修改，以适应更长的节点地址即可。

与 IPv4 相比，IPv6 有许多显著的优点。最重要的当然是其更大的地址空间。其次，其报文头更简单，只有 7 个区，而前者有 13 个区，从而提高了网络的通信效率。此外，IPv6 更好地支持选项，提供更多的服务类型，并且有更好的安全性。

为了保证因特网上 IP 地址的唯一性，IP 地址由因特网编号管理局（Internet Assigned Numbers Authority，IANA）负责分配。

此外，为了网络管理的方便，可以通过使用子网掩码，把 IP 地址中的节点字段部分划分为子网 ID，从而把一个网络分成若干个子网。而从网络外部看来，该网络仍然是一个完整的网络。

8.1.6 TCP/IP 传输层

传输层协议要实现的是为两个应用进程提供可靠并且合算的数据传输。要完成这一项任务，传输层协议要具备寻址、建立连接、释放连接、流控制和缓存、多路复用、崩溃恢复等一系列的功能。

传输层协议是端口对端口的。所谓的端口（Port）是某个应用进程用来存储数据的部件（通常是一个缓冲区），它是应用进程访问传输服务的入口点。应用进程和与之对应的端口之间的接口是由节点上的操作系统提供的。应用进程获取一个端口后，可以用通常的读写语句来访问它。每个端口都有唯一的端口号，可用于寻址。

传输层协议有两种：传输控制协议（TCP）和用户数据报协议（UDP）。TCP 是一种面向连接的协议，它为应用进程提供了完备的服务；UDP 则是一种无连接的协议。比较而言，TCP 的速度慢、效率低，但可靠性和安全性高；而 UDP 不可靠，但效率高。许多单请求单应答的客户—服务器型应用都使用 UDP。

TCP 的基本数据单元称为报文段（Segment）。报文段段头的格式如图 8-5 所示。

16bit	16bit	32bit	32bit	16bit	16bit	16bit	16bit	0 ~ 40B
源端口	目的端口	顺序号	确认编号	控制区	窗口大小	校验和	紧急指针	选项区

图 8-5 TCP 段段头格式

用 TCP 传输数据，必须事先建立连接。通过建立连接，TCP 在两个端口之间建立一条虚电路，这条虚电路在传输期间始终保持活跃。传输的可靠性是通过差错检测和重传坏帧来实现的。在发送端，TCP 把来自上层的数据包划分为更小的数据包，并把每个数据包装入报文段中。在接收节点确认接收到所有的报文段后，虚电路才被放弃。

UDP 的基本数据单元称为用户数据报（User Datagram）。其报头格式如图 8-6所示。

16bit	16bit	16bit	16bit
源端口	目标端口	总长度	校验和

图 8-6 UDP 用户数据报报头格式

UDP 功能比较简单，仅为来自上层的数据增加端口地址、报文长度和校验和。UDP 不能保证每个用户数据报都发送成功，也不能保证接收节点收到的多个用户数据报的先后顺序是正确的，并且也不能保证接收节点每个用户数据报只收到一个拷贝。当 UDP 通过检查用户数据报的校验和发现错误时，可以通过 ICMP通知发送节点有一个用户数据报损坏，并被丢弃。但是，如果有用户数据报丢失，UDP 和 ICMP 都没有能力发现。

8.1.7 TCP/IP 应用层

TCP/IP 的协议族中常用的应用层协议有：

- Internet 管理：简单网络管理协议（Simple Network Management Protocol，SNMP）。
- Internet 安全：因特网协议安全（IP Security，IPsec）。
- 域名：域名系统（Domain Name System，DNS），用于实现 IP 地址和主机名（Host Name）之间的对应。
- 引导及自配置：引导协议（Bootstrap Protocol，BOOTP）；动态主机配置协议（Dynamic Host Configuration Protocol，DHCP）。
- 远程登录：Telnet、Rlogin。
- 文件传输和访问：文件传输协议（File Transfer Protocol，FTP）；普通文件传输协议（Trivial File Transfer Protocol，TFTP）；网络文件系统（Network File System，NFS）；远程进程调用（Remote Procedure Call，RPC）。
- 电子邮件：简单邮件传输协议（Simple Mail Transfer Protocol，SMTP），用于两个主机间的美国信息交换标准码（ASCII）邮件传输；邮局协议（Post Office Protocol，POP），用于访问邮件服务器；因特网报文访问协议（Internet Message Access Protocol，IMAP）和多用途因特网邮件扩展（Multipurpose Internet Mail Extensions，MIME），用于把要传输的非 ASCII 数据编成 ASCII，通过 SMTP 进行传输。
- 万维网（World Wide Web，WWW）：超文本传输协议（Hypertext Transfer Protocol，HTTP）。
- 多媒体：实时传输协议（Real-time Transport Protocol，RTP）。
- 新闻组：网络新闻组（USENET）。

上述协议是为一般应用开发的，其中一些协议在工业应用中也要用到。比如，在设备中内置支持 HTTP 的 Web 服务器，用户就可以在远程计算机上用 WWW 浏览器访问该设备，进行设备配置、故障诊断等操作。不过，由于这些应用层协议和本书的主题关系不大，在此不作进一步的深入介绍。

8.2 工业以太网

什么是工业以太网？一般来讲，工业以太网在技术上与商用以太网（即IEEE802.3标准）兼容，但在产品设计时，在材质的选用、产品的强度和适用性方面能满足工业现场的需要，即满足以下要求：

（1）环境适应性　包括机械环境适应性（如耐振动、耐冲击）、气候环境适应性（工作温度要求为 -40～+85℃，至少为 -20～+70℃，并要耐腐蚀、防尘、防水）、电磁环境适应性或电磁兼容性（EMC）应符合 EN 50081-2、EN 50082-2 标准。

（2）可靠性　工业以太网产品要适应工业控制现场的恶劣环境。

（3）安全性　在易爆或可燃的场合，工业以太网产品还需要具有防爆要求，包括隔爆、本质安全两种方式。

（4）安装方便　适应工业环境的安装要求。

当前可供选择的现场总线有很多种，纳入 IEC 标准的就有 12 种（IEC 61158 中有 8 种，IEC 62026 中有 4 种）之多，为什么人们还要试图在工业应用中使用以太网呢？这是因为，目前以太网是应用最为广泛的一种局域网，以太网商业上的巨大成功、广泛的认知度以及技术上的快速进步，使得在工业应用中使用以太网会带来多方面的好处。

首先，使用以太网要比其他现场总线容易。这体现在几个方面：一般情况下，用户或多或少会有一些以太网的知识和使用经验，这可以降低用户培训所需要的时间和金钱的投入；以太网技术的广泛使用使得人类积累了很多相关知识，碰到问题会比较容易解决；以太网产品种类丰富，有很多的相关软硬件产品，使得以太网技术容易使用；以太网有很多种，支持多种传输介质、多种通信波特率，可以满足各种应用的需求。

其次，由于以太网市场空间大，以太网产品通常可以把批量做得比较大，并且以太网市场产品供应商很多，竞争激烈，所以以太网产品的价格比较低廉，使用以太网可能会降低成本。不过，需要说明的是，工业以太网的成本优势目前还不明显，尤其是在对通信确定性和工作环境要求比较高的应用中，为了满足要求，有关产品需要特殊设计，从而显著提高了成本。所以，虽然商用以太网产品价格很低，工业以太网产品价格却仍然较高。当然，如果工业以太网能够广泛使用，产品批量上去之后，成本和价格也会降下来。

再次，以太网技术发展迅速，其技术之先进、功能之强大是其他现场总线所无法比拟的，如就波特率而言，目前主流的以太网已经达到百兆，10Gbit/s 以太网的标准也已经在 2002 年发布，而其他现场总线的波特率一般都在 10Mbit/s

以下。

另外，由于很多企业局域网用的是以太网，在工业应用中也使用以太网可以使得信息集成更加方便。而通过把工业网络集成与企业内部网、甚至因特网相集成，可以使得电子商务、电子制造等的实现更加方便。

还有，在工业应用中使用以太网，符合自动化系统的网络结构扁平化的必然趋势。由于一个应用的各个部分对通信的要求是不一样的，可以把自动化系统分成若干层，根据各个部分对通信的要求来选择合适的网络。在早期通信成本非常高昂的情况下，这一点显得尤其重要。不过，分的层次越多，系统越复杂，维护越困难。所以，随着通信成本的下降，人们越来越倾向于采用更少的层次。现在罗克韦尔自动化、西门子等公司主推的网络解决方案是三层的，从上到下分别为信息层、控制层和设备层。最上面的信息层网络通常采用商用以太网，控制层和设备层采用其他网络。然而，在一般的应用中，通过使用工业以太网，完全可以实现信息层网络和控制层网络所需要的功能，所以实际上两层就够了。许多人相信，将来网络结构会进一步扁平化，最终可能会扁平化为一层，出现以太网“一网打尽”的局面。

众所周知，以太网由于采用 CSMA/CD 的媒体访问控制机制，而具有通信不确定性的特点，并一度成为它应用于现场总线的主要障碍。因此，仅仅通过采取一些措施，提高以太网设备应用的可靠性和环境适应性，工业以太网仍然没有能够解决通信实时性问题。

为此，世界各大公司开始研究基于以太网的通信确定性和实时性问题，并取得了一些重要成果，其中有些成果已通过了工业现场的实际应用验证。

2003 年 5 月，IEC/SC65C 成立了 WG11（第 11 工作组），旨在适应实时以太网市场应用需求，制定实时以太网应用行规国际标准。根据 IEC/SC65C/WG11 定义，所谓实时以太网（Real-time Ethernet，RTE），是指不改变 ISO/IEC8802-3 的通信特征、相关网络组件或 IEC 61588 的总体行为，但可以在一定程度上进行修改，使之满足如下实时行为：

1）实时性，即确定性通信；

2）现场设备之间的时间同步行为；

3）充分、频繁的长度较短的数据交换。

为此，实时以太网标准首先需要解决实时通信问题，同时还需要定义应用层的服务与协议规范，以解决开放系统之间的信息互通问题。

标准制定过程中，IEC/SC65C/WG11 收到了包括中国研制的工业以太网（EPA）在内的 6 个新的实时以太网提案，这些提案均具有一定的特色。最后，在经过几次认真讨论，并基于 IEC/SC65C 于 2002 年所作的“2007 年前不再向 IEC 61158 标准中增加新的类型”的决定，工作组一致同意将新的实时以太网协议作为公共可用规范（Publicly Available Specification，PAS）予以发布，以后IEC61158修订时，再考虑将这些PAS引入IEC61158。

目前现场总线体系中，基于以太网的通信协议，除了现场总线应用国际标准IEC 61784-1中包含的HSE、EtherNet/IP、Profinet之外，还包括EPA、EtherCAT、Ethernet PowerLink、Vnet/IP、TCnet、Modbus/IDA等6个新的提案。

1. HSE（高速以太网）

HSE是现场总线基金会在放弃了原有高速总线H2之后推出的新一代工业以太网。现场总线基金会明确将HSE定位于实现控制网络与Internet的集成。由HSE链接设备将H1网段信息传送到以太网的主干上，并进一步送到企业的ERP和管理系统。操作人员在主控室可以直接使用网络浏览器查看现场运行情况。现场设备同样也可以从网络获得控制信息。

HSE在低四层直接采用以太网+TCP/IP，在应用层和用户层直接采用FF H1的应用层服务和功能块应用进程规范，并通过链接设备（Linking Device）将FF H1网络连接到HSE网段上，HSE链接设备同时也具有网桥和网关的功能，它的网桥功能能够用来连接多个H1总线网段，使不同H1网段上面的H1设备之间能够进行对等通信而无需主机系统的干预。HSE主机可以与所有的链接设备和链接设备上挂接的H1设备进行通信，使操作数据能传送到远程的现场设备，并接收来自现场设备的数据信息，实现监控和报表功能。监视和控制参数可直接映射到标准功能块或者柔性功能块（FFB）中。

2. Profinet

Profinet由西门子公司开发，并由Profibus国际（Profibus International，PI）支持，目前它有三个版本，第1个版本定义了基于TCP/UDP/IP的自动化组件。采用标准TCP/IP+以太网作为连接介质，采用标准TCP/IP加上应用层的RPC/DCOM来完成节点之间的通信和网络寻址。它可以同时挂接传统的Profibus系统和新型的智能现场设备。现有的Profibus网段可以通过一个代理（Proxy）服务器连接到Profinet中，使整套Profibus设备和协议能够原封不动地在Profinet中使用。传统的Profibus设备可通过代理与Profinet上面的COM对象进行通信，并通过OLE自动化接口实现COM对象之间的调用。它将以太网应用于非时间关键的通信，用于高层设备和Profibus-DP现场设备技术之间，以便将实时控制域通过代理集成到一个高层的水平上。

第2个版本中，Profinet在以太网上开辟了两个通道：标准的使用TCP/IP的非实时通信通道；另一个是实时通道，旁路第三层和第四层，提供精确通信能力。该协议减少了数据长度，以减小通信栈的吞吐量。为优化通信功能，Profinet根据IEEE 802. p定义了报文的优先级，最多可用7级。

Profinet第3版采用了硬件方案，以缩小基于软件的通道，进一步缩短通信栈软件的处理时间。为连接到集成的以太网交换机，Profinet 第 3 版还开始解决基于 IEEE61588 同步数据传输的运动控制解决方案。

3. EtherNet/IP

EtherNet/IP（Ethernet/Industrial Protocol，以太网工业协议）由罗克韦尔自动化公司开发，并由 ODVA 和 ControlNet 国际支持。EtherNet/IP 网络采用商业以太网通信芯片、物理介质和星形拓扑结构，采用以太网交换机实现各设备间的点对点连接，能同时支持 10Mbit/s 和 100Mbit/s 以太网商业产品，EtherNet/IP 由 IEEE 802.3 物理层和数据链路层标准、TCP/IP 的协议组和控制及信息协议（CIP）等三个部分组成。EtherNet/IP 为了提高设备间的互操作性，采用了 ControlNet 和 DeviceNet 中相同的 CIP，CIP 一方面提供实时 I/O 通信，另一方面实现信息的对等传输，其控制部分用来实现实时 I/O 通信，信息部分则用来实现非实时的信息交换。

4. EPA

EPA 是在国家科技部“863”计划的支持下，由浙江大学、浙大中控技术股份有限公司、中科院沈阳自动化研究所、重庆邮电学院、大连理工大学、清华大学等单位联合成立了以浙江中控技术股份有限公司总裁金建祥教授为组长的标准起草工作小组起草。

EPA 系统中，将控制网络划分为若干个控制区域，每个控制区域即为一个微网段。每个微网段通过 EPA 网桥与其他网段进行分隔，该微网段内 EPA 设备间的通信被限制在本控制区域内进行，而不会占用其他网段的带宽资源。

处于不同微网段内的 EPA 设备间的通信，需由相应的 EPA 网桥进行转发控制。EPA 网桥至少有两个 EPA 接口，当它需要转发报文时，首先检查报文中的源 IP 地址与目的 IP 地址、EPA 服务标识等信息，以确认是否需要转发，并确定报文转发路径。因此，任何广播报文的转发也将受到控制，而不会发生采用一般交换机所出现的广播风暴。

而连接在每个微网段的 EPA 设备，通过其内置的通信栈软件，分时向网络上发送报文，以避免两个设备在同一时刻向网络上同时发送数据，避免报文碰撞，用户可以预知其发出的信息在可预知的时间内到达目的站点。

EPA 系统中，支持 IEEE 1588 的时间同步，还支持标准以太网帧与 EPA 实时以太网帧的并行传输。

5. EtherCAT

EtherCAT 是由德国倍福（Beckhoff）公司开发的，并得到 EtherCAT 技术组（EtherCAT Technology Group，ETG）支持。它采用以太网帧，并以特定的环形拓扑发送数据。网络上的每一个站均从以太网帧上取走与该站有关的数据，并插入该站本身特定的输入/输出数据。网络内的最后一个模块向第一个模块发送一个帧，以形成和创建一个物理和逻辑环。EtherCAT 还通过内部优先级系统，使实时以太网帧比其他的数据（如组态或诊断数据等）具有较高的优先级。组态数据只在传输实时数据的间隙（如间隙时间足够传输的话）中传输，或者通过特定的通道传输。EtherCAT 还保留标准以太网功能，并与传统 IP 兼容。为了实现这样的装置，需要专用集成电路（ASIC）芯片，以集成至少两个以太网端口，并采用基于 IEEE 1588 的时间同步机制，以支持运动控制中的实时应用。

6. Powerlink

Powerlink 由贝加莱（B&R）公司开发，并由 Ethernet Powerlink 标准化组（Ethernet Powerlink Standardisation Group，EPSG）支持。

Powerlink 协议对第三、四层的 TCP（UDP）/IP 栈进行了扩展。它在共享式以太网网段上采用槽时间通信网络管理（Slot Communication Network Management，SCNM）中间件控制网络上的数据流量。SCNM 采用主从调度方式，每个站只有在接收到主站请求的情况下，才能发送实时数据。因此，在一个特定的时间内，只有一个站能够访问总线，所以没有冲突，从而确保了通信的实时性。为此，Powerlink 需采用基于 IEEE 1588 的时间同步。在其扩展的第 2 版中，包括了基于 CANopen 的通信与设备行规。

7. VNET/IP

VNET/IP 由日本横河（Yokogawa）公司开发，该协议的实时扩展是实时可靠数据报协议（Real-time & Reliable Datagram Protocol，RTP），在传输层采用 UDP，但在 IP 栈协议层进行了优化，以实现冗余网络连接。

8. TCnet

TCnet 是由日本东芝（Toshiba）公司开发的，它在 MAC 进行了实时扩展，并基于标准以太网开辟了两个冗余通道连接。

9. Modbus-IDA

Modbus/TCP 由施耐德电气公司定义，并由 Modbus-IDA 支持，它在 TCP/IP 网络上应用 Modbus 协议。其实时扩展采用了在 UDP 上的实时发布者预订者（Real-time Publisher Subscriber，RTPS）。

Modbus/TCP 是 Modbus 的延伸，它基于以太网和标准 TCP/IP，直接应用第四层。它定义了一个结构简单的、开放和广泛应用的传输协议，用于主从式通信。

IDA 结构可用于实时和非实时应用。其确定性通信可以通过 IDA 中间件来实现。中间件包含了标准的 Modbus/TCP。IDA 还采用基于 Web 的通信应用，提供了水平和垂直的集成，并扩展了 Web 服务器的应用。

多种工业以太网的存在又带来一个新的问题：各种工业以太网使用的工业应用层协议互不兼容，虽然这些协议都可以在同一个以太网上运行，但是为不同类型的工业以太网开发的设备之间仍然无法实现互操作。为了解决这个问题，OPC基金会于2003年6月发布了OPC DX（Data eXchange，数据交换）标准。OPC基金会是一个致力于提高自动化系统中的互操作性的非盈利组织，它所制定的OPC系列标准是在微软的COM、DCOM及OLE（即后来的ActiveX）的基础上制定的、关于工业自动化软件开发的一系列标准。

目前，在工业应用中，以太网在各个层次都有了应用，并且呈迅猛的上升趋势。在一个应用中，到底选用哪一种网络需要综合考虑多种因素，在能够满足应用需求的前提下，尽可能降低成本。目前在工业应用中，信息层网络大量采用的是以太网，通常使用商用以太网。在控制层，工业以太网也已经有许多应用，并且增长很迅速。在1999年，一家著名的咨询公司——风险开发公司（Venture Development Corporation，VDC）发布了一份报告，报告指出，1998年以太网占据工业分布式远程I/O市场的8.4%份额，估计到2003年其市场份额将会上升到22.0%。在设备层，工业以太网的应用还不多。虽然用以太网来连接变频器、机器人等复杂设备还是比较合适的，但用以太网连接简单的传感器或执行器还体现不出来优势，至少在目前看来不是什么好主意。不过，随着因特网的迅猛发展、以太网技术的不断进步、工厂网络体系结构的进一步扁平化，在未来的工业应用中，出现以太网“一网打尽”的局面也是可能的。

8.3 基金会现场总线高速以太网（HSE）

基金会现场总线的高速以太网（HSE）是当前十分流行的一种工业以太网，本节就对HSE做一个比较详细的论述。

8.3.1 HSE概述

高速以太网现场总线由现场总线基金会组织制定，并被纳为国际现场总线标准。HSE现场总线是现场总线基金会组织根据目前现场总线的发展趋势，即以太网在工业领域的应用越来越广泛，制定出的一套基于以太网和TCP/IP的现场总线规范，它改善了以太网应用于工业领域的某些缺陷，提出了以太网在过程控制领域的一种应用方式。

1. HSE发展历程

1998年3月，现场总线基金会决定采用基于100Mbit/s以太网的HSE协议代替传统的H2协议，此后来自15家公司的35名成员组成的开发小组对HSE协议进行了研究工作，为了把这项先进的技术尽快提供给用户，他们制定了快节奏的时间表。

1998年6月完成了HSE协议系统结构的设定，并于1998年10月将草案发给专家评审，之后开始了实验产品的开发工作。

1999年9月在通过实验室测试之后，HSE技术说明书被分发给了现场总线基金会成员，并在2000年1月正式成为现场总线国际标准（IEC61158）。2000年3月29日发布了HSE的规范。HSE自提出之日起，就得到了人们的广泛关注，一些主要的设备商开始开发基于HSE的现场总线产品。

2. HSE技术内容

HSE现场总线不仅仅是一项通信技术，还是一项系统技术。它的技术内容包括以下几部分：

（1）HSE通信协议栈　包括HSE的通信模型、服务的定义、通信协议、网络管理和系统管理技术，还包括基于标准IP的协议。

（2）标准化的功能块（FB）和功能块应用进程（FBAP）技术　功能块应用进程提供了一个框架，它将控制系统中常用的功能定义为功能块，通过功能块之间的连接组成控制算法回路。每个功能块具有类似的数据结构、处理流程和一致的参数访问方法、输入输出接口。功能块便于不同制造商的产品组合在同一个控制系统中使用。功能块应用进程的通用结构是开放系统架构的基础。

（3）设备描述（DD）技术　为了实现现场总线设备的互操作性，FF采用了设备描述技术。设备描述语言是现场设备向控制系统描述它的资源和调用资源方法的标准语言。

（4）系统测试技术　包括通信系统的一致性和互操作性测试技术。一致性和互操作性测试是为了保证系统的开放性而采取的重要措施。

3. HSE特点

HSE基于以太网，继承了以太网的优点，并且有效地解决了目前商业以太网用于工业现场的某些缺陷，被认为是能够应用到现场设备级别的协议。它是现场总线技术和以太网技术的结合体。HSE具有以下技术特点与优点：

1）HSE支持FF协议的各个方面，比如功能块和设备描述等，而且能充分利用已经成熟的以太网技术。HSE应用标准以太网协议，如TCP/IP、SNTP、SNMP等，并专为多重H1现场总线信息在主干网上高速高效的传输而设计。它还应用FF标准功能块如AI、AO和PID等，保证控制网络上各层数据表达的一致性。

2）HSE技术的一大特点是连接器（Linking Device）。HSE连接器融合网桥和网关功能。连接器用于连接H1现场总线各个网段，并提供对HSE主干网的接口，其速度为100Mbit/s。它的网桥功能使H1设备通过连接器传输接口相互连接，而不用上层系统的干预。连接在连接器上的H1设备可以通过HSE主干网与连接在另一连接器上的H1设备通信，而HSE主机可以与所有连接器和设备通信。这项功能可以使关键数据提供给远方的现场设备用于监控及报表。连接器的网关功能可以使HSE网络与其他底层控制或信息网络相连。HSE连接器不需要对H1子系统进行信息解释。它的功能是集合H1现场总线网段的信息，并将H1

地址转化成 Internet 的 IP 或 IPv6 地址。

3）HSE 支持两类用途：一类是完成由于计算量过大而不适合在现场仪表中进行的高层次模型或调度运算；第二类是作为多条 H1 总线或其他网络的网关或路由器。现场总线基金会明确表示 HSE 就是一种具有控制功能的 Internet。HSE 连接器将远端 H1 网段的信息传递到以太网主干线上。这些信息通过 Internet 传到主控室，在那里操作员可以通过网络浏览器就能监控生产过程。控制信息也可同样被管理系统获取。

4）HSE 还支持本质安全。在危险的作业区域，通过光纤将以太网与其中的连接器相连。利用连接器的控制功能，可以减少现场 I/O 设备和控制器的数量。

但是，HSE 也并非完美，它也有缺点：

1）对于联锁控制和复杂控制，HSE 处理能力欠缺，因为 HSE 对不同的通信实体需要建立通信关系，而在 HSE 中，当通信实体很多时（例如有多个会话（Session）和 VCR 时），就需要大量系统资源。

2）HSE 协议对时间的处理不可控，底层 MAC 层采用 CSMA/CD 机制，另外协议对消息处理的效率也比较低，这就造成系统的实时服务质量不可靠，但控制系统中的实时性是一个非常关键的因素。

3）HSE 协议是一个非常全面的协议，它既考虑到 FF 技术的继承，也考虑到以太网在工业系统中的应用，但这也造成 HSE 协议本身过于复杂，实现起来非常困难，这对 HSE 的推广有很大的阻碍作用。在具体协议实现时，应该考虑对协议进行简化。

HSE 技术本身也不断发展，HSE 协议的版本也在不断更新，相信随着国内外对 HSE 的不断深入研究，可以逐渐解决好上述问题。

8.3.2 HSE 系统架构和通信协议

本小节首先给出了 HSE 现场总线控制系统的结构，包括由 HSE、H1 两种现场总线构成的网络以及单独由 HSE 构成的网络；接着分析了 HSE 通信栈的结构，简要介绍了 HSE 通信栈中各个模块的结构和功能。

1. HSE 现场总线控制系统的结构

HSE 的技术特点是速度高（100Mbit/s），数据通过量很大，与计算机连接容易，价格低。根据 FF 规范，以及对目前市场上有代表性的现场总线系统结构的分析，未来完整的现场总线控制系统由低速（H1）和高速（HSE）网络两个网段组成，它们之间通过链接设备连接。其中，H1 网络主要用于流程工业现场设备之间的通信，而 HSE 网络则用于两个距离较远的 H1 网段之间以及离散场合下设备的通信。从 HSE 协议分析，HSE 设备可以构成两种系统结构。

（1）现场设备层为 H1，通信层为 HSE　如图 8-7 所示，操作站和工程师站被看作是控制网络中的主机，H1 设备作为现场设备，位于现场层，而 HSE 设备

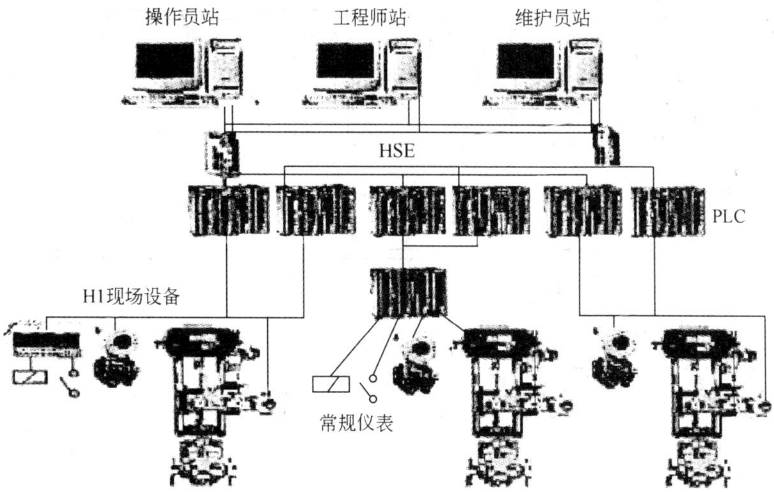

图 8-7 HSE + H1 控制系统结构

位于现场层之上，用于连接 H1 网段和网络中的主机。这种控制网络是非常完美的，因为这个网络是完全基于 FF 协议族的，网络上任何两个设备的通信，因为它们所用的协议相同，因此底层的网络对于它们来说是透明的，它们不需要关心底层网络的通信细节。当然，HSE 也可以连接其他非 FF，但这种情况下就不能发挥出 HSE 的全部功能，例如其他现场总线可能不支持报告分发或公布者或预定者的通信模式。同样，如果用非 HSE 网络连接 H1 网络，也不是一个好的选择，因为此时可能需要复杂的协议映射工作。

（2）设备层和通信层全部用一个网络（即 HSE） 在此种网络结构中，I/O 设备直接连接到 HSE 设备上，即 HSE 设备是作为现场设备，取代 H1 设备。实际上，此种网络中，以太网取代了现场总线，真正构成了从企业内联网的上层和底层统一的以太网结构。可以说，这种结构更接近工业以太网的目标，即完全取代现场总线，但就目前的 HSE 协议来看，组成全由 HSE 设备组成的控制网络有一定困难，因为 HSE 在工业现场中有着和以太网同样的缺点，例如时间不可控、非总线供电、通信距离受限等。而且 HSE 协议非常复杂，如果要实现 HSE 现场设备，需要很高的软件、硬件成本。

2. HSE 通信协议栈结构

根据现场总线基金会对 HSE 的定义，它的协议结构如图 8-8 所示。可以看出，HSE 系统是建立在“事实上的工业标准”TCP/IP 之上的，在 TCP/IP 之上，是代表应用层的现场设备访问（Field Device Access，FDA）代理层，在 FDA 内部包含了会话（Session）和虚拟通信关系（VCR）子层；在用户层，包括功能块应用进程、系统管理实体、网络管理实体、冗余实体、H1 接口等模块，下面

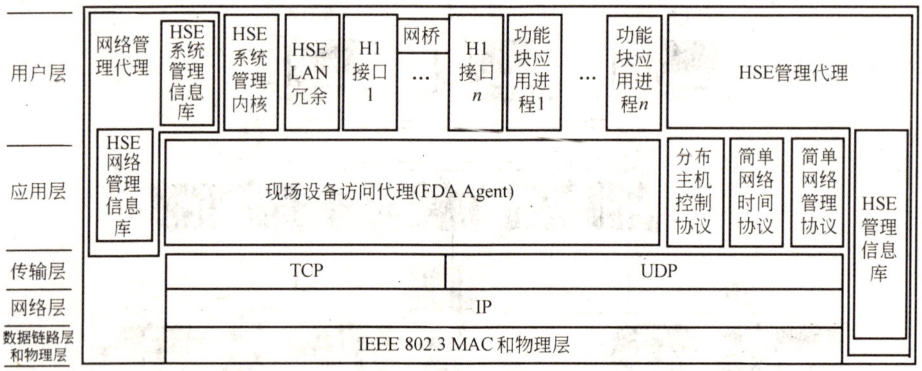

图 8-8　HSE 通信栈结构与通信模型对应关系

将进一步介绍。

为了更好地理解 HSE，图 8-9 对 HSE、H1 以及 OSI 参考模型作一个比较。从图 8-9 可以看出，H1 和 OSI 参考模型相比较，没有网络层、传输层、会话层和表示层，而在应用层之上添加了自己的用户层。HSE 协议和 H1 相比较，多了网络层和传输层（因为底层采用了 TCP/IP），在上层，HSE 的应用层和 H1 的应用层差别比较大，而用户层的定义几乎相同。

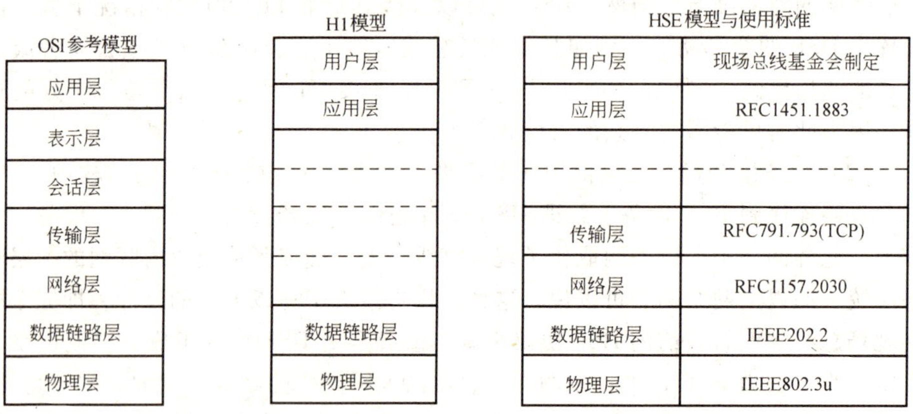

图 8-9　OSI 参考模型、H1 模型和 HSE 模型比较

下面详细介绍 HSE 通信栈中的各个部分。对 HSE 通信栈的通信实体在概念上的抽象描述如图 8-10 所示。从图中可以更清楚地看到各个通信实体之间的关系。其中，FDA 层（应用层）从 TCP/UDP 端口接收数据，并经过 FDA 中内部的会话实体和虚拟通信关系实体的处理，通过现场总线报文规范（FMS）服务，把相应数据传送给用户层的功能块应用进程。而处于用户层的系统管理实体则直接从 TCP/UDP 端口接收数据。网络管理实体负责对本地通信栈的实体进行

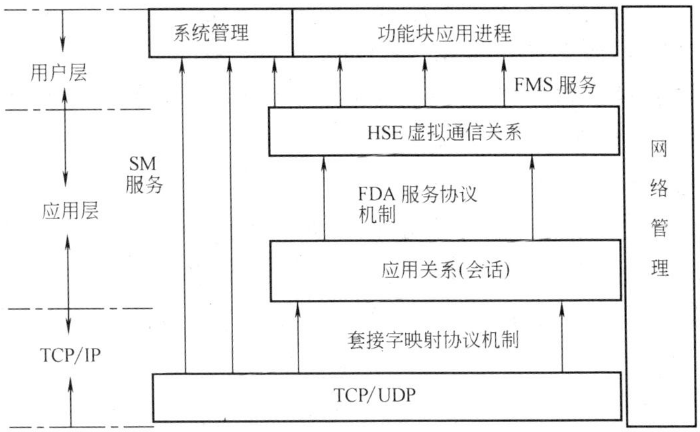

图 8-10　对 HSE 通信栈的进一步描述

管理。

8.3.2.1　现场设备访问（FDA）层

1. FDA 层的组成和结构

FDA 层相当于 ISO 七层开放系统互连参考模型中的第六层，即应用层。它可以进一步划分为两个子层，即应用关系实体和虚拟通信关系（VCR）实体，如图 8-10 所示。其中，应用关系实体也称为会话（Session）。Session 和 TCP/UDP 的接口是通过套接字（Socket）映射协议机制实现的，通过其定义的具体有关套接字服务原语，来获得 TCP/UDP 提供的服务，完成和 TCP/UDP 的接口。

而会话和 VCR 之间的接口通过 FDA 服务协议机制来实现。HSE 协议规定可以有多个 VCR 连接到同一个会话端点。FDA 支持三种类型的通信方式：客户/服务器（Client/Server）、发布者/订阅者（Publisher/Subscriber）、报文源/接收（Report Source/Sink）。因此就有三种类型会话和 VCR 与之相对应。每种类型的 VCR 都用于相对应的通信场合。例如，客户/服务器型 VCR 应用于设备的上载和下载等，而报文源/接收型 VCR 的典型应用场合是将报警状态、趋势数据等通知操作台。

HSE 中会话从本质上来说是一个处理消息的通信端点，它把从 TCP/UDP 端口读到的消息进一步分类，对消息进行编码和解码。会话相当于 H1 中的应用关系端点（AREP），应用关系端点描述了在一个应用进程中，一个端点如何与该应用关系中其他端点相互作用。FDA 会话作为一种应用关系，规定有以下几种应用关系端点角色：客户（Client）、服务器（Server）、发布者（Publisher）、订阅者（Subscriber）、报文源（Report Source）、报文接收（Report Sink）。与会话端点角色相对应，存在三种不同的会话：

1）客户/服务器会话，即 Client/Server Session；

2）发布者/订阅者会话，即 Publisher/Subscriber Session；

3）报文源/接收会话，即 Report Source/Sink Session。

在具体实现中，客户/服务器会话采用单播的方式实现，发布者/订阅者和报文源/接收会话采用多播的方式实现。

客户/服务器（C/S）会话

在单个 C/S 会话上，客户端应用可同时对远程设备的多个虚拟现场设备（VFD）进行访问；存在以下可能性：位于两个设备上的两个不同的客户端应用，可以同时访问该设备上的同一个 VFD；在同一个设备上的两个独立的会话，也可以同时访问同一个 VFD。

客户会话终端可以被组态，也可以通过本地途径动态地创建；而服务器会话终端通常被动态地创建，但是不能被组态，它通过 FDA Open 会话报文交换来获得它的相关属性。

为建立一个 C/S 会话，客户会话终端发送一个 FDA Open 会话请求报文给目的端的 FDA 代理。该 FDA 临时建立一个新的服务器终端来处理该请求报文。该服务器终端可以接受请求并对报文中的参数值进行处理，或者拒绝请求。无论何种情况，都返回一个响应。

C/S 会话一旦建立，两端的 HSE 应用都可以对多个 HSE VCR 进行初始化，用以对另一端的 VFD 的存取访问。如果远程 HSE 设备是一连接设备，HSE VCR 也可通过连接设备对 H1 VFD 进行访问。这些 VCR 是否能用于更新 NMA（网络管理代理）VFD 取决于下面的会话是否是组态会话。

组态的 C/S 会话支持 HSE VCR 向 HSE 或 H1 NMA VFD 传送 FMS 更新服务。非组态会话也可以对 HSE 或 H1 NMA VFD 进行访问，但访问方式是只读的。

FDA 代理每次允许一个组态会话打开，这意味着，无论何时，能够改变 HSE/H1 VFD 的组态应用只能有一个。

发布者/订阅者和报文源/接收会话

支持发布者/订阅者和报文源/接收的会话终端需要通过组态的方式建立，不能动态创建。它们使用组态信息在本地建立，而不是像 C/S 会话那样，通过两个端点交换报文来建立会话。

每个发布者/报文源会话端利用 UDP 将报文发送到组态好的 IP 多播地址。多个此类会话可以将报文发送到同一个 IP 多播地址。并且多个发布者/报文源端 HSE VCR 也可以利用同一个发布者/报文源会话端发送报文。

每个订阅者/报文接收会话被组态为可以支持多个订阅者/报文接收 HSE VCR。而每个订阅者/报文接收 HSE VCR 被组态为从一个会话端点接收消息。

每个订阅者/报文源端也可以经过组态，用于侦听特定的 IP 多播地址。从该地址接收到的消息可以来源于不同的 IP 子网的源 IP 地址，而且从每个源 IP 地址来的消息也可以来自不同的 HSE VCR 端点。

通过组态，每个订阅者 HSE VCR 从单个发布者 HSE VCR 接收消息。因为连接设备可以将 H1 网段上发布的数据映射到 HSE VCR，所以接收到的消息可能来自 H1 设备。接收端会话将根据发布者 HSE 或 H1 VCR 端的 IP 子网，来对送往本地接收者 HSE VCR 的输入流数据进行过滤。

每个报文接收 HSE VCR 被组态为从一组报文源 HSE VCR 接收数据，同样接收到的报告可以来自于 H1 设备。因此，报文接收会话的作用是：对 HSE 子网上相关的 HSE VCR 的输入流数据进行过滤，并将接收到的报文转发给组态为用于接收这些相应报文的报文接收 VCR。

由上面所述可以看出，在单一的应用关系中，客户/服务器型所允许的通信类型为一对一，即一个客户对应一个服务器方。发布者/订阅者型所允许的通信类型为一对多，即一个发布者对零个或多个订阅者。报文源/接收型所允许的通信关系为一对多，即一个源对零个或多个接收。其中，发布者/订阅者会话与报文源/接收会话的区别在于：订阅者只接收来自一个组态好的 VCR 端的消息，而报文接收可以接收来自一组组态好的 VCR 端的消息。各种会话端点角色的服务能力综合见表 8-2。

表 8-2　会话端点和 VCR 端点的服务能力

会话(VCR)	确认的服务请求	确认的服务响应	非确认服务请求	同时通信点数
客户方	发送	接收	发送	1
服务器方	接收	发送	接收	1
发布方	无	无	发送	≥0
预定接收方	无	无	接收	1
报文源方	无	无	发送	≥0
报文收存方	无	无	接收	1

所谓 VCR（虚拟通信关系）相当于不同的节点上的用户进行通信的信道，VCR 由其属性决定，不同的用户之间进行通信采用不同类型 VCR。VCR 端点代表了一个 AP（应用进程）对一个 VCR 的附着点。在端点可以获得的服务取决于端点类型。由应用进程提取的 VCR 用途提供透明的网络服务，例如应用进程看不到下层通信堆栈的细节。一个会话可以对应多个 VCR 端点。

VCR 的类型决定会话的类型。

实际上，FDA 在 TCP/UDP 层和用户层之间提供了一个适合于 HSE 应用程序通信的通信通道。完成了通信通道的建立，FDA 就可以在此基础上向上层提供它的服务。

2. FDA 的功能实现

FDA 的主要功能就是：根据用户层应用程序的需要，向用户层提供一种协议规定的服务，即 FMS（现场总线报文规范）服务、SM（系统管理）服务和冗余服务。FDA 在 TCP/IP 和 FDA 实体之间定义了三个标准端口：SM 端口、FMS 端口、冗余端口。通过这三个端口实现对不同的消息处理。通过 SM 端口，FDA 把 SM 消息送到系统管理内核（SMK）；通过 FMS 端口，FDA 把 FMS 消息送到上层的各虚拟现场设备（VFD）；通过冗余端口，把冗余消息送到冗余实体。

需要注意的是，在 FDA 中对 SM 消息和 FMS 消息的处理方式是完全不同的。对于 SM 消息，FDA 在 SM 端口得到该类消息，解包成系统管理可以识别的消息后，直接发送到上层系统管理实体，不经过会话和 VCR 通道；而对于 FMS 类消息，在该类消息通过 FMS 端口到达 FDA 后，还必须经过会话和 VCR 两个通信实体的处理，形成用户层应用程序可识别的 FMS 消息。可以看出，对于 FMS 消息的处理相对来说要比 SM 消息的处理复杂一些。

FDA 对 FMS 消息的处理流程如图 8-11 所示。首先，HSE 设备在 FMS 端口监听特定的开放式会话请求（Open Session Request）消息，用来建立新的会话端点。

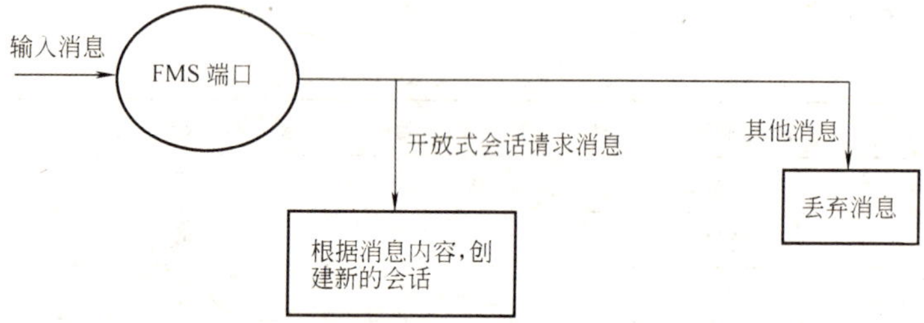

图 8-11　FMS 端口对收到消息的处理

当新的会话创建后，此端点就可以处理各种 FMS 消息，例如当会话收到 FMS 初始化消息（此消息、用来建立 VCR）后，就向上层发出一个建立 VCR 的请求，当会话收到其他 FMS 消息，就把此 FMS 消息解码后发送给相应的 VCR 端点，如图 8-12 所示。

当会话和 VCR 通信实体建立好以后，上层用户就可以通过所定义的标准的 FMS 服务，实现相互通信。

冗余消息的处理和 SM 消息的处理类似。

8.3.2.2　网络管理模型

HSE 系统的网络管理继承了 OSI 网络管理模型的概念和思路。按照 HSE 通信栈中被管理对象的类型，HSE 网络管理可分为两部分：TCP/IP 的管理［采用 HSE 管理代理（HSE Management Agent，HMA）的形式进行管理，用 SNMP 进行通信］和上层 HSE 通信实体管理［定义 HSE 网络管理代理（Network Manage-

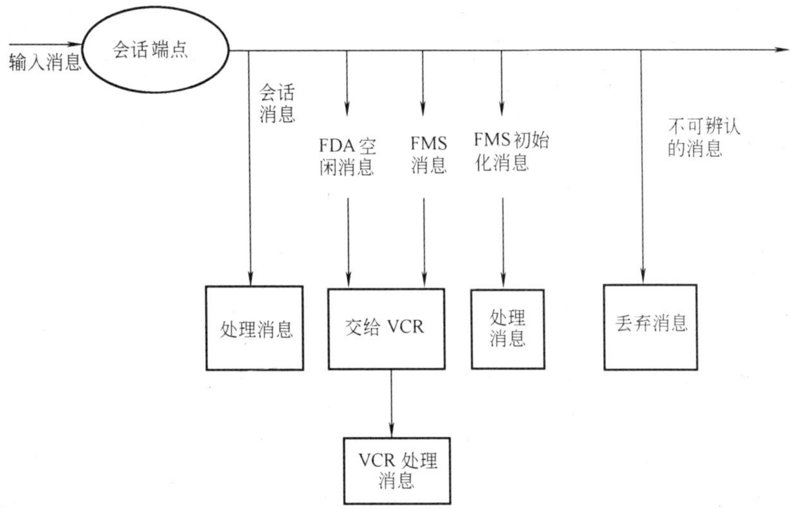

图 8-12　会话端点对消息的处理

ment Agent，NMA)，用 HSE 协议的 FMS 服务进行通信]。

1. TCP/IP 的管理

由于 HSE 是建立在“工业上的事实标准”——TCP/IP 之上的，因而 HSE 网络管理的内容包括了对 TCP/IP 中通信实体的管理。同时，根据 HSE 系统特有的需要，HSE 扩展了标准的 TCP/IP 管理信息库，定义了一些新的被管理信息对象，这些对象组成了 HSE MIB。HMA 由三部分组成：DHCP 客户（用于系统动态获得 IP 地址)、SNTP 客户（用于系统的时间同步）和 SNMP 代理（用于对 TCP/IP 通信实体的管理)。其中，前两部分属于系统管理的范畴，在此不作详细讨论。HMA 是通过定义管理信息库（Management Information Base，MIB）来完成它的管理功能的。HSE MIB 由两个部分组成：标准部分（在 RFC1213 中的 MIB2 部分定义）和 HSE 特有部分（在个体企业级标准下定义)。标准部分包括和 TCP/IP 相关的参数和统计信息，如用来分析系统行为的统计信息和用来诊断系统的错误信息等内容。而 HSE 特有部分定义的对象是对标准部分的扩展，基金会现场总线组织从 IANA（因特网编号/管理局）获得了个体企业级标准的号码——3398，扩展的 HSE 被管理对象就定义在 3398 下，包括和标准 Internet 协议组相关的附加信息以及 HSE 的特有信息，例如版本信息等。

SNMP 的管理模型如图 8-13 所示。SNMP 实现了 Internet 上设备操作的监视和管理。RFC1213 描述了 SNMP 的协议内容和服务，并且定义了管理信息库(MIB)。对于 HSE 网络，HMA 充当了 SNMP 代理的角色，通过 SNMP，HMA 和 SNMP 管理站相互通信。HMA 还可以向 SNMP 管理站发送陷阱（Trap)。

2. 针对 HSE 专用网络的管理机制

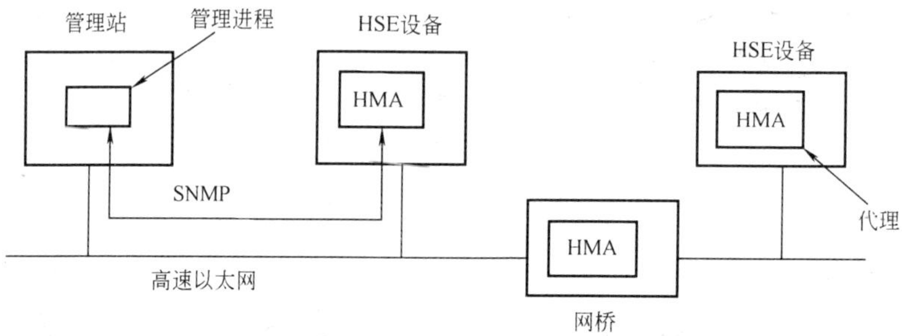

图 8-13 HSE 网络中 SNMP 的管理模型

这主要包括现场设备访问（FDA）代理层、系统管理内核协议（SMKP）以及与 H1 网络的链接的管理等。HSE 定义了网络管理代理（NMA）以实现对这些协议的管理。在 NMA 中定义了网络管理信息库（NMIB）和系统管理信息库（SMIB）。NMIB 中包含了和现场设备访问代理层的相关信息，例如 FDA 中的虚拟通信关系（VCR）、会话（Session）等相关的对象。NMIB 的详细内容在下面还将讨论。SMIB 中主要包含和系统管理相关的信息。NMA 通过对 SMIB 和 NMIB 的管理，就可以和系统管理内核以及 HSE 层管理实体交互。由于 NMA 部分负责 HSE 通信栈管理的大部分工作，而且是 HSE 特有的部分。

（1）配置管理　HSE 网络管理中，组态分为静态组态和动态组态两种办法。静态组态主要用来将所有的预定义参数装入网络管理信息库；动态组态用于在系统开始运行时，对网络管理信息库中的参数进行维护，比如说修改与某个 VCR 相关参数的值等。以通信栈中的会话（Session）为例，组态会话是一种客户机/服务器会话，用于支持 VCR 传送更新 HSE NMA 或其他 VFD 的 FMS 服务，而其他的会话只能对 NMA VFD 进行读操作，对其他 VFD，例如对功能块应用进程的 VFD，则可以进行读写操作。同一时间，FDA 只支持一条组态会话，在组态会话上可以传送更新 HSE NMA 的 FMS 服务，例如 FMS Write 服务等。

（2）性能管理和故障管理　HSE 网络的运行管理和故障管理是通过 NMIB 中定义的统计相关的类来实现的。主要包括和 NMA 本身相关的 Nmcharacteristics 类、Session Statistics List 类，以及 HSE VCR Statistics List 类等。在设备的运行过程中，每个设备中的 NMIB 都及时地跟踪通信栈的运行状况，收集与上述类中相关的参数信息。利用 FMS 读（FMS Read）服务，网络管理者可以读取 NMA 中的统计数据，进而可以监测通信栈的运行状况；如果发现通信错误，就可以及时地隔离设备，重新组态通信参数。

8.3.2.3　系统管理模型

系统管理是用来协调 HSE 现场总线系统中各种设备的操作。和系统管理相关的实体是系统管理内核（SMK）及系统管理信息库（SMIB）。它们是 FDA 的用户，分别采用两种通信协议：SMK 采用 SMKP；SMIB 采用 FMS 协议。其中，SMKP 负责 SM 消息的处理和 SMK 的状态转换，是系统管理部分的核心操作。而 FMS 消息则是由 FDA 层的 VCR 实体传递上来、负责读/写系统管理信息库（SMIB）的工作，如图 8-14 所示。

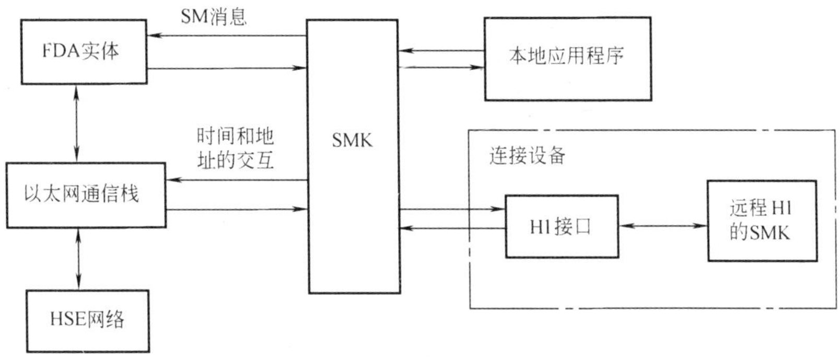

图 8-14　SMK 的概念描述

SMK 与 FDA 相关的操作包括设备识别、版本控制、定位等；与 TCP/IP 之间的交互包括地址操作和有关同步的操作；与本地应用程序相关的操作是功能块应用进程（FBAP）的调度。SMK 的作用之一是要把基本的组态信息置入到系统管理信息库中。采用专门的系统组态设备（如手持编程器），通过标准的现场总线标准，把系统信息置入到系统管理信息库。组态可以离线进行，也可以在网络上在线进行。

系统管理信息库集中了控制系统管理操作的信息。每个系统管理信息库对应于一个系统管理内核。它主要包含了 HSE 系统的主要组态和操作参数，如设备 ID、物理设备位号、虚拟现场设备表、时间对象等。访问 SMIB 的方式是通过 FMS 服务（如读、写等服务）来实现的。无论在网络操作之前还是在操作过程中，都允许设备的系统管理访问 SMIB，也允许远程应用从设备得到管理信息。在 NMA VFD 中定义了 SMIB，系统管理规范中指明了哪个信息是可写的，哪个信息是可读的。可利用系统管理内核协议（SMKP）本地访问这类信息。

8.3.2.4　功能块应用进程（FBAP）

功能块应用进程位于 HSE 的最高层用户层，用于完成 HSE 现场总线的自动化系统功能。通过不同现场设备中的功能块的优化组合，可以完成各种控制功能。

FF 规定了基于“块”的用户应用，一个功能块应用进程由一些“块”和一些特定的对象组成，块可以分为三类：资源块、变换块和功能块，其中功能块又可以分为 10 个基本功能块和 19 个先进功能块。

1. 资源块（Resource Block）

和 FBAP 相联系的硬件特性可通过资源块在网络上访问到，为表达这些特性，其内部规定了一组内含参数。资源块没有输入或输出参数。

资源块描述设备的特性，如名称、制造商与系列号等，每台设备只有一个资源块。

2. 变换块（Transducer Block）

变换块读取硬件信息，并写入到相应的要接收这一数据的硬件中。允许该块按照所要求的频率从传感器中读取数据，并确保写入到要读取数据的合适硬件中。

它把功能块从读硬件信息和命令输出与硬件的本地输入/输出功能分开。通常每个输入或输出功能块内都会有一个变换块。它们包含量程数据、传感器类型、线性化、I/O 数据表示等信息。

3. 功能块（Function Block）

功能块是参数、算法和时间的完整组成。由外部事件驱动功能块的执行，通过算法把输入参数转换为输出参数，实现应用系统的控制功能。对输入和输出功能块来说，要把它们连接到变换块，与设备的 I/O 硬件相联系。

与资源块和变换块不同，功能块的执行是按周期性调度或按事件驱动的，它提供控制系统行为，其输入和输出可通过现场总线相连。每个功能块的执行被精确地调度。一个用户应用中可有多个功能块。现场总线基金会定义了标准的功能块集，如 AI、AO、PID 等。现场总线基金会也定义了 FF 的资源块、10 个基本功能块、19 个先进功能块以及一组变换块。

在现场设备中，通过建立功能块，可以实现预计的功能，如一台压力变送器可包含一个 AI，一台控制阀可包含一个 PID 和一个 AO 块。这样，由变送器和控制阀就可构成一个完整的控制回路。

除了上述各个通信实体外，为了提高整个系统的可靠性，HSE 参考模型还包括了如局域网冗余实体（LRE）等应用进程。另外，为了实现和 H1 网络的互连，还定义了和 H1 的接口。

8.3.3 HSE 功能特色

HSE 除了具有高带宽和更好的开放性之外，灵活的网络和设备冗余形式以及灵活功能块技术是 HSE 的两个特色技术。

1. 冗余形式

HSE 的特色之一是它的冗余设计。HSE 规范支持包括标准以太网应用的冗余。HSE 冗余提供通信路径冗余（冗余网络）和设备冗余两类，允许所有端口通过选择连接，如图 8-15 所示。

通信路径冗余是 HSE 交换机、链接设备和主机系统之间的物理层介质冗余，或称介质冗余。冗余路径对应用是透明的，当其中一条路径发生中断时，可选用

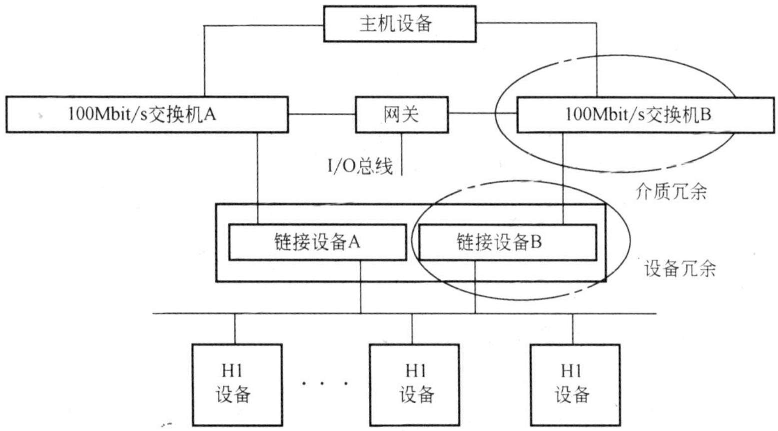

图 8-15 HSE 冗余形式

另一条路径通信。而设备冗余是为了防止由于单个 HSE 设备的故障造成控制失败，在同一网络中附加多个相同设备。由图 8-8 的通信模型结构可知，每个 HSE 设备中专门设计了一个 HSE 的 LAN 冗余实体（HSE LRE）提供容错处理，LAN 冗余实体周期地发送和接收冗余诊断信息。每个 HSE 设备通过诊断信息建立一个网络状态表，它记录着连入网络中的所有 HSE 设备的详细状态信息，根据这张网络状态表，由 LRE 来选择决定使用哪条路径或端口来传送信息。HSE 的容错处理方法增强了控制网络的可靠性和安全性。

2. 灵活功能块

功能块是 FF 的技术特色之一，但是在灵活功能块推出之前，FF 设备根本不接收传统的离散信号。HSE 不仅支持 FF 所有标准功能块，而且增加了灵活功能块（Flexible Function Block，FFB），以实现离散控制，这是 HSE 的又一特色。灵活功能块是具体应用于混合、离散控制和 I/O 子系统集成的功能模块。它包含了 8 个通道的多路模拟量输入输出、离散量输入输出和特殊应用块，并使用 IEC 61131-3 定义的标准编程语言，也可以使用于 H1 中。灵活功能块的应用包括联动驱动、监控数据获取、批处理、先进 I/O 子系统接口等，它支持多路技术、PLC 和网关，可以说给用户提供了一个标准化的企业综合协议。

8.3.4 HSE 的组态

在一个现场总线控制系统中，系统所要实现的控制功能被下放到各个仪表或 I/O 单元中，由分散在其中的功能块共同完成系统的控制功能。而要将这些功能块组织起来，就需要在系统运行之前对组成系统的各个物理设备进行参数配置，并按照一定的步骤使它们进入正确的工作状态，这就是组态。

现场总线系统的组态是系统正确运行的前提，组态的根本目的是完成所需的控制方案，如何通过配置总线系统中各个设备的相关参数，确定其在控制系统中所起的作用或角色，使各个设备共同完成所需的控制方案是组态要研究和实现的内容。

组态工作可分为：网络组态、设备组态和分布式应用组态。这三部分工作都需严格按照相关协议来完成。其中网络组态主要与协议中的网络管理有关；设备组态主要与协议中的系统管理有关；分布式应用组态则主要涉及协议中的功能块应用部分。

1. 网络组态

网络组态的任务是生成网络拓扑。它的实现要依据协议中的网络管理部分。HSE 采用网络管理代理（NMA）和网络管理者（NMgr）工作模式。网络管理实体在相应的网络管理代理的协同下完成网络的通信管理。每个 HSE 设备上有一个 HSE NMA 负责管理通信协议栈，它对来自 HSE NMgr 的命令做出响应，通过改变网络可视对象的属性值来指示 HSE NMgr 有特定事件发生或者对象状态发生改变。HSE NMgr 通过调用 FMS 服务来访问 HSE NMIB（网络管理信息库）和 SMIB（系统管理信息库）对象。HSE NMA 通过 HSE NMIB 和 HSE SMIB 同 HSE 系统管理内核（SMK）、HSE 层管理实体进行交互。

2. 设备组态

每个现场总线设备都有系统管理实体，该实体由用户应用和系统管理内核（SMK）组成。系统管理是通过集成多层协议与功能完成的。它可以完成现场设备的地址分配、寻找设备位号、实现应用时钟同步、功能块列表、设备识别以及对系统管理信息库（SMIB）的访问等功能。

3. 分布式应用组态

分布式应用组态的主要内容是应用不同设备的功能块完成一定的控制策略。首先需要规定每个功能块如何运行，这由功能块起始执行时间（Function Block Start Time，FbStart）及调度表来完成。功能块一般是重复执行的，每次重复的间隔称为一个宏周期（Macrocycle）。功能块起始执行时间规定了功能块在整个控制周期中的什么时间开始执行。每个设备都将在它自己的宏周期内执行功能块调度。对于 HSE 网段来说，每个设备都有一段内存（在协议中称为域）存放自身的调度表。HSE 设备功能块的起始执行时间由设备内的调度表决定，设备间的数据交换则由以太网的 CDMA/CD 机制来保证。

8.3.5 HSE 的应用

以下给出一个 FF-HSE 现场总线用于水位和温度控制的例子，系统结构如图 8-16 所示。整个系统采用 Smar 公司的 FF 控制设备与软件。在系统中，通过 10/100Mbit/s 的交换机，将 DFI302、管理计算机和监控站连入到 HSE 网络中。

DFI302 是结合了链路设备、现场设备、网关三种功能的 FF 控制器、接口和主机系统，其中的 DF51 链接部件将控制温度、水位的 H1 控制链路接入 HSE 网络。在上层监控站，通过 SYSCON 软件进行系统逻辑和控制策略的组态，采用支持 OPC 技术的 AIMAX 组态软件开发人机界面。

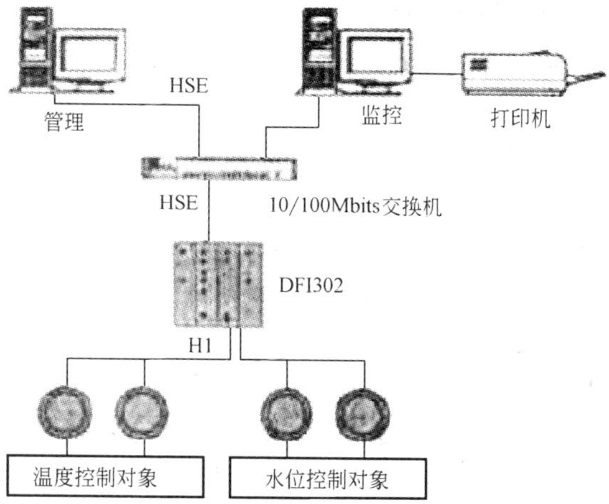

图 8-16　水位、温度控制系统结构

这种网络形式，使得系统的开放性大大增强，用户可以进行灵活的系统组态和系统集成。我们知道，无论是以太网还是 TCP/IP 都没有形成一个完整的通信协议栈，还需要应用层和用户层来形成一个开放的标准。HSE 恰恰包括了所有这些层次，使得 HSE 成为真正意义上的完全开放协议，使得从设备到会议室的信息集成变得紧密而简洁。HSE 的设计目标就是具有控制功能的 Internet，这种网络形式为通过万维网（WWW）的远程操作奠定了基础。它的多层次冗余设计大大增加了控制系统的可靠性，灵活的功能块使得 HSE 可以为离散制造业提供理想的解决方案。HSE 充分体现了现场总线不仅是通信协议，也是一种编程语言的概念，使得系统的组态、设备维护和诊断用统一的语言即可实现。HSE 和 H1 相结合，使得 FF 覆盖了更宽广的控制应用领域，将给工业自动化提供高性能的网络结构形式。HSE 将具有广阔的应用前景。

8.4　Profinet

Profinet（Process Field Net）是 Profibus 国际（Profibus International）提出的基于工业以太网的自动化标准。作为一项战略性的技术创新，Profinet 为自动化通信领域提供了一个完整的网络解决方案，囊括了诸如实时以太网、运动控制、分布式自动化、故障安全以及网络安全等当前自动化领域的热点话题，并且作为跨供应商的技术，可以完全兼容工业以太网和现有的现场总线（如 Profibus）技术，保护现有投资。

8.4.1 Profinet 概述

在 1999 年底，当初次考虑以太网与 Profibus 相连接时，Profibus 国际最初想在以太网内部嵌入一个现场总线协议。但没过多久，人们就意识到这样做不论对开放性和有效性都是一条死路。对其重新评估后产生了 Profinet，其中心价值注重的是“自动化解决方案”而不仅仅是“通信”，每个用户可以自己决定其灵活性，使自动化策略在速度和范围上有了根本性的改变。

Profibus 国际采用 Profinet 来满足分散 I/O 当前的要求，未来的发展趋势越来越趋于方便和完整，例如分散的自动化系统将要求面向对象的解决方案。国际标准都是互相融合的，这使 Profinet 真正具有开放性。特别是，Profinet 完全与现有的以太网 TCP/IP 兼容，这意味着它能容易地与更高层 IT 系统和设备集成。考虑到扩展应覆盖自动化系统实时性的需求，它需要有很多重要的革新。尤其与用于运动控制的硬实时需求有关，运动控制已经由新的软件/硬件解决方案进行处理，这个方案提供了前所未有的实时性能，对于 Profinet 来说是独一无二的。除非它能为传统的现场总线系统提供向后兼容的连续性，从而保护客户的投资，否则基于以太网的解决方案是不会成功的。Profinet 提供了用简单方式集成现有网络，它能包容任何现场总线系统，而不仅仅是 Profibus。今后，Profinet 也将寻求解决方案，以满足机械安全和过程自动化的需求。

Profinet 具有一套自动化功能和服务，它们都是基于为适合许多应用环境而设计的以太网通信结构。不是所有的功能和服务必须在任何时间或所有应用中都使用，它们可以搭配组合。随着自动化用户的需求不断增加（尤其在运动控制中），随着竞争不断鼓励产品的独特性以及市场向着分散自动化的结构发展，这种灵活性在未来的几年中将会越来越明显。

Profinet 支持采用以太网通信的简单分散式现场设备与对时间要求非常苛刻的应用之间的集成，以及基于组件的分布式自动化系统的集成。在 2001 年 8 月发布的 Profinet V1.0，加强了以太网、TCP/UDP/IP 以及微软的 DCOM、OPC 和 XML（可扩展标识语言）的作用，而在 2003 年推出的 Profinet V2.0 中，通过专用的实时通道增加了实时的功能。

8.4.2 Profinet 功能特点

Profinet 包含三个部分的通信解决方案，这为创新系统的设计和实现提供了有利的机会；同步实时（Isochronous Real Time，IRT）技术使得 Profinet 的实时能力在自动化世界中有冲击性的效应，尤其是它的新颖的切换技术；基于 XML 的工程能力保证了通用的支持；分散的自动化部件的解决方案保证了安全的发展方向；TCP/IP 兼容性意味着使集成更加开放、工厂管理更为简单，并通过标准化的工具和通用平台降低成本。

Profinet 是适用于不同需求的完整解决方案，其功能包括八个主要的模块

（见图 8-17），依次为实时通信、分布式现场设备、运动控制、分布式自动化、网络安装、IT 标准和信息安全、故障安全和过程自动化模块。

1. Profinet 实时通信

根据应用场合的不同，Profinet 支持以下三种通信方式：

（1）TCP/IP 标准通信　Profinet 基于工业以太网技术，使用 TCP/IP 和 IT 标准。TCP/IP 是 IT 领域关于通信协议方面事实上的标准，尽管其响应时间大概在 100ms 的数量级，不过对于工厂控制级的应用来说，这个响应时间就足够了。

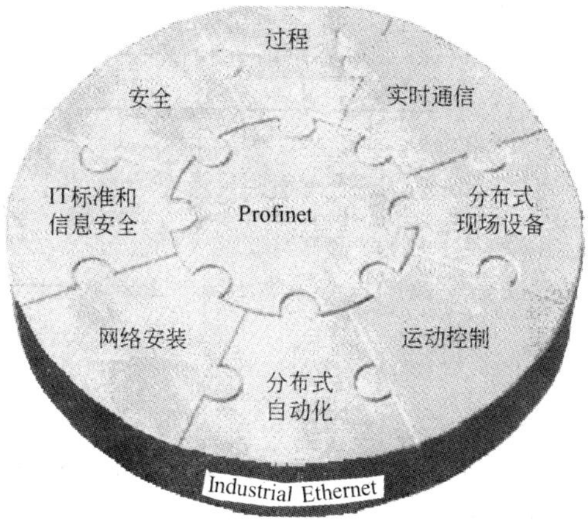

图 8-17　Profinet 的八个功能模块

（2）实时（RT）通信　对于传感器和执行器设备之间的数据交换，系统对响应时间的要求更为严格，因此 Profinet 提供了一个优化的、基于以太网第二层的实时通信通道，通过该实时通道，极大地减少了数据在通信栈中的处理时间，Profinet 实时（RT）通信的典型响应时间为 5 ~ 10ms。

（3）同步实时（IRT）通信　在现场级通信中，对通信实时性要求最高的是运动控制，Profinet 的同步实时（IRT）技术可以满足运动控制的高速通信需求，在 100 个节点下，其响应时间要小于 1ms，抖动时间精度要小于 1μs，以此来保证及时的、确定的响应。

2. Profinet 分布式现场设备

通过集成 Profinet 接口，分布式现场设备可以直接连接到 Profinet 上，如图 8-18 所示。对于现有的现场总线通信系统，可以通过代理服务器实现与 Profinet 的透明连接。例如，通过 IE/PB Link（Profinet 和 Profibus 之间的代理服务器）可以将一个 Profibus 网络透明地集成到 Profinet 当中，Profibus 各种丰富的设备诊断功能同样也适用于 Profinet。对于其他类型的现场总线，可以通过同样的方式，使用一个代理服务器将现场总线网络接入到 Profinet 中。

3. Profinet 运动控制

通过 Profinet 的同步实时（IRT）功能，可以轻松实现对伺服运动控制系统的控制。

在 Profinet 同步实时通信中，每个通信周期被分成两个不同的部分：一个是循环的、确定的部分，称之为实时通道；另外一个是标准通道，标准的 TCP/IP 数据通过这个通道传输。

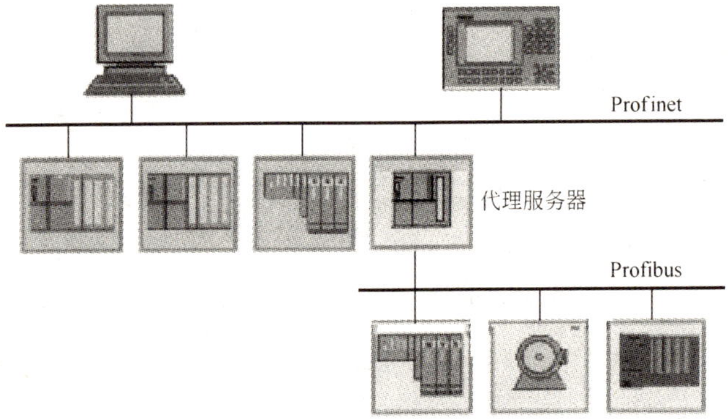

图 8-18 Profinet 分布式现场设备

在实时通道中，为实时数据预留了固定循环间隔的时间窗，而实时数据总是按固定的次序插入，因此实时数据就在固定的间隔被传送，循环周期中剩余的时间用来传递标准的 TCP/IP 数据。两种不同类型的数据就可以同时在 Profinet 上传递，而且不会互相干扰。通过独立的实时数据通道，保证对伺服运动系统的可靠控制。

4. Profinet 与分布式自动化

随着现场设备智能程度的不断提高，自动化控制系统的分散程度也越来越高。工业控制系统正由分散式自动化向分布式自动化演进，因此基于组件的自动化（Component Based Automation，CBA）成为新兴的趋势。Profinet/CBA 是针对车间级网络监控提出的解决方案。CBA 将生产单元设备看成工艺技术模块，将其封装成 Profinet 组件，定义输入/输出数据，实现组件之间的集成。CBA 不在意工艺技术模块内部的实现技术方案、内部采用什么现场总线，一律通过“代理服务器”将各种现场总线系统连接到 Profinet 上。“代理服务器”至少有协议转换网关功能，并有控制器等其他功能。工厂中的相关的机械部件、电气/电子部件和应用软件等具有独立工作能力的工艺模块抽象成为一个封装好的组件，各组件间使用 Profinet 连接。通过 SIMATIC iMap 软件，即可用图形化组态的方式实现各组件间的通信配置，不需要另外编程，大大简化了系统的配置及调试过程。

通过模块化这一成功理念，可以显著地降低机器和工厂建设中的组态与调试时间。在使用分布式智能系统或可编程现场设备、驱动系统和 I/O 时，还可以扩展使用模块化理念，从机械应用扩展到自动化解决方案。另外，也可以将一条生产线的单个机器作为生产线或过程中的一个“标准模块”进行定义。作为设备与工厂设计者，工艺模块化能够更容易、更好地对设备与系统进行标准化和再利用，能够对不同客户的要求更快、更具灵活性地做出响应，可以对各台设备和厂区提前进行预先测试，从而极大地缩短系统在生产线上调试时间。从现场设备到管理层都可以从 IT 标准的通用通信中获得好处，对现有系统进行扩展也很容易。

5. Profinet 网络安装

Profinet 支持星形、总线形和环形拓扑结构。为了减少布线费用，并保证高度的可用性和灵活性，Profinet 提供了大量的工具帮助用户方便地实现 Profinet 的安装。特别设计的工业电缆和耐用连接器满足 EMC 和温度要求，并且在 Profinet 框架内形成标准化，保证了不同制造商设备之间的兼容性。

6. ProfinetIT 标准与网络安全

Profinet 的一个重要特征就是可以同时传递实时数据和标准的 TCP/IP 数据。在其传递 TCP/IP 数据的公共通道中，各种业已验证的 IT 技术都可以使用（如 http、HTML、SNMP、DHCP 和 XML 等）。在使用 Profinet 时，可以使用这些 IT 标准服务加强对整个网络的管理和维护，这意味着可以节省调试和维护中的成本。

Profinet 实现了从现场级到管理层的纵向通信集成。一方面，方便管理层获取现场级的数据；另一方面，原本在管理层存在的数据安全性问题也延伸到了现场级。为了保证现场级控制数据的安全，Profinet 提供了特有的安全机制，通过使用专用的安全模块，可以保护自动化控制系统，使自动化通信网络的安全风险最小化。

7. Profinet 故障安全

在过程自动化领域中，故障安全是相当重要的一个概念。所谓故障安全，即指当系统发生故障或出现致命错误时，系统能够恢复到安全状态（即“零”态），在这里，安全有两个方面的含义：一方面是指操作人员的安全；另一方面是指整个系统的安全，因为在过程自动化领域中，系统出现故障或致命错误时很可能会导致整个系统的爆炸或毁坏。故障安全机制就是用来保证系统在故障后可以自动恢复到安全状态，不会对操作人员和过程控制系统造成损害。

Profinet 集成了 ProfiSafe 行规，实现了 IEC 61508 中规定的 SIL3 等级的故障安全，能很好地保证整个系统的安全。

8. Profinet 与过程自动化

Profinet 不仅可以用于工厂自动化场合，也同时面对过程自动化的应用。工业界针对工业以太网总线供电和以太网应用在本质安全区域问题的讨论正在形成标准或解决方案。

通过代理服务器技术，Profinet 可以无缝地集成现场总线 Profinet 和其他总线标准。今天，Profibus 是世界范围内唯一可覆盖从工厂自动化场合到过程自动化应用的现场总线标准。集成 Profibus 现场总线解决方案的 Profinet 是过程自动化领域应用的完美体现。

作为 IEC 61158 国际标准的重要组成部分，Profinet 是完全开放的协议，Profibus 国际组织的成员公司在 2004 年的汉诺威展览会上推出了大量带有 Profinet

接口的设备，为 Profinet 技术的推广和普及起到了积极的作用。

8.4.3 Profinet 通信

Profinet 可以提供办公室和自动化领域开放的、一致的连接。Profinet 方案覆盖了分散自动化系统的所有运行阶段，它主要包含以下方面：

1）高度分散自动化系统的开放对象模型（结构模型）；

2）基于 Ethernet 的开放的、面向对象的运行期通信方案（功能单元间的通信关系）；

3）独立于制造商的工程设计方案（应用开发）。

Profinet 方案可以用一条等式简单而明了地描述：

Profinet = Profibus + 具有 Profibus 和 IT 标准 Ethernet 的开放的、一致的通信。

1. Profinet 设备的软件结构

Profinet 设备的软件覆盖了现场设备的整个运行期通信，基于模块化设计的软件包含若干通信层，每层都与系统环境一致。Profinet 软件主要包括一个远程进程调用（RPC）层、一个分布式组件对象模型（Distributed Component Object Model，DCOM）层和一个专门为 Profinet 对象定义的层。Profinet 对象可以是可激活的连接控制对象（Active Connection Control Object，ACCO）设备、运行时间自动化（Runtime Automation）设备、物理设备或逻辑设备。软件中定义的实时数据通道提供了 Profinet 对象与以太网间的实时通信服务。Profinet 通过系统接口连接到操作系统（如 WinCE），通过应用接口连接到控制器（如 PLC）。

Profinet 的运行期软件位于一个目录固定的结构中，可以分为核心目录和系统应用目录。若通信开始而核心目录中的文件未改变，则系统应用目录中的部分文件必须重建。所有的系统应用都是指向系统接口和应用接口，实现 Profinet 设备的各项功能。Profinet 设备的软件结构如图8-19所示。

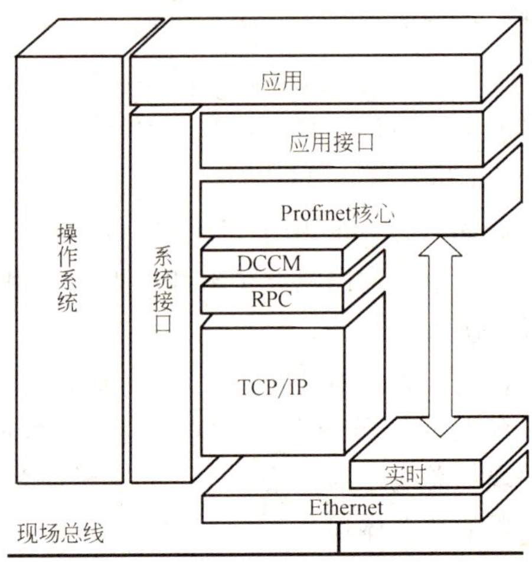

图 8-19　Profinet 设备软件结构

Profinet 设备的软件结构决定了 Profinet 设备可以从企业管理层到现场层直接、透明地访问，并且提供对 TCP/IP 的绝对支持。Profinet 技术使企业用户能够方便地对现有的系统进行扩展和集成，是一种优化的工业以太网通信标准。

2. Profinet 在现场设备上的移植

作为一种开放的资源，Profinet 软件通过移植到设备上的 TCP/IP 的协议栈来完成在其他设备制造商的产品中快速而简单的实现。具体过程为：首先将开放资源的 RPC 接口连接到 TCP/IP 的协议栈和设备操作系统中的系统集成；然后再将 Profinet 协议栈的 DCOM 机制集成到设备的操作系统中；最后实现物理设备和逻辑设备对象、运行时间自动化对象和可激活的连接对象 ACCO 设备专用的 DCOM 应用。为单个部件组装 Profinet 设备时还必须用 XML 创建相应的描述。一个 Profinet 设备的 XML 文件中应包括下列数据：①Profinet 设备的名称和 ID 号；②Profinet 设备的 IP 地址、诊断数据的访问方式和设备连接方式；③Profinet 设备的硬件分配、设备接口以及为各接口定义的变量、数据类型与格式；④Profinet 设备在整个工程中的保存地址。

Profinet 设备将它的所有功能都封装到软件中，并提供变量接口与其他的 Profinet 设备相连。变量接口的每个变量都代表一个确定的子功能，包括运行、输入/输出使能、复位、结束、停机、启动和错误。一个 Profinet 设备中封装的可以是一个控制器、一个执行器，甚至是一个控制网络。图 8-20所示为 Profinet 设备中封装了一个 Profibus-DP 控制网络。

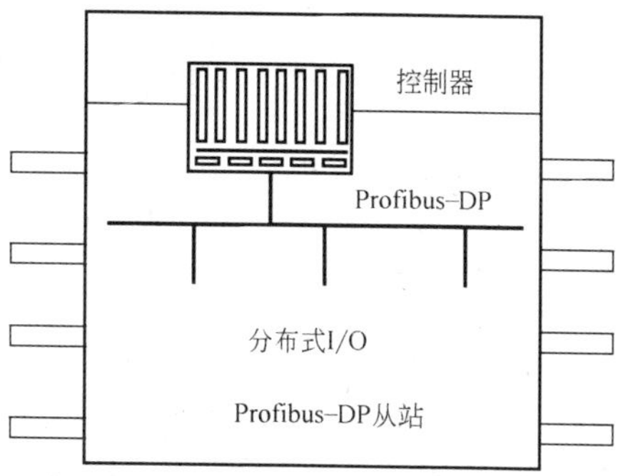

图 8-20　Profinet 设备的封装

Profinet 设备之间通过 DCOM 进行通信。在 Profinet 设备连接编辑器的图形界面中，可以方便地实现各 Profinet 设备间的连接。一个具有冲洗、灌装、封口和包装 4 个环节的饮料生产厂家的生产流程可以用 4 个 Profinet 设备串连连接实现，如图 8-21 所示。

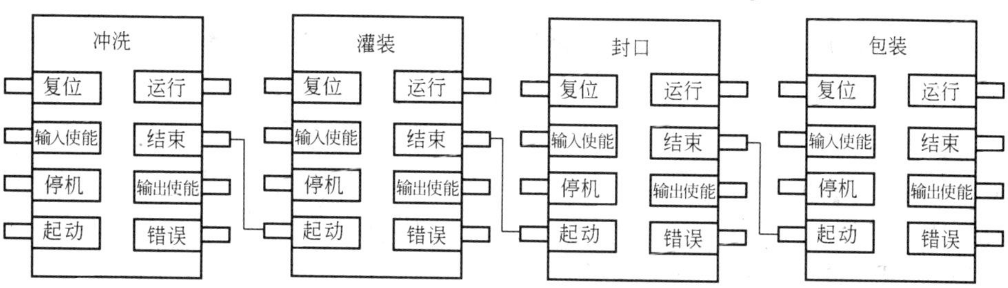

图 8-21　Profinet 设备的连接

所有设备的接口都在 Profinet 中做了一致性的定义，因此都能够灵活地组合和重新使用，用户不必考虑各设备的内部运行机制。此外，Profinet 还集成了故障安全通信标准行规 ProfiSafe，满足对人员、设备和环境的全面安全的需求，可用于故障安全应用。

3. Profinet 通信功能的实现

在 Profinet 中，基于以太网的通信是可以缩放的。它具有三种性能等级，如图 8-22 所示。

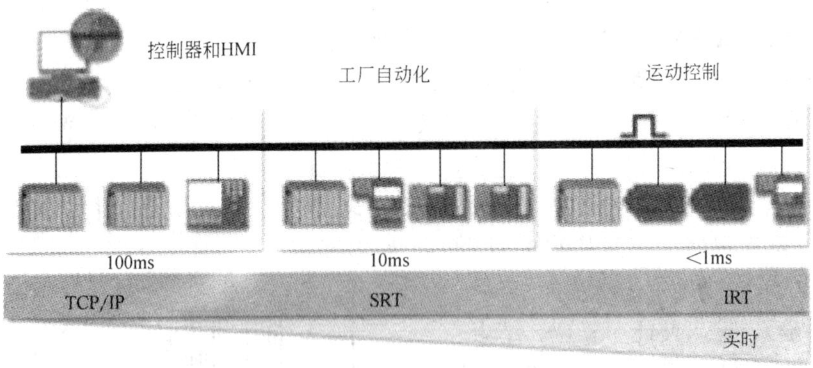

图 8-22　Profinet 的三种性能等级

1）用于非苛求时间数据的 TCP/UDP 和 IP，例如参数赋值和组态；

2）用于苛求时间过程数据的软实时（SRT），它用于工厂自动化领域；

3）用于时间要求特别严格的同步实时（IRT），例如运动控制应用。

这三种性能等级的 Profinet 通信覆盖了自动化应用的全部范围。Profinet 通信标准的关键特性包括以下方面：

1）在一根线上同时使用实时通信和基于 TCP 的 IT 通信；

2）标准化的实时协议适用于所有应用、分布式系统中组件之间的通信以及控制器与分散式现场设备之间的通信；

3）从一般性能到高性能和时间同步的可缩放的实时通信。

可缩放的、标准化的通信基础的特点是 Profinet 的关键优势之一。它们确保了直至企业管理层的一致性和自动化过程中的快速响应时间。

（1）使用 TCP/UDP 的标准通信　Profinet 使用以太网和 TCP/UDP/IP 作为通信基础。就 TCP/UDP/IP 而论，TCP/UDP/IP 是 IT 领域在通信协议方面的事实上的标准。但是，对于不同应用的互操作性，它还不足以在现场设备上建立一个基于 TCP/UDP 的公共通信通道（层 4）。事实是，TCP/UDP/IP 只提供了使以太网设备能够通过本地和分布式网络的透明通道中进行数据交换的基础。因此，在较高层上则需要其他的规范和协议（亦称为应用层协议），而不是 TCP/UDP。那么，只有对于所有设备都使用相同的应用层协议时，才能保证互操作性。典型的应用层协议有：例如 SMTP（用于电子邮件）、FTP（用于文件传输）和 HTTP（用于互联网）。

（2）实时通信　在工厂自动化领域，实时应用需要刷新/响应时间范围在 5～10ms 内。刷新时间是指以下过程所经历的时间：在一台设备应用程序中创建一个变量，然后通过通信系统将该变量发送给一个伙伴设备，其后可在此伙伴设备中再次获得该变量。为了确保优先连续处理应用程序，应尽量使设备处理器用于实现实时通信的负载减少到最小。

经验指出，与设备中的处理时间相比，快速（100Mbit/s）或更高速率的以太网线路上的传输时间是可以忽略不计的。在提供者的应用中，可提供数据的时间是不受通信影响的。这也适用于消费者中所接收的数据的处理。这就是说，在刷新时间以及实时响应中任何重大的改进主要可通过提供者和消费者通信栈的优化来达成。

1）软实时（SRT）：为了能满足自动化中的实时要求，Profinet 有一个优化的实时通道，即软件实时（SRT）通道。此通道基于以太网（层 2），如图 8-23 所示。此解决方案显著地减少了通信栈所占用的运行时间，从而提高了过程数据刷新速率方面的性能。一方面，若干个协议层的去除，减少了报文长度；另一方面，在需要传输的数据准备就绪发送（即应用准备就绪处理）之前，只需较少的时间。同时，可大量地减少设备用于通信所需的处理器能力。通过优先级优化数据传输，在 Profinet 中，不仅最小化了可编程序控制器中的通信栈，而且也对网络中数据的传输进行了优化。为了能在这些情况下达到一种最佳结果，在 Profinet 中按照 IEEE 802.1Q 将这些数据包区分优先级。设备之间的数据流则由网络组件依据此优先级进行处理。优先级 6（Priority 6）是用于实时数据的标准优先级。由此也就确保了对其他应用的优先级处理，例如优先级 5 是互联网电话。

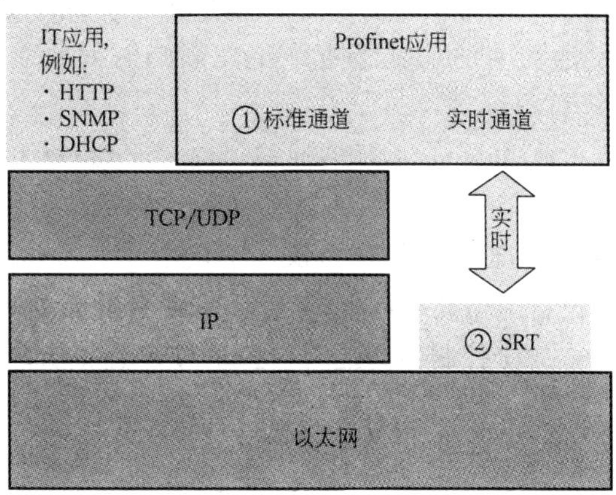

图 8-23　Profinet 的软实时

2）同步实时（IRT）：然而，上述解决方案对于运动控制应用还远远不够。运动控制要求刷新时间在 1ms 以内，100 个节点的连续循环的抖动时间精度为 1μs。为了满足这些需求，Profinet 在快速以太网的层 2 协议上已定义了时间间隔控制的传输方法的 IRT，如图 8-24 所示。

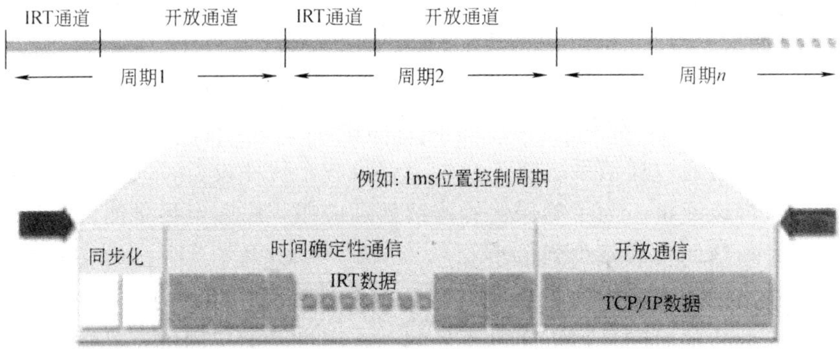

图 8-24　Profinet 的同步实时

通过具备上述精度的参与设备（网络组件和 Profinet 设备）的时间同步化，可在网络中规定时间槽，在此时间间隔内传输自动化任务所必需的关键数据。通信循环被分成两个部分：时间确定性部分和开放性部分。循环的实时报文在时间确定性通道中传输，而 TCP/IP 报文则在开放性通道中传输。这种处理方法可与高速公路媲美，最左边的车道总是为时间要求最紧迫的车辆（实时通信）而保留的，由此防止其他车道上的用户（TCP/IP 通信）占用此车道。甚至在右边车道交通拥塞的情况下也绝不能影响时间要求紧迫（苛求时间）的车辆的交通（通信）。

（3）Profinet I/O 的通信　对于 Profinet I/O，在建立时采用基于 UDP/IP 的 RPC 来初启设备之间的数据交换、分散式现场设备的参数赋值和诊断。由于开放的、标准化的 RPC 协议，HMI 站和工程系统（I/O 监视器）也可访问 Profinet I/O 设备。由此，Profinet 运行期通道用于 I/O 和报警的传输。在典型的 I/O 组态中，I/O 控制器通过通信关系与若干台分散式现场设备（I/O 设备）交换循环 I/O。在每个扫描周期中，将输入数据从指定的现场设备发送给 I/O 控制器，对此的响应是，输出数据被回送给相应的现场设备。通信关系通过监视所接收的循环报文来监控。例如：如果输入帧不能在 3 个周期内到达，那么，I/O 控制器就检测出相应的 I/O 设备已发生故障。

Profinet 的数据传输层在 IEEE802.3 中定义，它描述协议和故障监控的组态。用户数据报文最少有 64 字节，最大有 1500 字节。实时数据的全部协议开销是 28 字节。

（4）组件之间的通信　在 Profinet 组件视图（见图 8-25）中，DCOM 被规定作为 Profinet 组件之间基于 TCP/IP 的公共应用协议。DCOM 是 COM（组件对象模型）的扩展，用于网络中对象的分发和它们的互操作性。DCOM 基于标准化

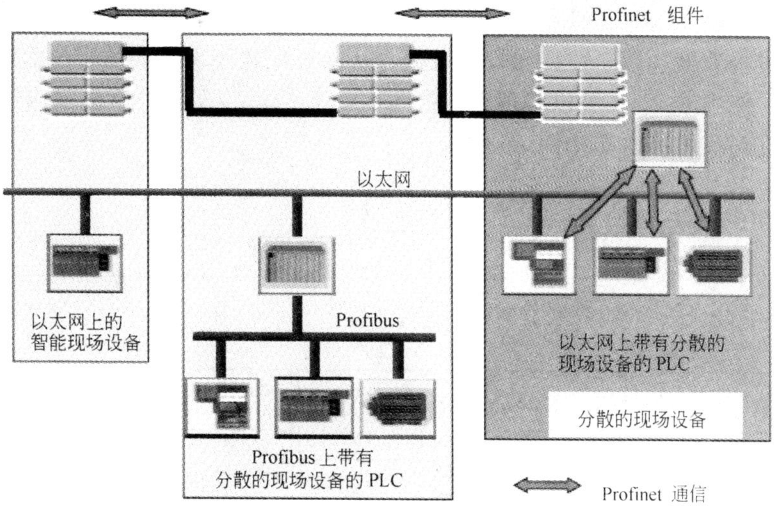

图 8-25　Profinet 组件视图

的 RPC 协议。除了访问工程系统（例如：上层连接、读诊断数据、设备参数化和组态）外，Profinet 还采用 DCOM 来建立连接和交换用户数据。但是，不一定必须使用 DCOM 用于 Profinet 组件之间的用户数据交换。用户数据是通过 DCOM 交换还是通过实时通道交换得由用户在工程设计系统中组态时决定。当设备正在启动通信时，这些设备必须认可是否有必要使用一种有实时能力的协议，因为在这样的装备/机器模块之间的通信可能需要 TCP/IP 和 UDP 所不能满足的实时条件。TCP/IP 和 DCOM 形成了公共的“语言”，这种语言能在任何情况下都可用来启动设备之间的通信。Profinet 实时通道则用于苛求时间的应用中各个节点之间的实时通信。在组态工具中，用户可通过设置变化率（即：这些值是在运行期间内在组件之间传输，还是只在这些值发生变化时传输）来决定服务的质量（QoS）。在变化率高的情况下，循环传输更佳，因为检查变化和应答要比以循环模式发送产生更高的处理器负载。

Profinet 可以保证对现有系统投资的高度保护，并使工厂拥有创新标准的优越性。鉴于 Profinet 通信技术的优越性，目前已经有部分生产厂家（如西门子、施奈德公司）开始为他们生产的设备提供 Profinet 接口。作为新一代的工业以太网通信标准，Profinet 正在以前所未有的速度进入现场级的应用。

8.4.4　Profinet 应用实例

Profinet 是一种与制造商无关的开放式工业以太网标准，符合一般工业自动化要求，并可将实时通信一直延伸到现场级，保证企业范围内的一致通信。如图 8-26 所示，以 Profinet 构成的系统，向上可以连接制造执行系统（MES），甚至到企业管理层的 ERP，以至互联网。向下通过 Profinet 代理（Proxy）服务器可以连接 Profibus、HART 和 FF 网段。企业管理层通过工程站可以透明地访问现场设备上的过程数据、诊断数据和投运数据，从而很好地实现了现场层与信息层的数据交换。使用 Profinet 可以实现企业范围内的通信，并支持企业范围内的工程与组态，直到现场级均支持 IT 标准。

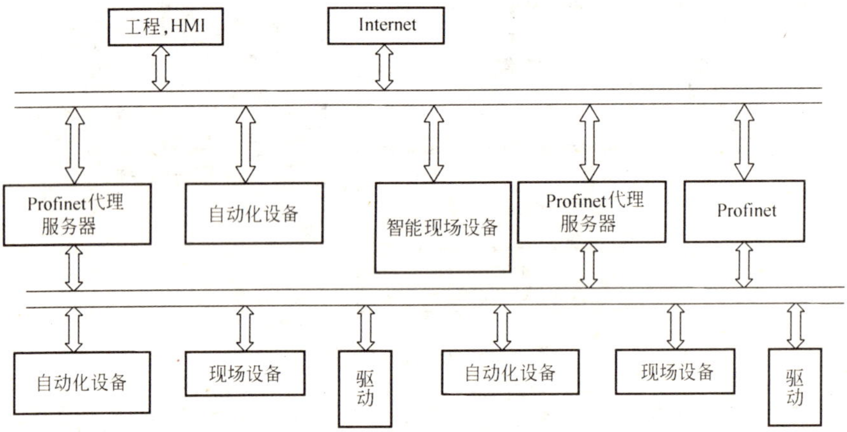

图 8-26　Profinet 系统体系结构

从世界范围内来看，Profinet 已在诸如汽车工业、食品、饮料以及烟草工业和物流工业等各种行业领域内得到广泛应用。目前在国内，Profinet 的应用还处于初级阶段，只有少数的公司和单位采用 Profinet 结构布局。下面将介绍 Profinet 在卧辊磨矿渣粉磨系统中的应用。

1. 控制对象及要求

卧辊磨是一种高效节能的粉磨设备，既具有挤压磨的节能特性，又具有磨球一样的运转可靠性，同时结合了现有球磨和辊压磨的优点，是一种高压、薄料层、筒体内物料自循环的挤压粉磨设备。由该磨组成的矿渣粉磨系统如图 8-27 所示。经过预烘干系统的矿渣从物料仓通过电子皮带秤流入带式输送机，通过除铁器除去铁颗粒后进入卧辊磨，净磨辊与磨筒体经过多次反复辊磨作用，并经尾部球化装置辗磨后排除磨机，经管式除铁器提升机进入内循环选粉机分级选粉后，由于重力作用，粗粉经电子皮带秤计量后回磨，细粉进入输送机，送至成品库。

整个矿渣粉磨系统的测控点繁多，测控设备主要集中在主磨机、选粉机、除尘设备等。为保证粉磨产量效果以及生产中的安全可靠性，设备间的联锁保护不仅与工艺参数密切相关，这也要求电气设备控制与工艺检测仪表必须统一考虑以下要求：

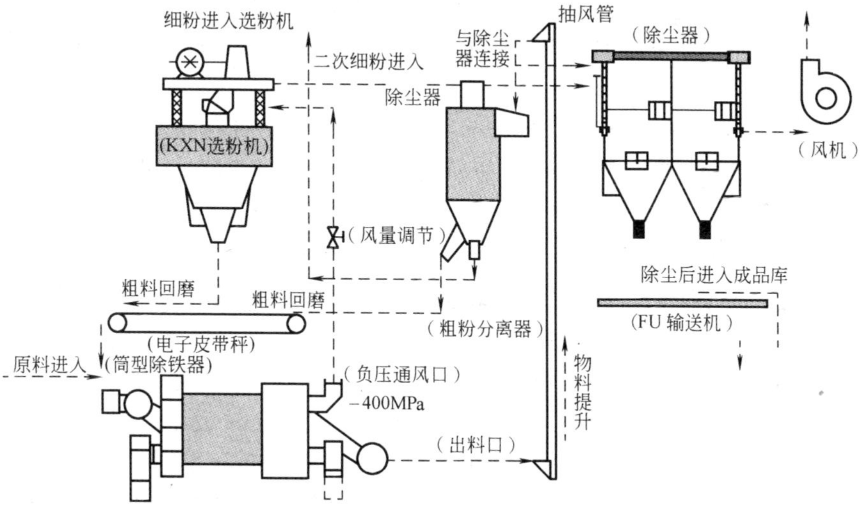

图 8-27　粉磨系统流程

- 电气设备控制和仪表检测控制一体化；
- 设备控制系统间应信息交换通畅，联系紧密，使物料跟踪准确，生产节奏控制协调；
- 各工序间具有紧密联锁要求，要求整个控制和管理网络化。

2. 矿渣粉磨测控系统的设计实现

（1）测控系统的功能组成　卧辊磨矿渣粉磨测控系统主要分为三层结构：设备层、控制器层及管理层。设备层主要包括所有需要进行数据采集和监控的仪器设备，这些现场设备通过现场总线与控制层进行通信；控制器层主要包括各种分类设备的应用控制器，通过以太网与管理层进行通信；管理层主要包括监控上位机及打印机等设备，上位机主要由基于组态软件的监控界面组成。

卧辊磨矿渣粉磨测控系统的主要功能包括：

- 数据检测：实时采集现场设备的各种数据；
- 控制功能：根据测得的数据，对测控点状态进行分析并做出响应，确保系统可靠运行；
- 计算功能：由采集到的原始数据可计算矿渣粉磨系统生产效率、能耗量等参数；
- 报警功能：具有声光报警及报警提示窗口功能。

（2）Profinet 现场设备的实现　基于 Profinet 的卧辊磨矿渣粉磨测控系统在结构上主要利用 Profinet 可以把其他现场总线无缝集成到 Profinet 上的特点，将简单的现场设备使用 Profinet I/O 集成到 Profinet，并换用 Profibus-DP 中熟悉的 I/O 来表述，设备的输入输出由 PLC 用户程序进行处理，每个现场总线段代表一个自成体系的组件。而这种组件又成为 Profinet 系统中的设备，使 Profibus-DP 系统在 Profinet 系统中处于较低的级别。

Profinet 定义了工程模型（Profinet 部件的设计和结构）以及部件间的通信，使用 STEP7 可创建智能技术功能模板实现设备的封装。Profinet 设备将其所有功能封装到软件中，并提供变量结构与其他的 Profinet 设备相连。变量接口的每个变量都代表一个确定的子功能，包括运行、输入/输出使能、复位、结束、停机、起动和错误。一个 Profinet 设备中封装的可以是一个控制器、一个执行器，甚至是一个控制网络。依据矿渣粉磨系统的组成和控制需要，将整个粉磨系统（见图 8-28）分为四个主体部分：卧辊磨测控部分、粗粉分离器控制部分、选粉机测控部分以及除尘器测控部分，各部分封装为一个 Profinet 设备。图 8-28 所示为 Profinet 设备中封装了由 Profibus-DP 构成的卧辊磨测控部分。该部分总线以从站型 PLC 作为控制器，对具有强联锁关系的电气设备进行控制，对一些用于设备联锁或保护的模拟量信号也进行控制。

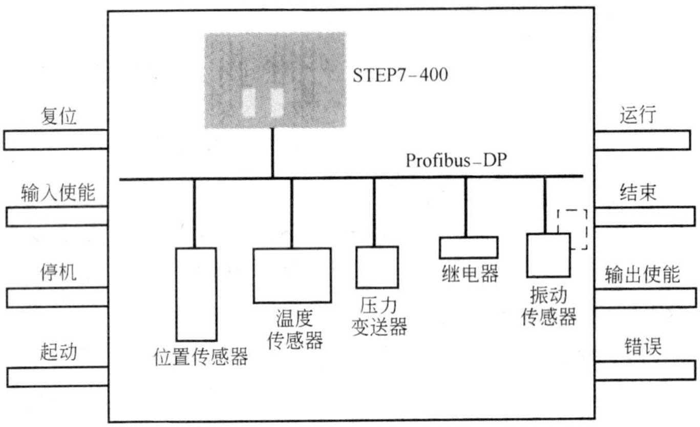

图 8-28　Profinet 设备的封装

完成对粉磨系统四部分的封装后，将四个 Profinet 设备连接起来，Profinet 设备之间通过 DCOM 模块进行通信。在 Profinet 设备连接编辑器的图形界面中，可以方便地实现各 Profinet 设备间的连接。卧辊磨矿渣粉磨系统四部分生产流程由四个 Profinet 设备串联连接实现，如图 8-29 所示。

所有设备的接口都在 Profinet 中做了一致性的定义，因此都能够灵活地组合和重新使用，用户不必考虑各设备的内部运行机制。此外，Profinet 还集成了故障安全通信标准行规 ProfiSafe，以满足对人员、设备和环境的全面安全的要求，可用于故障安全应用。

（3）测控网络通信功能的实现　Profinet 设备通信功能的实现是基于传统的

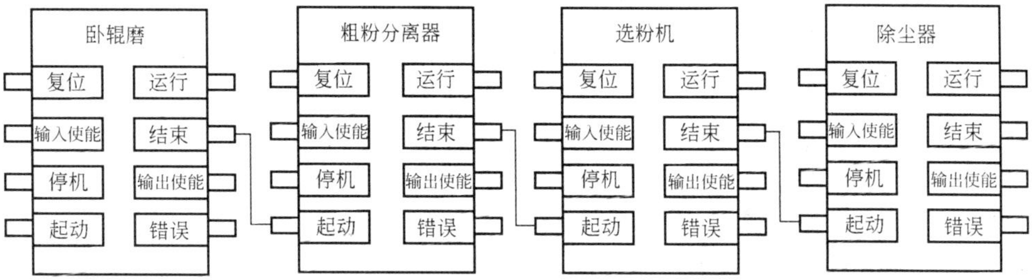

图 8-29 Profinet 设备的连接

Ethernet 通信机制（如 TCP 或 UDP），同时又采用 RPC 和 DCOM 机制进行加强。DCOM 可视为是 RPC 分布式应用的 COM 技术的扩展，可以采用优化的实时通信机制应用于对实时性要求苛刻的领域。在运行期间，Profinet 设备以 DCOM 对象的形式映像，通过对象协议机制确保了 DCOM 对象的通信。COM 对象作为 PDU 以 DCOM 协议定义的形式出现在通信总线上。通过 DCOM 布线协议，DCOM 定义了对象的标识、有关接口和参数，这样就可以在通信总线上进行标准化的 DCOM 信息包的传输。对于更高层次上的通信，Profinet 可以采用集成 OPC 接口技术的方式。

OPC 的核心是把 OLE 技术应用于工业控制领域。由于 Profinet 与 OPC 均采用了 DCOM 通信机制，因此 Profinet 通信技术可以很容易地与 OPC 接口技术集成，以实现数据在更高通信层次上的交换。OPC 接口设备在工控领域的应用十分广泛，OPC 接口技术定义了 OPC DA（Data Access，数据访问）与 OPC DX（Data Exchange，数据交换）两个通信标准，分别应用于传输实时数据和实现不同类控制网络间数据的交换。在 Profinet 中集成了 OPC DX 接口可以实现一个开放的连接至其他系统，集成机制如下：

- 基于 Profinet 的实时通信机制，每个 Profinet 节点可以作为一个 OPC 服务器被寻址；
- 每个 OPC 服务器可以通过标准接口而作为一个 Profinet 节点被操作。

矿渣粉磨测控系统数据通信协议采用 OPC 标准的 Client/Server 结构，OPC 的服务器和客户端之间采用同步方式建立通信。数据量完全标准化，无需考虑复杂的通信规约解释程序。适用于实时高速的数据传递，兼容性好，易于网络的进一步扩充。

8.5 EtherNet/IP

8.5.1 EtherNet/IP 概述

为了在前景看好的工业以太网市场上占一席之地，从 1998 年开始，CI 的一个特别兴趣小组（Special Interest Group，SIG）开始尝试将 DeviceNet 和 ControlNet 所使用的 CIP 移植到以太网上。2000 年，ODVA、CI 和 IEA 三个国际组织联合推出了 EtherNet/IP。

2001 年 4 月，EtherNet/IP 的规范在 ODVA 的官方网站上发布，并且可以免费下载。规范分为两卷，第 1 卷是 CIP 通用规范，这一卷实际上对 DeviceNet 和 ControlNet 也适用；第 2 卷是 EtherNet/IP 特有的部分，写 EtherNet/IP 对 CIP 的具体实现。目前 ODVA/CI 提供的 EtherNet/IP 规范是 2001 年 6 月发布的第 1 版，写得还比较粗糙，其重大缺陷之一是没有给出具体的设备性能指标要求。不过，为了帮助用户确定某一台设备是否满足特定应用的需求，ODVA/CI 正在制定 EtherNet/IP 设备性能指标体系。

到本书写作时为止，EtherNet/IP 已经有了一些实际应用，其推广和应用情况比较理想。截至 2004 年 12 月，在 ODVA 官方网站上列出的支持 EtherNet/IP 的厂商已有 15 家，EtherNet/IP 产品有 30 余种。其中，罗克韦尔自动化公司是 EtherNet/IP 最主要的支持者，它已经将其一些原来支持普通以太网的产品，如 PLC、操作员界面、I/O 适配器、变频器、电能监测仪等，升级为支持 EtherNet/IP。此外，支持 EtherNet/IP 的厂商还有 Prosoft 等公司。

EtherNet/IP 作为一种工业以太网，绝不是普通意义上的以太网，它在如何适应工业环境方面作了很多技术上的改进。例如在较早时期，在罗克韦尔自动化公司提供的 EtherNet/IP 设备中，具备确定性通信能力的主要包括：带 1756-ENBT 以太网模块的 ControlLogix PLC 处理器、1794-AENT 柔性 I/O 适配器、带以太网接口的 PanelView 操作员界面。通过以太网进行确定性通信，传输对时间有苛求的数据的场合主要有：两个 ControlLogix 处理器之间传输实时互锁信息，ControlLogix 处理器和 1794-AENT 柔性 I/O 适配器之间的 I/O 数据传输，ControlLogix 处理器和带以太网接口的 PanelView 操作员界面之间的 I/O 数据传输。

总之，在众多的工业以太网中，EtherNet/IP 还是有相当竞争力的。对设备供货商来说，在两种情况下，EtherNet/IP 会成为理想的解决方案：其一是当设备已经有了 ControlNet 或 DeviceNet 接口，现在用户希望设备提供以太网接口；另一种情况是设备已经有了以太网接口，现在用户希望它具备确定性通信能力。在这两种情况下，设备供应商只需要做少量工作，就可以达到目的。在其他情况下，如果用户希望设备提供以太网接口，也可以考虑使用 EtherNet/IP。对于系统集成商而言，如果一个应用需要具有确定性通信能力的以太网，EtherNet/IP 可能是一个合适的选择，尤其是当系统中用到 ControlNet 或 DeviceNet，或者系统集成商对 ControlNet 或 DeviceNet 比较熟悉时。

8.5.2 EtherNet/IP 网络模型

图 8-30 是 EtherNet/IP 的网络模型和 ISO/OSI 参考模型对比图。如前所述，EtherNet/IP 是以太网、TCP/IP 以及 CIP 的集成，其中应用层使用 CIP 是 EtherNet/IP 和其他工业以太网的主要区别所在。

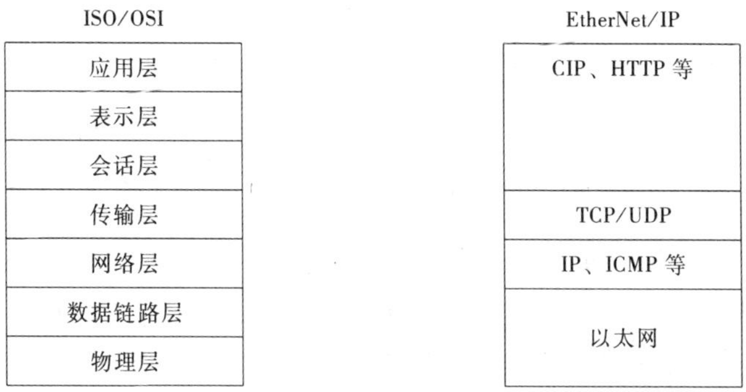

图 8-30 EtherNet/IP 的网络模型和 ISO/OSI 参考模型对比

由于在应用层使用了 CIP，EtherNet/IP 也具备 CIP 网络所共有的一些特点，包括：

- 可以传输多种不同类型的数据，包括 I/O 数据、配置和故障诊断、程序上下载等。
- 面向连接，通信之间必须建立连接。
- 用不同的方式传输不同类型的报文。
- 基于生产者/消费者模型，提供对多播通信的支持（EtherNet/IP 多播功能的实现需要用到 IP 多播技术）。
- 支持多种通信模式：主从、多主、对等或三者的任意组合。
- 支持多种 I/O 数据触发方式：轮询、选通、周期或状态改变（Change of State）。
- 用对象模型来描述应用层协议，方便开发者编程实现。
- 为各种类型的 EtherNet/IP 设备提供设备描述，以保证互操作性和互换性。

其中，用不同的方式传输不同类型的报文，具体到 EtherNet/IP，是用 TCP 来发送显式报文，UDP 来发送隐式报文。如前所述，TCP 是可靠的点对点数据传输。在一个 TCP 报文中，协议信息和服务指令都包括在内。节点接收到 TCP 报文之后，可以对报文进行解释，并做出合适的响应。而 UDP 报文只包含实时数据，其含义在连接建立时已经定义好。通过使用 UDP 来传输隐式报文，报文效率较高，通信实时性较好，而且由于 UDP 报文较短，传输所需要的时间可预测性就较强，通信确定性也相对较高。而 UDP 报文传输带来的可靠性低下的问题由 CIP 解决，即如果发生报文丢失或差错的情况下，由 CIP 通知发送节点重新发送报文。

另外，EtherNet/IP 规范规定仅可选择 10Mbit/s 或 100Mbit/s 以太网。为了能够在工业现场恶劣的环境中工作，EtherNet/IP 设备选用的物理部件要能够经受得起考验，根据具体应用场合的不同，它们可能要忍受高温或低温、高湿度、强振动、强电磁干扰等。另外，EtherNet/IP 规范还要求设备满足与 TCP/IP 实现有关的 RFC 文件的规定。

不过，EtherNet/IP 规范没有给出所用到的以太网技术和 TCP/IP 技术的详细定义，倒是在 ODVA/CI 发布的另外一个文档 EtherNet/IP 开发者推荐白皮书（EtherNet/IP Developer Recommendations White Paper）中，对以太网和 TCP/IP 的选用提出了一些建议。为满足工业应用对确定性的要求，在 IEEE802.3 标准的容许范围之内，ODVA/CI 建议所选用的以太网有一些特殊之处，包括不用普通集线器而用交换机、提供对全双工的支持、提供对 IEEE802.1p 规范的支持以对不同类型的报文赋予不同的优先级、推荐使用 100Mbit/s 的快速以太网和一定的冗余等。

8.5.3 CIP 的封装

EtherNet/IP 的应用层采用了 CIP，并且用对象模型来描述 CIP。另外，为了保证互操作性和互换性，EtherNet/IP 也提供设备描述。在第 4 章里，已经对 CIP 对象模型和 CIP 设备描述进行了详细的介绍，在此不再重复。本节主要介绍 CIP 的封装。

封装协议所定义的实际上是应用层和传输层的接口，也就是 CIP 和 TCP/UDP 的接口。封装协议预留了 TCP 端口 0xAF12 和 UDP 端口 0xAF12，用于 CIP 通信。封装协议规定了 CIP 数据包是如何被组装成 TCP 包或 UDP 包的。另外，由于 TCP 是面向连接的协议，封装协议还需要进行会话管理。一个会话管理需要经历 3 个阶段：建立会话、维持会话、结束会话，因此，封装协议还规定了多种用于会话管理的报文。

封装数据包包头的格式如图 8-31 所示，包头长度为 24B，其有效数据段的长度为 0 ~ 65511B。数据按照规定的格式封装好后，作为 TCP 或 UDP 报文中的数据段传输。

2B	2B	4B	4B	8B	4B
命令	长度	会话句柄	状态	发送者背景	选项

图 8-31　封装数据包包头格式

在命令域，可能的命令有：

- NOP：空操作命令，无论是会话发起者还是目标都可能发送。接受者应该忽略该报文中包含的任何数据，并且不回复。

- ListIdentity：会话的发起者用该命令来确定可能的目标。发送命令域为该命令的封装报文，无需事先建立会话。
- ListInterfaces：会话的发起者用该命令来发现目标可能有的非 CIP 通信接口。发送命令域为该命令的封装报文，无需事先建立会话。
- RegisterSession：请求建立会话。
- UnRegisterSession：请求结束会话。
- ListServices：会话的发起者用该命令来确定目标设备支持哪个封装服务类型。
- SendRRData：用于传输封装好的请求数据包或答复数据包。
- SendUnitData：用于传输封装好的连接报文。

其中，命令域为 ListIdentity、listInterfaces、ListServices 或 SendUnitData 的封装报文传输用 TCP 或 UDP 都可以，其他封装报文只能用 TCP 传输。

长度域给出的是封装报文的有效数据段的长度。

会话句柄实际上就是所建立的会话的编码，它由目标节点产生，并发给发起节点，作为对 RegisterSession 请求的响应。

状态域指示接收者是否能够执行所接收到的封装报文中的命令。如果接收者成功地执行了命令，回复报文中该域应该为 0。如果接收者接收到的报文中该域不为 0，接收者将忽略该报文。

发送者背景域用于请求报文和回复报文的配对，它是由发送者任意给定的。接收者发出的回复报文中的发送者背景域应该与他所接收到的请求报文相一致。

选项域用于给命令提供参数。在 EtherNet/IP 规范的第 1 版中，该域没有任何作用。

不同类型的 CIP 报文采用不同的协议传输。CIP 报文分为连接报文和未连接报文，其中未连接报文是在命令域为 SendRRData 的封装报文中，通过 TCP 传输的；而连接报文是在命令域为 SendUnitData 的封装报文中传输的，至于到底是用 TCP 还是 UDP，则取决于连接报文的传输类（Transport Class）。CIP 连接报文有七种传输类：传输类为 0 类的 CIP 报文是最简单、最基本的报文；传输类为 1 类的 CIP 报文是重复检测的报文；传输类为 2 类的 CIP 报文是确认的报文；传输类为 3 类的 CIP 报文是校核的报文；传输类为 4 类的 CIP 报文是无阻塞报文，传输类为 5 类的 CIP 报文是无阻塞且破分的报文，传输类为 6 类的 CIP 报文是多播且破分的报文。其中，传输类为 4 类、5 类和 6 类的 CIP 报文都不常用。

传输类为 0 类或 1 类的 CIP 报文都是通过 UDP 传输的。以太网本身并非为确定性网络，有可能出现因为某种原因而使发送包丢失的情况。而且根据定义，0 类和 1 类传输类并不保证每个包都不丢失。生产者节点只是以固定的速率不停地发送数据，如果某一个包丢失了，消费者就接收到下一个包。所以，如果应用不容许包丢失，就不能采用0类或1类传输类。

对传输类为1类的CIP报文，接受者可以通过检查各个包的序号知道有没有丢失包。而0类CIP报文没有序号，接受者就无法通过检查包的序号知道包丢失的情况。不过，如果包丢失了很多，连接超时机制可以给应用提供反馈。所谓连接超时机制，就是如果在一定时间内接受者没有接受到新的数据包，就会中止连接。

传输类为0类或1类的CIP多播报文的传输要用到IP多播技术。实现多播要解决两个基本问题：一个是确定IP传输的范围；另一个是进行IP多播地址分配。

目前，IP多播范围的确定用的都是生存时间（Time to Live，TTL）法。TTL法就是用IP报文头的TTL字段来限制多播范围。当发送多播信息时，主机把TTL字段设定为某一个合适的值。数据包在网络传播的过程中，TTL的值不断减少。设置路由器使之只传输TTL值在一定值之上的数据包。如果TTL的初值设置为1，多播就被限定在一个子网里面。目前，由于有关的因特网标准还没有确定，所以安全的做法就是把多播限制在一个子网里，不在同一个子网中的两个节点通信则采用点对点方式。

IP多播地址分配是给应用分配用于发送和接受多播报文的IP多播地址。IP多播地址空间是由IANA管理的，虽然IANA并没有给EtherNet/IP所用到的应用分配地址，但是它划出一个地址段作为多播地址。目前，由于有关的标准正在制定中，用户只能是在IANA划出的多播地址段中任意选择一个。

传输类为2类或3类的CIP报文应该通过TCP连接传输。一个TCP连接可以传输多个CIP连接。由于TCP是全双工的，从发起者到目标的CIP连接和从目标到发起者的CIP连接应该使用同一个TCP连接。不过，如果目标随后发起一个CIP连接，它就应该被认为是发起者，应该使用一个新的TCP连接。

传输类为4类、5类或6类的CIP报文不使用本节给出的封装协议，EtherNet/IP第1版也没有指出应该用什么封装协议。

由于封装和具体的网络底层协议无关，所以用类似的方法，可以使得CIP在其他支持TCP/IP的网络上运行，如ATM、FDDI等。

8.5.4 EtherNet/IP底层

EtherNet/IP规范的第1版支持两种类型的EtherNet/IP设备，一种是商用的，另一种是工业用的。前者是在商用以太网设备上实现CIP而成的，通常用作信息层网络，或在一些对确定性要求不高的应用中用作控制层网络；后者用于对确定性要求较高的场合。EtherNet/IP规范以后还可能增加设备类型或者进一步细分，以满足不同应用的需要。

工业用 EtherNet/IP 设备首先要能够在工业现场恶劣的环境中正常工作，其要满足的最低要求见表 8-3。根据具体应用的不同，实际工作环境可能比表 8-3 给出的更为恶劣。

表 8-3　工业应用对设备的最低要求

测　试		指　标	标　准
振动（未封装的）	频率	10 ~ 500Hz	IEC 60068-2-6
	加速度（运行时）	5g	
	位移	(0.012in) 0.3048mm	
冲击（未封装的）	加速度（运行时）	30g	IEC 60068-2-27
	加速度（未运行时）	50g	
温度	运行温度	0 ~ 60°C	IEC 60068-2-1 IEC 60068-2-2
	贮存温度	-40 ~ 85°C	
湿度		5% ~ 95% RH	IEC 60529
密封		最低 IP20	
电压试验 （仅适用于连接器）	接头对接头	峰值 1000V	IEC 60512-1
	接头对测试板	峰值 1500V	

此外，为满足工业应用对确定性的要求，在 EtherNet/IP 开发者推荐白皮书中，ODVA/CI 建议 EtherNet/IP 所选用的以太网应该有一些特殊之处。这些建议都在 IEEE802.3 标准的容许范围之内，并没有为提高通信确定性而采用任何非标准的技术。

第一，建议采用交换机，而非普通的集线器。由于交换机用的是专用带宽，而集线器用的是共享带宽，使用交换机可以消除不必要的网络通信。

第二，建议提供对全双工的支持。这样，在网络上只有两个节点的情况下，以太网就不使用 CSMA/CD 协议，从而消除了冲突的可能性。

第三，建议满足 IEEE802.1p 规范。正在制定中的 IEEE802.1p 规范使得人们可以对不同种类的信息赋予不同的优先级。

第四，建议使用 100Mbit/s 的快速以太网和一定的冗余。

8.5.5　EtherNet/IP 设备开发

所谓 EtherNet/IP 设备开发，其实就是为设备开发 EtherNet/IP 网络接口，使之具备 EtherNet/IP 网络通信能力。这里所说的设备可能是控制器、工控机、操作员界面，也可能是各种类型的底层设备，如变频器、机器人等。

要开发 EtherNet/IP 设备，一个必不可少的东西是 EtherNet/IP 规范，它可以从 ODVA 官方网站（www.odva.org）上免费下载。如果开发者想在市场上推出

EtherNet/IP 设备，就必须购买一份印刷版的或者光盘版的 EtherNet/IP 规范，并且签署 EtherNet/IP 使用条款协议（Term of Use Agreement），然后可以从 ODVA 得到一个设备供应商 ID（Vendof ID）。

ODVA/CI 为 EtherNet/IP 设备开发提供了许多支持。ODVA/CI 提供 EtherNet/IP 有关的技术培训，并且定期举办研讨会。ODVA 网站还提供免费的技术支持，称为问 EtherNet/IP 先生。EtherNet/IP 设备一致性测试软件也已经于 2002 年发布，密歇根大学的一个实验室成为第一个 EtherNet/IP 设备一致性测试实验室。

此外，为了帮助开发者加快设备开发进程，ODVA 还提供 EtherNet/IP 开发工具包，称为 EtherNet/IP Enablers，它也可以从 ODVA 网站上免费下载。EtherNet/IP Enablers 包括：

- For Windows NT/2000 的预编译可执行文件，它可以帮助开发者理解和使用 EtherNet/IP 技术。
- 针对第 1 级和第 2 级设备的例子源代码。实际上，如果要开发的设备正好是第 1 级或者第 2 级的，对例子源代码稍作改动即可，从而避免了大部分的软件工作。
- CIPAlyzr 网络协议分析工具，用于捕捉网络上的各种数据包，并以报表的形式给出。
- 其他一些有用的文档。

EtherNet/IP 设备开发有两种方式：一种是基于单板计算机（简称单板机）的；另外一种是开发嵌入式系统。基于单板机的开发方式可以在开发设备原型时使用。通过采用带以太网接口的单板机，就可以免掉几乎全部的硬件工作，并且充分利用单板机上强大的操作系统。如果采用单板机的方案并不适合，比如说希望更低的成本，或者希望设备更紧凑，通常就需要开发一个嵌入式系统。

如果开发嵌入式系统，最简单的情况是设备已经有了以太网接口，这时只需要做一些软件工作（主要是实现 CIP），然后把固件升级一下即可，可以避免大部分的硬件工作。另外一种比较简单的情况是设备已经有 ControlNet 或 DeviceNet 接口，这时所编写的软件代码只需要稍作改动就可以供 EtherNet/IP 接口使用，从而避免大部分的软件工作。

8.5.5.1 需求分析

首先，要肯定用户的确希望设备提供 EtherNet/IP 接口。在工业应用中，以太网主要是用在信息层，在控制层中也用得越来越多，但在设备层中应用目前还很少。近期，以太网还不太可能成为一个普遍的设备层网络，毕竟在大多数情况下，花 500 元把一个值 5 元的按钮放上以太网不是什么好主意。

然后，分析应用需求，并选择合适的设备级别。EtherNet/IP 是一种功能比较强大的网络。并不是每台设备都需要实现 EtherNet/IP 所支持的全部网络功能，因此，应该根据设备所需要实现的网络功能来选择合适的解决方案。EtherNet/IP 根据设备所具备的网络功能，把设备分为 4 级，开发者应该根据设备需要的网络功能，为其欲开发的设备选择一个合适的级别。

EtherNet/IP 设备的分级情况如图 8-32 所示。第 1 级 EtherNet/IP 设备仅能传输显式报文，且仅能充当显式报文传输中的服务器。第 2 级 EtherNet/IP 设备，既可传输显式报文，又可传输隐式报文，但是只能充当服务器，例如简单的 I/O 设备、在以太网侧的简单路由器等。第 3 级 EtherNet/IP 设备仅能传输显式报文，但是既可以充当显式报文传输的服务器，也可以充当客户机，例如计算机接口卡、操作员界面等。第 4 级 EtherNet/IP 设备既可传输显式报文，又可传输隐式报文；既可以充当显式报文或隐式报文传输的服务器，又可以充当显式报文或隐式报文传输的客户机，例如 PLC、I/O 扫描器、逻辑控制器、高端路由器等。

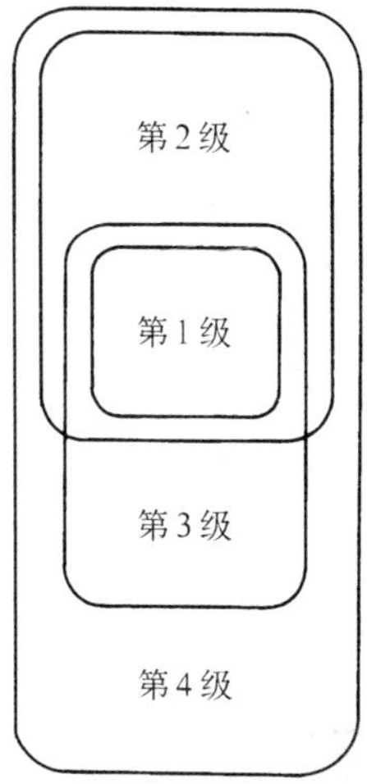

图 8-32　不同级别的 EtherNet/IP 设备

8.5.5.2　硬件开发

和商用以太网设备开发中的硬件开发相比较，EtherNet/IP 设备开发中的硬件开发的不同主要体现在两个方面：一是对元器件提出了更高的要求；二是对电路设计提出了更高的要求。

为了使得 EtherNet/IP 设备能够满足工业应用的要求，EtherNet/IP 开发者推荐白皮书对所选用的各个元器件都提出了一些要求。在一个典型的 EtherNet/IP 设备中，要用到的元器件有处理器、存储器、以太网控制器、接收器、隔离变压器、保护电路、连接器、电缆等。

以太网控制器是最重要的物理部件，它实现了以太网的数据链路层协议。为了保证设备能够很好地满足工业应用的要求，所选用的以太网控制器最好具备以下特点：

- 能在工业环境中运行，对高温或低温、噪声、振动等有一定的抵抗能力。
- 支持全双工通信。
- 支持 10Mbit/s、100Mbit/s 传输速率的通信。
- 支持 IEEE802.1p。
- 能够根据数据包来改变传输特性。
- 支持多播地址过滤。
- 支持混杂模式，在该模式下，控制器接收所有的数据包。这一模式在诊断或监视中会用到，而普通的应用中通常不需要。

● 具备硬件数据包过滤的能力。

上述要求中，有一些要求现有的以太网控制器还不能满足，如支持IEEE802.1p。

隔离变压器的主要作用是把设备的有源部分和其网络接口隔开，以避免干扰网络的运行。此外，隔离变压器应该提供尽可能高的共模抑制比。ODVA/CI 推荐采用在 30Hz 时共模抑制比在 59dB 以上的隔离变压器。

保护电路的功能是将差分电压钳制在对收发器安全的范围之内，有一些设备还需要通过保护电路把共模噪声也钳制在安全范围之内。根据保护电路功能的不同，钳制电路应该被放在不同的地方。

连接器一般使用 RJ-45 连接器。不过，为了使得连接器能够在工业环境中正常工作，需要保证以下几点：

● 连接器要能承受高振动，振动强度为 2 ~ 10g。

● 所使用的塑料在高温和低温下都能正常工作，温度范围为 -10 ~ +85°C。

● 在腐蚀性环境中，要使用耐腐蚀的材料做连接器，比如黄金。

● 如果使用镀金材料做连接器，该材料要能够经受住振动以及反复的插拔。

● 连接器应该密封。

当然，开发者也可以采用非标准的连接器。不过，如果采用非标准连接器，开发者要保证其电气性能能够满足快速以太网规范的严格要求。

电缆的选用也很重要。在电磁干扰严重的环境中，如果电缆不好，网络就很可能不能正常工作。EtherNet/IP 电缆的要求详见 EtherNet/IP 规范。

在进行电路设计时，要认真处理接地、隔离、屏蔽、制板等问题，以保证设备能够在电磁干扰严重的环境中工作。

此外，如果要通过 ODVA/CI 的一致性测试，EtherNet/IP 设备还必须具备一个模块状态指示灯和一个网络状态指示灯。

8.5.5.3 软件开发

EtherNet/IP 设备的软件通常是在一定的操作系统和 TCP/IP 栈的基础上开发的，因此，选择合适的操作系统和 TCP/IP 栈是至关重要的。如果使用的是单板机，可以使用类似于 Windows NT 的高级操作系统；否则通常就应该采用嵌入式的操作系统，比如微软的 Windows CE、Wind River 的 VxWorks 等。无论是高级操作系统，还是嵌入式操作系统，通常都会有配套的 TCP/IP 栈。EtherNet/IP 开发者推荐白皮书给出了 EtherNet/IP 设备对操作系统的要求。此外，它还给出了 EtherNet/IP 设备对 TCP/IP 栈的最低要求，以及一些可以提高报文处理速度和可移植性的额外要求。

接下来就要在操作系统和 TCP/IP 栈的基础上实现 CIP。设备开发者如果以前没有与 CIP 打过交道，就不得不仔细学习 EtherNet/IP 技术规范，然后根据具体情况实现 CIP。在这过程中，有一些开发工具可供使用，比如 ODVA/CI 提供的 EtherNet/IP Enablers。

此外，为了方便用户配置设备，设备开发者还需要提供 EDS 文件。所谓 EDS 文件，是提供配置设备所需信息的文件，所提供的信息有设备的一般信息、设备的参数列表、每个参数可能的取值等。EDS 文件由 ASCII 组成，可以用文本编辑器进行编辑。EtherNet/IP 的 EDS 文件分成几个区，依次是文件描述、设备描述、汇编描述、参数类、参数、参数组、端口、模块。其中，除了文件描述区和设备描述区以外，其他区都是可选的。

为了保证 EDS 文件能够被 EtherNet/IP 设备配置软件使用，EtherNet/IP 规范对 EDS 文件的数据编码、命令语言、语法进行了严格的规定。详细情况可参阅 EtherNet/IP 规范。值得注意的是，对于同一设备，为其 EtherNet/IP 接口编写的 EDS 文件和为其 DeviceNet 或 ControlNet 接口编写的 EDS 文件差别不大，只是几个可选区不一样。

8.5.6 EtherNet/IP 组网

8.5.6.1 系统规划

良好的系统规划是成功的系统集成的前提条件。组一个基于 EtherNet/IP 的系统，同样需要做好系统规划。需要说明的是，这一小节是系统的概要设计，所要确定的是系统的总体框架，比如确定系统中需要多少个 EtherNet/IP 扫描器等；而下一小节是关于网络的规划和安装，是系统的详细设计，确定用什么样的集线器、如何布线等。

规划一个基于 EtherNet/IP 的系统，首先要确定应用需求，然后给出初步的系统方案，并预测系统性能，看系统性能是否能够满足应用需求。如果通过系统性能预测发现无法满足应用需求，就要对系统方案进行修改，再重新预测系统性能，直到系统性能能够满足应用需求为止。

系统性能预测主要有两项内容：一是预测应用对带宽的需求，看系统的带宽是否能满足应用的需求；二是预测在隐式连接中，I/O 数据输入/输出的最大时间间隔能否满足应用的需求。

无论是应用对带宽的需求，还是 I/O 数据输入/输出的最大时间间隔，都主要取决于各个 I/O 数据的请求的数据包时间间隔（RPI）。所谓的 RPI 是数据对发送频率的要求，即要求数据每隔多长时间发送一次。比如，在一个隐式连接中，EtherNet/IP 扫描器要求设备每 20ms 向它发送一次数据，则该连接的 RPI 为 20ms。

在一个基于 EtherNet/IP 的系统中，以太网网络的带宽通常都能满足应用的需求，系统的带宽瓶颈通常是在 EtherNet/IP 扫描器上。扫描器属于第 4 级 Ether-

Net/IP 设备，它既可传输显式报文，又可传输隐式报文；既可以充当显式报文或隐式报文传输的服务器，又可以充当显式报文或隐式报文传输的客户机。EtherNet/IP 扫描器模块的带宽通常是比较低的，比如，罗克韦尔自动化公司提供的 1756-ENET/B 扫描器模块提供的带宽是 900 帧/s，这些带宽要在所有与该模块有关的显式连接和隐式连接中进行分配。由于每个隐式连接每次至少要传输两帧数据，因此每个隐式连接的带宽消耗是其 RPI 倒数的两倍。因为需要保留 10% 的带宽用于显式通信，如果所有隐式连接占用的带宽总和是扫描器模块带宽的 90% 以上，则系统带宽就不能满足应用的需求。

在隐式连接中，I/O 数据输入/输出的最大时间间隔由设备处理数据的时间、RPI、处理器处理数据的时间三部分组成，其中最后一部分通常可以忽略。因此，最大时间间隔除了与 RPI 有关外，还和 I/O 数据的类型有关。如果是离散 I/O数据，最大时间间隔就等于 RPI；如果是隔离的模拟数据，就等于 RPI 加上实时采样（Real Time Sample，RTS）时间；如果是非隔离的模拟数据，就等于 RPI 加上 2 倍的 RTS；如果是标签（Tag）数据，就等于 2 倍的 RPI。

8.5.6.2 网络规划与网络安装

对需求的准确理解是做好任何规划的前提条件，网络规划也不例外。在 EtherNet/IP 网络规划中，要获取的应用需求有关的信息主要是两方面：一是应用的类型，即 EtherNet/IP 网络到底是用作传递实时数据的控制网络，还是用作传输非实时数据的信息网络；二是确定环境条件，如温度、湿度、有无腐蚀性化学物质、振动、电磁干扰等。

然后，根据应用的需求，选择各个部件，主要包括：

- 网线的选择。要确保网线能够在现场的环境条件下正常工作。如果现场电磁干扰很厉害，或者布线要经过与干扰源距离很近的地方，应该使用屏蔽线。
- 连接器的选择。连接器通常选用 RJ45 连接器。在某些环境条件下，需要选用有封装的连接器。
- 集线器的选择。集线器有多种类型：线缆集线器、智能集线器、交换机（交换式集线器）。为保证能够满足实时性要求，控制网络一般要求使用交换机。另外注意要保证集线器上端口的数目足够。
- 其他设备的选择。根据应用需求，EtherNet/IP 组网可能还需要中继器、网桥、路由器、桥接路由器、网关、服务器等网络设备。

接着，根据应用需求，制定网络方案。在制定网络方案时，要考虑的问题主要有：

- 确定通信波特率。选择通信波特率要考虑多方面的因素，包括应用对带宽的需求、成本等。值得注意的是，通信波特率越低，抗电磁干扰能力就越强。

● 确定各台设备的摆放位置。要确保各台设备的工作环境能够满足要求。

● 确定每个连接的距离。通常以太网的网段长度不能超过100m，要确保网段的长度在限值以内。

● 注意网络安全。控制网络与办公网络之间、控制网络与Internet之间，应该有必要的隔离。另外，对控制网络进行操作应该很小心，并且进行严格的权限控制。

网络方案确定之后，就可以安装网络了。网络安装时要严格按照有关设备的说明书来操作，尤其要妥善处理隔离、接地、屏蔽等问题，比如在一个符合NEMA标准的封闭环境中，无论是进线还是出线，都要求使用隔板（Bulkhead）接头；为了不造成环流，屏蔽线只应该在一端接地，通常都是在交换机端；在网线的末端装连接器时，双绞线解开的长度不应该太长。

最后，检查网络，解决存在的问题。检查网络应该充分利用现有的工具。在以太网故障诊断方面，市场上有许多很有用的工具出售。

8.5.6.3 设备配置

EtherNet/IP设备配置方式有两种：一种是利用设备提供的拨码开关、跳线、拨轮、插针、人机界面等，直接在设备上进行配置；另外一种是在与EtherNet/IP网络相连的计算机上进行远程配置。一些EtherNet/IP设备提供两种方式中的一种，也有一些EtherNet/IP设备同时提供两种设备配置方式。前一种方式按照设备说明书操作即可，本小节着重介绍后一种设备配置方式。

EtherNet/IP设备远程配置利用的是EtherNet/IP网络提供的显式通信。要实现远程设备配置，需要具备几个条件：用于配置的计算机应该装有EtherNet/IP网卡，并且连在EtherNet/IP网络上；计算机上应该运行EtherNet/IP设备配置软件；操作员应该拥有进行设备配置所必需的一些信息，如设备的每个参数的详细描述，尤其是参数默认值、取值范围、可能的取值等。其中，配置所需要的信息通常是通过EDS文件提供的。

EtherNet/IP设备配置软件的基本功能有三项：读入EDS文件；对EDS文件的内容进行解释；将每个参数可能的值提供给用户，然后将用户选定的参数值写入设备。此外，配置工具还可能有其他一些功能。

罗克韦尔自动化提供的用于EtherNet/IP设备配置的软件是RSNetworx for EtherNet/IP。利用该软件，用户可方便地配置设备的IP地址、默认网关等。该软件提供了友好的用户界面。由于EtherNet/IP设备通常都会内置Web服务程序，用户可以通过使用WWW浏览器访问Web服务程序，服务程序对EDS文件进行解释，提供一张表单给用户填写，然后将用户填写好的表单保存下来，根据用户的选择设置每个参数的值，从而实现对设备的远程配置。

在EtherNet/IP设备配置中，比较特殊的是扫描器的配置。要进行隐式通信，需要事先编辑扫描器的扫描列表，把要传输的I/O数据加入EtherNet/IP扫描器的扫描列表中。DeviceNet 和 ControlNet 扫描器的配置是通过使用设备配置工具软件来实现的，在罗克韦尔自动化公司最新推出 EtherNet/IP 的设备配置工具软件后，EtherNet/IP 的设备远程配置就显得方便多了。例如，一个以罗克韦尔自动化公司的 ControlLogix PLC 为核心的系统中，EtherNet/IP 扫描器的配置是在与 ControlLogix 配套的 RSLogix5000 PLC 编程软件上完成的，配置时把 EtherNet/IP 扫描器当作 PLC 的一个 I/O 模块。

8.5.7 EtherNet/IP 应用实例

美国安海斯-布希公司（百威啤酒）于 1852 年创立，年产啤酒 1300 万 t，自 1957 年以来，啤酒产量一直居美国行业之首，占美国啤酒市场份额的 46%，并以绝对优势控制着世界 9% 的啤酒市场。在中国，安海斯-布希公司通过入股、合资开设分厂等模式也取得了飞速发展。

百威啤酒 EtherNet/IP 解决方案的关键核心设备是 Cisco Catalyst 2955 系列工业等级以太网交换机，该交换机支持快速以太网和吉位组以太网在恶劣的环境中配置。它通过运用一系列铜线及光纤传输线，可运用于恶劣环境中的应用程序，包括工业自动化、运输及利用。它还适用于比其他商业交换机产品的更优环境条件中运行的应用程序。

其控制方案包括：8 个 ControlLogix 控制器、495 个 PowerFlex 变频器、120 个 Flex IO 现场站和 5 个 PanelView 人机界面。

百威啤酒生产线上成功应用了 EtherNet/IP 网络，以实现跨越式发展。其 EtherNet/IP 网络的特点是：

1）基于“对象”技术的编程和设备组态；

2）系统启动快速，在设备组态完成后，不到 1h 即可完成整个生产线的启动；

3）对设备统一的 IP 地址管理；

4）与企业信息系统的一致和集成；

5）无需附加软件即可远程监视和诊断（Web Browser）等。

EtherNet/IP 网络不仅能够为百威啤酒生产线的控制器、机器人、过程控制设备提供实时数据通信，而且还能够为更高一层的商务系统提供支持。

8.6 小结

工业以太网控制系统与其他控制系统相比较具有很大的优势，可以应用在多种工业控制领域。随着集成电路、工业以太网和嵌入式 Internet 技术研究的进一步深入，基于以太网的工业控制网络时代将会很快到来，并成为最具开放性的工业控制网络体系结构。这种新型的网络体系与现场总线在以太网方面的发展相呼应，对传统的工业控制网络是一个变革，必将为工业控制领域带来新的天地。但是，在某些领域，例如汽车控制系统、数控机床等，由于其工作条件恶劣，实时性、可靠性要求高，在目前的技术条件下还不适合工业以太网。从整体趋势来看，工业以太网进入现场控制级毋庸置疑。但至少现在看来，它还难以完全取代现场总线，作为实时控制通信的单一标准。在很长的一段时期内已有的现场总线仍将继续存在，最有可能的情况是发展一种多种网络并存的混合式控制系统。

参考文献

[1] Forouzan B A. Introduction to Data Communications and Networking [M]. McGraw-Hill, 1998.

[2] Forouzan B A, etc. Data Communications and Networking [M]. 2nd ed. McGraw-Hill, 2001.

[3] Forouzan B A. TCP/IP Protocol Suite [M]. McGraw-Hill, 2000.

[4] Forouzan，等. 数据通信与网络 [M]. 潘仡，等译. 北京：机械工业出版社，2000.

[5] Commer D E. Internetworking with TCP/IP Volume 1 Principles, Protocols, and Architectures [M]. 4th ed. Prentice Hall, 2001.

[6] Tanenbaum A S. Computer Networks [M]. 3rd ed. Prentice Hall, 1996.

[7] Tanenbaum A S. Computer Networks [M]. 4th ed. Prentice Hall, 2002.

[8] 张曾科. 计算机网络 [M]. 北京：清华大学出版社，2003.

[9] 张浩. 工业计算机网络和多媒体技术 [M]. 北京：机械工业出版社，1998.

[10] Held. 以太网 [M]. 戴志涛，郑岩，译. 北京：人民邮电出版社，1999.

[11] TechFest Ethernet Technical Summary [OL]. http://www.techfest.com/networking/lan/ethernet.htm.

[12] Cassidy K. An Ethernet Primer [OL]. http://www.informit.com.

[13] Li QingFeng, Gan Yongmei, Wang Zhaoan. EtherNet/IP: A New Industrial Ethernet. Proceedings of 2002 International Fieldbus [C] // Control and Management Integration Conference and Exhibition. Shanghai, China 2002: 354-358.

[14] Wacker P. Networking with Ethernet [J]. Control Engineering. 2001 (1).

[15] Mintchell G A. Ethernet's In Control [J]. Control Engineering. 2000 (5).

[16] Venture Development Corporation (VDC). Global Markets and User Needs for Industrial Distributed-Remote I/O. March 1999.

[17] 罗公亮. 工业以太网数据交换标准 OPC DX [J]. 冶金自动化，2002，26 (2)：1-5.

[18] Industrial Ethernet [OL]. http://www.anybus.com.

[19] EtherNet/IP Background Information [OL]. http://www.odva.org.

[20] ODVA/CI. EtherNet/IP Specifications [S]. Release 1.0. June 2001.

[21] ODVA/CI/IEA. EtherNet/IP Developer Recommendations White Paper [R]. Revision 2.00. 2001.

[22] EtherNet/IP Background Information [OL]. http://www.ethernet-ip.org.

[23] EtherNet/IP Network [OL]. http://www.ab.com.

[24] Jones N, Moss W H. Introducing EtherNet/IP [C] //. 6th ODVA Annual Meeting. Tampa, March 2000.

[25] Rockwell Automation. EtherNet/IP Performance and Application Guide, June 2001.
[26] Rockwell Automation. EtherNet/IP Media Planning and Installation Manual, January 2001.
[27] EtherNet/IP Drives Mining Standards Down Under [OL]. http://www.odva.org/.
[28] 冬为明，刘勇，赵志衡. 几种主流工业以太网 [J]. 低压电器，2005 (6).
[29] 张恒春，武咏梅，泰应峰. 工业以太网与现场总线 [J]. 上东电力技术，2004 (6).
[30] 储春华，李志俊. 工业以太网技术发展现状与前景 [J]. 仪表技术，2005 (6).

第9章 现场总线控制系统的集成技术

虽然现场总线的标准还没有统一，但是现场总线控制系统（FCS）却得到了长足的发展。这主要体现在国内已经有很多大型企业构造了现场总线控制系统，并进一步通过因特网（Internet）及企业内联网（Intranet）实现了企业的管理与控制一体化。实现这一目标的关键是解决系统集成问题，包括首先建立企业的网络框架，其次在每一层网络上完成与通信和控制目标有关软硬件的选择和集成，以及解决上、下层之间的互连。

本章专门介绍与现场总线控制系统集成有关的技术。首先介绍了系统集成的含义，然后给出了一般的现场总线控制系统的框架，介绍了现场总线控制系统集成的方法和原则以及应注意的问题，接着介绍了现场总线的选型和工业企业网，最后给出了两个集成好的现场总线控制系统的实例。

9.1 系统集成的含义

20世纪90年代，系统集成已成为计算机业界讲得最多、用得最普遍的词语。其实，集成的思想，并不是计算机工业专有，也不是什么新概念。传统制造业，如汽车工业，从手工作坊发展到大规模自动化生产方式后，为追求大批量低成本，采用标准化生产线及加工工艺，零部件制造商专业化、标准化，总装厂与协作厂之间的协作生产（OEM）化，都体现着集成的思想。

计算机工业最早体现和采用集成思想可能要数集成电路技术。到20世纪90年代，随着开放系统新时代的到来，系统集成才被计算机工业广泛地议论和采用，引起计算机业界人们的极大关注。可以说，系统集成是开放系统驱动的，顺应了计算机工业发展的潮流。当今，系统集成已从硬件、软件和服务行业分离出来，形成一个独立的十分诱人的新业务。

系统集成首先应该从系统讲起，系统就是为某一特定目标，具有特定功能的、相互间具有有机联系的诸多元素所构成的一个整体。所以说，系统本身就是许多元素的集成组合体。集成又可称为综合，是指一个系统的各个部分之间能有机地连接，自动地、协调地工作，以完成系统的特定功能，达到系统的目的。集成并不是各个部分的简单组合和堆积，而是要能产生整体优化的效果，发挥整体效益。

那么究竟什么是系统集成呢？系统集成是一种思想、观念和哲理，是一种指导信息系统的总体规划、分步实施的方法和策略。它不仅是技术，更含有艺术的成分。系统集成是针对某个应用目标而提供的全面一体化的解决方案。从广义而言，系统集成泛指企业建设信息系统的全过程，内容包括人的集成（最终用户掌握和利用信息系统功能，从而融入信息系统中）、企业组织的集成（再造工程）、管理和技术的集成、计算机系统平台集成。狭义上讲，系统集成是特指计算机系统集成，包括计算机硬件平台、网络系统、系统软件、工具软件和应用软件的集成，以及围绕这些系统的相应咨询、服务和技术支持。

现场总线控制系统的集成就是采用现场总线技术为用户提供一体化的自动化解决方案。以集检测、采集、控制和执行以及信息的传输、交换、存储与利用的一体化为目标，广泛采用现场总线技术、局域网和因特网技术，发展了实现各种物理“设备集成”的系统互连技术以及实现“信息集成”的软件集成技术和数据集成技术，从而满足企业综合自动化的要求。集成自动化系统是比较复杂的系统。系统集成以及集成自动化系统因其复杂性和多样性而难以从一个角度来分析，现场总线控制系统的集成同样也牵涉到许多方面，是一个系统工程。主要涉及以下三个方面：

1. 信息集成

信息集成在于使信息应用系统加工的对象和产品——各种信息元素实现规范化和体系化，以便于信息采集、存储、处理和利用。例如，管理信息系统开发时，要着重分析，整理出完整、规范的管理指标体系，定义各种信息元素之间的流向、流量、流速等。为了实现数据之间的转换，进一步需要建立数据转换规范。例如在计算机集成制造系统（CIMS）中，有必要将计算机辅助设计（CAD）、计算机辅助工程（CAE）、计算机辅助过程计划（CAPP）等各自的数据按某种标准规定的格式进行转换，得到一种统一的公用格式，才便于经过数据库管理系统（DBMS）存入数据库以及检索利用。数据共享通常是实现信息集成的主要目标，选择恰当的DBMS。组织好原始数据的提炼、加工和不断更新，是实现这一目标的重要工作。

2. 设备集成

设备集成在于解决如何组织信息应用系统。通常，信息应用都是一台台设备与通信相结合的“大系统”，具有功能综合、结构复杂、规模大、因素多等特征。这些设备可能是计算机，也可能是PLC、变频器这些高端设备智能仪表，或开关、阀门这些低端设备。组织这类大系统必须首先解决系统各组成部分之间的互连，而互连实质上是让这些组成部分之间实现通信。因此设备集成的主要技术之一是计算机网络技术。当前，实现各种智能仪表设备与计算机互连以及计算机网间互连，已经形成相当成熟的技术和众多的产品。“设备集成”的任务主要是在于技术选择和产品择优。技术选择的主要工作是确定网络协议集的标准，即为“网络平台”确定规范。产品选择是在统一标准的前提下，选择性能/价格比高、服务上乘的产品和制造商，并具体实现网络平台或通信平台。设备集成除了实现设备、计算机等之间的互连之外，进而要解决计算机系统之间的互操作，即建立信息应用系统的“应用平台”。这种应用平台是通过选择适当的硬件和软件，特别是软件环境来建立的，包括建立信息应用系统的运行环境和开发环境。

3. 应用开发

应用开发是建立信息应用系统时最艰巨的工作。应用开发技术主要指软件工程技术。采用软件工程的方法开发各种应用软件，以便保证应用软件在信息应用系统中正常运行，不断完善和便于管理。目前为应用软件开发已能提供许多便利的、高效的开发工具和环境。恰当地选择或改善工具和环境，将可达到事半功倍的效果。为了适应不断扩展计算机应用的需要，一批应用软件包已实现商品化，进一步使建立信息应用系统日趋简便和快捷。

总之，现场总线控制系统集成技术正在迅速发展，为现场总线控制系统的广泛应用提供了有力的技术支持。

现场总线控制系统的集成属于信息系统集成的范畴。信息系统集成存在于信息系统建设全过程之中，这体现在：

（1）设计阶段的集成　应用系统设计的集成就是要将完成系统总目标的应用系统划分为有区别而相对独立的分/子系统，又要使它们在支撑环境或支撑平台之上相互配合、协同工作，合成为一整体。

（2）支撑环境的集成　支撑环境的集成设计，就是要解决如何利用客观条件为应用系统提出统一的支撑环境来支持应用系统的运作，完成系统总目标。具体来说，通常在设计中要解决：

- 通信与网络平台的集成。
- 设备的选型与配置。
- 系统软件的选型与配置。

（3）工程实施阶段的集成　由于大中型信息系统的复杂性，也由于它通常涉及多个制造商产品和多种类产品，很难使整个支撑环境的建立和应用系统的提供完全由一个制造商独立完成，而可能需要各产品制造商和开发商合作完成。

（4）维护期的集成　维护期的集成的任务在于对建成系统运行中出现的问题进行分析和确定故障源，协调故障的排除和系统的改进、优化。

9.2 现场总线控制系统集成框架

现场总线本质上是一种控制网络，因此网络技术是现场总线的重要基础。和 Internet、Intranet 等类型的信息网络不同，控制网络直接面向生产过程，因此要求很高的实时性、可靠性、数据完整性和可用性。但是现场总线要完成与上层工厂信息系统的数据交换和传递。因为综合自动化是现场控制系统集成的目标。在完整的企业网构架中，现场总线控制网络模型应涉及从底层现场设备网络到上层信息网络的数据传输过程。

基于上述考虑，统一的现场总线控制系统一般具有三层结构，从底向上依次为：过程控制层、制造执行层、企业资源规划层，如图 9-1 所示。

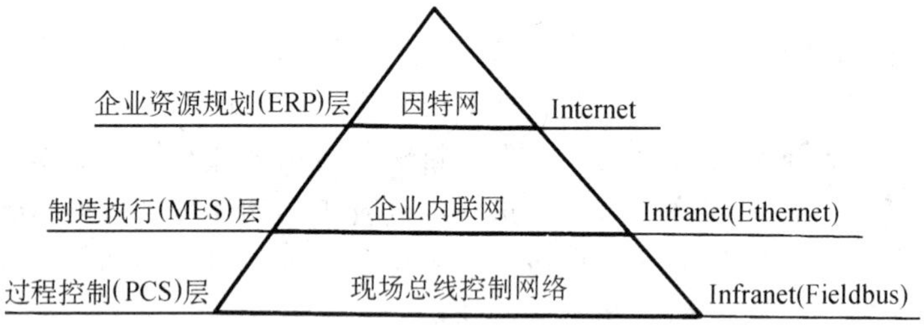

图 9-1　企业网络系统的结构

1. 过程控制层

过程控制层，又称现场设备层，是工厂信息集成系统的底层。在这一层中，现场总线网段与工厂现场设备连接。依照现场总线的协议标准，智能设备采用功能模块的结构，通过组态设计，完成数据采集、A/D 转换、累积、计数、数字滤波、温度压力补偿、PID 控制等各种功能。智能转换器对传统检测仪表的 0 ~ 10V 电压、4 ~ 20mA 电流信号以及热电偶、热电阻信号进行数字转换和补偿。从检测仪表出来的信号经智能转换器后送往总线。

现场设备是以网络节点的形式挂接在现场总线网络上，为保证节点之间实时、可靠的数据传输，现场总线控制网络必须采用合理的拓扑。常见的现场总线网络拓扑有：环形、总线形、树形等。

值得说明的是，现场总线控制网络这一层并不意味着只采用了一种现场总线构造一层网络，而是既可以由一种现场总线（如 FF）构成一层的现场总线网络，完成过程控制层所需的检测、控制、反馈的全部任务，也可以由多种现场总线任意组合构成 2 ~ 3 层的网络架构，共同完成控制的任务，并且充分发挥各层次网络、各种现场总线的自身优势。罗克韦尔自动化公司推出的网络体系中，就在这一层中包括两种现场总线，即 ControlNet 和 DeviceNet。它们协作共同完成传感、组态、控制、监测、报警的目标。

现场总线模块是现场总线技术的一个重要组成部分，它具有如下特征：

1）全数字化通信技术。

2）集成诸如自诊断、报警、趋势分析等先进功能。

3）由标准模块组成，组态简单。

4）信息双向传输。

5）密封式结构，可现场安装。

由于目前现场总线的协议尚未取得完全一致，不同制造商的总线模块产品，采用的是不同的通信协议，这给现场总线控制网络的集成带来了困难。对这个问题可以采用几种不同的集成方法，具体见下一节。

2. 制造执行层

制造执行层又称现场监控层，它将来自现场一线的信息送往控制室，置入实时数据库，进行高等控制与优化计算、集中显示，这是网络系统的过程控制层。这一层从现场设备中获取数据，完成各种控制、运行参数的检测、报警和趋势分析等功能，另外还包括控制组态的设计和下装。

监控层的功能一般由计算机完成，它通过扩展槽中的网络接口板与现场总线相连，协调网络节点之间的数据通信；或者通过专门的现场总线接口（转换器）实现现场总线网段与以太网段的连接，这种方式使系统配置更加灵活。

这一层处于以太网中，因此其关键技术是以太网与底层现场设备网络间的接口，当采用总线网段与以太网段直接互连时，转换器（利用网关/网桥和通信控制器）主要负责现场总线协议与以太网协议的转换，保证数据包的正确解释和传输。监控层除上述功能外，还为实现先进控制和远程操作优化提供支撑环境（例如数据库、工艺流程监控、先进控制以及设备管理）。

3. 企业资源规划层

最上层是基于 Internet 或 Intranet 的企业资源规划层（又称远程监控层）。其主要目的是在分布式网络环境下构建一个安全的远程监控系统。首先要将中间监控层的数据库中的信息传入上层的关系数据库中，这样远程用户就能随时通过浏览器查询网络运行状态以及现场设备的工况，对生产过程进行实时的远程监控。赋予一定的权限后，还可以在线修改各种设备参数和运行参数，从而在广域网范围内实现底层测控信息的实时传递。目前，远程监控实现的途径就是通过 Internet，主要方式是租用企业专线或者利用公众数据网。由于涉及实际的生产过程，必须保证网络安全，可以采用的技术包括防火墙、用户身份认证以及密钥管理等。

在这一层的关系数据中，除了生产信息外，一般也包括企业的销售、库存、财务、员工等数据，这就使得测控系统与所属的企业的信息系统融合在一起，这对于现代企业所要求的信息集成化具有重大意义。各部门之间的数据可以实时查阅，销售部门可以根据日生产和月生产数据可实时制定出销售策略，而生产部门也可以根据库存和反馈的销售状况调节生产计划，而高层管理部门利用数据对管理决策和部门之间作出最后抉择，这使得整个企业的信息系统构成一个大型的综合反馈决策系统。

在整个现场总线控制网络模型中，现场设备层是整个网络模型的核心，只有确保总线设备之间可靠、准确、完整的数据传输，上层网络才能获取信息以及实现监控功能。当前对现场总线的讨论多停留在底层的现场智能设备网段，但从完整的现场总线控制网络模型出发，应更多地考虑现场传输与交互问题，以及实现控制网络与信息网络的紧密集成。

以上这种基于现场总线的 Intranet 全数字控制系统的出现，将充分发挥上层系统的高度、优化、决策功能，构成的 Intranet 系统能更有效地发挥其作用，有利于企业实施综合自动化策略。

9.3 现场总线控制系统集成方法

现场总线控制系统（FCS）的基础是现场总线，现场总线是用于过程自动化和制造自动化最底层的现场仪表或现场设备互连的通信网络，是现场通信网络与控制系统的集成。FCS 是在传统的仪表控制系统和集散控制系统（DCS）的基础上，利用现场总线技术逐步发展形成的。

目前工业中仍然使用着大量的模拟仪表和 DCS，根据现状，现场总线式数字仪表不可能完全取代模拟仪表，FCS 不可能完全取代 DCS。现实情况是现场总线式数字仪表将逐步替代常规的模拟仪表，FCS 将逐步改造传统的 DCS 结构直至完全取代 DCS。在这过渡期内，FCS 和 DCS 集成是技术更新的必由之路，既照顾了现实情况，又有利于 FCS 的发展。

现场总线控制系统是一种分布式的网络自动化系统，采用层次化网络结构。另外，Intranet 和 Internet 发展迅速。既然如此，那就要发展 FCS 和网络的集成技术。

目前世界上有多种现场总线，每种现场总线既然能存在，就有它的优势。不可能指望某种现场总线标准一统天下，也就是说，现场总线的标准是多元化的。既然如此，那就要发展多种现场总线之间的集成技术。

因此，在很长一段时间内，从实用角度来看，现场总线控制系统集成要解决的两个重要问题分别是和 DCS 如何无缝连接以及和 Intranet、Internet 等网络如何无缝连接。

9.3.1 FCS 和 DCS 的集成方法

DCS 已广泛地应用于生产过程自动化，现场总线和 FCS 的应用要借助于 DCS。这样既丰富了 DCS 的功能，又推动了现场总线和 FCS 的发展。FCS 和 DCS 的集成方式可以有三种：现场总线和 DCS 输入输出总线的集成、现场总线和 DCS 网络的集成、FCS 和 DCS 的集成。

1. 现场总线和 DCS 输入输出总线的集成

DCS 的控制站主要由控制单元（Control Unit，CU）和输入输出单元（Input Output Unit，IOU）组成，这两个单元之间通过 I/O 总线连接。

控制单元的功能主要有：

1）通过 I/O 总线与输入输出单元通信，建立 I/O 数据库。

2）实现运算和控制功能，完成用户组态的控制策略。

3）与 DCS 网络（DCSnet）通信。

输入输出单元的 I/O 总线上挂接了各类 I/O 模板，常用的有模拟量输入、模拟量输出、数字量输入、数字量输出模板，通过这些模板与生产过程建立 I/O 信号联系。在 I/O 总线上挂接现场总线接口板或现场总线接口单元（Field bus Interface Unit，FIU），如图 9-2 所示。现场仪表或现场设备通过现场总线与 FIU 通信，FIU 再通过 I/O 总线与 DCS 的控制单元通信。这样便实现了现场总线和 DCS 输入输出总线的集成，即现场总线和 DCS 控制站的集成。例如，DeltaV 控制器就是采用此种集成技术，DeltaV 控制器的 I/O 总线上除了插常规的输入输出模板外，还可以插符合 FF 规范的低速 H1 现场总线接口板，从而将 H1 现场总线集成在 DeltaV 控制器中。H1 接口板有两个端口，每个端口可以接一条 H1 总线。

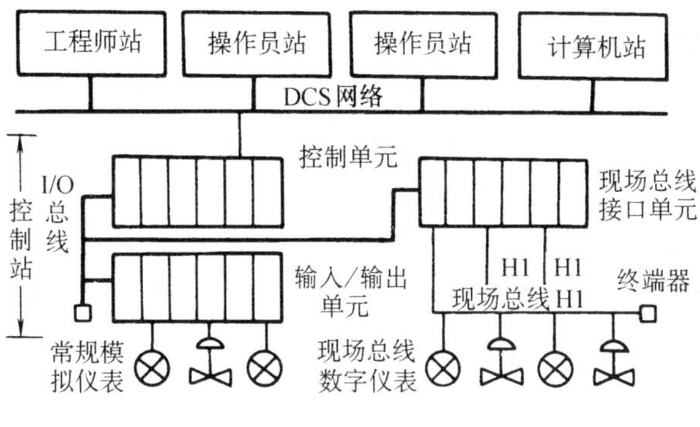

图 9-2　现场总线和 DCS 输入输出总线的集成

现场总线和 DCS 输入输出总线的集成具有以下三个特点：

1）除了安装现场总线接口板或现场总线接口单元外，不用对 DCS 再做其他变更。

2）充分利用 DCS 控制站的运算和控制功能块，因为初期开发的现场总线仪表中的功能块数量和种类有限。

3）利用已有 DCS 的技术和资源，投资少、见效快，便于推广现场总线的应用。

2. 现场总线和 DCS 网络的集成

在 DCS 控制站的 I/O 总线上集成现场总线是一种最基本的初级集成技术，还可以在 DCS 的更高一层集成，即在 DCS 网络上集成现场总线，如图 9-3 所示。

现场总线服务器（Field bus Server，FS）挂接在 DCS 网络上，FS 是一台完

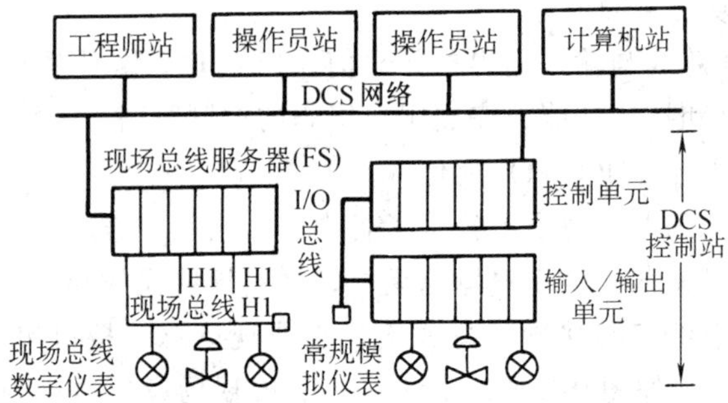

图 9-3　现场总线和 DCS 网络的集成

整的计算机，并安装了现场总线接口卡和 DCS 网络接口卡。

现场设备或现场仪表通过现场总线与其接口卡通信，现场仪表中的输入、输出、控制和运算等功能块可以在现场总线上独立构成控制回路，而不必借用 DCS 控制站的功能。

现场总线服务器通过其 DCS 网络接口卡与 DCS 网络通信，也可以把 FS 看作 DCSnet 上的一个节点或 DCS 的一台设备。这样 FS 和 DCS 之间可以互相共享资源。FS 可以不配操作员站或工程师站，而直接借用 DCS 的操作员站或工程师站。

现场总线和 DCS 网格的集成具有以下四个特点：

1）除了安装现场总线服务器外，不用对 DCS 再做其他变更。

2）在现场总线上可以独立构成控制回路，实现彻底的分散控制。

3）现场总线服务器中有一些高级功能块，可以与现场仪表中的基本功能块统一组态，构成复杂控制回路。

4）利用已有 DCS 的部分资源，投资少、见效快，便于推广现场总线的应用。

3. FCS 和 DCS 的集成

在上述两种集成方式中，现场总线借用 DCS 的部分资源，也就是说，现场总线不能自立。FCS 参照 DCS 的层次化体系结构组成一个独立的开放式系统，DCS 也是一个独立的开放式系统，既然如此，这两个系统之间可以集成。

FCS 和 DCS 的集成可以有两种方式：一种是 FCS 网络通过网关与 DCS 网络集成，在各自网络上直接交换信息，如图 9-4 所示；另一种是 FCS 和 DCS 分别挂接在 Intranet 上，通过 Intranet 间接交换信息。

FCS 和 DCS 的集成具有以下四个特点：

1）独立安装 FCS，对 DCS 几乎不做任何变更，只需在 DCSnet 上接一台网关。

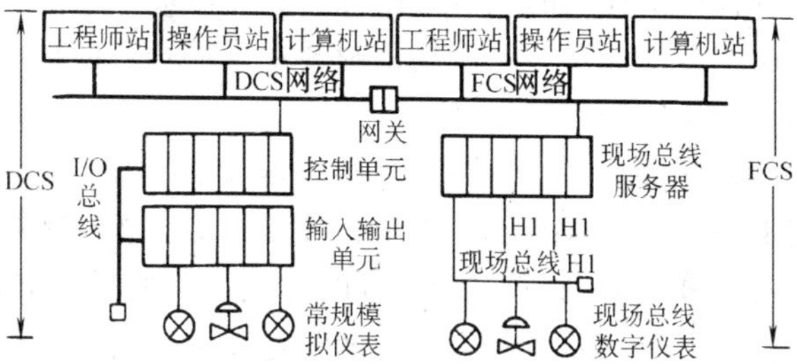

图 9-4　FCS 和 DCS 系统的一种集成方式

2）FCS 是一个完整的系统，不必借用 DCS 的资源。

3）既有利于 FCS 的发展和推广，又有利于充分利用现有 DCS 的资源。

4）系统投资大，适用于新建装置。

9.3.2　FCS 和网络的集成方法

FCS 是一种分布式的网络自动化系统，它的基础是现场总线，且位于网络结构的最底层，因而被称为底层网（Infranet）。FCS 的上层是 Intranet，Intranet 下面可以挂接多个 FCS 或 DCS 的底层网或控制网络。Intranet 的上层是 Internet，Internet 下面可以挂接多个 Intranet。用网络集成的概念来分析 FCS，FCS 和网络的集成方式可以有两种：FCS 和 Intranet 的集成、FCS 和 Internet 的集成。

1. FCS 和 Intranet 的集成

FCS 和 Intranet 的集成方法有以下四种：

（1）FCS 和 Intranet 之间通过网桥或网关等网间连接器互连　这种方式通过硬件来实现，即在底层网段与中间监控层之间加入中继器、网桥、路由器等专门的硬件设备，使控制网络作为信息网络的扩展与之紧密集成。硬件设备可以是一台专门的计算机，依靠其中运行的软件完成数据包的识别、解释和转换；对于多网段的应用，它还可以在不同网段之间存储转发数据包，起到网桥的作用。此外，硬件设备还可以是一块智能接口卡，艾默生公司过程管理的 DeltaV 控制器就是通过一块机柜中的 H1 接口卡，完成现场总线智能设备与以太网中监控计算机之间的数据通信。

转换接口的集成方式功能较强，但实时性较差。信息网络一般是采用 TCP/IP 的以太网，而 TCP/IP 没有考虑数据传输的实时性，当现场设备有大量信息上传或远程监控操作频繁时，转换接口都将成为实时通信的瓶颈。

（2）OPC 技术　对象链接嵌入（Objet Linking and Embedding，OLE）技术已广泛应用，OPC 是用于过程控制用对象链接与嵌入（OPC）技术。OPC 采用客户/服务器（Client/Server）结构，OPC 服务器对下层设备提供接口，使得现场控制层的各种过程信息能够进入 OPC 服务器，从而实现向下互连。另外 OPC

服务器还对上层设备提供标准的接口，使得上层 Intranet 设备能够取得 OPC 服务器中的数据，从而实现向上互连，而且这两种互连都是双向的，也就是说，OPC 是 FCS 和 Intranet 之间连接的桥梁。

（3）在 FCS 和 Intranet 之间采用动态数据交换（Dynamic Data Exchange，DDE）技术　当 FCS 和 Intranet 之间具有中间系统或共享存储器工作站时，可以采用动态数据交换（DDE）方式实现两者的集成，其实质是各应用程序通过共享内存来交换信息，中间系统中的信息处理既是现场总线控制网络的工作站，另外也是 Intranet 中的工作站。其中运行两个程序：一是接收、校验实时信息的通信程序，为 Intranet 数据库提供实时数据信息；另一个是数据访问应用程序接口，它接收 DDE 服务器实时数据，并写入数据库服务器中，供 Intranet 实现信息处理、统计分析等功能。

DDE 方式具有较强的实时性，而且比较容易实现，可以采用标准的 Windows 技术。但是 DDE 的速度是个问题。因此这种方式仅适合配置简单的小系统。

（4）FCS 和 Intranet 采用统一的协议标准　这种方式将成为现场总线控制网络和 Intranet 完成集成的最终解决方案。由于控制网络和信息网络采用了面向不同应用的协议标准，因此两者集成时总需要某种数据格式的转换机制，这将使系统复杂化，也不能确保数据的完整性。如果信息网络的协议标准是提高其实时性，而控制网络的协议标准是提高其传输速度，两者的兼容性就会提高，两者合二为一，这样从底层设备到远程监控系统，都可以使用统一的协议标准，不仅确保了信息准确、快速、完整的传输，还可以极大地简化系统设计。发展成熟后的工业以太网就是这种最终解决方案的产物。目前，像 FF、Profibus、LON 等现场总线致力于使自己的通信协议尽量兼容 TCP/IP，因此可以方便地实现以太网和 Internet 的集成，使控制网络和信息网络紧密地结合在一起，最终实现统一的网络结构。

2. FCS 和 Internet 的集成

网络已经把社会、企业、家庭连接在一起，Internet 也已经把世界联系得更紧密。如果控制网络（FCS 或 DCS）中的实时控制信息和数据网络中管理决策信息结合起来，那将使网络功能得到充分发挥。

FCS 和 Internet 的集成可以有两种方式，一种是 FCS 通过 Intranet 间接和 Internet 集成；另一种是 FCS 直接和 Internet 集成。FCS 和网络的集成构成了远程监控系统，实现了 Infranet、Intranet 和 Internet 的互连。人们通过网络对远方生产过程进行监视和控制，对远方的现场设备进行诊断和维护，对远方的生产企业进行管理和指挥。

3. FCS 和现场总线的集成

目前世界上有多种现场总线，仅 IEC（国际电工委员会）通过的现场总线标准 IEC61158 就包含 10 种类型。另外，还有其他国际或国家标准现场总线，如 CAN、LON、WorldFIP 等。现场总线是 FCS 的基础，怎样把多种现场总线集成于 FCS，也是 FCS 开发者研究的课题。

FCS 和现场总线的集成方式可以有两种：一种是通过网关给各个现场总线之间提供转换接口；另一种是给各个现场总线提供标准的 OPC 接口。前者开发工作量大，不具有通用性；后者开发工作量小，具有通用性。

在目前现场总线的协议尚未取得完全一致的情况下，利用网关对协议进行转换识别，这样做既加大了硬件投入，又增加了网络延迟，应该看作仅仅是过渡措施。现场总线协议的统一工作虽然艰难，有许多问题需要解决，但可以预期将来会采用统一标准，到那时不同制造商的总线模块产品能够完全兼容，现场总线无疑会进入到一个更加迅猛发展的新阶段。

9.4 现场总线控制系统集成的原则

由于计算机技术迅猛发展，日益成熟的 Internet 技术使现代计算机网络信息系统的概念与传统典型的局域网概念已发生了很大差异，传统局域网仅需进行简单规划设计即可实施，而当今的网络信息系统，特别是企业级的计算机网络信息系统集成则必须进行详细、周密的规划和设计，才能使网络信息系统达到建设目的。构造现场总线控制系统的目的就是要企业实现综合自动化，集管理、信息、自动化于一身。因其复杂性和多样性，很难从一个角度来分析综合，所以我们只是介绍一下现场总线控制系统集成应遵循的基本原则：

对拟建立的现场总线控制系统，应对用户的需求进行分析、提炼，得出系统集成的基本依据，根据建设目标，按整体到局部，自上而下进行规划、设计；以“实用、够用、好用”为指导思想，并遵从以下原则：

（1）开放性、标准化原则　采用的标准、技术、结构、系统组件、用户接口等必须遵从开放性和标准化的要求，从而保证系统设备的互连、互操作和互换性。

（2）实用性和先进性原则　实用有效是最主要的设计目标，设计结果应能满足需求，且切实有效；设计上确保设计思想先进、网络结构先进、网络硬件设备先进、开发工具先进。

（3）可靠性和安全性原则　稳定可靠、安全地运作是系统设计的基本出发点，在特殊的场合下，总线系统要采用屏蔽、防爆，甚至要求有冗余备份的控制系统；重要信息系统应采用容错设计，支持故障检测和恢复；安全措施有效可信，能够在软、硬件多个层次上实现安全控制。

（4）灵活性和可扩展性原则　系统集成配置灵活，提供备用和可选方案；能够在规模和性能两个方面进行扩展，使其性能大幅度提升，以适应应用和技术发展的需要。

9.5 现场总线控制系统集成时应注意的问题

当面对一个实际应用问题，希望应用现场总线技术构成一个系统时，可思考以下几个问题，并给出答案或做出选择，最终即可得到一个应用现场总线技术的实际问题解决方案。

1. 项目是否适于使用现场总线

世上没有包治百病的灵丹妙药，任何一种先进技术，超出其应用范围也不会得到好的效果，因此可着重考虑以下几个问题：

（1）现场被控设备是否分散　这是决定是否使用现场总线技术的关键。现场总线技术适合于分散的、具有通信接口的现场被控设备的系统。现场总线的优势是节省了大量现场布线成本，使系统故障易于诊断与维护。对于具有集中 I/O 的单机控制系统，现场总线技术没有明显优势。当然，有些单机控制，在设备很难留出空间布置大量的 I/O 走线时，也可考虑使用现场总线。

（2）系统对底层设备是否有信息集成要求　现场总线技术适合对数据集成有较高要求的系统，如需要建立车间监控系统、建立全场的 CIMS 系统，在底层使用现场总线技术可将大量丰富的设备及生产数据集成到管理层，为实现全厂的信息系统提供重要的底层数据。

（3）系统对底层设备是否有较高的远程诊断、故障报警及参数化要求　现场总线技术适合要求有远程操作及监控的系统。

2. 系统实时性要求

所谓系统的实时性要求，是指现场设备之间在最坏情况下完成一次数据交换，系统所能保证的最小时间。简单地说，就是现场设备的通信数据更新速度。以下实际应用可能对系统的实时性提出要求。

（1）快速联锁控制、故障保护　现场设备之间需要快速联锁控制，完成设备故障保护功能，或系统实时性影响到产品加工精度。系统实时性不高，可能会导致设备损坏，或影响产品加工质量。

（2）闭环控制　现场设备之间构成闭环控制系统，系统的实时性影响到产品质量，如产品薄厚不均、大小不一、成分不同等。

影响系统实时性的因素主要有以下几项：

1）数据传输速率高的现场总线具有更好的实时性。

2）数据传输量小的系统具有更好的实时性。

3）从站数目少的系统具有更好的实时性。

4）主站数据处理速度快的系统具有更好的实时性。

5）单机控制 I/O 方式比现场总线控制方式具有更好的实时性。单机控制

I/O方式指通过 I/O 连线连接在同一个控制器上的两台设备；现场总线控制方式指通过现场总线连接起来的两台设备。

6）在同一条总线上的设备比经过网桥或路由器连接的设备具有更好的实时性。

7）主站应用程序的大小、计算复杂程度也影响系统响应时间。

如果实际应用问题对系统响应有一定的实时性要求，可根据具体情况分析采用现场总线技术如何才能满足实时性要求。

3. 采用什么样的系统结构配置

1）系统是否分层？分几层？现场层？车间层？是否需要车间层监控？

2）有无从站？有多少从站？分布如何？从站设备如何连接？现场设备是否具有总线接口？可否采用分散式 I/O 连接从站？哪些设备需选用智能型 I/O 控制。根据现场设备地理分布进行分组，并确定从站数目以及从站功能的划分。

3）有无主站？有多少主站？如何分布？如何连接？根据系统可靠性要求以及工程经费决定主站形式及产品。

4. 网络具有什么样的性能

1）根据系统是离散控制还是流程控制等方面选择相应的现场总线，这部分具体内容见 9.6 节。

2）考虑采用的传输介质，参考 2.1.5 节。

3）考虑网络拓扑形式。环形网的特点是时延确定性好，重载时网络效率高，但轻载时等待令牌，产生不必要的时延，传输效率下降。总线网的特点是节点接入方便，成本低。轻载时延时少，但网络通信负载较重时延时加大，网络效率下降。此外，传输延时不定。树形网的特点是可扩展性好，频带较宽，但节点间通信不便。令牌总线网结合环形网和总线网的优点，即物理上是总线网，逻辑上是令牌网。这样，网络传输延时确定，无冲突，同时节点接入方便，可靠性好。

4）考虑最大长度/段、本质安全、总线供电、最大电流、可挂接的最大节点数；传输介质冗余是否满足要求等方面。

5）根据系统对实时性的要求以及传输距离决定现场总线的网络性能，如数据传输速率、时间同步准确度、执行同步准确度、媒体访问控制方式、报文分段能力（报文大小限制、最大数据/报文段）等。

5. 如何与车间自动化系统或全厂自动化连接

要实现与车间自动化系统或全厂自动化系统的连接，设备层数据需要进入车间管理层数据库。设备层数据首先进入监控层的监控站，监控站的监控软件包具有一个在线监控数据库。这个数据库的数据分为两部分：一是在线数据，如设备状态、数值数据、报警信息等；另一类为历史数据，是对在线数据进行了一些统计分类以后存储的数据，可作为生产数据完成日、月、年报表及设备运行记录报表。这部分历史数据通常需要进入车间级管理数据库。自动化行业中流行的实时监控软件，如IFIX、INTOUCH、WIZCON、WINCC和RSVIEWSE等，都具有MI-CRO系列数据库接口。工厂管理层数据库通过车间管理层得到设备层数据。

9.6 现场总线的选型

现场总线在提高系统性能的同时降低了系统成本，从而在工业、楼宇、交通运输等各领域的自动化系统中得到广泛使用。虽然用户和市场有统一标准的需要，但在短时间内多种现场总线共存将成为今后较长的一段时间内一个不可避免的现象。除了纳入IEC标准的10种外，流行的现场总线还有LON、ARCNet等，实际上目前全世界的现场总线已有40多种。其中每一种现场总线都能满足大部分的应用要求，各种现场总线在所实现的功能上有很大的重叠，因此对于系统集成商来说，现场总线的选型就成为一个必须面对的问题。

1. 通信需求

正如没有一种包治百病的灵丹妙药，同样也不存在能覆盖所有的应用面的现场总线。各种现场总线都是从某一特定的行业开始，然后拓展到其他行业，各种现场总线均有其技术特点，有其传统的应用领域。目前一种比较流行的现场总线分类方法是，按照与其传送的平均数据分组长度相关的复杂程度，把现场总线分为三类，即位总线、字节总线和数据流总线。为了更形象起见，有时把位总线称之为（位式）传感器总线，把字节总线称为设备总线，把数据流总线称为全功能总线或者现场级总线。表9-1列出若干影响比较大的现场总线的归类情况。表9-2列出了不同类型现场总线的简单比较。

表9-1 现场通信网络的分类

位总线	字节总线	数据流总线
CAN	CAN	原IEC61158技术规范
AS-i	DeviceNet	Foundation Fieldbus
InterBus-S	SDS	WorldFIP
Seriplex	InterBus-S	Profibus-FMS/PA
SERCOS	SERCOS	P-NET
Device World FIP	Profibus-DP	LON
LON	LON	ControlNet
	CCLink	以太网
	Device WorldFIP	

表 9-2 不同类型现场总线的比较

总 线 类 型	位 总 线	字 节 总 线	数 据 流 总 线
典型总线	AS-i	DeviceNet	Foundation Fieldbus
设备识别	无	有	有
诊断、维护信息	很少	是	是
设备的远程组态	否	是	是
遥控校验	否	是	是
附加功能	否	是	是
时间同步	否	否	是
模拟量测量	否	有限	是
自由选择供应商	无设备行规	是	是
多主设备	否	限制,增加主设备影响巡回时间	是
网络供电	是	是	是
已存在电缆的使用	否	否	是
在危险区域使用	否	否	是
产品类型	简单开关量 I/O 模块	开关量和模拟量 I/O 模块,满足智能型离散设备通信要求,适合 PLC 应用或过程控制	具有功能块的开关量和模拟量 I/O 设备,适合连续过程的测控或控制级通信
控制功能块	否	否	是
设备描述语言	否	是	是
成本	非常低	低	高

由表 9-2 可见，三种类型的现场总线在功能、性能和价格上有很大区别，各有自己的适用范围。比如说位总线的能力很有限，用位总线作为大型系统的信息传输主体是不可能的。但是它在成本、速度等方面的优势又是其他高层次总线无法比拟的。

因此，成套设备供货商应该首先结合应用的要求，做一个通信需求分析，明确成套设备以及应用对通信的需求：

- 需要用哪一层次的现场总线，是传感器总线、设备总线，还是现场级总线？
- 应用是什么样类型的，是离散控制，还是过程控制？
- 对网络性能有没有特殊要求（诊断、确定性、总线供电等）？
- 所能承受的通信成本有多高？

根据这些需求情况选择最合适的一种现场总线。

2. 技术先进性

现有的现场总线都是欧美日一些发达国家公司提出来的，它们的技术水平都相差不多，所以一般而言，一种现场总线推出的时间越晚，就越有机会吸取现存的现场总线的经验教训，采用一些比较新的技术，因此技术先进性就会更好一些。当然，这个问题应该一分为二地看，推出得晚意味着它在市场上所占的份额比较小，需求也会比较小，但从长远来看，它可能会在将来市场上取胜。比如DeviceNet由于推出时间相对较短，目前所占的市场份额较小，但由于其低成本、技术上的先进性以及罗克韦尔自动化公司的推动，上升势头很猛。

3. 应用领域

目前，每种总线都已经形成特定的应用领域。据美国ARC公司的市场调查，世界市场对各种现场总线的需求的实际额为：过程自动化占15%（FF、Profibus-PA、WorldFIP），医药领域占18%（FF、Profibus-PA、WorldFIP），加工制造占15%（Profibus-DP、DeviceNet），交通运输占15%（Profibus-DP、DeviceNet），航空、国防占34%（Profibus-FMS、LON、ControlNet、DeviceNet），农业未统计（P-NET、CAN、Profibus-PA/DP、DeviceNet、ControlNet），楼宇未统计（LON、Profibus-FMS、DeviceNet）。由此可见，随着时间的推移，占有市场80%左右的总线将只有六七种，而且其应用领域比较明确，如FF、Profibus-PA适用于冶金、石油、化工、医药等流程行业的过程控制，Profibus-DP、DeviceNet适用于加工制造业，LON、Profibus-FMS、DeviceNet适用于楼宇、交通运输、农业。但这种划分又不是绝对的，相互之间又是互相渗透的。

国内的情况是类似的。比如在建筑、楼宇自动化和交通运输领域，国内用的现场总线大多数是LON，而在过程自动化如化工行业用得比较多的是FF和Profibus-PA，ControlNet、DeviceNet都是由罗克韦尔自动化公司推出的，一般联合使用，主要在加工制造和航空国防领域。

4. 有无应用先例

有无应用先例也是决定是否采用现场总线技术的一个关键。因为对于一个实际应用项目，技术问题复杂，很难用精确的数学分析或仿真方法给出技术可行性论证。对重大项目的决策，应用先例或应用业绩是简单而又颇具说服力的证明。一般来说，如在相同行业有类似应用，可以说明一些关键技术已经有所保证。

5. 市场因素

现场总线选型时，还要考虑网络上可以连接的设备的市场情况。供货商供货的成套性、持久性、地区性、产品互换性和性能价格比等因素都是要综合分析和选择的。可以说，几乎每一种现场总线均有国际上大公司作背景和依托，如Profibus为Siemens公司，ControlNet为罗克韦尔自动化公司，FF为Fisher-Rosemount公司，WorldFIP为ALSTHOM公司，Interbus为Phenix Contact公司，P-Net为Process Data公司，Swiftnet为Boeing公司。所以，选择某种总线就意味着选择了它背后大公司的产品。

另外，如果市场上的产品还不能满足系统集成的要求，就要考虑现场总线设备开发的问题。每一种总线，国际上现有的各种流行的现场总线都是非常成熟的技术，支持的制造商很多。但在国内，各种现场总线的产品开发处于很不均衡的状态，比如 LON 已经做得比较成熟，但 Profibus 及 DeviceNet 的产品开发都还处于起步阶段。某一种现场总线产品开发刚起步，意味着开发时所能获得的支持比较有限，技术支持和开发所必需的工具、零部件都比较难以获得，开发周期较长，但是也意味着商机。

9.7 工业企业网

工业企业网的发展和现场总线控制网络的发展息息相关。

9.7.1 工业企业网的基本概念和特性

工业企业网（Enterprise Network）目前尚无统一定义，一般是指在一个工业企业范围内将信号检测、数据传输、处理、存储、计算、控制等设备或系统连接在一起，以实现企业内的资源共享、信息管理、过程控制、经营决策，并能够访问企业外信息资源，使得各项事务协调动作，从而实现企业集成管理和控制的一种网络环境。工业企业网是一个企业的信息基础设施，它涉及局域网、广域网、现场总线以及网络互连等技术，是计算机技术、信息技术和控制技术在企业管理与控制中的有机统一。网络技术与应用的热点和重心向工业企业网技术的转移是网络技术发展及应用新里程的一个标志。

工业企业网具有如下特性：

（1）范围确定性　工业企业网是在有关企业范围内，为了实现企业的集成管理和控制而建成的一种网络环境，具有特定的地域范围和服务范围，并能实现从现场实时控制到管理支持的功能。

（2）集成性　工业企业网通过对计算机技术、信息与通信技术和控制技术等技术的集成达到了现场信号监测、数据处理、实时控制到信息管理、经营决策等功能上的集成，从而构成了企业信息基础设施的基本骨架。

（3）安全性　区别于 Internet 和其他广域网，由于工业企业网是作为相对独立单位的某个企业的内部网络，在企业信息保密和防止外部入侵上要求有高度的安全性，确保企业既能通过企业网获取外部信息和发布内部公开信息，又能相对独立和安全地处理内部事务而不受外部干涉。

（4）相对开放性　工业企业网是连接企业各部门的桥梁和纽带，它是一个广域网，并与 Internet 连通，以实现企业对外联系的职能，也就是说，工业企业网是作为 Internet 的一个组成部分出现的，它具有开放性，但这种开放性是在高度安全措施保障下的相对的开放性。

9.7.2 工业企业网的发展历程

工业企业网的发展大体可分为三个阶段。

第一阶段从20世纪70年代中期开始，那时的工业企业网是指企业中传统的分时共享中心主机及其各终端所构成的网络，基本上只限于作业处理，其功能和应用是有限的。

此后，随着局域网技术的发展，企业内不仅中小型机而且微型计算机也能够被连入网络共享信息与资源，其功能有了很大的扩展，而且由于工业以太网、集散控制系统（DCS）以及可编程序控制器（PLC）的产生和发展，工业企业内的现场控制设备也被集成到一起，这便是工业企业网发展的第二阶段。

第三阶段从20世纪90年代开始，由于Internet技术的成熟和迅速推广，出现了Intranet的概念，继而在Intranet的基础上又出现了Extranet（外联网）和Infranet的概念，而且现场总线技术也越来越为人们所接受，并被普遍用于过程自动化、制造自动化、楼宇自动化等系统之中，于是便分别以Intranet/Extranet技术和现场总线技术（或工业以太网）为信息网和控制网的依托，形成了当前意义上的工业企业网概念。

9.7.3 控制网络与信息网络的互连

以TCP/IP技术为基础的控制网络与信息网络，可以通过网关或路由器进行互连。由于控制网络的特殊性，其互连的网关、路由器与一般商用网络不同，它要求容易实现IP地址编址，能方便地实现Infranet与Intranet之间异构网的数据格式转换等等，因此开发高性能、高可靠性、低成本的网关、路由器产品是目前的迫切任务。

控制网络不同于一般的信息网络，控制网络主要用于生产、生活设备的自动控制，对生产过程状态进行检测、监视与控制，它有自身的技术特点：

1）要求节点有高度的实时性。

2）容错能力强，具有高可靠性和安全性。

3）控制网络协议实用、简单、可靠。

4）控制网络结构的分散性。

5）现场控制设备的智能化和功能自治性。

6）网络数据传输量小和节点处理能力需要减小。

7）性能价格比高。

传统的控制系统以单片机、PC、PLC为主，总线一般采用S-100、PC的STD、Multibus总线。一般采用集中控制方式，这些控制系统需要实时操作系统和一定的图形化界面，其基本调节器是微型计算机，难以实现完全分散控制。随着计算机局域网（LAN）技术的成熟与完善，出现了基于LAN的集散控制系统（DCS），但DCS还是封闭式的专用通信、集中与分散结合的控制体系；DCS大部分为模拟数字混合的系统，并未形成从控制设备到计算机的完整网络，且LAN主要用于中、低速的分布式控制系统网络。在工业企业中作为主流的DCS和PLC属非开放系统，且其技术的复杂化，大大制约了我国现阶段控制系统的发展。

总线是计算机、控制系统及网络系统的基础，20世纪90年代以来，控制系统的现场总线（Fieldbus）迅猛发展。现场总线以全数字化、开放的、独立的双向多变量通信逐步取代4～20mA传统现场仪表。它具有开放性、可互操作（Interoperability）、分散性、网络化、智能化等特点，顺应了控制网络的发展需求。现场总线将工业过程现场的智能仪表和装置作为节点，通过网络将节点连同控制室内的仪表和控制装置连成控制系统，这种基于现场总线的开放型现场总线控制系统（FCS）即第五代控制系统。它打破了DCS专用通信的局限性，采用公开、标准的通信协议，控制功能完全分散到现场的智能仪表及装置上，即使计算机出现故障，控制系统也不会瘫痪；把DCS集中与分散结合的集散结构改变成全分散式结构，基于现场总线的FCS和DCS均是Infranet，因此现场总线出现形成的低层网络也称为Infranet。Infranet和Intranet与现场总线的结合，使传统的、封闭的、僵化的集中式控制系统正在被开放的、灵活的、网络化控制系统替代，用FCS替代模拟数字混合的集散控制系统（DCS）已成为控制系统的发展方向，从而在此基础上把自动化仪表及控制系统带入“综合自动化”的更高层次。

目前控制系统的设计思想明显受到计算机网络技术的影响，用网络化、分散化、开放性等概念改造传统控制的集中模式。网络上的节点不仅有计算机、工作站，还有智能测控仪表。从信息网络与控制网络的体系结构发展来看，两者相似，以Internet为基础的信息网络在逐渐走向基于现场总线的Infranet之后，建立Internet-Intranet的新型网络结构便成为可通，通过网络互连的控制系统功能将远远大于系统中独立个体功能的总和，我们把这种强大的网络结构称为“网络的网络”。

9.7.4 工业企业网的体系结构

根据计算机集成制造系统CIM-OSA模型和PUDU模型，企业的控制管理层次大致可分为5层（见图9-5）。其中，底层的单元层和设备层是企业信息流和物流的起点，以控制为主，能否实现柔性、高效、低成本的控制管理，直接关系到产品的质量、成本和市场前景，而传统的DCS、PLC控制系统由于其控制的相对集中，导致了可靠性的下降和成本的上升，且无法实现真正的互操作性，同时由于其自身系统的相对封闭，与上层管理信息系统的信息交换也存在一定的困难，因此步入20世纪90年代以来，作为一种趋势，现场总线系统正逐渐成为该控制领域的主流。

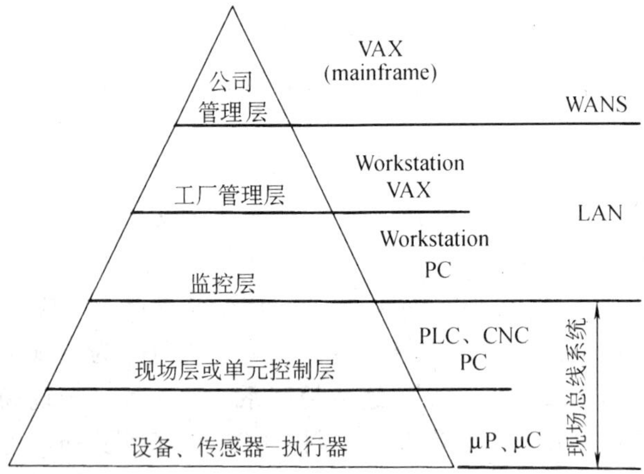

图 9-5　工业企业网模型

工业企业网技术是一种综合的集成技术，它涉及到计算机技术、通信技术、多媒体技术、管理技术、控制技术和现场总线技术等。应用需求的提高和相关技术的发展，要求工业企业网能同时处理数据、声音、图像、视频等多媒体信息，满足企业从管理决策到现场控制自上而下的应用需求，实现对多种媒体、多种功能的集成。

在功能上，工业企业网的结构可分为信息网和控制网上下两层，其体系结构如图 9-6 所示。

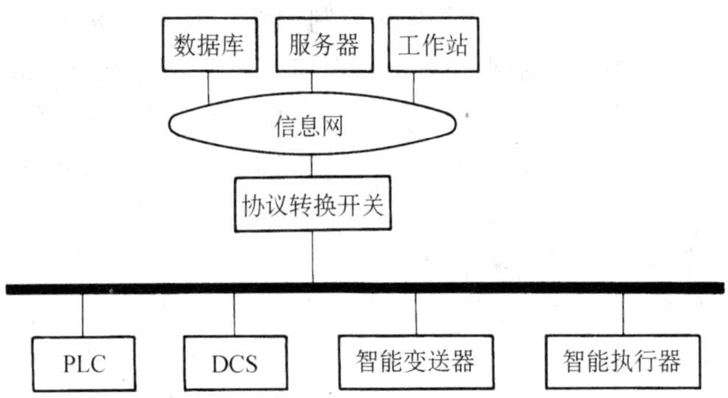

图 9-6　工业企业网的功能体系结构

1）信息网位于工业企业网的上层，是企业数据共享和传输的载体，它需满足如下要求：

- 是高速通信网。
- 能够实现多媒体的传输。

● 与 Internet 互连。

● 是一个开放系统。

● 满足数据安全性要求。

● 技术上易于扩展和升级（更新）。

2）控制网络位于工业企业网的下层，与信息网络紧密地集成在一起，服从信息网的操作，同时又具有独立性和完整性。它的实现既可延用工业以太网，也可采用自动化领域的新技术——现场总线技术，或两者的结合。

3）信息网络与控制网络互连的意义及逻辑结构：传统的企业模型具有分层递阶结构，然而随着信息网络技术的不断发展，企业为适应日益激烈的市场竞争的需要，已提出分布化、扁平化和智能化的要求：一是要求企业减少中间层次，使得上层管理与底层控制的信息直接联系；二是扩大企业集团内不同企业之间的信息联系；三是根据市场变化，动态调整决策、管理和制造的功能分配。将信息网络和控制网络互连主要出于以下几点考虑：

● 将测控网络连入更大的网络系统（如 Intranet、Extranet 和 Internet）中。

● 提高生产效率和控制质量，减少停机维护和维修的时间。

● 实现集中管理和高层监控。

● 实现异地诊断和维护。

● 利用更为及时的信息提高控制管理决策水平。

信息网络与控制网络互连的逻辑结构如图 9-7 所示。连接层为提供在控制网络和信息网络应用程序之间进行一致性连接起着关键的作用。它负责将控制网络的信息表达成应用程序可以理解的格式，并将用户应用程序向下传递的监控和配置信息变为控制设备可以理解的格式。在解决实现互连问题时，各种标准化工作的展开和进展对控制网络的发展是极为有利的。

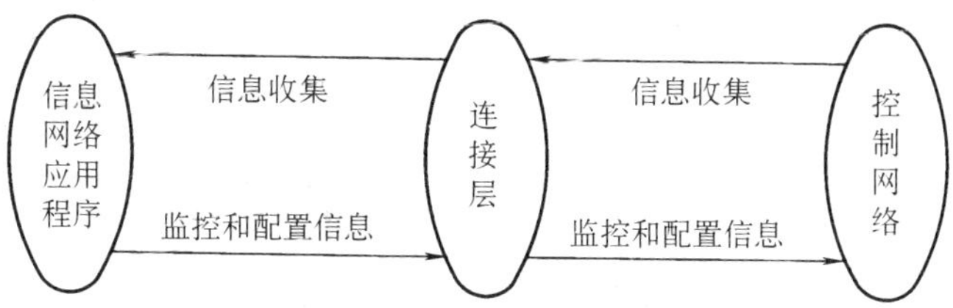

图 9-7　信息网络和控制网络互连的逻辑结构

工业企业网为企业综合自动化服务。信息网络一般处理企业管理与决策信息，位于企业中上层，具有综合、信息量大等特征。控制网络处理企业实时控制信息，位于企业中下层，具有协议简单、容错性强、安全可靠、成本低廉等特征。

企业要实现高效率、高效益、高柔性，必须有一体化的工业企业网支持。建立控制与管理一体化的工业企业网将为计算机集成工厂自动化（Computer Integrated Plant Automation，CIPA）与信息化创造有利的条件。

9.7.5 工业企业网的一般实现结构

一个完整的工业企业网包括本地信息处理网络和实时控制网络、企业驻外机构以及与企业有关的其他网络，其实现结构如图 9-8 所示。

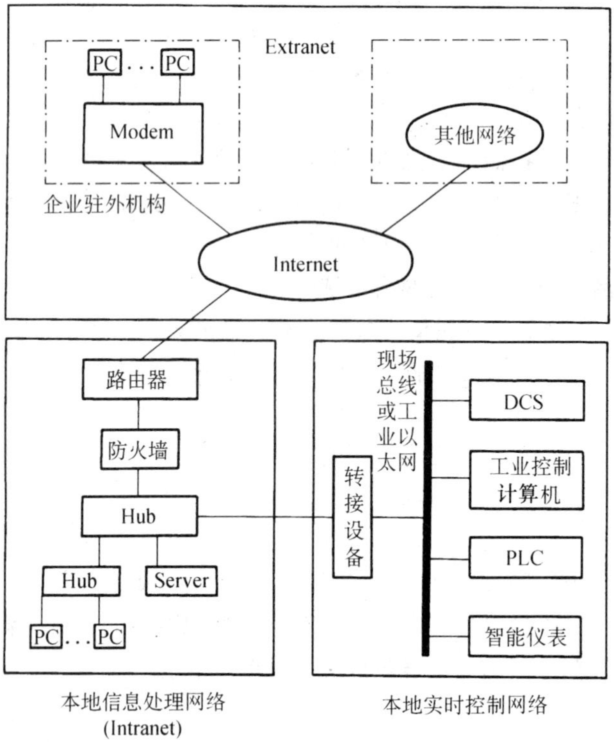

图 9-8 工业企业网的实现结构

在物理实现上，企业本地网、驻外机构网和其他网络之间通过路由器、调制解调器（Modem）等连接设备经由 Internet 互连起来。对信息网，异步传输方式（ATM）技术是一种支持多媒体应用的高速通信网络，并逐步走向成熟和被推广应用，特别当被用于主干网时，ATM 交换机既具有技术先进性，又具有较高的性能价格比。此外，视企业与产品情况，交换以太网、快速以太网、告位以太网也是很好的选择。

在应用实现上，现代工业企业网以主企业 Intranet 为主体，以公用数据网或其他通信手段为依托，借用 Internet 技术与相关企业的 Intranet 或单机组成的网络，主企业 Intranet 解决企业内部共享与兼顾 Internet 公共资源问题；由相关企业的 Intranet 和单机与主企业 Intranet 借用公共通信手段组成多个虚拟 Extranet。

Intranet 通常被称为企业内联网，是采用以 TCP/IP 为核心的 Internet 技术实现的企业内部网，它代表了当今企业网络信息处理技术发展的主流和动向，并将对企业的管理信息系统（MIS）的实现技术产生革命性的影响。由于 Intranet 系统的设计和开发基于成熟和主流的 Internet 技术，软件开发周期短，系统生命周期长，Intanet 所有的应用系统的性能和可靠性已经在 Internet 的实际运行过程中经受了考验，因此，Intranet 避免了许多软硬件投资，最大限度地降低了系统的开发和运营成本。

Extranet 通常被称为企业外联网，往往被看成是现有 Intranet 向外的延伸。一般说来，Intranet 的着眼点在于企业内部，是一种与外部世界相对隔离的内部网络，以大幅度地提高生产能力、扩展信息的传播、降低成本、提高效率为目的。而 Extranet 是一个使用 Internet 技术使企业与其客户和其他相关企业相连，以完成共同目标的交互式合作网络。Extranet 中的信息交流着眼于企业外部，即企业与外部、企业与贸易伙伴之间的信息交流。Internet、Intranet、Extranet 的比较见表 9-3。

表 9-3　Internet、Intranet、Extranet 的比较

	Internet	Intranet	Extranet
网络类型	物理	物理、虚拟	虚拟
访问方式	强调外部	强调内部	有限制的外部访问
用户	所有人	企业员工	企业员工 + 商业伙伴
信息类型	公开	内部共享	选择性共享

工业企业网是工业企业中用于经营、管理、高度监测与控制的全局通信控制网络，在学科发展方面，工业企业网涉及计算机、通信、自动控制、信息、系统工程、管理等学科与技术，是一个多学科的交叉点。作为一种新型的网络，在工业企业网的设计与实施中，有许多问题值得研究。它们包括：

- 工业企业网体系结构的研究。
- 信息控制网络与实时控制网络的集成。
- 工业企业网环境下的管理模式研究。
- 工业企业网环境下控制科学的发展及工业企业网络控制系统的结构、技术与研究方法。
- 工业企业网环境下的调度问题研究。

计算机技术、网络通信技术、控制技术和管理技术的发展促成了网络的产生和发展，现在许多企业已经或计划把工业企业网作为其信息基础设施而放在了企业经营发展战略的重要位置。

9.7.6 以现场总线与 Intranet 为基础的工业企业网结构

现场总线产生以后，世界各大公司纷纷推出自己的、以现场总线与 Intranet 为基础的工业企业网解决方案。典型的方案有西门子公司提出的基于 Profibus 的全集成自动化（Totally Integrated Automation，TIA）的概念。它是一种开放式的、利用 SIMATIC 系列产品实现的工厂控制网络的全面解决方案。罗克韦尔自动化公司推出了将信息网（Ethernet）、控制网（ControlNet）、设备网（DeviceNet）集成到一起的系列产品，并在世界各地迅速推广。美国 Honeywell 公司也推出了全面的工厂解决方案（Total Plant Solution System，TPS）。美国 Emerson Process Management 公司提出利用 FF 实现的 PlantWeb 的概念。以上四者的共同之处在于实现了数据管理、组态和编程、通信的集成，消除了计算机与 PLC 之间的隔阂、操作员与控制系统的隔阂以及集中式与分布式自动化组态之间的隔阂和工厂自动化与过程自动化之间的隔阂。下面将逐一进行介绍。

1. 西门子公司的全集成自动化（TIA）

随着自动化技术的不断发展和计算机技术的飞速进步，今天的自动化控制概念也发生了巨大变化。在传统的自动化解决方案中，自动化控制实际上是由各种独立的、分离的技术和不同制造商的产品搭配起来的，比如一个大型工厂经常是由过程控制系统、可编程序控制器、上位监控计算机、监督控制与数据采集（SCADA）系统和人机界面产品共同进行控制。为了把所有这些产品组合在一起，需要采用各种类型和不同制造商的接口软件和硬件来对这些产品进行连接、配置和调试。

全集成自动化思想就是用一种系统完成原来由多种系统搭配起来才能完成的所有功能。应用这种解决方案，可以大大简化系统的结构，减少了大量接口部件，应用全集成自动化可以消除上位机和工业控制器之间、连续控制和逻辑控制之间以及集中与分散控制之间的界限。

同时，全集成自动化解决方案还可以为自动化应用提供统一的技术环境，这主要包括统一的数据管理、统一的通信以及统一的组态和编程软件。基于这种环境，各种各样不同的技术可以在一个用户接口下，集成在一个有全局数据库的总体平台上，这样系统之间的接口费用大大降低，备品备件的品种和数量也大大减少。同时技术人员可以在一个平台上对所有应用进行组态、编程和监控，可以大大提高监控水平，减少非计划停车时间。同时，由于应用一个组态平台，培训和工程变得简单，费用也大大降低。

全集成自动化代表了一种将生产制造和工艺过程技术领域统一起来的革命性的新方法，从而使所有的软硬件都能合成为一个系统。这种集成主要体现在以下三个方面：

1）在数据管理方面，全集成自动化使数据仅需输入一次，整个工厂即可获得该数据，减少了传输的差错和数据不一致的情况。

2）在配置和编程方面，所有单元和系统都由一个全集成且模块化的系统进行配置、编程、启动、测试和监控，且在一个操作界面下进行。

3）在通信方面，使用连接表格就可简单地解决“谁与谁通信”的问题。任何时候、任何地点都可对其进行修改，不同的网络也可简单且统一地进行配置。SIMATIC 全集成自动化（TIA）由以下功能部件组成：

- SIMATIC控制器（SIMATIC S7，SIMATIC M7，SIMATIC C7）。
- SIMATIC DP，分布式 I/O。
- SIMATIC 工业软件、工程工具软件系统。
- SIMATIC PG，工业 PC。
- SIMATIC HMI，人机界面。
- SIMATIC NET，功能强大的通信单元。
- SIMATIC PCS7，SIMATIC 过程控制系统。

2. Emerson Process Management 公司的工厂管控网（PlantWeb）

PlantWeb 是一个基于现场的、规模可变的结构，使用户能够充分发挥智能现场的能力。图 9-9 为用基于现场的结构、采用规模可变的服务器取代传统的 DCS 网络集成体系的 PlantWeb 结构。这种服务器采用标准的开放式协议进行操作，并与企业内已连网的全部智能现场设备进行交互。这些现场设备具有报警、事件处理、高级诊断以及控制功能，因此可在任何地方进行过程控制。

PlantWeb 结构由智能现场设备、规模可变的平台与标准及集成模块化软件

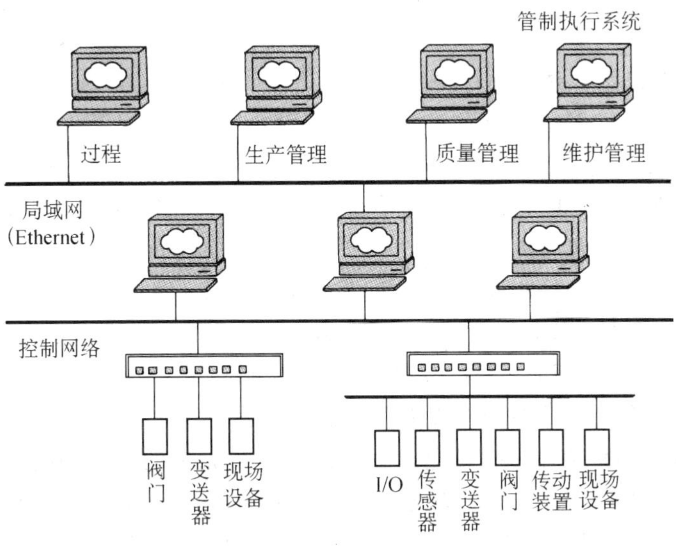

图 9-9 PlantWeb 结构

组成。它们共同协作，在企业中产生、获取、使用与分发信息和进行控制。革命性的改进使得企业能够进行过程控制、设备管理以及管理执行。

PlantWeb 结构支持很多符合标准的设备，因为它符合国际开放的通信标准。对于现场设备通信，艾默生过程管理公司利用现有的可寻址远程传感器的数据公路（HART）标准与基金会现场总线标准，同时采用 OPC（过程控制用的 OLE）的接口技术，使得 PlantWeb 组件规模小至回路、大到工业企业网均一应俱全，也使得 PlantWeb 结构成为一个真正集成的过程控制、设备管理与管理执行的环境。PlantWeb 集成产品组件包括所有用于构建 PlantWeb 结构的主要部件，主要有：

- 测量与分析仪表。
- 具有数字控制器的阀门执行器。
- DeltaV 规模可变过程控制系统。
- 设备管理解决方案（AMS）软件。
- 安装硬件，诸如电源、外壳以及接线盒。
- 工程技术支持服务。

这套组件可以被组态成容许模拟和离散的 I/O 信号，这可借助于异步协议或基金会现场总线技术。从环形结构到单元结构以至完整企业规模的组件，都可以使用 PlantWeb 结构，而且也是可扩展的。

基于现场的结构使 PlantWeb 能够在现场设备或在分布于企业各处的规模可变系统上得以应用。通过智能现场设备，DeltaV 使得 PlantWeb 实现了对规模可变系统的控制目标。

采用基于基金会现场总线技术的 PlantWeb 部件，标准化的功能块使得在现场设备或革命性的 DeltaV 规模可变的过程系统上实施复杂的控制方案成为可能。只需制定控制方案，然后简单地将各控制功能分配给最适于执行的设备。借助于 PlantWeb 组件中的 HART 技术，可充分利用由艾默生过程管理公司设备管理系统提供的增强的测试与诊断能力。集成的 PlantWeb 系统在整个企业范围内实现先进的控制方案。采用 PlantWeb 基金会现场总线技术、HART、以及传统的I/O，并可以组合使用，如图 9-9 所示。

用于连续控制或批处理控制的集成的模块化 PlantWeb 软件达到了国际标准与类型要求，包括 ActiveX 显示、ODBC 数据库、微软基本类型（MFC）、S88.01 批量控制、NAMURNE33、IEC 61131-3 图形控制语言、OPC。

3. 罗克韦尔自动化公司的以太网—控制网—设备网结构

NetLinx 是由罗克韦尔自动化公司推出的一种先进的工业网络体系，尤其引人注目的是它的开放性特点，其通用的应用层几乎可以兼容任何网络。NetLinx 由三层网络构成：以太网（Ethernet）、控制网（ControlNet）和设备网（DeviceNet），如图 9-10 所示。

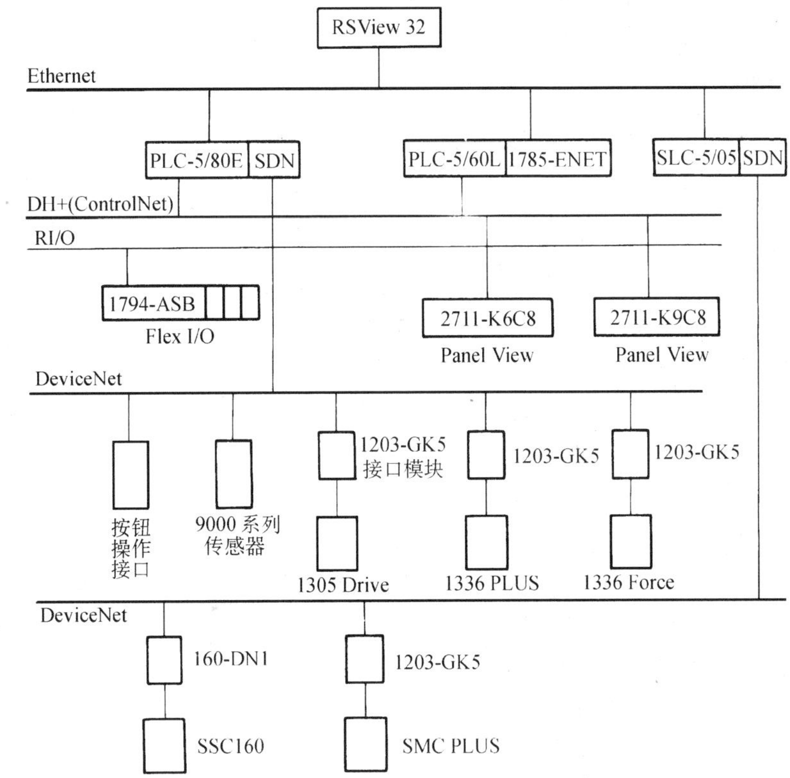

图 9-10　罗克韦尔自动化公司的 NetLinx 工业网络体系

Ethernet 连接数据高速公路、DH485、RIO 和厂区通信网络，执行 TCP/IP。它利用罗克韦尔自动化公司和微软公司的成熟技术和数据库实现系统信息的集成。在信息层已经组成可以通过以太网 TCP/IP 连通 PLC5 系列、SLC 系列、Logix 系列等可编程序控制器以及网关、人机接口和软件至信息系统。

ControlNet 用于 PLC 与计算机之间的通信网络，它可连接拖动装置、串并行设备、PC、人机界面等。它还可以沟通逻辑控制和过程控制系统，传输速率为 5Mbit/s。ControlNet 是一种高速确定性网络，用于对时间有苛刻要求的应用场合的信息传输。它为对等通信提供实时控制和报文传送服务。ControlNet 提供如下功能：对在同一链路上的 I/O、实时互锁、对等通信、报文传送和编程操作，均具有相同的带宽；对于离散和连续过程控制应用场合，均具有确定性和可重复性功能。

DeviceNet 是用于 PLC 与现场设备之间的通信网络，它可连接开关、拖动装置、固态过载保护装置、条形码阅读器、I/O 和人机界面等，传输速率为 125～500kbit/s。DeviceNet 通过一个开放的网络，将底层的设备直接和车间级控制器相连。这种 64 个节点、多支路的网络，允许用一根电缆去连接 500m（164lft）以内的设备，并远至用户的可编程序控制器，无需用导线把每一台设备和一个 I/O 机架连接起来。

9.8 现场总线控制系统集成实例

实现企业综合自动化是企业的必然要求，它能对生产过程中的信息进行有效的控制和协调，提高决策和管理水平，实现生产过程优化和更先进的控制，从而提高产品质量、增加产量、降低成本、增强企业的市场竞争能力。

9.8.1 FCS 和网络集成技术在我国钢铁工业中的应用

宣华钢铁集团有限责任公司（以下简称宣钢）炼钢技改工程，从 2001 年 7 月开工建设，到 2002 年 5 月正式投产。工程从建设到投产仅用了 10 个月的时间，并于当月达产。建设周期和投产速度均创造了国内同行业之最，也为宣钢带来了丰厚的收益。工程项目主要包括：80t 顶底复吹转炉 2 座，90t LF 精炼炉 1 座，6 机 6 流小方坯、方矩坯连铸机各 1 台，以及外围配套设施。截至目前为止，控制系统稳定可靠地运行两年。此项工程被国内冶金行业誉为成功的典范。

1. 主要产品硬件和系统软件

1）Logix 控制平台：ControlLogix5555。

2）NetLinx 开放现场总线网络：ControlNet、DeviceNet、远程 I/O 链、FLEX I/O。

3）上位机监控组态软件 RSView32。

4）操作站、服务器、操作系统软件 WindowsNT、计算机外设及硬件。

2. 系统工艺控制及网络通信的实现

如图 9-11 所示，系统采用罗克韦尔自动化公司 NetLinx 的三级系统集成架构，上层为 Enthernet，实现转炉、精炼、连铸及外围控制设备系统的数据交换；中间层为 ControlNet，负责 PLC 控制站之间系统通信；底层为 DeviceNet 或远程 I/O 链。服务器采集各个操作站数据，对数据按要求进行处理后，提供给下一级的过程控制系统，实现与上位计算机快速大量的数据交换。RSViewSE 组态软件支持服务器通过 ControlNet 连接到过程控制系统进行数据采集。通过 Ethernet 可以与其他控制系统及管理网络通信。

3. 过程控制计算机系统的组成

（1）转炉及外围控制系统　整个转炉的工艺参数检测、指示、报警、记录及调节功能均由 PLC 系统完成。两座转炉控制系统由 8 套 ControlLogix 控制器、8 台计算机操作站和 1 台服务器，通过 ControlNet 组成。整个连铸的工艺参数检测、指示、报警、记录及调节功能均由 ControlLogix 系统完成，如图 9-12 所示。

转炉倾动采用西门子公司直流调速系统；氧枪升降系统采用了 A-B 公司

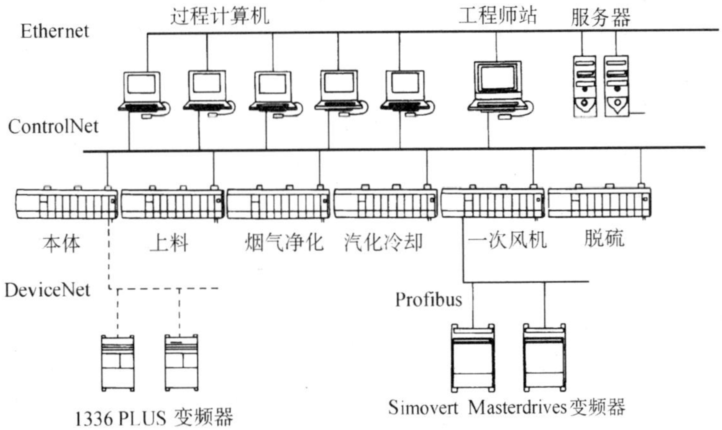

图 9-11　系统集成架构示意

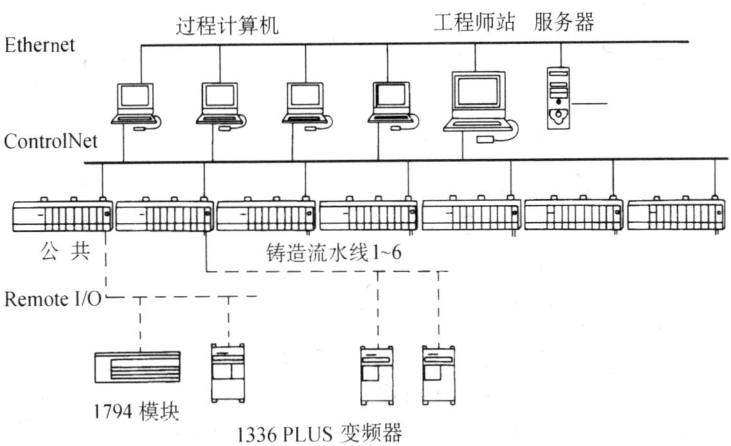

图 9-12　转炉及外围控制系统示意

1336IMPACT 交流变频器，应用磁场定向控制方法对氧枪实施精确的速度和起动控制；铁水、废钢、造渣辅料下料、余热锅炉冷却系统通过 ControlLogix 控制器进行联锁控制；一次风机除尘系统采用交流中压 6000V 变频调速，选择西门子公司 Simovert Masterdrives 中压变频器，用 Profibus 总线进行通信，并和 PLC 控制系统相连接。

操作站通过 ControlNet 与 PLC 系统通信，实现对生产过程的监控。多台人机接口（HMI）操作站连接在 ControlNet 上，实现分工操作，并且在故障发生时，其操作可由其他操作站代为执行。转炉变频器通过 DeviceNet、连铸机变频器通过远程 I/O 与 ControlLogix 控制器通信。

（2）六机六流小方坯连铸控制系统　小方坯连铸机控制系统由1台服务器、4台操作站和7套ControlLogix控制器及远程I/O组成。整个连铸的工艺参数检测、指示、报警、记录及调节功能均由ControlLogix控制器控制，完成对钢平台、拉矫与振动、二次冷却水、切割、出坯的自动控制。

以实时多任务系统软件支持下的计算机组成操作站，操作站作为ControlNet站点直接实现对生产过程的控制和数据采集；各操作室的操作台都配备了FLEXI/O，通过远程I/O通信链与ControlLogix控制器系统实现通信。变频器与PLC也通过远程I/O方式通信，它们共同组成分布式控制系统；服务器（相当于过程机），实现数据库管理、生产管理、工艺优化、二冷自动配水、浇铸速度优化、物流跟踪、尾坯优化等功能，并通过Ethernet与管理级计算机网络连接，以开放式数据库连接（ODBC）方式与管理网络进行数据交换。

连铸机自动化系统采取“机电一体化”设计思想，通过检测仪表、现场总线采集工艺生产过程和设备运行状态的各种数据，实现过程回路、过程调节和电气设备顺序控制。

采用先进的过程计算机管理网络结构体系。计算机系统采用客户机/服务器（C/S）结构，通过服务器与厂部和公司的管理网络连接，实现管控一体化。服务器有两个作用：一是通过ControlNet收集、储存生产工艺参数数据；二是通过Ethernet和厂部及各车间、部门管理计算机连接，进行数据交换。操作站除了具备HMI功能外，安装并运行RSLogix5000、RSView32组态软件和其他相关软件，使其具备工程师站的功能。RSLogix5000软件支持网络编程功能，这样在系统运行过程中，除一个专用工程师站外，通过网络上任何一个操作站可以对网络上任何一个ControlLogix控制器进行编程、组态及调试。

计算机过程控制系统和管理网相连接，为提高生产效率、优化工艺过程、降低成本、分析各种操作、预防各种事故的发生、考核操作工操作技能和能源消耗指标，以及物流管理等提供了手段，并且为提高公司管理上水平创造了条件。客户机/服务器（C/S）结构是现行企业信息网络的优选结构体系。首先，在相同的性能需求下，可以使整个计算机系统的投资大幅降低；其次，它具有很好的开放性、兼容性和容错能力，并且易于功能的升级和系统的扩充。C/S结构体系实现了分布式协作处理业务。客户机可以分布地设置在企业的各个部门，分别进行各自的业务处理，而且具有协作处理和计算的环境，发挥各自特长，相互协作运行，实现有效管理。

4. 应用使用效果

（1）80t转炉顶底复吹控制系统　宣钢两座80t转炉均采用顶底复吹技术。氧气顶底复合吹炼是炼钢工艺的一门新技术。它的优点是能提高钢水质量，降低铁水消耗；但是对控制系统的要求比较高，尤其是如何精确对仪表的一次执行机构进行控制和调节，具有很大难度。宣钢利用罗克韦尔自动化公司优良的控制平台和强大的软件功能（如 PID 调节），很好地实现了氧气顶吹两级调节，不但可以解决同一管路上两级调节系统相互干扰（扰动）的问题，快速实现了顶吹氧气压力、流量的稳定调节，而且还避免了开氧瞬间产生的大压力氧气，对于抑制烟气外溢、减少高压氧气对炉衬的冲击和降低氧气消耗均收到一定效果。底吹控制系统具有可靠的安全联锁功能，以保护底吹供气元件（透气砖）不间断供气，防止底吹堵塞和供气元件松动，并成功地实现了底吹自动控制系统的两个核心功能：精确控制各路底吹支管的气体流量；准确实现供气曲线设定的供气强度和迅速完成氮氩切换。实践证明，宣钢建立在罗克韦尔自动化公司平台之上的顶底复吹控制系统已达到国内领先水平。

（2）转炉煤气回收系统　宣钢 80t 转炉煤气回收系统，初步设计时，采用国内普遍使用的人工判断，根据工艺冶炼时间下达回收指令的方式。由于考虑到人工回收方式带来的安全隐患以及罗克韦尔自动化公司 ControlLogix 控制器系统在宣钢炼钢一期工程中的出色表现，而最终修改了原设计，增加激光快速分析仪，采用自动控制回收方式，利用 ControlNet 技术，对转炉出口烟气分析、一次风机、机后烟气分析、煤气柜等多点集中监控，既保证安全，又最大限度地回收煤气，降低能源消耗。修改后的设计，利用先进的控制技术弥补了部分工艺设计方面的不足，突出体现了罗克韦尔自动化公司控制技术和 ControlNet 技术在整个回收系统中的核心作用。投产后的宣钢转炉煤气回收过程控制简单实用，回收率高，安全可靠，自动化程度高，受到国内同行的高度赞扬。

另外，比较成功的应用还有通过编码器检测氧枪升降位置，采用 A-B 公司 1336-IMPACT 交流变频器，应用磁场定向控制方法对氧枪实施精确定位，控制氧枪升降、开氧、关氧，风机的高、低速切换，急停等；还有 A-B 公司的 PLC 控制西门子公司转炉倾动直流调速系统，控制风机电动机除尘系统的中压（6000V）交流变频器；通过 Profibus 总线与 A-B 公司控制系统的通信等等，均得到很好的实现。

ControlLogix5555 控制器系统在宣钢炼钢工程的实际应用中，充分体现了它所具有的先进的控制网络技术，高效可靠的控制能力和功能强大的软件体系。它吸取了 A-B 公司现有处理器的成功经验、市场上同类产品及 DCS 产品的优点和当代最新电子技术。完全由 PLC 来控制如此大规模的过程和顺序控制相融合的系统，说明该系统的功能和能力的强劲。按常规设计来讲，一般应优先选择 DCS 或大一点的 PLC-5 或西门子公司 PCS7 系列。但是当时考虑到资金方面的因素，选择了相对价位较低的 ControlLogix 控制器系统，也是一个大胆的决策。当时许多专家、技术人员认为满足不了工艺需要，但从投产两年的实际应用来看，还是比较理想的，完全满足了工艺要求。

针对转炉及外围控制系统接入的通信模块比较多、程序运行速度要求高、网络负载大等需要特别注意的特点，在设计上应该特别注意：①首先从系统设计和软件上着手，合理编排系统 I/O；②注意网络刷新时间（NUT）和开关量、模拟量模块的扫模时间（PRI）；③优化程序和内变变量，提高代码效率。虽然 ControlNet 上可以挂接 99 个站点，但是多一个站点就多一定的数据量，ControlNet 上挂接的站点越多，网络数据传输负载就越重。由于转炉及外围控制系统接入的通信模块比较多（14 个 1756-CNBR 模块和 11 个 1784-PCIC 接口卡），又加上岗位操作工对计算机操作知识比较少，无目的地点击鼠标，尤其是反复地点击趋势图，大量的数据造成网络阻塞，PLC 与上位操作站通信超时或失败，引起计算机死机和 PLC 停止响应，造成网络瘫痪。主要问题归结到以下几个方面：

- 转炉控制系统在网络设计上不太合理，1#炉和 2#炉应分段设计，降低控制网络数据负载，同时也便于各网段设备的检修和网络维护。
- 程序设计上不严谨（编制程序不够合理，程序运行速度慢，存在许多垃圾代码和内部变量），没有合理安排统一系统 I/O。
- 某一时刻控制网上用于交换的数据过多，引起数据传输速度下降，甚至停止。应重新设定网络刷新时间（NUT），以及数字量、模拟量的扫描时间（RPI），降低网络的负载。
- 生产者/消费者标签泛滥。它们的系统开销比较大，非关键信息没有必要通过这种方式通信。

针对以上问题，改进如下：①首先从系统设计和软件上着手进行改进，在文档上，重新合理安排系统 I/O。②重新设定网络刷新时间（NUT）和开关量、模拟量模块的扫描时间（RPI），降低网络的负载。③修改 PLC 程序，尤其是转炉本体控制程序，清理存在的垃圾代码和内部变量。自从采用以上措施后，系统较先前有所改善。但彻底解决问题，还需要做进一步工作，尤其是对硬件设施的改造，ControlNet 由全部是总线形改为部分环形网；软件上进一步优化程序，另外也寄希望于 RSlinx 网络通信软件向更加完善版本升级。

目前国内冶金行业在信息化和自动化方面发展相当快，已经不只停留在基础自动化上，国内以宝山钢铁公司为代表的大型钢铁联合企业，在企业综合自动化方面走在了前列。随着互联网的进一步深入和发展，企业已经认识到基于 Internet 的生产数据能够直接影响到企业的商务增长和对市场反应能力，实施企业综合自动化，实现管控一体，是企业发展的必由之路。宜钢炼钢厂基础自动化、过程控制系统（PCS）已经得到很好的实现。

9.8.2 DCS 和 FCS 集成技术在自来水厂中的应用

某水厂自控系统按 40 万 m^3/d 规模设计，预留远期 80 万 m^3/d 数据接口。该系统采用冗余 ControlNet 作为主控网络，运行安全可靠，易于扩展，实时性强；系统设计合理，运行稳定，功能完善，操作简便，已达到国内自来水实时监控系统的先进水平。

1. 系统基本功能介绍

（1）工艺流程　制水工艺流程分为取水、混凝、反应、沉淀、过滤、消毒、送水、排污八个环节。按照工艺布置和管理习惯，一般把取水、排污合在取水分站控制，混凝、反应、沉淀、消毒合在加药分站控制，过滤在滤池分站控制，送水在送水分站控制。

（2）系统构成　采用集散控制系统，设一个中心控制室主站和四个现场PLC控制分站（即取水、加药、滤池、送水分站），如图9-13所示。各站之间通过冗余ControlNet通信，中心控制室中一台服务器和三台PC通过上层以太网进行数据交换，其中两台PC同时挂在ControlNet上，另一台与总调度室SCADA系统通信。分站PLC与工业控制机通过DH+网通信，PLC与SLC通过DH485网通信。

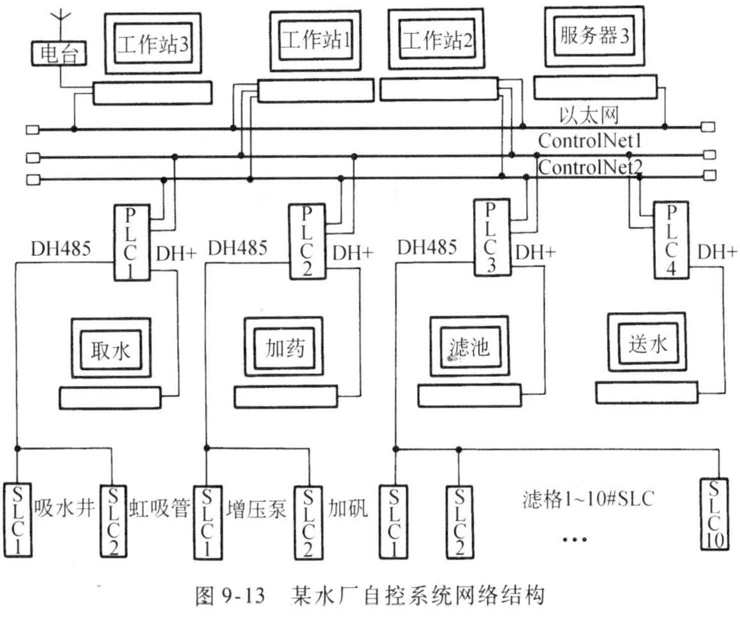

图9-13　某水厂自控系统网络结构

（3）系统控制原则　系统控制方式分为手动和自动，自动方式一般又分为全自动、一步化、单步键控。各站计算机还设有本站和远程两种控制形式，优先权依次为手动>本站>远程。

（4）系统的管理方式　在计算机上对设备及系统管理功能进行操作时，必须先输入操作员的操作代码和密码（登录），操作结束后可按“登录注销”。计算机根据密码区分操作员权限等级，并锁定超权限按钮，自动记录操作人员的操作过程、操作代码及时间。

（5）各站主要配置和基本功能

1）中央控制室主站：在远程控制方式下，通过两台工作站控制下面各分站的设备，并将采集到的数据送服务器、模拟屏和总公司 SCADA 系统。服务器对生产数据、报警记录和操作记录进行综合处理。

2）取水分站：由两套 SLC5/02PLC 分别控制四条源水虹吸管的抽真空和吸水井中四台清污机的运行，一台 PLC5/40PLC 根据清池水位和送水量自动开停取水泵，并根据江中水位自动选择排水方式，控制排水泵房设备。

3）加药分站：加氯和加矾是两个相对独立的自动控制系统，分站中一台 PLC5/40PLC 可通过 SLC5/02PLC 的 PID 对其进行调节。前加氯采用流量比例控制方式，后加氯采用复合环控制方式；加矾采用流量信号粗调频率、游动电流信号调节冲程、对滤水浊度用反馈方式控制。

4）滤池分站：10 格滤池由 10 台独立的 SLC5/02PLC 控制恒水位过滤和滤格所有阀门，1 台 PLC5/40PLC 协调各 SLC 运行，并控制反冲洗设备。反冲洗滤格自动排队，冲洗条件满足时，按顺序反冲洗。

5）送水分站：一台 PLC5/40PLC 控制所有设备。根据总公司调度室要求一步化开停送水机泵。

考虑到高压柜本身具有较完善的自保功能，取送水高压配电系统除高压电动机柜外，其他各柜只进行计算机键控操作，计算机只对故障报警，不进行自动化保护。单步键控操作时，计算机自动进行高压柜互锁判断，对不符合操作条件的高压柜进行锁定。

2. 系统主要特色

系统的 PLC 软硬件、仪表传感器、现场执行机构配置起点较高，通信软件采用 RSLinx，梯形图软件采用 RSLogix5 和 RSLogix500，人机界面软件采用 RS-View32。对照国内运行中的其他系统，系统在以下几个方面具有自己的特色：

（1）冗余控制网功能先进，运行稳定，可扩展性强　由于水厂规模较大、各分站之间距离较远，目前系统有近 2000 个 I/O 点，远期有近 3500 个 I/O 点，通信数据量大，因此，选用美国 A-B 公司的产品，主控网采用最新的 Control-Net，冗余配置。其特点有：

1）吞吐量高，达到 5Mbits/s。

2）它是一个确定性冗余网络，下挂的各分站 1785-L540/C 主 PLC 具有冗余 CPU，单线断网时网络可实现无扰动切换，不影响数据交换，并具有断线自诊断功能。

3）对于同一链路上的 I/O、实时互锁、对等通信、报文传送和编辑操作，具有相同的带宽；不论对于离散还是连续过程控制，均具有数据发送的确定性和重复性，送数准确。

4）扩容时，直接接到 PLC 的 CPU 模块通信接口上，不影响系统运行。

（2）各分站可实现相对独立的自动化控制　将相关的控制信号引到同一分站；较远的设备在现场设置 SLC 控制，并通过 DH485 网与分站主 PLC 通信；个别需到其他分站取数的信号，在通信异常时，不参与控制，保证在 ControlNet 完全断网的情况下，各分站仍可实现自控。

（3）控制程序简洁实用，实时性好

1）对相关设备较多、控制关系复杂的滤池反冲洗过程，在保证生产需要的前提下，统一故障处理方式，简化程序，增强可靠性。

V 型滤池反冲洗时有三台鼓风机（两用一备，三个出口气动阀）、三台水冲泵（两用一备，三个出口气动阀），滤格有清水阀、排水阀、水冲阀、气冲阀、排气阀、进水阀，再加上两台空压机，反冲洗过程又分为气冲、气水冲、水冲，控制关系非常复杂。如果整个过程中某一设备出现故障，都要进行不同的处理，一般的 PLC 内存是不够用的。另一方面，控制流程复杂，程序过长，会增加系统的扫描周期，系统的实时性差，响应不及时，可靠性降低。我们把反冲洗过程的故障分为几大类，每一类型进行统一处理，既简化了程序，又便于操作人员记忆，方便生产管理。

2）对数据采集量较大的滤池分站，采用分散控制集中管理的 PLC 控制模式，并对信号根据重要性进行采集间隔分类，减少同一时间的数据采集量，保证系统有良好的实时性。

（4）界面直观，操作方便，管理严密　采用中文 NT4.0SP4 操作系统。在界面设计上，尽量让图标接近设备外观，同时注意图标、符号、单位、文字的规范和颜色的搭配，使界面既美观又直观，方便理解和操作。在管理功能设置上，力求体现系统的安全性和管理的严密性。

1）登录 Windows NT 时，分系统管理员等级和一般用户等级。一般用户登录时，进入 NT 后，在桌面上只能运行自控系统软件，没有“我的电脑”、“网上邻居”等与自控无关的软件包，锁死全部快捷键和组合键，有效防止一般用户改动系统设置或系统时间；系统管理员登录则可进行上述操作。进入 RSView 后，只有输入操作密码登录后才能退出系统。

2）RSView 界面操作权限，按系统管理员 > 生产班长 > 一般操作员进行设置，高权限者可进行低权限者的操作。

3）每台设备均设有调试模式（即单步键控）功能，均能单独自动动作，方便了设备调试。但只有系统管理员才有此权限。

4）对于水质仪表和流量计，均设有维护模式。当该设备正在短时间维修或校验时，可在控制窗口赋予仪表输出值，所赋的值用于自控运行，设备维护结束后再取消赋值。赋值时界面有提示，数据库记录时有标示。

5）对数字累计量均设有参数设置功能。当系统由于局部停电或 PLC 失电造成仪表显示与计算机显示不符时，可通过参数设置功能修正。此功能必须由具有系统管理员以上权限的人员才能使用。

6）分站与中心控制室主站进行控制权切换时，双方只有回收权没有出让权，职责分明，防止出现推诿、扯皮现象。

（5）上层数据库组态方便，功能强大　上层数据库管理系统采用 Microsoft SQL Server 7.0，YPDataManage 数据库组态软件主要用 Microsoft VB6.0 开发。其功能特点有：

1）能与 NT Server 4.0 有机结合，提供多级安全性保护，保证数据库安全使用。

2）数据每隔 5min 记录一次，在记录间隔中，如果设备状态发生改变，或者出现事故报警、模拟量波动幅度超过设定范围，则随时进行数据记录，保证数据的完整性，方便事故分析。

3）可显示、打印任何参数和任何时段的数据，组态方便。

9.8.3 基金会现场总线在石油和化工行业中的应用

丁二烯是一种重要的石油化工基础有机原料和合成橡胶单体，是裂解碳四（C_4）馏分中最重要的组分之一，在石油化工烯烃原料中的地位仅次于乙烯和丙烯。由于其分子中含有共轭二烯，可以发生取代、加成、环化和聚合等反应，使得其在合成橡胶和有机合成等方面具有广泛的用途，此外还可用于生产己二腈、己二胺、尼龙 66、1,4-丁二醇等有机化工产品以及用作黏接剂、汽油添加剂等，用途十分广泛。丁二烯生产装置较常采用的是传统的 DCS。随着生产和管理的需要，它已不能适应工厂工业控制系统的数字化、网络化、智能化的发展要求，因而以基金会现场总线（FF）为基础构成的现场总线控制系统在丁二烯生产装置中得以应用。该系统的成功应用使得工厂管理层和生产层的有效结合得以实现，从而组成了网络集成式全分布控制系统。

1. 工艺流程

某石化厂丁二烯生产装置采用的二甲基甲酰胺（DMF）法工艺如图 9-14 所示，系日本瑞翁公司专利技术，以二甲基甲酰胺（DMF）作溶剂，从裂解碳四（C_4）馏分中提取高纯度丁二烯。该生产装置 DMF 法采用两段萃取精馏和两段普通精馏的流程。在溶剂 DMF 中，与丁二烯相比相对挥发度大于 1 的组分（即比丁二烯难溶于 DMF 的组分）在第一萃取精馏部分脱除，而相对挥发度小的组分（即比丁二烯易溶于 DMF 的组分）在第二萃取精馏部分中脱除。在原料中只有那些与丁二烯的沸点相差较大的杂质，才能在普通精馏部分脱除。新增的 2# 丁二烯生产装置部分仪表回路采用了 FF 技术，在实际运行中取得了良好效果。

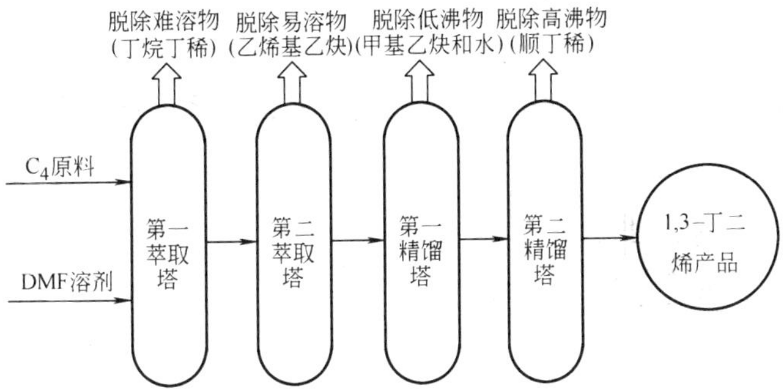

图 9-14　丁二烯生产装置生产流程

2. 现场总线控制系统设计

在该生产装置中，系统总回路数为 836 个，其中复杂控制回路为 28 个，包括模糊逻辑控制、均匀控制、前馈控制、比值控制、分程控制、选择控制、顺序控制和串级控制等。FF 部分共有 7 个控制回路和 22 个检测回路。硬件配置主要由 4 对冗余 M5 控制器、7 台 DELL 公司的 PC［其中，1 台作为工程师站（Plus），另 6 台作为操作员站（Operator Station）］、1 台 OPC 应用站等组成。现场智能仪表主要有美国 Emerson Process Mangement 公司的 3051f 压力变送器和 FF3244MV 温度变送器及 DVC5010f 阀门定位器，共计 36 台。这些设备通过分支电缆连接在 6 条主干上，再通过 H1 卡与系统连接。每块 H1 卡有 2 个端口，每个端口可接 1 条 H1 现场总线，每条 H1 现场总线最多可带 16 台现场总线设备。H1 总线的传输速率为 31.25kbit/s。

该装置仪表控制系统采用美国 Emerson Process Mangement 公司开发的 DeltaV 现场总线控制系统。系统 I/O 点共 1183 个，控制点为 737 个。DeltaV 是全数字化的过程控制系统，也是一种规模可变的控制系统，是唯一结合了智能型现场设备和数字化通信的过程控制系统。系统采用 FF 规定的拓扑结构，即工作站和控制器构成控制网络的节点，其控制器、电源 I/O 卡件和通信均可实现冗余配置，而 I/O 子系统支持 FF、离散量总线、HART、串行通信及传统 I/O 等多种输入输出类型，并对传统 I/O 和 HART 类型的 I/O 提供本质安全支持。系统能够自动识别卡件类型，自动分配地址，所有卡件均可进行带电热插拔。

建立在 Windows NT 平台上的 DeltaV 系统软件除了安全、可靠性高以外，使用起来也极为灵活方便。如系统组态采用 FF 规定的 IEC 61131 标准，用标准功能块连接的方式来完成，不需要再填表格，而在线仿真可以使组态的正确性立即得到验证。通过 Fix 软件的各种功能，能方便地生成流程图，完成各种动态链接、报警设置等；而系统的诊断功能则可以帮助维护人员迅速判断故障所在位置及类型。

3. FF 的网络组态

由于现场总线是工厂底层网络，网络组态的范围包括现场总线段，也包括作为人机接口操作界面的 PC 及与其相连接的网段，如图 9-15 所示。

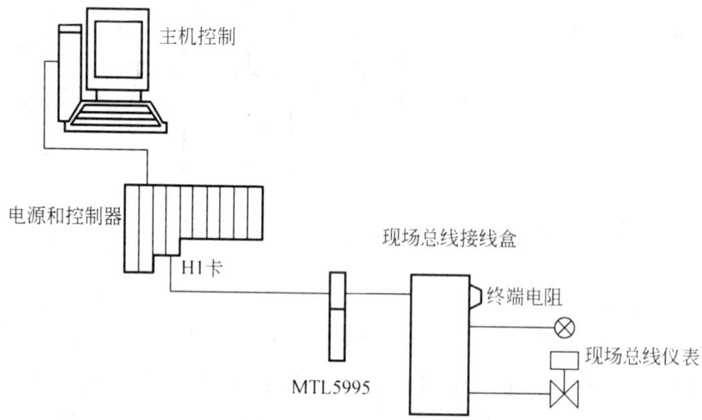

图 9-15　FF 的网络组态

该装置现场总线的拓扑结构为树形结构，它适用于特定范围内现场总线设备密度较高的情况。在电缆与接线盒和设备已安装就位的情况下，它可便于升级。总线电缆选用专用的屏蔽双绞线。现场总线仪表的 24V 电源由 MTL5995 卡件提供。在现场总线设备已安装就位、主干及分支电缆已连接好后，首先要进行总线的回路测试，测试合格后，可在 DeltaV 系统上快速完成现场总线回路的组态工作。DeltaV 系统能够自动搜寻现场总线设备，进行地址分配和授权，如图9-16所示，通过功能块的简单连接完成回路组态。

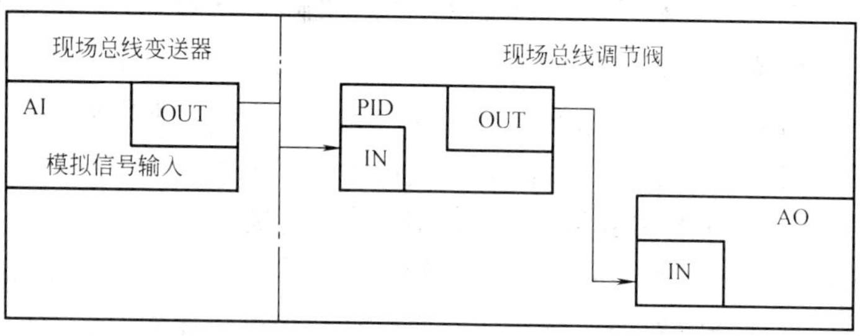

图 9-16　FF 回路功能块组态

在该装置现场总线的控制回路中，智能变送器把测量信号直接送至调节单元，而 PID 功能块的运算是在智能阀门定位器（Fisher2DVC5010f）中完成，运算结果在定位器中转化成气压信号输出至阀门。FF 上的变送器通常含有多个传感器，在标定时要注意选择合适的 AI 功能块。上、下限的设定和零位校正在 Plus 站上用 DeltaV Explorer 中的 Calibrate 命令实现。FF 上的阀门定位器的标定由 DeltaV Explorer 中的 Setup Wizard 命令或 ValveLink 软件来完成。

4. PlantWeb 工厂管控网的建立

在丁二烯生产装置系统中，使用的 PlantWeb 工厂管控网系统是美国 Emerson Process Management 公司开发的具有 FF 技术、OPC 技术、AMS 管理技术的新一代控制和管理系统，主要由 DeltaV 系统和 AMS 设备管理软件构成。DeltaV 系统负责过程控制，AMS 设备管理软件负责现场仪表的管理，OPC 负责与 LAN 相连，将生产过程的数据传输到工厂网，从而形成管控一体化的网络，如图 9-17 所示。

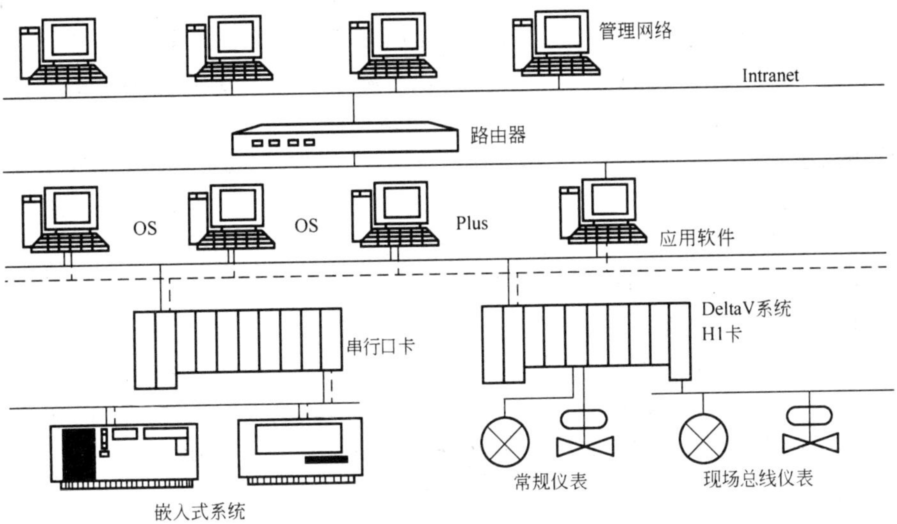

图 9-17 工厂管控网 PlantWeb 组态图

丁二烯生产装置仪表 DCS 改造完成后，将 DeltaV 系统的控制网络通过路由器/交换机连接到工厂管理网络（TCP/IP），即 Intranet。在应用站上安装一套基于 OPC 标准的 WebServer 软件，再在局域网上的 PC 上安装客户端软件后，经过简单组态，即可在管理网络上的任一台 PC 上实时监视到整个系统的动态流程、实时历史趋势、报警信息等。DeltaV 系统的 WebServer 软件不仅仅支持 LAN 对系统的监视，也支持通过 Internet 对系统的访问功能。只要能够登录 Internet，用户即可随时对系统进行远程实时监视（需要权限）。

通过使用，可以发现 FF 大大增加了来自现场设备可用信息的数量和质量。除了简单的传输过程变量，功能块提供了大量的增值信息，如设备本体信息、详细的诊断、质量状态和各类仪表参数（环境温度、模式修改、阀位实际指示反馈、阀门行程累计等）。FF 的设备描述（DD）使所有的信息对其他设备、主机系统和应用程序都能适用。配合 DeltaV 系统自带的设备管理系统（AMS）软件，用户在控制室内即可对符合 FF 标准和 HART 协议的现场设备进行组态、标定和远程故障诊断，既缩短了常规维护的时间，又提高了工作的准确性。

DeltaV 系统在设计上就使得 FF 的实施更加容易。其特点包括预先工程化的控制策略资料库，采用 DeltaV Explorer 的拖和放操作功能，在设备安装后的自动检测功能，以及单一的用户界面适用于 HART、现场总线、传统 I/O 和其他通信协议。

FF 提供了执行基本和调节控制、开关控制或顺序控制所需的所有功能块。常规 PID 控制运算在现场智能仪表中即可完成，不需经过控制器。即使操作站和控制器之间的通信连接中断，也不影响现场总线回路的运行，所以能提高系统的可靠性，而控制器则可以处理一些复杂的先进控制。现场总线的数字信号比 4～20mA 模拟信号的精度提高 10 倍，因此可以排除在 A/D 转换中产生的误差。

在传统 DCS 布线中，变送器和阀门先连到现场接线箱，再分别连到转接柜，最后接到系统柜的 I/O 卡的端子排上。如选用带屏蔽的双绞线，则每台设备需要 15 个端子，36 台设备共需 540 个端子，铺设 3600m 电缆（以每台设备 100m 计）。而在 FF 布线中，36 台设备仅需 136 个端子，铺设 600m 电缆（6 根主干）。接线的节省综合了人力和材料的节省，诸如安装电缆、电缆桥架、槽盒、穿线管、转接柜、端子排和安全栅等。

在丁二烯生产装置中的现场总线，采用把所有的分支的屏蔽电缆线与主干的屏蔽线连接起来，最后在同一点接地。总线使用屏蔽电缆线就可以达到屏蔽的作用。对于现场总线信号的极性，所有的“+”端相互连接，所有“-”端相互连接，这样可以避免信号极性的反置，而不能进行通信。

9.8.4 西门子全集成自动化（TIA）技术在化纤长丝原液生产中的应用

1. 工艺简介

制造黏胶的基本原料是浆粕。浆粕的基本成分是纤维素。纤维素是不溶于水，也不溶于碱溶液的固体物质。要使纤维素变成黏胶，必须先经过浸渍碱化，把纤维素变成碱纤维，再使碱纤维与二硫化碳作用而变成纤维素黄酸钠，纤维素黄酸钠用稀碱溶液溶解，就可以得到黏胶。这就是黏胶制造的基本原理。图9-18为黏胶生产制造的工艺流程。

为了使产品质量保持均匀、稳定，首先把一定量的不同批号的浆粕混合均匀，这在生产中称为混粕。将浆粕用 20% 左右的烧碱溶液浸泡，进行碱化得到的碱纤维，在生产中称为浸渍。然后，放掉多余的碱液，并从碱纤维中压出，生产中称为压榨。用粉碎设备将块状的碱纤维粉碎成较细小的碱纤维素颗粒，在生产中称为粉碎。将粉碎成细小、松散颗粒的碱纤维素，在空气中放置，经过一定的时间，使碱纤维素分子发生氧化降解，并降低纤维素的聚合度。这个过程叫做老化，在生产中称为老成。

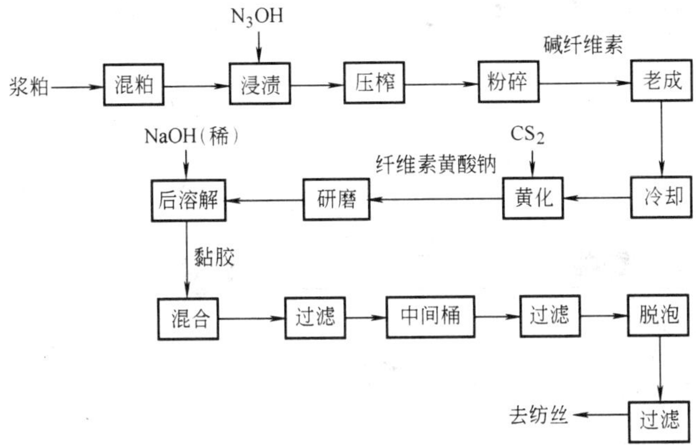

图 9-18　黏胶生产制造的工艺流程

在老成后的碱纤维素中，加入二硫化碳，进行黄化反应，制成纤维素黄酸钠，在生产中称为黄化。然后加入稀碱溶液和软水，使纤维素黄酸钠溶解而制成黏胶，生产中称为溶解。为了使各批黏胶的质量比较均匀，还要把批次相近的黏胶进行混合，生产中称为混合。

混合后的黏胶要经过过滤和脱泡，以便除去黏胶中未溶解的物质颗粒和排除黏胶中的气泡，以提高黏胶的纯净度和清洁度，防止纺丝时喷丝孔被堵塞。黏胶的溶解、混合、过滤和脱泡过程，需要一定的时间，在这段时间里，黏胶内部的化学性质和物理性质也在发生变化，变化的这段时间称为黏胶的熟成过程。

2. 全集成自动化（TIA）技术在化纤长丝原液生产中的实现

在该项目中，AS 417H 控制器以下的现场总线采用冗余 Profibus-DP 进行通信，通过西门子公司 Y-LINK 路由器、DP/PA-LINK 链接器转换成与现场设备相同的通信协议从而实现对现场设备的实时监控，如图 9-19 所示。容余的服务器（运行 Server 系列服务器操作系统）与 AS 417H 控制器之间以及与多个客户器之间采用以太网（100Mbit/s）进行通信，保证了大数据量通信的安全、稳定、及时。通过 OSM 预留了与其他系统进行通信的通信接口，从而避免了“自动化孤岛效应”，实现了企业内部所有自动化控制系统全集成自动控制。Web Navigator 服务器与 Web Navigator 终端之间采用标准的以太网通信，Web Navigatork 终端可通过 IE 浏览器轻松地监视现场生产实际情况，实现了办公全集成自动化，从而方便了成本核算、原料调配、节约了生产时间，提高了生产效率。

3. Profibus 通信

在该项目中应用到的支持 Profibus-DP、Profibus-PA 通信协议的现场设备如何完成与 DCS 之间的通信。

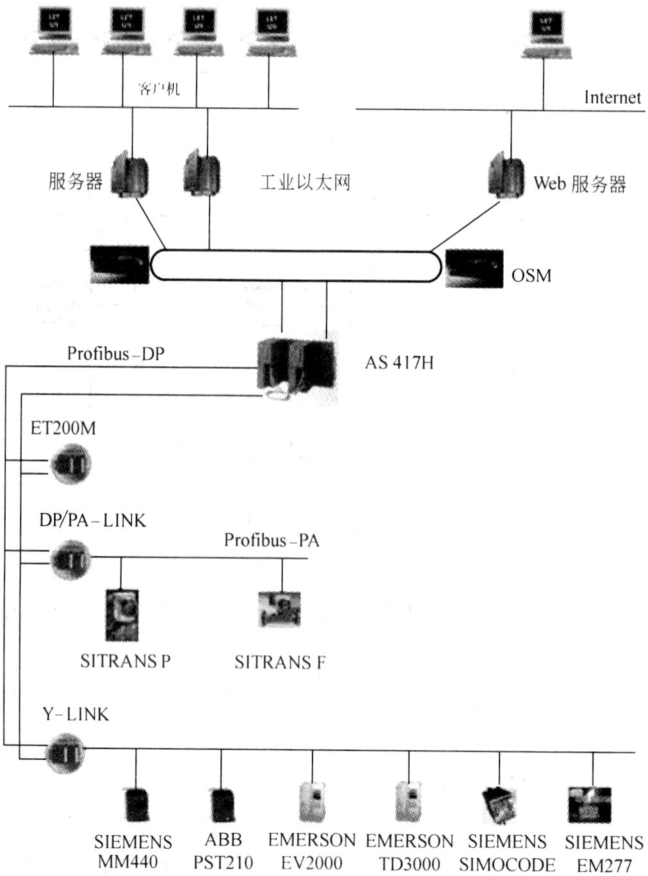

图 9-19　黏胶生产制造的工艺流程

（1）Profibus-DP 通信　Profibus-DP 采用 RS485 接口、Profibus 通信协议，以其传输速度快、数据量大以及良好的扩展性等特点，成为目前广大用户普遍采用的通信协议。

对于第三方设备的通信任务，需要第三方设备厂商提供 *.GSD 文件。安装 *.GSD 后便具备了完成 STEP 7 硬件组态工作的条件。该项目中使用到的支持 Profibus 通信的现场设备有：SIEMENS MM440 变频器、EMERSON EV2000 变频器、EMERSON TD3000 变频器、SIEMENS ET200M 与 SIEMENS SIMOCODE 智能电动机保护器、ABBPST210 软起动器和 SIEMENS EM277 Profibus 接口模块等。

1）SIEMENS MM440 的 Profibus-DP 通信：MM440 是西门子公司推出的一款标准矢量控制变频器，因其功能强大、对信号响应速度快、配置灵活、信息全面、参数设置范围广等特点，倍受用户好评。

Profibus 通信模板是 MM440 的一个可选件，通过这个通信模块可以轻松地实现 MM440 的 Profibus 通信。由于这一模块与变频器采用一体化结构，并由变频器直接供电，所以安装使用起来十分方便。MM440 支持多种类型通信报文，在该项目中，选用了 PPO4 通信报文，即 6PZD + 0PKW。

通信的参数设置见表 9-4。

表 9-4　MM440 变频器通信的参数设置

参数号	设定值	功 能 说 明	参数号	设定值	功 能 说 明
P0700	6	变频器命令源	P2012	6	PZD 区长度
P0918	X	站地址	P2013	0	PKW 区长度
P1000	6	频率设定来源			

2）EMERSON EV2000 变频器的 Profibus 通信：EV2000 通用型变频器具有操作简便、易于维护等特点。通过 EMERSON 公司研制开发的 TDS-PA01 Profibus 适配器便可实现变频器的总线监控。该适配器与主变频器采用分体式结构，电源可根据现场需要选择由变频器供电或外供电两种方式。在使用适配器时，应注意适配器波特率选择开关的位置，同时通信质量可由适配器指示等清晰反映出来。

EV2000 变频器只支持 PPO1 通信报文，即 2PZD + 4PKW。对于 PKW 区，在该项目中采用循环读取的方式对变频器的电流、电压等参数进行监视。其通信参数设置见表 9-5。

表 9-5　EV2000 变频器通信的参数设置

参 数 号		设定值	功 能 说 明	参 数 号		设定值	功 能 说 明
F0. 00		3	频率设定选择	FF. 00	十位	0	格式
F0. 03		2	运行命令通道选择	FF. 00	个位	7	波特率
FF. 00	千	0	连接方式	FF. 01		X	站地址
FF. 00	百位	0	虚拟端子输入	FP. 01		X	访问权

3）EMERSON TD3000 变频器：TD3000 变频器同样采用 TDS-PA01 Profibus 适配器进行通信。与 EV2000 不同的是，TD3000 变频器支持 PPO1、PPO2、PPO3 和 PPO4 四种通信报文，可以根据现场实际需要进行选择。在该项目中，采用与 MM440 相同的 PPO4 通信报文实现实时监控。其通信参数设置见表 9-6。

4）ABBPST210 软起动器的 Profibus 通信：PST 软起动器是基于最新的微处理器技术设计出来的，用于实现笼型电动机的软起动和软停止。它附带了几种先进的电动机保护功能。软起动器可带或不带旁路接触器，大容量的软起动器配有内置旁路接触器。在紧急情况下，可通过该接触器直接起动电动机。

表 9-6 TD3000 变频器通信的参数设置

参数号	设定值	功能说明	参数号	设定值	功能说明
F0.03	6	频率设定方式	F9.01	0	数据格式
F0.05	2	运行命令给定	F9.02	X	站地址
F9.00	X	波特率设定	F9.03	X	报文选择

通过 ABB 公司开发的 Profibus 适配器可以轻松地完成系统和软起动器之间的 Profibus 通信。该适配器结构中已经包含 Profibus 接头部分，因此只要将 Profibus 通信电缆接入适配器即可，无须西门子公司标准 Profibus 接头。同时适配器上装有四盏 LED 状态诊断灯，可准确地反映出软起动器与适配器、适配器与系统之间的通信状态，为调试和维护提供了极大的方便。由于 PST210 采用全中文操作，只需将通信菜单下的参数按实际要求设置就可进行通信，操作直观，使用方便。

5）SIEMENS SIMOCODE 的 Profibus 通信：3UF5 SIMOCODE-DP 是西门子公司推出的带有 Profibus 接口的电动机控制及保护装置。设备采用微处理器为中央处理单元，具有联锁、运行计算、诊断、数据统计、过电流保护和过电流报警等功能。

该项目中，采用 Win-SIMOCODE-DP/Professional 软件，通过 RS232；根据选用的型号、机旁与远端控制切换、起动与停止运行、控制和通信数据类型等现场实际要求，对 SIMOCODE 进行组态。使用 PCS7-FB SIMOCODE-DP 集成到 PCS7 中实现可视化监控的目的。在使用时应注意同时使用 RS232 对 SIMOCODE 进行设置时 Profibus-DP 通信的状态。如果两种通信同时进行，可能会导致 RS232 通信的中断，从而影响通信质量。PCS7-FB SIMOCODE-DP 的版本应与 PCS7 版本相对应，否则安装后无法找到相应的连续功能图（Continuous Function Chart，CFC）功能块。

6）ET200 系列（远程 I/O 站）、EM277（S7-200 标准 Profibus 接口模块）由于节省成本、操作简单、通信稳定等特点在现场已经得到广泛的应用，在这里就不再重复叙述了。

（2）Profibus-PA 通信　Profibus-PA 是适用于过程自动化控制系统的现场总线。采用扩展的 Profibus-DP 协议进行数据传输。总线可将自动化系统和过程控制系统与压力、温度和液位变送器等现场设备连接起来，用来替代 4～20mA 的模拟技术，不仅能够读取大量的信息，还能实现仪表的远程维护。由于 Profibus-PA 传输技术采用总线供电方式，并可通过 DP/PA LINK 将 PA 设备集成到 DP 网络中，因此安装使用十分方便，同时节约大量敷设信号电缆的成本。

该项目中，使用了两种西门子公司 PA 总线仪表：SITRANSP（压力变送器）

和 SITRANS F（电磁流量计），共 60 块。网络由 DP/PA-LINK、三通接头、终端电阻构成，波特率选择 31.25bit/s。在调试过程中，只需对 DP/PA-LINK、PA 总线仪表的站地址进行设置，便可实现对仪表的监控。由于 PA 传输技术采用总线供电方式（SITRANS P），因此能量较小，总线上的设备数量也受到限制。在该项目中，最远距离的 PA 总线长度为 300m，共连接 PA 总线仪表数量为 14 块，运行十分稳定。

SIMATIC PDM（Process Device Manager）是西门子公司专门针对组态、调试、维护现场设备的实际需要而设计开发的软件包。通过 SIMATIC PDM 可实现地址设定、量程设定、实际值监控、状态诊断等功能。目前 SIMATIC PDM 已经兼容了 100 多家厂商的 1000 多种产品。此软件支持 Profibus、HART 等多种通信协议，工程师可以在 ES 站上通过网络的路由功能轻松地完成对现场设备的组态、调试和维护。

Web Navigator 软件包可使用户通过 Internet 或 LAN 利用 IE 浏览器直接访问 WINCC 过程画面。客户端无须安装 WINCC 应用程序，所有 WINCC 应用都位于服务器上，因此降低了对客户端的系统要求。通过 Web Navigator 软件包可实现办公室与现场的数据实时交换，满足当前对现代化 DCS 的基本要求。同时只需要较少的软硬件配制，就可同时满足 50 个操作员站。由于此功能是通过 Internet 来实现的，所以安全性是必须考虑的问题。

由于该项目中使用了大量的 Profibus 通信，且第三方设备较多，最初十分担心设备的混合通信以及现场设备间的相互干扰，但在实际使用过程中，用户深刻地体会到现场总线技术所带来的方便。由于第三方设备较多，因此使用大量的自编写的 CFC 功能块，但是正是由于 PCS7 的开放性使用户能够为这些 CFC 功能块生成相应的块生成预览图像 Blocklcon、操作面板 FacePlate、报警信息等 DCS 所必需的功能；不仅第三方设备可以这样处理，一些比较复杂的工艺过程也采用了同样的方法，取得了满意的效果，得到用户的好评。在通信调试过程中发现，调试设备通信时应注意系统的接地，通信电缆的短路、系统的等电位等因素都会导致系统总线的瘫痪。

9.9 小结

网络是企业综合自动化的基础。在整个企业的网络体系结构中，现场总线处于基础地位，因此集成完整的现场总线控制系统具有重要的意义。现场总线系统网络模型延伸到控制领域的最高层，即管理决策层，因此要求控制网络和信息网络紧密结合，保证从底层现场设备到顶层生产管理之间正确的数据传输和数据转发。从系统集成来看，控制网络和信息网络终将归为一体，其间现场总线将起到沟通生产过程数据流和信息网络数据流的桥梁作用。

参考文献

[1] 顾洪军，等. 工业企业网与现场总线技术及应用［M］. 北京：人民邮电出版社，2002.
[2] 行刚. 系统集成服务与系统集成技术［J］. 计算机应用，1997（2）.
[3] 李庆丰，甘永梅，杨旭，等. 设备开发中的现场总线选型［J］. 自动化仪表，2002，23（8）.
[4] 王锦标，刘宇. 现场总线控制系统的集成技术［J］. 冶金自动化，2002（3）.
[5] 曾华锌. 论信息系统集成的实施［J］. 计算机应用，1997（2）.
[6] 付军，FF 现场总线技术在丁二烯生产装置中的应用［J］. 南京工业大学学报，2003（2）.
[7] 韩兵，于飞. 现场总线控制系统应用实例［M］. 北京：化学工业出版社，2006.

缩 略 语

AAR	Association of American Railroads	美国铁路协会
ACM	Access Control Machine	访问控制器
AP	Application Process	应用进程
API	Actual Packet Interval	实际的数据包时间间隔
ARP	Address Resolution Protocol	地址解析协议
ARPA	Advanced Research Projects Agency	高级研究项目署
ASCII	American Stardard Code for Information Interchange	美国信息交换标准码
ASIC	Application Specife Integrated Circuit	专用集成电路
ASK	Amplitude-Shift Keying	幅移键控
ASN. 1	Abstract Syntax Notation One	抽象语法记法 1
ATM	Asynchronous Transfer Mode	异步传输方式
BGP	Border Gateway Protocol	边界网关协议
BOOTP	Bootstrap Protocol	引导协议
CAN	Controller Area Network	控制器局域网
CCITT	Consulatave Committee International Telegraph and Telephone	国际电报电话咨询委员会
CI	ControlNet International	ControlNet 国际
CID	Connection ID	连接标识符
CIP	Common Industrial Protocol	通用工业协议
CIPA	Computer Integrated Plant Automation	企业综合自动化
COS	Change of State	状态改变
COTS	Commercial-off-the-shelf	商用
CRC	Cyclic Redundancy Check	循环冗余校验
CRC	Cyclic Redundancy Code	循环冗余码
CSMA/CD	Carrier Sense Multiple Access with Collision Detection	带碰撞检测的载波侦听多址访问
CSMA/NBA	Carrier Sense Multiple Access with Nondestructive Bit-wise Arbitration	带非破坏性逐位仲裁的载波侦听多址访问
CTDMA	Concurrent Time Domain Multiple Access	同时间域多路访问
CU	Control Unit	控制单元
DCE	Data Circuit-terminating Equipment	数据电路端接设备
DCOM	Distributed Component Object Model	分布式组件对象模型
DCS	Distributed Control System	集散控制系统

DD	Device Description	设备描述
DDC	Direct Digital Control	集中式数字控制
DDE	Dynamic data Exchange	动态数据交换
DDL	Device Description Language	设备描述语言
DHCP	Dynamic Host Configuration Protocol	动态主机配置协议
DLC	Dafa Langth code	数据长度代码
DLL	Data Link Layar	数据链路层
DLSAP	Data Link Service Access Point	数据链路服务访问点
DNS	Domain Name System	域名系统
DS	Directory Service	目录服务
DTE	Data Terminal Equipment	数据终端设备
EDS	Electronic Data Sheet	电子数据文档
EIA	Electronic Industries Association	国际电子工业协会
EOF	End Of Frame	帧结束
FAS	Fieldbus Access Sublayer	现场总线访问子层
FB	Function Block	功能块
FCS	Fieldbus Control System	现场总线控制系统
FDDI	Fiber Distributed Dafa Interface	光纤分布式数据接口
FDM	Frequency Division Multiplexing	频分多路复用
FF	Foundation Fieldbus	基金会现场总线
FFB	Flexible Function Block	柔性功能模块
FIU	Fieldbus Interface Unit	现场总线接口单元
FMS	Fieldbus Message Specification	现场总线报文规范
FPGA	Field Programmable Gate Array	现场可编程门阵列
FS	Field bus Server	现场总线服务器
FSK	Frequency-Shift Keying	频移键控
FTAM	File Transfer, Access and Management	文件传送、存取和管理
FTP	File Transfer Protocol	文件传输协议
GSD	Device Data Basefile	设备数据库文件
HART	Highway Addressable Remote Transducer	可寻址远程传感器的数据公路
HDLC	High Level Data Link Control	高级数据链路控制
HMI	Human Machine Interface	人机界面
HSE	High Speed Ethernet	高速以太网
HTTP	Hypertext Transfer Protocol	超文本传输协议
IAB	Internet Architecture Board	因特网架构委员会
IANA	Internet Assigned Numbers Authority	因特网编号管理局
ICMP	Internet Control Message Protocol	因特网控制报文协议
ID	Identification	标识

IDA	Interface for Distributed Automation	分布式自动化接口
IDE	Identifier Extension	标识符扩展
IEA	Industrial Ethernet Association	工业以太网协会
IEC	International Electrotechnical Commission	国际电工委员会
IEEE	Institute of Electrical and Electronic Engineers	美国电气电子工程师学会
IESG	Internet Engineering Steering Group	因特网工程指导组
IETF	Internet Engineering Task Force	因特网工程任务部
IGMP	Internet Group Management Protocol	因特网组管理协议
IMAP	Internet Message Access Protocol	因特网报文访问协议
IOU	Input Output Unit	输入输出单元
IP	Internet Protocol	网际协议
IPsec	IP Security	因特网协议安全
ISA	Instrument Society of America	美国仪表学会
ISO	International Standard Organization	国际标准化组织
ISP	Interoperable System Protocol	可互操作系统协议
JTM	Job Transfer and Manipulation	作业传送与操纵
LAN	Local Area Network	局域网
LAS	Link Action Scheduler	链路活动调度器
LLC	Logical Link Control	逻辑链路控制
LLI	Lower Layer Interface	低层接口
LON	Local Operating Network	局部操作网络
MAC	Medium Access Control	媒体访问控制
MAU	Medium Attachment Unit	媒体访问单元
MDI	Medium Dependent Interface	媒体从属接口
MHS	Message Handling System	报文处理系统
MID	Message ID	报文标识符
MIME	Multipurpose Internet Mail Extensions	多用途因特网邮件扩展
MIP	Microprocessor Interface Program	微处理器接口程序
MWP	Mis-wiring Protection	误接线保护
NAP	Network Access Port	网络访问接口
NFS	Network File System	网络文件系统
NMA	Network Management Agent	网络管理代理
NMIB	Network Management Information Base	网络管理信息库
NUT	Network Update Time	网络更新时间
NV	Network Variable	网络变量
OD	Object Dictionary	对象字典
ODVA	Open DeviceNet Vendor Association	开放式 DeviceNet 供货商协会
OEM	Original Equipment Manufacturer	原始设备制造商（分工协作生产）

OLE	Objet Linking and Embedding	对象链接与嵌入
OOP	Object-Oriented Programming	面向对象编程
OPC	OLE for Process Control	过程控制用对象链接与嵌入
OSI/RM	Reference Model of Open System Interconnection	开放系统互连参考模型
OSPF	Open Shortest Path First	开放最短路径优先
PCM	Pulse Code Modulation	脉冲编码调制
PLC	Programmable Logic Controller	可编程序［逻辑］控制器
PLS	Physical Layer Signal	物理层信号
PMA	Physical Medium Attachment	物理媒体连接
POP	Post Office Protocol	邮局协议
Profibus	Process Field Bus	过程现场总线
PSK	Phase-Shift Keying	相移键控
RARP	Reverse Address Resolution Protocol	反向地址解析协议
RDA	Remote Database Access	远程数据库访问
RFC	Requests for Comments	请求评论
RIP	Routing Information Protocol	路由信息协议
RPC	Remote Procedure Call	远程进程调用
RPI	Requested Packet Interval	请求的数据包时间间隔
RTP	Real-time Transport Protocol	实时传输协议
RTR	Remote Transmission Request	远程发送请求
RTS	Real Time Sample	实时采样时间
RxLLC	Receive LLC	接收 LLC
RxM	Receive Machine	接收机
SAP	Service Access Point	服务访问点
SCADA	Supervisory Control And Data Acquisition	监督控制与数据采集
SDU	Service Data Unit	服务数据单元
SMIB	System Management Information Base	系统管理信息库
SMK	System Management Kernel	系统管理内核
SMKP	System Management Kernel Protocol	系统管理内核协议
SMTP	Simple Mail Transfer Protocol	简单邮件传输协议
SNMP	Simple Network Management Protocol	简单网络管理协议
SOF	Start Of Frame	帧起始
SSR	Substitute Remote Request	替代远程请求
STP	Shielded Twistcd Pair	屏蔽双绞线
TCP	Transmission Control Protocol	传输控制协议
TCP/IP	Transmission Control Protocol/Internet Protocol	传输控制协议/网际协议
TDM	Time Division Multiplexing	时分多路复用
TFTP	Trivial File Transfer Protocol	一般文件传输协议

TIA	Totally Integrated Automation	全集成自动化
TP	Transaction Processing	事务处理
TPS	Total Plant Solution	全面的工厂解决方案
TTL	Time to Live	生存时间
TxLLC	Transmit LLC	发送 LLC
TxM	Transmit Machine	发送机
UART	Universal Asynchronous Receiver-transmiffer	通用异步收发器
UCMM	Unconnected Message Manager	未连接报文管理器
UDP	User Datagram Protocol	用户数据报协议
UTP	Unshielded Twisted Pair	非屏蔽双绞线
VCR	Virtual Communication Relationship	虚拟通信关系
VFD	Virtual Field Device	虚拟现场设备
VTP	Virtual Terminal Protocol	虚拟终端协议
WDM	Wave-length Division Multiplexing	波分多路复用
WorldFIP	World Factory Instrumentation Protocol	世界工厂仪表协议
WWW	World Wide Web	万维网

《电气自动化新技术丛书》

已出版书目

- 大功率交-交变频调速及矢量控制技术（第 3 版） 马小亮著
- 可编程序控制器及其应用 宜练中、王燕生等编
- 电气传动的脉宽调制控制技术（第 2 版） 吴守箴、臧英杰等著
- 智能控制系统及其应用（第 2 版） 王顺晃、舒迪前编著
- 异步电动机直接转矩控制 李夙编
- 模糊控制原理与应用（第 2 版） 诸静等著
- 开关型磁阻电动机调速控制技术 王宏华编著
- 滑模变结构控制 王丰尧编著
- 系统最优化及控制 符曦编著
- 通用变频器及其应用（第 2 版） 第 1 版满永奎、韩安荣、吴成东编著，第 2 版韩安荣主编
- 计算机辅助设计技术及应用 杨竞衡主编
- 电力电子场控器件及其应用 张立、黄两一等编著
- 直流无刷电动机原理及应用（第 2 版） 张琛编著
- 预测控制系统及其应用 舒迪前编著
- 现代计算机数控系统 冯勇等编著
- 同步电动机调速系统 李志民、张遇杰编著
- 现代矿井提升机电控系统 王清灵、龚幼民编著
- 电力电子器件及其应用 李序葆、赵永健编著
- 交流步进传动系统 孙鹤旭著
- 无速度传感器矢量控制原理与实践（第 2 版） 冯垛生、曾岳南编著
- 机器人控制技术 孙迪生、王炎编著
- 带钢热连轧计算机控制 刘玠、孙一康主编
- 执行电动机 王季秩、曲家骐编著
- MATLAB 语言与自动控制系统（第 2 版） 第 1 版魏克新、王云亮、陈志敏编著，第 2 版魏克新、王云亮、陈志敏、高强编著
- 电机控制专用集成电路 谭建成主编
- 电控及自动化设备可靠性工程技术 徐平、李全灿编著
- 神经元网络控制 王永骥、涂健编著
- SPWM 变频调速应用技术（第 3 版） 张燕宾编著
- 控制系统的故障诊断和容错控制 闻新、张洪钺、周露编著

- 交流调速系统（第 2 版） 陈伯时、陈敏逊编著
- 伺服控制系统中的传感器 曲家骐、王季秩编著
- 工业计算机网络与多媒体技术 张浩编著
- 交直流传动系统的自适应控制 夏超英著
- 电力牵引交流传动与控制技术 黄济荣编著
- 谐波抑制和无功功率补偿（第 2 版） 第 1 版王兆安、杨君、刘进军编著，第 2 版王兆安、杨君、刘进军、王跃编著
- 新型 PID 控制及其应用（第 2 版） 第 1 版陶永华、尹怡欣、葛芦生编著，第 2 版陶永华主编
- 交流电机数字控制系统 李永东主编
- 可编程序控制器技术与应用系统设计 陈在平、赵相宾主编
- PWM 整流器及其控制 张崇巍、张兴编著
- 开关电源技术 杨旭、裴云庆、王兆安编著
- 信息社会中的自动化新技术 王志良主编
- 现场总线技术及其应用（第 2 版） 第 1 版甘永梅、李庆丰、刘晓娟、王兆安编著，第 2 版甘永梅、刘晓娟、晁武杰、王兆安编著
- 非线性系统的鲁棒控制及应用 吴忠强著
- 新编电机控制专用集成电路及应用 谭建成编著
- Interbus 现场总线与工业以太网技术 张浩、马玉敏、杜品圣等编著
- 高压大功率交流变频调速技术 张皓、续明进、杨梅编著
- 汽车电子控制装置与应用 王旭东主编
- 交流传动神经网络逆控制 戴先中、刘国海、张兴华编著

注：电气自动化新技术丛书由机械工业出版社出版，新华书店发行、经售。在新华书店购不到时，可与中国自动化学会电气自动化专业委员会邮购部（300180 天津市津塘路 174 号 电话：022-24962354）联系购买。

电气自动化工具书

已出版目录

- 电工最新基础标准应用手册（第 2 版） 杨振宽主编
- 电力电子设备设计和应用手册（第 2 版） 王兆安、张明勋主编
- 电力电子设备用器件与集成电路应用指南 李宏编著

  第 1 册 电力半导体器件及其驱动集成电路

  第 2 册 控制用集成电路

  第 3 册 传感、保护用和功率集成电路

  第 4 册 其他配套元器件
- 可编程序控制器选用手册 袁任光编著
- 楼宇自控系统电气运行维修手册 孟宪章、罗晓梅主编
- 变频器应用手册（第 2 版） 吴忠智、吴加林编著
- 调速用变频器及配套设备选用指南 吴忠智、黄立培、吴加林编著
- 电力半导体模块选用和代换手册 杜柏田编
- 电力电子技术手册（美）Muhammad H. Rashid 主编
- 现场总线与工业以太网产品手册 蔡忠勇主编
- 开关电源手册（原书第 2 版）（日）原田耕介主编
- 西门子工业网络通信指南 崔坚主编
- 电气传动自动化技术手册（第 2 版） 天津电气传动设计研究所编著
- 电气设备机械结构设计手册 于庆祯、李锋编